住房和城乡建设部"十四五"规划教材
"十二五"普通高等教育本科国家级规划教材
高等学校土木工程专业系列教材

混凝土结构设计原理
（第五版）

梁兴文　　史庆轩　　主编

童岳生　　主审

中国建筑工业出版社

图书在版编目（CIP）数据

混凝土结构设计原理/梁兴文，史庆轩主编. — 5
版. — 北京：中国建筑工业出版社，2022.7（2022.11重印）
住房和城乡建设部"十四五"规划教材 "十二五"
普通高等教育本科国家级规划教材 高等学校土木工程专
业系列教材
ISBN 978-7-112-27289-1

Ⅰ. ①混… Ⅱ. ①梁… ②史… Ⅲ. ①混凝土结构－
结构设计－高等学校－教材 Ⅳ. ①TU370.4

中国版本图书馆 CIP 数据核字（2022）第 058044 号

本书是在第四版基础上，根据新颁布实施的《工程结构通用规范》GB 55001—2021 和
《混凝土结构通用规范》GB 55008—2021 等修订而成。内容包括概论、材料的基本性能、结构
构件以概率理论为基础极限状态设计方法的基本原理，以及受弯构件、受压构件、受拉构件、
受扭构件、预应力混凝土构件的性能分析、设计计算和构造措施。

本书对混凝土结构构件的性能及分析有充分的论述，概念清楚；有明确的计算方法和详
细的设计步骤，以及相当数量的计算例题，有利于理解结构构件的受力性能和具体的设计计
算方法。每章有小结、思考题和习题等内容；文字通顺易懂，论述由浅入深，循序渐进，便
于自学理解，巩固深入。书中还给出了部分专业术语的英文表述。

本书可作为高等学校土木工程专业的教材，也可供有关的设计、施工和科研人员使用。

为更好地支持本课程教学，我社向选用本教材的任课教师提供课件，有需要者可与出版
社联系，索取方式如下：邮箱 jckj@cabp.com.cn，电话：（010）58337285，建工书院 http://
edu.cabplink.com。

责任编辑：吉万旺　王　跃
责任校对：赵　菲

住房和城乡建设部"十四五"规划教材
"十二五"普通高等教育本科国家级规划教材
高等学校土木工程专业系列教材
混凝土结构设计原理
（第五版）
梁兴文　史庆轩　主编
童岳生　主审

*

中国建筑工业出版社出版、发行（北京海淀三里河路9号）
各地新华书店、建筑书店经销
北京红光制版公司制版
北京圣夫亚美印刷有限公司印刷

*

开本：787 毫米×1092 毫米　1/16　印张：23¼　字数：563 千字
2022 年 8 月第五版　　2022 年 11 月第二次印刷
定价：**66.00** 元（赠教师课件）
ISBN 978-7-112-27289-1
（39479）

出 版 说 明

党和国家高度重视教材建设。2016年，中办国办印发了《关于加强和改进新形势下大中小学教材建设的意见》，提出要健全国家教材制度。2019年12月，教育部牵头制定了《普通高等学校教材管理办法》和《职业院校教材管理办法》，旨在全面加强党的领导，切实提高教材建设的科学化水平，打造精品教材。住房和城乡建设部历来重视土建类学科专业教材建设，从"九五"开始组织部级规划教材立项工作，经过近30年的不断建设，规划教材提升了住房和城乡建设行业教材质量和认可度，出版了一系列精品教材，有效促进了行业部门引导专业教育，推动了行业高质量发展。

为进一步加强高等教育、职业教育住房和城乡建设领域学科专业教材建设工作，提高住房和城乡建设行业人才培养质量，2020年12月，住房和城乡建设部办公厅印发《关于申报高等教育职业教育住房和城乡建设领域学科专业"十四五"规划教材的通知》（建办人函〔2020〕656号），开展了住房和城乡建设部"十四五"规划教材选题的申报工作。经过专家评审和部人事司审核，512项选题列入住房和城乡建设领域学科专业"十四五"规划教材（简称规划教材）。2021年9月，住房和城乡建设部印发了《高等教育职业教育住房和城乡建设领域学科专业"十四五"规划教材选题的通知》（建人函〔2021〕36号）。为做好"十四五"规划教材的编写、审核、出版等工作，《通知》要求：（1）规划教材的编著者应依据《住房和城乡建设领域学科专业"十四五"规划教材申请书》（简称《申请书》）中的立项目标、申报依据、工作安排及进度，按时编写出高质量的教材；（2）规划教材编著者所在单位应履行《申请书》中的学校保证计划实施的主要条件，支持编著者按计划完成书稿编写工作；（3）高等学校土建类专业课程教材与教学资源专家委员会、全国住房和城乡建设职业教育教学指导委员会、住房和城乡建设部中等职业教育专业指导委员会应做好规划教材的指导、协调和审稿等工作，保证编写质量；（4）规划教材出版单位应积极配合，做好编辑、出版、发行等工作；（5）规划教材封面和书脊应标注"住房和城乡建设部'十四五'规划教材"字样和统一标识；（6）规划教材应在"十四五"期间完成出版，逾期不能完成的，不再作为《住房和城乡建设领域学科专业"十四五"规划教材》。

住房和城乡建设领域学科专业"十四五"规划教材的特点：一是重点以修订教育部、住房和城乡建设部"十二五""十三五"规划教材为主；二是严格按照专业标准规范要求编写，体现新发展理念；三是系列教材具有明显特点，满足不同层次和类型的学校专业教学要求；四是配备了数字资源，适应现代化教学的要求。规划教材的出版凝聚了作者、主审及编辑的心血，得到了有关院校、出版单位的大力支持，教材建设管理过程有严格保障。希望广大院校及各专业师生在选用、使用过程中，对规划教材的编写、出版质量进行反馈，以促进规划教材建设质量不断提高。

住房和城乡建设部"十四五"规划教材办公室

2021年11月

第五版前言

与本书内容相关的《工程结构通用规范》GB 55001—2021 和《混凝土结构通用规范》GB 55008—2021 已分别于 2022 年 1 月 1 日和 4 月 1 日起实施。为使读者及时了解新的国家标准内容，并便于设计应用，需对本书进行必要的修订。

这次再版修订，除了对第四版的不妥之处进行修改、补充和完善外，主要做了以下修订：

（1）根据《工程结构通用规范》GB 55001—2021 的相关规定，永久作用和预应力作用的分项系数，当作用效应对结构不利时，不应小于 1.3，当对结构有利时，不应大于 1.0。可变作用的分项系数，对于一般的可变作用（包括楼面活荷载、风荷载、雪荷载等），当作用效应对结构不利时，不应小于 1.5，当对结构有利时，应取 0；对于可变荷载标准值大于 $4kN/m^2$ 的工业建筑楼面活荷载，当作用效应对结构不利时，不应小于 1.4，当对结构有利时，应取 0。办公楼、食堂、商店等民用建筑楼面均布活荷载标准值增加 $0.5kN/m^2$。据此对第 3～10 章的相关内容进行了修订。

（2）根据《工程结构通用规范》GB 55001—2021 的相关规定，将"设计使用年限"改为"设计工作年限"，并将原来的 4 档改为 3 档，即取消了设计工作年限 25 年返一档。据此对第 2～10 章的有关部分进行了修订。

（3）根据《混凝土结构通用规范》GB 55008—2021 的相关规定，取消了 HRB335 级钢筋和 C15 混凝土；补充了 HRB400E、HRB500E 级钢筋以及冷轧带肋钢筋的有关规定，据此对第 2～10 章的相关内容进行了修订。

（4）根据《混凝土结构通用规范》GB 55008—2021 的相关规定，"素混凝土结构构件的混凝土强度等级不应低于 C20；钢筋混凝土结构构件的混凝土强度等级不应低于 C25；预应力混凝土楼板结构的混凝土强度等级不应低于 C30，其他预应力混凝土结构构件的混凝土强度等级不应低于 C40；钢-混凝土组合结构构件的混凝土强度等级不应低于 C30。采用 500MPa 及以上等级钢筋的钢筋混凝土结构构件，混凝土强度等级不应低于 C30"，据此对第 2～10 章的相关内容进行了修订。

（5）根据有关规范的相关规定，现浇钢筋混凝土板最小厚度限值予以提高，据此对第 4 章的相关内容进行了修订。

参加本书修订工作的有：梁兴文（第 1～3 章和第 7、8 章）；史庆轩、王秋维（第 4、9 章）；李晓文（第 5、6 章）；李方圆（第 10 章）。全书最后由梁兴文、史庆轩修改定稿。

本书由资深教授童岳生主审，并提出了许多宝贵的修改意见。

本修订版可能会存在新的不足或错误，欢迎读者批评指正。

编者

2022 年 4 月

第四版前言

与本书内容相关的《建筑结构可靠性设计统一标准》GB 50068—2018 已于 2019 年 4 月 1 日起实施。为使读者及时了解新修订的国家标准的内容，并便于设计应用，特对本书进行必要的修订。

这次再版修订，除了对第三版的不妥之处进行修改、补充和完善外，主要做了以下修订：

（1）对结构上可能出现的各种直接作用、间接作用和环境影响，进行了补充、完善（第 3 章）。

（2）补充了"结构整体或其一部分作为刚体失去静力平衡的承载力极限状态"设计表达式（第 3 章）。

（3）根据 GB 50068—2018 的相关规定，将结构的极限状态分为承载能力极限状态、正常使用极限状态和耐久性极限状态，并补充了耐久性极限状态的标志或限值（第 3 章）以及耐久性极限状态的设计内容（第 9 章）。

（4）根据 GB 50068—2018 的相关规定，删除了当永久荷载效应为主时起控制的组合式（第 3 章），并修改了相关的例题（第 4～10 章）。

（5）根据 GB 50068—2018 的相关规定，将永久作用分项系数改为 1.3（当作用效应对承载力不利时）或不大于 1.0（当作用效应对承载力有利时），可变作用分项系数改为 1.5（第 3 章），并修改了相关的例题（第 4～10 章）。

（6）增加了"冷轧带肋钢筋"的相关内容。

参加本书修订工作的有：梁兴文（第 1～3 章和第 7、8 章），史庆轩、王秋维（第 4、9 章），李晓文（第 5、6 章），李方圆（第 10 章）。全书最后由梁兴文、史庆轩修改定稿。

资深教授童岳生主审本书，并提出了许多宝贵的修改意见。研究生王英俊、邢朋涛、陆婷婷、胡翱翔、黄超、常亚峰、史纪从、汪萍、戎狒等绘制了部分补充和修改的插图，修改了部分例题。

本修订版可能会存在新的不足或错误，欢迎读者批评指正。

编者

2019 年 5 月

第三版前言

本书第二版于 2011 年 8 月出版，当时《建筑结构荷载规范》GB 50009—2012 尚未正式颁布；《混凝土结构设计规范》GB 50010—2010 局部修订也于近期完成。为此，需要对第二版进行修订。第三版除对第二版的不妥之处进行修改外，主要做了以下修订：

(1) 根据《建筑结构荷载规范》GB 50009—2012，对有关荷载和作用效应组合以及相关算例等内容进行了修订。

(2) 根据《混凝土结构设计规范》GB 50010—2010 局部修订有关"取消 HRBF335、限制使用 HRB335 和 HPB300 钢筋"的规定，对本书的相关内容进行了修订。

(3) 根据《混凝土结构设计规范》GB 50010—2010 局部修订有关"HRB500 钢筋抗压强度设计值由原来的 410N/mm² 调整为 435N/mm²"的规定，对本书第 4、5 章等的相关内容进行了修订。

(4) 根据《混凝土结构设计规范》GB 50010—2010 局部修订有关"对轴心受压构件，当钢筋的抗压强度设计值大于 400N/mm² 时应取 400N/mm²"以及"预应力螺纹钢筋的抗压强度设计值由原来的 410N/mm² 调整为 400N/mm²"的规定，对本书第 5、10 章的相关内容进行了修订。

参加本书修订工作的除了原作者梁兴文、史庆轩、李晓文和李方圆外，还有王秋维、邓明科、门进杰、于婧和陶毅。

本书由资深教授童岳生先生主审，他提出了许多宝贵意见。研究生党争、王英俊、邢朋涛、陆婷婷、刘贞珍等为本书做了部分计算及绘制图工作。在此对他们表示衷心的感谢！

本书第三版可能会存在新的不足和错误，欢迎读者批评指正。

编者
2015 年 11 月

第二版前言

与本书内容相关的国家标准《混凝土结构设计规范》GB 50010—2010 已于近期颁布，并将于 2011 年 7 月 1 日起实施。国家标准《工程结构可靠性设计统一标准》GB 50153—2008 也于 2009 年 7 月 1 日起实施。为使读者及时了解新修订的国家标准的内容，并便于设计应用，本书再版就提到日程上来了。

这次再版修订工作，除了对第一版中的不妥之处进行修订外，主要做了以下工作：

（1）补充了新牌号钢筋的强度指标以及所有钢筋混凝土结构用钢筋的最大力下的总伸长率限值等。

（2）按 GB 50010—2010 和 GB 50153—2008 的规定，修改和补充了极限状态的标志、极限状态设计表达式、作用组合的效应设计值的组合方法等。

（3）完善了考虑轴向压力在构件中产生二阶效应后控制截面弯矩设计值的计算方法；修改了构件斜截面受剪承载力计算公式和局部受压承载力计算公式；补充了拉、扭以及拉、弯、剪、扭构件承载力计算方法；修改和补充了预应力混凝土构件的张拉控制应力、预应力损失计算方法等。

（4）修改了钢筋混凝土构件裂缝宽度和受弯构件挠度的计算方法。

（5）按混凝土保护层厚度的新定义，以及选用新牌号的钢筋等，修改了本书中的例题和习题。

（6）由于目前我国土木工程专业一般不再强调学生掌握两个课群组专业知识的学习要求，所以删去了本书第一版中关于公路桥涵工程的相关内容。

参加本书修订工作的有：梁兴文（第 1～3 章和第 7、8 章）、史庆轩（第 4、9 章）、李晓文（第 5、6 章）、李方圆（第 10 章），全书最后由梁兴文、史庆轩修改定稿。

本书由童岳生教授主审，他提出了许多宝贵的修改意见。李方圆、杨克家绘制了部分补充和修改的插图。在此对他们表示诚挚的谢意。

本修订版会存在新的不足和错误，欢迎读者批评指正。

编者

2011 年 8 月

第一版前言

《混凝土结构设计原理》是土木工程专业重要的学科基础课，它适用于土木工程领域内所有混凝土结构的设计，如房屋建筑工程、交通土建工程、矿井建设、水利工程、港口工程等。其教学内容是土木工程专业本科学生应当具备的基础知识，为学生在校学习专业课和毕业后在本专业的其他领域继续学习提供坚实的基础。

混凝土结构是由一些基本构件所组成，例如受弯构件、受压构件、受拉构件、受扭构件、预应力混凝土构件等。本书主要讲述混凝土结构构件的受力性能和设计计算方法，包括钢筋和混凝土材料的基本性能、混凝土结构构件以概率理论为基础极限状态设计方法的基本原理，以及基本构件的性能分析、设计计算和构造措施等。

本课程的教学目的，首先使学生从原理和问题的本质上去认识混凝土结构的受力和变形性能，对钢筋混凝土的基本性能有一个正确理解，然后引导学生掌握现行设计实践所用的主要方法，特别是现行设计规范所推荐的方法。鉴于目前我国土木工程各领域的混凝土结构设计规范尚未统一，为了节省篇幅，本书突出混凝土结构构件的受力性能分析，主要介绍房屋建筑工程和公路桥涵工程的有关规范内容。

本书按混凝土结构构件的受力性能和特点划分章节，各章相对独立，以便根据不同的教学要求对内容进行取舍。在叙述方法上，注意到学生从数学、力学等基础课到学习学科基础课的认识规律，由浅入深，循序渐进，力求对基本概念论述清楚，使读者能较容易地掌握结构构件的力学性能及理论分析方法；有明确的计算方法和实用设计步骤，力求做到能具体应用。书中有相当数量的计算例题，有利于理解和掌握设计原理。为了便于自学，每章有小结、思考题和习题等内容。另外，为适应双语教学需要，书中同时给出了部分专业术语的英文表述。

书中还编入一部分比较深入的内容，标以＊号，供读者自由选读。

本书由西安建筑科技大学土木工程学院的部分教师编写。第 1、2、3 章和第 7、8 章由梁兴文执笔；第 4 章和第 9 章由史庆轩执笔；第 5、6 章由李晓文执笔；第 10 章由李方圆执笔；全书最后由梁兴文、史庆轩修改定稿。

本书由资深教授童岳生先生审阅，并提出了许多宝贵的意见。研究生辛力、杨克家、李波、文保军、朱海峰、辛高伟、刘建毅等为本书绘制了插图。特在此对他们表示诚挚的谢意。

本书在编写过程中参考了大量国内外参考文献，引用了一些学者的资料，这在本书末的参考文献中已予以列出。

希望本书能为读者的学习和工作提供帮助。鉴于作者水平有限，书中难免有错误及不妥之处，敬请读者批评指正。

为更好地支持本课程的教学，我们可以向采用本书作为教材的教师提供教学课件，请有需要者与出版社联系，邮箱：jiangongkejian@163.com。

编者

2007 年 11 月

目　　录

第1章 概 论

1.1 混凝土结构的基本概念和特点

1.1.1 混凝土结构的基本概念

混凝土是现代工程结构的主要材料，近年来我国每年仅商品混凝土产量约 $20.0 \times 10^8 \mathrm{m}^3$，其中房屋建筑用量约 $12.0 \times 10^8 \mathrm{m}^3$，钢筋用量约 $2.0 \times 10^7 \mathrm{t}$，用于混凝土结构的资金达 3000 亿元以上。混凝土结构（concrete structure）是以混凝土为主要材料制成的结构，包括素混凝土结构、钢筋混凝土结构、预应力混凝土结构以及配置各种纤维筋的混凝土结构。这种结构广泛应用于建筑、桥梁、隧道、矿井以及水利、港口等工程中。

混凝土材料的抗压强度较高而抗拉强度很低。因此，素混凝土结构（plain concrete structure）的应用受到很大限制。例如，图 1-1（a）所示素混凝土梁，随着荷载的逐渐增大，梁中拉应力及压应力不断增大。当荷载达到一定值时，弯矩最大截面受拉边缘的混凝土首先被拉裂，而后由于该截面高度减小致使开裂截面受拉区的拉应力进一步增大，于是裂缝迅速向上伸展并立即引起梁的破坏。这种梁的破坏很突然，其受压区混凝土的抗压强度未充分利用，且由于混凝土抗拉强度很低，故其极限承载力也很低。所以，对于在外荷载作用下或其他原因会在截面中产生拉应力的结构，不应采用素混凝土结构。

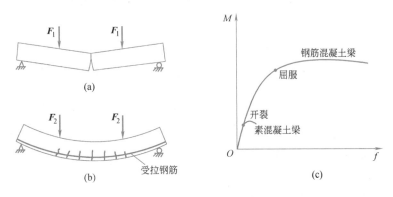

图 1-1 素混凝土梁及钢筋混凝土梁
（a）素混凝土梁；（b）钢筋混凝土梁；（c）跨中弯矩-挠度曲线

与混凝土材料相比，钢筋的抗拉、压强度均很高。如将混凝土和钢筋这两种材料结合在一起，使混凝土主要承受压力，而钢筋主要承受拉力，这就成为钢筋混凝土结构（reinforced concrete structure）。例如，图 1-1（b）所示为作用集中荷载的钢筋混凝土梁，在截面受拉区配有适量的钢筋。当荷载达到一定值时，梁受拉区仍然开裂，但开裂截面的变形性能与素混凝土梁大不相同。因为钢筋与混凝土牢固地黏结在一起，故在裂缝截面原由混凝土承受的拉力现转由钢筋承受；由于钢筋的强度和弹性模量均很高，所以此时裂缝截面的钢筋拉应力和受拉变形均很小，有效地约束了裂缝的开展，使其不致无限制地向上延伸而使梁产生断裂破坏。如此，钢筋混凝土梁上的荷载可继续加大，直至其受拉钢筋应力达到其屈服强度，随后截面受压区混凝土被压坏，这时梁才达到破坏状态。由此可见，在钢筋混凝土梁中，钢筋与混凝土两种材料的强度都得到了较为充分的利用，破坏过程较为缓和，且这种梁的极限承载力和变形能力大大超过同样条件的素混凝土梁，如图 1-1 (c) 所示。

混凝土的抗压强度高，常用于受压构件（图 1-2a）。但素混凝土柱的受压承载力及变形能力均很低（图 1-2c），所以在轴心受压柱中配置纵向受压钢筋（图 1-2b）与混凝土共同承受压力，以提高柱的承载能力和变形能力（图 1-2c），减小柱截面的尺寸，还可负担由于某种原因而引起的弯矩和拉应力。

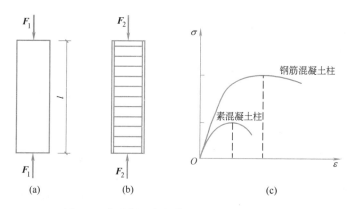

图 1-2　素混凝土与钢筋混凝土轴心受压构件
（a）素混凝土柱；（b）钢筋混凝土柱；（c）柱截面应力-应变曲线

综上所述，根据构件受力状态配置受力钢筋形成钢筋混凝土构件，可以充分利用钢筋和混凝土各自的材料特点，把二者有机地结合在一起共同工作，从而提高构件的承载能力并改善其受力性能。在钢筋混凝土构件中，钢筋的作用是代替混凝土受拉（受拉区出现裂缝后）或协助混凝土受压。

为了提高混凝土结构的抗裂性，可在加载前用张拉钢筋的方法使混凝土截面内产生预压应力，以全部或部分抵消荷载作用下的拉应力，这即为预应力混凝土结构（prestressed concrete structure）；也可在混凝土中加入各种纤维筋（如钢纤维、碳纤维筋等），形成纤维加强混凝土。

钢筋与混凝土两种材料能够有效地结合在一起而共同工作，主要基于下述三个条件：

（1）钢筋与混凝土之间存在着黏结力，使两者能结合在一起。在外荷载作用下，结构中的钢筋与混凝土协调变形，共同工作。因此，黏结力是这两种不同性质的材料能够共同工作的基础。

（2）钢筋与混凝土两种材料的温度线膨胀系数很接近。钢材的温度线膨胀系数为 $1.2 \times 10^{-5}/℃$，混凝土的温度线膨胀系数为 $(1.0 \sim 1.5) \times 10^{-5}/℃$。所以，钢筋与混凝土之间不致因温度变化产生较大的相对变形而使黏结力遭到破坏。

（3）钢筋埋置于混凝土中，混凝土对钢筋起到了保护和固定作用，使钢筋不容易发生锈蚀，且使其受压时不易失稳，在遭受火灾时不致因钢筋很快软化而导致结构整体破坏。

因此，在混凝土结构中，钢筋表面必须留有一定厚度的混凝土作保护层，这是保持二者共同工作的必要措施。

1.1.2 混凝土结构的特点

混凝土结构在土木工程中广泛应用，是因为它有很多优点。其主要优点如下：

（1）耐久性好。处于正常环境下的混凝土耐久性好，高强高性能混凝土的耐久性更好。在混凝土结构中，钢筋受到保护不易锈蚀，所以混凝土结构具有良好的耐久性。对处于侵蚀性环境下的混凝土结构，经过合理设计及采取有效措施后，一般可满足工程需要。

（2）耐火性好。混凝土为不良导热体，埋置在混凝土中的钢筋受高温影响远较暴露的钢结构小。只要钢筋表面的混凝土保护层具有一定厚度，则在发生火灾时钢筋不会很快软化，可避免结构倒塌。

（3）整体性好。现浇或装配整体式混凝土结构具有良好的整体性，从而结构的刚度及稳定性都比较好。这有利于抗震、抵抗振动和爆炸冲击波。

（4）可模性。新拌合的混凝土为可塑的，因此可根据需要制成任意形状和尺寸的结构，这有利于建筑造型。

（5）就地取材。砂、石是混凝土的主要成分，均可就地取材。在工业废料（例如矿渣、粉煤灰等）比较多的地方，可利用工业废料制成人造骨料用于混凝土结构中。

（6）节约钢材。钢筋混凝土结构合理地利用了材料的性能，发挥了钢筋与混凝土各自的优势，与钢结构相比能节约钢材并降低造价。

混凝土结构也具有下列缺点：

（1）自重大。与钢结构相比，混凝土结构自身重力较大，这样它所能负担的有效荷载相对较小。这对大跨度结构、高层建筑结构都是不利的。另外，自重大会使结构地震作用增大，故对结构抗震也不利。

（2）抗裂性差。在正常使用情况下钢筋混凝土构件截面受拉区通常存在裂缝，如果裂缝过宽，则会影响结构的耐久性和应用范围。

（3）需用模板。混凝土结构的制作，需要模板予以成型。如采用木模板，则可重复使用的次数少，会增加工程造价。

此外，混凝土结构施工工序复杂，周期较长，且受季节气候影响；对于现役混凝土结构，如遇损伤则修复困难；隔热、隔声性能也比较差。

随着科学技术的不断发展，混凝土结构的缺点正在被逐渐克服或有所改进。如采用轻质、高强混凝土及预应力混凝土，可减小结构自重并提高其抗裂性；采用可重复使用的钢模板会降低工程造价；采用预制装配式结构，可以改善混凝土结构的制作条件，少受或不受气候条件的影响，并能提高工程质量及加快施工进度等。

1.2 混凝土结构的应用及发展

1.2.1 发展阶段

混凝土结构的应用约有 170 年的历史，可大致划分为四个阶段。从 1850～1920 年为第一阶段，这时由于钢筋和混凝土的强度都很低，仅能建造一些小型的梁、板、柱、基础等构件，钢筋混凝土本身的计算理论尚未建立，按弹性理论进行结构设计。从 1920～

1950 年为第二阶段，这时已建成各种空间结构，发明了预应力混凝土并应用于实际工程，开始按破损阶段进行构件设计。1950～1980 年为第三阶段，由于材料强度的提高，混凝土单层房屋和桥梁结构的跨度不断增大，混凝土高层建筑的高度已达 262m，混凝土的应用范围进一步扩大；各种现代化施工方法普遍采用，同时广泛采用预制构件，结构构件设计已过渡到按极限状态的设计方法。

大致从 1980 年起，混凝土结构的发展进入第四阶段。尤其是近年来，大模板现浇和大板等工业化体系进一步发展，高层建筑新结构体系有较多的应用。振动台试验、拟动力试验和风洞试验较普遍地开展。计算机辅助设计和绘图的程序化，改进了设计方法并提高了设计质量，也减少了设计工作量。非线性有限元分析方法的广泛应用，推动了混凝土强度理论和本构关系的深入研究，并形成了"近代混凝土力学"这一分支学科。结构构件的设计已采用以概率理论为基础的极限状态设计方法。

1.2.2 应用

混凝土结构的应用极其广泛，成就非常突出。下面简要介绍其主要应用情况。

随着高性能外加剂和混合材料的使用，混凝土强度不断提高，目前 C50～C80 级混凝土甚至更高强度等级混凝土的应用已较普遍。各种特殊用途的混凝土不断研制成功并获得应用，例如超耐久性混凝土的耐久年限可达 500 年；耐热混凝土可耐达 1800℃的高温；钢纤维混凝土和聚合物混凝土、防射线、耐磨、耐腐蚀、防渗透、保温等有特殊要求的混凝土也应用于实际工程中。

房屋建筑中的住宅和公共建筑，广泛采用钢筋混凝土楼盖和屋盖。单层厂房很多采用钢筋混凝土柱、基础，钢筋混凝土或预应力混凝土屋架及薄腹梁等。高层建筑混凝土结构体系的应用甚为广泛。须特别指出的有：1997 年建成的广州中信广场，80 层，391m 高，是当时世界上最高的钢筋混凝土建筑结构；1998 年建成的马来西亚石油双塔楼，88 层，高 452m，以及 2003 年建成的中国台北国际金融中心，101 层，高 509m，这两栋房屋均采用钢-混凝土混合结构，其高度已超过世界上最高的钢结构房屋（美国芝加哥 Sears 大厦）。我国上海金茂大厦，88 层，建筑高度 420.5m，也为混合结构；上海已建成 101 层 492m 高的上海环球金融中心大厦，为筒中筒结构体系，其中内筒为钢筋混凝土结构，外筒为型钢混凝土框架。广州西塔为现浇混凝土交叉柱外网筒结构，造型新颖。高度为 632m 的上海中心和 592.5m 的深圳平安金融中心，均为混合结构。2010 年阿联酋迪拜建成的哈利法塔，高达 828m，其中 600m 以下为钢筋混凝土结构，以上为钢结构，为当前世界上的最高建筑。

桥梁工程中的中小跨度桥梁绝大部分采用混凝土结构建造，大跨度桥梁也有相当多的是采用混凝土结构建造。如 1991 年建成的挪威 Skarnsundet 预应力斜拉桥，跨度达 530m，当时居世界第一位；重庆长江二桥为预应力混凝土斜拉桥，跨度达 444m，当时居世界第二位；虎门大桥中的辅航道桥为预应力混凝土刚架公路桥，跨度达 270m；攀枝花预应力混凝土铁路刚架桥，跨度为 168m。公路混凝土拱桥应用也较多，其中突出的有 1997 年建成的四川万县长江大桥，为上承式拱桥，采用钢管混凝土和型钢骨架组成三室箱形截面，跨长 420m，为当时世界上第一长跨拱桥；另外还有贵州江界河 330m 的桁架式组合拱桥以及 312m 的广西邕宁江中承式拱桥等。2018 年通车的港珠澳大桥，总长度 55km，大桥主体由长度为 6.7km 的海底隧道和长度为 22.9km 的桥梁组成，是目前世界上最长的跨海大桥。

隧道及地下工程多采用混凝土结构建造。中华人民共和国成立后修建了约 17000km

长的铁道隧道，其中成昆铁路线中有隧道427座，总长341km，占全线路长31％；修建的公路隧道约14000座，总长约13000km。日本1994年建成的青函海底隧道全长53.8km，我国仅上海就修建了4条过江隧道。我国除北京、上海、天津、广州、南京等城市已有地铁外，许多城市正在建造地铁。我国许多城市建有地下商业街、地下停车场、地下仓库、地下工厂、地下旅店等。

水利工程中的水电站、拦洪坝、引水渡槽、污水排灌管等均采用钢筋混凝土结构。目前世界上最高的重力坝为瑞士的大狄桑坝，高285m，其次为俄罗斯的萨杨苏申克坝，高245m；我国于1989年建成的青海龙羊峡大坝，高178m；四川二滩水电站拱坝高242m；贵州乌江渡拱形重力坝高165m；黄河小浪底水利枢纽，主坝高154m。我国的三峡水利枢纽，水电站主坝高185m，设计装机容量1820万kW，该枢纽发电量居世界第一。另外，举世瞩目的南水北调大型水利工程，沿线建造了很多预应力混凝土渡槽。

特种结构中的烟囱、水塔、筒仓、储水池、电视塔、核电站反应堆安全壳、近海采油平台等也有很多采用混凝土结构建造。如1989年建成的挪威北海混凝土近海采油平台，水深216m；1995年建成的加拿大多伦多电视塔，塔高553.3m，为预应力混凝土结构；1994年建成的上海东方明珠电视塔由三个钢筋混凝土筒体组成，高456m，当时居世界第三位。2009年建成的广州电视塔，总高度600m，其中主塔454m，发射天线桅杆146m。瑞典建成容积为10000m³的预应力混凝土水塔，我国山西云岗建成两座容量为6万t的预应力混凝土煤仓等。

1.2.3 拓展

随着技术的发展，混凝土结构在其所用材料和配筋方式上有了许多新进展，形成了一些新型混凝土及结构形式，如高性能混凝土、纤维增强混凝土及钢与混凝土组合结构等。

1. 高性能混凝土结构

高性能混凝土（high performance concrete）具有高强度、高耐久性、高流动性及高抗渗透性等优点，是今后混凝土材料发展的重要方向。我国《混凝土结构设计规范》GB 50010—2010将混凝土强度等级大于C50的混凝土划为高强混凝土。高强混凝土的强度高、变形小、耐久性好，适应现代工程结构向大跨、重载、高耸发展和承受恶劣环境条件的需要。

高强混凝土在受压时表现出较少的塑性和更大的脆性，因而在结构构件计算方法和构造措施上与普通强度混凝土有一定差别，在某些结构上的应用受到限制，如有抗震设防要求的混凝土结构，混凝土强度等级不宜超过C60（设防烈度为9度时）和C70（设防烈度为8度时）。

2. 纤维增强混凝土结构

在普通混凝土中掺入适当的各种纤维材料而形成纤维增强混凝土（fiber reinforced concrete），其抗拉、抗剪、抗折强度和抗裂、抗冲击、抗疲劳、抗震、抗爆等性能均有较大提高，因而获得较大发展和应用。

目前应用较多的纤维材料有钢纤维、合成纤维、玻璃纤维和碳纤维等。钢纤维混凝土是将短的、不连续的钢纤维均匀乱向地掺入普通混凝土而制成，有无筋钢纤维混凝土结构和钢纤维钢筋混凝土结构。钢纤维混凝土结构的应用很广，如机场的飞机跑道、地下人防工程、地下泵房、水工结构、桥梁与隧道工程等。

合成纤维（尼龙基纤维、聚丙烯纤维等）可以作为主要加筋材料，提高混凝土的抗拉、韧性等结构性能，用于各种水泥基板材；也可以作为一种次要加筋材料，主要用于提高混凝土材料的抗裂性。碳纤维具有轻质、高强、耐腐蚀、施工便捷等优点，已广泛用于建筑、桥梁结构的加固补强以及机场飞机跑道工程等。

3. 活性粉末混凝土

活性粉末混凝土（reactive powder concrete，简称 RPC）是由骨料（级配良好的石英砂）、水泥、硅粉、高效减水剂以及一定量的纤维（如钢纤维等）等组成，因除去了大颗粒骨料，并增加了组分的细度和活性而得名，是一种超高强度、超高韧性和高耐久性的超高性能混凝土。RPC 的密度大，空隙率低，抗渗能力强，耐久性高，流动性好，还具有较高的韧性和良好的变形性能，比普通混凝土和现有的高性能混凝土有质的飞跃。

RPC 梁的抗弯强度与自重之比已接近钢梁，与高强钢绞线结合，以及良好的耐火性和耐腐蚀性，其综合结构性能可超过钢结构。

4. 纤维增强水泥基复合材料

由于粗骨料与水泥砂浆界面是混凝土中的最薄弱环节，因此近年来美国 Michigan 大学采用高性能纤维增强水泥砂浆，研制出一种工程化的纤维增强水泥基复合材料（engineered cementitious composites，简称 ECC）。其生产工艺类似于纤维混凝土，但不使用粗骨料，纤维体积含量一般不超过 2%。ECC 具有类似于金属材料的拉伸强化现象，其极限拉应变可达到 5%～6%，与钢材的塑性变形能力几乎相近，是具有像金属一样变形能力的混凝土材料。ECC 的抗压强度类似于混凝土，抗压弹性模量较低，但受压变形能力比普通混凝土大很多；其耐火性和耐久性也超过普通混凝土。

5. 钢与混凝土组合结构

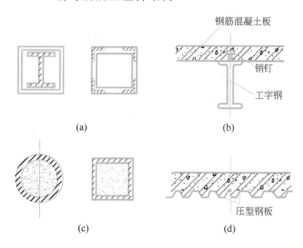

图 1-3 钢与混凝土组合截面示意图[11]
(a) 型钢-混凝土；(b) 组合梁；
(c) 钢管混凝土；(d) 压型钢板

用型钢或钢板焊成钢截面（图 1-3），再将其埋置于混凝土中，使混凝土与型钢形成整体共同受力，称为钢与混凝土组合结构，简称 SRC（steel reinforced concrete）。国内外常用的组合结构有：压型钢板与混凝土组合楼板、钢与混凝土组合梁、型钢混凝土结构、钢管混凝土结构和外包钢混凝土结构等五大类。

钢与混凝土组合结构除具有钢筋混凝土结构的优点外，还有抗震性能好、施工方便、能充分发挥材料的性能等优点，因而得到了广泛应用。各种结构体系，如框架、框架-剪力墙、剪力墙、框架-核心筒等结构体系中的梁、柱、墙均可采用组合结构。例如，上海金茂大厦外围柱、上海环球金融中心大厦的外框筒柱、深圳地王大厦和赛格广场大厦的外框架柱，采用了钢管混凝土柱或型钢混凝土柱。我国在电厂建筑中推广使用了外包钢混凝土结构。

1.3 本课程的主要内容及特点

1.3.1 主要内容

混凝土结构按其构成的形式可分为实体结构和组合结构两大类。大坝、桥墩、基础等通常为实体，称为实体结构；而建筑、桥梁、地下等工程中的混凝土结构通常由杆和板组成，称为组合结构，其中杆包括直杆（梁、柱等）和曲杆（拱、曲梁等）；板包括平板（楼板等）和竖板（墙）。如按结构构件的主要受力特点来区分，上述结构构件可分为以下几类：

（1）受弯构件，如梁、板等。这类构件的截面上有弯矩作用，故称为受弯构件。与此同时，构件截面上也有剪力存在。

（2）受压构件，如柱、墙等。这类构件都有压力作用。当压力沿构件纵轴作用在构件截面上时，则为轴心受压构件；如果压力在截面上不是沿纵轴作用或截面上同时有压力和弯矩作用时，则为偏心受压构件。柱、墙、拱等构件一般为偏心受压且还有剪力作用。所以，受压构件截面上一般作用有弯矩、轴力和剪力。

（3）受拉构件，如屋架下弦杆、拉杆拱中的拉杆等，通常按轴心受拉构件（忽略构件自重重力影响）考虑。又如层数较多的框架结构，在竖向荷载和水平荷载共同作用下，有的柱截面上除产生剪力和弯矩外，还可能出现拉力，则为偏心受拉构件。

（4）受扭构件，如曲梁、框架结构的边梁等。这类构件的截面上除产生弯矩和剪力外，还会产生扭矩。因此，对这类结构构件应考虑扭矩的作用。

在混凝土结构设计中，首先根据结构使用功能要求及考虑经济、施工等条件，选择合理的结构方案，进行结构布置以及确定结构计算简图等；然后根据结构上所作用的荷载及其他作用，对结构进行内力分析，求出构件截面内力（包括弯矩、剪力、轴力、扭矩等）。在此基础上，对组成结构的各类构件分别进行截面设计，即确定构件截面所需的钢筋数量、配筋方式并采取必要的构造措施。关于确定结构方案、进行结构内力分析等内容，将在"混凝土结构设计"等专业课中讲述。本课程讲述的主要内容是，混凝土结构基本构件的受力性能、承载力和变形计算以及配筋构造等。这些内容是土木工程混凝土结构中的共性问题，即混凝土结构的基本理论，故本课程为土木工程专业的学科基础课。

1.3.2 课程特点与学习方法

如上所述，本课程主要讲述混凝土结构构件的基本理论，其内容相当于匀质线弹性材料的材料力学。但是，钢筋混凝土是由非线性且拉压强度相差悬殊的混凝土和钢筋组合而成，受力性能复杂，因而本课程的内容更为丰富，有不同于一般材料力学的一些特点，学习时应予以注意。

（1）钢筋混凝土构件是由钢筋和混凝土两种材料组成的构件，且混凝土是非均匀、非连续和非弹性材料。因此，材料力学的公式一般不能直接用来计算钢筋混凝土构件的承载力和变形；而材料力学解决问题的基本方法，即通过平衡条件、物理条件和几何条件建立基本方程的手段，对于钢筋混凝土构件也是适用的，但在具体应用时应注意钢筋混凝土性能上的特点。

（2）钢筋混凝土构件中的两种材料，在强度和数量上存在一个合理的配比范围。如果钢筋和混凝土在面积上的比例及材料强度的搭配超过了这个范围，就会引起构件受力性能的改变，从而引起构件截面设计方法的改变，这是学习时必须注意的一个方面。

（3）钢筋混凝土构件的计算方法是建立在试验研究基础上的。钢筋和混凝土材料的力学性能指标通过试验确定；根据一定数量的构件受力性能试验，研究其破坏机理和受力性能，建立物理和数学模型，并根据试验数据拟合出半理论半经验公式。因此，学习时一定要深刻理解构件的破坏机理和受力性能，特别应注意构件计算方法的适用条件和应用范围。

（4）本课程所要解决的不仅是构件的承载力和变形计算等问题，还包括构件的截面形式、材料选用及配筋构造等。结构构件设计是一个综合性的问题，需要考虑各方面的因素。因此，学习本课程时，应注意学会对多种因素进行综合分析，培养综合分析判断能力。

（5）本课程的实践性很强，其基本原理和设计方法必须通过构件设计来掌握，并在设计过程中逐步熟悉和正确运用我国有关的设计规范和标准。本课程的内容主要与《工程结构通用规范》GB 55001、《混凝土结构通用规范》GB 55008、《混凝土结构设计规范》GB 50010、《工程结构可靠性设计统一标准》GB 50153、《建筑结构可靠性设计统一标准》GB 50068、《建筑结构荷载规范》GB 50009 等有关。设计规范是国家颁布的有关结构设计的技术规定和标准，规范条文尤其是强制性条文是设计中必须遵守的带法律性的技术文件。而只有正确理解规范条文的概念和实质，才能正确地应用规范条文及其相应公式，充分发挥设计者的主动性以及分析和解决问题的能力。

最后尚须强调，随着科学技术的发展，结构分析和设计方法不断变化，结构工程师要取得专业实践的成功，仅依赖设计技巧训练和应用现有方法是远远不够的，尤其需要深刻理解作为结构材料的混凝土和钢筋的基本性能，以及钢筋混凝土构件和结构的性能。另外，结构工程师的主要工作是安全、经济和合理地设计结构。所以，以透彻理解作为坚实基础，熟悉现行设计方法也是必需的，特别是现行国家标准所推荐的方法。

小　结

1.1　混凝土结构是以混凝土为主要材料制成的结构。它充分发挥了钢筋和混凝土两种材料各自的优点。在混凝土中配置适量的钢筋后，可使构件的承载力大大提高，构件的受力性能也得到显著改善。混凝土结构有很多优点，也存在一些缺点。应通过合理设计，发挥其优点，克服其缺点。

1.2　钢筋和混凝土两种材料能够有效地结合在一起而共同工作，主要基于三个条件：钢筋与混凝土之间存在黏结力；两种材料的温度线膨胀系数很接近；混凝土对钢筋起保护作用。这是钢筋混凝土结构得以实现并获得广泛应用的根本原因。

1.3　本课程主要讲述混凝土结构构件的基本性能与设计原理，与材料力学既有联系又有区别，学习时应予以注意。

思　考　题

1.1　试分析素混凝土构件与钢筋混凝土构件在承载力和受力性能方面的差异。钢筋与混凝土共同工作的基础是什么？

1.2　混凝土结构有哪些优点和缺点？如何克服这些缺点？混凝土结构有哪些应用和发展？

1.3　本课程主要包括哪些内容？学习时应注意哪些问题？

第2章 钢筋和混凝土材料的基本性能

2.1 钢筋的基本性能

2.1.1 钢筋的品种和级别

钢筋的物理力学性能主要取决于它的化学成分，其中铁元素是主要成分，此外还含有少量的碳、锰、硅、磷、硫等元素。混凝土结构中使用的钢材，按化学成分可分为碳素钢和普通低合金钢。根据钢材中含碳量的多少，碳素钢通常可分为低碳钢（含碳量少于0.25%）、中碳钢（含碳量0.25%～0.6%）和高碳钢（含碳量0.6%～1.4%）。钢筋中碳的含量增加，强度就随之提高，但塑性和可焊性降低。

在钢材中加入少量的合金元素（如锰、硅、钒、钛、铬等）即制成低合金钢，这既可以有效地提高钢筋的强度，又可以使钢筋保持较好的塑性。为了节约合金资源，冶金行业近年来研制开发出细晶粒钢筋，这种钢筋不需要添加或只需添加很少的合金元素，通过控制轧钢的温度形成细晶粒的金相组织，达到与添加合金元素相同的效果，其强度和延性完全满足混凝土结构对钢筋性能的要求。

《混凝土结构设计规范》规定，用于钢筋混凝土结构和预应力混凝土结构中的普通钢筋，可采用热轧钢筋；用于预应力混凝土结构中的预应力筋，可采用预应力钢丝、钢绞线和预应力螺纹钢筋。

热轧钢筋（hot-rolled bar，缩写为HRB）是由低碳钢、普通低合金钢或细晶粒钢在高温状态下轧制而成，其强度由低到高分为HPB300（工程符号为Φ）、HRB400（Φ）、HRBF400（Φ^F）、RRB400（Φ^R）、HRB500（Φ）、HRBF500（Φ^F）级。其中HPB300级为低碳钢，外形为光面圆形（图2-1a），称为光圆钢筋（plain bar）；HRB400级和HRB500级为普通低合金钢筋，HRBF400级和HRBF500级为细晶粒钢筋，均在表面轧有月牙肋（图2-1b），称为带肋钢筋（ribbed bar）或变形钢筋（deformed bar）。RRB400级钢筋为余热处理月牙纹变形钢筋，是在生产过程中，钢筋热轧后经淬火提高其强度，再利用芯部余热回火处理而保留一定延性的钢筋。

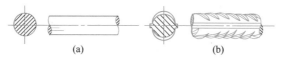

(a)　　　　　　　(b)

图2-1　热轧钢筋的外形

(a) 光圆钢筋；(b) 月牙肋钢筋

钢筋混凝土结构中的纵向受力钢筋可采用HRB400、HRB500、HRBF400、HRBF500、RRB400和HPB300钢筋，其中RRB400级钢筋的可焊性、机械连接性能及施工适应性降低，一般可用于对延性及加工性能要求不高的构件中，如基础、大体积混凝土以及楼板、墙体等，不宜用作重要部位的受力钢筋，不应用于直接承受疲劳荷载的

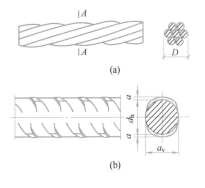

图 2-2　预应力筋的外形
（a）钢绞线；（b）预应力螺纹钢筋
（精轧螺纹钢筋）

构件。

中强度预应力钢丝的抗拉强度为 $800\sim1270\text{MPa}$，外形有光面（ΦPM）和螺旋肋（ΦHM）两种。消除应力钢丝的抗拉强度为 $1470\sim1860\text{MPa}$，外形也有光面（ΦP）和螺旋肋（ΦH）两种。钢绞线（ΦS）是由多根高强钢丝扭结而成，常用的有 1×3（3 股）和 1×7（7 股）（图 2-2a），抗拉强度为 $1570\sim1960\text{MPa}$。预应力螺纹钢筋（ΦT）又称精轧螺纹粗钢筋（图 2-2b），是用于预应力混凝土结构的大直径高强钢筋，抗拉强度为 $980\sim1230\text{MPa}$，这种钢筋在轧制时沿钢筋纵向全部轧有规律性的螺纹肋条，可用螺丝套筒连接和螺母锚固，不需要再加工螺栓，也不需要焊接。

预应力筋宜采用预应力钢丝、钢绞线和预应力螺纹钢筋。

2.1.2　钢筋的强度和变形性能

1. 钢筋的应力-应变曲线

根据钢筋在受拉时应力-应变曲线特点的不同，可将钢筋分为有明显流幅和无明显流幅两类。

（1）有明显流幅的钢筋

热轧钢筋属于有明显流幅的钢筋，也称为软钢，其拉伸试验的典型应力-应变曲线如图 2-3（a）所示。图中所示各点应力-应变曲线的特点是：a 点以前应力-应变呈直线变化，故 a 点对应的应力称为比例极限。过 a 点以后，应变的增长速度略快于应力的增长速度，但在应力达到弹性极限 b 点之前卸载，应变中的绝大部分仍能恢复。在应力超过 b 点以后，钢筋开始塑流，应力-应变图形接近于水平线，这种塑流变形一直延续到 c 点。bc 段称为流幅或屈服平台，相应于 b 点的应力称为钢筋的屈服强度（yield strength）。过 c 点以后，钢筋应力开始重新增长，直到 d 点达到其极限抗拉强度（ultimate tensile strength），简称抗拉强度。曲线 cd 段通常称为强化段。超过 d 点后，在试件内部某个薄弱部位的截面将突然急剧缩小，发生局部颈缩现象，如图 2-3（b）所示。此后若应力仍按初始横截面计算，则应力是逐渐降低的，至 e 点试件被拉断，e 点对应的应变称为钢筋的极限应变。实用上，图 2-3（a）所示曲线可分为 4 个阶段：弹性阶段 Ob、屈服阶段 bc、强化阶段 cd 和破坏阶段 de。

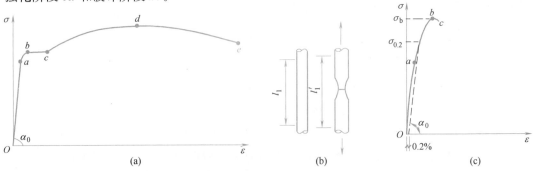

图 2-3　钢筋的应力-应变曲线
（a）有明显流幅的钢筋；（b）钢筋的颈缩；（c）无明显流幅的钢筋

软钢有两个强度指标：一是 b 点的屈服强度，它是钢筋混凝土构件承载力设计时钢筋强度取值的依据。因为钢筋屈服以后产生了较大的塑性变形，这将使构件变形和裂缝宽度大大增加以致影响正常使用，故设计中采用屈服强度作为钢筋的强度限值。另一个强度指标是 d 点的极限强度，一般用作钢筋的实际破坏强度，它是钢筋混凝土结构抗倒塌验算时钢筋强度取值的依据。

（2）无明显流幅的钢筋

预应力螺纹钢筋和各类钢丝属于无明显流幅的钢筋，也称为硬钢。这类钢筋拉伸时典型应力-应变曲线如图 2-3（c）所示，图中各点所示应力-应变曲线的特点如下：钢筋应力达到比例极限（图中 a 点，约为 $0.75\sigma_b$，σ_b 为极限强度）之前，应力-应变按直线变化，钢筋具有明显的弹性性质。超过 a 点之后，钢筋表现出一定的塑性性质，但应力与应变均持续增长，应力-应变曲线上没有明显的屈服点。到达极限强度 b 点后，同样由于钢筋的颈缩现象出现下降段，至 c 点钢筋被拉断。

由图 2-3（c）可知，这类钢筋只有一个强度指标，即 b 点所对应的极限抗拉强度。工程上一般取残余应变为 0.2% 时的应力（$\sigma_{0.2}$）作为无明显流幅钢筋的屈服强度，通常称为条件屈服强度（specified yield strength）。根据试验结果，$\sigma_{0.2}=(0.8\sim0.9)\sigma_b$，为简化计算，《混凝土结构设计规范》对消除应力钢丝和钢绞线，取 $\sigma_{0.2}=0.85\sigma_b$；对中强度预应力钢丝和螺纹钢筋，考虑工程经验做了适当调整，见附表 2。

（3）钢筋的弹性模量

钢筋的弹性模量是根据拉伸试验中测得的弹性阶段的应力-应变曲线确定的。由图 2-3 可见，弹性模量 $E=\sigma/\varepsilon=\tan\alpha_0$。由于钢筋在弹性阶段的受压性能与受拉性能类同，所以同一种钢筋的受压弹性模量与受拉时相同。各类钢筋的弹性模量见附表 6。

2. 钢筋的变形性能

钢筋除了有上述的两个强度指标（屈服强度和极限强度）外，还有两个塑性指标：延伸率（或总延伸率）和冷弯性能。这两个指标反映了钢筋的塑性性能和变形能力。

钢筋的延伸率是指钢筋试件上标距为 $10d$ 或 $5d$（d 为钢筋试件直径）范围内的极限伸长率，记为 δ_{10} 或 δ_5。钢筋的延伸率越大，表明钢筋的塑性和变形能力越好。钢筋的变形能力一般用延性（ductility）来表示，钢筋应力-应变曲线上屈服点至极限应变点之间的应变值反映了钢筋延性的大小。

延伸率仅能反映钢筋拉断时残余变形的大小，其中还包含了断口颈缩区域的局部变形。这一方面，使不同量测标距长度所得的结果不一致，即对同一钢筋，当量测标距长度取值较小时，所得的延伸率值较大，而当量测标距长度取值较大时，则所得的延伸率值较小；另一方面，延伸率忽略了钢筋的弹性变形，不能反映钢筋受力时的总体变形能力；此外量测钢筋拉断后的标距长度时，需将拉断的两段钢筋对合后再量测，也容易产生人为误差。为此，近年来国际上已采用钢筋最大力总延伸率（均匀伸长率）δ_{gt} 来表示钢筋的变形能力。

钢筋在达到最大应力 σ_b 时的变形包括塑性变形和弹性变形两部分（图 2-4），故最大力总延伸率（total elongation at maximum force）δ_{gt} 可表示如下：

$$\delta_{gt}=\left(\frac{L-L_0}{L_0}+\frac{\sigma_b}{E_s}\right)\times100\%$$ (2-1)

式中，L_0 为试验前的原始标距（不包含颈缩区）；L 为试验后量测标记之间的距离；σ_b 为

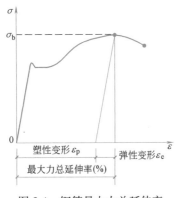

图 2-4　钢筋最大力总延伸率

钢筋的最大拉应力（即极限抗拉强度）；E_s 为钢筋的弹性模量。上式括号中的第一项反映了钢筋的塑性变形，第二项反映了钢筋在最大拉应力下的弹性变形。

δ_{gt} 的量测方法如图 2-5 所示。在离断裂点较远的一侧选择 Y 和 V 两个标记，两个标记之间的原始标距 L_0 在试验前至少应为 100mm；标记 Y 或 V 与夹具的距离不应小于 20mm 或钢筋公称直径 d 二者中的较大值，标记 Y 或 V 与断裂点之间的距离不应小于 50mm 或 2 倍钢筋公称直径二者中的较大值。钢筋拉断后量测标记之间的距离为 L，求出钢筋拉断时的最大拉应力 σ_b，按式（2-1）计算 δ_{gt}。

钢筋最大力总延伸率 δ_{gt} 既能反映钢筋的塑性变形，又能反映钢筋的弹性变形，量测结果受原始标距 L_0 的影响较小，也不产生人为误差。因此《混凝土结构设计规范》采用 δ_{gt} 评定钢筋的塑性性能，并要求各种钢筋最大力总延伸率 δ_{gt} 值不应小于附表 5 所规定的数值。

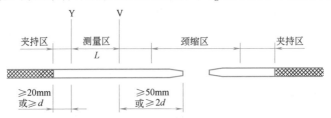

图 2-5　最大力总延伸率量测方法

为了使钢筋在使用时不会脆断，加工时不致断裂，还要求钢筋具有一定的冷弯性能。冷弯是在常温下将钢筋围绕某个规定直径 D（D 规定为 $1d$，$2d$，$3d$ 等）的辊轴弯曲一定的角度（90°或 180°），如图 2-6 所示。弯曲后的钢筋应无裂纹、鳞落或断裂现象。

3. 钢筋的疲劳性能

工程结构中的吊车梁、铁路或公路桥梁、铁路轨枕、海洋采油平台等都承受重复荷载作用。在频繁的重复荷载作用下，构件材料抵抗破坏的情况与一次受力时有着本质区别。

钢筋在重复、周期动荷载作用下，经过一定次数后，钢材发生脆性的突然断裂破坏，而不是单调加载时的塑性破坏，这种破坏称为疲劳破坏。此时钢筋的最大应力低于静荷载作用下

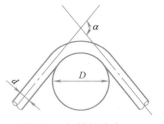

图 2-6　钢筋的冷弯

钢筋的极限强度。钢筋的疲劳强度（fatigue strength）是指在某一规定应力变化幅度内，经受一定次数循环荷载后，才发生破坏的最大应力值。一般认为，在外力作用下，钢筋疲劳断裂是由钢筋内部的缺陷造成的，这些缺陷一方面引起局部的应力集中，另一方面由于重复荷载的作用，使已产生的微裂纹时而压合，时而张开，使裂痕逐渐扩展，导致最终断裂。

影响钢筋疲劳强度的因素很多，如应力变化幅度、最小应力值、钢筋外表面的几何形状、钢筋直径、钢筋种类、轧制工艺和试验方法等，其中最主要的为钢筋的疲劳应力幅，即 $\sigma_{max}^f - \sigma_{min}^f$（$\sigma_{max}^f$，$\sigma_{min}^f$ 分别为重复荷载作用下同一层钢筋的最大应力和最小应力）。根据我国有关单位对各类钢筋进行的疲劳试验研究结果，《混凝土结构设计规范》给出了各类钢筋在

不同的疲劳应力比值 $\rho^f = \sigma_{min}^f / \sigma_{max}^f$ 时疲劳应力幅限值 Δf_y^f（普通钢筋）和 Δf_{py}^f（预应力筋），见附表7、附表8。这些值是以荷载循环 2×10^6 次条件下的钢筋疲劳应力幅值为依据而确定的。同时，《混凝土结构设计规范》还规定，当 $\rho^f \geqslant 0.9$ 时，可不作钢筋疲劳验算。

2.1.3 钢筋的冷加工

为了节约钢材和扩大钢筋的应用范围，常常对热轧钢筋进行冷拉、冷拔和冷轧等机械加工。钢筋经冷加工后，其力学性能发生了较大变化。

1. 钢筋的冷拉

冷拉是在常温下用机械方法将有明显流幅的钢筋拉到超过屈服强度即强化阶段中的某一应力值，如图2-7中的 k 点，然后卸载至零。由于 k 点的应力已超过弹性极限，故卸载至应力为零时应变并不等于零，其残余应变为 oo'。若卸载后立即重新加载，则应力-应变曲线将沿着 $o'kde$ 变化，k 点为新的屈服点（大致等于冷拉应力值），表明钢筋经冷拉后，屈服强度提高，但塑性降低。这种现象称为冷拉强化。

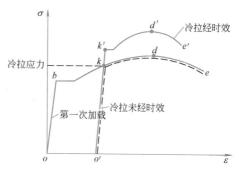

图 2-7　冷拉钢筋的应力-应变曲线

如果卸去拉力后，在自然条件下放置一段时间或进行人工加热后再进行拉伸，则应力-应变曲线将沿着 $o'k'd'e'$ 变化，屈服强度提高到 k' 点（高于冷拉应力值）。由此可见，钢筋在冷拉后，未经时效前，一般没有明显的屈服台阶，而经过停放或加热后进一步提高了屈服强度并恢复了屈服台阶，这种现象称为时效硬化。试验结果表明，普通低碳钢在常温下即发生时效，且在一定限度内屈服点随自然时效的时间而增长。低合金钢常需加热才有时效发生。

应当指出，冷拉只能提高钢筋的抗拉屈服强度，其抗压屈服强度将降低。因此，在设计中冷拉钢筋不宜作受压钢筋使用。另外，在焊接时的高温作用下，冷拉钢筋的冷拉强化效应将完全消失，因此，钢筋应先焊接，然后进行冷拉。

2. 钢筋的冷拔

冷拔一般是将Φ6的光圆热轧钢筋强行拔过小于其直径的硬质合金拔丝模具，如图2-8（a）所示。钢筋纵向经拉伸长度拔长，横向经挤压直径减小，使钢筋纵、横向都产生塑性变形。经过几次冷拔的钢丝，强度大为提高，但塑性降低。图2-8（b）为Φ6的光圆钢筋经三次冷拔到Φᵇ3钢丝的应力-应变曲线，可见冷拔后的钢筋没有明显的屈服点和流幅（即由软钢变为硬钢），强度由 260N/mm² 提高到 750N/mm²，而极限应变则由 21.9% 降至 3.3%。其中第一次冷拔后极限应变降至 6.66%。冷拔可同时提高钢筋的抗拉和抗压强度。

3. 钢筋的冷轧

冷轧带肋钢筋（cold-rolled ribbed steel wires and bars，缩写为CRB）系指采用普通低碳钢、中碳钢或低合金钢热轧圆盘条为母材，经冷轧减径后在其表面形成具有三面或二面月牙形横肋的钢筋。其牌号主要有 CRB550、CRB650、CRB800、CRB970，CRB后面的数字表示其抗拉强度标准值（N/mm²）。

高延性冷轧带肋钢筋是对热轧低碳盘条钢筋进行冷轧后增加了回火处理过程，使钢筋有屈服台阶，强度和变形指标均有明显提高，最大力总延伸率大于等于 5%。其牌号主要有

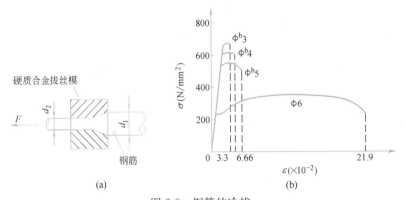

图 2-8 钢筋的冷拔

(a) 钢筋冷拔示意图 (b) 冷拔低碳钢丝的应力-应变曲线

CRB600H、CRB650H 和 CRB800H,其中数字表示其抗拉屈服强度标准值(N/mm²)。

CRB550、CRB600H 钢筋宜用作钢筋混凝土结构中的受力钢筋、钢筋焊网、构造钢筋以及预应力混凝土结构构件中的非预应力筋。CRB650、CRB650H、CRB800、CRB800H 和 CRB970 钢筋宜用作预应力混凝土结构构件中的预应力筋。直径 4mm 的冷轧带肋钢筋不宜作为混凝土构件中的受力钢筋。由于冷轧带肋钢筋的延性不如普通热轧钢筋,故其主要用于混凝土结构构件中的楼板配筋、墙体分布钢筋、梁柱箍筋及先张法预应力混凝土中小型结构构件的预应力筋。

冷扎带肋钢筋、预应力冷轧带肋钢筋的强度标准值分别见附表 1、附表 2。

2.1.4 混凝土结构对钢筋性能的要求

(1)适当的强度和屈强比。如前所述,钢筋的屈服强度(或条件屈服强度)是构件承载力计算的主要依据,屈服强度高则材料用量省,但实际结构中钢筋的强度并非越高越好。由于钢筋的弹性模量并不因其强度提高而增大(见附表 6),所以高强钢筋在高应力下的大变形会引起混凝土结构的过大变形和裂缝宽度。因此,对钢筋混凝土结构,宜优先选用 400MPa 和 500MPa 等级钢筋,不应采用高强钢丝等强度过高的钢筋。对预应力混凝土结构,可采用高强钢丝等高强度等级钢筋。屈服强度与极限抗拉强度之比称为屈强比,它代表了钢筋的强度储备,也在一定程度上代表了结构的强度储备。屈强比小,则结构的强度储备大,但比值太小则钢筋强度的有效利用率低,所以钢筋应具有适当的屈强比。

(2)足够的塑性。在工程设计中,要求混凝土结构承载能力极限状态为具有明显预兆的塑性破坏,避免脆性破坏,抗震结构则要求具有足够的延性,这就要求其中的钢筋具有足够的塑性,即各种钢筋最大力总延伸率不应小于附表 5 所规定的数值。另外,在施工时钢筋要弯转成型,因而应具有一定的冷弯性能。

(3)可焊性。要求钢筋具备良好的焊接性能,在焊接后不应产生裂纹及过大的变形,以保证焊接接头性能良好。我国生产的热轧钢筋可焊,而高强钢丝、钢绞线不可焊。热处理和冷加工钢筋在一定碳当量范围内可焊,但焊接引起的热影响区强度降低,应采取必要的措施。细晶粒热轧带肋钢筋以及直径大于 28mm 的带肋钢筋,其焊接应经试验确定,余热处理钢筋不宜焊接。

(4)耐久性和耐火性。细直径钢筋,尤其是冷加工钢筋和预应力筋,容易遭受腐蚀而影响表面与混凝土的黏结性能,甚至削弱截面,降低承载力。环氧树脂涂层钢筋或镀锌钢丝均可提高钢筋的耐久性，但降低了钢筋与混凝土间的黏结性能，设计时应注意这种不利影响。

热轧钢筋的耐火性能最好，冷拉钢筋其次，预应力筋最差。设计时应注意设置必要的混凝土保护层厚度以满足对构件耐火极限的要求。

（5）与混凝土具有良好的黏结。黏结力是钢筋与混凝土得以共同工作的基础，其中钢筋凹凸不平的表面与混凝土间的机械咬合力是黏结力的主要部分，所以变形钢筋与混凝土的黏结性能最好，设计中宜优先选用变形钢筋。

另外，在寒冷地区要求钢筋具备抗低温性能，以防止钢筋低温冷脆而致破坏。

2.2　混凝土的基本性能

混凝土是一种以水泥为主要胶结材料，以含有各种矿物成分的粗细骨料为基体拌合而成的人工混合材料，它是钢筋混凝土的主体。因而混凝土构件和结构的力学性能，在很大程度上取决于混凝土材料的性能。混凝土的性能包括混凝土的强度、变形、碳化、耐腐蚀、耐热、防渗等。本节主要阐述混凝土的强度和变形问题。

2.2.1　混凝土的强度

混凝土的强度（strength of concrete）是指它抵抗外力产生的某种应力的能力，即混凝土材料达到破坏或破裂极限状态时所能承受的应力。显然，混凝土的强度不仅与其材料组成等因素有关，而且还与其受力状态有关。

1. 简单受力状态下混凝土的强度

（1）立方体抗压强度和混凝土强度等级

混凝土在结构中主要用作受压材料，单轴受压状态下的破坏过程最具有代表性。详细地了解其破坏过程和机理，对于透彻理解混凝土的材性本质，正确解释结构和构件的各种损伤和破坏现象，以及改进和提高混凝土材料和结构的性能，都有重要意义。

试验研究表明，混凝土的破坏是由于内部开裂的裂缝逐渐发展的结果，也就是说破坏只是裂缝发展过程的最后阶段。图 2-9 所示为用 X 射线对试块在不同受载阶段的裂缝发展检测所获得的图形。试块在加载前，混凝土中就存在收缩裂缝和由于骨料周围泌水产生的微裂缝（黏结裂缝）；受载后，当应力较小时，骨料和水泥石产生弹性变形，初始微裂缝基本不发展；当荷载达到 65％ 的极限荷载时，在骨料颗粒与水泥石的接触面上产生了局部应力集中，因拉应力超过黏结强度将出现一些新的裂缝（砂浆裂缝），同时初始微裂缝进一步扩展；当加载至约 85％ 极限荷载时，砂浆裂缝急剧扩展，并沟通大骨料的黏结裂

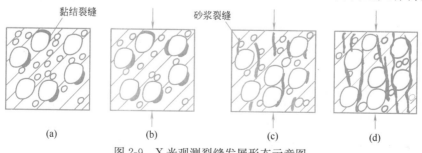

图 2-9　X 光观测裂缝发展形态示意图

（a）加载前；（b）破坏荷载的 65％时；（c）破坏荷载的 85％时；（d）破坏荷载时

缝，再沟通小骨料的黏结裂缝，成为非稳定裂缝；在极限荷载下，形成与加载方向平行的纵向贯通裂缝，将试块分割成许多小柱体，最后小柱体崩裂，导致混凝土破坏。

由上述分析可见，混凝土受压破坏的根本原因是由于横向扩胀拉伸所产生的裂缝非稳定发展所引起，或者说混凝土的纵向受压破坏是因其横向拉裂造成的。因此，如能对横向拉伸变形加以限制，则在一定程度上可以提高混凝土的抗压强度。

立方体试块在压力机上受压时，纵向压缩，横向膨胀，但试件两端因受承压钢板与试件端面间横向摩擦力的作用，横向膨胀受到约束限制的程度随离端部的距离增大而逐渐减小，致使裂缝不可能沿加载方向上下延伸发展，而是呈斜向随荷载增长不断地向两端扩展，最终形成角锥面破坏（图 2-10a），这种水平约束使混凝土强度有所提高。如果在承压钢板与试块接触面之间涂以润滑剂，以消除摩擦力的影响，则试块将出现与加载方向大致平行的竖向裂缝而破坏（图 2-10b），这时抗压强度低于有端部摩擦力影响的立方体的相应试验结果。

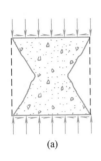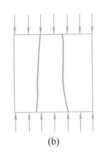

(a)　　　　　　(b)

图 2-10　混凝土立方体试块受压破坏形态
(a) 支承面有摩擦力；(b) 支承面无摩擦力

试验表明，混凝土立方体试块尺寸越大，实测破坏强度越低，反之越高，这种现象称为尺寸效应。一般认为，这是由混凝土内部缺陷和试件承压面摩擦力影响等因素造成的，试件尺寸大，内部缺陷（微裂缝、气泡等）相对较多，端部摩擦力影响相对较小，故强度较低。根据我国的试验结果，边长为 200mm 和 100mm 的立方体试块，其实测的立方体抗压强度分别是边长 150mm 的立方体试块相应强度的 0.95 倍和 1.05 倍。因此，混凝土强度等级小于 C60 时，用非标准试件测得的强度值均应乘以尺寸换算系数，其值对 200mm×200mm×200mm 试件为 1.05；对 100mm×100mm×100mm 试件为 0.95。当混凝土强度等级大于等于 C60 时，宜采用标准试件。

加载速度对混凝土抗压强度也有一定的影响。加载速度过快，混凝土内部微裂缝难以充分扩展，塑性变形受到一定抑制，于是强度较高。反之，加载速度过慢，则强度有所降低。

混凝土的强度还与试验时的龄期有关。在一定的温度和湿度条件下，混凝土的强度开始增长较快，后来逐渐减慢，这一强度增长过程可以延续几年。

由上述分析可见，混凝土的强度受到诸多因素的影响，如材料组成、制作方法、养护环境、试件的形状和尺寸以及试验方法等。因此在确定混凝土的强度时，需要规定一个统一的标准作为依据。

一般以混凝土抗压强度作为检验其力学性能的基本指标。世界各国用以测定混凝土抗压强度的标准试块形状有两种：圆柱体试块和立方体试块。圆柱体试块直径为 6 英寸，高度为 12 英寸，美国、日本等采用；立方体试块有 200mm×200mm×200mm，150mm×150mm×150mm，100mm×100mm×100mm 等，我国、苏联以及德国等采用。我国国家标准《混凝土物理力学性能试验方法标准》中规定：标准试件取边长 150mm 的立方体，用钢模成型，经浇筑、振捣密实后在温度为 20±5℃、相对湿度大于 50% 的室内静置 1～2d，试件拆模后放入标准养护室［（20±2）℃，相对湿度＞95%］；设计规定龄期（当粉煤灰等矿物掺合料在水泥和混凝土中占有较大比例时，可由设计根据具体情况适当延长龄期）后取出试件，擦干表面水，置于试验机内（支承面内有摩擦力），沿浇筑的垂直方向施加压力，以规定的速度连续加载直至试件破坏。试件的破坏荷载除以承压面积，即为混凝土的标准立方体抗压强度（cube strength of concrete），记为 f_{cu}^s（N/mm²）（上角标 s 表示试验值，下同）。而立方体抗压强度平均值系指一组标准立方体试件抗压强度的试验平均值，记为 $f_{cu,m}$。

混凝土的立方体抗压强度标准值系指按上述规定所测得的具有 95％保证率的立方体抗压强度，记为 $f_{cu,k}$，称为混凝土强度等级。《混凝土结构设计规范》规定，混凝土强度等级应按立方体抗压强度标准值确定，并将其按 $f_{cu,k}$ 的大小划分为 13 级，即 C20、C25、C30、C35、C40、C45、C50、C55、C60、C65、C70、C75、C80，其中 C50 及其以下为普通混凝土（normal-strength concrete），C50 以上为高强度等级混凝土，简称高强混凝土（high-strength concrete）。各强度等级中的数字部分表示以"N/mm²"为单位的立方体抗压强度标准值。混凝土强度等级（即立方体抗压强度标准值）是混凝土各种力学强度指标的基本代表值，混凝土的其他力学强度指标都可根据试验分析与其建立起相应的换算关系。

在混凝土结构中，混凝土强度等级的选用除与结构受力状态和性质有关外，还应考虑与钢筋强度等级相匹配。根据工程经验和技术经济等方面的要求，《混凝土结构通用规范》规定：素混凝土结构构件的混凝土强度等级不应低于 C20；钢筋混凝土结构构件的混凝土强度等级不应低于 C25；采用 500MPa 及以上等级钢筋的钢筋混凝土结构构件混凝土强度等级不应低于 C30。承受重复荷载作用的钢筋混凝土结构构件，混凝土强度等级不应低于 C30。预应力混凝土楼板结构的混凝土强度等级不应低于 C30，其他预应力混凝土结构构件的混凝土强度等级不应低于 C40。钢-混凝土组合结构构件的混凝土强度等级不应低于 C30。

（2）轴心抗压强度

在混凝土结构的受压构件中，构件的长度一般比截面尺寸大很多，形成棱柱体。另由上述分析可见，混凝土立方体试件在轴心受压时的应力和变形状态，以及破坏过程和破坏形态均表明，用标准试验方法并未在试件中建立起均匀的单轴受压应力状态，由此得到的也不是理想的混凝土单轴抗压强度。因此采用棱柱体试件比立方体试件更能反映混凝土的实际工作状态。

棱柱体试件的截面尺寸 b 一般选用立方体试件尺寸（例如 150mm×150mm），而其长度 h 应满足两个条件：一是 h 应足够大，以使试件中部摆脱端部摩擦力的影响，处于单轴均匀受压状态（图 2-11a）；二是 h 也不宜取得过大，以防止试件在破坏前由于较大的纵向弯曲而降低实际的抗压强度。试验表明，当棱柱体的长宽比 $h/b \geqslant 2$ 后，即可摆脱端部摩擦力的影响，所测强度趋于稳定（图 2-11b），同时试件也不会失稳。我国《混凝土物理力学性能试验方法标准》GB/T 50081—2019 中规定，采用 150mm×150mm×300mm 的棱柱体作为标准试件，按与上述立方体试验的相同规定所得试件的破坏荷载除以其截面面积，即为棱柱体抗压强度，亦即混凝土的轴心抗压强度（uniaxial compressive strength），记为 f_c^s，而轴心抗压强度平均值用 $f_{c,m}$ 表示。

为了建立混凝土轴心抗压强度 f_c^s 与立方体抗压强度 f_{cu}^s 之间的关系，我国做了大量的对比试验，如图 2-12 所示。由图可见，轴心抗压强度试验平均值 $f_{c,m}$ 与立方体抗压强度试验平均值 $f_{cu,m}$ 大致呈线性关系。对于普通混凝土，$f_{c,m}/f_{cu,m}$ 约为 0.76～0.8；对于高强混凝土，这一比值可达 0.8～0.85，并随混凝土强度增加而增大。其原因之一是试件端

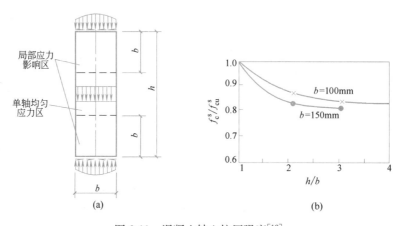

图 2-11 混凝土轴心抗压强度[12]

(a) 试件的应力区;(b) 试件高厚比的影响

部摩擦力对立方体试件的箍紧效应在高强混凝土中相对较弱,立方体试件的破坏形态不像普通混凝土那样破碎成明显的方锥形[15]。基于此,轴心抗压强度平均值与立方体抗压强度平均值的关系可表示为

$$f_{c,m} = \alpha_{c1} f_{cu,m} \tag{2-2}$$

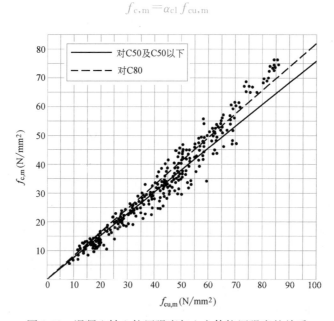

图 2-12 混凝土轴心抗压强度与立方体抗压强度的关系

考虑到实际工程中现场混凝土的制作和养护条件通常比试验室条件差,而且实际结构构件承受的是荷载长期作用,这比试验时承受的短期加载要不利得多,再考虑到我国工程实践经验并参考国外的有关规定等因素,将上述 $f_{c,m}/f_{cu,m}$ 值乘以修正系数 0.88。另外,对于高强混凝土,由于破坏时表现出明显的脆性性质,且工程经验相对较少,故在上述基础上再乘以脆性折减系数 α_{c2}。

综上所述,混凝土轴心抗压强度平均值 $f_{c,m}$ 与立方体抗压强度平均值 $f_{cu,m}$ 的关系按下式确定:

$$f_{c,m}=0.88\alpha_{c1}\alpha_{c2}f_{cu,m} \qquad (2\text{-}3)$$

式中 α_{c1}——棱柱体强度与立方体强度之比值，对混凝土强度等级为 C50 及以下取 $\alpha_{c1}=$ 0.76，对 C80 取 $\alpha_{c1}=0.82$，中间按线性规律变化取值；

     α_{c2}——混凝土考虑脆性的折减系数，对 C40 及以下混凝土取 $\alpha_{c2}=1.00$，对 C80 取 $\alpha_{c2}=0.87$，中间按线性规律变化取值；

     0.88——考虑结构中混凝土强度与试件混凝土强度之间的差异而采取的修正系数。

在混凝土结构的试验研究中，有时需要将圆柱体（$\Phi150\text{mm}\times300\text{mm}$）抗压强度换算为立方体或棱柱体抗压强度，二者的对应关系见表 2-1。其中 $f_{cu,m}$，$f_{cu,k}$ 分别表示立方体抗压强度平均值、标准值；$f'_{c,m}$，f'_c 分别表示圆柱体抗压强度平均值、特定值（特定值相仿于我国的强度标准值，但其保证率为 91%）。

混凝土立方体与圆柱体抗压强度的对应关系   表 2-1

混凝土强度等级	中国规范		美国规范		混凝土强度等级	中国规范		美国规范	
	$f_{cu,m}$	$f_{cu,k}$	$f'_{c,m}$	f'_c		$f_{cu,m}$	$f_{cu,k}$	$f'_{c,m}$	f'_c
C20	24.92	20	19.94	16.7	C55	66.48	55	—	45.0
C25	31.15	25	24.92	20.9	C60	71.81	60	—	50.0
C30	37.38	30	29.90	25.0	C65	77.04	65	—	55.0
C35	43.61	35	34.89	28.6	C70	82.16	70	—	60.0
C40	49.84	40	39.87	32.2	C75	87.19	75	—	65.0
C45	55.50	45	44.40	36.0	C80	92.12	80	—	70.0
C50	61.05	50	48.84	39.8					

（3）轴心抗拉强度

混凝土的抗拉强度是混凝土的基本力学特征之一，其值约为抗压强度的 1/17～1/8（对普通混凝土）和 1/24～1/20（对高强混凝土）[15]，并且不与立方体抗压强度呈线性关系。由于影响因素较多，目前还没有一种统一的标准试验方法，常用的有轴向拉伸试验、劈裂抗拉试验和抗折试验三种，如图 2-13 所示。

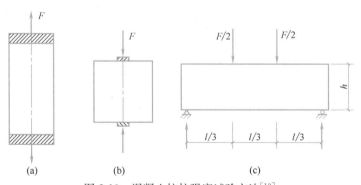

图 2-13   混凝土抗拉强度试验方法[13]

(a) 轴心受拉；(b) 劈裂；(c) 抗折

《混凝土物理力学性能试验方法标准》规定，测定混凝土抗拉强度的轴向拉伸试件可采用图 2-14 所示的任一种，其中间截面尺寸应为 $100\text{mm}\times100\text{mm}$。当采用图 2-14（a）所示的试件时，将拉环紧紧夹持在试模两端上、下拉环夹板的凹槽中，应注意检查拉环位置是否水平，可用若干层纸垫在前夹板或后夹板上，以调整拉环的水平位置。当采用图 2-14（c）所示的试件时，试件每端应预埋 4 个 M6 螺栓，埋在试件一端的螺栓应采取可靠的锚固措施，螺栓另一端应穿过试模端板的孔中，并应采用 2 个螺母从试模端板两侧将其水平固定在端板上。试验时对试件两端施加轴向拉力，破坏时试件在中部截面被拉断，试件被拉断时的总拉力除以其截面面积，即为混凝土的轴心抗拉强度（uniaxial tensile strength），记为 f_t^s，轴心抗拉强度平均值用 $f_{t,m}$ 表示。

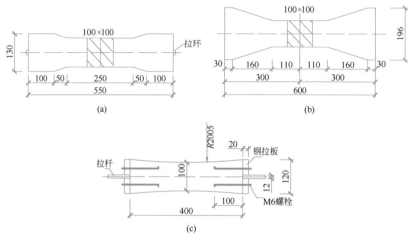

图 2-14　混凝土轴向拉伸试件及埋件

（a）试件形式 1；（b）试件形式 2；（c）试件形式 3

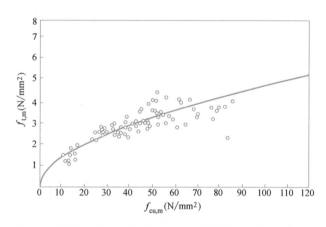

图 2-15　混凝土轴心抗拉强度与立方体抗压强度之间的关系

混凝土轴心抗拉强度与立方体抗压强度之间关系的对比试验结果见图 2-15，可见二者之间为非线性关系。根据我国过去对普通混凝土抗拉强度的试验数据以及近年来对高强混凝土的试验数据，经统计分析后，可得混凝土轴心抗拉强度平均值 $f_{t,m}$ 与立方体抗压强度平均值 $f_{cu,m}$ 之间的关系为

$$f_{t,m}=0.395f_{cu,m}^{0.55} \tag{2-4}$$

同样，考虑到结构中混凝土与试件混凝土之间的差异，以及对 C40 以上混凝土考虑脆性折减系数 α_{c2} 等，式（2-4）可修正为

$$f_{t,m}=0.88\times0.395\alpha_{c2}f_{cu,m}^{0.55} \tag{2-5}$$

用轴心受拉试验测定混凝土抗拉强度时，试件的对中比较困难，稍有偏差就可能引起

偏拉破坏，影响试验结果。目前国内外常采用劈裂和抗折试验等间接试验方法来测定混凝土的抗拉强度。

劈裂抗拉试验可用立方体（图 2-13b）或圆柱体试件（图 2-16a）进行，在试件上下与加载板之间各加一垫条，使试件上下形成对应的条形加载，造成沿立方体中心或圆柱体直径切面的劈裂破坏，如图 2-16（b）所示。由弹性力学可知，此时在试件的竖直中面上，除两端加载点附近的局部区域为压应力外，其余部分将产生均匀的水平拉应力（图 2-16b)，当拉应力增大到混凝土的抗拉强度时，试件将沿竖直中面产生劈裂破坏。混凝土的劈裂抗拉强度可按下式计算（弹性力学解）：

对立方体试件
$$f_t = \frac{2F}{\pi a^2} \tag{2-6}$$

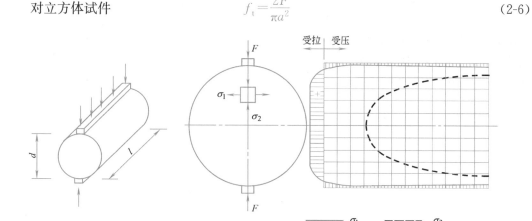

图 2-16　圆柱体试件的劈裂抗拉强度试验及其应力分布[17]

(a)圆柱体试件；(b)沿加载直径上的应力分布

对圆柱体试件
$$f_t = \frac{2F}{\pi d l} \tag{2-7}$$

式中　F——竖向总荷载；

　　　a——立方体试件的边长；

　　d、l——圆柱体试件的直径和长度。

试验结果表明，劈裂抗拉强度除与试件尺寸（尺寸效应）等因素有关外，还与垫条的大小、形状和材料特性有关。加大垫条宽度可以提高试件的劈裂抗拉强度，一般认为垫条宽度应小于立方体边长或圆柱体直径的1/10。

抗折试验是另一种测定混凝土抗拉强度的试验方法，通常用简支梁做试验。梁试件尺寸为150mm×150mm×(550～600)mm。一般采用三分点对称加载（图 2-13c）。抗折试验所得的混凝土抗折强度 f_r，是假定截面应力为直线分布，并按下式计算：

$$f_r = M_u / W \tag{2-8}$$

式中　M_u——相应荷载下试件的极限弯矩值；

　　　W——试件破坏截面的截面抵抗矩。

2. 复杂受力状态下混凝土的强度

在混凝土结构中，混凝土极少处于单轴受压或受拉应力状态，一般都处于复杂受力状态，如钢筋混凝土梁弯剪段的剪压区、框架的梁柱节点区、牛腿、深梁等。复杂应力状态下混凝土的强度，亦称为混凝土的复合受力强度。由于混凝土高度的非匀质状态以及微裂缝和其他不连续现象，对其受力性能影响很大，因而目前尚未建立比较完善的混凝土强度理论，混凝土的复合受力强度主要是依赖于试验结果，而不是严密的理论分析。

在简单受力状态下，混凝土材料的极限应力（即强度）状态可用数轴上的一点表示。在复杂应力状态下，由于材料中的某一点同时受有多种应力作用，当这些应力的某种组合使材料达到极限状态时材料破坏，因此，复杂受力状态下混凝土材料的极限应力状态应当用平面曲线或空间曲面来表示。

（1）双轴应力状态

双轴应力试验一般采用正方形板试件。试验时沿板平面内的两对边分别作用法向应力 σ_1 和 σ_2，沿板厚方向的法向应力 $\sigma_3=0$，板处于平面应力状态。图 2-17 是 Kupfer 等人根据试验结果所绘制的典型强度包络图，它是平面曲线，其中 f'_c 是混凝土圆柱体单轴抗压强度。图中各段曲线的方程如下：

双向受压
$$\left.\begin{aligned}\sigma_{2c}&=\frac{1+3.65\alpha}{(1+\alpha)^2}f'_c\\\sigma_{1c}&=\alpha\sigma_{2c}\end{aligned}\right\}\qquad(2\text{-}9)$$

一拉一压
$$\left.\begin{aligned}\sigma_{1t}&=\left(1-0.8\frac{\sigma_2}{f'_c}\right)f_t\\\sigma_{2c}&=\frac{1+3.28\alpha}{(1+\alpha)^2}f'_c\end{aligned}\right\}\qquad(2\text{-}10)$$

双向受拉
$$\left.\begin{aligned}\sigma_{1t}&=f_t\\\sigma_{2t}&=f_t\end{aligned}\right\}\qquad(2\text{-}11)$$

式中　f'_c——混凝土圆柱体单轴抗压强度；

f_t——混凝土轴心抗拉强度；

α——两个方向应力的比值，$\alpha=\sigma_1/\sigma_2$，其中 σ_1、σ_2 如为压应力用负号，拉应力用正号；

σ_{ic}——i（$i=1$，2）方向的压应力；

σ_{it}——i（$i=1$，2）方向的拉应力。

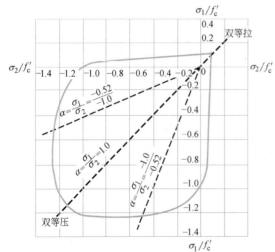

图 2-17　混凝土双轴受力时的强度（用主应力表示）

在图 2-17 中，第一象限为双向受拉应力状态，σ_1 和 σ_2 相互间的影响不大，无论比值 α 如何变化，实测破坏强度基本上接近于单轴抗拉强度，如式（2-11）所示。第三象限表示双向受压情况，由于一个方向的压应力会对另一方向压应力引起的侧向变形起到一定程度的约束作用，限制了试件内混凝土微裂缝的扩展，故而提高了混凝土的抗压强度。当应力比值 α 为 1 和 0.5 时，由式（2-9）可求得最大压应力分别为 $1.16f'_c$ 和 $1.26f'_c$。可见双轴受压时的强度最大值不是发生在 $\sigma_1=\sigma_2$

的情况下，而是在 σ_1/σ_2 约等于 0.5 时。第二和第四象限表示混凝土处于一向受压、另一向受拉状态时的强度变化规律，此时混凝土的强度均低于单轴受力（拉或压）强度。这是由于同时拉、压时，互相助长试件在另一方向的受拉变形，加速了内部微裂缝的发展，使混凝土强度降低。

（2）三轴受压状态

实际工程中广泛应用的钢管混凝土柱、螺旋箍筋柱等，当承受轴向压力时，钢管或螺旋箍筋内的混凝土同时受到钢管或螺旋箍筋的侧向约束（侧向压力），形成三轴受压状态。混凝土在三轴受压时的强度也是由试验确定。三轴受压试验有三种加载组合方式，最典型的是侧向等压（$\sigma_2 = \sigma_3 = \sigma_r$）的三轴受压，即所谓常规三轴。试验时先通过液体静压力对混凝土圆柱体施加径向等压应力，然后对试件施加纵向压应力 σ_1 直至破坏。在这种受力状态下，试件由于受到侧向约束，其内部微裂缝的产生和发展受到阻碍，因此当侧向压力增大时，破坏时的轴向抗压强度也相应地增大，如图 2-18 所示。根据对试验结果的分析，三轴受压时混凝土纵向抗压强度为

$$f_{c1} = f_c' + 4\alpha\sigma_r \tag{2-12}$$

式中　f_{c1}——混凝土三轴受压时的圆柱体轴心抗压强度；

　　　f_c'——混凝土圆柱体单轴抗压强度；

　　　σ_r——侧向压应力；

　　　α——系数：当混凝土强度等级不超过 C50 时，取 1.0，当混凝土强度等级为 C80 时，取 0.85，其间按线性内插法确定。

式（2-12）表明，f_{c1} 与侧向压应力 σ_r 呈线性关系。但图 2-18 说明，二者之间并不是很好地符合线性关系，且式（2-12）只适用于侧向压力较低的情况。因此，我国学者蔡绍怀等人根据国外大量试验资料的分析，提出下列经验公式：

$$f_{c1} = f_c' \left[1 + 1.5\sqrt{\frac{\sigma_r}{f_c'}} + 2\frac{\sigma_r}{f_c'} \right] \tag{2-13}$$

上式不仅与试验结果能很好符合，而且也适用于高侧向压力的情况。

（3）剪压或剪拉复合应力状态

构件截面同时作用剪应力和压应力或拉应力的剪压或剪拉复合应力状态，在工程中较为常见，如钢筋混凝土梁弯剪区段的剪压区等。通常采用空心薄壁圆柱体进行这种受力试验，试验时先施加纵向压力（或拉力），然后再施加扭矩至破坏，如图 2-19（a）所示。图 2-19（b）是岗岛达雄的试验结果及相应的强度变化曲线，图中曲线可用下式表达：

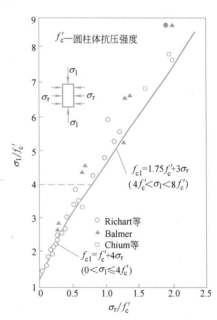

图 2-18　三轴受压试验结果

$$\tau/\sigma_0 = \sqrt{0.00981 + 0.112\,(\sigma/\sigma_0) - 0.122\,(\sigma/\sigma_0)^2} \tag{2-14}$$

式中 σ_0——单轴抗压强度；

σ——拉应力或压应力；

τ——在 σ 为一定值时的混凝土最大剪应力，即复合抗剪强度。

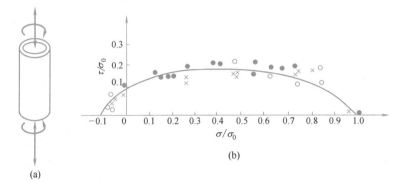

图 2-19　剪压或剪拉试验及试验曲线

（a）剪压或剪拉试验示意；（b）τ/σ_0-σ/σ_0 关系曲线

由图 2-19（b）可见，在剪拉应力状态下，随着拉应力绝对值的增加，混凝土抗剪强度降低，当拉应力约为 $0.1\sigma_0$（$\sigma_0 = f_c$）时，混凝土受拉开裂，抗剪强度降低到零。在剪压应力状态下，随着压应力的增大，混凝土的抗剪强度逐渐增大，并在压应力达到某一数值时，抗剪强度达到最大值。此后，由于混凝土内部微裂缝的发展，抗剪强度随压应力增大反而减小，当压应力达到混凝土轴心抗压强度时，抗剪强度为零。

2.2.2　混凝土的变形性能

混凝土的变形可分为两类：一类是荷载作用下的受力变形，包括单调短期加载、多次重复加载以及荷载长期作用下的变形；另一类是体积变形，一般指混凝土收缩、膨胀以及由于温度变化产生的变形等。

1. 混凝土在单调短期加载下的变形性能

（1）混凝土轴心受压时的应力-应变关系

混凝土在单轴受压状态下的应力-应变关系是混凝土材料最基本的性能，是研究混凝土构件的承载力、变形、延性和受力全过程分析的重要依据。

一般用标准棱柱体或圆柱体试件测定混凝土受压时的应力-应变曲线。图 2-20 为普通混凝土轴心受压时典型的应力-应变曲线，图中各个特征阶段的特点如下。

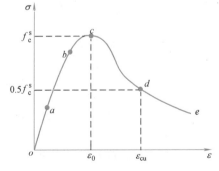

图 2-20　混凝土受压时典型应力-应变曲线

当荷载较小时，即 $\sigma \leqslant 0.3 f_c^s$（图中 oa 段）时，应力-应变关系接近于直线，故 a 点相当于混凝土的弹性极限。此阶段中混凝土的变形主要取决于骨料和水泥石的弹性变形，混凝土内部的初始微裂缝没有发展。随着荷载的增加，当应力约为（0.3～0.8）f_c^s（图中 ab 段）时，由于水泥凝胶体的黏性流动和混凝土内部微裂缝的扩展，混凝土表现出越来越明显的塑性，应力-应变关系偏离直线，应变的增长速度比应力增长快。此阶段中混凝土内部微裂缝虽有所发展，但处于稳定

24

状态，故 b 点称为临界应力点，相应的应力相当于混凝土的条件屈服强度。随着荷载进一步增加，当应力约为 $(0.8\sim1.0)f_c$（图中 bc 段）时，应变增长速度进一步加快，应力-应变曲线的斜率急剧减小，混凝土内部微裂缝进入非稳定发展阶段。当应力到达 c 点时，混凝土发挥出受压时的最大承载能力，即轴心抗压强度 f_c（极限强度），相应的应变值 ε_0 称为峰值应变。此时混凝土内部微裂缝已延伸扩展成若干通缝。oc 段通常称为应力-应变曲线的上升段。

超过 c 点以后，试件的承载能力随应变增长逐渐减小，这种现象称为应变软化（strain softening）。当应力开始下降时，试件表面出现一些不连续的纵向裂缝，随后应力下降加快，当应变增加到 0.004～0.006 时，应力下降减缓，最后趋于稳定。ce 段称为应力-应变曲线的下降段。下降段的存在表明受压破坏后的混凝土仍保持一定的承载能力，它主要是由滑移面上的摩擦咬合力和为裂缝所分割成的混凝土小柱体的残余强度所提供。

混凝土轴心受压时应力-应变曲线形状与混凝土强度等级和加载速度等因素有关。图 2-21 为不同强度等级的混凝土轴心受压应力-应变曲线。由图可见，高强度混凝土在 $\sigma\leqslant(0.75\sim0.90)f_c$ 之前（普通混凝土 $\sigma\leqslant0.3f_c$），应力-应变关系一直为直线，线性段的范围随混凝土强度的提高而增大；高强混凝土的峰值应变 ε_0 随混凝土强度的提高有增大趋势，可达 0.0025 甚至更多（普通混凝土 ε_0 为 0.0015～0.002）；达到峰值应力以后，高强混凝土的应力-应变曲线骤然下跌，表现出很大的脆性，强度越高，下跌越陡。图 2-22 为加载速度不同对应力-应变曲线形状的影响。随加载应变速度的降低，应力峰值 f_c 略有降低，但相应的峰值应变 ε_0 增大，并且下降段曲线较平缓。

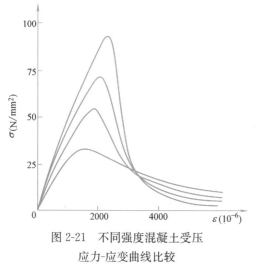

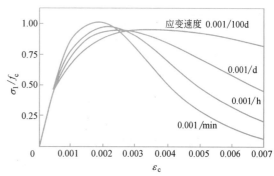

图 2-21　不同强度混凝土受压　　　　图 2-22　加载应变速度不同时混
　　　应力-应变曲线比较　　　　　　　　凝土受压应力-应变曲线

综上所述，混凝土在荷载作用下的应力-应变关系是非线性的，由应力-应变曲线可以确定混凝土的极限强度（ultimate strength）f_c、相应的峰值应变（strain at the maximum stress）ε_0 以及极限压应变（ultimate compressive strain）ε_{cu}。所谓极限压应变是指混凝土试件可能达到的最大应变值，它包括弹性应变和塑性应变。《混凝土结构设计规范》取 $0.5f_c$ 对应的压应变为极限压应变（图 2-20）。极限压应变越大，混凝土的变形能力越好。而混凝土的变形能力一般用延性表示，它是指混凝土试件在承载能力没有显著下降情况下承受变形的能力。对于均匀受压的混凝土构件，如轴心受压构件，其应力达到 f_c 时，混凝土就不能承受更大的荷载，故峰值应变 ε_0 就成为构件承载能力计算的依据。ε_0 随混凝土强度等级不同约在 0.0015～0.0025 之间变动（图2-21），结构计算时取 $\varepsilon_0=0.002$（对普通混凝土）或 $\varepsilon_0=0.002\sim0.00215$（对高强混凝土）。对于非均匀受压的混凝土构件，如受弯构件和偏心受压构件的受压区，混凝土所受的压应力是不均匀的。当受压区最外层纤维达到最大压应力 f_c^s 后，附近应力较小的内层纤维协助外层纤维受压，对外层纤维起卸载作用，直到最外层纤维达到极限压应变 ε_{cu}，截面才破坏，此时极限压应变值约为 $0.002\sim0.006$，有的甚至达到 0.008，结构计算时取 $\varepsilon_{cu}=0.0033$（对普通混凝土）或 $\varepsilon_{cu}=0.0033\sim0.003$（对高强混凝土）。

（2）混凝土单轴受压应力-应变关系

混凝土应力-应变关系的数学模型，是对混凝土结构进行非线性分析的重要依据，目前已提出较多的应力-应变关系模型。其中较常用的是 Hognestad 建议的模型，其应力-应变曲线的上升段为二次抛物线，下降段为斜直线，如图 2-23 所示。表达式为

上升段：$\varepsilon \leqslant \varepsilon_0$，$\qquad \sigma=\left[2\dfrac{\varepsilon}{\varepsilon_0}-\left(\dfrac{\varepsilon}{\varepsilon_0}\right)^2\right]f_c^s$ $\hfill$ (2-15)

下降段：$\varepsilon_0 \leqslant \varepsilon \leqslant \varepsilon_{cu}$，$\qquad \sigma=\left[1-0.15\left(\dfrac{\varepsilon-\varepsilon_0}{\varepsilon_{cu}-\varepsilon_0}\right)\right]f_c^s$ $\hfill$ (2-16)

式中 $\quad f_c^s$——峰值应力（轴心抗压强度）；

$\qquad \varepsilon_0$——相应于峰值应力时的应变，取 $\varepsilon_0=0.002$；

$\qquad \varepsilon_{cu}$——极限压应变，取 $\varepsilon_{cu}=0.0038$。

我国《混凝土结构设计规范》所推荐的混凝土单轴受压应力-应变关系如图 2-24 所示，其表达式为

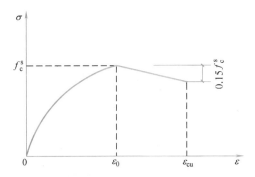

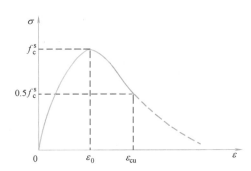

图 2-23　Hognestad 建议的应力-应变关系　　　　图 2-24　《混凝土结构设计规范》
　　　　　　　　　　　　　　　　　　　　　　　　　　建议的应力-应变曲线

$$\sigma=(1-d_c)E_c\varepsilon \tag{2-17}$$

$$d_c=\begin{cases}1-\dfrac{\rho_c n}{n-1+(\varepsilon/\varepsilon_c)^n} & \varepsilon/\varepsilon_c \leqslant 1 \\[3mm] 1-\dfrac{\rho_c}{\alpha_c(\varepsilon/\varepsilon_c-1)^2+\varepsilon/\varepsilon_c} & \varepsilon/\varepsilon_c > 1\end{cases} \tag{2-18}$$

$$\rho_c=\dfrac{f_c^s}{E_c\varepsilon_c} \qquad n=\dfrac{E_c\varepsilon_c}{E_c\varepsilon_c-f_c^s}$$

式中 $\quad \alpha_c$——混凝土单轴受压应力-应变曲线下降段参数值，按《混凝土结构设计规范》表 C.2.4 取用；

$\qquad f_c^s$——混凝土单轴抗压强度；

$\qquad \varepsilon_c$——与单轴抗压强度相应的混凝土峰值压应变，按《混凝土结构设计规范》表

C.2.4 取用；

d_c——混凝土单轴受压损伤演化参数；

E_c——混凝土的弹性模量。

（3）混凝土轴心受拉应力-应变关系

混凝土轴心受拉时的应力-应变关系与轴心受压时类似（图 2-25）。当拉应力 $\sigma \leqslant 0.5 f_t^s$ 时，应力-应变关系接近于直线；当 σ 约为 $0.8 f_t^s$ 时，应力-应变关系开始明显偏离直线，反映了混凝土受拉时塑性变形的发展。当采用等应变速率加载时，也可测得应力-应变曲线的下降段。试件断裂时的极限拉应变很小，通常在 $(0.5 \sim 2.7) \times 10^{-4}$ 范围内变动，计算时一般取 $\varepsilon_t = 1.5 \times 10^{-4}$。

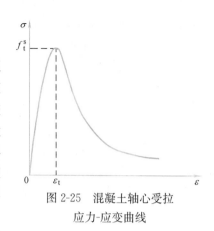

图 2-25　混凝土轴心受拉
应力-应变曲线

目前提出的混凝土受拉应力-应变关系数学模型也比较多，我国《混凝土结构设计规范》推荐的混凝土单轴受拉应力-应变关系（图 2-25）的表达式为

$$\sigma = (1 - d_t) E_c \varepsilon \tag{2-19}$$

$$d_t = \begin{cases} 1 - \rho_t \left[1.2 - 0.2(\varepsilon/\varepsilon_t)^5\right] & \varepsilon/\varepsilon_t \leqslant 1 \\ 1 - \dfrac{\rho_t}{\alpha_t(\varepsilon/\varepsilon_t - 1)^{1.7} + \varepsilon/\varepsilon_t} & \varepsilon/\varepsilon_t > 1 \end{cases} \tag{2-20}$$

$$\rho_t = \frac{f_t^s}{E_c \varepsilon_t}$$

式中　α_t——混凝土单轴受拉应力-应变曲线下降段参数值，按《混凝土结构设计规范》表 C.2.3 取用；

f_t^s——混凝土的单轴抗拉强度；

ε_t——与单轴抗拉强度 f_t^s 相应的混凝土峰值拉应变，按《混凝土结构设计规范》表 C.2.3 取用；

d_t——混凝土单轴受拉损伤演化参数。

应当指出，式（2-15）~式（2-20）所给出的混凝土应力-应变关系，主要用于混凝土结构的非线性分析。构件截面承载力计算所采用的混凝土受压应力-应变关系，将在第 4 章介绍。

（4）混凝土在复合应力下的应力-应变关系

混凝土在复合应力下的应力-应变关系较为复杂，目前研究得不够充分，现仅就混凝土在三向受压时的变形特点作简要说明。

图 2-26 为混凝土圆柱体试件在不

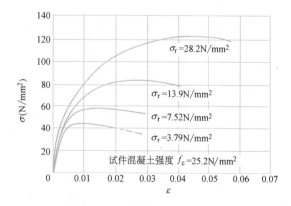

图 2-26　混凝土圆柱体三向受压时
轴向应力-应变曲线

同的侧向压力 σ_r 条件下的轴向应力-应变曲线。由图可见,随着试件周围侧向压力的增加,试件的纵向强度和变形能力都大大提高了。在工程实际中,通常采用间距较小的螺旋筋、普通箍筋以及钢管等对混凝土提供横向约束,形成约束混凝土(confined concrete),以达到类似效果。图 2-27 和图 2-28 分别是螺旋筋圆柱体试件和普通箍筋棱柱体试件在不同螺旋筋和箍筋间距时所测得的约束混凝土应力-应变曲线图。由图可见,在应力接近混凝土抗压强度之前,应力-应变曲线与不配螺旋筋或箍筋的试件基本相同。当混凝土应力接近抗压强度时,由于内部微裂缝的发展,使混凝土横向膨胀而向外挤压螺旋筋或箍筋,螺旋筋或箍筋反过来阻止混凝土的膨胀,使混凝土处于三向受压状态,从而提高了试件的纵向强度和变形能力。而且螺旋筋和箍筋的用量越多,其效果越明显,特别是变形能力大为提高。此外,由于螺旋筋能使核心混凝土在侧向受到均匀连续的约束力,其效果较普通箍筋好,因而强度和变形能力的提高更为显著。

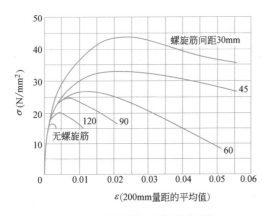

图 2-27 螺旋筋圆柱体约束混凝土的应力-应变曲线

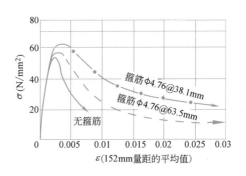

图 2-28 普通箍筋棱柱体约束混凝土的应力-应变曲线

2. 混凝土在重复荷载作用下的变形性能

在重复荷载作用下,混凝土的受力和变形性能明显地不同于一次单调加载时的性能。图 2-29(a)为混凝土受压棱柱体试件在一次加载卸载时的应力-应变曲线。当加载至 A 点后卸载,加载应力-应变曲线为 OA,卸载应力-应变曲线为 AB。加载至 A 点时总应变为 ε,其中一部分(OB)在卸载过程中不能恢复,即塑性应变 ε_p。但在塑性应变中有一小部分(BB′)在卸载后经过一定时间后才能恢复,称为弹性后效 ε_{ae}。最后保留在试件中的不能恢复的变形(B′O)称为残余应变 ε_{cr}。这样,混凝土在一次加载卸载下的应力-应变曲线为 OABB′,形成一个环状。

混凝土受压棱柱体试件在多次重复荷载作用下的应力-应变曲线如图 2-29(b)所示,图中表示了三种不同水平的应力重复作用时的应力-应变曲线。由图可见,当每次加载的最大压应力值(如图中的 σ_1 和 σ_2)不超过某个限值时,每次加载卸载过程都将有一部分塑性变形不能恢复,形成塑性变形的积累。但随着荷载循环次数的增加,累积的塑性变形将不再增长,混凝土加载卸载的应力-应变曲线将呈直线变化,且此直线大致与第一次加载时的原点切线平行。若继续重复加载卸载,混凝土仍保持弹性性质,不会因混凝土内部裂缝扩展或变形过大而破坏。但当加载时的最大压应力值(如图中

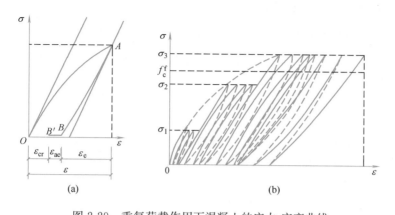

图 2-29　重复荷载作用下混凝土的应力-应变曲线

（a）混凝土一次加载卸载的应力-应变曲线；（b）混凝土多次重复加载卸载的应力-应变曲线

的 σ_3）超过某一限值时，随着荷载重复次数的增加，应力-应变曲线一度也呈直线变化，但因应力值较大，继续加载将在混凝土内部引起新的微裂缝并不断发展，使加载应力-应变曲线转向相反方向弯曲，加载卸载曲线不能再形成封闭的滞回环，应力-应变曲线的斜率不断降低，当荷载重复到一定次数时，混凝土试件将因严重开裂或变形过大而破坏。这种因荷载多次重复作用而引起的破坏称为疲劳破坏，将混凝土试件承受 200 万次重复荷载时发生破坏的压应力值称为混凝土的疲劳抗压强度（fatigue strength）f_c^f。

试验表明，混凝土的疲劳强度除与荷载重复次数和混凝土强度有关外，还与重复作用应力变化的幅度有关，即与疲劳应力比值 $\rho_c^f = \sigma_{c,min}^f / \sigma_{c,max}^f$ 有关，其中 $\sigma_{c,min}^f$，$\sigma_{c,max}^f$ 分别为构件截面同一纤维上的混凝土最小应力值及最大应力值。在相同的重复次数下混凝土的疲劳强度随 ρ_c^f 增加而增大。混凝土轴心抗压、轴心抗拉疲劳强度等于轴心抗压、轴心抗拉强度乘以相应的疲劳强度修正系数 γ_p。γ_p 应根据不同的疲劳应力比 ρ_c^f 按附表 12 采用；当混凝土受拉-压疲劳应力作用时，受压或受拉疲劳强度修正系数 γ_p 均取 0.60。

3. 混凝土的弹性模量、泊松比、剪变模量和热工参数

（1）混凝土的弹性模量

在材料力学中，当材料在线弹性范围内工作时，一般用弹性模量（modulus of elasticity）表示应力与应变之间的关系，即 $E = \sigma/\varepsilon$。

对于混凝土材料，当应力较小时［如对普通混凝土 $\sigma \leqslant 0.3 f_c^c$，对高强混凝土 $\sigma \leqslant (0.75 \sim 0.9) f_c^c$］，也具有线弹性性质，可以用弹性模量表示应力与应变之间的关系。通常取混凝土应力-应变曲线在原点 O 处切线的斜率（图 2-30）作为混凝土的初始弹性模量，简称弹性模量，即

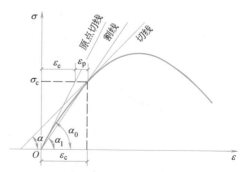

图 2-30　混凝土变形模量的表示方法

$$E_c = \tan\alpha_0 \tag{2-21}$$

由于混凝土在一次加载下的初始弹性模量不易准确测定，通常借助多次重复加载卸载

后的应力-应变曲线的斜率来确定 E_c。我国有关规范规定用下述方法测定混凝土弹性模量 E_c：将棱柱体试件加载至应力 $\sigma = 1/3 f_c^s$，重复加载卸载各 5 次后，应力-应变曲线基本上趋于直线，将应力-应变曲线上 $1/3 f_c^s$ 与 $0.5\text{N}/\text{mm}^2$ 的应力差 σ_t 与相应的应变差 ε_t 的比值作为弹性模量，即

$$E_c = \frac{\sigma_t}{\varepsilon_t} \tag{2-22}$$

中国建筑科学研究院曾进行了 387 个普通混凝土试件的弹性模量测定试验，经统计分析求得混凝土弹性模量与相应的立方体抗压强度标准值 $f_{cu,k}$ 之间的关系（图 2-31）为

$$E_c = \frac{10^5}{2.2 + \dfrac{34.7}{f_{cu,k}}} \quad (\text{N}/\text{mm}^2) \tag{2-23}$$

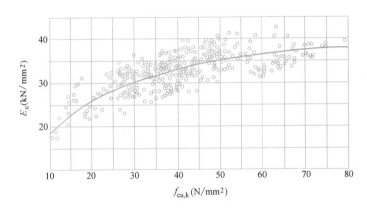

图 2-31 E_c-$f_{cu,k}$ 关系图

式中，$f_{cu,k}$ 应以混凝土强度等级值（N/mm²）代入。按式（2-23）计算并取整，即为附表 11 所列的混凝土弹性模量值。在重复荷载作用下，混凝土疲劳变形模量按附表 13 取值。

近年来进行的高强混凝土弹性模量试验统计表明，在高强混凝土范围内，E_c 与 $f_{cu,k}$ 之间的关系与普通混凝土基本相同，故式（2-23）可适用于所有强度等级的混凝土。应当指出，由式（2-23）所确定的弹性模量，对普通混凝土为试验结果的统计平均值；对高强混凝土为试验结果统计平均值的偏下限值，约比实际值小 10% 左右。

当应力较大时，混凝土进入弹塑性阶段，弹性模量已不能正确反映此阶段的变形性能。比较精确的方法是采用切线模量，即在应力-应变曲线上某点处作一切线（图 2-30），此切线的斜率即为该点的切线模量（tangent modulus），记为 E_t，其表达式为

$$E_t = \tan\alpha = \frac{d\sigma}{d\varepsilon} \tag{2-24}$$

采用各点的切线模量作为混凝土的变形模量，在计算上过于复杂。实用上常采用原点与某点连线（即割线）的斜率作为混凝土的变形模量，即割线模量（secant modulus），记为 E_c'，即

$$E_c' = \tan\alpha_1 = \frac{\sigma_c}{\varepsilon_c} \tag{2-25}$$

割线模量随混凝土应力增大而减小，是一种平均意义上的模量。若设 $\lambda = \varepsilon_e / \varepsilon_c$（$\varepsilon_e$ 为弹性应变），由图 2-30 可得 $E_c \varepsilon_e = E_c' \varepsilon_c$，则

$$E_c' = \frac{\varepsilon_e}{\varepsilon_c} E_c = \lambda E_c \tag{2-26}$$

式中 λ 为弹性系数，它随应力增大而减小。当 $\sigma = 0.5 f_c^*$ 时，λ 的平均值为 0.85；当 $\sigma = 0.8 f_c^*$ 时，λ 值约为 0.4～0.7。混凝土强度越高，λ 值越大，弹性特征较为明显。

根据原水利水电科学研究院的试验资料，混凝土受拉弹性模量与受压弹性模量之比约为 0.82～1.12，平均值为 0.995，故可认为混凝土的受拉弹性模量与受压弹性模量相等。混凝土受拉切线模量与割线模量也可用上述的相应公式表达。当拉应力 $\sigma_{ct} = f_t^*$ 时，弹性系数 $\lambda = 0.5$，所以相应于 f_t^* 时的割线模量可表示为 $E_c' = 0.5 E_c$。

（2）混凝土的泊松比 υ_c

泊松比（Poisson's ratio）是指在一次短期加载（受压）时试件的横向应变与纵向应变之比。当压应力较小时，υ_c 约为 0.15～0.18；接近破坏时，可达 0.5 以上。《混凝土结构设计规范》取 $\upsilon_c = 0.2$。

（3）混凝土的剪变模量 G_c

根据弹性理论，剪变模量（shear modulus）G_c 与弹性模量 E_c 的关系为

$$G_c = \frac{E_c}{2(1 + \upsilon_c)} \tag{2-27}$$

当取泊松比 $\upsilon_c = 0.2$，由上式可得 $G_c = 0.417 E_c$，所以我国《混凝土结构设计规范》规定混凝土的剪变模量为 $G_c = 0.4 E_c$。

（4）混凝土的热工参数

考虑混凝土的收缩、徐变以及温度变化等间接作用对结构产生的影响时，需进行间接作用分析，分析时需用到混凝土的热工参数。当温度在 0℃ 到 100℃ 范围内时，混凝土的热工参数可按下列规定取值：

线膨胀系数 α_c 取 $1 \times 10^{-5}/℃$；导热系数 λ 取 10.6kJ/(m・h・℃)；比热容 c 取 0.96kJ/(kg・℃)。

4. 混凝土在荷载长期作用下的变形性能

在不变的应力长期持续作用下，混凝土的变形随时间而徐徐增长的现象称为混凝土的徐变（creep）。混凝土的这种性能对于结构构件的变形、承载能力以及预应力筋中的应力都将产生重要影响。

图 2-32 所示为铁道部科学研究院所做的普通混凝土棱柱体试件徐变的试验曲线，试件加载至应力达 $0.5 f_c^*$ 时，保持应力不变。由图可见，混凝土的总应变由两部分组成，即加载过程中完成的瞬时应变 ε_e 和荷载持续作用下逐渐完成的徐变应变 ε_{cr}。徐变开始增长较快，以后逐渐减慢，经过长时间后基本趋于稳定。通常在前四个月内增长较快，半年内可完成总徐变量的 70%～80%，第一年内可完成 90% 左右，其余部分持续几年才逐渐完成。最终总徐变量约为瞬时应变的 2～4 倍。此外，图中还表示了两年后卸载时应变的恢复情况，其中 ε_e' 为卸载时瞬时恢复的应变，其值略小于加载时的瞬时应变；ε_e'' 为卸载后的弹性后效，即卸载后经过 20 天左右又恢复的一部分徐变，其值约为总徐变变形的 1/12；

其余很大一部分应变是不可恢复的,将残存在试件中,称为残余应变 ε'_{cr}。

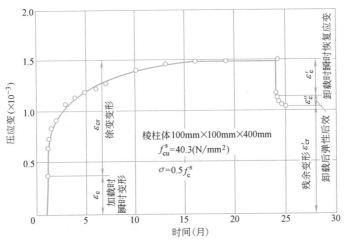

图 2-32　混凝土的徐变

关于徐变产生的原因,目前尚无一致的解释。通常可以这样理解:原因之一是混凝土中的水泥凝胶体在荷载作用下产生黏性流动,并把它所承受的压力逐渐转给骨料颗粒,使骨料压应力增大,试件变形也随之增大;二是混凝土内部的微裂缝在荷载长期作用下不断发展和增加,也使徐变增大。当应力不大时,徐变的发展以第一个原因为主;当应力较大时,则以第二个原因为主。

影响徐变的因素很多,如应力大小、材料组成和外部环境等。

持续作用压应力的大小是影响混凝土徐变的主要因素之一。图 2-33 所示为不同应力水平时普通混凝土徐变的发展曲线。由图可见,当 $\sigma \leqslant 0.5 f^s_c$ 时,应力差相等条件下各条徐变曲线的间距几乎相等,徐变与应力成正比,这种情况称为线性徐变,徐变-时间曲线是收敛的,徐变曲线的渐近线与时间坐标轴平行。当 $\sigma=(0.5\sim0.8)f^s_c$ 时,徐变的增长速度比应力的增长速度快,徐变-时间曲线仍收敛,但收敛性随应力增长而变差,这种情况称为非线性徐变。当 $\sigma>0.8f^s_c$ 时,混凝土内部的微裂缝进入非稳态发展,非线性徐变变

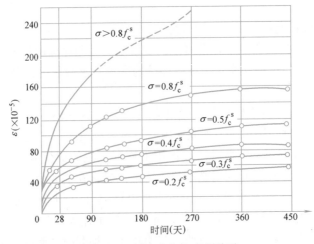

图 2-33　压应力与徐变的关系

形剧增而徐变-时间曲线变为发散型，最终导致混凝土破坏。所以实用上可取 $\sigma=0.8f_c^s$ 作为普通混凝土的长期抗压强度。

试验研究表明[15]，在相同的 σ/f_c^s 比值下，高强混凝土比普通混凝土的徐变小得多，在 $\sigma>0.65f_c^s$ 时，才开始产生非线性徐变；高强混凝土的长期抗压强度约为 $(0.8\sim0.85)f_c^s$。

在混凝土的组成成分中，水灰比越大，水泥水化后残存的游离水越多，徐变也越大；水泥用量越多，凝胶体在混凝土中所占比重也越大，徐变也越大；骨料越坚硬，弹性模量越大，以及骨料所占体积比越大，则由凝胶体流动后转给骨料压力所引起的变形也越小，徐变也越小。试验表明，当骨料所占体积比由 60% 增加到 75% 时，徐变量将减少 50%。

外部环境对混凝土的徐变有重要影响。养护环境湿度越大，温度越高，则水泥水化作用越充分，徐变就越小。混凝土在使用期间处于高温、干燥条件下所产生的徐变比低温、潮湿时明显增大。此外，由于混凝土中水分的挥发逸散和构件的体积与表面积之比有关，因而构件尺寸越大，表面积相对越小，徐变就越小。

徐变是混凝土在荷载长期作用下的重要变形性能。徐变会使钢筋与混凝土间产生应力重分布，使混凝土应力减小，钢筋应力相应增大；徐变使受弯和偏心受压构件的截面受压区变形加大，故而使受弯构件挠度增加，使偏压构件的附加偏心距增大而导致构件承载力降低；徐变使预应力混凝土构件产生预应力损失等。徐变对构件所引起的影响，设计中应予以考虑。

5. 混凝土的收缩、膨胀和温度变形

混凝土在空气中结硬时其体积会缩小，这种现象称为混凝土的收缩（shrinkage）；而混凝土在水中结硬时体积会膨胀，称为混凝土的膨胀（dilatancy）。收缩和膨胀是混凝土在不受力情况下因体积变化而产生的变形。

混凝土产生收缩的原因，一般认为是凝胶体本身的体积收缩（凝缩）以及混凝土因失水产生的体积收缩（干缩）共同造成的。图 2-34 所示为原铁道部科学研究院对混凝土自由收缩所作的试验曲线，可见收缩变形也是随时间而增长的。结硬初期收缩变形发展很快，以后逐渐减慢，整个收缩过程可延续两年左右。蒸汽养护时，由于高温高湿条件能加速混凝土的凝结和硬化过程，减少混凝土中水分的蒸发，因而混凝土的收缩值比常温养护时小。一般情况下，普通混凝土的最终收缩应变[23]约为 $(4\sim8)\times10^{-4}$，是其轴心受拉峰值应变的 $3\sim5$ 倍，成为其内部微裂缝和外表宏观裂缝发展的主要原因。

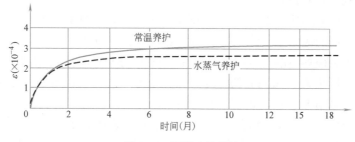

图 2-34　混凝土的收缩

影响混凝土收缩的因素很多，如混凝土材料的成分、外部环境因素等。各个因素对收缩和徐变有类似的影响。

当混凝土受到各种制约不能自由收缩时，将在混凝土中产生拉应力，甚至导致混凝土产生收缩裂缝。在钢筋混凝土构件中，钢筋因混凝土收缩受到压应力，而混凝土则受有拉应力，当混凝土收缩变形较大、构件截面配筋又较多时，混凝土构件将产生收缩裂缝。在预应力混凝土构件中，收缩会引起预应力损失。收缩也对一些钢筋混凝土超静定结构产生不利影响。

温度变化会使混凝土热胀冷缩，在结构中产生温度应力，甚至会使构件开裂以至损坏。因此，对于烟囱、水池等结构，设计中应考虑温度应力的影响。

2.3 钢筋与混凝土的黏结

2.3.1 一般概念

黏结是钢筋与外围混凝土之间一种复杂的相互作用，借助这种作用来传递两者间的应力，协调变形，保证共同工作。这种作用实质上是钢筋与混凝土接触面上所产生的沿钢筋纵向的剪应力，即所谓黏结应力（bond stress），有时也简称黏结力。而黏结强度（bond strength）则是指黏结失效（钢筋被拔出或混凝土被劈裂）时的最大黏结应力。

钢筋混凝土构件中的黏结应力，按其作用性质可分为两类：其一是锚固黏结应力，如钢筋伸入支座（图 2-35a）或支座负弯矩钢筋在跨间截断时（图 2-35b），必须有足够的锚固长度或延伸长度，使通过这段长度上黏结应力的积累，将钢筋锚固在混凝土中，而不致使钢筋在未充分发挥作用前就被拔出；其二是裂缝附近的局部黏结应力，如受弯构件跨间某截面开裂后，开裂截面的钢筋应力通过裂缝两侧的黏结应力部分地向混凝土传递（图 2-35c），这类黏结应力的大小反映了裂缝两侧混凝土参与受力的程度。

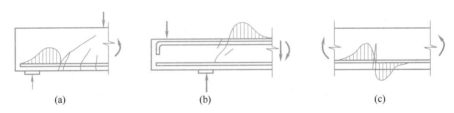

图 2-35 锚固黏结应力和局部黏结应力
（a）、（b）锚固黏结；（c）裂缝间局部黏结

2.3.2 黏结应力的特点

测定沿钢筋纵向黏结应力的分布通常采用中心拔出试验（图 2-36a），各点的黏结应力可由相邻两点间钢筋的应力差值除以接触面积近似计算。为此，需测定钢筋的应变分布。为了测量应变时不致破坏钢筋与混凝土接触面的黏结，通常先将钢筋沿纵向切为两半，在钢筋内开槽并埋入标距为 1~3mm 的应变片和直径为 0.3~0.35mm 的引出线，然后用环氧树脂将两半钢筋黏结在一起，如图 2-36（b）所示。

图 2-37 所示为用上述方法测得的拔出试件的钢筋应力 σ_s 和黏结应力 τ 的分布情况，图中每一曲线旁的数字，为施加在钢筋上的拔出力（kN）。图中上半部分为不同的拔出力时的钢筋应力分布，下半部分为相应的黏结应力分布。从钢筋应力分布情况可见，光圆钢筋的钢筋应力曲线为凸状，σ_s 随距离增大而逐渐减小；带肋钢筋的钢筋应力曲线为凹形，σ_s 随距离 d 增大而迅速减小。这表明带肋钢筋的应力传递比光圆钢筋快，其黏结性能也

比光圆钢筋好。

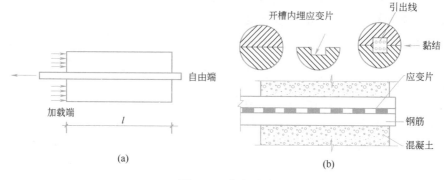

图 2-36 拔出试验

（a）拔出试验示意；（b）钢筋黏贴应变片

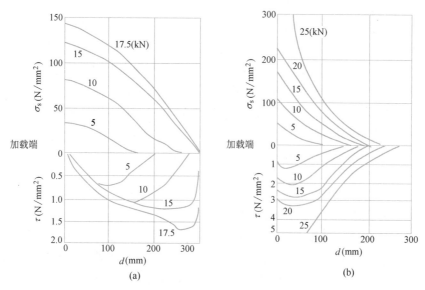

图 2-37 拔出试件的钢筋应力及黏结应力分布

（a）$d=13$mm 光圆钢筋；（b）$d=13$mm 带肋钢筋

从黏结应力分布图形可以看出黏结应力有下列特点：对于光圆钢筋来说，在加载初期，黏结应力图形的峰值靠近加载端，应力分布长度较短，随着荷载的增加，应力图形的峰值增加并开始从加载端向自由端移动，应力分布长度也逐渐加长；在加载中期，黏结应力的峰值增长缓慢，而应力分布长度却有显著增加，应力图形的峰值移至中间；最后，当应力分布长度到达自由端不能再增大时，应力峰值点移向自由端，且随荷载的增大，应力峰值急剧增大，破坏时黏结应力分布图形接近于三角形。对于变形钢筋而言，在大部分加载过程中，黏结应力的峰值均靠近加载端，随着荷载的增长，黏结应力分布长度缓慢增长，而应力峰值却显著增大，在接近破坏时，应力峰值的位置才有明显的内移。

2.3.3 黏结破坏机理

1. 光圆钢筋的黏结破坏

一般认为，光圆钢筋的黏结力由三部分组成：（1）混凝土中水泥凝胶体与钢筋表面的化学胶着力；（2）钢筋与混凝土接触面间的摩擦力；（3）钢筋表面粗糙不平的机械咬合力。

由光圆钢筋拔出试验所得的 τ-s 曲线如图 2-38 所示，其中 τ 为平均黏结应力，s 为相对滑移值。由于钢筋与混凝土的胶着强度很小，加载开始时，在加载端即可测得钢筋与混凝土间的相对滑移，一旦出现滑移，黏结力即由摩擦力和机械咬合力承担。在 40%～60% 的极限荷载以前，加载端滑移与黏结应力接近直线关系（图中 $0a$ 段）。随着荷载的增加，相对滑移逐渐向自由端发展，黏结应力峰值内移，τ-s 曲线越来越表现出非线性特征，如图 2-38 中的 ab 段。当达到 80% 的

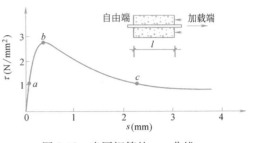

图 2-38 光圆钢筋的 τ-s 曲线

极限荷载时，自由端处出现滑移，此时黏结应力峰值已移至自由端，随着荷载的进一步增大，黏结力完全由摩擦力和机械咬合力提供。当自由端处滑移达到 0.1～0.2mm 时平均黏结应力达到最大值（图中 b 点），此时加载端及自由端处滑移急剧增大，进入完全塑性状态，钢筋表面的混凝土细颗粒被磨平，摩擦阻力减小，τ-s 曲线出现下降段。

由上述可见，光圆钢筋的黏结作用，在钢筋与混凝土间出现相对滑移前主要取决于化学胶着力，发生滑移后则由摩擦力和机械咬合力提供。光圆钢筋拔出试验的破坏形态，为钢筋从混凝土中被拔出的剪切破坏，其破坏面就是钢筋与混凝土的接触面。

2. 带肋钢筋的黏结破坏

带肋钢筋的黏结强度仍由胶着力、摩擦力和机械咬合力组成，但主要是钢筋表面突出肋与混凝土间的机械咬合力。

加载初期，由胶着力承担界面上的剪应力，τ-s 曲线如图 2-39 中的 $0a$ 段。随着荷载的增大，胶着力遭到破坏，钢筋开始滑移（图 2-39 中 a 点），此时黏结力主要由钢筋表面突出肋对混凝土的挤压力和钢筋与混凝土界面上的摩擦力组成。斜向挤压力（图 2-40）的轴向分力使肋间混凝土像悬臂环梁那样受弯受剪，而径向分力使钢筋周围的混凝土受到内压力，故而在环向产生拉应力。随着荷载的进一步增大，当钢筋周围的混凝土分别在主拉应力和环向拉应力方向的应变超过混凝土的极限拉应变时，将产生内部斜裂缝和径向裂缝（图 2-40），此阶段的 τ-s 曲线如图 2-39 中的 ab 段。裂缝出现后，随着荷载的增大，凸肋前方的混凝土逐渐被压碎，形成新的滑移面，使钢筋与混凝土沿滑移面产生较大的相对滑移。如果钢筋外围混凝土很薄而且没有环向箍筋对混凝土形成约束，则径向裂缝将到达构件表面，形成沿钢筋的纵向劈裂裂缝，这种劈裂裂缝发展到一定长度时，将使外围混凝土崩裂，从而丧失黏结能力，

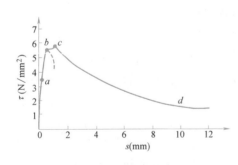

图 2-39 带肋钢筋的 τ-s 曲线

此类破坏通常称为劈裂黏结破坏（图 2-39 中的 b 点），劈裂后的 τ-s 曲线将沿图 2-39 中的虚线迅速下降。

若钢筋外围混凝土较厚，或不厚但有环向箍筋约束混凝土的横向变形，则纵向劈裂裂

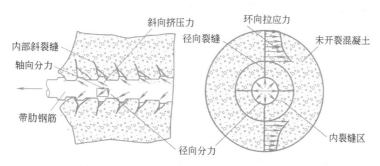

图 2-40 带肋钢筋肋处的挤压力和内部裂缝

缝的发展受到一定程度的限制，使荷载可以继续增加，此时 τ-s 曲线将沿图 2-39 中的 bc 线进一步上升，直到肋间的混凝土被完全压碎或剪断，混凝土的抗剪能力耗尽，钢筋则沿肋外径的圆柱面出现整体滑移，达到剪切破坏的极限黏结强度（图 2-39 中的 c 点），此时相对滑移量很大，可达 1～2mm；过 c 点以后，由于圆柱滑移面上混凝土颗粒间尚存在一定的摩擦力和骨料咬合力，黏结应力并不立即降低至零，而是随滑移量加大而逐渐降低，τ-s 曲线出现较长的下降段，直至滑移量很大时，仍残余一定的抗剪能力，此种破坏一般称为刮犁式破坏。

由上述可见，带肋钢筋的黏结破坏，若钢筋外围混凝土很薄而且没有环向箍筋约束时，则表现为沿钢筋纵向的劈裂破坏；反之，则为沿钢筋肋外径的圆柱滑移面的剪切破坏（或称刮犁式破坏），剪切破坏的黏结强度比劈裂破坏的大。

2.3.4 影响黏结强度的因素

（1）混凝土强度。提高混凝土强度，可增大混凝土与钢筋表面的化学胶着力和机械咬合力，增强伸入钢筋横肋间的混凝土咬合齿的强度，同时也可延迟沿钢筋纵向的劈裂裂缝，从而提高了极限黏结强度（图 2-41a）。试验表明，钢筋与混凝土间的黏结强度并不与混凝土的立方体抗压强度呈正比，而是与混凝土的抗拉强度大致呈线性关系（图 2-41b）。在图 2-41 中，c/d 表示相对保护层厚度；l/d 表示钢筋的相对埋长。其中 c 为混凝土净保护厚度；l 为钢筋埋入长度（见图 2-36a）；d 为钢筋直径。

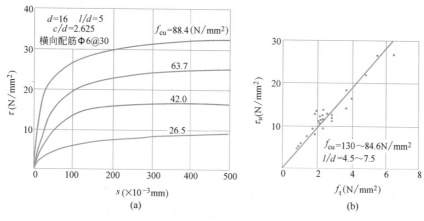

图 2-41 混凝土强度对黏结强度的影响[13]

（a）τ-s 曲线；（b）τ_u-f_t

（2）混凝土保护层厚度及钢筋净间距。试验表明，混凝土保护层厚度对光圆钢筋的黏结强度没有明显影响，而对带肋钢筋的影响却十分显著。增大保护层厚度，可增强外围混凝土的抗劈裂能力，提高试件的劈裂强度和钢筋与混凝土间的黏结强度，当相对保护层厚度 $c/d > 5 \sim 6$ 时，带肋钢筋的黏结破坏将不是劈裂破坏，而是肋间混凝土被刮出的剪切型破坏，后者的黏结强度比前者大。同样，保持一定的钢筋净间距，可以提高钢筋外围混凝土的抗劈裂能力，从而提高黏结强度。

（3）钢筋的外形。钢筋外形决定了混凝土咬合齿的形状，因而对黏结强度影响很大。图 2-42（a）所示为各类钢筋的黏结应力-滑移曲线。由图可见，光圆钢筋因主要靠摩擦力黏结锚固，故锚固性能很差；等高肋钢筋与混凝土间的黏结强度较大，但肋间混凝土咬合齿易被挤碎、切断，黏结延性较差；月牙肋钢筋与混凝土间的黏结强度稍低于等高肋钢筋，但黏结延性好，这种钢筋因其横肋呈轴对称分布，挤压引起的劈裂带有方向性，对锚固不利（图 2-42b）；旋扭状钢筋（如钢绞线）的咬合齿虽不高不陡，但为连续螺旋状，咬合均匀而充分，故黏结强度中等而黏结延性很好；螺旋肋钢筋的外形介于带肋钢筋和旋扭状钢筋之间，并有两者的优点，故不仅黏结强度和刚度高，而且没有明显的下降段，具有很好的黏结延性。

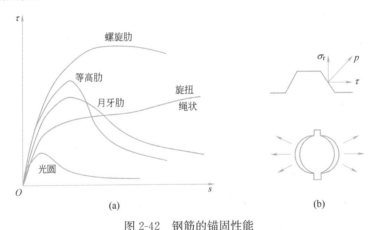

图 2-42　钢筋的锚固性能
（a）各类钢筋的黏结应力-滑移曲线；（b）带肋钢筋劈裂的方向性

（4）横向配筋。在锚固区域内配置螺旋箍筋或普通箍筋等横向钢筋，可以增大混凝土的侧向约束，延缓或阻止劈裂裂缝的发展，从而提高了黏结强度，提高的幅度与所配置的横向钢筋数量有关。

（5）侧向压应力。在混凝土结构中，钢筋锚固区往往存在侧向压应力。如梁支座处的反力、梁柱节点处的柱轴向压力等。侧向压应力将使钢筋和混凝土界面的摩擦力和咬合力增加，从而提高了黏结强度。试验表明，侧向压应力 $\sigma = 0.35 f_c'$（f_c' 为圆柱体抗压强度）时的黏结强度较 $\sigma = 0$ 时约提高一倍；但当 $\sigma > 0.5 f_c'$ 时，黏结强度将不再增长，甚至有所降低，因为此时与侧向压应力垂直方向的拉应变显著增长，减小了对混凝土的横向变形约束。

（6）受力状态。试验表明，在重复荷载或反复荷载作用下，钢筋与混凝土之间的黏结强度将退化。一般来说，所施加的应力越大，重复或反复次数越多，黏结强度退化越多。

应当指出，上述关于钢筋与混凝土之间黏结性能的分析，都是基于钢筋受拉拔出试验结果。受压钢筋的黏结锚固性能一般比受拉钢筋有利，钢筋受压后横向膨胀，挤压周围混凝土，增加了摩擦力，黏结强度比受拉钢筋的高。

2.3.5 钢筋的锚固和连接

钢筋的锚固和连接是混凝土结构设计的重要内容之一，其实质是黏结问题。

钢筋的锚固（anchorage of bars）是指通过混凝土中钢筋埋置段或机械措施将钢筋所受的力传给混凝土，使钢筋锚固于混凝土而不滑出，包括直钢筋的锚固、带弯钩或弯折钢筋的锚固，以及采用机械措施的锚固等。钢筋的连接则是指通过混凝土中两根钢筋的连接接头，将一根钢筋所受的力通过混凝土传给另一根钢筋，包括绑扎搭接、机械连接或焊接。将钢筋从按计算不需要该钢筋的位置延伸一定长度，以保证钢筋发挥正常受力性能，称为延伸。钢筋的锚固、搭接和延伸，实质上是不同条件下的锚固问题。

本小节简要阐述钢筋锚固和连接中的主要问题。关于钢筋的延伸长度以及其他锚固构造要求，将在第 7 章中介绍。

1. 钢筋的锚固

（1）锚固设计原理

锚固设计原理取决于锚固极限状态，锚固极限状态有以下两种：

1）强度极限状态。钢筋与混凝土之间的黏结应力达到黏结强度，如图 2-43（a）所示。直钢筋在混凝土中的锚固、搭接和延伸需要考虑这种状态。

2）刚度极限状态。钢筋与混凝土之间的相对滑移增长过速的状态，如图 2-43（b）所示。带弯钩钢筋和弯折钢筋在混凝土中锚固时需要考虑这种状态。

达到锚固极限状态时所需要的钢筋最小锚固长度，称为临界锚固长度 l_a^{cr}。设达到锚固极限状态时钢筋应力为 ζf_y，平均黏结强度为 τ_u，则由钢筋拔出力与锚固力（图 2-44）的平衡条件可得

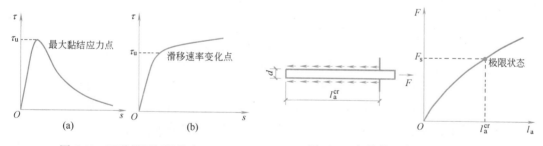

图 2-43　两种锚固极限状态　　　　图 2-44　钢筋锚固力与拔出力的平衡
（a）强度极限状态；（b）刚度极限状态

$$\frac{\pi d^2}{4}\zeta f_y = \pi d l_a^{cr}\tau_u$$

即

$$l_a^{cr} = \frac{\zeta f_y}{4\tau_u}d \tag{2-28}$$

式中　d——锚固钢筋的直径；

　　　f_y——钢筋的屈服强度；

　　　ζ——锚固极限状态时钢筋应力与屈服强度的比值，对于强度极限状态，$\zeta=1$；对于刚度极限状态，ζ 为滑移速率变化点的钢筋应力与屈服强度的比值。

（2）受拉钢筋的锚固长度

如前所述，钢筋的黏结强度 τ_u 与混凝土保护层厚度、横向钢筋数量、钢筋外形等因素有关，且与混凝土的轴心抗拉强度 f_t 大致成正比（图 2-41b），在取《混凝土结构设计规范》规定的保护层最小厚度以及构造要求的最低配箍条件下，τ_u 主要取决于混凝土强度（与 f_t 成正比）和钢筋的外形。考虑上述因素及适当的锚固可靠度后，由式（2-28）可得受拉钢筋基本锚固长度（anchorage length）l_{ab} 的计算公式：

$$l_{ab} = \alpha \frac{f_y}{f_t} d \qquad (2\text{-}29)$$

式中 f_y —— 钢筋的抗拉强度设计值；

       f_t —— 混凝土轴心抗拉强度设计值，当混凝土强度等级超过 C60 时，按 C60 取值；

       d —— 锚固钢筋的直径；

       α —— 锚固钢筋的外形系数，按表 2-2 取用。

钢筋和混凝土的强度设计值分别见附表3、附表 4 和附表 10。

钢筋的外形系数　　　　　　　　　　　　　　表 2-2

钢筋类型	光圆钢筋	带肋钢筋	螺旋肋钢丝	三股钢绞线	七股钢绞线
α	0.16	0.14	0.13	0.16	0.17

注：光圆钢筋末端应做180°弯钩，弯后平直段长度不应小于3d，但作受压钢筋时可不做弯钩。

一般情况下受拉钢筋的锚固长度可取基本锚固长度；当锚固条件不同或采取不同的埋置方式和构造措施时，锚固长度应按下列公式计算：

$$l_a = \zeta_a l_{ab} \qquad (2\text{-}30)$$

式中 l_a —— 受拉钢筋的锚固长度；

       ζ_a —— 锚固长度修正系数，见下文说明。

当锚固条件多于一项时，修正系数可按连乘计算。经修正的锚固长度不应小于基本锚固长度的 60%，且不应小于 200mm。

纵向受拉普通钢筋的锚固长度修正系数应根据钢筋的锚固条件按下列规定取用：当带肋钢筋的公称直径大于 25mm 时取 1.10；对环氧树脂涂层带肋钢筋取 1.25；施工过程中易受扰动（如滑模施工）的钢筋取 1.10；当纵向受力钢筋的实际配筋面积大于其设计计算面积时，取设计计算面积与实际配筋面积的比值，但对有抗震设防要求及直接承受动力荷载的结构构件不应考虑此项修正；锚固钢筋的保护层厚度为 3d 时修正系数可取 0.80；保护层厚度为 5d 时修正系数可取 0.70，中间按内插取值，此处 d 为锚固钢筋直径。

工程设计中，如遇到构件支承长度较短，靠钢筋自身的锚固性能无法满足受力钢筋的锚固要求时，可采用机械锚固措施，如钢筋末端弯折、末端带弯钩、一侧贴焊锚筋、两侧贴焊锚筋、穿孔塞焊端锚板和螺栓锚头，如图 2-45 所示。机械锚固虽能满足锚固承载力的要求，但难以保证锚筋的锚固刚度。因此，还需要一定的锚固长度与其配合。《混凝土结构设计规范》规定，采取机械锚固措施后，其锚固长度（包括锚头在内的水平投影长度）可取基本锚固长度的 60%。机械锚固的形式及构造要求宜按图 2-45 采用。

（3）受压钢筋的锚固长度

钢筋受压时的黏结锚固机理与受拉时基本相同，但钢筋受压后的镦粗效应加大了界面的摩擦力和咬合力，对锚固受力有利；受压钢筋端头的支顶作用也大大改善了受压锚固的

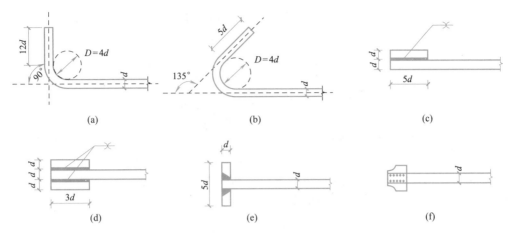

图 2-45　钢筋机械锚固的形式及构造要求

（a）弯折；（b）弯钩；（c）一侧贴焊锚筋；（d）两侧贴焊锚筋；（e）穿孔塞焊端锚板；（f）螺栓锚头

受力状态。因此，受压钢筋的锚固长度应小于受拉钢筋的锚固长度。根据试验研究及工程实践，当计算中充分利用受压钢筋的抗压强度时，其锚固长度不应小于相应受拉钢筋锚固长度的 70%。受压钢筋不应采用末端弯钩和一侧贴焊锚筋（见图 2-45a～c）的锚固措施。

2. 钢筋的连接

钢筋的连接（splice of reinforcement）可分为两类：绑扎搭接（tie lapped splice）；机械连接或焊接（mechanical or contact splices）。这里仅简要介绍绑扎搭接的主要问题。

绑扎搭接钢筋之间能够传力是由于钢筋与混凝土之间的黏结锚固作用。在两根钢筋的接头处，拉力由一根钢筋通过黏结应力先传给混凝土，再由混凝土通过黏结应力传给另一根钢筋。当两根受拉钢筋搭接时，在接头处钢筋的受力方向相反，位于两根搭接钢筋之间的混凝土受到钢筋肋的斜向挤压力作用（图 2-46）。该斜向挤压力的径向分量使外围保护层混凝土受横向拉应力（一般用箍筋来承受横向拉应力），纵向分量使搭接钢筋之间的混凝土受到剪切作用，其破坏一般为沿钢筋方向混凝土被相对剪切而发生劈裂，使纵筋滑移甚至被拔出。另外，在绑扎接头处，两根钢筋之间的净距为零，故黏结性能较差。因此，受拉钢筋搭接接头处的黏结强度低于相同钢筋锚固状态的黏结强度，其搭接长度应大于锚固长度。

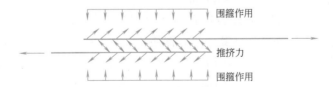

图 2-46　绑扎搭接钢筋的受力机理

由于连接钢筋通过接头实现的是间接传力，其性能不如整筋的直接传力。因此，接头位置应尽量设置在受力较小处且应互相错开；在同一受力钢筋上宜少设连接接头；在结构的重要构件和关键传力部位，纵向受力钢筋不宜设置连接接头。在连接区域应采取必要的构造措施，如适当增加混凝土保护层厚度或钢筋间距、加密箍筋等。

钢筋绑扎搭接接头连接区段的长度为 $1.3l_l$（l_l 为搭接长度），凡搭接接头中点位于该连接区段长度内的搭接接头均属于同一连接区段，如图 2-47 所示。该图所示同一连接区

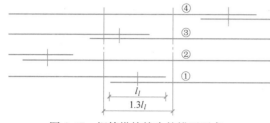

图 2-47　钢筋搭接接头的错开要求

段内的搭接接头为两根，即①号和③号钢筋。同一连接区段内纵向钢筋搭接接头面积百分率为该区段内有搭接接头的纵向受力钢筋截面面积与全部纵向受力钢筋截面面积的比值。当直径不同的钢筋搭接时，按直径较小的钢筋计算。在图 2-47 中，当四根钢筋直径相同时，钢筋搭接接头面积百分率为 50%。

《混凝土结构设计规范》规定，纵向受拉钢筋绑扎搭接接头的搭接长度 l_l，应根据位于同一连接区段内的钢筋搭接接头面积百分率按下式计算：

$$l_l = \zeta_l l_a \tag{2-31}$$

式中　l_a——纵向受拉钢筋的锚固长度，按式（2-30）确定；

ζ_l——纵向受拉钢筋搭接长度修正系数，按表 2-3 取用，当纵向搭接钢筋接头面积百分率为表中中间值时，修正系数可内插取值。

纵向受拉钢筋搭接长度修正系数　　　　　　　　　　　　　表 2-3

纵向钢筋搭接接头面积百分率(%)	≤25	50	100
ζ_l	1.2	1.4	1.6

在任何情况下，纵向受拉钢筋绑扎搭接接头的搭接长度均不应小于 300mm。

对于受压钢筋的搭接接头，由于钢筋将一部分力以端承形式直接传给混凝土，搭接钢筋之间的混凝土受到的剪力明显小于受拉搭接时的情况，因此，受压搭接的搭接长度小于受拉搭接长度。《混凝土结构设计规范》规定，受压钢筋的搭接长度不应小于按式（2-31）确定的受拉钢筋搭接长度的 70%，且不应小于 200mm。

关于钢筋搭接接头的其他要求及构造措施，可参见《混凝土结构设计规范》，不再赘述。

3. 并筋

在钢筋混凝土构件中，通常是单根钢筋成排布置。有时为解决配筋密集引起设计、施工的困难，可采用并筋（钢筋束）的配筋方式。直径 28mm 及以下的钢筋并筋数量不应超过 3 根；直径 32mm 的钢筋并筋数量宜为 2 根；直径 36mm 及以上的钢筋不应采用并筋。并筋应按单根等效钢筋进行计算，等效钢筋的等效直径应按截面面积相等的原则换算确定。相同直径的二并筋等效直径可取为 1.41 倍单根钢筋直径；三并筋等效直径可取为 1.73 倍单根钢筋直径。二并筋可按纵向或横向的方式布置；三并筋宜按品字形布置，并均按并筋的重心作为等效钢筋的重心。并筋等效直径的概念适用于与钢筋间距、保护层厚度、钢筋锚固长度、搭接接头面积百分率、搭接长度以及裂缝宽度验算等有关的计算及构造规定。

小　结

2.1　钢筋混凝土结构用的钢筋主要为热轧钢筋，它有明显的流幅（软钢）；预应力混凝土构件用的钢筋主要为钢绞线、预应力钢丝和预应力螺纹钢筋，这类钢筋没有明显的流幅（硬钢）。钢筋有两个强度指标：屈服强度（软钢）或条件屈服强度（硬钢）；极限强度。结构设计时，用屈服强度或条件屈服强度作为计算的依据，在混凝土结构抗连续倒塌验算时，取极限强度作为计算的依据。钢筋还有两个塑性指标：延伸率或最大力总延伸率以及冷弯性能。混凝土结构要求钢筋应具有适当的强度和屈强比以及良好的塑性。

2.2　将强度较低的热轧钢筋经过冷拉、冷拔或冷轧等冷加工，提高了钢筋的强度（屈服强度和极限强度），但降低了塑性（屈服平台缩短或消失，极限应变减小）。经过冷拉的钢筋在受压时提前出现塑性应变，故受压屈服强度降低。冷拔可以同时提高钢筋的抗拉和抗压强度。冷轧带肋钢筋的强度较高，但其延性不如普通热轧钢筋，故主要用于楼板配筋、墙体分布钢筋等。

2.3　混凝土的强度有立方体抗压强度、轴心抗压强度和抗拉强度。混凝土结构设计中采用轴心抗压强度和抗拉强度两个强度指标。立方体抗压强度及其标准值（混凝土强度等级）只用作材料性能的基本代表值，其他强度均可与其建立相应的换算关系。混凝土的受压破坏实质上是由垂直于压力作用方向的横向胀裂造成的，因而混凝土双轴受压和三轴受压时强度提高，而一向受压另一向受拉时强度降低。约束混凝土（配有螺旋箍筋、普通箍筋的混凝土以及钢管混凝土等）就是用横向约束来提高混凝土的抗压强度和变形性能。

2.4　正常使用极限状态设计时，一般用材料强度标准值；承载能力极限状态设计时，一般用材料强度设计值，偶然作用下混凝土构件承载力计算时，须用材料强度标准值。在根据试验结果建立构件或结构的承载力、力-变形关系等计算公式或对构件和结构进行非线性分析时，必须用材料强度平均值，此时应分别按下式将混凝土立方体抗压强度平均值换算为轴心受压、受拉强度平均值：

$$f_{c,m} = \alpha_{c1} f_{cu,m}, \quad f_{t,m} = 0.395 f_{cu,m}^{0.55}$$

2.5　混凝土物理力学性能的主要特征是：抗拉强度远低于抗压强度；应力-应变关系从一开始就是非线性的，只是当应力很小时才可近似地视为线弹性的；混凝土的强度和变形都与时间有明显的关系；初始微裂缝对混凝土的强度、变形和裂缝的形成与发展有重要影响。徐变和收缩对混凝土及预应力混凝土结构的性能有重要影响，设计时应予以重视。

2.6　与普通混凝土相比，高强混凝土的弹性极限、峰值应变值 ε_0、荷载长期作用下的强度以及与钢筋的黏结强度等均比较高。但高强混凝土在到达峰值应力以后，应力-应变曲线骤然下跌，表现出很大的脆性，其极限应变也比普通混凝土低。因此，对于延性要求比较高的混凝土结构（如地震区的混凝土结构），不宜选用过高强度等级的混凝土。

2.7　钢筋与混凝土之间的黏结是两种材料共同工作的基础。黏结强度一般由胶着力、摩擦力和咬合力组成，对于采用机械锚固措施（如末端带弯钩、末端焊锚板或贴焊锚筋等）的钢筋，尚应包括机械锚固力。光圆钢筋的黏结破坏为钢筋被拔出的剪切破坏；带肋钢筋当混凝土保护层很薄且无箍筋约束时，为沿钢筋纵向的劈裂破坏，反之，则为沿钢筋肋外径滑移面的剪切破坏。

纵向受力钢筋的锚固长度，是以锚固强度极限状态或刚度极限状态为依据并考虑钢筋的锚固可靠度及其他因素而确定的。钢筋的搭接长度，是在锚固长度的基础上，考虑搭接受力状态比锚固受力状态差以及同一连接区段内的钢筋搭接接头面积百分率确定的。对相同受力状态下的同类钢筋，其搭接长度应大于锚固长度。

思　考　题

2.1　混凝土结构用的钢筋可分为几类？应力-应变曲线各有什么特征？

2.2　钢筋的强度和塑性指标各有哪些？在混凝土结构设计中，钢筋强度如何取值？对钢筋的性能有哪些要求？

2.3　对钢筋进行机械冷加工的目的是什么？钢筋经冷加工后力学性能有何变化？

2.4　混凝土的强度指标有哪些？什么是混凝土的强度等级？我国规范将混凝土强度等级划分为几级？对同一强度等级的混凝土，试比较各种强度指标值的大小，并说明理由。

2.5　混凝土的复合受力强度有哪些？试分析复合受力时混凝土强度的变化规律。

2.6 试述混凝土棱柱体试件在单向受压短期加载时应力-应变曲线的特点。混凝土试件的峰值应变 ε_0 和极限压应变 ε_{cu} 各指什么？结构计算中如何取值？

2.7 什么叫约束混凝土？约束混凝土在工程中有哪些应用？

2.8 在重复荷载作用下，混凝土的应力-应变曲线有何特点？何谓混凝土的疲劳强度？

2.9 什么是混凝土的弹性模量和变形模量？二者有何区别和关系？怎样测定弹性模量？

2.10 何谓混凝土的徐变变形？徐变变形的特点是什么？产生徐变的原因有哪些？影响混凝土徐变的主要因素有哪些？徐变对结构有何影响？

2.11 何谓混凝土的收缩？收缩对混凝土结构有何影响？徐变和收缩有何区别？

2.12 什么是黏结应力和黏结强度？黏结强度一般由哪些成分组成？影响黏结强度的主要因素有哪些？

2.13 黏结应力分布图形有何特点？在中心拉拔试验中，如果钢筋埋入混凝土的长度很长，且拉拔力一定时，黏结应力分布长度是否也会很长？为什么？

2.14 何谓钢筋的锚固、搭接和延伸？钢筋的锚固长度是如何确定的？

2.15 与普通混凝土相比，高强混凝土的强度和变形性能有何特点？

第3章　结构设计基本原理

3.1　结构可靠度及结构设计方法

3.1.1　结构上的作用、作用效应及结构抗力

1. 结构上的作用和作用效应

结构上的作用（action）是指施加在结构上的集中力或分布力，以及引起结构外加变形或约束变形的原因（如地震、基础差异沉降、温度变化、湿度变化及混凝土收缩等）。前者以力的形式作用于结构上，称为直接作用，习惯上称为荷载；后者以变形的形式作用在结构上，称为间接作用。

结构上的作用按随时间的变化，可分为三类：

（1）永久作用（permanent action）：在设计所考虑的时期内始终存在且其量值变化与平均值相比可以忽略不计的作用；或其变化是单调的并趋于某个限值的作用。如结构的自身重力、土压力、水位不变的水压力、预应力、地基变形、混凝土收缩、钢材焊接变形、引起结构外加变形或约束变形的各种施工因素等。这种作用一般为直接作用，通常称为永久荷载（permanent load）或恒荷载（dead load）。应当注意，建筑物中的隔墙自重作为永久作用时，应符合位置固定的要求；位置可灵活布置的轻质隔墙自重应按可变荷载考虑。

（2）可变作用（variable action）：在设计工作年限内其量值随时间变化，且其变化与平均值相比不可忽略不计的作用。如楼面活荷载、桥面或路面上的行车荷载、风荷载、雪荷载、冰荷载、多遇地震、正常撞击、水位变化的水压力、温度变化等。这种作用如为直接作用，则通常称为可变荷载（variable load）或活荷载（live load）。

（3）偶然作用（accidental action）：在设计工作年限内不一定出现，而一旦出现其量值很大，且持续期很短的作用。如爆炸、撞击、罕遇地震、龙卷风、火灾、及严重的侵蚀、洪水等引起的作用。这种作用多为间接作用，当为直接作用时，通常称为偶然荷载（accidental load）。

结构上的作用按随空间的变化，可分为以下两类：

（1）固定作用（fixed action）：在结构上具有固定空间分布的作用。当固定作用在结构某一点上的大小和方向确定后，该作用在整个结构上的作用即得以确定。例如，结构构件的自重重力、结构上的固定设备荷载等。

（2）自由作用（free action）：在结构上给定的范围内具有任意空间分布的作用。例如，房屋建筑中的人员和家具荷载、桥梁上的车辆荷载等。

结构上的作用按结构的反应特点，可分为以下两类：

（1）静态作用（static action）：使结构产生的加速度可以忽略不计的作用。例如，结构构件的自重重力、土压力、温度变化等。

（2）动态作用（dynamic action）：使结构产生的加速度不可忽略不计的作用。例如，

地震、风、冲击和爆炸等作用。

结构上的作用按有无限值，可分为以下两类：

（1）有界作用（bounded action）：具有不能被超越的且可确切或近似掌握界限值的作用。例如，水坝的最高水位、具有敞开泄压口的内爆炸荷载等。

（2）无界作用（unbounded action）：没有明确界限值的作用。

结构上的作用除按随时间变化、随空间变化、反应特点和有无限值分为上述几类外，还有其他分类。例如，当进行结构构件的疲劳验算时，可按作用随时间变化的低周性和高周性分类；当考虑结构构件的徐变效应时，可按作用在结构上持续期的长短分类。

应当指出，上述的作用按不同性质进行分类，是出于结构设计规范化的需要。例如，作用于结构上的吊车荷载，按随时间变化的分类属于可变荷载，应考虑它对结构可靠性的影响；按随空间变化的分类属于自由作用，应考虑它在结构上的最不利位置；按结构反应特点的分类属于动态荷载，还应考虑结构的动力响应。

上述作用（荷载）作用在结构构件上，使结构产生内力和变形（如轴力、剪力、弯矩、扭矩以及挠度、转角和裂缝等），称为作用效应（effect of action）。当为直接作用（即荷载）时，其效应也称为荷载效应，通常用 S 表示。荷载与荷载效应之间一般近似地按线性关系考虑，二者均为随机变量或随机过程。

2. 结构上的环境影响和效应

环境影响（environmental influence）是指温、湿度及其变化以及二氧化碳、氧、盐、酸等环境因素对结构的影响。这种影响可以具有机械的、物理的、化学的或生物的性质，并且有可能使结构的材料性能随时间发生不同程度的退化，向不利的方向发展，从而影响结构的安全性和适用性。

环境影响按时间的变异性，可分为永久影响、可变影响和偶然影响三类。例如，对处于海洋环境中的混凝土结构，氯离子对钢筋的腐蚀作用是永久影响；空气湿度对木材强度的影响是可变影响等。

环境影响对结构产生的效应主要是针对材料性能的降低，它与材料本身有密切关系。因此，环境影响的效应应根据材料特点予以确定。在多数情况下，环境影响的效应涉及化学的和生物的损害，其中环境湿度是最关键的因素。

如同作用一样，对结构的环境影响应尽量地予以定量描述。但在多数情况下，这样做是比较困难的。因此，目前主要根据材料特点，通过环境对结构影响程度的分级（轻微、轻度、中度、严重等）等方法进行定性描述，并在设计中采取相应的技术措施。

3. 结构抗力（resistance）

结构抗力 R 是指整个结构或结构构件承受作用效应（即内力和变形）和环境影响的能力，如构件的承载能力、刚度、抗裂度及材料抗劣化能力等。混凝土结构构件的截面尺寸、混凝土强度等级以及钢筋等级、配筋的数量及方式等确定后，构件截面便具有一定的抗力。抗力可按一定的计算模式确定。影响抗力的主要因素有材料性能（强度、变形模量等）、几何参数（构件尺寸等）和计算模式的精确性（抗力计算所采用的基本假设和计算公式不够精确等）。这些因素都是随机变量，因此由这些因素综合而成的结构抗力也是一个随机变量。

由上述可见，结构上的作用（特别是可变作用）与时间有关，结构抗力也随时间变化。为确定可变作用代表值而选用的时间参数，称为设计基准期（design reference period）。我国的《工程结构通用规范》GB 55001、《工程结构可靠性设计统一标准》GB

50153、《建筑结构可靠性设计统一标准》GB 50068（后两个标准以下简称《统一标准》）规定房屋建筑结构的设计基准期为50年。

3.1.2 结构的预定功能及结构可靠度

结构的设计、施工和维护应科学地解决结构物的可靠与经济这对矛盾，力求以最经济的途径，使结构在设计工作年限内以适当的可靠度满足各项功能要求。《工程结构通用规范》GB 55001、《统一标准》明确规定了结构在规定的设计工作年限内应满足下列功能要求：

（1）应能够承受在正常施工和正常使用期间预期可能出现的各种作用（包括荷载及外加变形或约束变形）；

（2）在正常使用时应保障结构和结构构件的预定使用要求，如不发生过大的变形或过宽的裂缝等；

（3）在正常维护下应保障足够的耐久要求，如结构材料的风化、腐蚀和老化不超过一定限度等；

（4）当发生火灾时，结构应能够在规定的时间内保持承载力和整体稳固性；

（5）当发生可能遇到的爆炸、撞击、罕遇地震等偶然事件和人为失误时，结构应能保持必需的整体稳固性，不出现与起因不相称的破坏后果，防止出现结构的连续倒塌。对重要的结构，应采取必要的措施，防止出现结构的连续倒塌；对一般的结构，宜采取适当的措施，防止出现结构的连续倒塌。

上述要求的第（1）、（4）、（5）项是指结构的承载能力和稳定性，关系到人身安全和结构安全，称为结构的安全性；第（2）项关系到结构的适用性；第（3）项为结构的耐久性。安全性、适用性和耐久性总称为结构的可靠性（reliability），也就是结构在规定的时间内，在规定的条件下，完成预定功能的能力。而结构可靠度（degree of reliability）则是指结构在规定的时间内，在规定的条件下，完成预定功能的概率。即结构可靠度是结构可靠性的概率度量。

结构可靠度定义中所说的"规定的时间"，是指"设计工作年限（design working life）"。设计工作年限是指设计规定的结构或结构构件不需进行大修即可按其预定目的工作的年限，即结构在规定的条件下所应达到的工作年限。设计工作年限并不等同于建筑结构的实际寿命或耐久年限，当结构的实际工作年限超过设计工作年限后，其可靠度可能较设计时的预期值减小，但结构仍可继续使用或经大修后可继续使用。若使结构保持一定的可靠度，则设计工作年限取得越长，结构所需要的截面尺寸或所需要的材料用量就越大。设计工作年限应根据工程的使用功能、建造、使用和维护成本以及环境影响等因素确定。根据我国的国情，《工程结构通用规范》规定了各类建筑结构的设计工作年限，如表3-1所示，设计时可按表3-1的规定采用；若业主提出更高的要求，经主管部门批准，也可按业主的要求采用。

房屋建筑结构的设计工作年限及荷载调整系数 γ_L 表3-1

类别	设计工作年限(年)	示　例	γ_L
1	5	临时性建筑结构	0.9
2	50	普通房屋和构筑物	1.0
3	100	特别重要的建筑结构	1.1

可靠度定义中的"规定的条件"，是指正常设计、正常施工、正常使用和正常维护的条件，即不考虑人为失误的影响，人为失误应通过其他措施予以避免。

3.1.3 结构的安全等级

结构设计时，应根据房屋的重要性，采用不同的可靠度水准。《工程结构通用规范》和《统一标准》用结构的安全等级（safety class）来表示房屋的重要性程度，如表 3-2 所示。其中，大量的一般房屋列入中间等级，重要的房屋提高一级，次要的房屋降低一级。重要房屋与次要房屋的划分，应根据结构破坏可能产生的后果，即危及人的生命、造成经济损失、对社会或环境产生影响等的严重程度确定。

房屋建筑结构的安全等级   表 3-2

安全等级	破坏后果	示例
一级	很严重：对人的生命、经济、社会或环境影响很大	大型的公共建筑等重要的结构
二级	严重：对人的生命、经济、社会或环境影响较大	普通的住宅和办公楼等一般的结构
三级	不严重：对人的生命、经济、社会或环境影响较小	小型的或临时性贮存建筑等次要的结构

注：房屋建筑结构抗震设计中的甲类建筑和乙类建筑，其安全等级宜规定为一级；丙类建筑，其安全等级宜规定为二级；丁类建筑，其安全等级宜规定为三级。

建筑物中各类结构构件的安全等级，宜与整个结构的安全等级相同。但允许对部分结构构件根据其重要程度和综合经济效益进行适当调整。如提高某一结构构件的安全等级所需额外费用很少，又能减轻整个结构的破坏，从而大大减少人员伤亡和财产损失，则可将该结构构件的安全等级比整个结构的安全等级提高一级。相反，如某一结构构件的破坏并不影响整个结构或其他结构构件的安全性，则可将其安全等级降低一级，但不得低于三级。对于结构中重要构件和关键传力部位，宜适当提高其安全等级。

3.1.4 混凝土结构构件设计计算方法

根据混凝土结构构件设计计算方法的发展以及不同的特点，可分为容许应力法、破坏阶段法、极限状态设计法以及概率极限状态设计法等。

容许应力法是最早的混凝土结构构件计算理论。它主要对构件抵抗破坏的承载力进行计算，即在规定的荷载标准值作用下，按弹性理论计算得到的构件截面应力应小于结构设计规范规定的材料容许应力值。而材料的容许应力为材料强度除以安全系数。该法的优点是沿用弹性理论假设，计算比较简便。其缺点是未考虑结构材料的塑性性能，不能正确反映构件截面承载能力；该法还缺乏明确的结构可靠度概念，安全系数的确定主要依靠经验，缺乏科学依据。

到 20 世纪 40 年代，出现了按破坏阶段的设计方法。该法与容许应力法的主要区别是在考虑材料塑性性能的基础上，按破坏阶段计算构件截面的承载能力，要求构件截面的承载能力（弯矩、轴力、剪力和扭矩等）不小于由外荷载产生的内力乘以安全系数。此法反映了构件截面的实际工作情况，计算结果比较准确。但由于采用了笼统的总安全系数来估计使用荷载的超载和材料强度的变异性，因而仍缺乏明确的可靠度概念。此外，该法只限于构件的承载能力计算。

由于容许应力法和破坏阶段法采用单一安全系数过于笼统，于是 20 世纪 50 年代又提出了多系数极限状态设计法。多系数极限状态设计法的特点是：明确规定结构按三种极限状态进行设计，即承载能力极限状态、变形极限状态和裂缝极限状态；在承载能力极限状态中，对材料强度引入各自的均质系数及材料工作条件系数，对不同荷载引入各自的超载系数，对构件还引入工作条件系数；并且材料强度均质系数及某些荷载的超载系数，是将材料强度和荷载作为随机变量，用数理统计方法经过调查分析而确定的。因此可以说，极限状态设计法（limit states design method）是工程结构设计理论的重大发展。但极限状态设计法仍然没有给出结构可靠度的定义和计算可靠度的方法；此外，对于保证率的确定、系数取值等方面仍然带有不少主观经验的成分。我国 1966 年颁布的《钢筋混凝土结构设计规范》BJG 21—66 就是采用多系数极限状态设计法。

由于极限状态设计法不能计算结构的可靠度，因而会造成一种错觉，即只要在设计中采用了某一规定的安全系数，结构就绝对可靠。实际并非如此，只是具有一定的可靠度而已。近年来，国际上在结构构件设计方法方面的趋向是采用基于概率理论的极限状态设计方法，简称概率极限状态设计法。按发展阶段，该法可分为三个水准：

（1）水准Ⅰ——半概率法。对影响结构可靠度的某些参数，如荷载值和材料强度值等，用数理统计进行分析，并与工程经验相结合，引入某些经验系数，故称为半概率半经验法。该法对结构的可靠度还不能做出定量的估计。我国以前实施的《钢筋混凝土结构设计规范》TJ 10—74 基本上属于此法。

（2）水准Ⅱ——近似概率法。将结构抗力和荷载效应作为随机变量，按给定的概率分布估算失效概率或可靠指标，在分析中采用平均值和标准差两个统计参数，且对设计表达式进行线性化处理，所以也称为"一次二阶矩法"，它实质上是一种实用的近似概率计算法。为了便于应用，在具体计算时采用分项系数表达的极限状态设计表达式，各分项系数根据可靠度分析经优选确定。我国的《混凝土结构设计规范》GBJ 10—89、GB 50010—2002 和 GB 50010—2010 所采用的就是近似概率法。其中 GB 50010—2010 是我国当前所采用的设计规范，于 2010 年颁布施行，2015 年局部修订。

（3）水准Ⅲ——全概率法。是完全基于概率论的设计法，尚处于研究阶段。

3.2 荷载和材料强度的取值

结构物所承受的荷载不是一个定值，而是在一定范围内变动；结构所用材料的实际强度也在一定范围内波动。因此，结构设计时所取用的荷载值和材料强度值应采用概率统计方法来确定。

3.2.1 荷载标准值的确定

1. 荷载的统计特性

我国对建筑结构的各种恒载、民用房屋（包括办公楼、住宅、商店等）楼面活荷载、风荷载和雪荷载等进行了大量的调查和实测工作。对所取得的资料应用概率统计方法处理后，得到了这些荷载的概率分布和统计参数。

（1）永久荷载 G

建筑结构中的屋面、楼面、墙体、梁柱等构件以及找平层、保温层、防水层等自重重力，桥梁结构中的梁、板、桥墩、耐磨面层、人行道和路缘石等自重重力，以及土压力、预应力等，都是永久荷载，通常称为恒荷载，其值不随时间变化或变化很小。永久荷载是根据构件体积和材料重度确定的。由于构件尺寸在施工制作中的允许误差以及材料组成或施工工艺对材料重度的影响，构件的实际自重重力是在一定范围内波动的。根据在全国范围内实测的 2667 块大型屋面板、空心板、平板等钢筋混凝土预制构件的自重重力，以及 20000 多平方米找平层、保温层、防水层等约 10000 个测点的厚度和部分重度，经数理统计分析后，认为永久荷载这一随机变量符合正态分布。

（2）可变荷载 Q

建筑结构的楼面活荷载、屋面活荷载和积灰荷载、吊车荷载，桥梁结构的车辆荷载，以及风荷载和雪荷载等属于可变荷载，其数值随时间而变化。在结构使用期间，可变荷载的最大值无法精确估计。

民用房屋楼面活荷载一般分为持久性活荷载和临时性活荷载两种。在设计基准期内，持久性活荷载是经常出现的，如家具等产生的荷载，其数量和分布随着房屋的用途、家具的布置方式而变化，并且是时间的函数；临时性活荷载是短暂出现的，如人员临时聚会的荷载等，它随着人员的数量和分布而异，也是时间的函数。同样，风荷载和雪荷载均是时间的函数。因此，可变荷载随时间的变异可统一用随机过程来描述。对可变荷载随机过程的样本函数经处理后，可得到可变荷载在任意时点的概率分布和在设计基准期内最大值的概率分布。根据对全国范围内实测资料的统计分析，民用房屋楼面活荷载在上述两种情况下的概率分布以及风荷载和雪荷载的概率分布均可认为是极值 I 型分布。

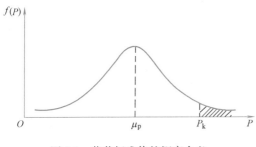

图 3-1 荷载标准值的概率含义

2. 荷载标准值

荷载标准值（characteristic value）是建筑结构按极限状态设计时采用的荷载基本代表值。荷载标准值可由设计基准期（统一规定为 50 年）最大荷载概率分布的某一分位值确定，若为正态分布，则如图 3-1 中的 P_k。荷载标准值理论上应为结构在使用期间，在正常情况下，可能出现的具有一定保证率（assurance factor）的偏大荷载值。例如，若取荷载标准值为

$$P_k = \mu_p + 1.645\sigma_p \tag{3-1}$$

则 P_k 具有 95% 的保证率，亦即在设计基准期内超过此标准值的荷载出现的概率为 5%。式（3-1）中的 μ_p 是荷载平均值；σ_p 是荷载标准差。

（1）永久荷载标准值 G_k

永久荷载（恒荷载）标准值 G_k 可按结构设计规定的尺寸和《建筑结构荷载规范》GB 50009—2012（以下简称《荷载规范》）规定的材料重度（或单位面积的自重）平均值确定，一般相当于永久荷载概率分布的平均值。对于自重变异性较大的材料，尤其是制作屋面的轻质材料，在设计中应根据荷载对结构不利或有利，分别取其自重的上限值或下限值。

（2）可变荷载标准值 Q_k

目前，由于对很多可变荷载未能取得充分的资料，难以给出符合实际的概率分布，若统一按 95% 的保证率调整可变荷载标准值，会使结构设计与过去相比在经济指标方面引起较大的波动。因此，《荷载规范》规定的可变荷载标准值，除了对个别不合理者作了适当调整外，大部分仍沿用或参照了传统习用的数值。

垂直于建筑物表面上的风荷载标准值，应在基本风压、风压高度变化系数、风载体型系数、地形修正系数和风向影响系数的乘积基础上，考虑风荷载脉动的增大效应加以确定。其中基本风压（reference snow pressure）是以当地比较空旷平坦地面上离地 10m 高处统计所得的 50 年一遇 10 分钟平均最大风速 v_0(m/s) 为标准，按$v_0^2/1600$确定的。

屋面水平投影面上的雪荷载标准值是由建筑物所在地的基本雪压（reference snow pressure）乘以屋面积雪分布系数确定的。而基本雪压则是以当地一般空旷平坦地面上统计所得 50 年一遇最大雪压确定。对于雪荷载敏感的结构，应按照 100 年重现期雪压与基本雪压的比值，提高其雪荷载取值。

在结构设计中，各类可变荷载标准值及各种材料重度（或单位面积的自重）可由《荷载规范》查取。

3.2.2 材料强度标准值的确定

1. 材料强度的变异性及统计特性

材料强度的变异性，主要是指材质以及工艺、加载、尺寸等因素引起的材料强度的不确定性。例如，按同一标准生产的钢材或混凝土，各批之间的强度是常有变化的，即使是同一炉钢轧成的钢筋或同一次搅拌而得的混凝土试件，按照统一方法在同一试验机上进行试验，所测得的强度也不完全相同。

统计资料表明，钢筋强度的概率分布符合正态分布。如图 3-2 所示为某钢厂某年生产的一批光圆低碳钢筋，以取样试件的屈服强度为横坐标，频率和频数为纵坐标，直方图代表实测数据。图中曲线为实测数据的理论曲线，代表了钢筋强度的概率分布，它基本符合正态分布。

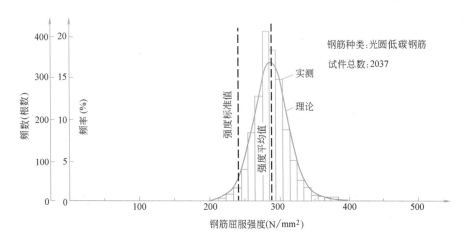

图 3-2 某钢厂钢材屈服强度统计资料

混凝土强度分布也基本符合正态分布。如图 3-3 所示为某预制构件厂所做的一批试块的实测强度分布，试块总数为 889 个。图中横坐标为试块的实测强度，纵坐标为频数和频率，直方图为实测数据，曲线代表了试块实测强度的理论分布曲线。

根据全国各地的调查统计结果，热轧带肋钢筋强度的变异系数 δ_s 如表 3-3 所示；混凝土立方体抗压强度的变异系数 $\delta_{f_{cu}}$ 如表 3-4 所示。

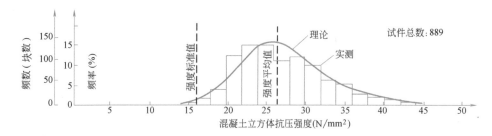

图 3-3　某预制构件厂对某工程所作混凝土试块的统计资料

热轧带肋钢筋强度的变异系数δ_s　　　　　表 3-3

强度等级	HRB400		HRB500	
	屈服强度	抗拉强度	屈服强度	抗拉强度
δ_s	0.045	0.036	0.039	0.036

混凝土立方体抗压强度的变异系数$\delta_{f_{cu}}$　　　　　表 3-4

强度等级	C20	C25	C30	C35	C40	C45	C50	C55	C60~C80
$\delta_{f_{cu}}$	0.18	0.16	0.14	0.13	0.12	0.12	0.11	0.11	0.10

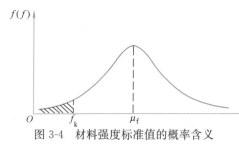

图 3-4　材料强度标准值的概率含义

2. 材料强度标准值

钢筋和混凝土的强度标准值（characteristic value of material strength）是混凝土结构按极限状态设计时采用的材料强度基本代表值。材料强度标准值应根据符合规定质量的材料强度的概率分布的某一分位值确定，如图 3-4 所示。由于钢筋和混凝土强度均基本服从正态分布，故它们的强度标准值 f_k 可统一表示为

$$f_k = \mu_f - \alpha\sigma_f \tag{3-2}$$

式中　α——与材料实际强度 f 低于材料强度标准值 f_k 的概率有关的保证率系数；

　　　μ_f——材料强度平均值；

　　　σ_f——材料强度标准差。

由此可见，材料强度标准值是材料强度概率分布中具有一定保证率的偏低的材料强度值。

（1）钢筋的强度标准值

《混凝土结构设计规范》规定，钢筋的强度标准值应具有不小于 95％ 的保证率，具体取值方法如下：

1）对有明显屈服点的热轧钢筋，取国家钢筋标准规定的屈服强度特征值作为屈服强度标准值，钢筋强度特征值的保证率大于 95％，例如，热轧带肋钢筋强度特征值的保证率为97.73％；取钢筋拉断前相应于最大力下的强度作为极限强度标准值，用于结构的抗倒塌设计。

2）对无明显屈服点的钢筋、钢丝及钢绞线，取国家钢筋标准规定的极限抗拉强度 σ_b 作为强度标准值，但设计时对消除应力钢丝和钢绞线取 $0.85\sigma_b$ 作为条件屈服点；对中强度预应力钢丝和螺纹钢筋有所调整。对于结构的抗倒塌设计，均采用极限强度标准值。

各类钢筋、钢丝和钢绞线的强度标准值见附表1和附表2。

（2）混凝土的强度标准值

混凝土强度标准值为具有95%保证率的强度值，亦即式（3-2）中的保证率系数 $\alpha=1.645$。混凝土各强度标准值取值方法如下：

1）立方体抗压强度标准值 $f_{\text{cu,k}}$

根据上述定义，并将材料强度平均值用《混凝土结构设计规范》的符号表示（下同），则立方体抗压强度标准值为

$$f_{\text{cu,k}}=f_{\text{cu,m}}-1.645\sigma_{f_{\text{cu}}}=f_{\text{cu,m}}(1-1.645\delta_{f_{\text{cu}}})\tag{3-3}$$

式中 $f_{\text{cu,m}}$、$\sigma_{f_{\text{cu}}}$、$\delta_{f_{\text{cu}}}$——立方体抗压强度的平均值、标准差和变异系数（$\delta_{f_{\text{cu}}}$ 见表3-4）。

如第2章所述，以"N/mm^2"表示的混凝土立方体抗压强度标准值即为混凝土的强度等级，它是混凝土强度的基本代表值。

2）轴心抗压强度标准值 f_{ck}

按定义，轴心抗压强度标准值为

$$f_{\text{ck}}=f_{\text{c,m}}-1.645\sigma_{f_{\text{c}}}=f_{\text{c,m}}(1-1.645\delta_{f_{\text{c}}})$$

将式（2-3）代入，并假定 $\delta_{f_{\text{c}}}=\delta_{f_{\text{cu}}}$，则得

$$f_{\text{ck}}=0.88\alpha_{\text{c1}}\alpha_{\text{c2}}f_{\text{cu,m}}(1-1.645\delta_{f_{\text{cu}}})$$

将式（3-3）代入上式，可得

$$f_{\text{ck}}=0.88\alpha_{\text{c1}}\alpha_{\text{c2}}f_{\text{cu,k}}\tag{3-4}$$

3）轴心抗拉强度标准值 f_{tk}

按定义，轴心抗拉强度标准值为

$$f_{\text{tk}}=f_{\text{t,m}}-1.645\sigma_{f_{\text{t}}}=f_{\text{t,m}}(1-1.645\delta_{f_{\text{t}}})$$

将式（2-5）代入上式，同样假定 $\delta_{f_{\text{t}}}=\delta_{f_{\text{cu}}}$，则得

$$f_{\text{tk}}=0.88\times0.395\alpha_{\text{c2}}f_{\text{cu,m}}^{0.55}(1-1.645\delta_{f_{\text{cu}}})$$

将式（3-3）代入上式，可得

$$f_{\text{tk}}=0.88\times0.395\alpha_{\text{c2}}f_{\text{cu,k}}^{0.55}(1-1.645\delta_{f_{\text{cu}}})^{0.45}\tag{3-5}$$

由式（3-4）和式（3-5）可知，f_{ck} 和 f_{tk} 均可由 $f_{\text{cu,k}}$ 求得，所以 $f_{\text{cu,k}}$ 为混凝土强度的基本代表值。

不同强度等级的混凝土强度标准值见附表9。

3.3 概率极限状态设计方法

3.3.1 结构的极限状态

整个结构或结构的一部分超过某一特定状态（如承载力、变形、裂缝宽度、材料性能退化等超过某一限值）就不能满足设计规定的某一功能要求，此特定状态称为该功能的极限状态（limit state）。极限状态实质上是区分结构可靠与失效的界限。

《建筑结构可靠性设计统一标准》GB 50068—2018将结构的极限状态分为三类，即承载能力极限状态、正常使用极限状态和耐久性极限状态，分别规定有明确的标志和限值。

1. 承载能力极限状态（ultimate limit states）

涉及人身安全以及结构安全的极限状态应作为承载能力极限状态，其对应于结构或结构构件达到最大承载力或出现不适于继续承载的变形的状态。当结构或结构构件出现下列状态之一时，应认为超过了承载能力极限状态：

（1）结构构件或连接因所受应力超过材料强度而破坏，或因过度变形而不适于继续承载；

（2）整个结构或结构的一部分作为刚体失去平衡（如倾覆等）；

（3）结构转变为机动体系；

（4）结构或结构构件丧失稳定（如压屈等）；

（5）结构因局部破坏而发生连续倒塌（如初始的局部破坏，从构件到构件扩展，最终导致整个结构倒塌）；

（6）地基丧失承载能力而破坏（如失稳等）；

（7）结构或结构构件的疲劳破坏（如由于荷载多次重复作用而破坏）。

由上述可见，承载能力极限状态为结构或结构构件达到允许的最大承载功能的状态。其中结构构件由于塑性变形而使其几何形状发生显著改变，虽未达到最大承载能力，但已丧失使用功能，故也属于承载能力极限状态。

承载能力极限状态主要考虑有关结构安全性的功能，出现的概率应该很低。对于任何承载的结构或构件，都需要按承载能力极限状态进行设计。

2. 正常使用极限状态（serviceability limit states）

涉及结构或结构单元的正常使用功能、人员舒适性、建筑外观的极限状态应作为正常使用极限状态，其对应于结构或结构构件达到正常使用的某项规定限值的状态。当结构或结构构件出现下列状态之一时，应认为超过了正常使用极限状态：

（1）影响外观、使用舒适性或结构使用功能的变形，如吊车梁变形过大使吊车不能平稳行驶，梁挠度过大影响外观；

（2）影响外观、耐久性或结构使用功能的局部损坏（包括裂缝），如水池开裂漏水不能正常使用，梁裂缝过宽使用户产生恐慌等；

（3）造成人员不舒适或结构使用功能受限的振动，如因机器振动而导致结构的振幅超过按正常使用要求所规定的限值；

（4）影响正常使用的其他特定状态，如相对沉降量过大等。

正常使用极限状态主要考虑有关结构适用性的功能，对财产和生命的危害较小，故出现概率允许稍高一些，但仍应予以足够的重视。因为过大的变形和过宽的裂缝不仅影响结构的正常使用，也会造成人们心理上的不安全感，还会影响结构的安全性。通常对结构构件先按承载能力极限状态进行承载能力计算，然后根据使用要求按正常使用极限状态进行变形、裂缝宽度或抗裂等验算。

3. 耐久性极限状态（durability limit states）

对应于结构或结构构件在环境影响下出现的劣化（材料性能随时间的逐渐衰减）达到耐久性的某项规定限值或标志的状态。当结构或结构构件出现下列状态之一时，应认为超过了耐久性极限状态：

（1）影响承载能力和正常使用的材料性能劣化（如钢筋、混凝土的强度降低等）；

（2）影响耐久性的裂缝、变形、缺口、外观、材料削弱等（如混凝土构件的裂缝宽度超过某一限值会引起构件内钢筋锈蚀；预应力筋和直径较细的受力主筋具备锈蚀条件；混凝土构件表面出现锈蚀裂缝等）；

（3）影响耐久性的其他特定状态（如构件的金属连接件出现锈蚀；阴极或阳极保护措施失去作用等）。

结构的耐久性极限状态设计，应使结构构件出现耐久性极限状态标志或限值的年限不小于其设计工作年限。结构构件的耐久性极限状态设计，应包括保证构件质量的预防性处理措施、减小侵蚀作用的局部环境改善措施、延缓构件出现损伤的表面防护措施和延缓材料性能劣化速度的保护措施。

3.3.2 结构的设计状况

结构物在建造和使用过程中所承受的作用、所处环境条件、经历的时间长短等都是不同的，设计时所采用的结构体系、可靠度水准、设计方法等也应有所区别。结构的设计状况（design situation）是结构从施工到使用、维护等的全过程中，代表一定时段内实际情况的一组设计条件，设计应做到该组条件下结构不超越有关的极限状态。因此，建筑结构设计时，应根据结构在施工和使用中的环境条件和影响，区分下列四种设计状况：

（1）持久设计状况。在结构使用过程中一定出现，且持续期很长的设计状况。持续期一般与设计工作年限为同一数量级。如房屋结构承受家具和正常人员荷载的状况。

（2）短暂设计状况。在结构施工和使用过程中出现概率较大，而与设计工作年限相比，持续时间很短的设计状况。如结构施工和维修时承受堆料和施工荷载的状况。

（3）偶然设计状况。在结构使用过程中出现概率很小，且持续期很短的设计状况。如结构遭受火灾、爆炸、非正常撞击等罕见作用的状况。

（4）地震设计状况。结构使用过程中遭受地震时的设计状况。

对于上述四种设计状况，均应进行承载能力极限状态设计，以确保结构的安全性。对偶然设计状况，允许主要承重结构因出现设计规定的偶然事件而局部破坏，但其剩余部分具有在一段时间内不发生连续倒塌的可靠度；因持续期很短，可不进行正常使用极限状态和耐久性极限状态设计。对持久设计状况，应进行正常使用极限状态设计，并宜进行耐久性极限状态设计，以保证结构的适用性和耐久性；对短暂设计状况和地震设计状况，可根据需要进行正常使用极限状态设计。

3.3.3 结构的功能函数和极限状态方程

结构的可靠度通常受结构上的各种作用、材料性能、几何参数、计算公式精确性等因素的影响。这些因素一般具有随机性，称为基本变量，记为 X_i（$i=1, 2, \cdots, n$）。

按极限状态方法设计建筑结构时，要求所设计的结构具有一定的预定功能。这可用包括各有关基本变量 X_i 在内的结构功能函数来表达，即

$$Z = g(X_1, X_2, \cdots, X_n) \tag{3-6}$$

当

$$Z = g(X_1, X_2, \cdots, X_n) = 0 \tag{3-7}$$

时，称为极限状态方程。

当功能函数中仅包括作用效应 S 和结构抗力 R 两个基本变量时，可得

$$Z = g(R, S) = R - S \tag{3-8}$$

通过功能函数 Z 可以判别结构所处的状态：

当 $Z > 0$ 时，结构处于可靠状态；

当 $Z<0$ 时，结构处于失效状态；

当 $Z=0$ 时，结构处于极限状态。

结构所处的状态也可用图 3-5 来表达。当基本变量满足极限状态方程

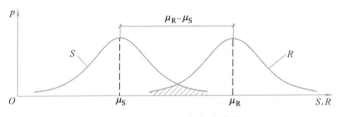

$$Z=R-S=0 \tag{3-9}$$

时，结构达到极限状态，即图 3-5 的 45°直线。

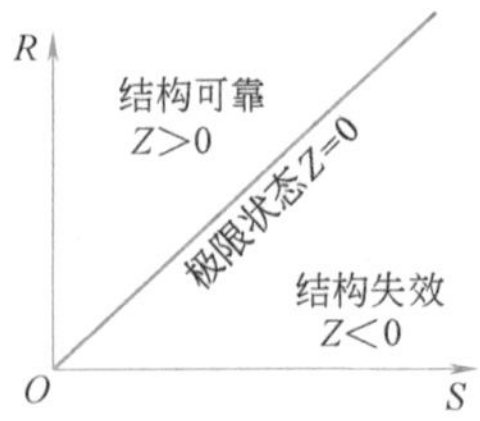

图 3-5　结构所处的状态

3.3.4　结构可靠度的计算

1. 结构的失效概率（probability of failure）p_f

由式（3-8）可知，假若 R 和 S 都是确定性变量，则由 R 和 S 的差值可直接判别结构所处的状态。实际上，R 和 S 都是随机变量或随机过程，因此，要绝对地保证 R 总大于 S 是不可能的。图 3-6 为 R 和 S 绘于同一坐标系时的概率密度曲线，假设 R 和 S 均服从正态分布且二者为线性关系，R 和 S 的平均值分别为 μ_R 和 μ_S，标准差分别为 σ_R 和 σ_S。由图可见，在多数情况下，R 大于 S。但是，由于 R 和 S 的离散性，在 R、S 概率密度曲线的重叠区（阴影段内）仍有可能出现 R 小于 S 的情况。这种可能性的大小用概率来表示就是失效概率，即结构功能函数 $Z=R-S<0$ 的概率称为结构构件的失效概率，记为 p_f。

图 3-6　R，S 的概率密度曲线

当结构功能函数中仅有两个独立的随机变量 R 和 S，且它们都服从正态分布时，则功能函数 $Z=R-S$ 也服从正态分布，其平均值 $\mu_z=\mu_R-\mu_S$，标准差 $\sigma_z=\sqrt{\sigma_R^2+\sigma_S^2}$。功能函数 Z 的概率密度曲线如图 3-7 所示，结构的失效概率 p_f 可直接通过 $Z<0$ 的概率来表达，即

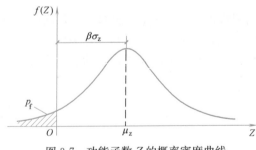

$$
\begin{aligned}
p_f &= P(Z<0) = \int_{-\infty}^{0} f(Z)\mathrm{d}Z \\
&= \int_{-\infty}^{0} \frac{1}{\sigma_z\sqrt{2\pi}}\exp\left[-\frac{1}{2}\left(\frac{Z-\mu_z}{\sigma_z}\right)^2\right]\mathrm{d}Z
\end{aligned}
\tag{3-10}
$$

图 3-7　功能函数 Z 的概率密度曲线

为了便于查表，将 $N(\mu_z, \sigma_z)$ 化成标准正态变量 $N(0, 1)$。引入标准化变量 t

$$t=\frac{Z-\mu_z}{\sigma_z}$$

则 $\mathrm{d}Z=\sigma_z\mathrm{d}t$，$Z=\mu_z+t\sigma_z<0$ 相应于 $t<-\dfrac{\mu_z}{\sigma_z}$。所以，式（3-10）可改写为

$$
p_f = P\left(t<-\frac{\mu_z}{\sigma_z}\right) = \int_{-\infty}^{-\frac{\mu_z}{\sigma_z}} \frac{1}{\sqrt{2\pi}}\exp\left(-\frac{t^2}{2}\right)\mathrm{d}t = \Phi\left(-\frac{\mu_z}{\sigma_z}\right)
\tag{3-11}
$$

式中 $\Phi(\cdot)$ 为标准正态分布函数，可由数学手册中查表求得，且有

$$\Phi\left(-\frac{\mu_z}{\sigma_z}\right)=1-\Phi\left(\frac{\mu_z}{\sigma_z}\right) \tag{3-12}$$

用失效概率度量结构可靠性具有明确的物理意义，能较好地反映问题的实质。但 p_f 的计算比较复杂，因而国际标准和我国标准目前都采用可靠指标 β 来度量结构的可靠性。

2. 结构构件的可靠指标（reliability index）β

令
$$\beta=\frac{\mu_z}{\sigma_z}=\frac{\mu_R-\mu_S}{\sqrt{\sigma_R^2+\sigma_S^2}} \tag{3-13}$$

则式（3-11）可写为

$$p_f=\Phi\left(-\frac{\mu_z}{\sigma_z}\right)=\Phi(-\beta) \tag{3-14}$$

由式（3-14）及图 3-7 可见，β 与 p_f 具有数值上的对应关系，见表 3-5，也具有与 p_f 相对应的物理意义。β 越大，p_f 就越小，即结构越可靠，故 β 称为可靠指标。

可靠指标 β 与失效概率 p_f 的对应关系   表 3-5

β	1.0	1.5	2.0	2.5	2.7	3.2	3.7	4.2
p_f	1.59×10^{-1}	6.68×10^{-2}	2.28×10^{-2}	6.21×10^{-3}	3.5×10^{-3}	6.9×10^{-4}	1.1×10^{-4}	1.3×10^{-5}

当仅有作用效应和结构抗力两个基本变量且均按正态分布时，结构构件的可靠指标可按式（3-13）计算；当基本变量不按正态分布时，结构构件的可靠指标应以结构构件作用效应和抗力当量正态分布的平均值和标准差代入式（3-13）计算。例如，当荷载效应 S 和结构抗力 R 均服从对数正态分布时，类似于式（3-13），可得[24]

$$\beta=\frac{\ln\left[\dfrac{\mu_R}{\mu_S}\sqrt{\dfrac{1+\delta_S^2}{1+\delta_R^2}}\right]}{\sqrt{\ln\left[(1+\delta_R^2)(1+\delta_S^2)\right]}} \tag{3-13a}$$

式中 δ_S、δ_R——荷载效应和抗力的变异系数。

由式（3-13）及式（3-13a）可以看出，β 直接与基本变量的平均值和标准差有关，而且还可以考虑基本变量的概率分布类型，所以它能反映影响结构可靠度的各主要因素的变异性，这是传统的安全系数所未能做到的。

3. 设计可靠指标 $[\beta]$

设计规范所规定的、作为设计结构或结构构件时所应达到的可靠指标，称为设计可靠指标 $[\beta]$，它是根据设计所要求达到的结构可靠度而取定的，所以又称为目标可靠指标。

设计可靠指标，理论上应根据各种结构构件的重要性、破坏性质（延性、脆性）及失效后果，用优化方法分析确定。限于目前统计资料不够完备，并考虑到标准规范的现实继承性，一般采用"校准法"确定。所谓"校准法"，就是通过对原有规范可靠度的反演计算和综合分析，确定以后设计时所采用的结构构件的可靠指标。这实质上是充分注意到了工程建设长期积累的经验，继承了已有的设计规范所隐含的结构可靠度水准，认为它从总体上来讲基本上是合理的和可以接受的。这是一种稳妥可行的办法，当前一些国际组织以及我国、加拿大、美国和欧洲一些国家均采用此法。

根据"校准法"的确定结果，《统一标准》给出了结构构件持久设计状况承载能力极限状态设计的可靠指标，如表 3-6 所示。表中延性破坏是指结构构件在破坏前有明显的变形或其他预兆；脆性破坏是指结构构件在破坏前无明显的变形或其他预兆。显然，延性破坏的危害相对较小，故 $[\beta]$ 值相对低一些；脆性破坏的危害较大，所以 $[\beta]$ 值相对高一些。

结构构件持久设计状况承载能力极限状态设计的可靠指标 $[\beta]$ 表 3-6

破坏类型	安 全 等 级		
	一级	二级	三级
延性破坏	3.7	3.2	2.7
脆性破坏	4.2	3.7	3.2

结构构件持久设计状况正常使用极限状态设计的可靠指标，根据其作用效应的可逆程度宜取 0～1.5。不可逆正常使用极限状态是指当产生超越正常使用要求的作用卸除后，该作用产生的后果不可恢复的正常使用极限状态；可逆正常使用极限状态是指当产生超越正常使用要求的作用卸除后，该作用产生的后果可以恢复的正常使用极限状态。例如，一简支梁在某一数值的荷载作用后，其挠度超过了允许值，卸去该荷载后，若梁的挠度小于允许值，则为可逆极限状态，否则为不可逆极限状态。对可逆的正常使用极限状态，其可靠指标取为 0；对不可逆的正常使用极限状态，其可靠指标取 1.5。当可逆程度介于可逆与不可逆二者之间时，$[\beta]$ 取 0～1.5 之间的值，对可逆程度较高的结构构件取较低值，对可逆程度较低的结构构件取较高值。同理，对建筑结构构件持久设计状况耐久性极限状态设计的可靠指标 $[\beta]$，宜根据其可逆程度取 1.0～2.0。

按概率极限状态方法设计时，一般是已知各基本变量的统计特性（如平均值和标准差），然后根据规范规定的设计可靠指标 $[\beta]$，求出所需的结构抗力平均值 μ_R，并转化为标准值 R_k^* 进行截面设计。这种方法能够比较充分地考虑各有关因素的客观变异性，使所设计的结构比较符合预期的可靠度要求，并且在不同结构之间，设计可靠度具有相对可比性。

对于一般建筑结构构件，根据设计可靠指标 $[\beta]$，按上述概率极限状态设计法进行设计，显然过于繁复。目前除对少数十分重要的结构，如核反应堆安全壳、海上采油平台等结构直接按上述方法设计外，一般结构仍采用极限状态设计表达式进行设计。

3.4 结构极限状态设计表达式

长期以来，人们已习惯采用基本变量的标准值（如荷载标准值、材料强度标准值等）和分项系数（如荷载分项系数、材料分项系数等）进行结构构件设计。考虑到这一习惯，并为了应用上的简便，规范将极限状态方程转化为以基本变量标准值和分项系数形式表达的极限状态设计表达式。这就意味着，设计表达式中的各分项系数是根据结构构件基本变量的统计特性，以结构可靠度的概率分析为基础经优选确定的，它们起着相当于设计可靠指标 $[\beta]$ 的作用。

3.4.1 承载能力极限状态设计表达式

1. 基本表达式

混凝土结构如为杆系结构或简化为杆系结构计算模型，则由结构分析可得构件控制截面内力；如为平面板或空间大体积结构，则由结构分析可得控制截面应力。因此，混凝土结构构件截面设计表达式可用内力或应力表达。

（1）对持久设计状况、短暂设计状况和地震设计状况，当用内力的形式表达时，混凝土结构构件应采用下列承载能力极限状态设计表达式：

$$\gamma_0 S_d \leqslant R_d \tag{3-15}$$

$$R_d = R(f_c, f_s, a_k, \cdots)/\gamma_{Rd} \tag{3-16}$$

式中　γ_0——结构重要性系数：在持久设计状况和短暂设计状况下，对安全等级为一级的结构构件不应小于1.1，对安全等级为二级的结构构件不应小于1.0，对安全等级为三级的结构构件不应小于0.9；对地震设计状况下应取1.0；

　　　S_d——承载能力极限状态下作用组合的效应设计值：对持久设计状况和短暂设计状况按作用的基本组合计算；对地震设计状况按作用的地震组合计算；

　　　R_d——结构构件的抗力设计值；

　　$R(\cdot)$——结构构件的抗力函数；

　　　γ_{Rd}——结构构件的抗力模型不定性系数：静力设计取1.0，对不确定性较大的结构构件根据具体情况取大于1.0的数值；抗震设计应用承载力抗震调整系数γ_{RE}代替γ_{Rd}；

　　　a_k——几何参数的标准值，当几何参数的变异性对结构性能有明显的不利影响时，可增、减一个附加值；

　　　f_c——混凝土的强度设计值；

　　　f_s——钢筋的强度设计值。

（2）对二维、三维混凝土结构构件，当按弹性或弹塑性方法分析并以应力形式表达时，可将混凝土应力按区域等代成内力设计值，按公式（3-15）进行计算；也可直接采用多轴强度准则进行设计验算。

（3）对偶然作用下的结构进行承载能力极限状态设计时，公式（3-15）中的作用效应设计值S_d按作用的偶然组合计算，结构重要性系数γ_0取不小于1.0的数值；当计算结构构件的承载力函数时，公式（3-16）中混凝土、钢筋的强度设计值f_c、f_s改用强度标准值f_{ck}、f_{yk}（或f_{pyk}）。当进行结构防连续倒塌验算时，作用宜考虑结构相应部位倒塌冲击引起的动力效应；在承载力函数的计算中，混凝土强度取强度标准值f_{ck}，普通钢筋强度取极限强度标准值f_{stk}，预应力筋强度取极限强度标准值f_{ptk}并考虑锚具的影响；a_k宜考虑偶然作用下结构倒塌对结构几何参数的影响；必要时可考虑材料强度在动力作用下的强度和脆性，并取相应的强度特征值。

（4）整个结构或其一部分作为刚体失去静力平衡的承载能力极限状态设计，应符合下式要求：

$$\gamma_0 S_{d,dst} \leqslant S_{d,stb} \tag{3-17}$$

式中　$S_{d,dst}$——不平衡作用效应的设计值；

　　　$S_{d,stb}$——平衡作用效应的设计值。

2. 作用组合的效应设计值S_d

结构设计时，应根据所考虑的设计状况，选用不同的组合：对持久和短暂设计状况，应采用作用的基本组合；对偶然设计状况，应采用作用的偶然组合；对于地震设计状况，应采用作用的地震组合。地震组合见有关规范规定及有关教材内容，本书不再叙述。

（1）作用的基本组合

对于作用的基本组合，作用组合的效应设计值 S_d 应按下式确定：

$$S_d = \sum_{i \geqslant 1} \gamma_{G_i} S_{G_{ik}} + \gamma_P S_P + \gamma_{Q_1} \gamma_{L1} S_{Q_{1k}} + \sum_{j>1} \gamma_{Q_j} \psi_{cj} \gamma_{Lj} S_{Q_{jk}} \qquad (3\text{-}18)$$

式中　$S_{G_{ik}}$ —— 第 i 个永久作用标准值的效应；

$\quad\quad S_P$ —— 预应力作用有关代表值的效应；

$\quad\quad S_{Q_{1k}}$ —— 第 1 个可变作用（主导可变作用）标准值的效应；

$\quad\quad S_{Q_{jk}}$ —— 第 j 个可变作用标准值的效应；

$\quad\quad \gamma_{G_i}$ —— 第 i 个永久作用的分项系数；

$\quad\quad \gamma_P$ —— 预应力作用的分项系数；

$\quad\quad \gamma_{Q_1}$ —— 第 1 个可变作用（主导可变作用）的分项系数；

$\quad\quad \gamma_{Q_j}$ —— 第 j 个可变作用的分项系数；

γ_{L1}、γ_{Lj} —— 第 1 个和第 j 个关于结构设计工作年限的荷载调整系数，应按表 3-1 取用；

$\quad\quad \psi_{cj}$ —— 第 j 个可变作用的组合值系数。

当对 $S_{Q_{1k}}$ 无法明显判断时，轮次以各可变作用效应为 $S_{Q_{1k}}$，选其中最不利的作用效应组合。

（2）作用的偶然组合

作用偶然组合的效应设计值可按下列规定采用。

1）偶然荷载作用下结构构件承载能力极限状态计算的效应设计值，按下式进行计算：

$$S_d = \sum_{i \geqslant 1} S_{G_{ik}} + S_P + S_{A_d} + (\psi_{f1} \text{ 或 } \psi_{q1}) S_{Q_{1k}} + \sum_{j>1} \psi_{qj} S_{Q_{jk}} \qquad (3\text{-}19a)$$

式中　S_{A_d} —— 按偶然荷载标准值 A_d 计算的荷载效应值；

$\quad\quad \psi_{f1}$ —— 第 1 个可变荷载的频遇值系数；

$\quad\quad \psi_{qj}$ —— 第 j 个可变作用的准永久值系数。

偶然荷载发生时，应保证特殊部位的结构构件具有一定抵抗偶然荷载的承载能力；构件受损可控，受损构件应能承受恒荷载和活荷载等。

2）用于偶然事件发生后受损结构整体稳固性验算的效应设计值，应按下式进行计算：

$$S_d = \sum_{i \geqslant 1} S_{G_{ik}} + S_P + \psi_{f1} S_{Q_{1k}} + \sum_{j>1} \psi_{qj} S_{Q_{jk}} \qquad (3\text{-}19b)$$

上述偶然荷载组合的效应设计值表达式主要考虑到：①由于偶然荷载的确定往往带有主观臆测因素，因而设计表达式中不再考虑荷载分项系数，而直接采用规定的设计值；②对偶然设计状况，偶然事件本身属于小概率事件，两种不相关的偶然事件同时发生的概率更小，所以不必同时考虑两种偶然荷载；③偶然事件的发生是一个强不确定性事件，偶然荷载的大小也是不确定的，所以实际情况下偶然荷载值超过规定设计值的可能性是存在的，按规定设计值设计的结构仍然存在破坏的可能性；但为保证人的生命安全，设计还应保证偶然事件发生后受损的结构能够承担对应于偶然设计状况的永久荷载和可变荷载。所以，表达式分别给出了偶然事件发生时承载能力计算和发生后整体稳定性验算两种不同的情况。

应当指出，基本组合（式 3-18）和偶然组合（式 3-19）中的效应设计值仅适用于作用效应与作用为线性关系的情况，当作用效应与作用不按线性关系考虑时，应按《统一标准》的规定确定作用组合的效应设计值。

3. 荷载分项系数、可变荷载的组合值系数

(1) 荷载分项系数 γ_G, γ_Q

荷载标准值是结构在使用期间、在正常情况下可能遇到的具有一定保证率的偏大荷载值。统计资料表明，各类荷载标准值的保证率并不相同，如按荷载标准值设计，将造成结构可靠度的严重差异，并使某些结构的实际可靠度达不到目标可靠度的要求，所以引入荷载分项系数予以调整。考虑到荷载的统计资料尚不够完备，并为了简化计算，《统一标准》暂时按永久荷载和可变荷载两大类分别给出荷载分项系数。

荷载分项系数 (partial safety factor of a load) 是根据下述原则经优选确定的。即在各项荷载标准值已给定的条件下，对各类结构构件在各种常遇的荷载效应比值和荷载效应组合下，用不同的分项系数值，按极限状态设计表达式 (3-15) 设计各种构件并计算其所具有的可靠指标，然后从中选取一组分项系数，使按此设计所得的各种结构构件所具有的可靠指标，与规定的设计可靠指标之间在总体上差异最小。

根据分析结果，《统一标准》规定荷载分项系数应按表 3-7 采用。

房屋建筑结构作用的分项系数   表 3-7

作用分项系数	适用情况	
	当作用效应对承载力不利时	当作用效应对承载力有利时
γ_G	$\geqslant 1.3$	$\leqslant 1.0$
γ_P	$\geqslant 1.3$	$\leqslant 1.0$
γ_Q	$\geqslant 1.5$	0

由表 3-7 可见，对于永久作用及预应力作用的分项系数 γ_G、γ_P，当作用效应对承载力不利时，不应小于 1.3，对承载力有利时，不应大于 1.0。可变作用的分项系数 γ_Q，对于一般的可变作用（包括楼面活荷载、风荷载、雪荷载等），当作用效应对承载力不利时不应小于 1.5，当对承载力有利时，应取 0；对于可变荷载标准值大于 $4kN/m^2$ 的工业建筑楼面均布活荷载，当作用效应对承载力不利时不应小于 1.4，对承载力有利时，应取 0。

(2) 荷载设计值

荷载分项系数与荷载标准值的乘积，称为荷载设计值 (design value of a load)。如永久荷载设计值为 $\gamma_G G_k$，可变荷载设计值为 $\gamma_Q Q_k$。

(3) 可变荷载组合值系数 ψ_{ci}，荷载组合值 $\psi_{ci} Q_{ik}$

当结构上作用几个可变荷载时，各可变荷载最大值在同一时刻出现的概率较小，若设计中仍采用各荷载效应设计值叠加，则可能造成结构可靠度不一致，因而必须对可变荷载设计值再乘以调整系数。荷载组合值系数 ψ_{ci} 就是这种调整系数。$\psi_{ci} Q_{ik}$ 称为可变荷载的组合值。

ψ_{ci} 是根据下述原则确定的。即在荷载标准值和荷载分项系数已给定的情况下，对于有两种或两种以上的可变荷载参与组合的情况，引入 ψ_{ci} 对荷载标准值进行折减，使按极限状态设计表达式 (3-15) 设计所得的各类结构构件所具有的可靠指标，与仅有一种可变荷载参与组合时的可靠指标有最佳的一致性。

根据分析结果，《荷载规范》给出了各类可变荷载的组合值系数。当按式 (3-18) 计算荷载组合的效应设计值时，除风荷载取 $\psi_{ci} = 0.6$ 外，大部分可变荷载取 $\psi_{ci} = 0.7$，个别可变

荷载取 $\psi_{ci}=0.9\sim0.95$（例如，对于书库、贮藏室的楼面活荷载，$\psi_{ci}=0.9$）。

4. 材料分项系数、材料强度设计值

为了充分考虑材料的离散性和施工中不可避免的偏差带来的不利影响，再将材料强度标准值除以一个大于 1 的系数，即得材料强度设计值，相应的系数称为材料分项系数，即

$$f_c=f_{ck}/\gamma_c \qquad f_s=f_{sk}/\gamma_s \tag{3-20}$$

对于普通钢筋，上式中的 f_{sk} 取钢筋屈服强度标准值（f_{yk}）；对于预应力筋，上式中的 f_{sk} 取条件屈服强度标准值（f_{pyk}）。确定钢筋和混凝土材料分项系数时，对于具有统计资料的材料，按设计可靠指标 $[\beta]$ 通过可靠度分析确定。即在已有荷载分项系数的情况下，在设计表达式（3-15）中采用不同的材料分项系数，反演推算出结构构件所具有的可靠指标 β，从中选取与规定的设计可靠指标 $[\beta]$ 最接近的一组材料分项系数。对统计资料不足的情况，则以工程经验为主要依据，通过对《钢筋混凝土结构设计规范》TJ 10—74 结构构件的校准计算确定。

确定钢筋和混凝土材料分项系数时，先通过对钢筋混凝土轴心受拉构件进行可靠度分析（此时构件承载力仅与钢筋有关，属延性破坏，取 $[\beta]=3.2$），求得钢筋的材料分项系数 γ_s；再根据已经确定的 γ_s，通过对钢筋混凝土轴心受压构件进行可靠度分析（此时属于脆性破坏，取 $[\beta]=3.7$），求出混凝土的材料分项系数 γ_c。

根据上述原则确定的混凝土材料分项系数 $\gamma_c=1.4$；HPB300、HRB400、HRBF400 级钢筋的材料分项系数 $\gamma_s=1.1$，HRB500、HRBF500 级钢筋的材料分项系数 $\gamma_s=1.15$；冷轧带肋钢筋的材料分项系数 $\gamma_s=1.25$；预应力筋（包括钢绞线、中强度预应力钢丝、消除应力钢丝和预应力螺纹钢筋）的材料分项系数 $\gamma_s=1.2$。

钢筋及混凝土的强度设计值分别见附表 3、附表 4 和附表 10。

3.4.2 正常使用极限状态设计表达式

1. 可变荷载的频遇值和准永久值

荷载标准值是在设计基准期内最大荷载的意义上确定的，它没有反映荷载作为随机过程而具有随时间变异的特性。当结构按正常使用极限状态的要求进行设计时，例如要求控制房屋的变形、裂缝、局部损坏以及引起不舒适的振动时，就应从不同的要求，来选择荷载的代表值。

可变荷载有四种代表值，即标准值、组合值、频遇值和准永久值。其中标准值为基本代表值，其他三值可由标准值分别乘以相应系数（小于 1.0）而得。下面说明频遇值和准永久值的概念。

在可变荷载 Q 的随机过程中，荷载超过某水平 Q_x 的表示方式，可用超过 Q_x 的总持续时间 $T_x(=\sum t_i)$ 与设计基准期 T 的比率 $\mu_x=T_x/T$ 来表示，如图 3-8 所示。

可变荷载的频遇值（frequent value）是指在设计基准期内被超越的总时间占设计基准期的比率较小的作用值；或被超越的频率限制在规定频率的作用值。即在结构上较频繁出现且量值较大的荷载值，但总小于荷载标准值（如一般住宅、办公楼建筑的楼面均布活荷载频遇值为 0.5~0.6 的标准值）。

可变荷载的准永久值（quasi-permanent value）是指在设计基准期内被超越的总时间占设计基准期的比值较大的作用值，即在设计基准期内经常作用的荷载值（接近于永久荷载）。

2. 正常使用极限状态设计表达式

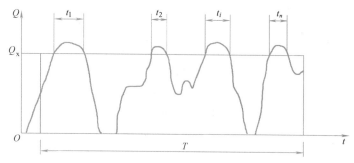

图 3-8 可变荷载的一个样本

对于正常使用极限状态，结构构件应分别按荷载的准永久组合、标准组合、准永久组合并考虑长期作用的影响或标准组合并考虑长期作用的影响，采用下列极限状态设计表达式进行验算：

$$S_d \leqslant C \tag{3-21}$$

式中 S_d——正常使用极限状态的荷载组合效应值（如变形、裂缝宽度、应力等的组合效应值）；

C——结构构件达到正常使用要求所规定的变形、裂缝宽度和应力等的限值。

（1）标准组合的效应值 S 可按下式确定：

$$S = \sum_{i \geqslant 1} S_{G_{ik}} + S_P + S_{Q_{1k}} + \sum_{j > 1} \psi_{cj} S_{Q_{jk}} \tag{3-22}$$

这种组合主要用于当一个极限状态被超越时将产生严重的永久性损害的情况，即标准组合一般用于不可逆正常使用极限状态。

（2）频遇组合的效应值 S，可按下式确定：

$$S = \sum_{i \geqslant 1} S_{G_{ik}} + S_P + \psi_{f1} S_{Q_{1k}} + \sum_{j > 1} \psi_{qj} S_{Q_{jk}} \tag{3-23}$$

式中 ψ_{f1}、ψ_{qj}——可变荷载 Q_1 的频遇值系数、可变荷载 Q_j 的准永久值系数，可由《荷载规范》查取。

可见，频遇组合系指永久荷载标准值、预应力作用效应、主导可变荷载的频遇值与伴随可变荷载的准永久值的效应组合。这种组合主要用于当一个极限状态被超越时将产生局部损害、较大变形或短暂振动等情况，即频遇组合一般用于可逆正常使用极限状态。

（3）准永久组合的效应值 S，可按下式确定：

$$S = \sum_{i \geqslant 1} S_{G_{ik}} + S_P + \sum_{j \geqslant 1} \psi_{qj} S_{Q_{jk}} \tag{3-24}$$

这种组合主要用在当荷载的长期效应是决定性因素时的一些情况。

应当注意，对荷载与荷载效应为线性的情况，才可按式（3-22）～式（3-24）确定荷载组合的效应值。另外，正常使用极限状态要求的设计可靠指标较小（$[\beta]$ 在 0～1.5 之间取值），因而设计时对荷载不乘分项系数，对材料强度取标准值。由材料的物理力学性能已知，长期持续作用的荷载使混凝土产生徐变变形，并导致钢筋与混凝土之间的黏结滑移增大，从而使构件的变形和裂缝宽度增大。所以，进行正常使用极限状态设计时，应考虑荷载长期效应的影响，即应考虑荷载效应的准永久组合，有时尚应考虑荷载效应的频遇组合。

3. 正常使用极限状态验算规定

（1）对结构构件进行抗裂验算时，应按荷载标准组合的效应值（式 3-22）进行计算，其计算值不应超过规范规定的相应限值。具体验算方法和规定见第 10 章。

（2）结构构件的裂缝宽度，对钢筋混凝土构件，按荷载准永久组合（式 3-24）并考虑长期作用影响进行计算；对预应力混凝土构件，按荷载标准组合（式 3-22）并考虑长期作用影响进行计算；构件的最大裂缝宽度不应超过规范规定的最大裂缝宽度限值。最大裂缝宽度限值应根据结构的环境类别及结构类型，按附表 16 选用，其中结构的环境类别由附表 15 确定。具体验算方法和规定见第 9 章和第 10 章。

（3）受弯构件的最大挠度，钢筋混凝土构件应按荷载准永久组合（式 3-24），预应力混凝土构件应按荷载标准组合（式 3-22），并均应考虑荷载长期作用的影响进行计算，其计算值不应超过规范规定的挠度限值，受弯构件的挠度限值按附表 14 确定。具体验算方法和规定见第 9 章和第 10 章。

（4）对有舒适度要求的大跨度混凝土楼盖结构，应进行竖向自振频率验算，其自振频率宜符合下列要求：住宅和公寓不宜低于 5Hz；办公楼和旅馆不宜低于 4Hz；大跨度公共建筑不宜低于 3Hz。大跨度混凝土楼盖结构竖向自振频率的计算方法可参考相关设计手册。

小　结

3.1　结构设计的本质就是要科学地解决结构物的可靠与经济这对矛盾。结构可靠度是结构可靠性（安全性、适用性和耐久性的总称）的概率度量。结构安全性的概率度量称为结构安全度，它是结构可靠度中最重要的内容。

设计基准期和设计工作年限是两个不同的概念。前者为确定可变作用取值而选用的时间参数，后者表示结构在规定的条件下所应达到的工作年限。二者均不等同于结构的实际寿命或耐久年限。

3.2　作用于建筑物上的荷载可分为永久荷载、可变荷载和偶然荷载。永久荷载可用随机变量概率模型来描述，它服从正态分布；可变荷载可用随机过程概率模型来描述，其概率分布服从极值Ⅰ型分布；偶然荷载概率模型与其种类有关，地震作用的概率模型为极值Ⅲ型。

永久荷载采用标准值作为代表值；可变荷载采用标准值、组合值、频遇值和准永久值作为代表值，其中标准值是基本代表值，其他代表值均可在标准值的基础上乘以相应的系数后得出。

3.3　结构上的环境影响是指环境对结构产生的各种机械的、物理的、化学的或生物的不利影响。环境影响会引起结构材料性能的劣化，降低结构的安全性或适用性，影响结构的耐久性。

3.4　对承载能力极限状态的作用组合，应采用作用的基本组合（对持久和短暂设计状况）、偶然组合（对偶然设计状况）或地震组合（对地震设计状况）；对正常使用极限状态的作用组合，按荷载的持久性和不同的设计要求采用三种组合：标准组合、频遇组合和准永久组合。对持久设计状况，应进行正常使用极限状态设计和耐久性极限状态；对短暂设计状况，可根据需要进行正常使用极限状态设计。

3.5　钢筋和混凝土强度的概率分布属正态分布。钢筋强度标准值是具有不小于 95% 保证率的偏低强度值，混凝土强度标准值是具有 95% 保证率的偏低强度值。钢筋和混凝土的强度设计值是用各自的强度标准值除以相应的材料分项系数而得到的。正常使用极限状态设计时，材料强度一般取标准值。承载能力极限状态设计时，对持久、短暂和地震设计状态，一般取用材料强度设计值；对偶然设计状态（如抗倒塌设计），混凝土取强度标准值，钢筋取极限强度标准值。

3.6　结构的极限状态分为三类：承载能力极限状态、正常使用极限状态和耐久性极限状态。以相应于结构各种功能要求的极限状态作为结构设计依据的设计方法，称为极限状态设计法。在极限状态设计法中，若以结构的失效概率或可靠指标来度量结构可靠度，并且建立结构可靠度与结构极限状态之间的数学关系，这就是概率极限状态设计法。这种方法能够比较充分地考虑各有关因素的客观变异性，使所设计的结构比较符合预期的可靠度要求，是设计理论的重大发展。

3.7　概率极限状态设计表达式与以往的多系数极限状态设计表达式形式上相似，但两者有本质区别。前者的各项系数是根据结构构件基本变量的统计特性，以可靠度分析经优选确定的，它们起着相当于设计可靠指标 $[\beta]$ 的作用；而后者采用的各种安全系数主要是根据工程经验确定的。

思　考　题

3.1　什么是结构上的作用？荷载属于哪种作用？作用效应与荷载效应有什么区别？

3.2　什么是结构上的环境影响？环境影响对结构产生哪些效应？

3.3　荷载按随时间的变异分为几类？荷载有哪些代表值？在结构设计中，如何应用荷载代表值？

3.4　什么是结构抗力？影响结构抗力的主要因素有哪些？

3.5　什么是材料强度标准值和材料强度设计值？从概率意义来看，它们是如何取值的？分别说明钢筋、混凝土的强度标准值、平均值和设计值之间的关系。

3.6　什么是结构的预定功能？什么是结构的可靠度？可靠度如何度量和表达？

3.7　什么是结构的极限状态？极限状态分为几类？各有什么标志和限值？

3.8　什么是失效概率？什么是可靠指标？二者有何联系？

3.9　什么是概率极限状态设计法？其主要特点是什么？

3.10　说明承载能力极限状态设计表达式中各符号的意义，并分析该表达式是如何保证结构可靠度的。

3.11　对正常使用极限状态，如何根据不同的设计要求确定作用组合的效应值？

3.12　解释下列名称：安全等级，设计状况，设计基准期，设计工作年限，目标可靠指标。

第 4 章　受弯构件正截面的性能与设计

4.1　概　　述

受弯构件（flexural members）通常是指截面上作用弯矩和剪力的构件。各种类型的梁和板是典型的受弯构件。梁（beam）一般是指承受垂直于其纵轴方向荷载的线形构件，它的截面尺寸远小于其跨度，截面形式一般有矩形、T 形、I 形、双 T 形、槽形和箱形等；板（slab）是一个具有较大平面尺寸，但却有相对较小厚度的面形构件，有实心板、空心板（如圆形、矩形孔）、槽形板和 T 形板等。图4-1所示为房屋建筑工程和公路桥涵工程中常用的梁、板截面形式。

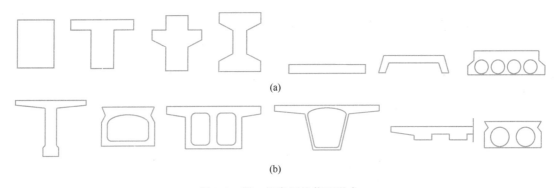

图 4-1　梁、板常用的截面形式

(a) 房屋建筑工程；(b) 公路桥涵工程

与构件轴线相垂直的截面称为正截面（normal cross section）。在外荷载作用下，受弯构件截面内将产生弯矩 M 和剪力 V，弯矩的作用将使截面中和轴的一侧受拉、另一侧受压。由于混凝土的抗拉强度很低，故在中和轴一侧的受拉区应布置纵向受力钢筋，以承受拉力，且纵向受力钢筋应尽可能靠近最外受拉纤维处布置，以增加力臂，提高抗弯能力。当仅在截面受拉区配置纵向受力钢筋时，称为单筋截面；同时也在截面受压区配置纵向受力钢筋时，称为双筋截面，如图 4-2 所示。

受弯构件正截面在弯矩作用下发生破坏，称为受弯承载能力（flexural capacity）极限状态，相应的极限弯矩称为正截面受弯承载力，其计算属于承载能力极限状态问题。根据承载能力极限状态设计表达式（3-15），受弯构件正截面受弯承载力计算应满足

$$\gamma_0 M \leqslant M_u \tag{4-1}$$

式中，M 为由结构上的作用所产生的弯矩设计值，属于作用效应，可由结构计算简图采用力学方法进行计算；M_u 为受弯构件正截面受弯承载力设计值，属于结构抗力，可由材料的力学指标、截面尺寸等确定，此处 M_u 的下标 u 是指极限值。

本章将以钢筋混凝土梁的受弯性能试验研究结果为依据，阐述钢筋混凝土受弯构件的

受力阶段、应力分布和破坏特征等，并在此基础上建立其正截面受弯承载力的计算方法。

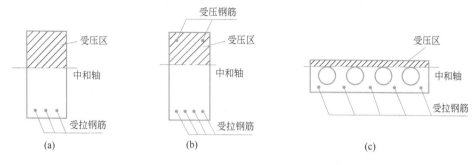

图 4-2 梁和板的截面纵向受力钢筋
(a) 单筋矩形截面梁；(b) 双筋矩形截面梁；(c) 板

4.2 受弯构件一般构造要求

构造要求（detailing requirements）是结构设计的一个重要组成部分，它是在长期工程实践经验以及试验研究等基础上对结构计算的必要补充，以考虑结构计算中没有计及的因素（如混凝土的收缩、徐变和温度应力等）。结构计算和构造措施是相互配合的，因此，在进行受弯构件正截面承载力计算之前，还需要了解其有关的构造要求。

4.2.1 梁的构造要求

1. 截面尺寸及混凝土强度等级

梁的截面尺寸取决于构件的支承条件、跨度及荷载大小等因素。根据工程经验，为满足正常使用极限状态的要求，梁的截面高度一般取 $h=(1/16\sim1/10)l_0$，其中 l_0 为梁的计算跨度；截面宽度一般取 $b=(1/3\sim1/2)h$（矩形截面）和 $b=(1/4\sim1/2.5)h$（T 形截面）。为了便于施工，统一模板尺寸，通常梁截面宽度 b 取为 200mm、220mm、250mm、300mm、350mm 等尺寸，截面高度 h 取为 300mm、350mm、⋯、750mm、800mm、900mm、1000mm 等尺寸。

梁常用的混凝土强度等级为 C25、C30、C35、C40 等，采用 500MPa 及以上等级钢筋时，混凝土强度等级不应低于 C30。

2. 混凝土保护层厚度

混凝土保护层厚度（concrete cover）是指最外层钢筋（包括箍筋、构造筋、分布筋等）的外表面到截面边缘的垂直距离，用 c 表示（图 4-3a、b）。在梁中一般均配置箍筋，故纵向受力钢筋的实际保护层厚度 c_s 应满足下式要求：

$$c_s＝c＋箍筋直径 \geqslant 纵向受力钢筋直径$$

为了保证结构的耐久性、耐火性以及钢筋与混凝土的黏结性能，考虑构件种类、环境类别和混凝土强度等级等因素，《混凝土结构设计规范》规定，构件中受力钢筋的保护层厚度不应小于钢筋的公称直径；设计工作年限为 50 年的混凝土结构，最外层钢筋的保护层厚度应符合附表 17 的规定；设计工作年限为 100 年的混凝土结构，最外层钢筋的保护层厚度不应小于附表 17 中数值的 1.4 倍。当有充分依据并采取有效措施时，如构件表面有可靠的防护层、采用工厂化生产的预制构件、在混凝土中掺加阻锈剂或采用阴极保护处理等防锈措施等，混凝土保护层的厚度可适当减小。当纵向受力钢筋的保护层厚度大于50mm时，宜对保护层混凝土采取有效的构造措施，防止混凝土开裂、下坠。当在保护层混凝土内配置防裂、防剥落的钢筋网片（图4-3c）时，网片钢筋的保护层厚度不应小于25mm。

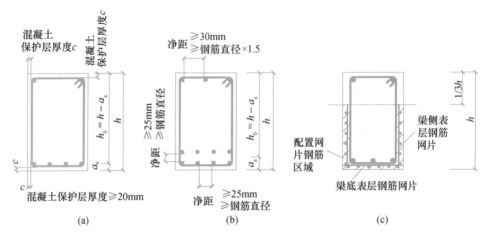

图4-3 保护层厚度、钢筋净间距、截面有效高度及有关构造

(a) 单层钢筋矩形截面；(b) 双层钢筋矩形截面；(c) 保护层内设钢筋网片

3. 梁中钢筋的布置

梁中一般配置有纵向受力钢筋、弯起钢筋、箍筋、架立钢筋和梁侧纵向构造钢筋等，弯起钢筋和箍筋的构造要求见第7章有关内容。

纵向受拉钢筋（longitudinal tensile reinforcement）配置在梁截面的受拉区，截面的受压区有时也配置一定数量的纵向受压钢筋。纵向受力钢筋宜采用 HRB400、HRB500、HRBF400、HRBF500 钢筋，常用直径为 12～28mm；伸入梁支座范围内的纵向受力钢筋不应少于2根。当梁截面高度 $h \geqslant 300mm$ 时，纵向受拉钢筋直径不应小于10mm；当梁截面高度 $h < 300mm$ 时，纵向受拉钢筋直径不应小于8mm。在梁的配筋密集区域，纵向受拉钢筋宜采用并筋（钢筋束）的配筋形式。

为了便于浇筑混凝土，保证钢筋周围混凝土的密实性以及钢筋与混凝土具有良好的黏结性能，纵向受力钢筋的净间距应满足图4-3所示的构造要求。若纵向受力钢筋为双层布置，则上、下钢筋应对齐。当梁下部钢筋多于2层时，2层以上钢筋水平方向的中距应比下面2层的中距增大一倍。各层钢筋之间的净间距不应小于25mm和纵向钢筋直径 d。

架立钢筋（erection steel reinforcement）设置在梁截面的受压区内，其作用是固定箍筋并与纵向受拉钢筋形成钢筋骨架；同时还能承受由于混凝土收缩及温度变化等所引起的拉应力。架立钢筋的直径，当梁的跨度小于4m时，不宜小于8mm；当梁的跨度为4～6m时，不应小于10mm；当梁的跨度大于6m时，不宜小于12mm。

梁侧纵向构造钢筋（longitudinal detailing steel reinforcement）又称为腰筋，设置在梁的两个侧面，其作用是承受梁侧面温度变化及混凝土收缩引起的应力，并抑制混凝土裂缝的开展（图4-4）。当梁的腹板高度 $h_w \geqslant 450mm$ 时，在梁的两个侧面应沿高度配置纵向构造钢筋，每侧纵向构造钢筋（不包括梁上、下部受力钢筋及架立钢筋）的间距不宜大于200mm，截面面积不应小于腹板截面面积 bh_w 的 0.1%，但当梁宽较大时可以适当放松。

此处 h_w 为腹板高度，对矩形截面，取有效高度；对 T 形截面，取有效高度减去翼缘高度（图 4-4b）；对 I 形截面，取腹板净高。

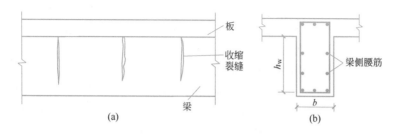

图 4-4　梁侧纵向构造钢筋
（a）梁侧混凝土收缩裂缝；（b）梁侧纵向构造钢筋

4.2.2　板的构造要求

1. 板的厚度及混凝土强度等级

为了满足结构安全及舒适度（刚度）的要求，根据工程经验，钢筋混凝土板的跨厚比，单向板不大于 30，双向板不大于 40；当板的荷载、跨度较大时宜适当减小。现浇钢筋混凝土板的厚度不应小于表 4-1 所规定的数值。

现浇钢筋混凝土板的最小厚度（mm）　　　　　　表 4-1

板的类别		最小厚度
实心板、屋面板		80
密肋板	上、下面板	50
	肋高	250
悬臂板（固定端）	悬臂长度不大于 500mm	80
	悬臂长度 1200mm	100
无梁楼板		150
现浇空心楼板		200

板常用的混凝土强度等级为 C25、C30、C35、C40 等。

2. 混凝土保护层厚度

由于板中配置的钢筋直径较小，仅从保证钢筋的黏结锚固而言，板的保护层厚度与梁相比可适当小一些，详见附表 17 中的有关规定。由表可知，板的混凝土保护层最小厚度一般为 15mm。

3. 板的配筋方式

梁式板中一般布置有两种钢筋：受力钢筋和分布钢筋，受力钢筋沿板的跨度方向在截面受拉一侧布置，其截面面积由计算确定；分布钢筋垂直于板的受力钢筋方向，并在受力钢筋的内侧按构造要求配置，如图 4-5 所示。

板内受力钢筋的配置，通常是按每米板宽所需钢筋面积 A_s 值选用钢筋的直径和间距。若 $A_s = 390\text{mm}^2/\text{m}$，则由附

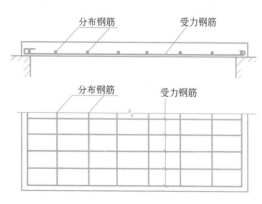

图 4-5　板的配筋示意

表 24 可选用受力钢筋为 Φ8@125（$A_s=402mm^2/m$），其中 8 为钢筋直径（mm），125 为钢筋的间距，即钢筋中至中的距离（mm）。

板内受力钢筋通常采用 HPB300、HRB400、HRBF400、RRB400 钢筋，直径通常采用 8~14mm；当板厚较大时，钢筋直径可用 14~18mm。为了便于浇筑混凝土，保证钢筋周围混凝土的密实性，板内钢筋间距不宜过密；为了使板内钢筋能够正常地分担内力，钢筋间距也不宜过稀。板内受力钢筋间距一般为 70~200mm。当板厚 $h \leqslant 150mm$ 时，钢筋间距不宜大于 200mm；当板厚 $h > 150mm$ 时，钢筋间距不宜大于 $1.5h$，且不宜大于 250mm。

当按单向板设计时，应在垂直于受力的方向布置分布钢筋，其作用是将板面上的荷载更均匀地分布给受力钢筋；与受力钢筋绑扎在一起形成钢筋网片，保证施工时受力钢筋位置正确；同时还能承受由于温度变化、混凝土收缩等在板内所引起的拉应力。

分布钢筋宜采用 HPB300、HRB400 钢筋，常用直径是 6mm 和 8mm。分布钢筋单位宽度上的配筋不宜小于单位宽度上的受力钢筋的 15%，且配筋率不宜小于 0.15%，其直径不宜小于 6mm，间距不宜大于 250mm；当集中荷载较大时，分布钢筋的配筋面积尚应增加，且间距不宜大于 200mm。在温度、收缩应力较大的现浇板区域，应在板的表面双向配置防裂构造钢筋，其配筋率均不宜小于 0.10%，间距不宜大于 200mm。

钢筋混凝土板内一般不配置箍筋，因为设计计算和实际经验表明，板内剪力很小，不需依靠箍筋抗剪，同时板厚较小也难以设置箍筋。

关于梁、板的详细构造要求可参阅有关的规范和设计手册。

4.3 正截面受弯性能的试验研究

混凝土受弯构件的弯曲性能虽然也遵循材料力学中的基本原则，但它是由两种物理力学性能不同的材料所组成的，其中的混凝土是一种抗压强度较高、抗拉强度很低的弹塑性、非匀质材料，并且极易开裂；钢筋虽然具有很高的抗拉和抗压强度，而且在屈服之前具有较为理想的线弹性性质，但屈服以后却又几乎表现出纯塑性性质。因此，混凝土受弯构件与材料力学中所讨论的弹性、匀质和各向同性梁的受力性能相比有很大不同。由于影响混凝土受弯构件弯曲性能的因素较多，问题也较匀质弹性材料梁更为复杂，所以混凝土受弯构件的计算理论是建立在试验基础上的。通过试验并辅之以相应的理论分析，建立混凝土受弯构件的正截面承载力计算理论和方法。

4.3.1 试验测试及结果

图 4-6 为中等配筋量的钢筋混凝土试验梁，截面尺寸为 $b \times h = 150mm \times 350mm$，计算跨度为 4.2m，混凝土强度等级为 C25。配置 3Φ14 的纵向受力钢筋，其保护层混凝土厚度为 20mm。在研究钢筋混凝土梁的正截面受弯性能时，为消除剪力对正截面受弯的影响，通常采用两点对称加载的试验方案（图 4-6）。在忽略梁自重的情况下，使两个对称集中荷载之间的截面只承受弯矩而无剪力，即在两个集中荷载范围内的区段为纯弯段，纯弯段外的两个区段为弯剪段。在纯弯段内，为了消除架立钢筋对截面受弯性能的影响，可仅在截面下部配置纵向受拉钢筋而在截面上部不放架立钢筋，这样该区段就形成了理想的单筋截面。

在梁的纯弯段内，梁的侧面按适当距离设置标距较长的（如 100~200mm）应变传感器或粘贴电阻应变片以量测该标距内混凝土沿纵向的平均应变，从而得到沿截面高度的应

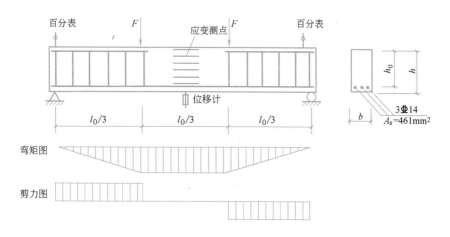

图 4-6　正截面受弯性能试验示意图

变分布规律和混凝土受压破坏时的极限压应变。梁纯弯段内纵向受拉钢筋应变采用预贴小标距（如 10～30mm）的电阻应变片，以得到纵向受拉钢筋的应变。此外，为量测梁跨中的挠度，在梁跨中的下部设置位移计，同时在梁的支座处安装百分表或千分表，以考虑支座沉陷变形对实测挠度的影响。有的试验中还安装有倾角仪，以量测梁端的转角。

　　试验时采用荷载值由小到大的逐级加载试验方法，直至正截面受弯破坏而告终。在整个试验过程中，应注意观察记录梁上裂缝的出现、扩展以及分布等情况，还应记录各级荷载作用下仪表和应变片的读数。图 4-7 为一根配筋适当且具有代表性的单筋矩形截面梁的

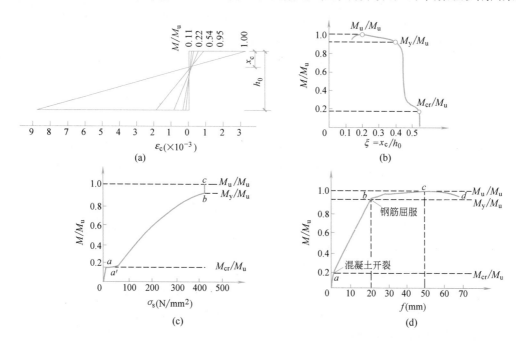

图 4-7　截面应变、中和轴高度、纵筋拉应力和挠度试验曲线

（a）截面平均应变分布；（b）M/M_u—中和轴相对高度曲线；

（c）M/M_u—纵向钢筋应力 σ_s 曲线；（d）M/M_u—跨中挠度 f 曲线

试验结果。其中，图 4-7（a）为各级荷载作用下所测得的量测标距范围内混凝土和钢筋的平均应变沿截面高度的分布情况；图 4-7（b）～（d）分别为由试验得到的弯矩与中和轴高度、弯矩与钢筋应力 σ_s 和弯矩与跨中挠度 f 的关系曲线。钢筋应力 σ_s 是按钢筋屈服前为理想弹性、屈服后为理想弹塑性的假定由实测钢筋应变计算出来的。图中的弯矩采用无量纲形式表达，即以 M/M_u 为纵坐标，其中 M 是根据所给外荷载计算出的梁纯弯段内的截面弯矩，M_u 则是根据破坏荷载得出的梁同一截面的破坏弯矩值，即截面所能承受的极限弯矩。

4.3.2 适筋梁正截面工作的三个阶段

对配筋适当的钢筋混凝土梁，从开始加载到受弯破坏的全过程可划分为以下三个阶段：

（1）第Ⅰ阶段——未开裂阶段

在加载初期，当弯矩较小时，梁受拉区边缘的纵向应变尚小于混凝土的极限拉应变，混凝土未开裂，整个截面参与受力，且应变沿梁截面高度为直线变化，即截面应变分布符合平截面假定。梁犹如一弹性匀质材料梁，挠度及钢筋应变均与弯矩成正比。这个阶段称为第Ⅰ阶段，其特点是梁处于弹性工作阶段。

当受拉边缘的混凝土应变达到其极限拉应变时，将在纯弯区段某薄弱截面形成即将出现垂直于梁纵轴的横向裂缝的状态，称为梁的开裂状态，以Ⅰ$_a$（Ⅰ阶段末）来表示。梁此时承受的弯矩称为开裂弯矩 M_{cr}。

（2）第Ⅱ阶段——带裂缝工作阶段

梁达到其开裂状态的瞬间，出现第一条垂直于梁纵向轴线的横向裂缝而进入带裂缝工作阶段（Ⅱ阶段），其弯矩-挠度曲线上出现了第一个转折点 a（图4-7d）。随后，当截面弯矩略有增加时，还将在梁的整个纯弯段内出现一系列横向裂缝，致使梁的刚度降低，变形加快。另外，在裂缝截面处，由于受拉区混凝土开裂而退出工作，其原先承担的那部分拉力突然传给纵向受拉钢筋，从而使纵向受拉钢筋应力在Ⅰ$_a$状态后的瞬间，有一个钢筋应力突变，如图 4-7（c）所示。此后，随着截面弯矩的继续增大，原有裂缝的宽度增加并向上延伸（称为裂缝开展），还会在纯弯段出现新的横向裂缝或者在剪弯段出现一些斜向裂缝；同时受拉钢筋应变和梁挠度的增长速度明显加快，梁的中和轴不断上移，受压区混凝土的压应变随之增大。此时，已开裂截面的应变分布并不符合平截面假定，但当应变量测标距较大时，该范围内的实测平均应变沿梁截面高度的变化规律仍能符合平截面假定，见图 4-7（a）。

当截面弯矩增大到纵向受拉钢筋应变 ε_s 刚好达到屈服应变 $\varepsilon_y＝f_y/E_s$ 时，钢筋应力 σ_s 达到其屈服强度 f_y，钢筋开始屈服，称为梁的屈服状态，以Ⅱ$_a$（Ⅱ阶段末）来表示，梁在此时承受的弯矩称为屈服弯矩 M_y。

（3）第Ⅲ阶段——破坏阶段

一旦钢筋应力达到其屈服强度，梁的受力性能将发生重大变化，这时截面弯矩与挠度、钢筋应力及中和轴高度的关系曲线均出现明显的转折，进入第Ⅲ阶段——破坏阶段。此时，梁的刚度迅速下降，挠度急剧增大，荷载-挠度关系曲线将出现第二个转折点 b，且曲线变得相当平缓，几乎呈水平状发展。受拉钢筋屈服后，其应力将保持不变（$\sigma_s＝f_y$），而应变仍可持续增长（$\varepsilon_s＞\varepsilon_y$），故截面曲率和梁的挠度将突然增大，裂缝宽度随之迅速扩展并沿梁高向上延伸，中和轴继续上移，受压区高度进一步减小，受压区边缘混凝土压应变迅速增大。

截面弯矩增加至梁所能承受的最大弯矩时（图 4-7d 中 c 点），受压区边缘混凝土达到其极限压应变 ε_{cu}（普通混凝土一般可取 0.0033，高强混凝土取 0.0030），受压区边缘混凝土将被压坏并向外鼓出，同时在梁受压区两侧有一定的压裂缝隙，标志着第Ⅲ阶段即将结束，梁达到极限状态，以Ⅲ$_a$（Ⅲ阶段末）来表示。此时，梁截面所承受的弯矩为极限弯矩 M_u，即梁的正截面受弯承载力。

在第Ⅲ阶段整个过程中，钢筋所承受的总拉力和混凝土所承受的总压力始终保持不变，但由于受压区高度不断减小，梁中和轴位置随之上移，使得截面抵抗弯矩的内力臂长度稍有增加，从而导致截面极限弯矩 M_u 略大于其屈服弯矩 M_y。

梁达到极限承载力 M_u 后，在试验室一定条件下，一般试验梁虽仍可继续变形，但所承受的弯矩将有所下降（图 4-7d 中的 cd 段），最后在破坏区段上受压区混凝土被压碎甚至崩落而宣告完全破坏。

4.3.3 适筋梁的截面应力分布

现有的常规试验手段只能测得梁内混凝土和钢筋的应变，不能直接测得其应力。梁截面各个受力阶段的应力分布可根据试验测得的应变分布（图 4-7a）和材料的应力-应变曲线关系计算求得。因此，只要已知混凝土和钢筋的应力-应变曲线（图 4-8），就可根据实测应变，以一一对应的方法从应力-应变曲线中找出与实测应变相对应的应力。由前可知，各个阶段截面的平均应变符合平截面假定，则只要已知受压边缘纤维混凝土的压应变和纵向受拉钢筋的拉应变，就可求得截面各点的应变值，进而计算截面上混凝土和钢筋的应力。截面受压区混凝土的应力分布图形就是由实测各应变所对应的曲线（图 4-8a）而确定的。图 4-9 为梁在各个受力阶段的截面应变分布和利用上述方法推断出的截面应力分布图形，其中Ⅱ～Ⅲ$_a$ 截面的应力分布指的是"裂缝"截面的应力分布。

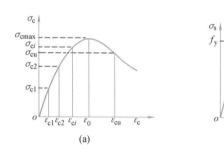

图 4-8　混凝土和钢筋的应力-应变曲线

（a）混凝土应力-应变曲线；（b）钢筋应力-应变曲线

由图 4-9 可以看出，除各阶段的截面应变均满足平截面假定所规定的变形协调条件外，各阶段截面应力分布尚应满足截面的平衡条件，即受拉区由钢筋和混凝土承担的拉力应等于受压区由混凝土承担的压力，由相应的拉力和压力所形成的抵抗弯矩应等于该阶段由外荷载在该截面所引起的作用弯矩。由图 4-9 还可看出，梁各个阶段的截面应力分布具有下列特点。

（1）第Ⅰ阶段

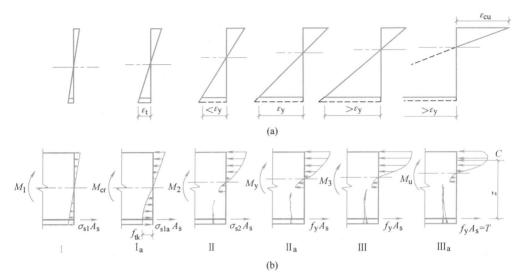

图 4-9 梁各阶段的截面应变及对应的应力分布

(a) 截面应变分布；(b) 截面应力分布

梁承受的弯矩很小，截面的应变也很小，混凝土处于弹性工作阶段，应力与应变成正比；截面应变符合平截面假定，截面应力分布为直线变化，中和轴以上受压、以下受拉（图 4-9b 中 I）。可采用材料力学公式，引用换算截面的几何特性计算钢筋和混凝土的应力。

随着截面弯矩的增大，由于混凝土的抗拉强度小，截面受拉区混凝土呈现塑性性能，应变增长较快，应力增长缓慢，受拉区混凝土的应力图形呈曲线分布。当受拉区边缘混凝土应变达到极限拉应变时，受拉区混凝土即将开裂；边缘混凝土的拉应力达到其抗拉强度 f_{tk}；受压区混凝土仍处于弹性阶段，压应力图形为三角形（图 4-9b 中 I$_a$）。混凝土的极限拉应变 ε_{tu} 一般为 $0.0001 \sim 0.00017$，若假定钢筋和混凝土黏结良好，取 $\varepsilon_{tu} = 0.00015$，则受拉钢筋的应力约为 $\sigma_{s1a} = \varepsilon_{tu} E_s = 0.00015 \times 2 \times 10^5 = 30 \mathrm{N/mm^2}$，可知此时钢筋应力是相当低的。此时的截面应力分布图形是确定受弯构件截面即将开裂时所能承受弯矩（即开裂弯矩 M_{cr}）的主要依据。

（2）第 II 阶段

受拉区混凝土开裂后，裂缝截面混凝土承受的拉力转由钢筋承受，致使钢筋应力突然增大，但中和轴以下未开裂部分的混凝土仍可承受一小部分拉力。随着截面弯矩增大，受压区混凝土的压应变随之加大，其塑性性质将越来越明显，由混凝土的应力-应变曲线可知，受压区混凝土应力图形将逐渐呈曲线分布（图 4-9b 中 II）。这个阶段是一般混凝土梁的正常使用阶段，因此其截面应力分布可作为梁在正常使用阶段变形和裂缝宽度验算的依据。

当钢筋应力刚达到其屈服强度时，$\sigma_s = f_y$，受压区混凝土塑性变形进一步发展，其应力呈更加丰满的曲线分布（图 4-9b 中 II$_a$）。截面承受的弯矩为屈服弯矩 M_y。

（3）第 III 阶段

受拉钢筋屈服后，其应力将保持不变，而应变继续增长，中和轴进一步上移，受压区高度减小，受压区边缘混凝土压应变迅速增长，其塑性特征将表现得更为充分，压应力图形更趋丰满（图4-9b中Ⅲ），内力臂增大使弯矩仍能稍有增加。

随着受压区高度的减小，混凝土受压边缘的压应变显著增大，当达到混凝土极限压应变 ε_{cu} 时（一般可达 0.003～0.004），由混凝土的应力-应变关系曲线可知，压应力图形将为带有下降段的曲线，应力图形的峰值内移（图4-9b中Ⅲ$_a$）。Ⅲ$_a$状态是梁正截面承载能力极限状态，其截面应力分布是受弯构件正截面承载力计算的依据。

4.3.4 钢筋混凝土适筋梁的受力特点

表4-2简要地列出了适筋梁正截面受弯三个受力阶段的主要特点。由适筋梁的受力过程可知，其受力特点明显不同于弹性均质材料梁，主要差别表现在以下几个方面：

（1）弹性匀质材料梁的截面应力为线性分布，且与截面弯矩成正比。混凝土梁的截面应力分布随弯矩增大不仅为非线性，而且有性质上的改变，表现为混凝土开裂、钢筋屈服以及应力分布图形的改变，且钢筋和混凝土的应力均不与弯矩呈线性关系。

适筋梁正截面受弯三个受力阶段的主要特点　　　　　　　　　　　　表4-2

主要特点		受力阶段		
		第Ⅰ阶段	第Ⅱ阶段	第Ⅲ阶段
习 称		未开裂阶段	带裂缝工作阶段	破坏阶段
外观特征		没有裂缝，挠度很小	有裂缝，挠度还不明显	钢筋屈服，裂缝宽，挠度大
弯矩-挠度关系		大致呈直线	曲线	接近水平的曲线
混凝土应力图形	受压区	直线	受压区高度减小，混凝土压应力图形为上升段曲线，应力峰值在受压区边缘	受压区高度进一步减小，混凝土压应力图形为较丰满的曲线；后期为有上升段和下降段的曲线，应力峰值不在受压区边缘而在边缘的内侧
	受拉区	前期为直线，后期为上升段曲线	大部分退出工作	绝大部分退出工作
受拉钢筋应力		$\sigma_s \leqslant 20\sim30\mathrm{N/mm^2}$	$20\sim30\mathrm{N/mm^2} < \sigma_s < f_y$	$\sigma_s = f_y$
在设计计算中的作用		Ⅰ$_a$阶段用于抗裂验算	Ⅱ阶段用于裂缝宽度及变形验算	Ⅲ$_a$阶段用于正截面受弯承载力计算

（2）弹性匀质材料梁的中和轴位置保持不变。混凝土梁的中和轴位置随着截面弯矩的增大而不断上升。内力臂也随着截面弯矩的增大而增大。

（3）弹性匀质材料梁的弯矩-挠度关系为直线，即截面刚度保持不变。混凝土梁的弯矩-挠度关系为曲线，截面刚度随着弯矩的增大而逐渐减小。

这些差别主要是由钢筋和混凝土两种材料的力学性能所决定的，其中混凝土开裂、钢筋屈服和混凝土受压塑性性能的影响最为显著。混凝土开裂引起了钢筋应力的突变，使钢筋应力与弯矩增长的关系不再符合线性变化；钢筋屈服后的力学性能则集中反映了钢筋和混凝土的塑性性能；同时，混凝土的开裂和受压塑性性能致使截面的应力分布图形发生变化，要保持截面的受力平衡，必然是中和轴的位置发生变化。这些特点都是钢筋和混凝土的力学性能及其相互作用所决定的。

4.3.5 正截面受弯破坏形态

根据试验研究，受弯构件中纵向受拉钢筋配筋量对其正截面的受力性能特别是受弯破坏形态有很大的影响。纵向受拉钢筋的配筋量一般用配筋率ρ来表示。对于单筋矩形截面，配筋率ρ（reinforcement ratio）是指纵向受拉钢筋截面面积A_s与截面有效面积bh_0的比值，即

$$\rho = A_s/(bh_0) \tag{4-2}$$

式中　b——矩形截面的宽度；

h_0——纵向受拉钢筋合力点至截面受压区边缘的高度，称为截面有效高度（图4-3）。

试验结果表明，当梁的截面尺寸和材料强度一定时，若改变配筋率ρ，不仅梁的受弯承载力会发生变化，而且梁在破坏阶段的受力性质也会发生明显变化。当配筋率过大或过小时，甚至会使梁的破坏形态发生实质性的变化。根据正截面破坏特征的不同，可将受弯构件正截面受弯破坏形态分为适筋破坏、超筋破坏和少筋破坏三种，与之相应的梁分别称为适筋梁、超筋梁和少筋梁。

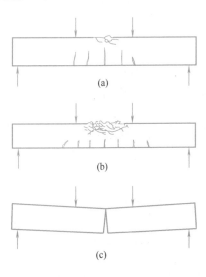

图4-10　梁的三种受弯破坏形态

(a) 适筋梁；(b) 超筋梁；(c) 少筋梁

（1）适筋破坏

当配筋率ρ适中时，梁发生适筋破坏（图4-10a）。在整个加载过程中，梁经历了比较明显的三个受力阶段，其主要破坏特征是纵向受拉钢筋的应力首先达到屈服强度，然后受压区边缘混凝土达到极限压应变致使受压区混凝土被压坏。即钢筋的屈服总是发生在受压区混凝土压坏之前。这种破坏从受拉钢筋屈服到极限状态有一个较长的塑性变形过程，随之引起的裂缝开展和挠度增长，能够给人以明显的破坏预兆，因此称这种破坏形态为"塑性破坏"或"延性破坏"。由于适筋破坏时钢筋的拉应力达到屈服强度，混凝土的压应力亦随之达到其极限抗压强度，因此钢筋和混凝土两种材料都能得到充分的利用。综上所述，由于适筋梁破坏前有明显的塑性变形，且钢筋和混凝土两种材料都能得到充分利用，所以实际工程中的受弯构件都应设计成适筋梁。

此外，适筋梁的塑性变形能力并非总是一成不变的。当配筋率偏低时，截面开裂后钢筋拉应变的增长速度相对比受压边缘混凝土应变的增长速度为快。当钢筋屈服时，受压边缘混凝土的应变值尚不太大，要达到其极限压应变，钢筋屈服后要有一个较长的拉应变增长过程。因此，这种配筋率偏低的适筋梁，其塑性变形能力较好（图4-11）。随着梁配筋率的增加，从钢筋屈服到受压区混凝土压坏之间的变形过程越来越短，则其塑性变形能力越来越差。当配筋率增大到某个限值时，受拉钢筋的屈服与受

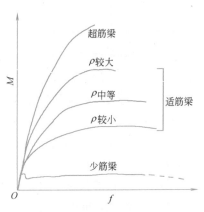

图4-11　各种受弯破坏梁的弯矩-挠度曲线

压区混凝土的压坏同时发生，这种破坏通常称为"界限破坏"或"平衡破坏"，此时的配筋率即为适筋梁配筋率的上限，称为最大配筋率或界限配筋率。

（2）超筋破坏

当配筋率ρ很大时，梁发生超筋破坏（图 4-10b）。在整个加载过程中，梁仅仅经历了Ⅰ、Ⅱ两个受力阶段，其主要破坏特征是受压区混凝土先被压碎而纵向受拉钢筋应力达不到屈服强度。即当受压区边缘混凝土达到极限压应变时，受拉钢筋应力尚小于屈服强度，但梁已宣告破坏。发生超筋破坏时，受拉钢筋尚处于弹性阶段，裂缝开展宽度较小且延伸不高，不能形成一条开裂较大的主裂缝，梁的挠度也相对较小。因此，这种单纯因混凝土压碎而引起的破坏发生相当突然，破坏过程短暂，没有明显的预兆，属于"脆性破坏"。这种破坏没有充分利用受拉钢筋的作用，而且破坏突然，故从安全与经济角度考虑，在实际工程设计中应避免采用超筋梁。

（3）少筋破坏

当配筋率ρ很小时，梁发生少筋破坏（图 4-10c）。在整个加载过程中，梁仅经历了弹性阶段，其主要特征是破坏时的极限弯矩值颇小，且受拉区混凝土一开裂梁就发生破坏。

在少筋破坏形态中，受拉区混凝土一旦开裂，则裂缝截面处原来由混凝土承担的拉力将全部转嫁给纵向受拉钢筋。由于配筋率ρ很小，受拉钢筋应力将迅速增长并有可能超过其屈服强度而进入强化阶段，甚至可能被拉断。受力过程中出现的唯一一条横向裂缝以很快的速度开展，并贯穿截面高度的大部分，从而使构件严重向下挠曲。即使钢筋不被拉断，受压区混凝土也暂未压碎，梁也会因变形过大及裂缝过宽而达到其承载能力极限状态。这种"一裂即坏"的现象是在很短的时间内突然发生的，自然也无任何预兆，属于"脆性破坏"。少筋梁虽然配有钢筋，但其承载力仅大致相当于素混凝土梁的承载力，所配钢筋并无效果，受压区混凝土的强度也未能充分利用，其承载能力主要取决于混凝土的抗拉强度。因此，从安全及经济方面考虑，实际工程中不允许采用少筋梁。

表 4-3 给出了超筋梁、适筋梁和少筋梁的破坏原因、破坏性质和材料利用情况的比较。

三种破坏梁的比较

表 4-3

破坏形态	少筋梁	适筋梁	超筋梁
破坏原因	混凝土开裂	钢筋先达到屈服，受压区混凝土被压碎	受压区混凝土被压碎
破坏性质	脆性	塑性	脆性
材料利用	不能利用	钢筋抗拉强度和混凝土抗压强度均能充分利用	钢筋抗拉强度未充分利用

4.3.6 适筋梁的配筋率范围

在受弯构件的正截面设计中，从安全与经济两个方面考虑，都应设计成适筋梁，避免超筋梁和少筋梁。适筋梁的配筋率ρ是有一定范围的，其下限值称为最小配筋率，用ρ_{min}表示，其上限值称为最大配筋率，以ρ_{max}表示，只要把梁的配筋率ρ控制在上述范围以内，则所设计的梁必为适筋梁。

比较适筋梁和超筋梁的破坏形态可以发现，两者的区别主要在于适筋梁的破坏始于受拉钢筋的屈服而后受压区混凝土被压坏，而超筋梁的破坏则始于受压区混凝土的压碎而钢筋并不能屈服。显然,两者之间应该有一个界限配筋率ρ_b。当$\rho = \rho_b$时,梁发生破坏时,受拉钢筋应力达到其屈服强度的同时,受压区边缘混凝土应变也恰好达到混凝土极限压应变;此时,截面屈服和达到极限承载能力同时发生,即$M_y = M_u$。这种破坏形态叫"界限破坏"或"平衡破坏",也就是适筋梁与超筋梁在界限时的破坏情况。当$\rho < \rho_b$时,梁发生适筋破坏;当$\rho > \rho_b$时,梁发生超筋破坏。因此,界限配筋率ρ_b是保证受拉钢筋屈服的最大配筋率,也可用ρ_{max}表示。

同样,适筋梁和少筋梁之间也存在一个界限配筋率,相当于适筋梁的最小配筋率ρ_{min},即当配筋率小到一定程度时,其破坏形态为少筋梁的破坏特征。当$\rho = \rho_{min}$时,梁的开裂状态即为梁的破坏状态,梁截面的开裂弯矩M_{cr}等于梁截面的最大受弯承载力M_u。

适筋梁的最大配筋率ρ_{max}和最小配筋率ρ_{min}的确定方法见本章 4.4.4 小节。

4.4　正截面受弯承载力分析

4.4.1　基本假定

混凝土受弯构件正截面受弯承载力计算是以适筋梁破坏阶段的III_a受力状态为依据(图 4-9b 中III_a)。由于截面应变和应力分布的复杂性,为便于工程应用,《混凝土结构设计规范》规定,包括受弯构件在内的各种混凝土构件的正截面承载力应按以下基本假定进行计算:

(1) 截面应变分布符合平截面假定,即正截面应变按线性规律分布。

试验研究表明,在纵向受拉钢筋屈服前,截面的平均应变基本符合平截面假定。受拉钢筋屈服后,钢筋与混凝土之间有较大的相对滑移,严格来说,在破坏截面的局部范围内,钢筋应变已偏离了受压区混凝土应变分布的直线关系。但试验还表明,由于构件的破坏总是发生在一定长度区段以内的,实测破坏区段的混凝土及钢筋的平均应变,仍基本上符合平截面假定。因此,采用平截面假定作为计算手段也还是可行的,计算值与试验值符合较好。当然,这一假定是近似的,它与实际情况或多或少存在一些差距,分析表明,由此而引起的误差不大,完全能符合工程计算精度的要求。

此外,引入平截面假定可以将各种类型构件的正截面承载力计算贯穿起来,提高了计算方法的逻辑性和条理性,使计算公式具有明确的物理概念。引用平截面假定也为混凝土构件正截面全过程非线性分析提供了必不可少的截面变形条件。目前,国际上一些主要国家的有关规范均采用了平截面假定。

应当指出,对于以剪切变形为主的构件,例如跨度与梁高比值小于 2 的深梁(见 4.8 节),其截面应变分布是非线性的,平截面假定对此类构件将不再适用。

(2) 截面受拉区的拉力全部由钢筋负担,不考虑混凝土的抗拉作用。

在裂缝截面处,受拉区混凝土已大部分退出工作,只有靠近中和轴附近有一小部分混凝土承担着拉应力。由于混凝土的抗拉强度很小,且这部分混凝土拉力的内力臂也不大,因此对截面受弯承载力的影响很小。在实际计算时,一般可不考虑混凝土的抗拉作用,其误差一般在 1%～2% 之内。

(3) 混凝土受压的应力-应变关系曲线是由抛物线上升段和水平段两部分组成,如图 4-12 所示,其表达式为

当$\varepsilon_c \leqslant \varepsilon_0$时(上升段)

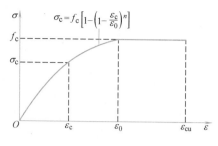

图 4-12 混凝土应力-应变曲线

$$\sigma_c = f_c \left[1 - \left(1 - \frac{\varepsilon_c}{\varepsilon_0} \right)^n \right] \qquad (4\text{-}3)$$

当 $\varepsilon_0 < \varepsilon_c \leqslant \varepsilon_{cu}$ 时（水平段）

$$\sigma_c = f_c \qquad (4\text{-}4)$$

$$n = 2 - \frac{1}{60}(f_{cu,k} - 50) \qquad (4\text{-}5)$$

$$\varepsilon_0 = 0.002 + 0.5(f_{cu,k} - 50) \times 10^{-5} \qquad (4\text{-}6)$$

$$\varepsilon_{cu} = 0.0033 - (f_{cu,k} - 50) \times 10^{-5} \qquad (4\text{-}7)$$

式中　σ_c——混凝土压应变为 ε_c 时的混凝土压应力；

　　　f_c——混凝土轴心抗压强度设计值，按附表 10 采用；

　　　ε_0——混凝土压应力达到 f_c 时的混凝土压应变，当计算的 ε_0 值小于 0.002 时，取为 0.002；

　　　ε_{cu}——正截面的混凝土极限压应变，当处于非均匀受压且按式（4-7）计算的 ε_{cu} 值大于 0.0033 时，取为 0.0033；当处于轴心受压时，取为 ε_0；

　　　$f_{cu,k}$——混凝土立方体抗压强度标准值；

　　　n——系数，当计算的 n 值大于 2.0 时，取为 2.0。

实际上，混凝土的应力-应变关系与混凝土的强度、级配等材性及轴向压力的偏心程度等因素有关，准确地描述是十分复杂的。随着混凝土强度的提高，其应力-应变曲线的上升段将逐渐趋向线性变化，且对应于峰值应力的应变稍有提高；下降段趋向于变陡，极限应变有所减小，如图 2-21 所示。为综合反映低、中、高强混凝土的特性，《混凝土结构设计规范》采用的混凝土受压应力-应变关系曲线由抛物线上升段和水平段所组成，但曲线方程则随着混凝土强度等级的不同而变化，峰值应变 ε_0 和极限压应变 ε_{cu} 的取值也与混凝土强度等级有关。根据国内试验结果，公式（4-5）～式（4-7）给出了混凝土各有关参数 n、ε_0 和 ε_{cu} 的计算方法，据此可得到各混凝土强度等级时 n、ε_0 和 ε_{cu} 的计算结果，见表 4-4。

混凝土应力-应变曲线参数　　　　　　　　　　　　　表 4-4

混凝土强度等级	≤C50	C60	C70	C80
n	2	1.83	1.67	1.50
ε_0	0.002	0.00205	0.0021	0.00215
ε_{cu}	0.0033	0.0032	0.0031	0.0030

此外，受弯构件正截面受压区的应变是不均匀的，应变速率也不同，这将使其实际的应力-应变曲线与按轴心受压确定的应力-应变曲线不同。所以，按上式确定的受压区混凝土应力图形必然存在一定的误差，但能满足工程设计所要求的精度。

（4）纵向受拉钢筋的极限拉应变取为 0.01。

这一假定规定了钢筋的极限拉应变 $\varepsilon_{su} = 0.01$，将其作为构件达到承载能力极限状态的标志之一。即混凝土的极限压应变 ε_{cu} 或受拉钢筋的极限拉应变 ε_{su}，这两个极限应变中只要具备其中的一个，则标志构件达到了承载能力极限状态。钢筋的极限拉应变规定为 0.01，对有明显屈服点的钢筋，相当于钢筋应变进入了屈服台阶；对无屈服点的钢筋，设计所用的强度是以条件屈服点为依据，此规定是限制钢筋的强化强度，同时，其也表示设计采用钢筋的极限拉应变不得小于 0.01，以保证结构构件具有必要的延性。

（5）纵向钢筋的应力取钢筋应变与其弹性模量的乘积，但其绝对值不应大于其相应的强度设计值。

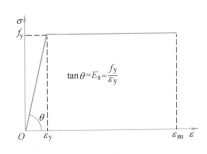

图 4-13　钢筋应力-应变曲线

这一假定说明热轧钢筋的应力-应变关系可采用弹性-全塑性曲线，如图 4-13 所示。钢筋混凝土构件的纵向受力钢筋一般采用热轧钢筋，故这一假定是适用的。在钢筋屈服以前，钢筋应力和应变成正比；在钢筋屈服以后，钢筋应力保持不变。其表达式为

当 $\varepsilon_s \leqslant \varepsilon_y$ 时（上升段）

$$\sigma_s = \varepsilon_s E_s \tag{4-8}$$

当 $\varepsilon_y < \varepsilon_s \leqslant \varepsilon_{su}$ 时（水平段）

$$\sigma_s = f_y \tag{4-9}$$

式中　f_y——钢筋的抗拉或抗压强度设计值，按附表 3 采用；

σ_s——对应于钢筋应变为 ε_s 时的钢筋应力值，正值代表拉应力，负值代表压应力；

ε_y——钢筋的屈服应变，即 $\varepsilon_y = f_y / E_s$；

ε_{su}——钢筋的极限拉应变，取 0.01；

E_s——钢筋的弹性模量。

4.4.2　正截面受弯分析

以单筋矩形截面为例，根据上述基本假定，可得出在承载能力极限状态（Ⅲa 状态）时截面的应变和应力分布（图 4-14）。此时，截面受压区边缘混凝土应变达到了极限压应变 ε_{cu}。假定此时截面的受压区高度为 x_c，则受压区任一高度 y 处混凝土纤维的压应变 ε_c 和受拉钢筋的拉应变 ε_s 可分别按下式计算：

$$\varepsilon_c = \varepsilon_{cu} \frac{y}{x_c} \tag{4-10}$$

$$\varepsilon_s = \varepsilon_{cu} \frac{h_0 - x_c}{x_c} \tag{4-11}$$

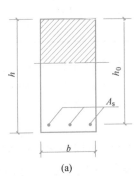
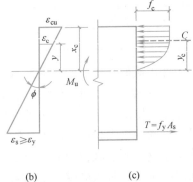

图 4-14　矩形截面受弯分析

（a）单筋矩形截面；（b）截面应变分布；（c）截面应力分布

式中 y——受压区任一高度纤维距截面中和轴的距离；

x_c——混凝土受压区高度。

图 4-14（c）所示为截面应力分布图形，压应力的合力 C 及其作用点到中和轴的距离 y_c 可用积分的形式分别表示为

$$C = \int_0^{x_c} \sigma_c(y) \cdot b \mathrm{d}y \tag{4-12}$$

$$y_c = \frac{\int_0^{x_c} \sigma_c(y) \cdot b \cdot y \mathrm{d}y}{C} \tag{4-13}$$

当梁的配筋率处于适筋范围时，受拉钢筋应力可达到屈服强度，则钢筋的拉力及其到中和轴的距离 y_s 可分别按下式计算：

$$T_s = f_y A_s \tag{4-14}$$

$$y_s = h_0 - x_c \tag{4-15}$$

根据截面的平衡条件，可写出以下两个平衡方程：

$$\sum X = 0 \qquad \int_0^{x_c} \sigma_c(y) \cdot b \mathrm{d}y = f_y A_s \tag{4-16}$$

$$\sum M = 0 \qquad M_u = C \cdot y_c + f_y A_s (h_0 - x_c) \tag{4-17}$$

式（4-16）为轴力平衡条件；式（4-17）为弯矩平衡条件，是对中和轴取力矩平衡得到的。也可以对混凝土受压区合力点或对受拉钢筋截面重心分别取力矩得到，即

$$\sum M = 0 \qquad M_u = f_y A_s \cdot z \tag{4-18}$$

$$\sum M = 0 \qquad M_u = \int_0^{x_c} \sigma_c(y) \cdot b \cdot (h_0 - x_c + y) \mathrm{d}y \tag{4-19}$$

式中 z——受压区混凝土合力与受拉钢筋拉力之间的距离，称为内力臂。

利用上述公式并借助计算机可以进行正截面受弯承载力计算。为了实用而便于计算，需寻求更加简便的计算方法。

4.4.3 受压区等效矩形应力图形

由上述分析可知，导致正截面受弯承载力计算过于复杂的原因，是受压区混凝土压应力的曲线分布。为简化计算，可将复杂的混凝土压应力分布用一个假想的某种简单几何图形来代替。目前采用最多的是将受压区混凝土的曲线应力图形用一个等效矩形应力图形（equivalent rectangular stress block）来替换，如图 4-15 所示。两个图形等效的原则是：

（1）等效矩形应力图形的面积应等于曲线应力图形的面积，即混凝土压应力合力 C 的大小相等；

（2）等效矩形应力图形的形心位置应与曲线应力图形的形心位置相同，即压应力合力 C 的作用点位置 y_c 不变。

为了推导等效矩形应力图形与曲线应力图形之间的关系，取等效矩形应力图形的高度为 $x = \beta_1 x_c$，等效应力为 $\alpha_1 f_c$，如图 4-15（d）所示。若假定曲线应力图形的总面积及其形心分别为 A 和 x_g，则两个图形的等效条件可表示为

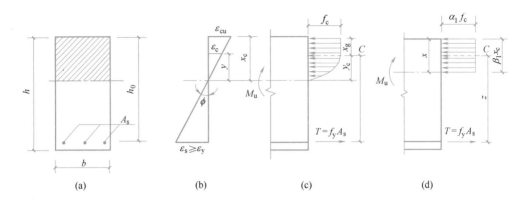

图 4-15 矩形截面受弯应力和应变分布图

(a) 截面；(b) 截面应变；(c) 截面应力；(d) 截面等效应力

$$A = \alpha_1 f_c \cdot \beta_1 x_c \tag{4-20}$$

$$x_g = \frac{x}{2} = \frac{1}{2} \beta_1 x_c \tag{4-21}$$

式中，α_1 和 β_1 为等效矩形应力图的图形系数，其大小仅与混凝土受压应力-应变曲线有关；α_1 表示等效矩形应力图形最大应力与混凝土轴心抗压强度 f_c 的比值；β_1 表示等效矩形应力图形高度（即等效受压区高度，简称受压区高度）x 与曲线应力图形高度 x_c 的比值，即 $\beta_1 = x/x_c$。

式（4-20）和式（4-21）中的 A 和 x_g，可根据式（4-3）和式（4-4）的应力-应变关系及图 4-14 的截面应变和应力分布图形，用积分的方法确定。由表 4-4 可知，对 C50 及以下的低、中强度混凝土，其受压应力-应变曲线的参数分别取：$n=2$，$\varepsilon_0=0.002$，$\varepsilon_{cu}=0.0033$，可求得

$$\alpha_1 = 0.969, \beta_1 = 0.824$$

对于强度等级为 C80 的高强混凝土，其受压应力-应变曲线的参数分别取：$n=1.5$，$\varepsilon_0=2.15\times10^{-3}$，$\varepsilon_{cu}=3.0\times10^{-3}$，可求得

$$\alpha_1 = 0.935, \beta_1 = 0.762$$

为简化计算，《混凝土结构设计规范》将上述分析结果取整，即当混凝土强度等级不超过 C50 时，α_1 取为 1，β_1 取为 0.8；当混凝土强度等级为 C80 时，α_1 取为 0.94，β_1 取为 0.74，其间按线性内插法确定，见表 4-5。由表可知，当混凝土强度等级大于 C50 时，α_1 和 β_1 值随混凝土强度等级的提高而减小。

混凝土受压区等效矩形应力图形系数　　　　　　　　　表 4-5

系数	混凝土强度等级						
	≤C50	C55	C60	C65	C70	C75	C80
α_1	1.00	0.99	0.98	0.97	0.96	0.95	0.94
β_1	0.80	0.79	0.78	0.77	0.76	0.75	0.74

采用等效矩形应力图形后（图 4-15a），即可很方便地写出受弯构件正截面受弯承载力的基本计算公式，即

$$\sum X = 0 \quad \alpha_1 f_c bx = f_y A_s \tag{4-22a}$$

$$\sum M = 0 \quad M_u = \alpha_1 f_c b x \left(h_0 - \frac{x}{2} \right) \tag{4-22b}$$

或

$$M_u = f_y A_s \left(h_0 - \frac{x}{2} \right) \tag{4-22c}$$

4.4.4 界限受压区高度与最小配筋率

1. 界限受压区高度

当纵向受拉钢筋应力达到其屈服强度的同时，受压区边缘混凝土应变恰好达到其极限压应变 ε_{cu}，这时受弯构件达到正截面承载能力极限状态而破坏，这种破坏通常称为"界限破坏"或"平衡破坏"，是适筋梁和超筋梁的界限状态。此时的配筋率为适筋梁配筋率的上限，称为最大配筋率或界限配筋率。

根据平截面假定，可得出梁发生正截面破坏时不同受压区高度的应变分布（图 4-16），中间斜线表示界限破坏时的截面应变分布。对于确定的混凝土强度等级，ε_{cu}、β_1 均为常数，因此，破坏时的受压区高度越大，则钢筋的拉应变越小。

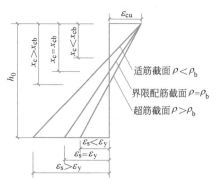

图 4-16 界限破坏、适筋梁和超筋梁的正截面平均应变分布图

将由等效矩形应力图形计算得出的受压区高度 x 与截面有效高度 h_0 的比值定义为相对受压区高度 ξ，即

$$\xi = x / h_0 \tag{4-23}$$

根据相对受压区高度 ξ 和参数 β_1 的定义，可写出 ξ 与中和轴高度 x_c 之间的关系，即

$$\xi = \frac{x}{h_0} = \frac{\beta_1 x_c}{h_0} \tag{4-24}$$

界限破坏时，由平截面假定及受压区的实际压应力分布图形得出的中和轴高度称为界限中和轴高度 x_{cb}；由等效矩形应力图形计算得出的高度称为界限受压区高度 x_b。由图 4-16 中简单的几何关系可得

$$\frac{x_{cb}}{h_0} = \frac{\varepsilon_{cu}}{\varepsilon_{cu} + \varepsilon_y} \tag{4-25}$$

则相对界限受压区高度 ξ_b 为 x_b 与截面有效高度 h_0 之比，即

$$\xi_b = \frac{x_b}{h_0} = \frac{\beta_1 x_{cb}}{h_0} = \frac{\beta_1 \varepsilon_{cu}}{\varepsilon_{cu} + \varepsilon_y} = \frac{\beta_1}{1 + \dfrac{\varepsilon_y}{\varepsilon_{cu}}} \tag{4-26}$$

对有屈服点的普通钢筋，取 $\varepsilon_y = f_y / E_s$，可得相对界限受压区高度，即

$$\xi_b = \frac{\beta_1}{1 + \dfrac{f_y}{\varepsilon_{cu} E_s}} \tag{4-27}$$

式中　f_y——纵向受拉钢筋抗拉强度设计值；

E_s——钢筋弹性模量。

为便于应用，对采用不同强度等级混凝土和有屈服点钢筋的受弯构件，由式（4-27）可计算求得其对应的相对界限受压区高度 ξ_b 值，见表 4-6，可供设计时直接查用。

钢筋级别	混凝土强度等级						
	$\leqslant$C50	C55	C60	C65	C70	C75	C80
HPB300	0.576	0.566	0.556	0.547	0.537	0.528	0.518
HRB400、HRBF400、RRB400	0.518	0.508	0.499	0.490	0.481	0.472	0.463
HRB500、HRBF500	0.482	0.473	0.464	0.455	0.447	0.438	0.429

对无屈服点的普通钢筋，由于这类钢筋的抗拉强度设计值取其条件屈服点对应的应力，即对应于残余应变为 0.2% 时的应力，则考虑 0.2% 的残余应变后，此时 $\varepsilon_y = 0.002 + f_y/E_s$，可得相对界限受压区高度为

$$\xi_b = \frac{\beta_1}{1 + \dfrac{0.002}{\varepsilon_{cu}} + \dfrac{f_y}{\varepsilon_{cu}E_s}} \tag{4-28}$$

因此，由图 4-16 可知，根据相对受压区高度 ξ 的大小可进行受弯构件正截面破坏类型的判别。若 $\xi > \xi_b$，则梁为超筋破坏；若 $\xi < \xi_b$，则梁为适筋破坏；若 $\xi = \xi_b$，则梁为界限破坏。

2. 最大配筋率和单筋梁的最大受弯承载力

与界限受压区高度相对应的配筋率即为界限配筋率 ρ_b 或适筋梁的最大配筋率 ρ_{max}。对于矩形截面梁，根据式（4-22a），可以方便地写出 ρ_{max} 的计算公式为

$$\rho_{max} = \frac{A_{s,max}}{bh_0} = \xi_b \frac{\alpha_1 f_c}{f_y} \tag{4-29}$$

为便于应用，对采用不同强度等级混凝土和有屈服点钢筋的受弯构件，由式（4-29）可求得相应的最大配筋率 ρ_{max} 值，见表 4-7。

钢筋级别	混凝土强度等级												
	C20	C25	C30	C35	C40	C45	C50	C55	C60	C65	C70	C75	C80
HPB300	2.05	2.54	3.05	3.56	4.07	4.50	4.93	5.25	5.55	5.84	6.07	6.28	6.47
HRB400、HRBF400、RRB400	1.38	1.71	2.06	2.40	2.74	3.05	3.32	3.53	3.74	3.92	4.08	4.21	4.34
HRB500、HRBF500	1.06	1.32	1.58	1.85	2.12	2.34	2.56	2.72	2.87	3.01	3.14	3.23	3.33

相应于最大配筋率时，由式（4-22b）可得单筋矩形截面适筋梁的最大正截面受弯承载力，即

$$M_{u,max} = \alpha_1 f_c b x_b \left(h_0 - \frac{x_b}{2} \right) = \alpha_1 f_c b h_0^2 \xi_b (1 - 0.5\xi_b) \tag{4-30}$$

由式（4-27）、式（4-29）和式（4-30）可以看出，对于材料强度等级给定的截面，相

对受压区高度 ξ_b 与配筋率 ρ_{max} 和 $M_{u,max}$ 之间存在着明确的换算关系，只要确定了 ξ_b，就相当于确定了 ρ_{max} 和 $M_{u,max}$。因此，ξ_b 与 ρ_{max} 和 $M_{u,max}$ 这三者实质是相同的，只是从不同的方面作为适筋梁的上限限值。在实际计算中，以采用 ξ_b 为方便并且应用普遍。

3. 最小配筋率 ρ_{min}

最小配筋率 ρ_{min} 理论上是少筋梁和适筋梁的界限。如果仅从承载力方面考虑，最小配筋率 ρ_{min} 可按 $Ⅲ_a$ 阶段计算的钢筋混凝土受弯构件正截面承载力 M_u 与同样条件下素混凝土梁按 $Ⅰ_a$ 阶段计算的开裂弯矩 M_{cr} 相等的原则来确定。按上述原则可求得最小配筋率为（推导过程从略）

$$\rho_{min}=\frac{A_{s,min}}{bh}=0.33\frac{f_{tk}}{f_{yk}}$$

由上式可知，最小配筋率随混凝土强度的提高而相应增大，随钢筋抗拉强度的提高而降低。上述计算均采用了材料强度标准值，这是考虑到计算接近构件的实际开裂弯矩和极限弯矩。采用材料强度设计值后，$f_{tk}/f_{yk}=1.4f_t/1.1f_y=1.273f_t/f_y$。同时，考虑混凝土抗拉强度的离散性、混凝土收缩和温度应力等不利影响，最小配筋率 ρ_{min} 的确定实际上是一个涉及因素较多的复杂问题。我国《混凝土结构设计规范》在考虑了上述各种因素并参考了以往的传统经验后，规定构件截面一侧受拉钢筋的最小配筋率取 0.2% 和 $45f_t/f_y$（%）中的较大值，即

$$\rho_{min}=\max\left\{0.45\frac{f_t}{f_y},0.2\%\right\} \tag{4-31}$$

除悬臂板、柱支承板之外的板类受弯构件，当纵向受拉钢筋采用强度等级 500N/mm^2 的钢筋时，其最小配筋率应允许采用 0.15% 和 $0.45f_t/f_y$ 中的较大值。对卧置于地基上的钢筋混凝土板，板中受拉普通钢筋的最小配筋率可适当降低，但不应小于 0.15%。

应当指出，当受弯构件截面为矩形时，其纵向受拉钢筋最小配筋率的限值是对于全截面面积而言；当受弯构件为 T 形或 I 形截面时，由于素混凝土梁截面的开裂弯矩 M_{cr} 不仅与混凝土的抗拉强度有关，而且还与梁截面的全部面积有关，但受压区翼缘悬出部分面积的影响甚小，可以忽略不计。因此，对矩形或 T 形截面，其最小受拉钢筋面积为

$$A_{s,min}=\rho_{min}bh \tag{4-32}$$

当受弯构件截面为 I 形或倒 T 形时，其最小受拉钢筋面积应考虑受拉区翼缘悬出部分的面积，即

$$A_{s,min}=\rho_{min}[bh+(b_f-b)h_f] \tag{4-33}$$

式中　b——腹板的宽度；

　　b_f、h_f——受拉区翼缘的宽度和高度。

为方便应用，表 4-8 给出了采用不同强度等级混凝土和有屈服点钢筋的受弯构件的最小配筋率，供设计时查用。从表 4-8 可以看出，在大多数情况下，受弯构件的最小配筋率 ρ_{min} 均大于 0.2%，即由 $45f_t/f_y$（%）条件控制。

钢筋级别	混凝土强度等级											
	C20	C25	C30	C35	C40	C45	C50	C55	C60	C65	C70	C75	C80
HPB300	0.200	0.212	0.238	0.262	0.285	0.300	0.315	0.327	0.340	0.348	0.357	0.363	0.370
HRB400、HRBF400、RRB400	0.200	0.200	0.200	0.200	0.214	0.225	0.236	0.245	0.255	0.261	0.268	0.273	0.278
HRB500、HRBF500	0.200	0.200	0.200	0.200	0.200	0.200	0.200	0.203	0.211	0.216	0.221	0.226	0.230

4.5 单筋矩形截面受弯承载力计算

4.5.1 基本公式及适用条件

1. 基本公式

对于单筋矩形截面（singly reinforced rectangular section）受弯构件，其极限状态时正截面承载力计算简图如图 4-17 所示。根据截面的静力平衡条件，可得基本公式如下：

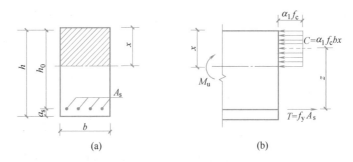

图 4-17 单筋矩形截面受弯构件正截面受弯承载力计算简图

(a) 截面；(b) 截面承载力计算简图

$$\sum X=0 \qquad \alpha_1 f_c bx = f_y A_s \qquad (4\text{-}34)$$

$$\sum M=0 \qquad M \leqslant M_u = \alpha_1 f_c bx \left(h_0 - \frac{x}{2}\right) = f_y A_s \left(h_0 - \frac{x}{2}\right) \qquad (4\text{-}35)$$

式中　M——受弯构件截面弯矩设计值；

M_u——正截面受弯承载力设计值；

f_c——混凝土轴心抗压强度设计值；

f_y——钢筋的抗拉强度设计值；

b——截面宽度；对现浇板，通常取 1m 宽板带进行计算，即 $b=1000mm$；

α_1——混凝土受压区等效矩形应力图形系数，可按表 4-5 查用；

A_s——受拉区纵向钢筋的截面面积；

x——等效矩形应力图形的混凝土受压区高度；

h_0——截面有效高度，即受拉钢筋合力点至截面受压区边缘之间的距离，按下式计算：

$$h_0 = h - a_s \qquad\qquad (4\text{-}36)$$

h —— 截面高度；

a_s —— 受拉钢筋合力点至截面受拉边缘的距离，在截面设计时，由于钢筋直径未知，a_s 需预先估计，根据最外层钢筋的混凝土保护层最小厚度规定（附表17），考虑箍筋直径以及纵向受拉钢筋直径，当环境类别为一类（即室内环境）时，一般可按下述数值采用：

梁的受拉钢筋为一排时 $\qquad\qquad a_s = 40\text{mm}$

梁的受拉钢筋为两排时 $\qquad\qquad a_s = 65\text{mm}$

板 $\qquad\qquad\qquad\qquad\qquad\qquad a_s = 20\text{mm}$

2. 适用条件

由式（4-34）可得

$$\xi = \frac{x}{h_0} = \frac{A_s}{bh_0} \cdot \frac{f_y}{\alpha_1 f_c} = \rho \frac{f_y}{\alpha_1 f_c} \qquad\qquad (4\text{-}37)$$

由上式可知，ξ 不仅反映了配筋率，而且还反映了材料强度的比值，故又称 ξ 为含钢特征值，是一个比 ρ 更具有一般性的参数。为防止超筋破坏，基本公式应满足

$$\xi \leqslant \xi_b \qquad\qquad (4\text{-}38)$$

或 $$\rho \leqslant \rho_{max} \qquad\qquad (4\text{-}39)$$

为防止少筋破坏，应满足

$$A_s \geqslant A_{s,min} = \rho_{min} bh \qquad\qquad (4\text{-}40)$$

4.5.2 基本公式的应用

在工程设计计算中，受弯构件正截面受弯承载力计算有两类情况，即截面设计和截面复核。

1. 截面设计

截面设计时，已知截面的弯矩设计值 M，需要选择材料强度、确定截面尺寸、计算钢筋面积和选用钢筋。设计时应满足 $M_u \geqslant M$，为经济起见，一般按 $M_u = M$ 进行计算。由基本公式可知，未知数为 f_c、f_y、b、h、A_s、x，多于两个，基本公式没有唯一解。因此，应根据材料供应、施工条件和使用要求等因素综合分析，确定一个较为经济合理的设计。

通常是根据经验和有关要求，先选取混凝土强度等级和钢筋级别，如此相应的强度设计值 f_c 和 f_y 已定，然后拟定梁的截面尺寸或板厚，如此 b 及 h 也已知，则 A_s 及 x 可由基本公式（4-34）和式（4-35）计算求得。

为了使截面设计经济合理，截面尺寸尚可按以下分析确定。由基本公式可知，当截面弯矩设计值 M 一定时，截面尺寸 b、h 越大，即混凝土用量和模板费用增加，而所需的钢筋 A_s 越少。反之，截面尺寸 b、h 越小，则所需的钢筋 A_s 越多，即混凝土用量少而钢筋用量多。因此，从总造价来考虑，就会存在一个经济配筋率的范围，如图4-18所示。根据我国工程设计经验，混凝土受弯构件经济配筋率的范围：板为 $0.3\% \sim 0.8\%$；矩形截面梁为 $0.6\% \sim 1.5\%$；T形截面梁为 $0.9\% \sim 1.8\%$。截面的有效高度可由经济配筋率 ρ 按下式估算确定：

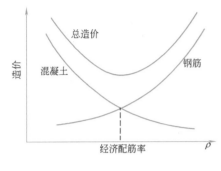

图 4-18 经济配筋率分析

$$h_0 = (1.05 \sim 1.1) \sqrt{\frac{M}{\rho f_y b}} \qquad (4\text{-}41)$$

则 $h = h_0 + a_s$，并按模数取整后确定截面尺寸。

计算出 A_s 后一般需要进行配筋率验算。如果求得的配筋率 ρ 大于 ρ_{max}，则说明原来所选构件截面尺寸过小，须加大截面尺寸（特别是截面高度）后重新计算。当确因其他原因不可能加大截面时，则可提高混凝土强度等级或采用双筋截面梁（见 4.6 节）。

有时，受弯构件因抗倾覆、滑移或其他构造原因，采用的截面高度很大，而实际承受的内力 M 则较小，为了合理配筋，《混凝土结构设计规范》规定，对结构中次要的钢筋混凝土受弯构件，当构造所需截面高度远大于承载的需求时，其纵向受拉钢筋的配筋率可按下列公式计算：

$$\rho_s \geqslant \frac{h_{cr}}{h} \rho_{min} \qquad (4\text{-}42)$$

$$h_{cr} = 1.05 \sqrt{\frac{M}{\rho_{min} f_y b}} \qquad (4\text{-}43)$$

式中　ρ_s——构件按全截面计算的纵向受拉钢筋配筋率；

h_{cr}——构件截面的临界高度，当小于 $h/2$ 时取 $h/2$；

ρ_{min}——纵向受力钢筋的最小配筋率；

其他符号同前。

最后根据计算的钢筋截面面积 A_s 选择钢筋直径及根数（梁）或间距（板），并进行布置。选择钢筋时应使其实际采用的截面面积 A_s 与计算值接近，一般不应小于计算值，也不宜超过计算值的 5%。同时，钢筋的直径、根数或间距等应符合相关的构造要求，详见 4.2 节。

由上述可知，受弯构件的截面设计可能有多种设计结果。对材料强度、构件截面尺寸所选的值不同，则计算所得结果不同，但都能承受所给定的弯矩设计值。但当材料强度、截面尺寸为已知时，则设计结果是唯一的。

2. 截面复核

截面复核时，已知材料强度设计值、截面尺寸和钢筋截面面积，要求计算该截面的受弯承载力 M_u，并验算是否满足 $M \leqslant M_u$。如不满足承载力要求，应进行设计修改（新建工程）或加固处理（既有工程）。

利用基本公式进行截面复核时，只有两个未知数 M_u 和 x，故可以得到唯一解。复核计算时，若 $\rho > \rho_{max}$，则说明属于超筋梁，此时可取对应于界限破坏时的受弯承载力 $M_{u,max}$；若 $A_s < A_{s,min} = \rho_{min} bh$，则为少筋梁，说明该构件不安全，需修改设计或进行加固处理。

4.5.3　计算系数及其应用

在截面设计时，按基本公式求解一般需解一元二次方程式，计算过程比较麻烦。为简化计算，可根据基本公式给出一些计算系数，并将其加以适当演变，从而使计算过程得到简化。

取计算系数

$$\alpha_s = \xi(1-0.5\xi) \tag{4-44}$$

$$\gamma_s = (1-0.5\xi) \tag{4-45}$$

则基本公式（4-34）及式（4-35）可改写为如下形式：

$$\alpha_1 f_c b h_0 \xi = f_y A_s \tag{4-46}$$

$$M \leqslant M_u = \alpha_s \alpha_1 f_c b h_0^2 \tag{4-47}$$

或

$$M \leqslant M_u = f_y A_s \gamma_s h_0 \tag{4-48}$$

由材料力学可知，矩形截面弹性匀质材料梁的弯矩计算公式为 $M = \sigma W = \sigma b h^2/6$，将其与式（4-47）对比可知，$\alpha_s$ 相当于弹性匀质材料梁截面抵抗矩系数，故将 α_s 称为截面抵抗矩系数。在弹性匀质材料梁中，截面抵抗矩系数为常数，而在混凝土梁中该系数不是常数，而是相对受压区高度 ξ 的函数，ξ 或 ρ 增大，α_s 值呈非线性增大，截面受弯承载力呈非线性增大。同样，由式（4-48）可知，$\gamma_s h_0$ 为梁截面受弯承载力计算时的力臂，故称 γ_s 为截面内力臂系数。在弹性匀质材料梁中，内力臂为 $2h/3$，截面内力臂系数为 $2/3$，是个常数，而在混凝土梁中该系数也是 ξ 的函数，ξ 值增大，内力臂呈非线性减小。

当需要由 α_s 值计算 ξ 和 γ_s 时，可直接利用下式计算：

$$\xi = 1 - \sqrt{1-2\alpha_s} \tag{4-49}$$

$$\gamma_s = \frac{1+\sqrt{1-2\alpha_s}}{2} \tag{4-50}$$

由上可知，计算系数 α_s 及 γ_s 仅与相对受压区高度 $\xi = x/h_0$ 有关，并且三者之间存在着一一对应的关系。在具体应用时，可编制成计算表格，也可直接应用上述公式进行计算。

下面按截面设计及截面复核两种情况，分别说明利用计算系数进行计算的具体步骤。

1. 截面设计

已知：弯矩设计值 M、构件截面尺寸 $b \times h$、钢筋级别和混凝土强度等级等，要求确定所需的受拉钢筋截面面积 A_s。这时的主要计算步骤如下：

（1）根据材料强度等级查出其强度设计值 f_y、f_c、f_t 及系数 α_1、ξ_b、ρ_{min} 等；

（2）计算截面有效高度 $h_0 = h - a_s$；

（3）按式（4-47）和式（4-49）分别计算截面抵抗矩系数 α_s 和截面相对受压区高度 ξ，即

$$\alpha_s = \frac{M}{\alpha_1 f_c b h_0^2}, \quad \xi = 1 - \sqrt{1-2\alpha_s}$$

（4）如果 $\xi > \xi_b$，则不满足适筋梁条件，须加大截面尺寸或提高混凝土强度等级重新计算；

（5）如果 $\xi \leqslant \xi_b$，将 ξ 值代入式（4-46）计算所需的钢筋截面面积 A_s，即

$$A_s = \frac{\alpha_1 f_c b \xi h_0}{f_y}$$

或由式（4-50）式（4-48）分别计算截面内力臂系数 γ_s 和钢筋截面面积 A_s，即

$$\gamma_{s}=\frac{1+\sqrt{1-2\alpha_{s}}}{2}, \quad A_{s}=\frac{M}{f_{y}\gamma_{s}h_{0}}$$

（6）按 A_{s} 值选用钢筋直径及根数（梁）或间距（板），并在梁或板截面内布置；

（7）验算是否满足最小配筋条件 $A_{s}\geqslant A_{s,\min}=\rho_{\min}bh$。

2. 截面复核

已知：弯矩设计值 M，材料强度等级、构件截面尺寸及纵向受拉钢筋截面面积 A_{s}，求该截面所能负担的极限弯矩 M_{u}，并判断其安全性。主要计算步骤如下：

（1）验算是否满足最小配筋率的规定，如果 $A_{s}<\rho_{\min}bh$，说明纵向受拉钢筋配置太少，应按截面设计方法重新计算纵向受拉钢筋面积 A_{s}；

（2）根据已知条件，查表得强度设计值 f_{c}、f_{y}、f_{t} 及系数 α_{1}、ξ_{b}、$\rho_{\min}$ 等；

（3）计算截面有效高度 $h_{0}=h-a_{s}$；

（4）由式（4-46）计算相对受压区高度 ξ，即

$$\xi=\frac{f_{y}A_{s}}{\alpha_{1}f_{c}bh_{0}}=\rho\frac{f_{y}}{\alpha_{1}f_{c}}$$

（5）若 $\xi\leqslant\xi_{b}$，可由式（4-44）计算截面抵抗矩系数 α_{s} 或由式（4-45）计算截面内力臂系数 γ_{s}，即

$$\alpha_{s}=\xi(1-0.5\xi), \quad \gamma_{s}=(1-0.5\xi)$$

（6）由式（4-47）式或式（4-48）计算截面所能负担的极限弯矩 M_{u}，即

$$M_{u}=\alpha_{s}\alpha_{1}f_{c}bh_{0}^{2}, \quad M_{u}=f_{y}A_{s}\gamma_{s}h_{0}$$

（7）若 $\xi>\xi_{b}$，说明 A_{s} 达不到屈服，则取 $\xi=\xi_{b}$，按式（4-30）计算截面所能负担的极限弯矩；

（8）比较弯矩设计值 M 和极限弯矩值 M_{u}，判别其安全性。

【例题 4-1】 某钢筋混凝土简支梁（图 4-19），计算跨度 $l_{0}=6.5\mathrm{m}$，承受均布荷载，其中永久荷载标准值为 12kN/m（不包括梁自重），可变荷载标准值为 10.5kN/m。结构的安全等级为二级，环境类别为一类，试确定梁的截面尺寸和纵向受拉钢筋。

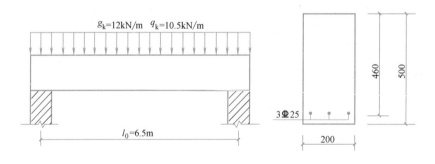

图 4-19　例题4-1图

【解】

（1）材料选用

纵向受拉钢筋选用 HRB400 级，混凝土强度等级为 C35，查附表 3 和附表 10 得，$f_{y}=360\mathrm{N/mm^{2}}$，$f_{c}=16.7\mathrm{N/mm^{2}}$，$f_{t}=1.57\mathrm{N/mm^{2}}$；由表 4-5 和表 4-6 可得，$\alpha_{1}=1.0$，

$\xi_b=0.518$；由式（4-31）可得，$\rho_{min}=\max\{0.45\times1.57/360,0.2\%\}=0.2\%$；因安全等级为二级，则 $\gamma_0=1.0$。

（2）截面尺寸选取

$h=(1/16\sim1/10)l_0=(1/16\sim1/10)\times6500=406\sim650mm$，选用 $h=500mm$

$b=(1/3\sim1/2)h=(1/3\sim1/2)\times500=167\sim250mm$，选用 $b=200mm$

（3）弯矩设计值计算

钢筋混凝土重度标准值为 $25kN/m^3$，故梁每单位长度的自重标准值为（一般尚有抹灰，此处略去不计）

$$g_k=0.2\times0.5\times25=2.5kN/m$$

采用荷载的基本组合时，取永久荷载分项系数 $\gamma_G=1.3$，可变荷载分项系数 $\gamma_Q=1.5$，则跨中最大弯矩设计值为

$$M=1.3\times\frac{1}{8}(12+2.5)\times6.5^2+1.5\times\frac{1}{8}\times10.5\times6.5^2=182.73kN\cdot m$$

（4）计算系数 α_s、ξ

按梁内只有一排受拉钢筋考虑，取 $a_s=40mm$，则

$$h_0=500-40=460mm$$

由式（4-47）和式（4-49）可得

$$\alpha_s=\frac{M}{\alpha_1 f_c bh_0^2}=\frac{182.73\times10^6}{1.0\times16.7\times200\times460^2}=0.258$$

$\xi=1-\sqrt{1-2\alpha_s}=1-\sqrt{1-2\times0.258}=0.304<\xi_b=0.518$，满足适筋梁条件。

（5）计算钢筋截面面积 A_s

由式（4-46）可得纵向受拉钢筋截面面积为

$$A_s=\frac{\alpha_1 f_c b\xi h_0}{f_y}=\frac{1.0\times16.7\times200\times0.304\times460}{360}=1297mm^2$$

（6）选用钢筋

由计算 $A_s=1297mm^2$，查附表 21，可知选用 3 Φ 25，实配钢筋面积 $A_s=1473mm^2$，可以采用一排布置。

（7）验算最小配筋率条件

由式（4-40）可求得

$A_s=1473mm^2>A_{s,min}=\rho_{min}bh=0.2\%\times200\times500=200mm^2$，满足要求。

【例题 4-2】 已知矩形截面梁，其截面尺寸为 $b\times h=250mm\times600mm$，截面弯矩设计值为 $M=210kN\cdot m$，混凝土强度等级为 C40，钢筋采用 HRB400 级，结构安全等级为二级，环境类别为一类。求该截面所需的受拉钢筋截面面积。

【解】 由钢筋和混凝土强度级别，查附表 3 和附表 10 得，$f_y=360N/mm^2$，$f_c=19.1N/mm^2$，$f_t=1.71N/mm^2$；由表 4-5 和表 4-6 可得，$\alpha_1=1.0$，$\xi_b=0.518$；由式（4-31）可得 $\rho_{min}=\max\{0.45\times1.71/360,0.2\%\}=0.214\%$。

按梁内只有一排受拉钢筋考虑，取 $a_s=40mm$，则 $h_0=600-40=560mm$

由式（4-47）和式（4-49）可得

$$\alpha_s = \frac{M}{\alpha_1 f_c b h_0^2} = \frac{210 \times 10^6}{1.0 \times 19.1 \times 250 \times 560^2} = 0.140$$

$\xi = 1 - \sqrt{1 - 2\alpha_s} = 1 - \sqrt{1 - 2 \times 0.140} = 0.152 < \xi_b = 0.518$，满足适筋梁条件。

由式（4-46）可得纵向受拉钢筋截面面积为

$$A_s = \frac{\alpha_1 f_c b \xi h_0}{f_y} = \frac{1.0 \times 19.1 \times 250 \times 0.152 \times 560}{360} = 1129 \text{mm}^2$$

由计算 $A_s = 1129 \text{mm}^2$，查附表 21 可知选用 3 Φ 22，实配钢筋面积 $A_s = 1140 \text{mm}^2$，可以采用一排布置。

由式（4-40）可得

$A_s = 1140 \text{mm}^2 > A_{s,min} = \rho_{min} bh = 0.214\% \times 250 \times 600 = 321 \text{mm}^2$，满足要求。

【例题 4-3】 已知一简支单跨板，计算跨度 $l_0 = 3.1 \text{m}$，承受均布活荷载标准值为 $q_k = 5.5 \text{kN/m}^2$，混凝土强度等级 C30，钢筋采用 HPB300 级，结构安全等级为二级，环境类别为一类。试确定板厚及受拉钢筋截面面积。

【解】 由钢筋和混凝土强度级别，查附表 3 和附表 10 得，$f_y = 270 \text{N/mm}^2$，$f_c = 14.3 \text{N/mm}^2$，$f_t = 1.43 \text{N/mm}^2$；由表 4-5 和表 4-6 可得，$\alpha_1 = 1.0$，$\xi_b = 0.576$；由式（4-31）可得 $\rho_{min} = \max\{0.45 \times 1.43/270, 0.2\%\} = 0.24\%$。

取板宽 $b = 1000 \text{mm}$ 的板条为计算单元；设板厚 $h = 100 \text{mm}$，则板自重标准值

$$g_k = 25 \times 0.1 = 2.5 \text{kN/m}^2$$

板跨中最大弯矩设计值为

$$M = \frac{1}{8}(\gamma_G g_k + \gamma_Q q_k) l_0^2 = \frac{1}{8} \times (1.3 \times 2.5 + 1.5 \times 5.5) \times 3.1^2 = 13.15 \text{kN} \cdot \text{m}$$

取 $a_s = 20 \text{mm}$，则 $h_0 = 100 - 20 = 80 \text{mm}$。由式（4-47）和式（4-49）可得

$$\alpha_s = \frac{M}{\alpha_1 f_c b h_0^2} = \frac{13.15 \times 10^6}{1.0 \times 14.3 \times 1000 \times 80^2} = 0.144$$

$\xi = 1 - \sqrt{1 - 2\alpha_s} = 1 - \sqrt{1 - 2 \times 0.144} = 0.156 < \xi_b = 0.576$，满足适筋梁条件。

由式（4-46）可得

$$A_s = \frac{\alpha_1 f_c b \xi h_0}{f_y} = \frac{1.0 \times 14.3 \times 1000 \times 0.156 \times 80}{270} = 661 \text{mm}^2$$

由计算 $A_s = 661 \text{mm}^2$，查附表 24 可知选用 Φ10@110，实配钢筋面积 $A_s = 714 \text{mm}^2$。

由式（4-40）可得

$A_s = 714 \text{mm}^2 > A_{s,min} = \rho_{min} bh = 0.24\% \times 1000 \times 100 = 240 \text{mm}^2$，满足要求。

【例题 4-4】 已知一钢筋混凝土梁的截面尺寸 $b = 250 \text{mm}$，$h = 500 \text{mm}$，混凝土强度等级为 C30，纵向受拉钢筋采用 4 Φ 18（HRB400 级），结构安全等级为二级，环境类别为一类，弯矩设计值为 $M = 110 \text{kN} \cdot \text{m}$。试验算此梁是否安全。

【解】 查表可得，$f_y = 360 \text{N/mm}^2$，$f_c = 14.3 \text{N/mm}^2$，$f_t = 1.43 \text{N/mm}^2$，$\alpha_1 = 1.0$，$\xi_b = 0.518$。由附表 21 查得 4 Φ 18 钢筋的截面面积为 $A_s = 1018 \text{mm}^2$。

由式（4-31）可得

$$\rho_{min} = \max\left\{0.45 \frac{f_t}{f_y}, 0.2\%\right\} = \max\left\{0.45 \times \frac{1.43}{360}, 0.2\%\right\} = 0.2\%$$

$A_s = 1018\text{mm}^2 > A_{s,\min} = \rho_{\min}bh = 0.2\% \times 250 \times 500 = 250\text{mm}^2$，说明不是少筋梁。

由附表 17 可知，当环境类别为一类，最外层钢筋的混凝土保护层厚度可取 20mm。假定箍筋直径为 8mm，可求得，$a_s = 20 + 8 + 18/2 = 37\text{mm}$，则 $h_0 = 500 - 37 = 463\text{mm}$。

由式（4-46）可得

$$\xi = \frac{f_y A_s}{\alpha_1 f_c b h_0} = \frac{360 \times 1018}{1.0 \times 14.3 \times 250 \times 463} = 0.221 < \xi_b = 0.518，满足适筋梁条件。$$

由式（4-44）可得

$$\alpha_s = \xi(1 - 0.5\xi) = 0.221 \times (1 - 0.5 \times 0.221) = 0.197$$

由式（4-47）可得截面所能负担的极限弯矩为

$$M_u = \alpha_s \alpha_1 f_c b h_0^2 = 0.197 \times 1.0 \times 14.3 \times 250 \times 463^2 = 150.97 \times 10^6 \text{N} \cdot \text{mm} = 150.97\text{kN} \cdot \text{m}$$

由于 $M_u = 150.97\text{kN} \cdot \text{m} > M = 110\text{kN} \cdot \text{m}$，则此梁安全。

4.6 双筋矩形截面受弯承载力计算

4.6.1 概述

如前所述，在单筋矩形截面梁中，截面受拉区配置纵向受力钢筋，受压区按构造要求配置纵向架立钢筋，由于架立钢筋对正截面受弯承载力的贡献很小，所以在计算中不予考虑。如果截面受压区配置的纵向钢筋数量较多，则在正截面受弯承载力计算中就应考虑这种钢筋的受压作用，这样就形成了双筋截面（doubly reinforced section）梁。由于在受弯构件中采用受压钢筋协助混凝土承受压力一般不够经济，所以就受弯承载力而言，双筋截面主要应用于以下情况：

（1）当截面承受的弯矩值很大，超过了单筋矩形截面梁所能承担的最大弯矩 $M_{u,\max}$，即出现 $\xi > \xi_b$ 的情况，而梁的截面尺寸受到限制，混凝土强度等级也不能够再提高时，则可采用双筋截面梁。

（2）在不同的荷载工况下，梁的同一截面承受变号弯矩时，需要在截面的受拉区和受压区均配置纵向受力钢筋，形成双筋梁。

（3）当因某种原因，在截面受压区已存在有面积较大的纵向钢筋时，为经济起见，可按双筋截面梁计算。

此外，在截面受压区设置受压钢筋可以提高截面延性，有利于结构抗震；受压钢筋的存在还有利于减小混凝土的徐变变形，故可减少受弯构件在长期荷载作用下的挠度。因此，这些情况也会采用双筋截面梁。

4.6.2 受压钢筋的应力

双筋截面受弯构件的受力特点和破坏特征基本上与单筋截面的相似。当 $\xi \leqslant \xi_b$ 时，受拉钢筋先屈服然后受压区混凝土被压坏，属于适筋破坏；当 $\xi > \xi_b$ 时，受拉钢筋未屈服而受压区混凝土先被压坏，属于超筋破坏；双筋截面一般不会发生少筋破坏。所不同的是截面受压区存在有受压钢筋参与受压，问题在于受压钢筋对受压区混凝土的受力性能有什么影响？受压钢筋的强度能发挥多少？

钢筋受压时将产生侧向弯曲，如没有横向箍筋，或箍筋间距过大，或采用开口箍筋，受压钢筋将发生压屈而侧向凸出，使混凝土保护层崩裂导致构件的提前破坏，且受压钢筋的强度也不能充分发挥。为了避免发生受压钢筋压屈失稳，充分利用材料强度，《混凝土结构设计规范》规定：当梁中配有按计算需要的纵向受压钢筋时，箍筋应做成封闭式，且弯钩直线段长度不应小于 5 倍箍筋直径；此时，箍筋的间距不应大于 $15d$（d 为纵向受压钢筋的最小直径），并不应大于 400mm。当一层内的纵向受压钢筋多于 5 根且直径大于 18mm 时，箍筋间距不应大于 $10d$。当梁的宽度大于 400mm 且一层内的纵向受压钢筋多于 3 根时，或当梁的宽度不大于 400mm 但一层内的纵向受压钢筋多于 4 根时，应设置复合箍筋。上述构造要求是保证受压钢筋强度得到充分利用的必要条件。

受压钢筋的强度能得到充分利用的充分条件是构件达到承载能力极限状态时，受压钢筋应有足够的应变，使其达到屈服强度。由图 4-20 可知，当截面受压区边缘混凝土的极限压应变为 ε_{cu} 时，根据平截面假定，可求得受压钢筋合力点处的压应变 ε'_s，即

$$\varepsilon'_s = \frac{x_c - a'_s}{x_c}\varepsilon_{cu} = \left(1 - \frac{\beta_1 a'_s}{x}\right)\varepsilon_{cu} \tag{4-51}$$

式中　a'_s——受压钢筋合力点至截面受压区边缘的距离。

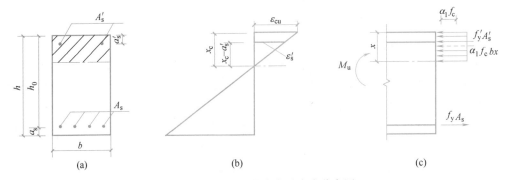

图 4-20　双筋截面的应变及应力分布图
(a) 截面；(b) 截面应变；(c) 等效截面应力

若取 $x = 2a'_s$，$\varepsilon_{cu} \approx 0.0033$，$\beta_1 \approx 0.8$，则受压钢筋应变为

$$\varepsilon'_s = 0.0033 \times \left(1 - \frac{0.8a'_s}{2a'_s}\right) \approx 0.002$$

相应的受压热轧钢筋应力为

$$\sigma'_s = E'_s\varepsilon'_s = (2.00 \sim 2.10) \times 10^5 \times 0.002 = 400 \sim 420 \text{MPa}$$

由于构件混凝土受到箍筋的约束，实际极限压应变还会更大，受压钢筋可达到较高的强度。对于我国常用的有屈服点的普通热轧钢筋，其应力都能达到抗压强度设计值。由上述分析可知，受压钢筋应力达到屈服强度的充分条件是

$$x \geqslant 2a'_s \tag{4-52}$$

当不满足上式时，则表明受压钢筋的位置离中和轴太近，受压钢筋的应变 ε'_s 太小，以致在发生双筋截面破坏时，其应力达不到抗压强度设计值 f'_y。

4.6.3　基本公式及适用条件

1. 基本公式

双筋矩形截面受弯构件正截面承载力计算简图如图 4-20 所示。根据平衡条件，可得正截面受弯承载力计算的基本公式，即

$$\Sigma X = 0 \qquad \alpha_1 f_c b x + f'_y A'_s = f_y A_s \tag{4-53}$$

$$\Sigma M = 0 \qquad M \leqslant M_u = \alpha_1 f_c b x \left(h_0 - \frac{x}{2} \right) + f'_y A'_s (h_0 - a'_s) \tag{4-54}$$

式中 f'_y——钢筋的抗压强度设计值；

A'_s——受压钢筋的截面面积；

其他符号意义同前。

在上述基本公式中引入 $x = \xi h_0$，则可将基本公式写成

$$\alpha_1 f_c b \xi h_0 + f'_y A'_s = f_y A_s \tag{4-55}$$

$$M \leqslant M_u = \alpha_s \alpha_1 f_c b h_0^2 + f'_y A'_s (h_0 - a'_s) \tag{4-56}$$

式中各符号的意义同前。

2. 适用条件

为防止出现超筋破坏，应满足

$$\xi \leqslant \xi_b \tag{4-57}$$

为保证受压钢筋应力达到屈服强度，应满足

$$x \geqslant 2a'_s \text{ 或 } \xi \geqslant 2a'_s / h_0 \tag{4-58}$$

双筋截面中的纵向受拉钢筋一般配置较多，故不需验算受拉钢筋最小配筋率的条件。当不满足式（4-58）时，说明给定的受压钢筋面积 A'_s 较多，其应力值 σ'_s 达不到抗压强度设计值 f'_y 而为未知，通常可近似取 $x = 2a'_s$，并对受压钢筋合力点取矩，即

$$M \leqslant M_u = f_y A_s (h_0 - a'_s) \tag{4-59}$$

为了更好地理解双筋截面受弯承载力与受力钢筋之间的关系，可将双筋截面分解为单筋截面与钢筋截面两部分，如图 4-21 所示。其中单筋截面由受压区混凝土和与之对应的

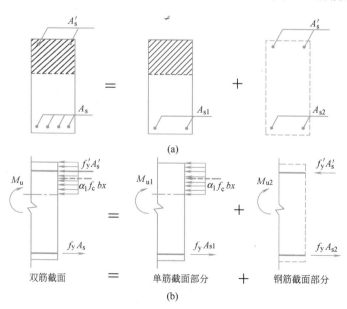

图 4-21 双筋矩形截面计算简图

（a）截面分解示意图；（b）截面应力分解示意图

一部分受拉钢筋 A_{s1} 所组成，它所能负担的极限弯矩为 M_{u1}；钢筋截面由受压钢筋 A'_s 和与之对应的另一部分受拉钢筋 A_{s2} 所组成，它所能负担的极限弯矩为 M_{u2}。则可将基本公式写成以下分解形式：

$$\alpha_1 f_c bx = f_y A_{s1} \tag{4-60a}$$

$$M_{u1} = \alpha_1 f_c bx \left(h_0 - \frac{x}{2}\right) \tag{4-60b}$$

$$f'_y A'_s = f_y A_{s2} \tag{4-61a}$$

$$M_{u2} = f'_y A'_s (h_0 - a'_s) = f_y A_{s2}(h_0 - a'_s) \tag{4-61b}$$

其中，$A_{s1} + A_{s2} = A_s$；$M_{u1} + M_{u2} = M_u$。

由双筋截面的分解可知，双筋截面的受弯承载力比单筋截面高，且受压钢筋配置越多，承载力提高越大。在实际工程中，若受压钢筋数量配置过多，则会造成难以浇筑混凝土等施工上的不便。因此，根据设计和施工经验，应将双筋截面中的钢筋用量控制在一定的合理范围之内。

4.6.4 双筋矩形截面计算

1. 截面设计

双筋截面的配筋计算，可能会遇到以下两类问题：

(1) 已知：弯矩设计值 M、截面尺寸 $b \times h$、混凝土强度等级和钢筋级别，且 $M > \alpha_{sb} \alpha_1 f_c bh_0^2$，求受压钢筋截面面积 A'_s 和受拉钢筋截面面积 A_s。此处，$\alpha_{sb} = \xi_b(1 - 0.5\xi_b)$，是由式（4-44）得出，是单筋矩形截面的最大抵抗矩系数。

按双筋截面计算 A_s 和 A'_s 时，基本公式只有两个，但未知数却有三个，即 x、A_s 和 A'_s，因此需要补充一个条件才能求解。为取得较经济的设计，应充分利用混凝土受压，使总的钢筋截面面积（$A_s + A'_s$）为最小。与之对应的相对受压区高度称为经济相对受压区高度，用符号 ξ_e 来表示。

对于普通钢筋，由于 $f_y = f'_y$，故由式（4-55）及式（4-56）可得

$$A_s + A'_s = \frac{\alpha_1 f_c}{f_y} bh_0 \xi_e + 2\frac{M - \xi_e(1 - 0.5\xi_e)bh_0^2 \alpha_1 f_c}{f'_y(h_0 - a'_s)}$$

将上式对 ξ_e 求导，并令 $d(A_s + A'_s)/d\xi_e = 0$，得出

$$\xi_e = 0.5(1 + a'_s/h_0) \leqslant \xi_b \tag{4-62a}$$

上式也可近似地写成

$$\xi_e = 0.5h/h_0 \leqslant \xi_b \tag{4-62b}$$

当 $\xi_e > \xi_b$ 时，应取 $\xi_e = \xi_b$。对于常见的钢筋级别和 a'_s/h_0 比值，由式（4-62）计算所得的值一般都大于 ξ_b，实用上为简化计算可直接取 $\xi_e = \xi_b$。

在确定了补充条件后，计算步骤如下：

1) 取 $\xi = 0.5h/h_0$ 或近似取 $\xi = \xi_b$；

2) 由式（4-56）可求得受压钢筋截面面积 A'_s；

3) 根据 ξ 及 A'_s，由式（4-55）可求得受拉钢筋截面面积 A_s；

4) 按 A_s、A'_s 值选用钢筋直径及根数，并在梁截面内布置。

(2) 已知：弯矩设计值 M、截面尺寸 $b \times h$、混凝土强度等级和钢筋级别，同时由计算或构造要求等确定的受压钢筋截面面积 A'_s 也已给定，求受拉钢筋截面面积 A_s。

由于 A_s' 为已知，这时基本公式中只有两个未知数 x 及 A_s，故可直接联立求解。计算步骤如下：

1）由式（4-56）可求得截面抵抗矩系数 α_s；

2）由式（4-49）可求得截面相对受压区高度 ξ；

3）当 $2a_s'/h_0 \leqslant \xi \leqslant \xi_b$ 时，由式（4-55）可求得受拉钢筋截面面积 A_s；

4）当 $\xi < 2a_s'/h_0$ 时，由式（4-59）可求得受拉钢筋截面面积 A_s；

5）当 $\xi > \xi_b$ 时，则说明给定的受压钢筋截面面积 A_s' 太小，此时按 A_s 和 A_s' 均为未知计算；

6）根据计算所得的 A_s 选用钢筋直径及根数，并在梁截面内布置。

2. 截面复核

已知：弯矩设计值 M、截面尺寸 $b \times h$、钢筋级别和混凝土强度等级、受压和受拉钢筋截面面积 A_s 和 A_s'。求截面所能负担的极限弯矩 M_u，并与弯矩设计值 M 比较，以验算构件是否安全。

这时基本公式中只有两个未知数 x 及 M_u，故可直接联立求解。计算步骤如下：

1）由式（4-55）求得截面相对受压区高度 ξ；

2）如果 $2a_s' \leqslant x \leqslant x_b = \xi_b h_0$，则由式（4-44）可求得截面抵抗矩系数 α_s，并将其代入式（4-56）可求得截面极限弯矩 M_u；

3）如果 $\xi > \xi_b$，说明原设计为不合理的超筋梁，这时可按下式计算 M_u：

$$\alpha_{sb} = \xi_b(1 - 0.5\xi_b)$$
$$M_{u,max} = \alpha_{sb}\alpha_1 f_c bh_0^2 + f_y' A_s'(h_0 - a_s')$$

4）如果 $\xi < 2a_s'/h_0$，则说明 A_s' 的强度不能充分发挥，此时可按式（4-59）计算截面极限弯矩 M_u。

5）比较截面极限弯矩 M_u 与弯矩设计值 M，以判断构件是否安全。

【例题 4-5】 已知梁的截面尺寸 $b = 200\text{mm}$，$h = 450\text{mm}$，混凝土强度等级为 C30，钢筋采用 HRB400 级，截面弯矩设计值 $M = 200\text{kN·m}$，结构安全等级为二级，环境类别为一类。计算所需的纵向受力钢筋数量。

【解】 查表或计算得：$f_c = 14.3\text{N/mm}^2$，$f_y = f_y' = 360\text{N/mm}^2$，$\alpha_1 = 1.0$，$\xi_b = 0.518$。

因弯矩设计值较大，受拉钢筋需为两排布置，取 $a_s = 65\text{mm}$，则 $h_0 = 450 - 65 = 385\text{mm}$。

由式（4-47）及式（4-49）可得

$$\alpha_s = \frac{M}{\alpha_1 f_c bh_0^2} = \frac{200 \times 10^6}{1.0 \times 14.3 \times 200 \times 385^2} = 0.472$$

$$\xi = 1 - \sqrt{1 - 2\alpha_s} = 1 - \sqrt{1 - 2 \times 0.472} = 0.763 > \xi_b = 0.518，\text{不满足适筋梁条件}。$$

由上可知，如果设计成单筋矩形截面，将会出现超筋梁的情况。若既不能加大截面尺寸，同时又不能提高混凝土强度等级，则应按双筋矩形截面进行设计。

取 $a_s = 65\text{mm}$，$a_s' = 35\text{mm}$，则由式（4-62）得

$$\xi_e = 0.5(1 + 35/385) = 0.545 > \xi_b = 0.518$$

故取 $\xi_e = 0.518$，由式（4-56）可得

$$A_s' = \frac{M - \xi_e(1 - 0.5\xi_e)bh_0^2\alpha_1 f_c}{f_y'(h_0 - a_s')}$$

$$= \frac{200 \times 10^6 - 0.518 \times (1 - 0.5 \times 0.518) \times 200 \times 385^2 \times 1.0 \times 14.3}{360 \times (385 - 35)} = 296\text{mm}^2$$

由式（4-55）可得

$$A_s = \frac{\alpha_1 f_c b\xi_e h_0 + f_y' A_s'}{f_y} = \frac{1.0 \times 14.3 \times 200 \times 0.518 \times 385 + 360 \times 296}{360} = 1880\text{mm}^2$$

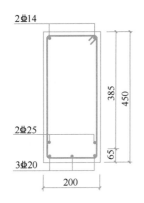

2⚷14

385

450

2⚷25

65

3⚷20

200

图 4-22 [例题 4-5] 双
筋矩形截面尺寸及配筋

受拉钢筋选用 3 ⚷ 20＋2 ⚷ 25 （$A_s=1924\text{mm}^2$），两排布置；受压钢筋选用 2 ⚷ 14 （$A_s'=308\text{mm}^2$），截面配筋见图 4-22。

因 $\xi_e=\xi_b=0.518$，基本公式的适用条件式（4-57）及式（4-58）都能满足，同时也满足最小配筋率条件。

【例题 4-6】 已知条件同例题 4-5，但在截面受压区已配置受压钢筋 2 ⚷ 20 （$A_s'=628\text{mm}^2$），求受拉钢筋截面面积 A_s。

【解】 已知 $A_s'=628\text{mm}^2$，$a_s'=40\text{mm}$，由式（4-56）得

$$\alpha_s=\frac{M-f_y'A_s'(h_0-a_s')}{\alpha_1 f_c b h_0^2}$$

$$=\frac{200\times10^6-360\times628\times(385-40)}{1.0\times14.3\times200\times385^2}$$

$$=0.288$$

由式（4-49）得

$$\xi=1-\sqrt{1-2\alpha_s}=1-\sqrt{1-2\times0.288}=0.349<\xi_b=0.518$$

由式（4-58）可得

$\xi=0.349>2a_s'/h_0=0.208$，说明受压钢筋能达到其抗压强度设计值。

由式（4-55）可得

$$A_s=\frac{\alpha_1 f_c b \xi h_0+f_y'A_s'}{f_y}=\frac{1.0\times14.3\times200\times0.349\times385+360\times628}{360}=1695\text{mm}^2$$

实际选用 3 ⚷ 22＋2 ⚷ 20 （$A_s=1768\text{mm}^2$）。

【例题 4-7】 已知梁截面尺寸 $b=250\text{mm}$，$h=450\text{mm}$，混凝土强度等级为 C30，钢筋采用 HRB500 级，结构安全等级为二级，环境类别为二 b 类，受拉钢筋采用 3 ⚷ 25 （$A_s=1473\text{mm}^2$），受压钢筋为 2 ⚷ 16 （$A_s'=402\text{mm}^2$），要求承受的弯矩设计值 $M=180\text{kN·m}$，验算此梁是否安全。

【解】 查表得：$f_c=14.3\text{N/mm}^2$，$f_y=f_y'=435\text{N/mm}^2$，$\alpha_1=1.0$，$\xi_b=0.482$。

因环境类别为二 b 类，由附表 17 可知最外层钢筋的混凝土保护层最小厚度为 35mm，假定箍筋直径为 8mm，故 $a_s=35+8+25/2=55.5\text{mm}$，$a_s'=35+8+16/2=51\text{mm}$，则 $h_0=450-55.5=394.5\text{mm}$。

由式（4-55）可得截面相对受压区高度为

$$\xi=\frac{f_y A_s-f_y'A_s'}{\alpha_1 f_c b h_0}=\frac{435\times1473-435\times402}{1.0\times14.3\times250\times394.5}=0.330$$

则 $2a_s'/h_0=2\times51/394.5=0.259<\xi=0.330<\xi_b=0.482$，满足基本公式的适用条件。

由式（4-44）可得截面抵抗矩系数为

$$\alpha_s=\xi(1-0.5\xi)=0.330\times(1-0.5\times0.330)=0.276$$

由式（4-56）可得双筋截面的极限弯矩为

$$M_u=\alpha_s\alpha_1 f_c b h_0^2+f_y'A_s'(h_0-a_s')$$

$$=0.276\times1.0\times14.3\times250\times394.5^2+435\times402\times(394.5-51)$$

$$=213.63\times10^6\text{N·mm}$$

则 $M=180\text{kN·m}<M_u=213.63\text{kN·m}$，此梁安全。

【例题 4-8】 已知梁截面尺寸 $b=200\text{mm}$，$h=350\text{mm}$，混凝土强度等级为 C35，钢筋采用 HRB400 级，结构安全等级为二级，环境类别为二 a 类，采用对称配筋 $A_s=A_s'=942\text{mm}^2$（$3\underline{\Phi}20$），计算此梁所能负担的极限弯矩 M_u。

【解】 查表或计算可得：$\alpha_1=1.0$，$f_c=16.7\text{N/mm}^2$，$f_y=f_y'=360\text{N/mm}^2$，$\xi_b=0.518$。

因环境类别为二 a 类，由附表 17 可知最外层钢筋的混凝土保护层最小厚度为 25mm，假定箍筋直径为 6mm，故 $a_s=a_s'=25+6+20/2=41\text{mm}$，则 $h_0=350-41=309\text{mm}$。

由于截面受拉纵筋和受压纵筋的配筋相同，则由基本公式（4-55）可得截面相对受压区高度为

$$\xi=\frac{f_y A_s-f_y' A_s'}{\alpha_1 f_c b h_0}=0$$

即 $\xi=0<2a_s'/h_0=2\times41/309=0.265$，故截面的极限弯矩可按近似公式（4-59）直接计算，即

$$M_u=f_y A_s(h_0-a_s')=360\times942\times(309-41)=90.88\times10^6\text{N}\cdot\text{mm}=90.88\text{kN}\cdot\text{m}$$

需要说明的是，上述计算方法在理论上是不妥的，原因为 $\xi=0$，即截面受压区高度为零，亦即截面没有受压区。这对于受弯构件来说，就不能保持截面的平衡。而实际上，当 $x<2a_s'$ 时，受压钢筋 A_s' 的应力并未达到其抗压强度设计值 f_y'。因此，本例题中虽然 $A_s=A_s'$，但基本公式（4-55）中的 f_y' 应改为 σ_s'，这样式（4-55）中的 $\sigma_s' A_s'<f_y A_s$，则计算所得的 $\xi>0$，即截面中存在受压区。为了检验近似公式（4-59）的可靠程度，将本例再按精确方法计算如下：

采用平截面假定（图 4-20），由式（4-51）可得受压钢筋的应变，即

$$\varepsilon_s'=\left(1-\frac{\beta_1 a_s'}{x}\right)\varepsilon_{cu}=\left(1-\frac{0.8\times41}{x}\right)\times0.0033$$

由附表 6 可知，$E_s=2\times10^5\text{N/mm}^2$，则受压钢筋的应力为

$$\sigma_s'=\varepsilon_s' E_s=\left(1-\frac{0.8\times41}{x}\right)\times0.0033\times2\times10^5=660\times\left(1-\frac{0.106}{\xi}\right)$$

将式（4-55）中的 f_y' 用 σ_s' 代替，可得

$$1.0\times16.7\times200\times309\xi+660\times\left(1-\frac{0.106}{\xi}\right)\times942=360\times942$$

整理上式可得

$$\xi^2+0.2738\xi-0.0639=0$$

解上述一元二次方程可得

$$\xi=0.1506$$

由此可计算受压钢筋的应力为

$$\sigma_s'=660\times\left(1-\frac{0.106}{\xi}\right)=660\times\left(1-\frac{0.106}{0.1506}\right)=195.46\text{N/mm}^2$$

$$\alpha_s=\xi(1-0.5\xi)=0.1506\times(1-0.5\times0.1506)=0.1393$$

将式（4-56）中的 f_y' 用 σ_s' 代替，可得截面的极限弯矩，即

$$M_u=\alpha_s\alpha_1 f_c b h_0^2+\sigma_s' A_s'(h_0-a_s')$$
$$=0.1393\times1.0\times16.7\times200\times309^2+195.46\times942\times(309-41)=93.77\times10^6\text{N}\cdot\text{mm}$$

对上述的两种计算结果予以比较，可知采用近似公式（4-59）计算极限弯矩 M_u 是相当精确的，误差仅为 3%，且颇为简便，可以用于实际工程设计。

4.7　T形截面受弯承载力计算

4.7.1　T形截面梁的应用

矩形截面受弯构件破坏时，大部分受拉区混凝土已开裂退出工作，故可将矩形截面的受拉区混凝土去掉一部分，并将受拉钢筋集中布置，保持钢筋截面重心高度不变，形成

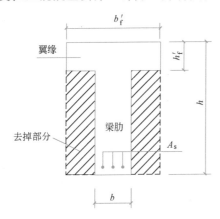

图4-23　T形截面的形成

图4-23所示的T形截面（T-shaped cross section）。这种T形截面和原来的矩形截面所能承受的弯矩是相同的，去掉的受拉区混凝土并不影响截面的受弯承载力，而且可以节省混凝土，减轻构件自重，能取得较好的经济效果。T形截面的伸出部分$(b_f' - b) \times h_f'$称为翼缘（flange），中间部分$b \times h$称为腹板（或称为梁肋）。对I形截面和箱形截面，进入破坏阶段后，由于不考虑混凝土的抗拉强度，受拉翼缘存在与否对截面受弯承载力没有影响，故也可按T形截面计算其受弯承载力，但计算其开裂弯矩和带裂缝工作阶段的刚度和裂缝宽度时，应考虑受拉翼缘的作用。

T形截面梁在实际工程中的应用极为广泛。如在房屋建筑结构的现浇整体式肋形楼盖中，梁与楼板浇筑在一起形成T形截面梁（图4-24a）。在预制构件中，为了便于纵向受拉钢筋的布置及满足构造要求等，有时也可做成独立的T形、I形、Ⅱ形或箱形截面受弯构件（图4-24b～e），如吊车梁、屋面大梁、槽形板、空心板、箱形梁等。Ⅱ形截面或箱形截面梁一般都可按其截面面积、惯性矩及形心位置三者都不变的原则，换算为一个相应的力学性能等效的T形截面或I形截面梁进行计算。

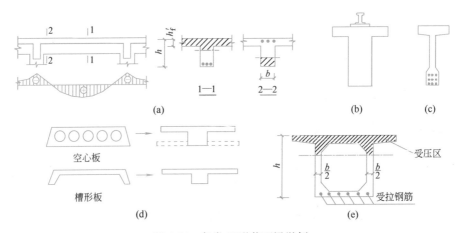

图4-24　各类T形截面梁举例

（a）连续梁；（b）吊车梁；（c）薄腹梁；（d）空心板和槽形板；（e）箱形梁

T形截面受弯构件通常采用单筋，即仅需配置纵向受拉钢筋。但如果所承受的弯矩设计值颇大，而截面高度又受到限制或为扁梁结构时，则也可设计成双筋T形截面。

4.7.2 受压区有效翼缘计算宽度

随着翼缘宽度的增大，T形截面受压区高度减小，内力臂增大，所需的受拉钢筋面积减小。但试验和理论分析表明，T形截面受压翼缘上的纵向压应力分布是不均匀的（图4-25a），靠近梁肋处翼缘中的压应力较高，而离梁肋越远则翼缘中的压应力越小，故实际上与梁肋共同工作的翼缘宽度是有限的。为简化计算，实际设计中可采用翼缘有效宽度 b_f'（effective width of flange），即认为在 b_f' 宽度范围内翼缘全部参加工作，并假定其压应力为均匀分布，b_f' 宽度范围以外的翼缘则不考虑其参与受力（图4-25b）。翼缘有效宽度 b_f' 也称为翼缘计算宽度。

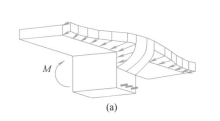
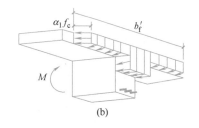

图 4-25　T形截面梁受压区实际应力分布与翼缘计算宽度

（a）受压区实际应力分布；（b）翼缘计算宽度

试验及理论分析还表明，沿梁纵向各截面翼缘的受力情况是不相同的（图4-26）。在梁跨中截面处，翼缘内压应力分布范围大，越往梁端则分布范围越小。因此，跨度大的梁，跨中截面翼缘的受力宽度也就大。由图4-26可知，翼缘与梁肋的接触面处存在着剪应力，正是依靠这种剪应力才将翼缘的压力传至梁肋，从而使其与受拉钢筋的拉力组成力偶共同抵抗外荷载所引起的弯矩。如果翼缘厚度较薄，则能传递的剪应力有限，故翼缘计算宽度还受到翼缘高度 h_f' 的限制。此外，在现浇整体肋形楼盖中，各T形截面梁的翼缘宽度还受到梁间距的限制（图4-27），即相邻梁的翼缘计算宽度不能相互重叠。由上述可知，翼缘计算宽度与梁的跨度 l_0、翼缘高度 h_f'、受力条件（独立梁、现浇肋形楼盖梁）等因素有关。表4-9列出了我国《混凝土结构设计规范》规定的翼缘计算宽度 b_f'，计算T形截面梁翼缘计算宽度 b_f' 时应取表中各有关项的最小值。

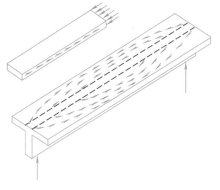
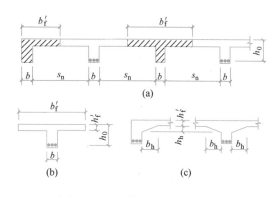

图 4-26　沿梁纵向翼缘压应力分布

图 4-27　不同情况的T形截面梁

（a）现浇整体楼盖肋形梁；（b）独立梁；（c）加腋梁

情 况		T 形、I 形截面		倒 L 形截面
		肋形梁（板）	独立梁	肋形梁（板）
1	按计算跨度 l_0 考虑	$l_0/3$	$l_0/3$	$l_0/6$
2	按梁（肋）净距 s_n 考虑	$b+s_\mathrm{n}$	—	$b+s_\mathrm{n}/2$
3	按翼缘高度 h'_f 考虑 $h'_\mathrm{f}/h_0 \geqslant 0.1$	—	$b+12h'_\mathrm{f}$	—
	$0.1 > h'_\mathrm{f}/h_0 \geqslant 0.05$	$b+12h'_\mathrm{f}$	$b+6h'_\mathrm{f}$	$b+5h'_\mathrm{f}$
	$h'_\mathrm{f}/h_0 < 0.05$	$b+12h'_\mathrm{f}$	b	$b+5h'_\mathrm{f}$

注：1. 表中 b 为梁的腹板厚度；
    2. 肋形梁在梁跨内设有间距小于纵肋间距的横肋时，可不考虑表中情况 3 的规定；
    3. 加腋的 T 形、I 形和倒 L 形截面，当受压区加腋的高度 h_h 不小于 h'_f 且加腋的长度 b_h 不大于 $3h_\mathrm{h}$ 时，其翼缘计算宽度可按表中情况 3 的规定分别增加 $2b_\mathrm{h}$（T 形、I 形截面）和 b_h（倒 L 形截面）；
    4. 独立梁受压区的翼缘板在荷载作用下经验算沿纵肋方向可能产生裂缝时，其计算宽度应取腹板宽度 b。

4.7.3 基本公式及适用条件

1. 两类 T 形截面及其判别

采用有效翼缘计算宽度后，T 形截面受压区混凝土的应力分布仍可按等效矩形应力图形考虑。根据受压区应力图形为矩形时计算中和轴位置的不同，将 T 形截面分为两种类型。第一类 T 形截面，其中和轴位于翼缘内，即 $x \leqslant h'_\mathrm{f}$，受压区面积为矩形（图 4-28a）；第二类 T 形截面，其中和轴通过腹板（梁肋），即 $x > h'_\mathrm{f}$，受压区面积为 T 形（图4-28b）。

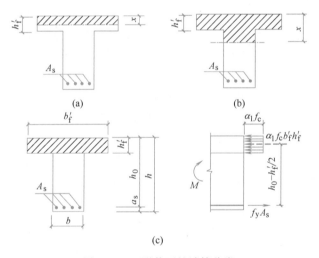

图 4-28 T 形截面的计算分类

（a）第一类 T 形截面；（b）第二类 T 形截面；（c）两类 T 形截面的分界情况

当截面中和轴刚好位于翼缘的下边缘，即 $x = h'_\mathrm{f}$（图 4-28c）为两类 T 形截面的分界情况。此时，根据截面平衡条件可得

$$\alpha_1 f_\mathrm{c} b'_\mathrm{f} h'_\mathrm{f} = f_\mathrm{y} A_\mathrm{s} \tag{4-63}$$

$$M = \alpha_1 f_\mathrm{c} b'_\mathrm{f} h'_\mathrm{f} \left(h_0 - \frac{h'_\mathrm{f}}{2} \right) \tag{4-64}$$

式中 b'_f、h'_f ——T 形或 I 形截面受压区的翼缘宽度和翼缘高度，b'_f 可按表 4-9 的规定

确定。

因此，当满足下列条件之一时为第一类 T 形截面，即

$$f_y A_s \leqslant \alpha_1 f_c b_f' h_f' \tag{4-65}$$

$$M \leqslant \alpha_1 f_c b_f' h_f' \left(h_0 - \frac{h_f'}{2} \right) \tag{4-66}$$

此时，受压区高度在翼缘高度范围内，即 $x \leqslant h_f'$，故属于第一类 T 形截面。

当满足下列条件之一时为第二类 T 形截面，即

$$f_y A_s > \alpha_1 f_c b_f' h_f' \tag{4-67}$$

$$M > \alpha_1 f_c b_f' h_f' \left(h_0 - \frac{h_f'}{2} \right) \tag{4-68}$$

则说明此时受压区已超过翼缘高度，即 $x > h_f'$，故属于第二类 T 形截面。

在 T 形截面类型判别时，式（4-65）及式（4-67）用于纵向受拉钢筋截面面积 A_s 为已知时的截面复核情况；式（4-66）及式（4-68）用于截面弯矩设计值 M 为已知时的截面设计情况。

2. 第一类 T 形截面的基本公式及适用条件

第一类 T 形截面的中和轴在受压翼缘内，即 $x \leqslant h_f'$。由于不考虑受拉区混凝土参加受力，故截面虽为 T 形，但其受压区形状仍为 $b_f' \times x$ 的矩形（图 4-29），则其正截面受弯承载力可按宽度为 b_f' 的矩形截面 $b_f' \times h$ 进行计算。由截面平衡条件可得第一类 T 形截面的基本公式，即

$$\alpha_1 f_c b_f' x = f_y A_s \tag{4-69}$$

$$M \leqslant M_u = \alpha_1 f_c b_f' x \left(h_0 - \frac{x}{2} \right) = \alpha_s \alpha_1 f_c b_f' h_0^2 \tag{4-70}$$

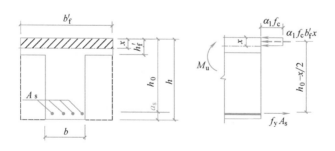

图 4-29 第一类 T 形截面计算简图

基本公式的适用条件为

$$x \leqslant \xi_b h_0 \tag{4-71}$$

$$A_s \geqslant A_{s,\min} \tag{4-72}$$

由于第一类 T 形截面 $x \leqslant h_f'$，受压区高度较小，故适用条件（4-71）通常都能满足，可不必进行验算。对于 T 形截面，适用条件（4-72）还可表示为 $\rho \geqslant \rho_{\min} \dfrac{h}{h_0}$，其中的配筋

率 ρ 是相对于梁肋部分而言的,即 $\rho=A_s/bh_0$;对于 I 形或箱形截面,$A_{s,\min}$ 按式(4-33)计算。

3. 第二类 T 形截面的基本公式及适用条件

第二类 T 形截面梁的中和轴位置在梁肋以内,即 $x>h'_f$。此时受压区形状为 T 形,其计算简图如图 4-30 所示。根据截面的静力平衡条件,可得基本公式为

$$\alpha_1 f_c bx + \alpha_1 f_c (b'_f - b) h'_f = f_y A_s \tag{4-73}$$

$$M \leqslant M_u = \alpha_1 f_c bx \left(h_0 - \frac{x}{2} \right) + \alpha_1 f_c (b'_f - b) h'_f \left(h_0 - \frac{h'_f}{2} \right) \tag{4-74}$$

基本公式的适用条件为

$$x \leqslant \xi_b h_0$$

$$A_s \geqslant A_{s,\min}$$

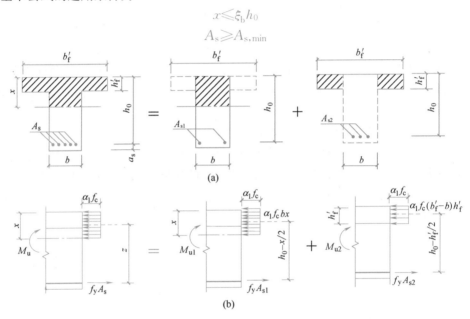

图 4-30 第二类 T 形截面计算简图

(a) 截面分解示意图;(b) 截面应力分解示意图

因受压区面积较大,所需的受拉钢筋面积亦较多,因此一般可不验算第二个适用条件。

为便于计算,将 $x=\xi h_0$ 代入基本公式,可将基本公式写成:

$$\alpha_1 f_c b\xi h_0 + \alpha_1 f_c (b'_f - b) h'_f = f_y A_s \tag{4-75}$$

$$M \leqslant M_u = \alpha_s \alpha_1 f_c bh_0^2 + \alpha_1 f_c (b'_f - b) h'_f \left(h_0 - \frac{h'_f}{2} \right) \tag{4-76}$$

与双筋矩形截面梁类似,为便于理解,可将第二类 T 形截面所负担的弯矩分解成两部分来考虑。第一部分是由梁肋部受压区混凝土和与之对应的一部分受拉钢筋 A_{s1} 所组成;第二部分由翼缘伸出部分的受压混凝土和与之对应的另一部分受拉钢筋 A_{s2} 所组成(图 4-30a、b)。如此可将基本公式写成以下分解形式:

$$\alpha_1 f_c bx = f_y A_{s1} \tag{4-77}$$

$$M_{u1} = \alpha_1 f_c b x \left(h_0 - \frac{x}{2} \right) \qquad (4\text{-}78)$$

$$\alpha_1 f_c (b'_f - b) h'_f = f_y A_{s2} \qquad (4\text{-}79)$$

$$M_{u2} = \alpha_1 f_c (b'_f - b) h'_f \left(h_0 - \frac{h'_f}{2} \right) \qquad (4\text{-}80)$$

其中，$A_{s1} + A_{s2} = A_s$；$M_{u1} + M_{u2} = M_u$。

4.7.4 T形截面的计算方法

1. 截面设计

已知：弯矩设计值 M、截面尺寸、钢筋级别和混凝土强度等级，求所需的受拉钢筋截面面积 A_s。

（1）根据已知条件，利用式（4-66）和式（4-68）判别 T 形截面的类型。

如果 $M \leqslant \alpha_1 f_c b'_f h'_f \left(h_0 - \frac{h'_f}{2} \right)$，则属于第一类 T 形截面；

如果 $M > \alpha_1 f_c b'_f h'_f \left(h_0 - \frac{h'_f}{2} \right)$，则属于第二类 T 形截面。

（2）如属第一类 T 形截面，则应按截面宽度为 b'_f、高度为 h 的矩形截面计算。

由基本公式（4-70）计算得截面抵抗矩系数，即

$$\alpha_s = \frac{M}{\alpha_1 f_c b'_f h_0^2}$$

根据 α_s 值由下式计算 ξ：

$$\xi = 1 - \sqrt{1 - 2\alpha_s}$$

将 ξ 值代入基本公式（4-69），得

$$A_s = \alpha_1 f_c b'_f \xi h_0 / f_y$$

按式（4-72）验算适用条件，然后选用钢筋直径及根数。

（3）如属第二类 T 形截面，则可按基本公式（4-76）计算截面抵抗矩系数：

$$\alpha_s = \frac{M - \alpha_1 f_c (b'_f - b) h'_f \left(h_0 - \frac{h'_f}{2} \right)}{\alpha_1 f_c b h_0^2}$$

$$\xi = 1 - \sqrt{1 - 2\alpha_s}$$

若 $\xi \leqslant \xi_b$，将 ξ 值代入基本公式（4-75），则所需的受拉钢筋截面面积为

$$A_s = \alpha_1 f_c b \xi h_0 / f_y + \alpha_1 f_c (b'_f - b) h'_f / f_y$$

若 $\xi > \xi_b$，则说明为超筋梁，可增加梁截面高度 h 或提高混凝土强度等级。如果这些都受到限制而不能提高时，则可按双筋 T 形截面计算。

2. 截面复核

已知：弯矩设计值 M、截面尺寸、钢筋级别和混凝土强度等级、受拉钢筋面积 A_s，求截面所能负担的极限弯矩 M_u，并将 M_u 与弯矩设计值 M 比较，以验算截面是否安全。

（1）根据已知条件，利用式（4-65）和式（4-67）判别 T 形截面的类型。

如果 $f_y A_s \leqslant \alpha_1 f_c b'_f h'_f$，则属于第一类 T 形截面；

如果 $f_y A_s > \alpha_1 f_c b'_f h'_f$，则属于第二类 T 形截面。

（2）若属于第一类 T 形截面，则可按截面宽度为 b'_f、高度为 h 的矩形截面计算。

（3）若属于第二类 T 形截面，则由基本公式（4-75）得

$$\xi=\frac{f_y A_s-\alpha_1 f_c(b'_f-b)h'_f}{\alpha_1 f_c b h_0}$$

若 $\xi\leqslant\xi_b$，取 $\alpha_s=\xi(1-0.5\xi)$，由式（4-76）计算截面的受弯承载力，即

$$M_u=\alpha_s\alpha_1 f_c b h_0^2+\alpha_1 f_c(b'_f-b)h'_f\left(h_0-\frac{h'_f}{2}\right)$$

若 $\xi>\xi_b$，则属超筋截面。此时取 $\alpha_{sb}=\xi_b(1-0.5\xi_b)$，可按下式计算截面的受弯承载力，即

$$M_u=\alpha_{sb}\alpha_1 f_c b h_0^2+\alpha_1 f_c(b'_f-b)h'_f\left(h_0-\frac{h'_f}{2}\right)$$

将计算的正截面受弯承载力 M_u 与弯矩设计值 M 比较，判别截面是否安全。

【例题 4-9】 已知某现浇肋形楼盖的次梁，计算跨度 $l_0=6.3\text{m}$，间距为 2.3m，截面尺寸如图 4-31 所示。跨中最大正弯矩设计值 $M=95\text{kN}\cdot\text{m}$，混凝土强度等级为 C30，钢筋采用 HRB400 级，结构安全等级为二级，环境类别为一类。试计算该次梁所需的纵向受力钢筋截面面积 A_s。

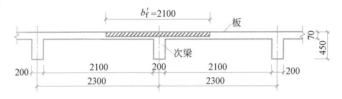

图 4-31 ［例题 4-9］现浇肋形楼盖次梁截面尺寸

【解】 查附表 10 和附表 3 可得：$f_c=14.3\text{N/mm}^2$，$f_t=1.43\text{N/mm}^2$，$f_y=f'_y=360\text{N/mm}^2$；查表 4-5 和表 4-6 可得：$\alpha_1=1.0$，$\xi_b=0.518$。

由式（4-31）可得最小配筋率为 $\rho_{min}=\max\left\{0.45\times\dfrac{1.43}{360},\ 0.2\%\right\}=0.2\%$。

（1）确定翼缘计算宽度 b'_f

由表 4-9，按次梁计算跨度 l_0 考虑，$b'_f=l_0/3=6300/3=2100\text{mm}$；按次梁净距 s_n 考虑，$b'_f=b+s_n=200+2100=2300\text{mm}$；按次梁翼缘高度 h'_f 考虑，取 $a_s=40\text{mm}$，$h_0=450-40=410\text{mm}$；$h'_f=70\text{mm}$，由于 $h'_f/h_0=70/410=0.171>0.1$，故 b'_f 不受此项限制。b'_f 应取上述三者中的最小值，则取 $b'_f=2100\text{mm}$。

（2）判别 T 形截面类型

取 $a_s=40\text{mm}$，$h_0=450-40=410\text{mm}$，由式（4-66）或式（4-68）可得

$$\alpha_1 f_c b'_f h'_f(h_0-h'_f/2)=1.0\times14.3\times2100\times70\times(410-70/2)$$
$$=788.288\times10^6\text{N}\cdot\text{mm}=788.288\text{kN}\cdot\text{m}>M=95\text{kN}\cdot\text{m}$$

故属于第一类 T 形截面，可按宽度为 $b'_f=2100\text{mm}$ 的单筋矩形截面计算。

（3）求受拉钢筋截面面积 A_s

由式（4-70）可得截面抵抗矩系数为

$$\alpha_s=\frac{M}{\alpha_1 f_c b'_f h_0^2}=\frac{95\times10^6}{1.0\times14.3\times2100\times410^2}=0.0188$$

$$\xi = 1 - \sqrt{1-2\alpha_s} = 1 - \sqrt{1-2\times0.0188} = 0.020 < \xi_b = 0.518$$

将 ξ 值代入式（4-69），得

$$A_s = \alpha_1 f_c b_f' \xi h_0 / f_y = 1.0\times14.3\times2100\times0.020\times410/360 = 684\text{mm}^2$$

选用 3 ⏀ 18（$A_s = 763\text{mm}^2$）。

（4）验算适用条件

$A_{s,\min} = \rho_{\min} bh = 0.002\times200\times450 = 180\text{mm}^2 < A_s = 763\text{mm}^2$，满足适用条件。

【例题 4-10】 T 形截面梁的截面尺寸（单位为 mm）及配筋情况见图 4-32，混凝土强度等级为 C30，钢筋采用 HRB400 级，结构安全等级为二级，环境类别为二 a 类，承受的弯矩设计值为 $M=590$kN·m。若不考虑翼缘内构造钢筋的受压作用，试验算此截面是否安全？

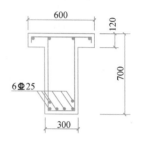

图 4-32 ［例题 4-10］
T 形截面尺寸及配筋图

【解】 查附表 10 和附表 3 可得：

$f_c = 14.3\text{N/mm}^2$，$f_t = 1.43\text{N/mm}^2$，$f_y = f_y' = 360\text{N/mm}^2$；

查表 4-5 和表 4-6 可得：$\alpha_1 = 1.0$，$\xi_b = 0.518$。

由式（4-31）可求得最小配筋率为

$$\rho_{\min} = \max\left\{0.45\times\frac{1.43}{360},\ 0.2\%\right\} = 0.2\%$$

查附表 21 得 $A_s = 2945\text{mm}^2$（6 ⏀ 25），因 $A_s = 2945\text{mm}^2 > \rho_{\min} bh = 0.2\%\times300\times700 = 420\text{mm}^2$，满足最小配筋率条件。

因环境类别为二 a 类，由附表 17 可知最外层钢筋的混凝土保护层最小厚度为 25mm，假定箍筋直径为 8mm，受拉钢筋 A_s 布置成两排，故取 $a_s = 25+8+25+12 = 70$mm，则 $h_0 = 700-70 = 630$mm。

（1）判别 T 形截面类型

由式（4-65）或式（4-67）可得

$f_y A_s = 360\times2945 = 1060200\text{N} > \alpha_1 f_c b_f' h_f' = 1.0\times14.3\times600\times120 = 1029600\text{N}$，故属于第二类 T 形截面。

（2）计算受弯承载力 M_u 并验算

根据基本公式（4-73）计算相对受压高度

$$\xi = \frac{f_y A_s - \alpha_1 f_c (b_f' - b) h_f'}{\alpha_1 f_c b h_0} = \frac{360\times2945 - 1.0\times14.3\times(600-300)\times120}{1.0\times14.3\times300\times630} = 0.202 < \xi_b = 0.518$$

满足适用条件。

$$\alpha_s = \xi(1-0.5\xi) = 0.202\times(1-0.5\times0.202) = 0.182$$

由式（4-74）可求得极限弯矩 M_u

$$M_u = \alpha_s \alpha_1 f_c b h_0^2 + \alpha_1 f_c (b_f' - b) h_f'\left(h_0 - \frac{h_f'}{2}\right)$$

$$= 0.182\times1.0\times14.3\times300\times630^2 + 1.0\times14.3\times(600-300)\times$$

$$120\times(630-120/2) = 603.33\times10^6\,\text{N·mm}$$

$M_u = 603.33 \times 10^6 \text{N} \cdot \text{mm} = 603.33 \text{kN} \cdot \text{m} > M = 590 \text{kN} \cdot \text{m}$，则该 T 形截面安全。

【例题 4-11】 某 T 形截面梁，截面尺寸 $b = 250 \text{mm}$，$h = 600 \text{mm}$，$b_f' = 650 \text{mm}$，$h_f' = 100 \text{mm}$。混凝土强度等级为 C30，结构安全等级为二级，环境类别为一类。试按以下三种弯矩设计值 M，分别计算所需的纵向受拉钢筋截面面积 A_s。

(1) 钢筋采用 HRB400 级，$M = 300 \text{kN} \cdot \text{m}$（预计 A_s 一排布置，$a_s = 40 \text{mm}$）;

(2) 钢筋采用 HRB400 级，$M = 500 \text{kN} \cdot \text{m}$（预计 A_s 两排布置，$a_s = 65 \text{mm}$）;

(3) 钢筋采用 HRB500 级，$M = 700 \text{kN} \cdot \text{m}$（预计 A_s 两排布置，$a_s = 65 \text{mm}$）。

【解】 查附表 10 和附表 3 可得：$f_c = 14.3 \text{N/mm}^2$，$f_t = 1.43 \text{N/mm}^2$，$f_y = f_y' = 360 \text{N/mm}^2$（HRB400），$f_y = f_y' = 435 \text{N/mm}^2$（HRB500）；查表 4-5 和表 4-6 可得：$\alpha_1 = 1.0$，$\xi_b = 0.518$（HRB400），$\xi_b = 0.482$（HRB500）。

由式（4-31）可得最小配筋率为 $\rho_{min} = \max\left\{ 0.45 \times \dfrac{1.43}{360 \text{ 或 } 435}, \ 0.2\% \right\} = 0.2\%$

(1) $M = 300 \text{kN} \cdot \text{m}$（预计 A_s 一排布置，$a_s = 40 \text{mm}$）时

$$h_0 = h - a_s = 600 - 40 = 560 \text{mm}$$

由式（4-66）或式（4-68）进行 T 形截面类型的判别，即

$$\alpha_1 f_c b_f' h_f' \left(h_0 - \frac{h_f'}{2} \right) = 1.0 \times 14.3 \times 650 \times 100 \times (560 - 100/2)$$

$$= 474.05 \times 10^6 \text{N} \cdot \text{mm} = 474.05 \text{kN} \cdot \text{m} > M = 300 \text{kN} \cdot \text{m}$$

故属于第一类 T 形截面。

由式（4-70）可得截面抵抗矩系数为

$$\alpha_s = \frac{M}{\alpha_1 f_c b_f' h_0^2} = \frac{300 \times 10^6}{1.0 \times 14.3 \times 650 \times 560^2} = 0.103$$

$$\xi = 1 - \sqrt{1 - 2\alpha_s} = 1 - \sqrt{1 - 2 \times 0.103} = 0.109 < \xi_b = 0.518$$

将 ξ 值代入式（4-69），得受拉钢筋截面面积为

$$A_s = \alpha_1 f_c b_f' \xi h_0 / f_y = 1.0 \times 14.3 \times 650 \times 0.109 \times 560/360 = 1576 \text{mm}^2$$

选用 2 Φ 22 + 3 Φ 20（$A_s = 1602 \text{mm}^2$）。

由于 $A_s = 1602 \text{mm}^2 > A_{s,min} = \rho_{min} bh = 0.2\% \times 250 \times 600 = 300 \text{mm}^2$，则满足最小配筋率条件。

(2) $M = 500 \text{kN} \cdot \text{m}$（预计 A_s 两排布置，$a_s = 65 \text{mm}$）时

$$h_0 = h - a_s = 600 - 65 = 535 \text{mm}$$

由式（4-66）或式（4-68）进行 T 形截面类型的判别，即

$$\alpha_1 f_c b_f' h_f' \left(h_0 - \frac{h_f'}{2} \right) = 1.0 \times 14.3 \times 650 \times 100 \times (535 - 100/2) = 450.81 \times 10^6 \text{N} \cdot \text{mm}$$

$$= 450.81 \text{kN} \cdot \text{m} < M = 500 \text{kN} \cdot \text{m}$$

故属于第二类 T 形截面。

由基本公式（4-76）可得截面抵抗矩系数为

$$\alpha_s = \frac{M - \alpha_1 f_c (b'_f - b) h'_f \left(h_0 - \dfrac{h'_f}{2} \right)}{\alpha_1 f_c b h_0^2}$$

$$= \frac{500 \times 10^6 - 1.0 \times 14.3 \times (650 - 250) \times 100 \times (535 - 100/2)}{1.0 \times 14.3 \times 250 \times 535^2} = 0.218$$

$\xi = 1 - \sqrt{1 - 2\alpha_s} = 1 - \sqrt{1 - 2 \times 0.218} = 0.249 < \xi_b = 0.518$，满足基本公式适用条件。

将 ξ 值代入基本公式（4-75），得所需的受拉钢筋截面面积为

$$A_s = \frac{\alpha_1 f_c b \xi h_0 + \alpha_1 f_c (b'_f - b) h'_f}{f_y}$$

$$= \frac{1.0 \times 14.3 \times 250 \times 0.249 \times 535 + 1.0 \times 14.3 \times (650 - 250) \times 100}{360} = 2912 \text{mm}^2$$

选用 6 Φ 25（$A_s = 2945 \text{mm}^2$），布置为双排。

根据经验不需验算最小配筋率条件。

（3）$M = 700 \text{kN} \cdot \text{m}$（预计 A_s 两排布置，$a_s = 65 \text{mm}$）时

$$h_0 = h - a_s = 600 - 65 = 535 \text{mm}$$

由式（4-66）或式（4-68）进行 T 形截面类型的判别

$$\alpha_1 f_c b'_f h'_f \left(h_0 - \frac{h'_f}{2} \right) = 1.0 \times 14.3 \times 650 \times 100 \times (535 - 100/2) = 450.81 \times 10^6 \text{N} \cdot \text{mm}$$

$$= 450.81 \text{kN} \cdot \text{m} < M = 700 \text{kN} \cdot \text{m}$$

故属于第二类 T 形截面。

由基本公式（4-76）可得截面抵抗矩系数为

$$\alpha_s = \frac{M - \alpha_1 f_c (b'_f - b) h'_f \left(h_0 - \dfrac{h'_f}{2} \right)}{\alpha_1 f_c b h_0^2}$$

$$= \frac{700 \times 10^6 - 1.0 \times 14.3 \times (650 - 250) \times 100 \times (535 - 100/2)}{1.0 \times 14.3 \times 250 \times 535^2} = 0.413$$

$\xi = 1 - \sqrt{1 - 2\alpha_s} = 1 - \sqrt{1 - 2 \times 0.413} = 0.583 > \xi_b = 0.482$，不满足基本公式的适用条件。

由于截面尺寸和混凝土强度均受到限制，故可按双筋 T 形截面设计。这时有三个未知数 A_s、A'_s 和 ξ，为充分利用混凝土的抗压强度，取 $\xi = \xi_b$，则 $\alpha_{sb} = \xi_b (1 - 0.5\xi_b) = 0.482 \times (1 - 0.5 \times 0.482) = 0.366$。考虑受压钢筋后，取 $\sigma'_s = f'_y = 435 \text{N/mm}^2$，参照双筋矩形截面和第二类 T 形截面的基本公式，分别计算所需钢筋截面面积如下：

$$A'_s = \frac{M - \alpha_1 f_c (b'_f - b) h'_f \left(h_0 - \dfrac{h'_f}{2} \right) - \alpha_1 f_c \alpha_{sb} b h_0^2}{f'_y (h_0 - a'_s)}$$

$$= \frac{700 \times 10^6 - 1.0 \times 14.3 \times (650 - 250) \times 100 \times (535 - 100/2) - 1.0 \times 14.3 \times 0.366 \times 250 \times 535^2}{435 \times (535 - 40)}$$

$$= 223 \text{mm}^2$$

$$A_s = \frac{\alpha_1 f_c b \xi_b h_0 + \alpha_1 f_c (b_f' - b) h_f' + f_y' A_s'}{f_y}$$

$$= \frac{1.0 \times 14.3 \times 250 \times 0.482 \times 535 + 1.0 \times 14.3 \times (650 - 250) \times 100 + 435 \times 223}{435}$$

$$= 3657 \text{mm}^2$$

受压钢筋选用 2 ⌀ 14 （$A_s' = 308\text{mm}^2 > A_{s,\min}' = 0.2\% \times 250 \times 600 = 300\text{mm}^2$），受拉钢筋选用 6 ⌀ 25 + 2 ⌀ 22 （$A_s = 3705\text{mm}^2$）。

*4.8 深受弯构件的受弯承载力计算

4.8.1 深受弯构件的定义及工程应用

受弯构件的计算跨度 l_0 与截面高度 h 之比称为跨高比。一般混凝土受弯构件的跨高比 $l_0/h \geqslant 5$，称为浅梁。在实际工程中还会遇到 $l_0/h < 5$ 的受弯构件，由于这类构件的跨高比较小，其内力及截面应力分布比较复杂，故将其通称为深受弯构件。深受弯构件包括深梁和短梁：对跨高比 $l_0/h \leqslant 2$ 的简支单跨梁和 $l_0/h \leqslant 2.5$ 的简支多跨连续梁，因其内力和应力分布更具特殊性，将其称为深梁（deep beam）；将跨高比 $l_0/h = 2(2.5) \sim 5$ 的深受弯构件称为短梁，它相当于一般受弯构件与深梁之间的过渡状态。

近年来随着土木工程的快速发展，深受弯构件在工程中的应用也日渐广泛。例如双肢柱肩梁、高层建筑转换层大梁、浅仓侧板、箱形基础箱梁等，如图 4-33 所示。

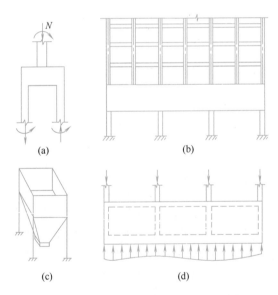

图 4-33 深受弯构件工程应用举例

（a）双肢柱肩梁；（b）高层建筑转换层大梁；（c）浅仓侧板；（d）箱形基础箱梁

4.8.2 深受弯构件的受力特点和受弯破坏特征

1. 受力特点

从加荷至破坏，深受弯构件的工作状态可分为弹性工作阶段、带裂缝工作阶段和破坏阶段等三个阶段。

从加荷至出现裂缝前，深受弯构件处于弹性工作阶段。深受弯构件因其跨度与高度相近，在荷载作用下同时兼有受压、受弯和受剪状态，其正截面应变不再符合平截面假定。跨高比 $l_0/h \leqslant 2$ 时，弹性阶段的截面应力呈曲线分布，甚至在支座截面处还会出现两个中和轴的现象；跨高比 $2 < l_0/h \leqslant 5$ 时，其截面应变将逐渐由曲线分布接近于平截面假定，如图 4-34 所示。

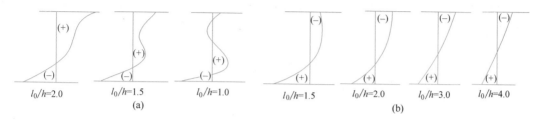

图 4-34　深受弯构件的截面应力分布
(a) 支座截面；(b) 跨中截面

当荷载约为破坏荷载的 $20\% \sim 30\%$ 时，深受弯构件一般先在跨中出现竖向裂缝，但先出现的竖向裂缝对其受力性能的影响不甚明显，而随后在剪弯段迅速出现的斜裂缝将使其受力性能发生重大变化，即斜裂缝的出现和发展将使深受弯构件的拱作用不断增强，梁作用随之减弱，并且还将产生明显的内力重分布现象。此后，随着受拉钢筋的逐渐屈服，深受弯构件在达到屈服状态时，形成了所谓的"拉杆拱"受力模型，如图 4-35 所示。图中的纵向受拉钢筋即为拱的拉杆，而两虚线中间部分的斜向受压混凝土短柱即形成拱肋。这样，在荷载作用下深受弯构件中不仅要产生弯、剪作用效应，而且还会通过斜裂缝间的斜向受压短柱将部分荷载直接传至其支座。

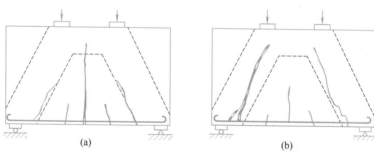

图 4-35　深梁的弯曲破坏形态
(a) 正截面弯曲破坏；(b) 斜截面弯曲破坏

2. 受弯破坏特征

对跨高比 $l_0/h \leqslant 2$ 的深梁，当受拉钢筋配筋率偏低或适中时，由于其跨中竖向裂缝的开展和上升，导致其纵向受拉钢筋屈服而发生正截面受弯破坏（图 4-35a）；但此时受压区混凝土未被压碎，受压区混凝土边缘压应变也小于极限压应变值，与一般受弯构件的破坏有所不同。当配筋率偏大时，由于支座附近斜裂缝的开展和延伸，其斜裂缝处纵向受拉钢筋屈服而产生斜截面弯曲破坏（图 4-35b）。试验还表明，即使配筋率增大，深梁也不会发生在受拉钢筋尚未屈服时，受压区混凝土就已经被压碎的超筋破坏形态，而只能从弯曲破坏形态向剪切破坏形态转变。对跨高比 $2 < l_0/h \leqslant 5$ 的短梁，其破坏形态将随跨高比的

变化而确定。如当 $l_0/h \leqslant 3$ 时，破坏特征类似深梁，受拉钢筋屈服之后，受压区混凝土未被压碎，斜截面也同时破坏。当 $l_0/h > 3$ 时，破坏形态与一般受弯构件类似。

4.8.3 深受弯构件的受弯承载力计算

根据钢筋混凝土深梁和一般混凝土受弯构件正截面受力性能的不同特点，考虑相对受压区高度 ξ 和跨高比 l_0/h 这两个影响其承载力的主要因素，我国《混凝土结构设计规范》给出了包括深梁和短梁，并与一般混凝土受弯构件相衔接的深受弯构件正截面受弯承载力计算公式，即

$$\alpha_1 f_c bx = f_y A_s \tag{4-81}$$

$$M \leqslant M_u = f_y A_s z \tag{4-82}$$

$$z = \alpha_d (h_0 - 0.5x) \tag{4-83}$$

$$\alpha_d = 0.80 + 0.04 l_0/h \tag{4-84}$$

式中 z —— 截面内力臂，按式（4-83）计算，当 $l_0 < h$ 时，取 $z = 0.6 l_0$；

       x —— 截面受压区高度，按式（4-81）计算；当 $x < 0.2 h_0$ 时，取 $x = 0.2 h_0$；

       h_0 —— 截面有效高度，$h_0 = h - a_s$，其中 h 为截面高度；当 $l_0/h \leqslant 2$ 时，跨中截面 a_s 取 $0.1h$，支座截面 a_s 取 $0.2h$；当 $l_0/h > 2$ 时，a_s 按受拉区纵向钢筋截面重心至受拉边缘的实际距离取用；

       α_d —— 深受弯构件内力臂修正系数。

对于有水平分布钢筋的深梁，水平分布钢筋对受弯承载力的贡献约占 $10\% \sim 30\%$，为简化计算，不考虑水平分布钢筋对受弯承载力的作用，作为安全储备。

深受弯构件的构造要求详见我国《混凝土结构设计规范》和有关结构设计手册。

小　结

4.1　混凝土受弯构件的正截面破坏，是沿竖向裂缝截面的弯曲破坏。本章内容主要是正截面受弯承载力的分析和计算，同时，简要介绍了梁、板的截面尺寸、混凝土强度等级、混凝土保护层最小厚度、梁中钢筋的布置（如纵向受力钢筋、架立筋、梁侧纵向钢筋等）和板的配筋方式（受力钢筋和分布钢筋）等主要构造问题。

4.2　纵向受拉钢筋配筋率对混凝土受弯构件正截面弯曲破坏的特征影响很大。根据配筋率的不同，可将受弯构件正截面弯曲破坏形态分为三种，即适筋破坏、超筋破坏和少筋破坏。应掌握适筋、超筋、少筋三种梁的破坏特征，并从其破坏过程、破坏性质和充分利用材料等方面理解设计成适筋受弯构件的必要性及其适筋梁的配筋率范围。

4.3　适筋梁的整个受力过程按其特点及应力状态等可分为三个阶段。阶段 I 为未出现裂缝阶段，其最后状态 I_a 可作为构件抗裂能力的计算依据。阶段 II 为带裂缝工作阶段，一般混凝土受弯构件的正常使用就处于这个阶段的范围以内，是裂缝宽度及挠度计算的依据。阶段 III 为破坏阶段，其最后状态 III_a 为受弯承载力极限状态，是受弯构件正截面受弯承载力计算的依据。应在掌握适筋梁正截面工作的三个阶段基础上，能正确理解适筋梁的截面应力分布和受力特点。

4.4　受弯构件正截面受弯承载力计算采用五个基本假定，据此可确定截面应力图形。为简化计算，采用受压区等效矩形应力图形并建立两个基本公式。一个是截面内力中的拉力与压力保持平衡，另一个是截面的弯矩保持平衡。截面设计时可先确定 x 而后计算钢筋截面面积 A_s，截面复核时可先求出 x 而后计算 M_u。对于双筋截面，还应考虑受压钢筋的作用；对于 T 形截面，还应考虑受压区翼缘悬臂部分

的作用。应熟练掌握单筋截面、双筋截面和 T 形截面的基本公式及其应用。

4.5 受弯构件中受拉钢筋的最小配筋率按构件全截面面积扣除位于受压区翼缘面积 $(b'_f-b)h'_f$ 后的截面面积计算，应用时须加以注意。受弯构件中受拉钢筋的最大配筋率是根据相对界限受压区高度 ξ_b 而求得，与钢筋种类和混凝土强度等级有关，同时还与单筋或双筋、矩形或 T 形截面等有关。实用中为避免超筋梁，应用 $\xi \leqslant \xi_b$ 进行检验较为方便。

4.6 深受弯构件包括深梁和短梁，应主要了解深受弯构件的受力特点和受弯破坏特征。深受弯构件的受弯承载力计算公式主要以试验结果为依据。

思 考 题

4.1 梁、板中混凝土保护层的作用是什么？室内正常环境中梁、板混凝土保护层最小厚度是多少？

4.2 梁的架立钢筋、梁侧纵向构造钢筋和板的分布钢筋各起什么作用？如何确定其位置和数量？

4.3 适筋梁从开始加载直至正截面受弯破坏经历了哪几个阶段？各阶段正截面上应力、应变分布、中和轴位置、跨中最大挠度的变化规律是怎样的？各阶段的主要特征是什么？每个阶段是哪种极限状态的计算依据？

4.4 什么叫纵向受拉钢筋的配筋率？配筋率对梁的正截面破坏形态和受弯承载力有何影响？

4.5 试述适筋梁、超筋梁、少筋梁的破坏特征，在设计中如何防止超筋破坏和少筋破坏？

4.6 少筋梁为什么会突然破坏？从梁的受弯而言，最小配筋率应根据什么原则确定？

4.7 为什么超筋梁的纵向受拉钢筋应力较小且不会屈服？试用截面力的平衡及平截面假定予以说明。

4.8 适筋梁的配筋率有一定的范围，在这个范围内配筋率的改变对构件的哪些性能有影响？

4.9 钢筋混凝土梁正截面应力、应变状态与匀质弹性材料梁（如钢梁）有什么主要区别？

4.10 受弯构件正截面受弯承载力计算时引入了哪些基本假设？什么是受压区混凝土的等效矩形应力图形？它是怎样从受压区混凝土的实际应力图形得来的？特征值 α_1、β_1 的物理意义是什么？

4.11 当实际的纵向受拉钢筋配筋率小于最小配筋率要求或大于最大配筋率要求时，应分别如何计算截面所能负担的极限弯矩值？

4.12 什么是截面相对受压区高度 ξ？什么是截面相对界限受压区高度 ξ_b？ξ_b 主要与什么因素有关？ξ_b 的表达式如何得来？ξ_b 有何实用意义？

4.13 系数 α_s、γ_s 的物理意义是什么？试说明 α_s、γ_s 随 ξ 的变化规律？

4.14 单筋矩形截面受弯构件正截面承载力基本公式是如何建立的？为什么要规定适用条件？

4.15 在什么情况下采用双筋梁？在双筋截面中受压钢筋起什么作用？为什么双筋截面一定要用封闭箍筋？双筋梁的截面应力计算图形如何确定？

4.16 双筋截面梁正截面受弯承载力计算时，为什么要求 $x \geqslant 2a'_s$？$x < 2a'_s$ 时应如何计算？

4.17 矩形截面梁内已配有受压钢筋 A'_s，但当 $\xi < \xi_b$ 时，计算受拉钢筋 A_s 是否需要考虑 A'_s，为什么？

4.18 设计双筋截面梁，当 A_s 与 A'_s 均未知时，如何求解？为什么？

4.19 怎样计算对称配筋（$A_s = A'_s$）矩形截面受弯构件的正截面受弯承载力？

4.20 为什么要规定 T 形截面受压翼缘的计算宽度？受压区翼缘计算宽度 b'_f 的确定考虑了哪些因素？

4.21 现浇楼盖中的连续梁，其跨中截面和支座截面应分别按什么截面计算相应的受弯承载力？为什么？

4.22 在进行 T 形截面梁的截面设计或截面复核时，应分别如何判别 T 形截面梁的类型？其判别式是根据什么原理确定的？

4.23 第一类 T 形截面梁为什么可以按宽度为 b'_f 的矩形截面进行计算？校核适用条件 $\rho \geqslant \rho_{min}$ 时的 ρ 应如何计算？

4.24 当验算 T 形截面梁的最小配筋率 $\rho_{\min}$ 时，计算配筋率 ρ 为什么要用腹板宽度 b 而不用翼缘宽度 b'_f？

4.25 第二类 T 形截面梁正截面受弯承载力基本公式的建立思路与双筋矩形截面梁有何异同？

4.26 简述深受弯构件的受力特点，深受弯构件开裂前及开裂后与一般受弯构件有什么不同？

习　题

4.1 一钢筋混凝土简支梁，计算跨度为 6m，截面尺寸 $b \times h = 200\mathrm{mm} \times 500\mathrm{mm}$，混凝土强度等级 C30，纵向受拉钢筋采用 3 $\underline{\Phi}$ 20 的 HRB400 级钢筋，结构安全等级为二级，环境类别为一类。试求该梁所能负担的均布荷载设计值（包括梁自重在内）。

4.2 矩形截面梁，$b = 250\mathrm{mm}$，$h = 600\mathrm{mm}$，弯矩设计值 $M = 190\mathrm{kN \cdot m}$，纵向受拉钢筋为 HRB500 级，混凝土强度等级为 C30，结构安全等级为二级，环境类别为一类。试计算所需的纵向受拉钢筋截面面积，并选用钢筋直径和根数，绘出梁截面钢筋布置图。

4.3 钢筋混凝土雨篷板，承受均布荷载，计算跨度 1m，垂直于计算跨度方向板的总宽度为 6m，取单位宽度 $b = 1\mathrm{m}$ 的板带计算，板厚 100mm，混凝土强度等级 C30，HRB400 级钢筋，结构安全等级为二级，环境类别为二 b 类，单位宽度板带控制截面弯矩设计值 $M = 5.2\mathrm{kN \cdot m/m}$。要求计算雨篷板的受力钢筋截面面积，选用钢筋直径和间距，并绘出雨篷板的受力钢筋和分布钢筋平面及剖面布置图。

4.4 已知一钢筋混凝土简支梁的计算跨度为 5.2m，承受均布荷载，其中永久荷载标准值为 6kN/m（不包括梁自重），可变荷载标准值为 9kN/m，结构安全等级为二级，环境类别为一类。试确定梁的混凝土强度等级、钢筋种类、截面尺寸和纵向受力钢筋截面面积，并绘出梁的截面配筋图。

4.5 矩形截面梁，梁截面宽度 $b = 200\mathrm{mm}$，梁截面高度分别为 $h = 450\mathrm{mm}$、500mm 和 550mm。混凝土强度等级 C30，HRB400 级钢筋，结构安全等级为二级，环境类别为一类，截面所承受的弯矩设计值 $M = 130\mathrm{kN \cdot m}$。试分别计算所需的纵向受拉钢筋截面面积 A_s，并分析 A_s 值与梁截面高度 h 的关系。

4.6 矩形截面梁，梁截面高度 $h = 500\mathrm{mm}$，梁截面宽度分别为 $b = 200\mathrm{mm}$、250mm 和 300mm。混凝土强度等级 C30，HRB400 级钢筋，结构安全等级为二级，环境类别为一类，截面所承受的弯矩设计值 $M = 130\mathrm{kN \cdot m}$。试分别计算所需的纵向受拉钢筋截面面积 A_s，并分析 A_s 值与梁截面宽度 b 的关系。

4.7 矩形截面梁，梁截面宽度 $b = 200\mathrm{mm}$，梁截面高度 $h = 500\mathrm{mm}$。HRB500 级钢筋，混凝土强度等级分别为 C30、C35 和 C40，结构安全等级为二级，环境类别为一类，截面所承受的弯矩设计值 $M = 185\mathrm{kN \cdot m}$。试分别计算所需的纵向受拉钢筋截面面积 A_s，并分析 A_s 值与混凝土强度等级的关系。

4.8 矩形截面梁，梁截面宽度 $b = 200\mathrm{mm}$，梁截面高度 $h = 500\mathrm{mm}$。混凝土强度等级为 C35，钢筋分别采用 HRB400 级和 HRB500 级，结构安全等级为二级，环境类别为一类，截面所承受的弯矩设计值 $M = 180\mathrm{kN \cdot m}$。试分别计算所需的纵向受拉钢筋截面面积 A_s，并分析 A_s 值与钢筋抗拉强度设计值的关系。

4.9 矩形截面梁，梁截面宽度 $b = 200\mathrm{mm}$，梁截面高度 $h = 400\mathrm{mm}$，$a_\mathrm{s} = a'_\mathrm{s} = 40\mathrm{mm}$。混凝土强度等级为 C30，钢筋采用 HRB400 级，结构安全等级为二级，环境类别为一类。求下列情况下截面所能抵抗的极限弯矩 M_u。

(1) 单筋截面，$A_\mathrm{s} = 942\mathrm{mm}^2$（3 $\underline{\Phi}$ 20）。

(2) 双筋截面，$A_\mathrm{s} = 942\mathrm{mm}^2$（3 $\underline{\Phi}$ 20），$A'_\mathrm{s} = 226\mathrm{mm}^2$（2 $\underline{\Phi}$ 12）。

(3) 双筋截面，$A_\mathrm{s} = 942\mathrm{mm}^2$（3 $\underline{\Phi}$ 20），$A'_\mathrm{s} = 628\mathrm{mm}^2$（2 $\underline{\Phi}$ 20）。

(4) 双筋截面，$A_\mathrm{s} = A'_\mathrm{s} = 942\mathrm{mm}^2$（3 $\underline{\Phi}$ 20）。

4.10 双筋矩形截面梁，梁截面宽度 $b = 250\mathrm{mm}$，梁截面高度 $h = 700\mathrm{mm}$，结构安全等级为二级，环境类别为一类。混凝土强度等级 C30，钢筋采用 HRB400 级，$a_\mathrm{s} = a'_\mathrm{s} = 40\mathrm{mm}$，受压区已配有钢筋 2 $\underline{\Phi}$ 16，并且在计算中考虑其受压作用。截面所承受的弯矩设计值 $M = 195\mathrm{kN \cdot m}$。试计算所需的纵向受拉钢筋面积。

4.11 双筋矩形截面梁，受压区已配有钢筋 2 Φ 20，并且在计算中考虑其受压作用，其他条件与习题 4.10 相同。试计算所需的纵向受拉钢筋面积。

4.12 T形截面简支梁，$b_f'=500mm$，$h_f'=100mm$，$b=200mm$，$h=500mm$，结构安全等级为二级，环境类别为一类，混凝土强度等级 C30，钢筋采用 HRB400 级。求下列情况下截面所能抵抗的极限弯矩 M_u。

（1）纵向受拉钢筋 $A_s=942mm^2$（3 Φ 20），$a_s=40mm$。

（2）纵向受拉钢筋 $A_s=1884mm^2$（6 Φ 20），$a_s=65mm$。

4.13 T形截面简支梁，$b_f'=500mm$，$h_f'=100mm$，$b=200mm$，$h=500mm$，结构安全等级为二级，环境类别为一类。混凝土强度等级 C25，钢筋采用 HRB400 级。试分别确定下列情况下所需的纵向受拉钢筋截面面积 A_s。

（1）弯矩设计值 $M=120kN\cdot m$，预计一排钢筋。

（2）弯矩设计值 $M=290kN\cdot m$，预计两排钢筋。

4.14 T形截面梁，$b_f'=500mm$，$h_f'=100mm$，$b=200mm$，$h=500mm$，结构安全等级为二级，环境类别为一类。混凝土强度等级 C30，钢筋采用 HRB400 级。受压区翼缘已配置钢筋 2 Φ 20（$A_s'=628mm^2$，$a_s'=40mm$），计算中考虑其受压作用。截面弯矩设计值 $M=290kN\cdot m$，试计算所需的受拉钢筋面积 A_s。

第 5 章　受压构件正截面的性能与设计

以承受轴向压力为主的构件属于受压构件（compression members）。例如，房屋结构中的柱、桁架结构中的受压弦杆、腹杆、剪力墙结构中的剪力墙、烟囱的筒壁以及桥梁结构中的桥墩等都属于受压构件。受压构件在结构中的作用非常重要，一旦发生破坏，后果很严重。

受压构件按其受力情况可以分为轴心受压构件、单向偏心受压构件和双向偏心受压构件。为了工程设计方便，一般不考虑混凝土材料的不匀质性和钢筋不对称布置的影响，近似地用轴向压力的作用点与构件正截面形心的相对位置来划分构件的类型。当轴向压力的作用点位于构件正截面形心时，为轴心受压构件；当轴向压力作用点仅对构件正截面的一个主轴有偏心距时，为单向偏心受压构件；对构件正截面的两个主轴都有偏心距时，则为双向偏心受压构件。

5.1　轴心受压构件承载力计算

在实际工程中，理想的轴心受压构件是不存在的。这是因为很难做到轴向压力恰好通过截面形心，而混凝土材料具有不均匀性，截面的几何中心与物理中心往往不重合，这些因素会使轴向压力产生初始偏心距。但是，对于某些构件，如以承受恒载为主的框架中柱、桁架的受压腹杆，构件截面上的弯矩很小，以承受轴向压力为主，可以近似地按照轴心受压构件考虑。

按照柱中箍筋配置方式的不同，轴心受压构件可以分为两种情况：普通箍筋柱和螺旋式箍筋柱。普通箍筋柱中配有纵向受压钢筋和普通箍筋，螺旋式箍筋柱中配有轴向受压钢筋和螺旋式（或焊接环式）箍筋。其截面和配筋形式如图 5-1 所示。

轴心受压柱（axially loaded column）中的纵向钢筋与混凝土共同承担纵向压力，可

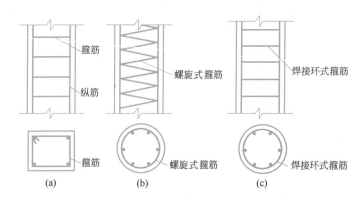

图 5-1　轴心受压柱

（a）普通箍筋柱；（b）螺旋式箍筋柱；（c）焊接环式箍筋柱

以减小构件的截面尺寸；能够抵抗因偶然偏心在构件受拉边产生的拉应力；防止构件突然的脆性破坏，改善混凝土的变形能力；配置纵向钢筋还可以减小混凝土的收缩与徐变变形。

箍筋的作用主要是固定纵向钢筋的位置，与纵向钢筋形成空间钢筋骨架，并且防止纵向钢筋受力后外凸，为纵向钢筋提供侧向支撑，同时箍筋还可以约束核心混凝土，改善混凝土的变形性能。配置在螺旋式箍筋柱中的箍筋一般间距较密，这种箍筋能够显著地提高核心混凝土的抗压强度，并增大其纵向变形能力。

由于构造简单和施工方便，普通箍筋柱（tied column）是工程中最常见的轴心受压构件，截面形状多为矩形或正方形。当柱承受很大的轴向压力，而柱截面尺寸由于建筑上及使用上的要求又受到限制，若按普通箍筋柱设计，即使提高混凝土强度等级和增加纵向钢筋配筋量也不足以承受该轴向荷载时，可以考虑采用螺旋式箍筋或焊接环式箍筋以提高其受压承载力。这种柱的截面形状一般为圆形或多边形。与普通箍筋柱相比，螺旋式箍筋柱用钢量大，施工复杂，造价较高。

5.1.1 轴心受压普通箍筋柱正截面受压承载力计算

根据柱长细比（柱的计算长度 l_0 与截面回转半径 i 之比）的不同，轴心受压柱可以分为短柱和长柱两种情况。短柱是指 $l_0/b \leqslant 8$（矩形截面，b 为截面较小边长）或 $l_0/d \leqslant 7$（圆形截面，d 为直径）或 $l_0/i \leqslant 28$（其他截面，i 为截面最小回转半径）的柱。长柱和短柱两者的受压承载力和破坏形态不同。

1. 轴心受压短柱的破坏特征

试验表明，在轴向压力作用下，钢筋混凝土受压短柱整个截面上的应变分布基本上是均匀的。由于钢筋与混凝土之间存在黏结力，使两者的压应变基本相同。当荷载较小时，柱的压缩变形与荷载成比例增加，钢筋和混凝土的压应力也相应地成正比增加，混凝土和钢筋都处于弹性阶段。当荷载较大时，由于混凝土塑性变形的发展，在相同的荷载增量下，钢筋的压应力明显地比混凝土的压应力增加得快，混凝土与钢筋之间出现了应力重分布，如图 5-2 所示。

随着荷载的继续增加，柱中开始出现纵向微细裂缝，当轴向压力增加到破坏荷载的90%左右时，柱四周出现明显的纵向裂缝及压坏痕迹，混凝土保护层剥落，箍筋间的纵筋压屈，并向外凸出，混凝土被压碎，柱随即破坏。短柱的破坏形态如图 5-3 所示。

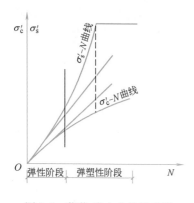

图 5-2　荷载-应力曲线示意图

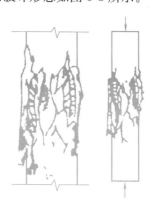

图 5-3　短柱的破坏

素混凝土棱柱体受压试件的峰值应变为 0.0015～0.002，而钢筋混凝土短柱达到受压承载力时的压应变一般在 0.0025～0.0035 之间，甚至更大，这是因为配置纵向钢筋后改善了混凝土的变形性能。轴心受压构件承载力计算时，对普通混凝土构件，取压应变等于 0.002 为控制条件，即认为当压应变达到 0.002 时混凝土强度达到 f_c，如果取钢筋的弹性模量为 $2 \times 10^5 \, \text{N/mm}^2$，则此时钢筋的应力为

$$\sigma_s = E_s \varepsilon_s = 2 \times 10^5 \times 0.002 = 400 \, \text{N/mm}^2$$

也就是说，如果采用 HRB400、HRBF400 和 RRB400 级热轧钢筋作为纵向钢筋，则构件破坏时钢筋应力均可以达到其屈服强度。对轴心受压构件，当采用 HRB500、HRBF500 钢筋时，《混凝土结构设计规范》规定钢筋的抗压强度设计值 f_y' 应取 400N/mm²。

2. 轴心受压长柱的破坏特征

钢筋混凝土轴心受压短柱的试验结果表明，由于偶然因素引起的初始偏心距对构件承载力及破坏形态没有明显的影响，但对轴心受压长柱的承载力及破坏形态的影响却不可忽视。初始偏心会使构件产生附加弯矩和侧向挠曲，而侧向挠曲又增大了荷载的偏心距，随着荷载的增加，附加弯矩和侧向挠度将不断增大，使长柱在轴力和附加弯矩的共同作用下向一侧凸出破坏。其破坏特征是构件凹侧先出现纵向裂缝，随后混凝土被压碎，构件凸侧混凝土则出现横向裂缝，侧向挠度急剧增大，如图 5-4 所示。对于长细比较大的构件还有可能在材料发生破坏之前由于失稳而丧失承载力。在轴心受压构件承载力计算时，《混凝土结构设计规范》采用稳定系数 φ 来表示长柱承载力降低的程度，即

$$\varphi = \frac{N_u^l}{N_u^s}$$

式中 N_u^l、N_u^s——长柱和短柱的受压承载力。

根据对国内外试验资料的研究分析，稳定系数 φ 值主要与构件的长细比有关，随着长细比的增大 φ 值减小。对于具有相同长细比的柱，由于混凝土强度等级和钢筋种类以及配筋率的不同，φ 值的大小还略有变化。表 5-1 为《混凝土结构设计规范》根据试验研究结果并考虑到过去的使用经验给出的 φ 值。

钢筋混凝土轴心受压构件的稳定系数 φ

表 5-1

$\frac{l_0}{b}$	$\frac{l_0}{d}$	$\frac{l_0}{i}$	φ	$\frac{l_0}{b}$	$\frac{l_0}{d}$	$\frac{l_0}{i}$	φ
≤8	≤7	≤28	1.0	30	26	104	0.52
10	8.5	35	0.98	32	28	111	0.48
12	10.5	42	0.95	34	29.5	118	0.44
14	12	48	0.92	36	31	125	0.40
16	14	55	0.87	38	33	132	0.36
18	15.5	62	0.81	40	34.5	139	0.32
20	17	69	0.75	42	36.5	146	0.29
22	19	76	0.70	44	38	153	0.26
24	21	83	0.65	46	40	160	0.23
26	22.5	90	0.60	48	41.5	167	0.21
28	24	97	0.56	50	43	174	0.19

注：表中 l_0 为构件的计算长度；b 为矩形截面的短边尺寸；d 为圆形截面的直径；i 为截面最小回转半径。

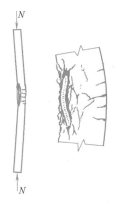

图 5-4　长柱的破坏

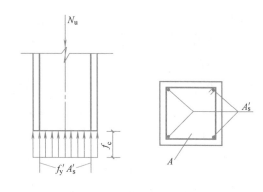

图 5-5　普通箍筋柱截面受压承载力计算简图

表中的计算长度与构件两端支承情况有关。在实际结构中，构件端部的连接构造比较复杂，为此，《混凝土结构设计规范》对单层厂房排架柱、框架柱等的计算长度作了具体规定，分别见与本书配套的《混凝土结构设计》（第五版）教材表 3-11、表 4-12。

3. 受压承载力计算公式

根据上述分析，在承载能力极限状态时，轴心受压构件截面的应力如图 5-5 所示。根据构件截面竖向力的平衡条件，并考虑长柱与短柱计算公式的统一以及构件可靠度的调整因素后，配有纵向钢筋和普通箍筋轴心受压构件承载力的设计表达式可表示为

$$N \leqslant N_u = 0.9\varphi(f_c A + f'_y A'_s) \tag{5-1}$$

式中　N——轴向压力设计值；

　　　N_u——轴心受压承载力设计值；

　　　0.9——可靠度调整系数；

　　　φ——钢筋混凝土构件的稳定系数，按表 5-1 采用；

　　　f_c——混凝土轴心抗压强度设计值；

　　　A——构件截面面积；

　　　f'_y——纵向钢筋的抗压强度设计值；

　　　A'_s——全部纵向钢筋的截面面积。

当纵向钢筋配筋率大于 3% 时，式（5-1）中的 A 应改用（$A-A'_s$）代替。

4. 设计步骤

（1）截面设计

应用式（5-1）进行截面设计时，取 $N=N_u$。

截面设计一般有以下两种情况：

① 混凝土强度等级和钢筋级别、构件的截面尺寸、轴向压力设计值以及计算长度等均为已知，要求确定截面所需要的纵向钢筋数量。这时，首先根据 l_0/b 确定 φ 值，再代入式（5-1）计算所需要的钢筋截面面积，然后选配钢筋，并注意符合受压构件对纵向钢筋的构造要求。

② 轴向压力设计值以及柱计算长度等为已知，材料也已经选定，要求确定构件的截面尺寸和纵向钢筋截面面积。对于这种情况，有以下两种解法：

解法一：首先初步确定截面面积和边长 b，然后按照第①种情况计算钢筋的截面面积 A'_s。所不同的是，计算出 A'_s 后，应验算配筋率 ρ' 是否在经济配筋率（$1.5\%\sim2\%$）的范围内。如果配筋率 ρ' 偏大，说明初选的截面尺寸偏小，反之，则说明截面尺寸过大，这两种情况均应修改截面尺寸后再重新计算。

解法二：为避免解法一中的反复修改，首先，在经济配筋率的范围内选定 ρ'，然后取 $\varphi=1$，并将 A'_s 写成 $\rho'A$，代入式（5-1）计算构件的截面面积 A，并确定边长 b（应符合构造要求）。其余计算与截面设计中第①种情况的计算步骤相同。

（2）截面复核

轴心受压构件的截面复核问题比较简单，先由 l_0/b 查出 φ 值，再将其他已知条件代入式（5-1）即可求出该截面的受压承载力设计值 N_u。

【例题 5-1】 某现浇多层钢筋混凝土框架结构，底层中柱按轴心受压构件计算。柱的计算长度 $l_0=5.8\text{m}$，截面尺寸为 $450\text{mm}\times450\text{mm}$，承受轴向压力设计值 3150kN。混凝土强度等级为 C30，钢筋采用 HRB400 级。结构的安全等级为二级。要求确定纵筋截面面积 A'_s 并进行钢筋布置。

【解】

查附表 10，C30 混凝土，$f_c=14.3\text{N/mm}^2$；查附表 3，HRB400 级钢筋，$f'_y=360\text{N/mm}^2$；查附表 18，$\rho'_{\min}=0.55\%$。

（1）求稳定系数 φ

$$\frac{l_0}{b}=\frac{5800}{450}=12.89,\text{查表 5-1 得 }\varphi=0.937。$$

（2）计算纵筋截面面积 A'_s

由式（5-1）得

$$A'_s=\frac{\dfrac{N}{0.9\varphi}-f_cA}{f'_y}=\frac{\dfrac{3150\times10^3}{0.9\times0.937}-14.3\times450\times450}{360}=2332\text{mm}^2$$

（3）验算配筋率 ρ' 并配筋

$$\rho'=\frac{A'_s}{A}=\frac{2332}{450\times450}=0.0115=1.15\%<3\%,\text{同时,}\rho'>\rho'_{\min}=0.55\%$$

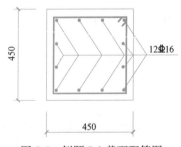

图 5-6 例题 5-1 截面配筋图

满足最小配筋率的要求。选用 $12\underline{\Phi}16$，$A'_s=2413\text{mm}^2$。截面配筋如图 5-6 所示。

【例题 5-2】 某钢筋混凝土轴心受压柱，计算长度 $l_0=4.9\text{m}$，承受轴向压力设计值 $N=2950\text{kN}$，混凝土强度等级为 C30，钢筋采用 HRB400 级。结构的安全等级为二级。要求确定柱截面尺寸及纵筋截面面积。

【解】

（1）估算截面尺寸

查附表 10，C30 混凝土，$f_c=14.3\text{N/mm}^2$；查附表 3，HRB400 级钢筋，$f'_y=360\text{ N/mm}^2$；查附表 18，$\rho'_{\min}=0.55\%$。

假定 $\rho'=1.6\%$，暂取 $\varphi=1.0$，同时，将 A'_s 写成 $\rho'A$，代入式（5-1）计算柱截面面

积，即

$$A = \frac{N}{0.9\varphi(f_c + \rho' f_y')} = \frac{2950 \times 10^3}{0.9 \times 1.0 \times (14.3 + 0.016 \times 360)} = 163399\text{mm}^2$$

采用正方形截面，则得

$$b = \sqrt{A} = \sqrt{163399} = 404\text{mm}$$

选用截面尺寸为 400mm×400mm。

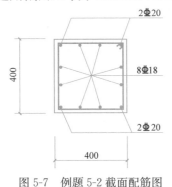

图 5-7　例题 5-2 截面配筋图

（2）求稳定系数 φ

$$\frac{l_0}{b} = \frac{4900}{400} = 12.25，查表 5-1 得 \varphi = 0.946$$

（3）计算纵筋截面面积 A_s'

由式（5-1）得

$$A_s' = \frac{\dfrac{N}{0.9\varphi} - f_c A}{f_y'} = \frac{\dfrac{2950 \times 10^3}{0.9 \times 0.946} - 14.3 \times 400 \times 400}{360}$$

$$= 3269\text{mm}^2$$

（4）验算配筋率 ρ' 并配筋

$$\rho' = \frac{A_s'}{A} = \frac{3269}{400 \times 400} = 0.0204 = 2.04\% < 3\%，同时，\rho' > \rho'_{\min} = 0.55\%$$

满足最小配筋率的要求。选用 4⊈20＋8⊈18（$A_s' = 3292\text{mm}^2$）。截面配筋如图 5-7 所示。

5.1.2　轴心受压螺旋式箍筋柱正截面受压承载力计算

1. 螺旋式箍筋柱（spiral column）的受力特点

试验研究表明，加载初期，混凝土压应力较小时，箍筋对核心混凝土的横向变形约束作用并不明显。当混凝土压应力超过 $0.8f_c$ 时，混凝土横向变形急剧增大，使螺旋式箍筋或焊接环式箍筋产生拉应力，从而有效地约束核心混凝土的变形，提高混凝土的抗压强度。当轴向压力逐步增大，混凝土压应变达到无约束混凝土的极限压应变时，螺旋式箍筋外面的混凝土保护层开始剥落。当箍筋应力达到抗拉屈服强度时，就不再能有效地约束混凝土的横向变形，混凝土的抗压强度也就不能再提高，这时构件破坏。由此可以看出，螺旋式箍筋或焊接环式箍筋的作用是：使核心混凝土处于三向受压状态，提高混凝土的抗压强度。虽然螺旋式箍筋或焊接环式箍筋是水平放置的，但它间接地起到了提高构件轴向受压承载力的作用，所以也称这种钢筋为"间接钢筋"。

2. 正截面受压承载力计算公式

由于螺旋式箍筋或焊接环式箍筋使核心混凝土处于三向受压状态，所以，可仿照圆柱体侧向均匀受压试验得到的近似计算公式，并考虑螺旋式箍筋对不同强度等级混凝土的约束效果，确定约束混凝土的纵向抗压强度 f_{c1}，即

$$f_{c1} = f_c + 4\alpha\sigma_r \tag{5-2}$$

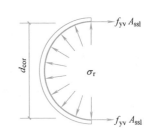

图 5-8　混凝土径向受力示意图

式中　σ_r——当间接钢筋的应力达到屈服强度时，核心区混凝土受到的径向压应力值，如图 5-8 所示；

f_c——混凝土轴心抗压强度设计值；

α——间接钢筋对混凝土约束的折减系数：当混凝土强度等级不超过 C50 时，取 1.0，当混凝土强度等级为 C80 时，取 0.85，其间按线性内插法确定。

一个螺旋式箍筋间距 s 范围内 σ_r 在水平方向上的合力为 $\sigma_r s d_{cor}$，由水平方向上的平衡条件可得

$$\sigma_r s d_{cor} = 2 f_{yv} A_{ss1} \tag{5-3}$$

于是

$$\sigma_r = \frac{2 f_{yv} A_{ss1}}{s d_{cor}} = \frac{2 f_{yv}}{\frac{\pi d_{cor}^2}{4}} \times \frac{\pi d_{cor} A_{ss1}}{s} = \frac{f_{yv}}{2 A_{cor}} A_{ss0} \tag{5-4}$$

$$A_{ss0} = \frac{\pi d_{cor} A_{ss1}}{s} \tag{5-5}$$

式中 d_{cor}——构件的核心截面直径，取间接钢筋内表面之间的距离；

s——间接钢筋沿构件轴线方向的间距；

A_{ss1}——螺旋式或焊接环式单根间接钢筋的截面面积；

f_{yv}——间接钢筋的抗拉强度设计值；

A_{cor}——构件的核心截面面积，取间接钢筋内表面范围内的混凝土截面面积；

A_{ss0}——螺旋式或焊接环式间接钢筋的换算截面面积。

如果将式（5-5）中的 $\pi d_{cor} A_{ss1}$ 想象成若干根长度为 s 的纵筋体积，则 $\frac{\pi d_{cor} A_{ss1}}{s}$ 就是若干根长度为 s 的纵筋截面积。

如上所述，螺旋式箍筋或焊接环式箍筋柱破坏时，受压纵筋应力达到了抗压屈服强度，螺旋式或焊接环式箍筋内的混凝土达到抗压强度 f_{c1}，箍筋外面的保护层混凝土已经剥落。据此及内外力平衡条件，同时考虑可靠度调整系数 0.9 后，得到螺旋式箍筋或焊接环式箍筋柱受压承载力计算公式，即

$$N \leqslant N_u = 0.9 (f_{c1} A_{cor} + f_y' A_s') = 0.9 \left(f_c A_{cor} + 4\alpha \times \frac{f_{yv}}{2 A_{cor}} A_{ss0} A_{cor} + f_y' A_s' \right)$$

经整理后得

$$N \leqslant N_u = 0.9 (f_c A_{cor} + 2\alpha f_{yv} A_{ss0} + f_y' A_s') \tag{5-6}$$

当按式（5-6）计算螺旋式箍筋或焊接环式箍筋柱的受压承载力时，必须满足有关条件，否则，就不能考虑间接钢筋的约束作用。《混凝土结构设计规范》规定：当遇到下列任意一种情况时，不应计入间接钢筋的影响，而应按式（5-1）计算构件的受压承载力。

（1）当 $l_0/d > 12$ 时，因构件的长细比较大，有可能因为纵向弯曲的影响导致在螺旋式箍筋达到受拉屈服强度之前构件已经破坏；

（2）当按式（5-6）计算的受压承载力小于按式（5-1）计算得到的受压承载力时；

（3）当间接钢筋的换算截面面积 A_{ss0} 小于纵向钢筋的全部截面面积的 25% 时，可以认为间接钢筋配置太少，间接钢筋对核心混凝土的约束作用不明显。

此外，为了防止间接钢筋外面的混凝土保护层过早脱落，按式（5-6）算得的构件受压承载力设计值不应大于按式（5-1）算得的构件受压承载力设计值的 1.5 倍。

应用式（5-6）进行截面设计时，取 $N = N_u$。

【例题 5-3】 某宾馆门厅采用钢筋混凝土圆形截面柱，承受轴向压力设计值 $N = 4250$kN，计算长度 $l_0 = 4.4$m。要求柱截面直径不大于 400mm。混凝土强度等级为 C35。柱中纵向钢筋采用 HRB500 级钢筋，箍筋用 HRB400 级钢筋。混凝土保护层厚度为 25mm。结构的安全等级为二级。要求设计该柱。

【解】

由附表3及相应的表注可知，对于轴心受压构件，当采用 HRB500 钢筋时，钢筋的抗压强度设计值 f'_y 应取 400N/mm^2；HRB400 钢筋，$f_{yv}=360\text{N/mm}^2$；查附表 10，C35 混凝土，$f_c=16.7\text{N/mm}^2$。

（1）按普通箍筋柱设计

① 计算稳定系数 φ

$$\text{取柱子的直径为 } 400\text{mm}, \frac{l_0}{d}=\frac{4400}{400}=11, \text{查表 5-1 得 } \varphi=0.940$$

② 计算纵筋截面面积 A'_s

圆柱截面积为

$$A=\frac{\pi d^2}{4}=\frac{3.14\times400^2}{4}=125600\text{mm}^2$$

由式（5-1）得

$$A'_s=\frac{\frac{N}{0.9\varphi}-f_cA}{f'_y}=\frac{\frac{4250\times10^3}{0.9\times0.940}-16.7\times125600}{400}=7315\text{mm}^2$$

③ 验算配筋率 ρ'

$$\rho'=\frac{A'_s}{A}=\frac{7315}{125600}=0.0582=5.82\%>5\%$$

当配筋率大于 3% 时，应将式（5-1）中的 A 改为 $(A-A'_s)$ 后重新计算，则配筋率会更高。由于配筋率已经超过 5%，明显偏高，而构件的 $l_0/d<12$，若混凝土强度等级不再提高，可考虑采用螺旋式箍筋柱。

（2）按螺旋式箍筋柱设计

① 确定纵筋数量 A'_s

假定按纵向钢筋的配筋率 $\rho'=0.04$ 计算，则 $A'_s=\rho'A=0.04\times125600=5024\text{mm}^2$，选用 10Φ25（$A'_s=4909\text{mm}^2$）。经计算，纵向钢筋净距为 79mm，大于 50mm，小于 300mm，符合构造要求。

② 计算间接钢筋的换算截面面积 A_{ss0}

按照箍筋直径为 12mm 考虑，$d_{cor}=400-(25+12)\times2=326\text{mm}$，则

$$A_{cor}=\frac{\pi d_{cor}^2}{4}=\frac{3.14\times326^2}{4}=83427\text{mm}^2$$

对于 C35 混凝土，取间接钢筋对混凝土约束的折减系数 $\alpha=1.0$，由式（5-6）计算得

$$A_{ss0}=\frac{\frac{N}{0.9}-f_cA_{cor}-f'_yA'_s}{2\alpha f_{yv}}=\frac{\frac{4250\times10^3}{0.9}-16.7\times83427-400\times4909}{2\times1.0\times360}$$

$$=1896\text{mm}^2>0.25A'_s=0.25\times4909=1227\text{mm}^2$$

间接钢筋对核心混凝土的约束作用明显，可以考虑其提高核心混凝土受压强度的作用。

③ 确定螺旋式箍筋的直径和间距

选取螺旋式箍筋的直径为 12mm（$A_{ss1}=113.1\text{mm}^2$），大于 $d/4=25/4=6\text{mm}$，满足构造要求。根据间接钢筋换算截面面积 A_{ss0} 的定义，则箍筋间距为

$$s=\frac{\pi d_{cor}A_{ss1}}{A_{ss0}}=\frac{3.14\times326\times113.1}{1896}=61\text{mm}$$

按照螺旋式箍筋的构造要求，箍筋间距不应大于 80mm 及 $d_{cor}/5=326/5=65$mm，且不宜小于 40mm。取 $s=50$mm，满足要求。图 5-9 为截面配筋图。

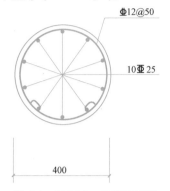

Φ12@50

10Φ25

400

图 5-9　例题 5-3 截面配筋图

④ 验算柱受压承载力

根据实际配置的螺旋式箍筋 $d=12$mm，$s=50$mm，用式（5-5）及式（5-6）计算螺旋式箍筋柱的截面受压承载力设计值 N_u 如下：

$$A_{ss0}=\frac{\pi d_{cor}A_{ss1}}{s}=\frac{3.14\times326\times113.1}{50}=2315\text{mm}^2$$

$$\begin{aligned}N_u&=0.9(f_cA_{cor}+2\alpha f_{yv}A_{ss0}+f'_yA'_s)\\&=0.9\times(16.7\times83427+2\times1.0\times360\times2315+400\times4909)\\&=4521.27\times10^3N\\&=4521.27\text{kN}>N=4250\text{kN}\end{aligned}$$

按照普通箍筋柱计算受压承载力

$$N_u=0.9\varphi(f_cA+f'_yA'_s)=0.9\times0.940\times(16.7\times125600+400\times4909)=3435.71\text{kN}$$
$$3435.71\text{kN}<4521.27\text{kN}<1.5\times3435.71=5153.57\text{kN}$$

满足《混凝土结构设计规范》考虑间接钢筋约束作用的条件，并且可以避免混凝土保护层过早的脱落。

5.2　偏心受压构件正截面受力性能分析

5.2.1　破坏形态

钢筋混凝土偏心受压构件中的纵向钢筋通常布置在截面偏心方向的两侧，离偏心压力较近一侧的受力钢筋为受压钢筋，其截面面积用 A'_s 表示；离偏心压力较远一侧的受力钢筋可能受拉也可能受压，不论受拉还是受压，其截面面积都用 A_s 表示。随着轴向压力 N 的偏心距 e_0 和纵向钢筋配筋率的变化，偏心受压构件可能发生受拉破坏或受压破坏。

1. 受拉破坏（大偏心受压破坏）

当轴向压力 N 的相对偏心距 e_0/h_0 较大，且受拉钢筋 A_s 配置的不过多时会出现受拉破坏。受拉破坏也称为大偏心受压破坏。

这类构件由于相对偏心距比较大，所以，弯矩的影响较明显，具有与受弯构件适筋梁类似的受力特点。在偏心压力 N 的作用下，与轴向压力较近一侧截面受压，较远一侧截面受拉。当偏心压力 N 从零开始加载逐渐增大到一定数值时，首先在受拉边出现横向裂缝，这些裂缝的深度随着轴向压力的增加，逐渐向受压区扩展，并在受拉边形成一条或几条主要横向裂缝。当 N 接近破坏荷载时，受拉钢筋的应力首先达到屈服强度，并进入流幅阶段，使受压区高度进一步减小，混凝土压应变增大，受压区混凝土也出现了纵向裂缝。最后，当受压边缘混凝土达到极限压应变时，受压区混凝土被压碎而破坏。此时，受压钢筋应力一般都能达到屈服强度。构件破坏时截面的应力、应变状态如图 5-10（a）所示，破坏形态见图 5-11（a）。

受拉破坏的主要特征是破坏从受拉区开始，受拉钢筋首先屈服，而后受压区混凝土被压坏。

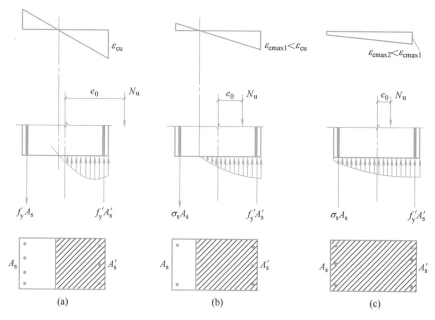

图 5-10　偏心受压构件破坏时截面的应力、应变

（a）受拉破坏；（b）受压破坏（相对偏心距较小）；（c）受压破坏（相对偏心距很小）

2. 受压破坏（小偏心受压破坏）

（1）当相对偏心距 e_0/h_0 较小，或虽然相对偏心距 e_0/h_0 较大，但受拉钢筋 A_s 配置较多时，会出现受压破坏。当偏心压力 N 从零开始加载逐渐增大时，与受拉破坏的情况相同，截面受拉边缘也出现横向裂缝，但是，横向裂缝的开展与延伸较为缓慢，未形成明显的主裂缝，而受压区边缘混凝土的压应变增长较快，临近破坏时受压边出现纵向裂缝，破坏较突然，无明显预兆，压碎区段较长。破坏时，受压钢筋应力一般能达到屈服强度，但受拉钢筋并不屈服，截面受压边缘混凝土的压应变比受拉破坏时小。构件破坏时截面的应力、应变状态见图 5-10（b）。

（2）当相对偏心距 e_0/h_0 很小时，构件截面将全部受压，一侧压应力较大，另一侧压应力较小。构件破坏从压应力较大边开始，破坏时该侧的钢筋应力一般均能达到屈服强度，而压应力较小一侧的钢筋应力则达不到屈服强度。破坏时截面的应力、应变状态如图 5-10（c）所示。若相对偏心距更小，由于截面的实际形心和构件的几何中心不重合，也可能发生离纵向力较远一侧的混凝土先被压坏的情况。

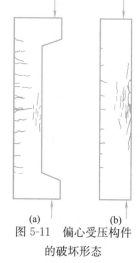

图 5-11　偏心受压构件的破坏形态

（a）受拉破坏；（b）受压破坏

以上两种情况的破坏特征类似，都是由于混凝土受压而破坏，压应力较大一侧钢筋能够达到屈服强度，而另一侧钢筋可能受拉也可能受压，一般均达不到屈服强度。这两种情况都属于受压破坏，也称为小偏心受压破坏。受压破坏形态见图 5-11（b）。

5.2.2 两类偏心受压破坏的界限

在"受拉破坏"和"受压破坏"之间存在一种界限状态，称为"界限破坏"。从上述两种破坏形态可以看出，两类偏心受压破坏的根本区别在于破坏时受拉钢筋应力是否达到屈服强度。如果受拉钢筋先屈服而后受压区混凝土被压碎即为受拉破坏；如果受拉钢筋或

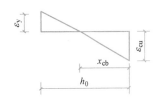

图 5-12　界限状态时截面应变

受拉或受压但都未达到屈服强度即为受压破坏。也就是说，当受拉钢筋应力达到屈服强度的同时受压区边缘混凝土刚好达到极限压应变，就是两类偏心受压破坏的界限状态。试验表明，从加载开始到构件破坏，偏心受压构件的截面平均应变都较好地符合平截面假定。因此，界限状态时的截面应变可以用图 5-12 来表示。

由上述可见，两类偏心受压构件的界限破坏特征与受弯构件中适筋梁与超筋梁的界限破坏特征完全相同，因此，其相对界限受压区高度 ξ_b 的表达式与式（4-27）和式（4-28）也完全一样。

由图 5-12 可看出，对于大偏心受压构件，破坏时，$\varepsilon_s > \varepsilon_y$，则 $x_c < x_{cb}$，若将压区混凝土曲线应力图形换算成等效矩形应力图形，则有 $x < x_b$。对于小偏心受压构件，由于构件破坏时受拉钢筋受拉不屈服或者受压不屈服，则有 $x_c > x_{cb}$，即 $x > x_b$。

由上述分析，可以得到大、小偏心受压构件的判别条件，即

当 $\xi \leqslant \xi_b$ 时，为大偏心受压；

当 $\xi > \xi_b$ 时，为小偏心受压。

其中，ξ 为承载能力极限状态时偏心受压构件截面的计算相对受压区高度，即 $\xi = x/h_0$。

5.2.3 附加偏心距 e_a、初始偏心距 e_i

当截面上作用的弯矩设计值为 M、轴向压力设计值为 N 时，其偏心距 $e_0 = M/N$。由于工程中实际存在着荷载作用位置的不定性、混凝土质量的不均匀性及施工的偏差等因素，都可能产生附加的偏心距 e_a。当 e_0 比较小时，e_a 的影响较显著，随着轴向压力偏心距的增大，e_a 对构件承载力的影响逐渐减小。《混凝土结构设计规范》规定，在两类偏心受压构件的正截面承载力计算中，均应计入轴向压力在偏心方向存在的附加偏心距（accidental eccentricity）e_a。为了计算方便，其值取 20mm 和偏心方向截面最大尺寸的 1/30 两者中的较大值。

在偏心受压构件正截面承载力计算中，考虑了附加偏心距 e_a 后，轴向压力的偏心距用 e_i 表示，称为初始偏心距（initial eccentricity），按下式计算，即

$$e_i = e_0 + e_a \tag{5-7}$$

式中　e_0——所计算截面上 M 与 N 的比值，即 $e_0 = M/N$。

5.2.4 偏心受压长柱的正截面受压破坏

试验表明，偏心受压钢筋混凝土柱会产生纵向弯曲。对于长细比较小的柱来讲，其纵向弯曲很小，可以忽略不计。但对于长细比较大的柱，其纵向弯曲则较大，从而使柱产生二阶弯矩，降低柱的承载能力，设计时必须予以考虑。

图 5-13 反映了三个截面尺寸、材料、配筋、轴向压力的初始偏心距等其他条件完全相同，仅长细比不同的柱，从加载直到破坏的示意图，其中，曲线 abd 为偏心受压构件截面破坏时承载力 N_u 与 M_u 的关系曲线，简称 N-M 相互作用曲线。对于给定截面尺寸、

配筋及材料强度的偏心受压构件，截面承受的内力值 N 与 M 并不是独立的，而是彼此相关。也就是说，构件可以在不同的 N 和 M 的组合下达到其承载能力极限状态。

当为短柱时，由于柱的纵向弯曲很小，可以认为偏心距从开始加载到破坏始终不变，也就是说，$M/N=e_0$ 为常数，M 和 N 成比例增加，即图 5-13 中的直线 oa。构件的破坏属于"材料破坏"，所能承受的压力为 N_a。

对于长细比较大的柱，当荷载加大到一定数值时，M 和 N 不再成比例增加，其变化轨迹偏离直线，M 的增长快于 N 的增长，这是由于长柱在偏心压力作用下产生了不可忽略的纵向弯曲，对于图 5-14 所示的柱高度中点截面，产生的附加弯矩为 Na_f。当构件破坏时，仍能达到承载力 N_u 与 M_u 的关系曲线上，见图 5-13 中的 b 点，构件所能承受的压力为 N_b，比短柱时的为低，但从其破坏特征来讲，仍属于"材料破坏"。

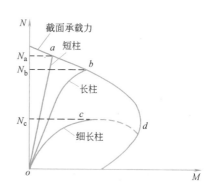

图 5-13　不同长细比柱从加荷载到破坏 N-M 的关系

对于长细比更大的细长柱，加载初期与长柱类似，但 M 的增长速度更快，在尚未达到材料破坏 N-M 关系曲线之前，轴向压力的微小增量 ΔN 可引起构件不收敛的弯矩 M 的增加而导致破坏，即"失稳破坏"。构件能够承受的轴向压力 N_c 远远小于短柱时的承载力 N_a。在 c 点，虽然已经达到构件的最大承载能力，但此时构件控制截面上钢筋和混凝土的应力均未达到材料破坏对应的应力值。

5.2.5　偏心受压长柱的二阶弯矩

在结构分析中求得的是构件两端截面的弯矩及轴力，考虑二阶效应后，在构件的某个其他截面，其弯矩可能会大于端部截面的弯矩。设计时应取弯矩最大的截面进行计算。

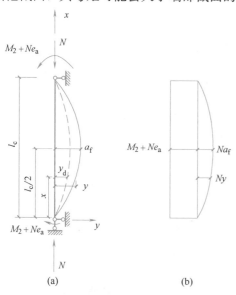

图 5-14　两端弯矩值相等时的二阶弯矩
(a) 计算简图；(b) 总弯矩

1. 结构无侧移时偏心受压构件的二阶弯矩

结构无侧移时，根据偏心受压构件两端弯矩值的不同，纵向弯曲引起的二阶弯矩可能遇到以下三种情况。

(1) 构件两端弯矩值相等且单曲率弯曲

结构一阶分析求得构件两端截面的弯矩 M_2 及轴向压力 N，再考虑附加偏心距 e_a。图 5-14 (a) 表示构件两端作用轴向压力 N 和相等的端弯矩 M_2+Ne_a。在 M_2+Ne_a 的作用下，构件将产生如图 5-14 (a) 虚线所示的弯曲变形，其中，y_d 表示仅由弯曲引起的高度 x 处的侧移；当 N 开始作用时，各点力矩将增加一个数值 Ny_d，并引起附加侧移，最终至 y 时构件破坏。在 M_2+Ne_a 和 N 同时作用下的侧移曲线如图 5-14 (a) 所示实线。任意点 x 处的总弯矩为

$$M=M_2+Ne_a+Ny$$

式中 Ny——由纵向弯曲引起的附加弯矩（图 5-14b）。

设 a_f 为最大弯矩点的侧移，则最大弯矩 M_{max} 为

$$M_{max} = M_2 + Ne_a + Na_f \tag{5-8}$$

（2）构件两端弯矩值不相等但单曲率弯曲

当构件承受的两端弯矩不相等，但两端弯矩均使构件的同一侧受拉（单曲率弯曲）时，其最大侧移出现在离端部的某一距离处，如图 5-15（a）所示，其中 $M_2 > M_1$。考虑附加偏心距 e_a 后，图 5-15（d）所示的最大弯矩 $M_{max} = M_d + Na_f$，式中 Na_f 为由纵向弯曲引起的附加弯矩，如图 5-15（c）所示。

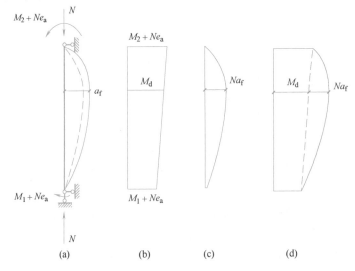

图 5-15 两端弯矩值不相等时的二阶弯矩

（a）计算简图；（b）一阶弯矩；（c）纵向弯曲引起的附加弯矩；（d）总弯矩

（3）构件两端弯矩值不相等且双曲率弯曲

图 5-16（a）表示构件两端弯矩值不相等且双曲率弯曲的情况。由两端不相等弯矩引起的构件弯矩分布如图 5-16（b）所示；纵向弯曲引起的二阶弯矩 Ny 如图 5-16（c）所示；总弯矩 $M = M_d + Ny$ 有两种可能的分布，如图 5-16（d）、（e）所示。图 5-16（d）中，二阶弯矩未引起最大弯矩的增加，即构件的最大弯矩在柱端，并等于 $M_2 + Ne_a$。图 5-16（e）中，最大弯矩在距柱端某一距离处，其值 $M_{max} = M_d + Na_f$。

根据上述分析，可得出以下几点结论：①当一阶弯矩最大处与二阶弯矩最大处相重合时（图 5-14），弯矩增加得最多，即临界截面上的弯矩最大；②当两个端弯矩值不相等但单曲率弯曲时（图 5-15），弯矩仍将增加较多；③当构件两端弯矩值不相等且双曲率弯曲时（图 5-16），沿构件长度产生一个反弯点，弯矩增加很少，考虑二阶效应后的最大弯矩值不会超过构件端部弯矩或有一定增大。

2. 结构有侧移时偏心受压构件的二阶弯矩

当框架结构上作用水平荷载，或虽无水平荷载，但结构或荷载不对称，或两者均不对称时，结构会产生侧移，故而使偏心受压构件的挠曲线发生变化，其二阶弯矩分布规律也发生变化。

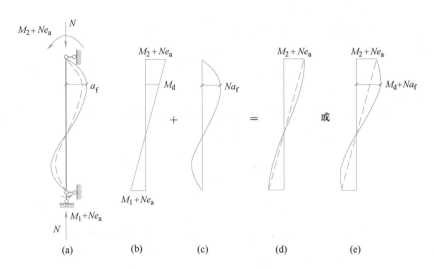

图 5-16　两端弯矩值不相等时且符号相反时的二阶弯矩

(a) 计算简图；(b) 一阶弯矩；(c) 纵向弯曲引起的附加弯矩；

(d) 总弯矩（最大弯矩在柱端）；(e) 总弯矩（最大弯矩不在柱端）

考虑图 5-17 所示的简单门架，承受水平荷载 F 和竖向力 N 的作用。仅由水平力 F 引起的变形在图 5-17（a）中用虚线表示，柱弯矩 M_0 见图 5-17（b）。当 N 作用时，产生了附加弯矩和附加变形，变形用实线表示，附加弯矩用图 5-17（c）的弯矩图表示，此时二阶弯矩为结构侧移和杆件变形所产生的附加弯矩的总和。由图 5-17（b）、(c) 可见，最大的一阶弯矩和二阶弯矩均出现在柱端且同号，临界截面上的弯矩为一阶弯矩与二阶弯矩之和，如图 5-17（d）所示。

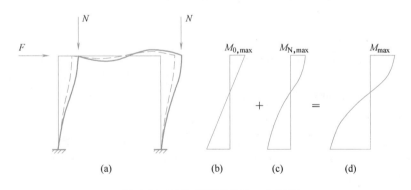

图 5-17　结构侧移引起的二阶弯矩

(a) 计算简图；(b) 一阶弯矩；(c) 侧移和纵向弯曲引起的附加弯矩；(d) 总弯矩

上面所说的二阶弯矩，亦称二阶效应。结构工程中的二阶效应泛指在产生了挠曲变形或层间位移的结构构件中，由轴向压力所引起的附加内力。如对无侧移的框架结构，二阶效应是指轴向压力在产生了挠曲变形的柱段中引起的附加内力，通常称为 $P\text{-}\delta$ 效应（与图 5-14～图 5-16 相似），它可能增大柱段中部的弯矩，一般不增大柱端控制截面的弯矩。对于有侧移的框架结构，二阶效应主要是指竖向荷载在产生了侧移的框架中引起的附加内力，通常称为 $P\text{-}\Delta$ 效应（图 5-17）。

5.2.6 重力二阶效应的考虑

本小节仅介绍除排架结构柱外的其他偏心受压构件挠曲二阶效应以及排架结构柱侧移二阶效应的计算方法，关于框架结构、剪力墙结构、框架-剪力墙结构和框架-筒体结构侧移二阶效应的计算方法，将在与本书配套的《混凝土结构设计》（第五版）教材中介绍。

1. 理论分析

对图 5-14～图 5-16 所示压弯构件，弹性稳定理论分析结果表明，考虑二阶效应的构件临界截面的最大挠度 y 和弯矩 M 可分别表示为

$$y = y_0 \frac{1}{1-N/N_c}$$

$$M = M_0 \frac{1}{1-N/N_c} \tag{5-9}$$

式中 y_0、M_0——一阶挠度和一阶弯矩，当设计中考虑附加偏心距 e_a 的影响时，则将其包括在内；

N、N_c——轴向压力及其临界值。

由图 5-14～图 5-16 可知，构件临界截面弯矩的增大取决于两端弯矩的相对值，式（5-9）是根据构件两端截面弯矩相等且单向挠曲以及假定材料为完全弹性而得，而承载能力极限状态的混凝土偏心受压构件具有显著的非弹性性能，且构件两端截面的弯矩也不一定相等，故式（5-9）应修正为

$$M = M_0 \frac{C_m}{1-N/N_c} = C_m \eta_{ns}(M_2 + Ne_a) \tag{5-10}$$

$$C_m = 0.7 + 0.3\frac{M_1}{M_2} \tag{5-11}$$

式中 C_m——构件端截面偏心距调节系数，它考虑了构件两端截面弯矩差异的影响，当小于 0.7 时取 0.7；

η_{ns}——弯矩增大系数；

M_1、M_2——已考虑侧移影响（$P\text{-}\Delta$ 效应）的偏心受压构件两端截面按结构弹性分析确定的对同一主轴的组合弯矩设计值，绝对值较大端为 M_2，绝对值较小端为 M_1，当构件按单曲率弯曲（图 5-14 及图 5-15）时，M_1/M_2 取正值，按双曲率弯曲（图 5-16）时，M_1/M_2 取负值。

按弹性理论分析，式（5-10）中的 $\eta_{ns} = 1/(1-N/N_c)$，这是用轴力表达的弯矩增大系数。为沿用我国工程设计习惯，《混凝土结构设计规范》将 η_{ns} 转换为理论上完全等效的"曲率表达式"，如下所述。

将式（5-8）变换为

$$M = M_2 + Ne_a + Na_f = \left(1 + \frac{a_f}{e_{2a}}\right)M_{2a} = \eta_{ns}M_{2a}$$

其中

$$\eta_{ns} = 1 + \frac{a_f}{e_{2a}} \tag{5-12}$$

式中 $e_{2a} = M_2/N + e_a$；$M_{2a} = M_2 + Ne_a$。

下面对标准偏心受压柱（两端弯矩值相等且单向弯曲），即图 5-14 所示的偏压柱进行

分析，其结果可推广到其他柱。

试验表明，偏心受压柱达到或接近极限承载力时，挠曲线与正弦曲线十分吻合，故可取

$$y = a_f \sin \frac{\pi}{l_c} x$$

于是

$$y'' = -a_f \left(\frac{\pi}{l_c} \right)^2 \sin \frac{\pi}{l_c} x$$

当 $x = \dfrac{l_c}{2}$ 时

$$y'' \big|_{x = \frac{l_c}{2}} = -\left(\frac{\pi}{l_c} \right)^2 a_f$$

$$\frac{1}{r_c} = -y'' = \left(\frac{\pi}{l_c} \right)^2 a_f$$

式中 r_c——曲率半径。

由上式可得偏心受压柱高度中点处的侧向挠度，即

$$a_f = \left(\frac{l_c}{\pi} \right)^2 \frac{1}{r_c}$$

偏心受压构件控制截面的极限曲率 $1/r_c$ 取决于控制截面上受拉钢筋和受压边缘混凝土的应变值，可由承载能力极限状态时控制截面的平截面假定确定，即

$$\frac{1}{r_c} = \frac{\phi \varepsilon_{cu} + \varepsilon_s}{h_0}$$

式中 ε_{cu}——受压区边缘混凝土的极限压应变；

  ε_s——受拉钢筋的应变；

  ϕ——徐变系数，考虑荷载长期作用的影响。

但是，大、小偏心受压构件承载能力极限状态时截面的曲率并不相同。所以，先按界限状态时偏心受压构件控制截面的极限曲率进行分析，然后，引入偏心受压构件的截面曲率修正系数 ζ_c，对界限状态时的截面曲率加以修正。

为了简化计算，不再区分高强混凝土与普通混凝土极限压应变的差异以及受力钢筋主要为 HRB400 和 HRB500 级钢筋，界限状态时统一取 $\varepsilon_{cu} = 0.0033$，$\varepsilon_s = \varepsilon_y = 0.002$，$\phi = 1.25$，代入上式得

$$\frac{1}{r_c} = \frac{1.25 \times 0.0033 + 0.002}{h_0} \zeta_c = \frac{1}{163.27 h_0} \zeta_c$$

将上式代入 a_f 的表达式得

$$a_f = \left(\frac{l_c}{\pi} \right)^2 \frac{1}{163.27 h_0} \zeta_c$$

于是，式（5-12）变为

$$\eta_{ns} = 1 + \frac{a_f}{M_2/N + e_a} = 1 + \frac{1}{\pi^2 \times 163.27 (M_2/N + e_a)/h_0} \times \left(\frac{h}{h_0} \right)^2 \left(\frac{l_c}{h} \right)^2 \zeta_c$$

近似取 $h/h_0 = 1.1$，代入上式后得

$$\eta_{ns} = 1 + \frac{1}{1300 (M_2/N + e_a)/h_0} \left(\frac{l_c}{h} \right)^2 \zeta_c \qquad (5\text{-}13)$$

式中 l_c——构件的计算长度，可近似取偏心受压构件相应主轴方向上下支撑点之间的距离；

  h——截面高度，对环形截面，取外直径；对圆形截面，取直径；

  h_0——截面有效高度；对环形截面，取 $h_0 = r_2 + r_s$；对圆形截面，取 $h_0 = r + r_s$；此

处，r、r_2 和 r_s 按《混凝土结构设计规范》的规定取值。

式（5-13）适用于矩形、T 形、I 形、环形和圆形截面偏心受压构件。

对于偏心受压构件，受力情况不同则受拉钢筋 A_s 的应变不同，受压区边缘混凝土的压应变也有差别。大偏心受压时受拉钢筋应力能够达到屈服强度，A_s 的应变大于或等于 ε_y，受压区边缘混凝土应变为极限压应变 ε_{cu}。而小偏心受压时，其受拉钢筋应力达不到屈服强度，因此，A_s 的应变小于 ε_y，受压区边缘混凝土应变一般达不到 ε_{cu}。而在上述确定控制截面的极限曲率时对两种偏心受压情况均取界限状态时的极限曲率，为反映受力情况不同对控制截面极限曲率的影响，给界限状态时的极限曲率乘以截面曲率修正系数 ζ_c。参考国外规范和试验分析结果，原则上 ζ_c 可采用下式表达，即

$$\zeta_c = \frac{N_b}{N}$$

此处，N_b 为受压区高度 $x = x_b$ 时的构件界限受压承载力设计值，为实用起见，近似取 $N_b = 0.5 f_c A$，则

$$\zeta_c = \frac{0.5 f_c A}{N}$$

式中 ζ_c——截面曲率修正系数，当计算值大于 1.0 时取 1.0；

  A——构件截面面积；

  N——与弯矩设计值 M_2 相应的轴向压力设计值。

2. 构件截面承载力计算中二阶效应的考虑

（1）除排架结构柱外的其他偏心受压构件

由图 5-14～图 5-16 可见，当压弯构件挠曲为双曲率且两端弯矩绝对值接近时，二阶效应较小。另外，轴向压力较小时，二阶效应较小。因此，《混凝土结构设计规范》规定，对弯矩作用平面内截面对称的偏心受压构件，当同一主轴方向的杆端弯矩比 M_1/M_2 不大于 0.9 且设计轴压比 $\dfrac{N}{f_c A}$ 不大于 0.9 时，若构件的长细比 l_c/i 满足下式的要求，即

$$l_c/i \leqslant 34 - 12(M_1/M_2) \tag{5-14}$$

可以不考虑轴向压力在该方向挠曲杆件中产生的附加弯矩影响；其中，i 为偏心方向的截面回转半径。

《混凝土结构设计规范》规定，除排架结构柱外，其他偏心受压构件考虑轴向压力在挠曲构件中产生的二阶效应后的弯矩设计值 M 及偏心距 e_i，应按下列公式计算：

$$M = C_m \eta_{ns} M_2 \tag{5-15}$$

$$e_i = M/N + e_a \tag{5-16}$$

其中，C_m 见式（5-11），η_{ns} 见式（5-13）。当 $C_m \eta_{ns}$ 小于 1.0 时取 1.0；对剪力墙及核心筒墙，可取 $C_m \eta_{ns}$ 等于 1.0。

应当指出，式（5-10）是按稳定理论分析所得结果，而式（5-15）是《混凝土结构设计规范》的公式。两者形式上不同，本质上相同；式（5-15）将附加偏心距的影响用式（5-16）反映，两者计算结果基本相同。

（2）排架结构柱

排架结构柱考虑二阶效应的弯矩设计值可按下列公式计算：

$$M = \eta_s M_0 \qquad (5\text{-}17)$$

$$\eta_s = 1 + \frac{1}{1500(M_0/N + e_a)/h_0}\left(\frac{l_0}{h}\right)^2 \zeta_c \qquad (5\text{-}17a)$$

式中 M_0——一阶弹性分析柱端弯矩设计值；

l_0——排架柱的计算长度，按《混凝土结构设计规范》中表 6.2.20-1 确定。

考虑到截面配置不同强度等级的钢筋具有不同的截面极限曲率，为便于计算，同时偏于安全考虑，在 η_s 的计算公式中统一采用 500MPa 级钢筋对应的截面极限曲率进行计算。另外，考虑到引起排架结构侧移的主要荷载多数是可变荷载，在计算截面的极限曲率时混凝土的极限压应变 ε_{cu} 不乘以长期荷载影响系数 1.25。采用与 η_{ns} 同样的推导方法，可得排架柱考虑二阶效应的弯矩增大系数计算公式（5-17a）。

5.3 矩形截面非对称配筋偏心受压构件正截面受压承载力计算

5.3.1 基本公式及适用条件

1. 大偏心受压构件（compression member with large eccentricity）

根据试验研究结果，对于大偏心受压破坏，纵向受拉钢筋 A_s 的应力取抗拉强度设计值 f_y，纵向受压钢筋 A'_s 的应力取抗压强度设计值 f'_y，与受弯构件正截面受弯承载力计算时采用的基本假定和分析方法相同，构件截面受压区混凝土压应力分布取为等效矩形应力分布，其应力值为 $\alpha_1 f_c$。截面应力计算图形如图 5-18 所示。

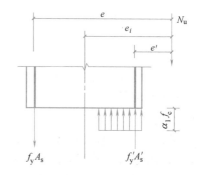

由纵向力的平衡条件及各力对受拉钢筋合力点取矩的力矩平衡条件，可以得到以下两个基本公式，即

$$\sum Y = 0 \qquad N \leqslant N_u = \alpha_1 f_c bx + f'_y A'_s - f_y A_s$$

$$(5\text{-}18)$$

$$\sum M_{A_s} = 0$$

$$Ne \leqslant N_u e = \alpha_1 f_c bx\left(h_0 - \frac{x}{2}\right) + f'_y A'_s (h_0 - a'_s)$$

$$(5\text{-}19)$$

$$e = e_i + \frac{h}{2} - a_s \qquad (5\text{-}20)$$

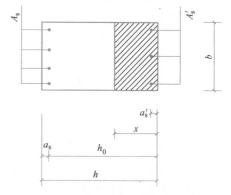

图 5-18 矩形截面非对称配筋大偏心受压构件截面应力计算图形

将 $x = \xi h_0$ 代入式（5-18）和式（5-19），并令 $\alpha_s = \xi(1 - 0.5\xi)$，则上列公式可写成如下形式：

$$N \leqslant N_u = \alpha_1 f_c bh_0 \xi + f_y' A_s' - f_y A_s \tag{5-21}$$

$$Ne \leqslant N_u e = \alpha_1 f_c bh_0^2 \alpha_s + f_y' A_s' (h_0 - a_s') \tag{5-22}$$

以上两个公式是按大偏心受压破坏模式建立的，所以，在应用公式时，应满足以下两个条件：

$$x \leqslant \xi_b h_0 \quad (\text{或 } \xi \leqslant \xi_b) \tag{5-23}$$

$$x \geqslant 2a_s' \left(\text{或 } \xi \geqslant \frac{2a_s'}{h_0} \right) \tag{5-24}$$

如果计算中出现 $x < 2a_s'$ 的情况，则说明纵向受压钢筋的应力没有达到抗压强度设计值 f_y'，不能将 x 代入式（5-21）、式（5-22）求解，可近似取 $x = 2a_s'$，并对受压钢筋 A_s' 的合力点取矩，则得

$$Ne' \leqslant N_u e' = f_y A_s (h_0 - a_s') \tag{5-25}$$

$$e' = e_i - \frac{h}{2} + a_s' \tag{5-26}$$

式中 e'——轴向压力作用点至受压区纵向钢筋 A_s' 合力点的距离。

取 $N = N_u$，则

$$A_s = \frac{Ne'}{f_y(h_0 - a_s')} \tag{5-27}$$

2. 小偏心受压构件（compression member with small eccentricity）

（1）σ_s 值的确定

由试验结果可知，小偏心受压破坏时受压区混凝土已被压碎，该侧钢筋应力可以达到受压屈服强度，故 A_s' 应力取抗压强度设计值 f_y'。而远侧钢筋可能受拉也可能受压，但均不能达到屈服强度，所以，A_s 的应力用 σ_s 表示，受压区混凝土应力图形仍取为等效矩形分布，其应力值为 $\alpha_1 f_c$。图 5-19 是小偏心受压破坏时的截面应力计算图形。

σ_s 可近似按下式计算：

$$\sigma_s = \frac{\xi - \beta_1}{\xi_b - \beta_1} f_y \tag{5-28}$$

当计算出的 σ_s 为正号时，表示 A_s 受拉；σ_s 为负号时，表示 A_s 受压。按上式计算的 σ_s 应符合下述要求：

$$-f_y' \leqslant \sigma_s \leqslant f_y \tag{5-29}$$

下面说明式（5-28）的建立过程。

图 5-20 是根据平截面假定作出的截面应变关系图，据此可以写出 A_s 的应力 σ_s 与相对受压区高度 ξ 之间的关系式，即

$$\sigma_s = E_s \varepsilon_{cu} \left(\frac{\beta_1}{\xi} - 1 \right) \tag{5-30}$$

如果采用式（5-30）确定 σ_s，则应用小偏心受压构件计算公式时需要解 ξ 的三次方程，手算不方便。

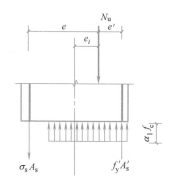

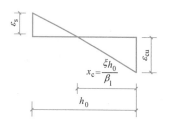

图 5-20　截面应变分布

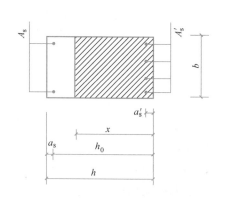

图 5-19　矩形截面非对称配筋小偏
心受压构件截面应力计算图形

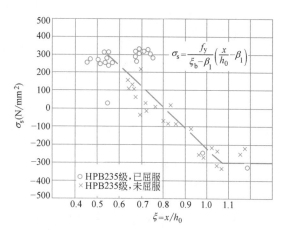

图 5-21　纵向钢筋 A_s 的应力 σ_s 与 ξ 之间的关系

我国大量的试验资料及计算分析表明，小偏心受压情况下实测的受拉边或受压较小边的钢筋应力 σ_s 与 ξ 接近直线关系（图 5-21）。为了计算方便，《混凝土结构设计规范》取 σ_s 与 ξ 之间为直线关系。当 $\xi=\xi_b$ 时（即发生界限破坏时），$\sigma_s=f_y$；当 $\xi=\beta_1$ 时，由式（5-30）可知，$\sigma_s=0$。根据这两个点建立的直线方程就是式（5-28）。

（2）基本公式

由截面上纵向力的平衡条件、各力对 A_s 合力点取矩以及对 A_s' 合力点取矩的力矩平衡条件，可以得到以下基本公式：

$$\sum Y=0 \qquad N \leqslant N_u=\alpha_1 f_c bx+f_y' A_s'-\sigma_s A_s \tag{5-31}$$

$$\sum M_{A_s}=0 \qquad Ne \leqslant N_u e=\alpha_1 f_c bx\left(h_0-\frac{x}{2}\right)+f_y' A_s'(h_0-a_s') \tag{5-32}$$

$$\sum M_{A_s'}=0 \qquad Ne' \leqslant N_u e'=\alpha_1 f_c bx\left(\frac{x}{2}-a_s'\right)-\sigma_s A_s(h_0-a_s') \tag{5-33}$$

$$e=\frac{h}{2}-a_s+e_i \tag{5-34}$$

$$e'=\frac{h}{2}-a_s'-e_i \tag{5-35}$$

将 $x=\xi h_0$ 代入式（5-31）～式（5-33），则基本公式可写成如下形式：

$$N \leqslant N_u=\alpha_1 f_c bh_0 \xi+f_y' A_s'-\sigma_s A_s \tag{5-36}$$

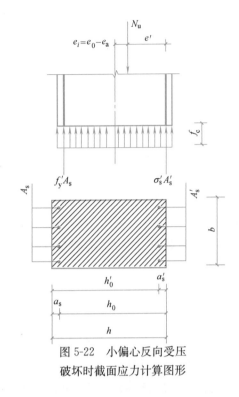

$$Ne \leqslant N_u e = \alpha_1 f_c b h_0^2 \xi \left(1 - \frac{\xi}{2}\right) + f_y' A_s'(h_0 - a_s')$$

$$(5\text{-}37)$$

$$Ne' \leqslant N_u e' = \alpha_1 f_c b h_0^2 \xi \left(\frac{\xi}{2} - \frac{a_s'}{h_0}\right) - \sigma_s A_s (h_0 - a_s')$$

$$(5\text{-}38)$$

（3）反向受压破坏时的计算

当轴向压力较大而偏心距很小时，有可能截面破坏时 A_s 处于受压状态并达到屈服强度，这种情况称为小偏心受压的反向破坏。图 5-22 是与反向破坏对应的截面应力计算图形。对 A_s' 合力点取矩，可得

$$Ne' \leqslant N_u e' = f_c b h \left(h_0' - \frac{h}{2}\right) + f_y' A_s (h_0' - a_s)$$

$$(5\text{-}39)$$

$$e' = \frac{h}{2} - a_s' - (e_0 - e_a) \qquad (5\text{-}40)$$

图 5-22　小偏心反向受压破坏时截面应力计算图形

式中　e'——轴向压力作用点至受压区纵向钢筋合力点的距离。

《混凝土结构设计规范》规定，对采用非对称配筋的小偏心受压构件，当轴向压力设计值 $N > f_c b h$ 时，为了防止 A_s 发生受压破坏，A_s 应满足式（5-39）的要求。按反向受压破坏计算时，取初始偏心距 $e_i = e_0 - e_a$，这是考虑了不利方向的附加偏心距。按这样考虑计算的 e' 会增大，从而使 A_s 用量增加，偏于安全。注意，式（5-40）仅适用于式（5-39）的计算。

5.3.2　大、小偏心受压破坏的设计判别（界限偏心距）

在进行偏心受压构件截面设计时，应首先确定构件的偏心类型。如果根据大、小偏心受压构件的界限条件 $\xi = \xi_b$ 来判别，则需计算出截面相对受压区高度 ξ。而在设计之前，由于钢筋面积尚未确定，无法求出 ξ，因此，必须另外寻求一种间接的判别方法。

当构件的材料、截面尺寸和配筋为确定条件，并且配筋量适当时，轴向压力的偏心距 e_0 是影响受压构件破坏特征的主要因素。随着轴向压力的偏心距 e_0 从大到小逐渐变化，达到某一数值 e_{0b} 时，构件将从"受拉破坏"转化为"受压破坏"。e_{0b} 随配筋率 ρ、ρ' 的变化而变化，如果能找到 e_{0b} 中的最小值，则可以此作为大、小偏心受压构件的划分条件。

现对界限破坏时的应力状态进行分析。在大偏心受压构件基本公式（5-21）和式（5-22）中，取 $\xi = \xi_b$，可得到与界限状态相对应的平衡方程，即

$$N_u = \alpha_1 f_c b h_0 \xi_b + f_y' A_s' - f_y A_s$$

$$N_u \left(e_{ib} + \frac{h}{2} - a_s\right) = \alpha_1 f_c b h_0^2 \alpha_{sb} + f_y' A_s'(h_0 - a_s')$$

由上两式解得

$$e_{ib} = \frac{\alpha_1 f_c b h_0^2 \alpha_{sb} + f_y' A_s'(h_0 - a_s')}{\alpha_1 f_c b h_0 \xi_b + f_y' A_s' - f_y A_s} - \frac{h}{2} + a_s = \frac{\alpha_{sb} + \rho' \dfrac{f_y'}{\alpha_1 f_c}\left(1 - \dfrac{a_s'}{h_0}\right)}{\xi_b + \rho' \dfrac{f_y'}{\alpha_1 f_c} - \rho \dfrac{f_y}{\alpha_1 f_c}} h_0 - \frac{1}{2}\left(1 - \frac{a_s}{h_0}\right) h_0$$

当截面尺寸和材料确定后，e_{ib} 主要与配筋率 ρ、ρ' 有关，e_{ib} 的最小值与上式中第一项的最小值有关。当 ρ' 取最小值 $\rho'_{\min}$ 时，分子最小，此时，ρ 取最小值 $\rho_{\min}$ 则分母最大，得

$$(e_{ib})_{\min} = \frac{\alpha_{sb} + \rho'_{\min}\dfrac{f'_y}{\alpha_1 f_c}\left(1 - \dfrac{a'_s}{h_0}\right)}{\xi_b + \rho'_{\min}\dfrac{f'_y}{\alpha_1 f_c} - \rho_{\min}\dfrac{f_y}{\alpha_1 f_c}} h_0 - \frac{1}{2}\left(1 - \frac{a_s}{h_0}\right)h_0$$

对于偏心受压构件，受拉和受压钢筋的最小配筋率相同，$\rho_{\min} = \rho'_{\min} = 0.002$，同一构件中受拉和受压钢筋的等级通常也相同，对于普通热轧钢筋，$f_y = f'_y$，所以，上式可写为

$$(e_{ib})_{\min} = \frac{1}{\xi_b}\left[\alpha_{sb} + \rho'_{\min}\frac{f'_y}{\alpha_1 f_c}\left(1 - \frac{a'_s}{h_0}\right)\right]h_0 - \frac{1}{2}\left(1 - \frac{a_s}{h_0}\right)h_0 \tag{5-41}$$

将常用的钢筋和混凝土材料强度代入上式，并取 a'_s/h_0 以及 a_s/h_0 分别等于 0.05，求出相应的 $(e_{ib})_{\min}/h_0$。

对于普通热轧钢筋以及常用的各种混凝土强度等级，相对界限偏心距的最小值 $(e_{ib})_{\min}/h_0$ 在 0.3 附近变化。因此，对于常用材料，取 $e_{ib} = 0.3h_0$ 作为大、小偏心受压的界限偏心距是合适的。设计时可按下列条件进行判别：

当 $e_i > 0.3h_0$ 时，可能为大偏心受压，也可能为小偏心受压，可先按大偏心受压设计；

当 $e_i \leqslant 0.3h_0$ 时，按小偏心受压设计。

5.3.3　截面设计

已知构件所采用的混凝土强度等级和钢筋级别、截面尺寸 $b \times h$、截面上作用的轴向压力设计值 N 和弯矩设计值 M 以及构件的计算长度 l_c 等，要求确定钢筋截面面积 A_s 和 A'_s。

首先判别是否需要考虑挠曲二阶效应，如需要则计算相应的弯矩设计值。然后，根据偏心距的大小初步判别构件的偏心类别。当 $e_i > 0.3h_0$ 时，先按大偏心受压构件设计，当 $e_i \leqslant 0.3h_0$ 时，则按小偏心受压构件设计。不论大、小偏压，在弯矩作用平面受压承载力计算之后，均应按轴心受压构件验算垂直于弯矩作用平面的受压承载力，计算公式为式（5-1）。该式中的 A'_s 应取截面上全部纵向钢筋的截面面积，包括受拉钢筋 A_s 和受压钢筋 A'_s；计算长度 l_0 应按垂直于弯矩平面方向确定，对于矩形截面，稳定系数 φ 应按该方向的计算长度 l_0 与截面短边尺寸 b 的比值查表确定。

应用大、小偏心受压基本公式进行截面设计时，取 $N = N_u$。

1. 大偏心受压构件

（1）A_s 和 A'_s 均未知，求 A_s 和 A'_s

① 由式（5-21）和式（5-22）可以看出，此时共有 ξ、A_s 和 A'_s 三个未知数，以 $(A_s + A'_s)$ 总量最小作为补充条件，解得 $\xi = 0.5\dfrac{h}{h_0}$，同时应满足 $\xi \leqslant \xi_b$。为了简化计算，也可以直接取 $\xi = \xi_b$，代入式（5-22），解出 A'_s，即

$$A'_s = \frac{Ne - \alpha_1 f_c bh_0^2 \alpha_{sb}}{f'_y(h_0 - a'_s)}$$

其中

$$\alpha_{sb} = \xi_b(1 - 0.5\xi_b)$$

如果 $A'_s < \rho_{\min}bh$ 且 A'_s 与 $\rho_{\min}bh$ 数值相差较多，则取 $A'_s = \rho_{\min}bh$，并改按第二种情况（已知 A'_s 求 A_s）计算 A_s。

② 将 $\xi = \xi_b$ 和 A'_s 及其他已知条件代入式（5-21），得

$$A_s = \frac{\alpha_1 f_c b h_0 \xi_b + f_y' A_s' - N}{f_y} \geqslant \rho_{\min} bh$$

（2）已知 A_s'，求 A_s

① 将已知条件代入式（5-22）计算 α_s，即

$$\alpha_s = \frac{Ne - f_y' A_s'(h_0 - a_s')}{\alpha_1 f_c b h_0^2}$$

② 按 $\xi = 1 - \sqrt{1 - 2\alpha_s}$ 计算 ξ，如果 $\dfrac{2a_s'}{h_0} \leqslant \xi \leqslant \xi_b$，则由式（5-21）得

$$A_s = \frac{\alpha_1 f_c b h_0 \xi + f_y' A_s' - N}{f_y} \geqslant \rho_{\min} bh$$

如果 $\xi > \xi_b$，则说明受压钢筋数量不足，应增加 A_s' 的数量。这时，改按第一种情况（A_s 和 A_s' 均未知）计算。

如果 $\xi < \dfrac{2a_s'}{h_0}$（即 $x < 2a_s'$），则应按式（5-27）计算 A_s。

【例题 5-4】 钢筋混凝土偏心受压柱，截面尺寸 $b = 300\text{mm}$，$h = 400\text{mm}$，混凝土保护层厚度 $c = 20\text{mm}$。结构的安全等级为二级。柱承受轴向压力设计值 $N = 340\text{kN}$，柱顶截面弯矩设计值 $M_1 = 171\text{ kN} \cdot \text{m}$，柱底截面弯矩设计值 $M_2 = 182\text{kN} \cdot \text{m}$。柱端弯矩已在结构分析时考虑侧移二阶效应。柱挠曲变形为单曲率。弯矩作用平面内柱上下两端的支撑长度为 3.5m；垂直于弯矩作用平面方向柱的计算长度 $l_0 = 4.375\text{m}$。混凝土强度等级为 C30，纵筋采用 HRB400 级钢筋。求钢筋截面面积 A_s' 和 A_s。

【解】 查附表 3，$f_y = f_y' = 360\text{N/mm}^2$；查附表 10，$f_c = 14.3\text{N/mm}^2$。

（1）是否考虑轴向压力在弯矩方向杆件因挠曲产生的附加弯矩

杆端弯矩比
$$\frac{M_1}{M_2} = \frac{171}{182} = 0.94 > 0.9$$

所以，应考虑杆件自身挠曲变形的影响。

（2）计算弯矩设计值

按箍筋直径为 10mm，纵筋直径为 20mm 考虑。

$$a_s = a_s' = 20 + 10 + 10 = 40\text{mm}, \quad h_0 = h - a_s = 400 - 40 = 360\text{mm}$$

$$\frac{h}{30} = \frac{400}{30} = 13\text{mm} < 20\text{mm}, \quad \text{取 } e_a = 20\text{mm}$$

$$\zeta_c = \frac{0.5 f_c A}{N} = \frac{0.5 \times 14.3 \times 300 \times 400}{340 \times 10^3} = 2.52 > 1, \quad \text{取 } \zeta_c = 1$$

$$C_m = 0.7 + 0.3\frac{M_1}{M_2} = 0.7 + 0.3 \times 0.94 = 0.982$$

$$\eta_{ns} = 1 + \frac{1}{1300\left(\frac{M_2}{N} + e_a\right)/h_0}\left(\frac{l_c}{h}\right)^2 \zeta_c$$

$$= 1 + \frac{1}{1300 \times \left(\frac{182 \times 10^6}{340 \times 10^3} + 20\right)/360} \times \left(\frac{3500}{400}\right)^2 \times 1 = 1.038$$

$$M = C_m \eta_{ns} M_2 = 0.982 \times 1.038 \times 182 = 185.516\text{kN} \cdot \text{m}$$

（3）判别偏压类型

$$e_0 = \frac{M}{N} = \frac{185.516 \times 10^6}{340 \times 10^3} = 546 \text{mm}$$

$$e_i = e_0 + e_a = 546 + 20 = 566 \text{mm} > 0.3h_0 (= 0.3 \times 360 = 108 \text{mm})$$

故按大偏心受压构件计算。

$$e = e_i + \frac{h}{2} - a_s = 566 + \frac{400}{2} - 40 = 726 \text{mm}$$

（4）计算 A_s' 和 A_s。

为使钢筋总用量最小，近似取 $\xi = \xi_b = 0.518$，则

$$\alpha_{sb} = \xi_b(1 - 0.5\xi_b) = 0.518 \times (1 - 0.5 \times 0.518) = 0.384$$

由式（5-22）和式（5-21）分别计算 A_s'、A_s，即

$$A_s' = \frac{Ne - \alpha_1 f_c \alpha_{sb} bh_0^2}{f_y'(h_0 - a_s')} = \frac{340 \times 10^3 \times 726 - 1 \times 14.3 \times 0.384 \times 300 \times 360^2}{360 \times (360 - 40)}$$

$$= 289 \text{mm}^2 > A_{s,min}' (= \rho_{min}' bh = 0.002 \times 300 \times 400 = 240 \text{mm}^2)$$

$$A_s = \frac{\alpha_1 f_c bh_0 \xi_b + f_y' A_s' - N}{f_y} = \frac{1 \times 14.3 \times 300 \times 360 \times 0.518 + 360 \times 289 - 340 \times 10^3}{360}$$

$$= 1567 \text{mm}^2 > A_{s,min} (= \rho_{min} bh = 0.002 \times 300 \times 400 = 240 \text{mm}^2)$$

（5）配筋

受压钢筋选 3Φ14（$A_s' = 461 \text{mm}^2$），受拉钢筋选 2Φ28+1Φ22（$A_s = 1612 \text{mm}^2$）。截面配筋如图 5-23 所示。

截面总配筋率

$$\bar{\rho} = \frac{A_s + A_s'}{bh} = \frac{1612 + 461}{300 \times 400} = 0.0173 > 0.0055$$

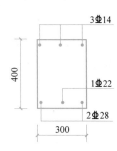

图 5-23 例题 5-4 截面配筋图

满足截面最小总配筋率的要求。

（6）验算垂直于弯矩作用平面的受压承载力

$\frac{l_0}{b} = \frac{4375}{300} = 14.58$，查表 5-1，$\varphi = 0.906$。由式（5-1）得

$$N_u = 0.9\varphi(f_c A + f_y' A_s')$$

$$= 0.9 \times 0.906 \times [14.3 \times 300 \times 400 + 360 \times (1612 + 461)]$$

$$= 2007.743 \times 10^3 \text{N}$$

$$= 2007.743 \text{kN} > N = 340 \text{kN}$$

满足截面受压承载力的要求。

【例题 5-5】 已知条件同例题 5-4，截面受压区已配有 3Φ16（$A_s' = 603 \text{mm}^2$）的钢筋，求受拉钢筋 A_s。

【解】 由例题 5-4 知可按大偏心受压构件计算，由式（5-22）得

$$\alpha_s = \frac{Ne - f_y' A_s'(h_0 - a_s')}{\alpha_1 f_c bh_0^2} = \frac{340 \times 10^3 \times 726 - 360 \times 603 \times (360 - 40)}{1 \times 14.3 \times 300 \times 360^2} = 0.319$$

$$\xi = 1 - \sqrt{1 - 2\alpha_s} = 1 - \sqrt{1 - 2 \times 0.319} = 0.398 < \xi_b = 0.518$$

且 $\xi > \frac{2a_s'}{h_0} = \frac{2 \times 40}{360} = 0.222$，满足基本公式的适用条件，代入式（5-21）得

$$A_s = \frac{\alpha_1 f_c bh_0 \xi + f_y' A_s' - N}{f_y} = \frac{1 \times 14.3 \times 300 \times 360 \times 0.398 + 360 \times 603 - 340 \times 10^3}{360}$$

139

$$=1366\text{mm}^2 > A_{s,\min}(=240\text{mm}^2)$$

$$A'_s + A_s = 603 + 1366 = 1969\text{mm}^2$$

例题 5-4 截面钢筋计算总量为 $A'_s + A_s = 289 + 1567 = 1856\text{mm}^2$，两题比较可知，当 $\xi = \xi_b$ 时，钢筋用量少。由例题 5-4 总配筋率验算及垂直于弯矩作用平面受压承载力的验算结果可知本题亦满足要求。

【例题 5-6】 柱截面尺寸 $b = 400\text{mm}$，$h = 400\text{mm}$，混凝土保护层厚度 $c = 25\text{mm}$。结构的安全等级为二级。截面承受轴向压力设计值 $N = 350\text{kN}$，柱顶截面弯矩设计值 $M_1 = 90\text{kN·m}$，柱底截面弯矩设计值 $M_2 = 105\text{kN·m}$。柱端弯矩已在结构分析时考虑侧移二阶效应。柱挠曲变形为单曲率。弯矩作用平面内柱上下两端的支撑长度为 9.6m，垂直于弯矩作用平面方向柱的计算长度 $l_0 = 12.0\text{m}$。混凝土强度等级为 C35，纵筋采用 HRB500 级钢筋。受压区已配有 3Φ18（$A'_s = 763\text{mm}^2$）。求纵向受拉钢筋 A_s。

【解】 查附表 3，$f_y = f'_y = 435\text{N/mm}^2$；当按轴心受压构件计算时，取 $f'_y = 400\text{N/mm}^2$；查附表 10，$f_c = 16.7\text{N/mm}^2$。弯矩作用平面内柱计算长度 $l_c = 9.6\text{m}$。

（1）判断构件是否需要考虑附加弯矩

杆端弯矩比 $\quad\quad\quad\quad\quad\quad\quad \dfrac{M_1}{M_2} = \dfrac{90}{105} = 0.857 < 0.9$

轴压比 $\quad\quad\quad\quad\quad\quad \dfrac{N}{Af_c} = \dfrac{350 \times 10^3}{400 \times 400 \times 14.3} = 0.15 < 0.9$

截面回转半径 $\quad\quad\quad\quad\quad i = \dfrac{h}{2\sqrt{3}} = \dfrac{400}{2\sqrt{3}} = 115.5\text{mm}$

长细比 $\quad \dfrac{l_c}{i} = \dfrac{9600}{115.5} = 83 > 34 - 12(M_1/M_2) = 34 - 12 \times (90/105) = 23.7$

应考虑杆件自身挠曲变形的影响。

（2）计算弯矩设计值

$$\text{取 } a_s = a'_s = 45\text{mm}, h_0 = h - a_s = 400 - 45 = 355\text{mm}$$

$$\frac{h}{30} = \frac{400}{30} = 13\text{mm} < 20\text{mm}, \text{ 取 } e_a = 20\text{mm}$$

$$\zeta_c = \frac{0.5 f_c A}{N} = \frac{0.5 \times 16.7 \times 400 \times 400}{350 \times 10^3} = 3.82 > 1, \text{ 取 } \zeta_c = 1$$

$$C_m = 0.7 + 0.3 \frac{M_1}{M_2} = 0.7 + 0.3 \times 0.857 = 0.957$$

$$\eta_{ns} = 1 + \frac{1}{1300\left(\dfrac{M_2}{N} + e_a\right)/h_0}\left(\frac{l_c}{h}\right)^2 \zeta_c$$

$$= 1 + \frac{1}{1300 \times \left(\dfrac{105 \times 10^6}{350 \times 10^3} + 20\right)/355} \times \left(\frac{9600}{400}\right)^2 \times 1 = 1.49$$

$$M = C_m \eta_{ns} M_2 = 0.957 \times 1.49 \times 105 = 149.72\text{kN·m}$$

（3）判别偏压类型

$$e_0 = \frac{M}{N} = \frac{149.72 \times 10^6}{350 \times 10^3} = 428\text{mm}$$

$$e_i = e_0 + e_a = 428 + 20 = 448\text{mm} > 0.3h_0 (= 0.3 \times 355 = 107\text{mm})$$

故按大偏心受压构件计算。

$$e=e_i+\frac{h}{2}-a_s=448+\frac{400}{2}-45=603\text{mm}$$

（4）计算 A_s

由式（5-22）得

$$\alpha_s=\frac{Ne-f_y'A_s'(h_0-a_s')}{\alpha_1f_cbh_0^2}=\frac{350\times10^3\times603-435\times763\times(355-45)}{1\times16.7\times400\times355^2}=0.128$$

$$\xi=1-\sqrt{1-2\alpha_s}=1-\sqrt{1-2\times0.128}=0.137<\frac{2a_s'}{h_0}=\frac{2\times45}{355}=0.254$$

即 $x<2a_s'$，说明破坏时 A_s' 不能达到屈服强度，近似取 $x=2a_s'$ 按式（5-27）计算 A_s

$$e'=e_i-\frac{h}{2}+a_s'=448-\frac{400}{2}+45=293\text{mm}$$

$$A_s=\frac{Ne'}{f_y(h_0-a_s')}=\frac{350\times10^3\times293}{435\times(355-45)}=760\text{mm}^2$$

$$>A_{s,\min}(=\rho_{\min}bh=0.002\times400\times400=320\text{mm}^2)$$

选 3Φ18（$A_s=763\text{mm}^2$）。截面总配筋率 $\rho=\dfrac{A_s+A_s'}{bh}=\dfrac{763+763}{400\times400}=0.00954>0.005$，满足截面最小总配筋率的要求。

（5）验算垂直于弯矩作用平面的受压承载力

$\dfrac{l_0}{b}=\dfrac{12000}{400}=30$，查表 5-1，$\varphi=0.52$。由式（5-1）得

$$\begin{aligned}N_u&=0.9\varphi(f_cA+f_y'A_s')\\&=0.9\times0.52\times[16.7\times400\times400+400\times(763+763)]\\&=1536.16\times10^3\text{N}\\&=1536.16\text{kN}>N=350\text{kN}\end{aligned}$$

满足截面受压承载力的要求。

2. 小偏心受压构件

从式（5-36）和式（5-37）可以看出，此时共有 ξ、A_s 和 A_s' 三个未知数，如果仍以（A_s+A_s'）总量最小为补充条件，则计算过程非常复杂。试验研究表明，当构件发生小偏心受压破坏时，A_s 受拉或受压，一般均不能达到屈服强度，所以，不需要配置较多的 A_s，实用上可按最小配筋率配置，设计步骤如下：

（1）按最小配筋率初步拟定 A_s 值，即取 $A_s=\rho_{\min}bh$。对于矩形截面非对称配筋小偏心受压构件，为防止出现反向受压破坏时，A_s 数量不足的情况，当 $N>f_cbh$ 时，应再按式（5-39）验算 A_s 用量，即

$$A_s=\frac{Ne'-f_cbh\left(h_0'-\dfrac{h}{2}\right)}{f_y'(h_0'-a_s)}$$

其中

$$e'=\frac{h}{2}-a_s'-(e_0-e_a)$$

取上述两者中的较大值选配钢筋，并应符合钢筋的构造要求。

（2）将实际选配的 A_s 数值代入式（5-38），并利用 σ_s 的近似公式（5-28），得到关于 ξ 的一元二次方程，解此方程可以得到下式：

$$\xi = A + \sqrt{A^2 + B} \tag{5-42}$$

其中
$$A = \frac{a_s'}{h_0} + \left(1 - \frac{a_s'}{h_0}\right)\frac{f_y A_s}{(\xi_b - \beta_1)\alpha_1 f_c b h_0}$$

$$B = \frac{2Ne'}{\alpha_1 f_c b h_0^2} - 2\beta_1\left(1 - \frac{a_s'}{h_0}\right)\frac{f_y A_s}{(\xi_b - \beta_1)\alpha_1 f_c b h_0}$$

（3）将 ξ 代入式（5-28）计算 σ_s，根据 σ_s 和 ξ 的不同情况，分别计算如下：

① 如果 $-f_y' \leqslant \sigma_s < f_y$，且 $\xi \leqslant \dfrac{h}{h_0}$，表明 A_s 可能受拉未达到屈服强度，也可能受压未达到受压屈服强度或者恰好达到受压屈服强度，且混凝土受压区计算高度未超出截面高度，则第（2）步求得的 ξ 值有效，代入式（5-37）可得

$$A_s' = \frac{Ne - \alpha_1 f_c b h_0^2 \xi(1 - 0.5\xi)}{f_y'(h_0 - a_s')}$$

② 如果 $\sigma_s < -f_y'$，且 $\xi \leqslant \dfrac{h}{h_0}$，说明 A_s 的应力已经达到受压屈服强度，混凝土受压区计算高度未超出截面高度，则第（2）步计算的 ξ 值无效，应重新计算。这时，取 $\sigma_s = -f_y'$，则式（5-36）和式（5-38）成为

$$N \leqslant N_u = \alpha_1 f_c b h_0 \xi + f_y' A_s' + f_y' A_s \tag{5-43}$$

$$Ne' \leqslant N_u e' = \alpha_1 f_c b h_0^2 \xi\left(\frac{\xi}{2} - \frac{a_s'}{h_0}\right) + f_y' A_s(h_0 - a_s') \tag{5-44}$$

两个方程中的未知数是 ξ 和 A_s'，由式（5-44）解出 ξ，再代入式（5-43）求出 A_s'。

③ 如果 $\sigma_s < -f_y'$，且 $\xi > \dfrac{h}{h_0}$，说明 A_s 的应力已经达到受压屈服强度，且混凝土受压区计算高度超出截面高度，则第（2）步计算的 ξ 值无效，应重新计算。这时，取 $\sigma_s = -f_y'$，$\xi = \dfrac{h}{h_0}$，则式（5-36）和式（5-37）成为

$$N \leqslant N_u = f_c b h + f_y' A_s' + f_y' A_s \tag{5-45}$$

$$Ne \leqslant N_u e = f_c b h\left(h_0 - \frac{h}{2}\right) + f_y' A_s'(h_0 - a_s') \tag{5-46}$$

未知数为 A_s' 和 A_s，由式（5-46）计算 A_s'，再代入式（5-45）求出 A_s，与第（1）步确定的 A_s 比较，取大值。

④ 如果 $-f_y' \leqslant \sigma_s < 0$，且 $\xi > \dfrac{h}{h_0}$，说明混凝土全截面受压，A_s 未达到或刚达到受压屈服强度，且混凝土受压区计算高度超出截面高度，则第（2）步计算的 ξ 值无效，应重新计算。取 $\xi = \dfrac{h}{h_0}$，式（5-36）和式（5-37）可写成

$$N \leqslant N_u = f_c b h + f_y' A_s' - \sigma_s A_s \tag{5-47}$$

$$Ne \leqslant N_u e = f_c b h\left(h_0 - \frac{h}{2}\right) + f_y' A_s'(h_0 - a_s') \tag{5-48}$$

方程中的未知数是 σ_s 和 A_s'，A_s 仍采用第（1）步确定的数量。如果由式（5-47）和式（5-48）解出的 σ_s 仍然满足 $-f_y' \leqslant \sigma_s < 0$，则由两式解出的 A_s' 有效。如果 σ_s 超出此范

围，则应增加 A_s 的用量，返回到第（2）步重新计算。

以上四种情况汇总于表 5-2。

σ_s 和 ξ 可能出现的各种情况及计算方法　　　　　　　　　表 5-2

序号	σ_s	ξ	含　义	计算方法
①	$-f_y'\leqslant\sigma_s<f_y$	$\xi\leqslant\dfrac{h}{h_0}$	A_s 受拉未屈服或受压未屈服或刚达受压屈服 受压区计算高度在截面范围内 ξ 计算值有效	式(5-36)或式(5-37)求 A_s'
②	$\sigma_s<-f_y'$	$\xi\leqslant\dfrac{h}{h_0}$	A_s 已受压屈服 受压区计算高度在截面范围内 ξ 计算值无效	式(5-36)及式(5-38) 取 $\sigma_s=-f_y'$ 重求 ξ 和 A_s'
③	$\sigma_s<-f_y'$	$\xi>\dfrac{h}{h_0}$	A_s 已受压屈服 受压区计算高度超出截面范围 ξ 计算值无效	式(5-36)及式(5-37) 取 $\sigma_s=-f_y'$、$\xi=\dfrac{h}{h_0}$ 重求 A_s' 和 A_s
④	$-f_y'\leqslant\sigma_s<0$	$\xi>\dfrac{h}{h_0}$	A_s 受压未屈服或刚达受压屈服 受压区计算高度超出截面范围 ξ 计算值无效	式(5-36)及式(5-37) 取 $\xi=\dfrac{h}{h_0}$ 重求 A_s' 和 σ_s

（4）按轴心受压构件验算垂直于弯矩作用平面的受压承载力，如果不满足要求，应重新计算。

对于小偏心受压构件的计算，按式（5-38）解出 ξ 后，不必计算出 σ_s 的具体数值即可根据 ξ 与 σ_s 的关系式（5-28）判断出受拉钢筋 A_s 的应力状态，参见图 5-24 和表 5-3。但是，对于初学者来讲，计算出 σ_s 的具体数值后直接与 f_y 或 $-f_y'$ 比较来判断受拉钢筋 A_s 的应力状态，更直观和便于理解，所以，在小偏压计算步骤中增加一步计算 σ_s 的具体数值。

如果直接采用 ξ 的数值判断受拉钢筋 A_s 的应力状态，则可参考图 5-24 和表 5-3。表 5-3 中 σ_s 的四种情况与表 5-2 完全相同，第三列是将 σ_s 的范围换成 ξ 来表示，第五列是将两个 ξ 的范围合并在一起表达。由式（5-38）解出 ξ 后，按照表 5-3 第五列给出的四种情况判断，每种情况的含义以及计算方法与表 5-2 一一对应。

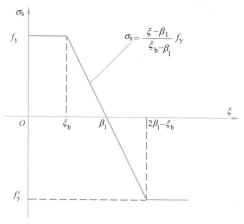

图 5-24　受拉钢筋应力 σ_s 与 ξ 的关系

序号	σ_s	与 σ_s 相应的 ξ	ξ	合并两个 ξ 范围后表达为
①	$-f'_y \leqslant \sigma_s < f_y$	$\xi_b < \xi \leqslant 2\beta_1 - \xi_b$	$\xi \leqslant \dfrac{h}{h_0}$	$\xi_b < \xi \leqslant 2\beta_1 - \xi_b$，且 $\xi \leqslant \dfrac{h}{h_0}$
②	$\sigma_s < -f'_y$	$\xi > 2\beta_1 - \xi_b$	$\xi \leqslant \dfrac{h}{h_0}$	$2\beta_1 - \xi_b < \xi \leqslant \dfrac{h}{h_0}$
③	$\sigma_s < -f'_y$	$\xi > 2\beta_1 - \xi_b$	$\xi > \dfrac{h}{h_0}$	$\xi > 2\beta_1 - \xi_b$，且 $\xi > \dfrac{h}{h_0}$
④	$-f'_y \leqslant \sigma_s < 0$	$\beta_1 < \xi \leqslant 2\beta_1 - \xi_b$	$\xi > \dfrac{h}{h_0}$	$\dfrac{h}{h_0} < \xi \leqslant 2\beta_1 - \xi_b$

【例题 5-7】 钢筋混凝土偏心受压柱，截面尺寸为 $b = 500\text{mm}$，$h = 800\text{mm}$，$a_s = a'_s = 50\text{mm}$。结构的安全等级为二级。截面承受轴向压力设计值 $N = 4180\text{kN}$，柱顶截面弯矩设计值 $M_1 = 460\text{kN} \cdot \text{m}$，柱底截面弯矩设计值 $M_2 = 480\text{kN} \cdot \text{m}$。柱端弯矩已在结构分析时考虑侧移二阶效应。柱挠曲变形为单曲率。弯矩作用平面内柱上下两端的支撑长度为 7.5m；垂直于弯矩作用平面方向柱的计算长度 $l_0 = 7.5\text{m}$。混凝土强度等级为 C30，纵筋采用 HRB400 级钢筋。求钢筋截面面积 A_s 和 A'_s。

【解】 查附表 3，$f_y = f'_y = 360\text{N/mm}^2$；查附表 10，$f_c = 14.3\text{N/mm}^2$。弯矩作用平面内柱计算长度 $l_c = 7.5\text{m}$。

(1) 判断构件是否需要考虑附加弯矩

杆端弯矩比
$$\frac{M_1}{M_2} = \frac{460}{480} = 0.958 > 0.9$$

所以，应考虑杆件自身挠曲变形的影响。

(2) 计算构件弯矩设计值
$$h_0 = h - a_s = 800 - 50 = 750\text{mm}$$

$$\frac{h}{30} = \frac{800}{30} = 27\text{mm} > 20\text{mm}，取 e_a = 27\text{mm}$$

$$\zeta_c = \frac{0.5 f_c A}{N} = \frac{0.5 \times 14.3 \times 500 \times 800}{4180 \times 10^3} = 0.684$$

$$C_m = 0.7 + 0.3 \frac{M_1}{M_2} = 0.7 + 0.3 \times 0.958 = 0.987$$

$$\eta_{ns} = 1 + \frac{1}{1300\left(\frac{M_2}{N} + e_a\right)/h_0}\left(\frac{l_c}{h}\right)^2 \zeta_c$$

$$= 1 + \frac{1}{1300 \times \left(\frac{480 \times 10^6}{4180 \times 10^3} + 27\right)/750} \times \left(\frac{7500}{800}\right)^2 \times 0.684 = 1.245$$

$$M = C_m \eta_{ns} M_2 = 0.987 \times 1.245 \times 480 = 589.83\text{kN} \cdot \text{m}$$

(3) 判别偏压类型

$$e_0 = \frac{M}{N} = \frac{589.83 \times 10^6}{4180 \times 10^3} = 141\text{mm}$$

$$e_i = e_0 + e_a = 141 + 27 = 168\text{mm} < 0.3 h_0 (= 0.3 \times 750 = 225\text{mm})$$

故按小偏心受压构件计算。

$$e = e_i + \frac{h}{2} - a_s = 168 + \frac{800}{2} - 50 = 518\text{mm}$$

$$e' = \frac{h}{2} - a_s' - e_i = \frac{800}{2} - 50 - 168 = 182\text{mm}$$

（4）初步确定 A_s

$$A_{s,\min} = \rho_{\min} bh = 0.002 \times 500 \times 800 = 800\text{mm}^2$$

$$f_c bh = 14.3 \times 500 \times 800 = 5720 \times 10^3 \text{N} = 5720\text{kN} > N = 4180\text{kN}$$

可不进行反向受压破坏验算，故取 $A_s = 800\text{mm}^2$，选 4Φ16（$A_s = 804\text{mm}^2$）。

（5）计算 A_s'

由式（5-42）计算 ξ

$$\begin{aligned}
A &= \frac{a_s'}{h_0} + \left(1 - \frac{a_s'}{h_0}\right) \frac{f_y A_s}{(\xi_b - \beta_1)\alpha_1 f_c bh_0} \\
&= \frac{50}{750} + \left(1 - \frac{50}{750}\right) \times \frac{360 \times 804}{(0.518 - 0.8) \times 1 \times 14.3 \times 500 \times 750} \\
&= 0.0667 - 0.1786 \\
&= -0.1119
\end{aligned}$$

$$\begin{aligned}
B &= \frac{2Ne'}{\alpha_1 f_c bh_0^2} - 2\beta_1 \left(1 - \frac{a_s'}{h_0}\right) \frac{f_y A_s}{(\xi_b - \beta_1)\alpha_1 f_c bh_0} \\
&= \frac{2 \times 4180 \times 10^3 \times 182}{1 \times 14.3 \times 500 \times 750^2} - 2 \times 0.8 \times (-0.1786) \\
&= 0.664
\end{aligned}$$

$$\xi = A + \sqrt{A^2 + B} = -0.1119 + \sqrt{(-0.1119)^2 + 0.664} = 0.711$$

将 ξ 代入式（5-28）得

$$\sigma_s = \frac{\xi - \beta_1}{\xi_b - \beta_1} f_y = \frac{0.711 - 0.8}{0.518 - 0.8} \times 360 = 114\text{N/mm}^2 \qquad \begin{matrix} < f_y = 360\text{N/mm}^2 \\ > -f_y' = -360\text{N/mm}^2 \end{matrix}$$

说明 A_s 受拉但未达到屈服强度。由式（5-37）得

$$\begin{aligned}
A_s' &= \frac{Ne - \alpha_1 f_c bh_0^2 \xi(1 - 0.5\xi)}{f_y'(h_0 - a_s')} \\
&= \frac{4180 \times 10^3 \times 518 - 1 \times 14.3 \times 500 \times 750^2 \times 0.711 \times (1 - 0.5 \times 0.711)}{360 \times (750 - 50)} \\
&= 1279\text{mm}^2 > A_{s,\min}' \ (= \rho_{\min}' bh = 0.002 \times 500 \times 800 = 800\text{mm}^2)
\end{aligned}$$

选 3Φ20+2Φ18（$A_s' = 1451\text{mm}^2$）。截面总配筋率

$$\rho = \frac{A_s + A_s'}{bh} = \frac{804 + 1451}{500 \times 800} = 0.00564 > 0.0055$$

满足截面最小总配筋率的要求。

（6）验算垂直于弯矩作用平面的受压承载力。

$\dfrac{l_0}{b} = \dfrac{7500}{500} = 15$，查表 5-1，$\varphi = 0.895$。由式（5-1）得

$$\begin{aligned}
N_u &= 0.9\varphi(f_c A + f_y' A_s') \\
&= 0.9 \times 0.895 \times [14.3 \times 500 \times 800 + 360 \times (804 + 1451)] \\
&= 5261.36 \times 10^3 \text{N} \\
&= 5261.36\text{kN} > N = 4180\text{kN}
\end{aligned}$$

满足截面受压承载力的要求。

5.3.4 截面承载力复核

在实际工程中，有时需要对已有的偏心受压构件进行截面承载力复核，此时，截面尺寸 $b \times h$、构件的计算长度 l_0、截面配筋 A_s 和 A'_s、混凝土强度等级和钢筋种类以及截面上作用的轴向压力设计值 N 和弯矩设计值 M 均为已知（或者已知偏心距），要求判断截面是否能够满足承载力的要求或确定截面受压承载力设计值 N_u。

5.3.2 小节在确定大、小偏心受压破坏的判别条件时，由式（5-21）、式（5-22）取 $\xi = \xi_b$ 得到如下界限状态时的偏心距 e_{ib}：

$$e_{ib} = \frac{\alpha_1 f_c b h_0^2 \xi_b (1 - 0.5\xi_b) + f'_y A'_s (h_0 - a'_s)}{\alpha_1 f_c b h_0 \xi_b + f'_y A'_s - f_y A_s} - \left(\frac{h}{2} - a_s\right) \tag{5-49}$$

将实际计算出的 e_i 与 e_{ib} 比较，然后，按以下条件判别偏心类型：

当 $e_i \geqslant e_{ib}$ 时，为大偏心受压；

当 $e_i < e_{ib}$ 时，为小偏心受压。

具体计算见例题 5-8。

【例题 5-8】 钢筋混凝土偏心受压柱，截面尺寸 $b \times h = 300\text{mm} \times 400\text{mm}$，$a_s = a'_s = 50\text{mm}$。结构的安全等级为二级。柱承受轴向压力设计值 $N = 254\text{kN}$，柱顶截面弯矩设计值 $M_1 = 122\text{kN} \cdot \text{m}$，柱底截面弯矩设计值 $M_2 = 135\text{kN} \cdot \text{m}$。柱端弯矩已在结构分析时考虑侧移二阶效应。柱挠曲变形为单曲率。弯矩作用平面内柱上下两端的支撑长度为 3.5m，垂直于弯矩作用平面方向柱的计算长度 $l_0 = 4.375\text{m}$。混凝土强度等级为 C30，纵筋采用 HRB400 级钢筋。受压钢筋为 3Φ16（$A'_s = 603\text{mm}^2$），受拉钢筋为 4Φ20（$A_s = 1256\text{mm}^2$）。要求验算截面是否能够满足受压承载力的要求。

【解】 查附表 3，$f_y = f'_y = 360\text{N/mm}^2$；查附表 10，$f_c = 14.3\text{N/mm}^2$。弯矩作用平面内柱计算长度 $l_c = 3.5\text{m}$。

(1) 判断构件是否考虑附加弯矩

杆端弯矩比 $\dfrac{M_1}{M_2} = \dfrac{122}{135} = 0.904 > 0.9$

应考虑杆件自身挠曲变形的影响。

$$\frac{h}{30} = \frac{400}{30} = 14\text{mm} < 20\text{mm}，取 \, e_a = 20\text{mm}$$

$$h_0 = h - a_s = 400 - 50 = 350\text{mm}$$

$$\zeta_c = \frac{0.5 f_c A}{N} = \frac{0.5 \times 14.3 \times 300 \times 400}{254 \times 10^3} = 3.38 > 1，取 \, \zeta_c = 1$$

$$C_m = 0.7 + 0.3 \frac{M_1}{M_2} = 0.7 + 0.3 \times 0.904 = 0.971$$

$$\eta_{ns} = 1 + \frac{1}{1300\left(\frac{M_2}{N} + e_a\right)/h_0} \left(\frac{l_c}{h}\right)^2 \zeta_c$$

$$= 1 + \frac{1}{1300 \times \left(\frac{135 \times 10^6}{254 \times 10^3} + 20\right)/350} \times \left(\frac{3500}{400}\right)^2 \times 1 = 1.04$$

$$M = C_m \eta_{ns} M_2 = 0.971 \times 1.04 \times 135 = 136.33\text{kN} \cdot \text{m}$$

(2) 判别偏压类型

按式（5-49）计算界限偏心距 e_{ib}

$$e_{ib} = \frac{\alpha_1 f_c b h_0^2 \xi_b (1 - 0.5\xi_b) + f_y' A_s'(h_0 - a_s')}{\alpha_1 f_c b h_0 \xi_b + f_y' A_s' - f_y A_s} - \left(\frac{h}{2} - a_s\right)$$

$$= \frac{1 \times 14.3 \times 300 \times 350^2 \times 0.518 \times (1 - 0.5 \times 0.518) + 360 \times 603 \times (350 - 50)}{1 \times 14.3 \times 300 \times 350 \times 0.518 + 360 \times 603 - 360 \times 1256} - \left(\frac{400}{2} - 50\right)$$

$$= 342\text{mm}$$

$$e_0 = \frac{M}{N} = \frac{136.33 \times 10^6}{254 \times 10^3} = 537\text{mm}$$

$$e_i = e_0 + e_a = 537 + 20 = 557\text{mm} > e_{ib} = 342\text{mm}$$

判为大偏心受压构件。

（3）计算该截面的受压承载力设计值 N_u

$$e = e_i + \frac{h}{2} - a_s = 557 + \frac{400}{2} - 50 = 707\text{mm}$$

将已知条件代入大偏心受压的基本公式（5-21）和式（5-22）得

$$\begin{cases} N_u = 1 \times 14.3 \times 300 \times 350\xi + 360 \times 603 - 360 \times 1256 \\ N_u \times 707 = 1 \times 14.3\xi(1 - 0.5\xi) \times 300 \times 350^2 + 360 \times 603 \times (350 - 50) \end{cases}$$

整理得

$$\begin{cases} N_u = 1501500\xi - 235080 \\ N_u \times 707 = 525525000\xi - 262762500\xi^2 + 65124000 \end{cases}$$

解得

$$\xi = 0.3659 < \xi_b = 0.518$$

且 $\xi = 0.3659 > \dfrac{2a_s'}{h_0} = \dfrac{2 \times 50}{350} = 0.286$，满足大偏心受压基本公式的适用条件。

$N_u = 314.34\text{kN} > 254\text{kN}$，满足截面偏心受压承载力的要求。

（4）验算垂直于弯矩作用平面的受压承载力

按轴心受压构件计算，得 $N_u > N = 254\text{kN}$，计算过程略。

故截面的两个主轴方向均满足受压承载力的要求。

5.4 矩形截面对称配筋偏心受压构件正截面受压承载力计算

实际工程中，受压构件经常承受变号弯矩的作用，如果弯矩相差不多或者虽然相差较大，但按对称配筋设计所得钢筋总量与非对称配筋设计的钢筋总量相比相差不多时，宜采用对称配筋。对于装配式柱来讲，采用对称配筋比较方便，吊装时不容易出错，设计和施工都比较简便。实际工程中，对称配筋的应用更为广泛。

所谓对称配筋就是截面两侧的钢筋数量和钢筋级别都相同，即 $A_s = A_s'$，$f_y = f_y'$。

5.4.1 基本公式及适用条件

1. 大偏心受压构件

将 $A_s = A_s'$、$f_y = f_y'$ 代入式（5-18）和式（5-19），得到对称配筋大偏心受压构件的基本公式，即

$$N \leqslant N_u = \alpha_1 f_c b x \tag{5-50}$$

$$Ne \leqslant N_u e = \alpha_1 f_c b x \left(h_0 - \frac{x}{2}\right) + f_y' A_s'(h_0 - a_s') \tag{5-51}$$

式（5-50）和式（5-51）的适用条件仍然是

$$x \leqslant \xi_b h_0 \quad (\text{或 } \xi \leqslant \xi_b)$$

$$x \geqslant 2a_s' \quad \left(\text{或 } \xi \geqslant \frac{2a_s'}{h_0}\right)$$

2. 小偏心受压构件

（1）基本公式

将 $A_s = A_s'$ 代入式（5-31）和式（5-32），得到对称配筋小偏心受压构件的公式，即

$$N \leqslant N_u = \alpha_1 f_c bx + f_y' A_s' - \sigma_s A_s' \tag{5-52}$$

$$Ne \leqslant N_u e = \alpha_1 f_c bx \left(h_0 - \frac{x}{2} \right) + f_y' A_s' (h_0 - a_s') \tag{5-53}$$

式中，σ_s 仍按式（5-28）计算，且应满足式（5-29）的要求，其中 $f_y = f_y'$。

将 $x = \xi h_0$ 及式（5-28）代入式（5-52）和式（5-53），可以写成如下形式：

$$N \leqslant N_u = \alpha_1 f_c bh_0 \xi + f_y' A_s' \frac{\xi_b - \xi}{\xi_b - \beta_1} \tag{5-54}$$

$$Ne \leqslant N_u e = \alpha_1 f_c bh_0^2 \xi \left(1 - \frac{\xi}{2} \right) + f_y' A_s' (h_0 - a_s') \tag{5-55}$$

（2）ξ 的近似计算公式

式（5-54）、式（5-55）中只有两个未知数 ξ 和 A_s'，取 $N = N_u$，由式（5-54）得

$$f_y' A_s' = \frac{N - \alpha_1 f_c bh_0 \xi}{\dfrac{\xi_b - \xi}{\xi_b - \beta_1}}$$

将上式代入式（5-55）消去 $f_y' A_s'$，得

$$Ne = \alpha_1 f_c bh_0^2 \xi \left(1 - \frac{\xi}{2} \right) + \frac{N - \alpha_1 f_c bh_0 \xi}{\dfrac{\xi_b - \xi}{\xi_b - \beta_1}} (h_0 - a_s')$$

$$Ne \frac{\xi_b - \xi}{\xi_b - \beta_1} = \alpha_1 f_c bh_0^2 \xi \left(1 - \frac{\xi}{2} \right) \frac{\xi_b - \xi}{\xi_b - \beta_1} + (N - \alpha_1 f_c bh_0 \xi)(h_0 - a_s') \tag{5-56}$$

式（5-56）为 ξ 的三次方程，手算求解 ξ 非常不方便，下面对此式进行降阶简化处理。令

$$y = \xi \left(1 - \frac{\xi}{2} \right) \frac{\xi_b - \xi}{\xi_b - \beta_1} \tag{5-57}$$

对于给定的钢筋级别和混凝土强度等级，ξ_b、β_1 为确定值。经试验发现，当 ξ 在 $\xi_b \sim h/h_0$ 之间时，y 与 ξ 接近直线关系。为简化计算，《混凝土结构设计规范》对各种钢筋级别和混凝土强度等级统一取：

$$\xi \left(1 - \frac{\xi}{2} \right) \frac{\xi_b - \xi}{\xi_b - \beta_1} \approx 0.43 \frac{\xi_b - \xi}{\xi_b - \beta_1} \tag{5-58}$$

这样，就将求解 ξ 的方程降为一次方程。再将式（5-58）代入式（5-56），得

$$Ne \frac{\xi_b - \xi}{\xi_b - \beta_1} = 0.43 \alpha_1 f_c bh_0^2 \frac{\xi_b - \xi}{\xi_b - \beta_1} + (N - \alpha_1 f_c bh_0 \xi)(h_0 - a_s')$$

$$(Ne - 0.43 \alpha_1 f_c bh_0^2)(\xi - \xi_b) = (N - \alpha_1 f_c bh_0 \xi)(h_0 - a_s')(\beta_1 - \xi_b)$$

$$\xi = \frac{(Ne - 0.43 \alpha_1 f_c bh_0^2)\xi_b + N(\beta_1 - \xi_b)(h_0 - a_s')}{(Ne - 0.43 \alpha_1 f_c bh_0^2) + \alpha_1 f_c bh_0 (\beta_1 - \xi_b)(h_0 - a_s')}$$

整理后得

$$\xi = \frac{N - \alpha_1 f_c b h_0 \xi_b}{\frac{Ne - 0.43\alpha_1 f_c b h_0^2}{(\beta_1 - \xi_b)(h_0 - a_s')} + \alpha_1 f_c b h_0} + \xi_b \tag{5-59}$$

（3）迭代法

在计算对称配筋小偏心受压构件时，除了上述将求解 ξ 的三次方程作降阶处理的近似方法外，还可采用迭代法来解 ξ 和 A_s'。将式（5-54）、式（5-55）改写为如下形式：

$$\xi_{i+1} = \frac{N}{\alpha_1 f_c b h_0} - \frac{f_y' A_{si}'}{\alpha_1 f_c b h_0} \cdot \frac{\xi_b - \xi_i}{\xi_b - \beta_1} \tag{5-60}$$

$$A_{si}' = \frac{Ne - \xi_i \left(1 - \frac{\xi_i}{2}\right)\alpha_1 f_c b h_0^2}{f_y'(h_0 - a_s')} \tag{5-61}$$

对于小偏心受压，ξ 的最小值是 ξ_b，最大值是 $\dfrac{h}{h_0}$，因此可取 $\xi = \dfrac{1}{2}\left(\xi_b + \dfrac{h}{h_0}\right)$ 作为第一次近似值代入式（5-61），得到 A_s' 的第一次近似值。然后，将 A_s' 的第一次近似值代入式（5-60）得 ξ 的第二次近似值，再将其代入式（5-61）得到 A_s' 的第二次近似值。重复进行上述步骤，直到前后两次计算所得的 A_s' 相差不大时为止，一般相差不超过 5% 即认为满足精度要求。

5.4.2 大、小偏心受压构件的设计判别

由大偏心受压构件的基本公式（5-50）可直接求得截面受压区相对高度 ξ，即

$$\xi = \frac{N}{\alpha_1 f_c b h_0} \tag{5-62}$$

因此，不论大、小偏心受压构件均可以首先按大偏心受压构件的基本公式计算 ξ，然后，按下述方法确定构件的偏心受压类型，即

当 $\xi \leqslant \xi_b$ 时，为大偏心受压构件

当 $\xi > \xi_b$ 时，为小偏心受压构件

非对称配筋矩形截面偏心受压构件截面设计时，因为不能首先计算出 ξ，所以，只能根据偏心距的大小近似判断偏心类型。而对称配筋时，可以借助于式（5-62）所计算的 ξ 来区分大、小偏心受压构件。但是，用式（5-62）进行判断有时会出现矛盾的情况。

当轴向压力的偏心距很小甚至接近轴心受压时，应该说属于小偏心受压。然而，当截面尺寸较大而 N 又较小时，用式（5-62）计算的 ξ 进行判断，有可能判为大偏心受压。也就是说，会出现 $e_i < 0.3h_0$ 而 $\xi < \xi_b$ 的情况。其原因是截面尺寸过大，截面并未达到承载能力的极限状态。此时，无论用大偏心受压或小偏心受压公式计算，所得配筋均由最小配筋率控制。

5.4.3 截面设计

应用大、小偏心受压基本公式进行截面设计时，取 $N = N_u$。

1. 大偏心受压构件

当按式（5-62）计算的 ξ 判为大偏心受压构件时，将 ξ 代入式（5-51）计算 A_s'，取 $A_s = A_s'$。然后再验算垂直于弯矩作用平面的受压承载力。

如果 $\xi < 2a_s'/h_0$，仍可按式（5-27）计算 A_s，然后取 $A_s' = A_s$。

【例题 5-9】 钢筋混凝土偏心受压柱，截面尺寸为 $b = 500\text{mm}$，$h = 650\text{mm}$，$a_s = a_s' = 50\text{mm}$。结构的安全等级为二级。截面承受轴向压力设计值 $N = 2310\text{kN}$，柱顶截面弯矩设计值 $M_1 = 540\text{kN} \cdot \text{m}$，柱底截面弯矩设计值 $M_2 = 560\text{kN} \cdot \text{m}$。柱端弯矩已在结

构分析时考虑侧移二阶效应。柱挠曲变形为单曲率。弯矩作用平面内柱上下两端的支撑长度为 4.8m，垂直于弯矩作用平面方向柱的计算长度 $l_0 = 6.0$m。混凝土强度等级为 C35，纵筋采用 HRB500 级钢筋。采用对称配筋，求受拉钢筋 A_s 和受压钢筋 A_s'。

【解】 查附表 3，$f_y = f_y' = 435\text{N/mm}^2$；当按轴心受压构件计算时，取 $f_y' = 400$ N/mm^2；查附表 10，$f_c = 16.7\text{N/mm}^2$，弯矩作用平面内柱计算长度 $l_c = 4.8$m。

（1）判断构件是否考虑附加弯矩

杆端弯矩比 $\qquad\qquad \dfrac{M_1}{M_2} = \dfrac{540}{560} = 0.964 > 0.9$

所以，应考虑杆件自身挠曲变形的影响。

（2）计算构件弯矩设计值

$$h_0 = h - a_s = 650 - 50 = 600\text{mm}$$

$$\frac{h}{30} = \frac{650}{30} = 22\text{mm} > 20\text{mm}, \text{取 } e_a = 22\text{mm}$$

$$\zeta_c = \frac{0.5 f_c A}{N} = \frac{0.5 \times 16.7 \times 500 \times 650}{2310 \times 10^3} = 1.175 > 1, \text{取 } \zeta_c = 1$$

$$C_m = 0.7 + 0.3\frac{M_1}{M_2} = 0.7 + 0.3 \times 0.964 = 0.989$$

$$\eta_{ns} = 1 + \frac{1}{1300\left(\frac{M_2}{N} + e_a\right)/h_0}\left(\frac{l_c}{h}\right)^2 \zeta_c$$

$$= 1 + \frac{1}{1300 \times \left(\frac{560 \times 10^6}{2310 \times 10^3} + 22\right)/600}\left(\frac{4800}{650}\right)^2 \times 1 = 1.095$$

$$M = C_m \eta_{ns} M_2 = 0.989 \times 1.095 \times 560 = 606.45\text{kN} \cdot \text{m}$$

（3）判别偏压类型

$$\xi = \frac{N}{\alpha_1 f_c b h_0} = \frac{2310 \times 10^3}{1.0 \times 16.7 \times 500 \times 600} = 0.461 < \xi_b = 0.482$$

且 $\xi > 2a_s'/h_0 = 2 \times 50/600 = 0.167$，判定为大偏心受压，上式计算所得的 ξ 值有效。

（4）计算钢筋面积

$$e_0 = \frac{M}{N} = \frac{606.45 \times 10^6}{2310 \times 10^3} = 263\text{mm}$$

$$e_i = e_0 + e_a = 263 + 22 = 285\text{mm}$$

$$e = e_i + \frac{h}{2} - a_s = 285 + \frac{650}{2} - 50 = 560\text{mm}$$

将 ξ 代入式（5-51），得

$$A_s' = \frac{Ne - \alpha_1 f_c b h_0^2 \xi(1 - \xi/2)}{f_y'(h_0 - a_s')}$$

$$= \frac{2310 \times 10^3 \times 560 - 1 \times 16.7 \times 500 \times 600^2 \times 0.461 \times (1 - 0.461/2)}{435 \times (600 - 50)}$$

$$= 950\text{mm}^2$$

选 4Φ18（$A_s = A_s' = 1018\text{mm}^2$），截面总配筋率

$$\rho = \frac{A_s + A_s'}{bh} = \frac{1018 \times 2}{500 \times 650} = 0.00626 > 0.005, \text{满足截面最小总配筋率的要求。}$$

（5）验算垂直于弯矩作用平面的受压承载力。

$\dfrac{l_0}{b}=\dfrac{6000}{500}=12$，查表 5-1，$\varphi=0.95$。由式（5-1）得

$$
\begin{aligned}
N_u &= 0.9\varphi(f_cA+f_y'A_s') \\
&= 0.9\times0.95\times(16.7\times500\times650+400\times1018\times2) \\
&= 5336.82\times10^3\,\mathrm{N} \\
&= 5336.82\,\mathrm{kN}>N=2310\,\mathrm{kN}
\end{aligned}
$$

满足截面受压承载力的要求。

【例题 5-10】 钢筋混凝土偏心受压柱，截面尺寸 $b=500\mathrm{mm}$，$h=500\mathrm{mm}$，$a_s=a_s'=50\mathrm{mm}$。结构的安全等级为二级。截面承受轴向压力设计值 $N=200\mathrm{kN}$，柱顶截面弯矩设计值 $M_1=280\mathrm{kN\cdot m}$，柱底截面弯矩设计值 $M_2=300\mathrm{kN\cdot m}$。柱端弯矩已在结构分析时考虑侧移二阶效应。柱挠曲变形为单曲率。弯矩作用平面内柱上下两端的支撑长度为 4.2m，垂直于弯矩作用平面方向柱的计算长度 $l_0=5.25\mathrm{m}$。混凝土强度等级为 C35，纵筋采用 HRB500 级钢筋。采用对称配筋，求受拉和受压钢筋。

【解】 查附表 3，$f_y=f_y'=435\mathrm{N/mm^2}$；当按轴心受压构件计算时，取 $f_y'=400\mathrm{N/mm^2}$；查附表 10，$f_c=16.7\mathrm{N/mm^2}$。弯矩作用平面内柱计算长度 $l_c=4.2\mathrm{m}$。

（1）判断构件是否考虑附加弯矩

杆端弯矩比 $\quad\quad\quad\quad\quad\dfrac{M_1}{M_2}=\dfrac{280}{300}=0.93>0.9$

所以，应考虑杆件自身挠曲变形的影响。

（2）计算构件弯矩设计值

$$h_0=h-a_s=500-50=450\mathrm{mm}$$

$$\dfrac{h}{30}=\dfrac{500}{30}=16.7\mathrm{mm}<20\mathrm{mm}，取\ e_a=20\mathrm{mm}$$

$$\zeta_c=\dfrac{0.5f_cA}{N}=\dfrac{0.5\times16.7\times500\times500}{200\times10^3}=10.4>1\ 取\ \zeta_c=1$$

$$C_m=0.7+0.3\dfrac{M_1}{M_2}=0.7+0.3\times0.93=0.979$$

$$
\begin{aligned}
\eta_{ns} &= 1+\dfrac{1}{1300\left(\dfrac{M_2}{N}+e_a\right)/h_0}\left(\dfrac{l_c}{h}\right)^2\zeta_c \\
&= 1+\dfrac{1}{1300\times\left(\dfrac{300\times10^6}{200\times10^3}+20\right)/450}\times\left(\dfrac{4200}{500}\right)^2\times1=1.016
\end{aligned}
$$

由于 $C_m\eta_{ns}=0.995<1$，取 $C_m\eta_{ns}=1$，则

$$M=C_m\eta_{ns}M_2=1\times300=300\mathrm{kN\cdot m}$$

（3）判别偏压类型

$$x=\dfrac{N}{\alpha_1f_cb}=\dfrac{200\times10^3}{1\times16.7\times500}=24\mathrm{mm}<\xi_bh_0=0.482\times450=217\mathrm{mm}$$

判定为大偏心受压，但 $x<2a_s'=2\times50=100\mathrm{mm}$，近似取 $x=2a_s'$。

（4）计算钢筋面积

$$e_0 = \frac{M}{N} = \frac{300 \times 10^6}{200 \times 10^3} = 1500 \text{mm}$$

$$e_i = e_0 + e_a = 1500 + 20 = 1520 \text{mm}$$

$$e' = e_i - \frac{h}{2} + a_s' = 1520 - \frac{500}{2} + 50 = 1320 \text{mm}$$

由式（5-27）得

$$A_s' = A_s = \frac{Ne'}{f_y(h_0 - a_s')} = \frac{200 \times 10^3 \times 1320}{435 \times (450 - 50)} = 1517 \text{mm}^2$$

选 4⊈22（$A_s = A_s' = 1520 \text{mm}^2$），截面总配筋率为

$$\rho = \frac{A_s + A_s'}{bh} = \frac{1520 \times 2}{500 \times 500} = 0.0122 > 0.005，满足截面最小总配筋率的要求。$$

（5）验算垂直于弯矩作用平面的受压承载力。

$\dfrac{l_0}{b} = \dfrac{5250}{500} = 10.5$，查表 5-1，$\varphi = 0.973$。由式（5-1）得：

$$N_u = 0.9\varphi(f_c A + f_y' A_s')$$
$$= 0.9 \times 0.973 \times (16.7 \times 500 \times 500 + 400 \times 1520 \times 2)$$
$$= 4720.90 \times 10^3 \text{N}$$
$$= 4720.90 \text{kN} > N = 200 \text{kN}$$

满足截面受压承载力的要求。

2. 小偏心受压构件

当由式（5-62）计算的 x 判定属于小偏心受压时，改按小偏心受压构件计算。将已知条件代入式（5-59）计算 ξ，然后计算 σ_s。

如果 $-f_y' \leqslant \sigma_s < f_y$，且 $\xi \leqslant \dfrac{h}{h_0}$，将 ξ 代入式（5-55）计算 A_s'，取 $A_s = A_s'$。

如果 $\sigma_s < -f_y'$，且 $\xi \leqslant \dfrac{h}{h_0}$，取 $\sigma_s = -f_y'$，式（5-52）和式（5-55）成为

$$N = \alpha_1 f_c bh_0 \xi + 2 f_y' A_s' \tag{5-63}$$

$$Ne = \alpha_1 f_c bh_0^2 \xi\left(1 - \frac{\xi}{2}\right) + f_y' A_s'(h_0 - a_s') \tag{5-64}$$

两式联解可得 ξ、A_s'。

如果 $\sigma_s < -f_y'$，且 $\xi > \dfrac{h}{h_0}$，取 $\sigma_s = -f_y'$，$\xi = \dfrac{h}{h_0}$，式（5-52）和式（5-55）成为

$$N = f_c bh + 2 f_y' A_s' \tag{5-65}$$

$$Ne = f_c bh\left(h_0 - \frac{h}{2}\right) + f_y' A_s'(h_0 - a_s') \tag{5-66}$$

由两式各解一个 A_s'，取其大者。

如果 $-f_y' \leqslant \sigma_s < 0$，且 $\xi > \dfrac{h}{h_0}$，将 $\xi = \dfrac{h}{h_0}$ 代入式（5-52）和式（5-55）成为

$$N = f_c bh + f_y' A_s' - \sigma_s A_s' \tag{5-67}$$

$$Ne = f_c bh\left(h_0 - \frac{h}{2}\right) + f_y' A_s'(h_0 - a_s') \tag{5-68}$$

由两式得到 A_s'、σ_s，如果仍是 $-f_y'\leqslant\sigma_s<0$，则所求的 A_s' 有效。

最后，还应验算垂直于弯矩作用平面的受压承载力是否满足要求。

【例题 5-11】 钢筋混凝土偏心受压柱，截面尺寸 $b=500$mm，$h=600$mm，取 $a_s=a_s'=50$mm。结构的安全等级为二级。截面承受轴向压力设计值 $N=3768$kN，柱顶截面弯矩设计值 $M_1=505$ kN·m，柱底截面弯矩设计值 $M_2=540$ kN·m。柱端弯矩已在结构分析时考虑侧移二阶效应。柱挠曲变形为单曲率。弯矩作用平面内柱上下两端的支撑长度为 4.5m，垂直于弯矩作用平面方向柱的计算长度 $l_0=5.625$m。混凝土强度等级为 C35，纵筋采用 HRB400 级钢筋。采用对称配筋，求受拉和受压钢筋。

【解】 查附表 3，$f_y=f_y'=360$N/mm²；查附表 10，$f_c=16.7$N/mm²，弯矩作用平面内柱计算长度 $l_c=4.5$m。

（1）判断构件是否考虑附加弯矩

杆端弯矩比
$$\frac{M_1}{M_2}=\frac{505}{540}=0.935>0.9$$

所以，应考虑杆件自身挠曲变形的影响。

（2）计算构件弯矩设计值

$$h_0=h-a_s=600-50=550\text{mm}$$

$$\frac{h}{30}=\frac{600}{30}=20\text{mm，取 }e_a=20\text{mm}$$

$$\zeta_c=\frac{0.5f_cA}{N}=\frac{0.5\times16.7\times500\times600}{3768\times10^3}=0.665$$

$$C_m=0.7+0.3\frac{M_1}{M_2}=0.7+0.3\times0.935=0.98$$

$$\eta_{ns}=1+\frac{1}{1300\left(\frac{M_2}{N}+e_a\right)/h_0}\left(\frac{l_c}{h}\right)^2\zeta_c$$

$$=1+\frac{1}{1300\times\left(\frac{540\times10^6}{3768\times10^3}+20\right)/550}\times\left(\frac{4500}{600}\right)^2\times0.665=1.097$$

$$M=C_m\eta_{ns}M_2=0.98\times1.097\times540=580.53\text{kN·m}$$

（3）判别偏压类型

$$\xi=\frac{N}{\alpha_1 f_c bh_0}=\frac{3768\times10^3}{1\times16.7\times500\times550}=0.820>\xi_b=0.518$$

为小偏心受压构件。

（4）计算 A_s 和 A_s'

$$e_0=\frac{M}{N}=\frac{580.53\times10^6}{3768\times10^3}=154\text{mm}$$

$$e_i=e_0+e_a=154+20=174\text{mm}$$

$$e=e_i+\frac{h}{2}-a_s=174+300-50=424\text{mm}$$

按矩形截面对称配筋小偏心受压构件的近似公式（5-59）重新计算 ξ，即

$$\xi = \frac{N - \alpha_1 f_c bh_0 \xi_b}{\frac{Ne - 0.43\alpha_1 f_c bh_0^2}{(\beta_1 - \xi_b)(h_0 - a_s')} + \alpha_1 f_c bh_0} + \xi_b$$

$$= \frac{3768 \times 10^3 - 1 \times 16.7 \times 500 \times 550 \times 0.518}{\frac{3768 \times 10^3 \times 424 - 0.43 \times 1 \times 16.7 \times 500 \times 550^2}{(0.8 - 0.518) \times (550 - 50)} + 1 \times 16.7 \times 500 \times 550} + 0.518$$

$$= 0.687$$

$$\sigma_s = \frac{\xi - \beta_1}{\xi_b - \beta_1} f_y = \frac{0.687 - 0.8}{0.518 - 0.8} \times 360 = 144\text{N/mm}^2 \qquad \begin{array}{l} < f_y = 360\text{N/mm}^2 \\ > -f_y' = -360\text{N/mm}^2 \end{array}$$

代入式（5-55）得

$$A_s = A_s' = \frac{Ne - \alpha_1 f_c bh_0^2 \xi(1 - 0.5\xi)}{f_y'(h_0 - a_s')}$$

$$= \frac{3768 \times 10^3 \times 424 - 1 \times 16.7 \times 500 \times 550^2 \times 0.687 \times (1 - 0.5 \times 0.687)}{360 \times (550 - 50)}$$

$$= 2547\text{mm}^2$$

（5）配筋

选 5Φ25（$A_s = A_s' = 2454\text{mm}^2$）。截面总配筋率为

$$\rho = \frac{A_s + A_s'}{bh} = \frac{2454 \times 2}{500 \times 600} = 0.0164 > 0.0055,\text{满足截面最小总配筋率的要求。}$$

（6）验算垂直于弯矩作用平面的受压承载力

$\dfrac{l_0}{b} = \dfrac{5625}{500} = 11.25$，查表 5-1，$\varphi = 0.961$。由式（5-1）得

$$N_u = 0.9\varphi(f_c A + f_y' A_s')$$

$$= 0.9 \times 0.961 \times (16.7 \times 500 \times 600 + 360 \times 2454 \times 2)$$

$$= 5861.32 \times 10^3\text{N}$$

$$= 5861.32\text{kN} > N = 3768\text{kN}$$

满足截面受压承载力的要求。

5.4.4 截面承载力复核

截面承载力复核方法与非对称配筋时相同。当已知构件截面上的轴向压力设计值 N 与弯矩设计值 M 以及其他条件，要求计算截面的受压承载力设计值 N_u 时，由式（5-50）和式（5-51）或式（5-54）和式（5-55）可见，此时，无论是大偏心受压还是小偏心受压，其未知量均为两个（N_u 和 x 或 ξ），故可由基本公式直接求解 x 或 ξ 和 N_u。

5.4.5 矩形截面对称配筋偏心受压构件的计算曲线

将大、小偏心受压构件的计算公式以曲线的形式绘出，可以很直观地了解大、小偏心受压构件的 N 和 M 以及与配筋率 ρ 之间的关系，还可以利用这种曲线快速地进行截面设计和判断偏心类型。

以下应用大、小偏心受压基本公式推导其 N-M 计算曲线时，取 $N = N_u$。

1. 大偏心受压构件的 N-M 计算曲线

（1）$2a_s' \leqslant x \leqslant \xi_b h_0$

将式（5-50）及 $x = \xi h_0$ 代入式（5-51）得

$$N(e_i + 0.5h - a_s) = \frac{N}{\alpha_1 f_c bh_0}\left(1 - 0.5\frac{N}{\alpha_1 f_c bh_0}\right)\alpha_1 f_c bh_0^2 + f_y' A_s'(h_0 - a_s')$$

将上式无量纲化：

$$\frac{Ne_i}{\alpha_1 f_c bh_0^2}+\frac{N}{\alpha_1 f_c bh_0}\frac{0.5h-a_s}{h_0}=\frac{N}{\alpha_1 f_c bh_0}\left(1-0.5\frac{N}{\alpha_1 f_c bh_0}\right)+\frac{A_s'}{bh_0}\frac{h_0-a_s'}{h_0}\frac{f_y'}{\alpha_1 f_c}$$

整理得

$$\frac{Ne_i}{\alpha_1 f_c bh_0^2}=-0.5\left(\frac{N}{\alpha_1 f_c bh_0}\right)^2+0.5\frac{h}{h_0}\frac{N}{\alpha_1 f_c bh_0}+\rho'\left(1-\frac{a_s'}{h_0}\right)\frac{f_y'}{\alpha_1 f_c}$$

令 $\overline{M}=\dfrac{Ne_i}{\alpha_1 f_c bh_0^2}$，$\overline{N}=\dfrac{N}{\alpha_1 f_c bh_0}$，代入上式，得

$$\overline{M}=-0.5\overline{N}^2+0.5\frac{h}{h_0}\overline{N}+\rho'\left(1-\frac{a_s'}{h_0}\right)\frac{f_y'}{\alpha_1 f_c} \tag{5-69}$$

以 $\overline{M}=\dfrac{Ne_i}{\alpha_1 f_c bh_0^2}$ 为横坐标，$\overline{N}=\dfrac{N}{\alpha_1 f_c bh_0}$ 为纵坐标，对于不同的混凝土强度等级、钢筋级别和 $\dfrac{a_s'}{h_0}$，可以绘制出相应的曲线，即图 5-25 中两条水平虚线之间的曲线。

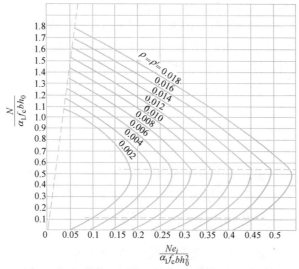

图 5-25　矩形截面对称配筋偏心受压构件计算曲线

（2）$x<2a_s'$ 时

当 $x<2a_s'$ 时，基本公式为式（5-27），即

$$N(e_i-0.5h+a_s')=f_y A_s(h_0-a_s')$$

同样采用无量纲表示为

$$\frac{Ne_i}{\alpha_1 f_c bh_0^2}=0.5\frac{h_0'-a_s'}{h_0}\frac{N}{\alpha_1 f_c bh_0}+\rho\frac{h_0'-a_s'}{h_0}\frac{f_y}{\alpha_1 f_c}$$

将 $\overline{M}=\dfrac{Ne_i}{\alpha_1 f_c bh_0^2}$，$\overline{N}=\dfrac{N}{\alpha_1 f_c bh_0}$ 代入上式，得

$$\overline{M}=0.5\frac{h_0'-a_s'}{h_0}\overline{N}+\rho\frac{h_0'-a_s'}{h_0}\frac{f_y}{\alpha_1 f_c} \tag{5-70}$$

图 5-25 中横坐标到第一条水平虚线之间的曲线，就是 $x<2a_s'$ 时 N-M 的相关关系曲线。

2. 小偏心受压构件的 N-M 计算曲线

将 $e = e_i + 0.5h - a_s$ 代入式 (5-55)，得

$$N(e_i + 0.5h - a_s) = \alpha_1 f_c b h_0^2 \xi (1 - 0.5\xi) + f_s' A_s' (h_0 - a_s')$$

$$\frac{Ne_i}{\alpha_1 f_c b h_0^2} = -\frac{0.5h - a_s}{h_0} \frac{N}{\alpha_1 f_c b h_0} + \xi (1 - 0.5\xi) + \frac{A_s'}{b h_0} \frac{h_0 - a_s'}{h_0} \frac{f_y'}{\alpha_1 f_c}$$

$$\overline{M} = -\frac{0.5h - a_s}{h_0} \overline{N} + \xi (1 - 0.5\xi) + \rho' \left(1 - \frac{a_s'}{h_0}\right) \frac{f_y'}{\alpha_1 f_c} \tag{5-71}$$

式 (5-71) 中的 ξ 可由式 (5-54) 确定，将式 (5-54) 无量纲化后得

$$\overline{N} = \xi + \rho' \frac{f_y'}{\alpha_1 f_c} \frac{\xi_b - \xi}{\xi_b - \beta_1}$$

解得

$$\xi = \frac{\overline{N} + \rho' \dfrac{f_y'}{\alpha_1 f_c} \dfrac{\xi_b}{\beta_1 - \xi_b}}{1 + \rho' \dfrac{f_y'}{\alpha_1 f_c} \dfrac{1}{\beta_1 - \xi_b}} \tag{5-72}$$

图 5-25 中第二条水平虚线以上部分是小偏心受压构件 N 和 M 之间的关系曲线。

图 5-25 中的斜虚线代表轴压构件，因为《混凝土结构设计规范》规定在偏心受压构件的正截面承载力计算中，应计入轴向压力在偏心方向存在的附加偏心距 e_a。因此，当按照偏心受压构件来分析轴心受压时，其截面弯矩不为零。采用无量纲表达，即

$$\overline{M} = \frac{Ne_i}{\alpha_1 f_c b h_0^2} = \frac{e_a}{h_0} \frac{N}{\alpha_1 f_c b h_0} = \frac{e_a}{h_0} \overline{N} \tag{5-73}$$

或

$$\frac{\overline{M}}{\overline{N}} = \frac{e_a}{h_0} \tag{5-74}$$

3. 矩形截面对称配筋偏心受压构件 N 和 M 及配筋率 ρ 之间的关系

图 5-25 中第二条水平虚线与界限破坏相对应，界限破坏以上为小偏心受压，界限破坏以下为大偏心受压。这条虚线的纵坐标为 $\overline{N} = \dfrac{N_b}{\alpha_1 f_c b h_0}$，即 $N = N_b$，其中，$N_b = \alpha_1 f_c b h_0 \xi_b$。从图中可以看出，大偏心受压构件的受弯承载力 M 随轴向压力 N 的增大而增大，受压承载力 N 随弯矩 M 的增大而增大。小偏心受压构件的受弯承载力 M 随轴向压力 N 的增大而减小，受压承载力 N 随弯矩 M 的增大而减小。

在进行结构设计时，受压构件的某一个控制截面，往往会作用有多组弯矩和轴向压力，借助于对图 5-26 的分析，就可以方便地筛选出起控制作用的弯矩和轴力值。

对于大偏心受压构件，当轴向压力 N 值基本不变时，弯矩 M 值越大则所需要的纵向钢筋越多；当弯矩 M 值基本不变时，轴向压力 N 值越小则所需要的纵向钢筋越多。也就是说，对于大偏心受压，当截面上同时作用多组内力时，其中，弯矩大轴力小的内力更为不利，受压承载力计算所需要的钢筋更多。

对于小偏心受压构件，当轴向压力 N 值基本不变时，弯矩 M 值越大则所需要的纵向钢筋越多；当弯矩 M 值基本不变时，轴向压力 N 值越大则所需要的纵向钢筋越多。也就是说，对于小偏心受压，当截面上同时作用多组内力时，其中，弯矩和轴力都比较大的内力更为不利，受压承载力计算所需要的钢筋更多。

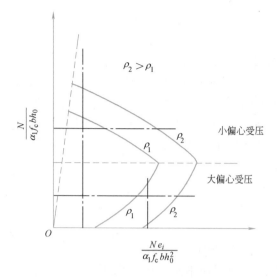

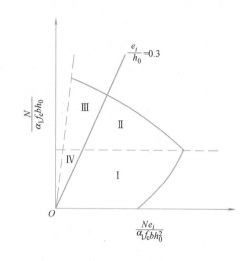

图 5-26　矩形截面对称配筋偏心受压构件
截面弯矩 M、轴力 N 和配筋率 ρ 的关系

图 5-27　矩形截面对称配筋
偏心受压构件计算曲线分区

　　例如，对于一个对称配筋的矩形截面，作用有两组弯矩和轴向压力，分别为 $(M_A，N_A)$ 和 $(M_B，N_B)$，将 N_A 和 N_B 与 N_b 比较后均判为大偏心受压。假如 M_A 与 M_B 相差不多，而 $N_B > N_A$，则由上述分析知道，按 $(M_A，N_A)$ 计算所得的钢筋面积大于按 $(M_B，N_B)$ 计算所得的钢筋面积，于是，$(M_B，N_B)$ 这一组内力可以去掉不必计算。假如 N_A 和 N_B 相差不多，而 $M_B > M_A$，则按 $(M_B，N_B)$ 计算所得的钢筋面积大于按 $(M_A，N_A)$ 计算所得的钢筋面积，于是，$(M_A，N_A)$ 这一组内力可以去掉不必计算。对小偏心受压，同样可以按上述方法分析筛选不利内力。用这样的方法可以很快地从多组内力中挑选出配筋量大的不利内力，从而大大减少计算工作量。

　　4. 矩形截面对称配筋偏心受压构件计算曲线分区

　　对于图 5-27 中的任一点有

$$\frac{\overline{M}}{\overline{N}} = \frac{\dfrac{Ne_i}{\alpha_1 f_c bh_0^2}}{\dfrac{N}{\alpha_1 f_c bh_0}} = \frac{e_i}{h_0}$$

　　$e_i = 0.3h_0$ 是截面设计仅考虑偏心距因素时大、小偏心受压构件的界限条件。在图中作直线 $\dfrac{e_i}{h_0} = 0.3$，这条直线的左侧，$\dfrac{e_i}{h_0} < 0.3$；直线的右侧，$\dfrac{e_i}{h_0} > 0.3$。图中的水平虚线与界限破坏相对应。$\dfrac{e_i}{h_0} = 0.3$ 和 $\overline{N} = \dfrac{N_b}{\alpha_1 f_c bh_0}$ 两条直线将曲线划分为 Ⅰ、Ⅱ、Ⅲ、Ⅳ 四个区域。各区的偏心距及大、小偏心情况如下：

　　　　　　Ⅰ区　$e_i > 0.3h_0$，且 $N \leqslant N_b$，大偏心受压；

　　　　　　Ⅱ区　$e_i > 0.3h_0$，且 $N > N_b$，小偏心受压；

　　　　　　Ⅲ区　$e_i \leqslant 0.3h_0$，且 $N > N_b$，小偏心受压；

　　　　　　Ⅳ区　$e_i \leqslant 0.3h_0$，且 $N \leqslant N_b$。

　　在 Ⅰ区和 Ⅱ区内，均有 $e_i > 0.3h_0$，仅从偏心距的角度看，可能为大偏心受压，也可能为小偏心受压；再比较 N 与 N_b 的大小，其结果应该为准确的判断。如果 $N \leqslant N_b$，为大偏心受压；如果 $N > N_b$，则为小偏心受压。

在Ⅲ区内，两个判别条件的结论是一致的，故为小偏心受压。

而在Ⅳ区内，两个判别条件的结论却相反。出现这种情况的原因是，虽然轴向压力的偏心距较小，实际上应为小偏心受压构件，但由于截面尺寸比较大，N 与 $\alpha_1 f_c bh_0$ 相比偏小，所以，出现了 $N \leqslant N_b$ 的情况，似乎又应该判为大偏心受压。其实，从图中可以很清楚地看出，Ⅳ区内的 N 和 M 均很小，此时，不论按大偏心受压还是按小偏心受压构件计算，其结果均为构造配筋。

5.5 Ⅰ形截面对称配筋偏心受压构件正截面受压承载力计算

在单层厂房中，当厂房柱截面尺寸较大时，为了节省混凝土、减轻结构自重，往往将柱的截面取为Ⅰ形，这种Ⅰ形截面柱一般都采用对称配筋。Ⅰ形截面偏心受压构件的受力性能、破坏形态及计算原理与矩形截面偏心受压构件相同，仅由于截面形状不同而使基本公式稍有差别。

5.5.1 基本公式及适用条件

1. 大偏心受压构件

(1) 中和轴在受压翼缘内（$x \leqslant h'_f$），如图 5-28（a）所示。由平衡条件可得

$$N \leqslant N_u = \alpha_1 f_c b'_f x \tag{5-75}$$

$$Ne \leqslant N_u e = \alpha_1 f_c b'_f x \left(h_0 - \frac{x}{2}\right) + f'_y A'_s (h_0 - a'_s) \tag{5-76}$$

(2) 中和轴在腹板内（$h'_f < x \leqslant \xi_b h_0$），如图 5-28（b）所示。由平衡条件可得

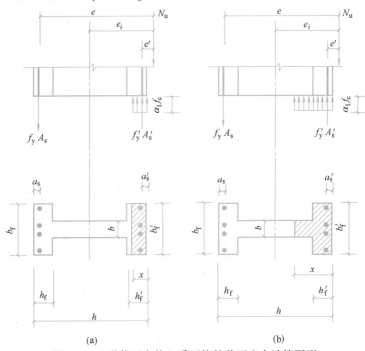

(a)   (b)

图 5-28 Ⅰ形截面大偏心受压构件截面应力计算图形
(a) $x \leqslant h'_f$；(b) $h'_f < x \leqslant \xi_b h_0$

$$N \leqslant N_u = \alpha_1 f_c bx + \alpha_1 f_c (b'_f - b) h'_f \tag{5-77}$$

$$Ne \leqslant N_u e = \alpha_1 f_c bx \left(h_0 - \frac{x}{2} \right) + \alpha_1 f_c (b'_f - b) h'_f \left(h_0 - \frac{h'_f}{2} \right) + f'_y A'_s (h_0 - a'_s) \tag{5-78}$$

式中 b'_f—— 受压翼缘的计算宽度;

h'_f—— 受压翼缘的高度。

式(5-75)~式(5-78)的适用条件仍然是

$$x \leqslant \xi_b h_0$$
$$x \geqslant 2a'_s$$

2. 小偏心受压构件

(1) 中和轴在腹板内($\xi_b h_0 < x \leqslant h - h_f$),如图 5-29(a)所示。由平衡条件可得

$$N \leqslant N_u = \alpha_1 f_c bh_0 \xi + \alpha_1 f_c (b'_f - b) h'_f + f'_y A'_s - \sigma_s A_s \tag{5-79}$$

$$Ne \leqslant N_u e = \alpha_1 f_c bh_0^2 \xi \left(1 - \frac{\xi}{2} \right) + \alpha_1 f_c (b'_f - b) h'_f \left(h_0 - \frac{h'_f}{2} \right) + f'_y A'_s (h_0 - a'_s) \tag{5-80}$$

由这两个方程联解可得到 ξ 和 A'_s,但仍然要解 ξ 的三次方程。将式(5-79)和式(5-80)写成如下形式:

$$N - \alpha_1 f_c (b'_f - b) h'_f = \alpha_1 f_c bh_0 \xi + f'_y A'_s - \sigma_s A'_s$$

$$Ne - \alpha_1 f_c (b'_f - b) h'_f \left(h_0 - \frac{h'_f}{2} \right) = \alpha_1 f_c bh_0^2 \xi \left(1 - \frac{\xi}{2} \right) + f'_y A'_s (h_0 - a'_s)$$

与矩形截面对称配筋小偏心受压构件基本公式(5-52)和式(5-53)对比,可见如将 $N - \alpha_1 f_c (b'_f - b) h'_f$ 看作是作用于截面上的轴向压力设计值 N,将 $Ne - \alpha_1 f_c (b'_f - b) h'_f \left(h_0 - \frac{h'_f}{2} \right)$ 看作是轴向压力设计值 N 对于 A_s 合力点的矩,则可仿照式(5-59)写出对称配筋 I 形截面小偏心受压构件 ξ 的近似计算公式,即

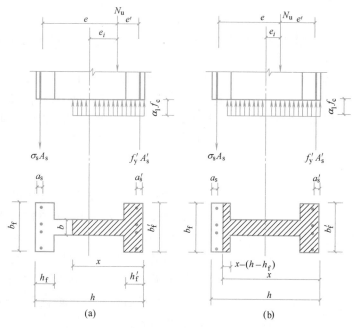

图 5-29 I 形截面小偏心受压构件截面应力计算图形
(a) $\xi_b h_0 < x \leqslant h - h_f$;(b) $h - h_f < x \leqslant h$

$$\xi = \cfrac{N - \alpha_1 f_c (b'_f - b) h'_f - \alpha_1 f_c b h_0 \xi_b}{\cfrac{Ne - \alpha_1 f_c (b'_f - b) h'_f \left(h_0 - \cfrac{h'_f}{2}\right) - 0.43 \alpha_1 f_c b h_0^2}{(\beta_1 - \xi_b)(h_0 - a'_s)} + \alpha_1 f_c b h_0} + \xi_b \tag{5-81}$$

（2）中和轴在距离 N 较远一侧的翼缘内（$h - h_f < x \leqslant h$），如图 5-29（b）所示。由平衡条件可得

$$N \leqslant N_u = \alpha_1 f_c b h_0 \xi + \alpha_1 f_c (b'_f - b) h'_f \\ + \alpha_1 f_c (b_f - b)[\xi h_0 - (h - h_f)] + f'_y A'_s - \sigma_s A'_s \tag{5-82}$$

$$Ne \leqslant N_u e = \alpha_1 f_c b h_0^2 \xi \left(1 - \frac{\xi}{2}\right) + \alpha_1 f_c (b'_f - b) h'_f \left(h_0 - \frac{h'_f}{2}\right) \\ + \alpha_1 f_c (b_f - b)[\xi h_0 - (h - h_f)] \left[h_f - a_s - \frac{\xi h_0 - (h - h_f)}{2}\right] \\ + f'_y A'_s (h_0 - a'_s) \tag{5-83}$$

注意，式（5-82）和式（5-83）中的 ξ 应由这两式联立求解而得，而不能应用式（5-81）计算。

式（5-79）、式（5-82）中的 σ_s 仍按式（5-28）计算，且应满足式（5-29）的要求。此时，受压较小边翼缘计算宽度 b_f 应按表 4-9 确定。

5.5.2 截面设计

应用大、小偏心受压基本公式进行截面设计时，取 $N = N_u$。

1. 大偏心受压构件

对称配筋 I 形截面大偏心受压构件可按如下步骤计算，构件偏心类型的判别包含在计算过程中。

（1）设混凝土受压区在受压翼缘内，即 $x \leqslant h'_f$，由大偏心受压构件基本公式（5-75）得

$$x = \frac{N}{\alpha_1 f_c b'_f} \tag{5-84}$$

如果 $2a'_s \leqslant x \leqslant h'_f$，则判定为大偏心受压，且 x 计算值有效，代入式（5-76）即可求得 A'_s，取 $A_s = A'_s$。

如果 $x < 2a'_s$，则近似取 $x = 2a'_s$，按式（5-27）计算 A_s，取 $A'_s = A_s$。

（2）如果用式（5-84）计算的 x 超出了受压翼缘高度，即 $x > h'_f$，则此 x 计算值无效，应重新计算。仍用大偏心受压的计算公式，再设受压区已进入腹板，即 $h'_f < x \leqslant \xi_b h_0$，由式（5-77）得

$$x = \frac{N - \alpha_1 f_c (b'_f - b) h'_f}{\alpha_1 f_c b} \tag{5-85}$$

如果 $h'_f < x \leqslant \xi_b h_0$，则判定为大偏心受压，且 x 计算值有效，用此 x 值代入式（5-78）得到 A'_s，取 $A_s = A'_s$。

如果 $x > \xi_b h_0$，则属于小偏心受压构件，x 计算值无效，应按小偏心受压重新计算。

（3）最后还应进行垂直于弯矩作用平面的受压承载力验算。

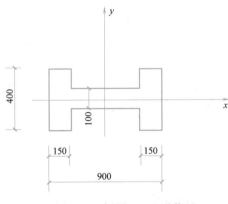

图 5-30　例题 5-12 I 形截面

【例题 5-12】 I 形截面钢筋混凝土偏心受压排

架柱，截面尺寸见图 5-30。$a_s=a_s'=45$mm。结构的安全等级为二级。截面承受轴向压力设计值 $N=1000$kN，柱底截面弯矩设计值 $M_0=1050$kN·m。柱计算长度 $l_0=5.5$m。混凝土强度等级为 C40，纵筋采用 HRB500 级钢筋。采用对称配筋，求受拉和受压钢筋的数量。

【解】 查附表 3，$f_y=f_y'=435$N/mm^2；当按轴心受压构件计算时，取 $f_y'=400$N/mm^2；查附表 10，$f_c=19.1$N/mm^2。柱计算长度 $l_0=5.5$m。

（1）二阶效应的考虑

对排架结构柱，采用式（5-17a）计算弯矩增大系数。

$$A=bh+2(b_f-b)h_f=100\times900+2\times(400-100)\times150=18\times10^4\text{mm}^2$$

$$h_0=h-a_s=900-45=855\text{mm}$$

$$\frac{h}{30}=\frac{900}{30}=30\text{mm}>20\text{mm，取 } e_a=30\text{mm}$$

$$\zeta_c=\frac{0.5f_cA}{N}=\frac{0.5\times19.1\times18\times10^4}{1000\times10^3}=1.719>1.0\text{，取 }\zeta_c=1.0$$

$$\eta_s=1+\frac{1}{1500\left(\frac{M_0}{N}+e_a\right)/h_0}\left(\frac{l_0}{h}\right)^2\zeta_c$$

$$=1+\frac{1}{1500\times\left(\frac{1050\times10^6}{1000\times10^3}+30\right)/855}\times\left(\frac{5500}{900}\right)^2\times1=1.02$$

$$M=\eta_s M_0=1.02\times1050=1071\text{kN·m}$$

$$e_i=e_0+e_a=\frac{M}{N}+e_a=\frac{1071\times10^6}{1000\times10^3}+30=1101\text{mm}$$

$$e=e_i+\frac{h}{2}-a_s=1101+\frac{900}{2}-45=1506\text{mm}$$

（2）判别偏压类型，计算 A_s 和 A_s'

先假定中和轴在受压翼缘内，按式（5-75）计算受压区高度，即

$$x=\frac{N}{\alpha_1 f_c b_f'}=\frac{1000\times10^3}{1\times19.1\times400}=131\text{mm}<h_f'=150\text{mm}$$

且 $x>2a_s'=2\times45=90$mm，为大偏心受压构件，受压区在受压翼缘内，将 x 代入式（5-76），得

$$A_s=A_s'=\frac{Ne-\alpha_1 f_c b_f' x\left(h_0-\frac{x}{2}\right)}{f_y'(h_0-a_s')}$$

$$=\frac{1000\times10^3\times1506-1\times19.1\times400\times131\times\left(855-\frac{131}{2}\right)}{435\times(855-45)}$$

$$=2032\text{mm}^2>\rho_{\min}A=0.002\times18\times10^4=360\text{mm}^2$$

选用 2Φ28+2Φ25（$A_s=A_s'=2214$mm^2），截面总配筋率为

$$\rho=\frac{A_s+A_s'}{A}=\frac{2214\times2}{18\times10^4}=0.0246>0.005\text{，满足截面最小总配筋率的要求。}$$

（3）验算垂直于弯矩作用平面的受压承载力

$$I_x = \frac{1}{12}(h - 2h_f)b^3 + 2 \times \frac{1}{12}h_f b_f^3$$

$$= \frac{1}{12} \times (900 - 2 \times 150) \times 100^3 + 2 \times \frac{1}{12} \times 150 \times 400^3$$

$$= 16.5 \times 10^8 \, \text{mm}^4$$

$$i_x = \sqrt{\frac{I_x}{A}} = \sqrt{\frac{16.5 \times 10^8}{18 \times 10^4}} = 95.7 \, \text{mm}$$

$$\frac{l_0}{i_x} = \frac{5500}{95.7} = 57.5, \text{查表 5-1}, \varphi = 0.849$$

$$N_u = 0.9\varphi(f_c A + f_y' A_s')$$

$$= 0.9 \times 0.849 \times (19.1 \times 18 \times 10^4 + 400 \times 2214 \times 2)$$

$$= 3980.35 \times 10^3 \, \text{N}$$

$$= 3980.35 \, \text{kN} > N = 1000 \, \text{kN}$$

满足截面受压承载力的要求。

【例题 5-13】 已知条件同例题 5-12，截面承受轴向压力设计值 $N = 1350 \, \text{kN}$，柱底截面弯矩设计值 $M_0 = 1120 \, \text{kN} \cdot \text{m}$，采用对称配筋，求受拉和受压钢筋的数量。

【解】 （1）二阶效应的考虑

$$\zeta_c = \frac{0.5 f_c A}{N} = \frac{0.5 \times 19.1 \times 18 \times 10^4}{1350 \times 10^3} = 1.273 > 1.0, \text{取} \zeta_c = 1.0$$

$$\eta_s = 1 + \frac{1}{1500\left(\frac{M_0}{N} + e_a\right)/h_0}\left(\frac{l_0}{h}\right)^2 \zeta_c$$

$$= 1 + \frac{1}{1500 \times \left(\frac{1120 \times 10^6}{1350 \times 10^3} + 30\right)/855} \times \left(\frac{5500}{900}\right)^2 \times 1 = 1.025$$

$$M = \eta_s M_0 = 1.025 \times 1120 = 1148.00 \, \text{kN} \cdot \text{m}$$

$$e_i = e_0 + e_a = \frac{M}{N} + e_a = \frac{1148.00 \times 10^6}{1350 \times 10^3} + 30 = 880 \, \text{mm}$$

$$e = e_i + \frac{h}{2} - a_s = 880 + \frac{900}{2} - 45 = 1285 \, \text{mm}$$

（2）判别偏压类型，计算 A_s 和 A_s'

先假定中和轴在受压翼缘内，按式（5-75）计算受压区高度，即

$$x = \frac{N}{\alpha_1 f_c b_f'} = \frac{1350 \times 10^3}{1 \times 19.1 \times 400} = 177 \, \text{mm} > h_f' = 150 \, \text{mm}$$

表明受压区已进入腹板，应按大偏心受压公式（5-77）计算受压区高度，即

162

$$x = \frac{N - \alpha_1 f_c (b_f' - b) h_f'}{\alpha_1 f_c b}$$

$$= \frac{1350 \times 10^3 - 1 \times 19.1 \times (400 - 100) \times 150}{1 \times 19.1 \times 100}$$

$$= 257 \text{mm} < \xi_b h_0 = 0.482 \times 855 = 412 \text{mm}$$

为大偏心受压构件，将 x 代入式（5-78），得

$$A_s = A_s' = \frac{Ne - \alpha_1 f_c b x \left(h_0 - \frac{x}{2}\right) - \alpha_1 f_c (b_f' - b) h_f' \left(h_0 - \frac{h_f'}{2}\right)}{f_y' (h_0 - a_s')}$$

$$= \frac{1350 \times 10^3 \times 1285 - 1 \times 19.1 \times 100 \times 257 \times \left(855 - \frac{257}{2}\right) - 1 \times 19.1 \times (400 - 100) \times 150 \times \left(855 - \frac{150}{2}\right)}{435 \times (855 - 45)}$$

$$= 2009 \text{mm}^2 > \rho_{\min} A = 0.002 \times 180000 = 360 \text{mm}^2$$

选用 2Φ28+2Φ25（$A_s = A_s' = 2214\text{mm}^2$），截面总配筋率为

$$\rho = \frac{A_s + A_s'}{A} = \frac{2214 \times 2}{18 \times 10^4} = 0.0246 > 0.005，满足截面最小总配筋率的要求。$$

（3）验算垂直于弯矩作用平面的受压承载力。由式（5-1）得

$$N_u = 0.9\varphi(f_c A + f_y' A_s')$$

$$= 0.9 \times 0.849 \times (19.1 \times 18 \times 10^4 + 400 \times 2214 \times 2)$$

$$= 3980.35 \times 10^3 \text{N}$$

$$= 3980.35 \text{kN} > N = 1350 \text{kN}$$

满足截面受压承载力的要求。

2. 小偏心受压构件

判定构件偏心类型的方法与大偏心受压的相同，当由式（5-85）得到 $x > \xi_b h_0$ 时，则判为小偏心受压。此 x 计算值无效，改用对称配筋 I 形截面小偏心受压构件 ξ 的近似式（5-81）计算 ξ，如果 $\xi_b < \xi \leqslant \frac{h - h_f}{h_0}$，说明 A_s 受拉且应力未达到屈服强度，将 ξ 代入式（5-80）计算 A_s'。

如果由近似公式算得的 $\xi > \frac{h - h_f}{h_0}$，说明受压区已进入离轴向力较远一侧的翼缘内，则由式（5-82）和式（5-83）联立重解 ξ，再代入式（5-28）算出 σ_s，而后，根据 σ_s 及 ξ 的不同情况分别计算。

（1）如果 $-f_y' \leqslant \sigma_s < f_y$，且 $\frac{h - h_f}{h_0} < \xi \leqslant \frac{h}{h_0}$，将 ξ 代入式（5-83）计算 A_s'；

（2）如果 $\sigma_s < -f_y'$，且 $\frac{h - h_f}{h_0} < \xi \leqslant \frac{h}{h_0}$，说明 A_s 受压并已达到屈服强度，取 $\sigma_s = -f_y'$，则式（5-82）和式（5-83）成为

$$N = \alpha_1 f_c b h_0 \xi + \alpha_1 f_c (b_f' - b) h_f'$$
$$+ \alpha_1 f_c (b_f - b) [\xi h_0 - (h - h_f)] + 2 f_y' A_s' \tag{5-86}$$

$$Ne = \alpha_1 f_c b h_0^2 \xi \left(1 - \frac{\xi}{2}\right) + \alpha_1 f_c (b'_f - b) h'_f \left(h_0 - \frac{h'_f}{2}\right)$$
$$+ \alpha_1 f_c (b_f - b) \left[\xi h_0 - (h - h_f)\right] \left[h_f - a_s - \frac{\xi h_0 - (h - h_f)}{2}\right] \tag{5-87}$$
$$+ f'_y A'_s (h_0 - a'_s)$$

以上两式联立重求 ξ 和 A'_s。

(3) 如果 $\sigma_s < -f'_y$，且 $\xi > \dfrac{h}{h_0}$，此时，全截面受压，A_s 已达到屈服强度。取 $\sigma_s = -f'_y$ 及 $\xi = \dfrac{h}{h_0}$ 代入式（5-82）和式（5-83）得

$$N = f_c bh + f_c (b'_f - b) h'_f + f_c (b_f - b) h_f + 2 f'_y A'_s \tag{5-88}$$

$$Ne = f_c bh \left(h_0 - \frac{h}{2}\right) + f_c (b'_f - b) h'_f \left(h_0 - \frac{h'_f}{2}\right)$$
$$+ f_c (b_f - b) h_f \left(\frac{h_f}{2} - a_s\right) + f'_y A'_s (h_0 - a'_s) \tag{5-89}$$

由式（5-88）和式（5-89）各解一个 A'_s，取其大者。

(4) 如果 $-f'_y \le \sigma_s < 0$，且 $\xi > \dfrac{h}{h_0}$，这时，全截面混凝土受压，A_s 受压但尚未达到屈服强度。取 $\xi = \dfrac{h}{h_0}$ 代入式（5-82）和式（5-83）得

$$N = f_c bh + f_c (b'_f - b) h'_f + f_c (b_f - b) h_f + f'_y A'_s - \sigma_s A'_s \tag{5-90}$$

$$Ne = f_c bh \left(h_0 - \frac{h}{2}\right) + f_c (b'_f - b) h'_f \left(h_0 - \frac{h'_f}{2}\right)$$
$$+ f_c (b_f - b) h_f \left(\frac{h_f}{2} - a_s\right) + f'_y A'_s (h_0 - a'_s) \tag{5-91}$$

由以上两式重求 σ_s、A'_s，如果 σ_s 仍然满足 $-f'_y \le \sigma_s < 0$，则所求 A'_s 有效。

弯矩作用平面内的受压承载力计算后，还应验算垂直于弯矩作用平面的受压承载力。

【例题 5-14】 已知条件同例题 5-12，截面承受轴向压力设计值 $N = 2100\text{kN}$，柱底截面弯矩设计值 $M_0 = 820\text{kN} \cdot \text{m}$。采用对称配筋，求受拉和受压钢筋数量。

【解】 (1) 二阶效应的考虑

$$\zeta_c = \frac{0.5 f_c A}{N} = \frac{0.5 \times 19.1 \times 18 \times 10^4}{2100 \times 10^3} = 0.819$$

$$\eta_s = 1 + \frac{1}{1500 \left(\frac{M_0}{N} + e_a\right) / h_0} \left(\frac{l_0}{h}\right)^2 \zeta_c$$

$$= 1 + \frac{1}{1500 \times \left(\frac{820 \times 10^6}{2100 \times 10^3} + 30\right) / 855} \times \left(\frac{5500}{900}\right)^2 \times 1 = 1.051$$

$$M = \eta_s M_0 = 1.051 \times 820 = 861.82\text{kN} \cdot \text{m}$$

(2) 判别偏压类型

先假定中和轴在受压翼缘内，按式（5-75）计算受压区高度，即

$$x = \frac{N}{\alpha_1 f_c b_f'} = \frac{2100 \times 10^3}{1 \times 19.1 \times 400} = 275\text{mm} > h_f' = 150\text{mm}$$

说明受压区已进入腹板,再按大偏心受压式(5-77)计算受压区高度。

$$x = \frac{N - \alpha_1 f_c (b_f' - b) h_f'}{\alpha_1 f_c b} = \frac{2100 \times 10^3 - 1 \times 19.1 \times (400 - 100) \times 150}{1 \times 19.1 \times 100}$$

$$= 649\text{mm} > \xi_b h_0 = 0.482 \times 855 = 412\text{mm}$$

判定为小偏心受压构件,应按小偏心受压重新计算受压区高度。

(3)计算 ξ

$$e_i = e_0 + e_a = \frac{M}{N} + e_a = \frac{861.82 \times 10^6}{2100 \times 10^3} + 30 = 440\text{mm}$$

$$e = e_i + \frac{h}{2} - a_s = 440 + \frac{900}{2} - 45 = 845\text{mm}$$

按 I 形截面对称配筋小偏心受压构件近似公式(5-81)计算 ξ,即

$$\xi = \frac{N - \alpha_1 f_c (b_f' - b) h_f' - \alpha_1 f_c b h_0 \xi_b}{\dfrac{Ne - \alpha_1 f_c (b_f' - b) h_f' \left(h_0 - \dfrac{h_f'}{2} \right) - 0.43\alpha_1 f_c b h_0^2}{(\beta_1 - \xi_b)(h_0 - a_s')} + \alpha_1 f_c b h_0} + \xi_b$$

$$= \frac{2100 \times 10^3 - 1 \times 19.1 \times (400 - 100) \times 150 - 1 \times 19.1 \times 100 \times 855 \times 0.482}{\dfrac{2100 \times 10^3 \times 845 - 1 \times 19.1 \times (400 - 100) \times 150 \times \left(855 - \dfrac{150}{2} \right) - 0.43 \times 1 \times 19.1 \times 100 \times 855^2}{(0.8 - 0.482) \times (855 - 45)} + 1 \times 19.1 \times 100 \times 855} + 0.482$$

$$= 0.608 > \xi_b = 0.482$$

且

$$\xi = 0.608 < \frac{h - h_f}{h_0} = \frac{900 - 150}{850} = 0.882$$

说明翼缘 $b_f h_f$ 范围仍为受拉区,A_s 受拉且应力未达到屈服强度。

(4)计算 A_s 和 A_s'

将 ξ 代入式(5-80),得

$$A_s = A_s' = \frac{Ne - \alpha_1 f_c b h_0^2 \xi \left(1 - \dfrac{\xi}{2} \right) - \alpha_1 f_c (b_f' - b) h_f' \left(h_0 - \dfrac{h_f'}{2} \right)}{f_y'(h_0 - a_s')}$$

$$= \frac{2100 \times 10^3 \times 845 - 1 \times 19.1 \times 100 \times 855^2 \times 0.608 \times \left(1 - \dfrac{0.608}{2} \right) - 1 \times 19.1 \times (400 - 100) \times 150 \times \left(855 - \dfrac{150}{2} \right)}{435 \times (855 - 45)}$$

$$= 1457\text{mm}^2 > \rho_{min} A = 0.002 \times 180000 = 360\text{mm}^2$$

选用 2Φ20+2Φ25($A_s = A_s' = 1610\text{mm}^2$)。截面总配筋率为

$$\rho = \frac{A_s + A_s'}{A} = \frac{1610 \times 2}{18 \times 10^4} = 0.0179 > 0.005,\ \text{满足截面最小总配筋率的要求。}$$

(5)验算垂直于弯矩作用平面的受压承载力

由式(5-1)得

$$N_u = 0.9\varphi(f_c A + f_y' A_s')$$

$$= 0.9 \times 0.849 \times (19.1 \times 18 \times 10^4 + 400 \times 1610 \times 2)$$

$$= 3611.14 \times 10^3 \text{N}$$

$$= 3611.14\text{kN} > N = 2100\text{kN}$$

满足截面受压承载力的要求。

5.5.3 截面承载力复核

I形截面对称配筋偏心受压构件正截面受压承载力的复核方法与矩形截面对称配筋偏心受压构件的相似。当已知构件截面上的轴向压力设计值 N 与弯矩设计值 M 以及其他条件，要求计算截面的受压承载力设计值 N_u 时，可直接由基本公式求解 ξ 和 N_u。

*5.6 均匀配筋和双向偏心受压构件计算

5.6.1 均匀配筋偏心受压构件计算

高层建筑中的剪力墙结构，因墙体截面高度比较大，除了在弯矩作用方向截面的两端集中布置纵向钢筋 A_s 和 A_s' 外，还沿截面腹部均匀布置纵向分布钢筋（配置等直径、等间距的纵向钢筋），如图 5-31 所示。对于这种配筋方式，可以根据平截面假定得到纵向钢筋的应力表达式，然后通过平衡方程计算其正截面受压承载力。但是，计算公式比较繁琐，不便于设计应用。为此，《混凝土结构设计规范》给出经过简化后的近似计算公式。对于沿截面腹部均匀配置纵向钢筋的矩形、T形或I形截面钢筋混凝土偏心受压构件，其正截面受压承载力均可按下列公式计算：

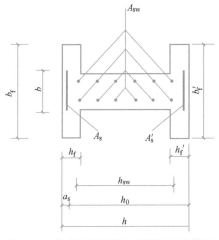

图 5-31 沿截面腹部均匀配筋的 I 形截面

$$N \leqslant N_u = \alpha_1 f_c \left[\xi b h_0 + (b_f' - b) h_f' \right] + f_y' A_s' - \sigma_s A_s + N_{sw} \tag{5-92}$$

$$Ne \leqslant N_u e = \alpha_1 f_c \left[\xi (1 - 0.5\xi) b h_0^2 + (b_f' - b) h_f' \left(h_0 - \frac{h_f'}{2} \right) \right] + f_y' A_s' (h_0 - a_s') + M_{sw} \tag{5-93}$$

$$N_{sw} = \left(1 + \frac{\xi - \beta_1}{0.5 \beta_1 \omega} \right) f_{yw} A_{sw} \tag{5-94}$$

$$M_{sw} = \left[0.5 - \left(\frac{\xi - \beta_1}{\beta_1 \omega} \right)^2 \right] f_{yw} A_{sw} h_{sw} \tag{5-95}$$

式中 A_{sw} —— 沿截面腹部均匀配置的全部纵向钢筋截面面积；

         f_{yw} —— 沿截面腹部均匀配置的纵向钢筋强度设计值；

         N_{sw} —— 沿截面腹部均匀配置的纵向钢筋所承担的轴向压力，当 $\xi > \beta_1$ 时，取 $\xi = \beta_1$ 计算；

         M_{sw} —— 沿截面腹部均匀配置的纵向钢筋的内力对 A_s 重心的力矩，当 $\xi > \beta_1$ 时，取 $\xi = \beta_1$ 计算；

         ω —— 均匀配置纵向钢筋区段的高度 h_{sw} 与截面有效高度 h_0 的比值（h_{sw}/h_0），宜取 $h_{sw} = h_0 - a_s'$。

上述计算适用于截面腹部均匀配置纵向钢筋数量每侧不少于 4 根的情况。

受拉边或受压较小边钢筋 A_s 中的应力 σ_s 仍按式（5-28）计算。当为大偏心受压时，式（5-92）中取 $\sigma_s = f_y$。当受压区计算高度相对值 $\xi > \dfrac{h - h_f}{h_0}$ 时，其正截面受压承载力应计入受压较小边翼缘受压部分的作用，此时，受压较小边翼缘计算宽度 b_f 应按表 4-9 确定。

从式（5-92）、式（5-93）可以看出，与一般偏心受压构件相比，只是多了一项腹部纵筋的作用，其他完全相同。设计时，一般先按构造要求确定腹部纵筋的数量，然后，再由式（5-92）和式（5-93）计算 A_s 和 A_s'。

应用式（5-92）、式（5-93）进行截面设计时，取 $N = N_u$。

【例题 5-15】 剪力墙截面尺寸 $b \times h = 180\text{mm} \times 3650\text{mm}$。结构的安全等级为二级。承受轴向压力设计值 $N = 4058\text{kN}$，弯矩设计值 $M = 5340\text{kN} \cdot \text{m}$。混凝土强度等级为 C30，纵筋和分布筋均采用 HRB400 级。要求确定纵向钢筋（包括集中布置于两端的 A_s 和 A_s' 及均匀配置于腹部的纵筋）。

【解】 查附表 3，HRB400 级钢筋，$f_y = f_y' = 360\text{N/mm}^2$；$f_{yw} = f_{yw}' = 360\text{N/mm}^2$；查附表 10，$f_c = 14.3\text{N/mm}^2$。

（1）选用竖向分布钢筋并计算 N_{sw} 和 M_{sw}

按照布置双排钢筋考虑，取 $a_s = a_s' = 65\text{mm}$。

$$h_0 = h - a_s = 3650 - 65 = 3585\text{mm}, \quad h_{sw} = h_0 - a_s' = 3585 - 65 = 3520\text{mm}$$

$$\omega = \frac{h_{sw}}{h_0} = \frac{3520}{3585} = 0.982$$

根据构造要求，选竖向分布钢筋为双排 $\Phi 8@200$，在 3520mm 内共布置 $2 \times 17 = 34$ 根，总截面面积为

$$A_{sw} = 50.3 \times 34 = 1710\text{mm}^2$$

$$
\begin{aligned}
N_{sw} &= \left(1 + \frac{\xi - \beta_1}{0.5\beta_1\omega}\right) f_{yw} A_{sw} \\
&= \left(1 + \frac{\xi - 0.8}{0.5 \times 0.8 \times 0.982}\right) \times 360 \times 1710 \\
&= 1567210\xi - 638168
\end{aligned}
$$

$$
\begin{aligned}
M_{sw} &= \left[0.5 - \left(\frac{\xi - \beta_1}{\beta_1\omega}\right)^2\right] f_{yw} A_{sw} h_{sw} \\
&= \left[0.5 - \left(\frac{\xi - 0.8}{0.8 \times 0.982}\right)^2\right] \times 360 \times 1710 \times 3520 \\
&= -3511060598\xi^2 + 5617696957\xi - 1163622783
\end{aligned}
$$

（2）判别偏压类型

$$e_0 = \frac{M}{N} = \frac{5340 \times 10^6}{4058 \times 10^3} = 1316\text{mm}$$

$$\frac{h}{30} = \frac{3650}{30} = 122\text{mm} > 20\text{mm}, \text{ 取 } e_a = 122\text{mm}$$

$$e_i = e_0 + e_a = 1316 + 122 = 1438\text{mm} > 0.3h_0 = 0.3 \times 3585 = 1076\text{mm}$$

属于大偏心受压。

$$e = e_i + \frac{h}{2} - a_s = 1438 + \frac{3650}{2} - 65 = 3198 \text{mm}$$

（3）计算 A_s 和 A_s'

将已知条件代入式（5-92）和式（5-93），取 $\sigma_s = f_y = 360 \text{N/mm}^2$，则得

$$4058 \times 10^3 = 1 \times 14.3 \times 180 \times 3585\xi + 1567210\xi - 638168$$

$$4058 \times 10^3 \times 3198 = 1 \times 14.3\xi(1-0.5\xi) \times 180 \times 3585^2 + 360 \times A_s'(3585-65)$$

$$-3511060598\xi^2 + 5617696957\xi - 1163622783$$

解得

$$\xi = 0.435 < \xi_b = 0.518$$

$$A_s = A_s' = 869 \text{mm}^2$$

根据《混凝土结构设计规范》的要求，剪力墙端部的纵向受力钢筋不宜少于 4 根直径不小于 12mm 的钢筋，选 6Φ14（$A_s = A_s' = 923 \text{mm}^2$），截面配筋见图 5-32。

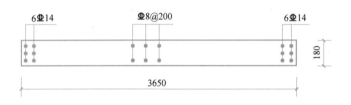

图 5-32　例题 5-15 剪力墙截面配筋图

5.6.2　双向偏心受压构件承载力计算

当轴向压力在截面的两个主轴方向都有偏心或构件同时承受轴心压力及两个主轴方向的弯矩时，则为双向偏心受压构件。在实际结构工程中，框架房屋的角柱、地震作用下的边柱和支承水塔的空间框架的支柱等均属于双向偏心受压构件。

双向偏心受压构件的中和轴一般不与截面的主轴相互垂直，而是斜交。受压区的形状变化较大，较复杂，对于矩形截面，可能为三角形、四边形或五边形；对于 L 形、T 形截面则更复杂。同时，由于各根钢筋到中和轴的距离不等，且往往相差悬殊，致使纵向钢筋应力不均匀。

对于双向偏心受压构件正截面承载力计算，《混凝土结构设计规范》列出了两种算法，下面分别予以介绍。

1. 基本计算方法

以矩形截面为例讲述双向偏心受压构件正截面承载力计算的一般公式。

（1）坐标变换

矩形截面的尺寸为 $b \times h$，截面主轴为 x-y 轴，图 5-33（a）中阴影线部分表示受压区，x 轴与中和轴的夹角为 θ，顺时针方向取正。为了使几何关系直观，进行坐标变换。将压区的最高点 o 点定义为新坐标 x'-y' 的原点，x' 轴平行于中和轴。由坐标变换得到

$$x' = -x\cos\theta + y\sin\theta + \frac{b}{2}\cos\theta - \frac{h}{2}\sin\theta \tag{5-96}$$

$$y' = -x\sin\theta - y\cos\theta + \frac{b}{2}\sin\theta + \frac{h}{2}\cos\theta \tag{5-97}$$

（2）混凝土单元、钢筋单元的应变

将截面划分为有限多个混凝土单元、纵向钢筋单元（图 5-33a），并近似取单元内的应变和应力为均匀分布，其合力点在单元重心处。图 5-33（b）和图 5-33（c）分别为截面的应变分布和应力分布。

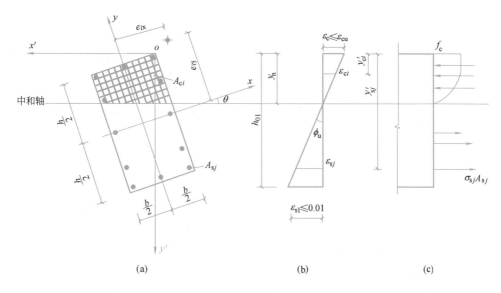

(a)　　　　　　　　　　(b)　　　　　　　　(c)

图 5-33　双向偏心受压截面计算图形

（a）截面及其单元划分；（b）应变分布；（c）应力分布

图中 ε_{ci} 为第 i 个混凝土单元的应变，ε_{sj} 为第 j 个钢筋单元的应变，根据平截面假定和几何关系，ε_{ci} 和 ε_{sj} 按下式计算：

$$\varepsilon_{ci} = \phi_u(y_n - y'_{ci}) \tag{5-98}$$

$$\varepsilon_{sj} = -\phi_u(y'_{sj} - y_n) \tag{5-99}$$

式中　y_n——中和轴至受压区最外侧边缘的距离；

　　　y'_{ci}——第 i 个混凝土单元重心到 x' 轴的距离，按式（5-97）计算；

　　　y'_{sj}——第 j 个钢筋单元重心到 x' 轴的距离，按式（5-97）计算；

　　　ϕ_u——截面达到承载能力极限状态时的极限转角，应按下列两种情况确定：

① 当截面受压区外边缘的混凝土应变 ε_c 达到混凝土极限压应变 ε_{cu} 且受拉区最外排钢筋的应变 ε_{s1} 小于 0.01 时，应按下列公式计算：

$$\phi_u = \frac{\varepsilon_{cu}}{y_n} \tag{5-100}$$

② 当截面受拉区最外排钢筋的应变 ε_{s1} 达到 0.01 且受压区外边缘的混凝土压应变 ε_c 小于 ε_{cu} 时，应按下列公式计算：

$$\phi_u = \frac{0.01}{h_{01} - y_n} \tag{5-101}$$

式中　h_{01}——截面受压区外边缘至受拉区最外排钢筋之间垂直于中和轴的距离。

ε_{ci}、ε_{sj} 为正时表示受压，为负时表示受拉。

（3）混凝土单元、钢筋单元的应力

混凝土受压的应力与应变关系式为式（4-3）和式（4-4）。纵向钢筋的应力取等于钢筋应变与其弹性模量的乘积，但其绝对值不应大于其相应的强度设计值。纵向受拉钢筋的极限拉应变取为 0.01。

（4）正截面承载力计算公式

双向偏心受压构件正截面受压承载力可按下列公式计算：

$$N \leqslant \sum_{i=1}^{l} \sigma_{ci} A_{ci} - \sum_{j=1}^{m} \sigma_{sj} A_{sj} \tag{5-102}$$

$$M_x \leqslant \sum_{i=1}^{l} \sigma_{ci} A_{ci} x_{ci} - \sum_{j=1}^{m} \sigma_{sj} A_{sj} x_{sj} \tag{5-103}$$

$$M_y \leqslant \sum_{i=1}^{l} \sigma_{ci} A_{ci} y_{ci} - \sum_{j=1}^{m} \sigma_{sj} A_{sj} y_{sj} \tag{5-104}$$

式中　N——轴向压力设计值，取正值；

M_x、M_y——考虑结构侧移、构件挠曲和附加偏心距引起的附加弯矩后，在截面 x 轴、y 轴方向的弯矩设计值；由压力产生的偏心在 x 轴的上侧时 M_y 取正值，由压力产生的偏心在 y 轴的右侧时 M_x 取正值；

σ_{ci}——第 i 个混凝土单元的应力，受压时取正值，受拉时取应力 $\sigma_{ci}=0$；序号 i 为 1，2，…，l，此处，l 为混凝土单元数；

A_{ci}——第 i 个混凝土单元面积；

x_{ci}、y_{ci}——第 i 个混凝土单元重心到 y 轴、x 轴的距离，x_{ci} 在 y 轴右侧及 y_{ci} 在 x 轴上侧时取正值；

σ_{sj}——第 j 个钢筋单元的应力，受拉时取正值，应力 σ_{sj} 应满足 $-f'_y \leqslant \sigma_{sj} \leqslant f_y$ 的条件；序号 j 为 1，2，…，m，此处，m 为钢筋单元数；

A_{sj}——第 j 个钢筋单元面积；

x_{sj}、y_{sj}——第 j 个钢筋单元重心到 y 轴、x 轴的距离，x_{sj} 在 y 轴右侧及 y_{sj} 在 x 轴上侧时取正值；

x、y——以截面重心为原点的直角坐标轴。

式（5-103）和式（5-104）中的 M_x、M_y 可分别用 Ne_{ix}、Ne_{iy} 代替，其中初始偏心距应按下列公式计算：

$$e_{ix} = e_{0x} + e_{ax} \tag{5-105}$$

$$e_{iy} = e_{0y} + e_{ay} \tag{5-106}$$

式中　e_{0x}、e_{0y}——轴向压力对通过截面重心的 y 轴、x 轴的偏心距：$e_{0x} = M_{0x}/N$、$e_{0y} = M_{0y}/N$；

M_{0x}、M_{0y}——未考虑附加弯矩时轴向压力在 x 轴、y 轴方向的弯矩设计值；

e_{ax}、e_{ay}——x 轴、y 轴方向上的附加偏心距，按 5.2.3 小节的规定取值。

在确定中和轴位置时，应要求双向偏心受压构件的轴向力作用点、混凝土和受压钢筋的合力点以及受拉钢筋的合力点在同一条直线上，如果不符合此条件，尚应考虑扭转的影响。

2. 近似计算方法

双向偏心受压构件截面如图 5-34 所示，截面面积为 A_0，两个方向的截面抵抗矩分别为 W_x 及 W_y，假设构件截面能够承受的最大压应力为 σ。按照材料力学公式，在不同情况下截面的破坏条件分别为

当轴心受压时 $\dfrac{N_{u0}}{A_0} = \sigma$

当单向偏心受压时

$$\frac{N_{ux}}{A_0} + \frac{N_{ux} e_{ix}}{W_x} = \sigma$$

$$\frac{N_{uy}}{A_0} + \frac{N_{uy} e_{iy}}{W_y} = \sigma$$

当双向偏心受压时

$$\frac{N_u}{A_0} + \frac{N_u e_{ix}}{W_x} + \frac{N_u e_{iy}}{W_y} = \sigma$$

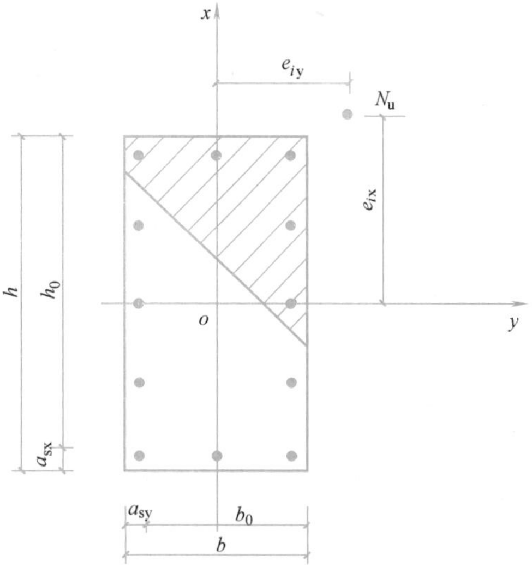

将上式改写为

$$\frac{\sigma}{N_u} = \frac{1}{A_0} + \frac{e_{ix}}{W_x} + \frac{1}{A_0} + \frac{e_{iy}}{W_y} - \frac{1}{A_0}$$

$$= \frac{\sigma}{N_{ux}} + \frac{\sigma}{N_{uy}} - \frac{\sigma}{N_{u0}}$$

或

$$\frac{1}{N_u} = \frac{1}{N_{ux}} + \frac{1}{N_{uy}} - \frac{1}{N_{u0}}$$

即

$$N_u = \cfrac{1}{\cfrac{1}{N_{ux}} + \cfrac{1}{N_{uy}} - \cfrac{1}{N_{u0}}} \tag{5-107}$$

图 5-34　双向偏心受压构件截面

式中　N_{u0}——构件的截面轴心受压承载力设计值；

　　　N_{ux}——轴向压力作用于 x 轴并考虑相应的计算偏心距 e_{ix} 后，按全部纵向钢筋计算的构件偏心受压承载力设计值；

　　　N_{uy}——轴向压力作用于 y 轴并考虑相应的计算偏心距 e_{iy} 后，按全部纵向钢筋计算的构件偏心受压承载力设计值。

其实，当构件处于承载能力极限状态时，截面应力分布已不符合弹性规律，理论上已不能采用叠加原理，因此，上式只是一种近似计算方法。

构件截面轴心受压承载力设计值 N_{u0} 可按式（5-1）计算，不考虑稳定系数 φ 及系数 0.9。

构件的偏心受压承载力设计值 N_{ux}，可按下列情况计算：

① 当纵向钢筋沿截面两对边配置时，N_{ux} 可按一般配筋单向偏心受压构件计算。

② 当纵向钢筋沿截面腹部均匀配置时，N_{ux} 可按式（5-92）～式（5-95）进行计算。

N_{uy} 可采用与 N_{ux} 相同的方法计算。

截面复核时，将已知条件代入式（5-107），就可直接算出 N_u。而当截面设计时，必须先拟定截面尺寸、钢筋数量及布置方案，然后，经过若干次试算才能获得满意结果。

【例题 5-16】　双向偏心受压柱，计算长度 $l_{cx} = l_{cy} = 4.5\mathrm{m}$。截面尺寸为 $h_x = 500\mathrm{mm}$，$h_y = 500\mathrm{mm}$。结构的安全等级为二级。混凝土强度等级为 C30，纵筋采用 HRB400 级钢

筋。截面已配有 12Φ20，每边 4 根钢筋，如图 5-35 所示。$a_{sx}=a'_{sx}=a_{sy}=a'_{sy}=50$mm，柱承受轴向压力设计值 $N=360$kN，柱顶 x 方向弯矩设计值 $M_{1x}=122$kN·m，柱底 x 方向弯矩设计值 $M_{2x}=135$kN·m，柱顶 y 方向弯矩设计值 $M_{1y}=141$kN·m，柱底 y 方向弯矩设计值 $M_{2y}=152$kN·m。验算截面是否能够满足正截面受压承载力的要求。

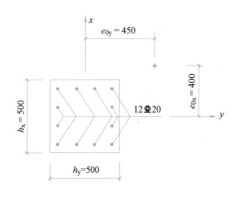

图 5-35　例题 5-16 截面配筋图

【解】　查附表 3，$f_y=f'_y=360$N/mm²；查附表 10，$f_c=14.3$N/mm²。

（1）判断构件是否考虑附加弯矩

杆端弯矩比　$\dfrac{M_{1x}}{M_{2x}}=\dfrac{122}{135}=0.904>0.9$，

$\dfrac{M_{1y}}{M_{2y}}=\dfrac{141}{152}=0.928>0.9$

杆件两个方向均应考虑自身挠曲变形的影响。

（2）计算构件弯矩设计值

$h_{0x}=h_x-a_{sx}=500-50=450$mm，

$h_{0y}=h_y-a_{sy}=500-50=450$mm

$$\frac{h_x}{30}=\frac{h_y}{30}=\frac{500}{30}=17\text{mm}<20\text{mm}，\text{取 } e_{ax}=e_{ay}=20\text{mm}$$

① x 方向的弯矩设计值

$$\zeta_{cx}=\frac{0.5f_cA}{N}=\frac{0.5\times14.3\times500\times500}{360\times10^3}=4.97>1，\text{取 }\zeta_c=1$$

$$C_{mx}=0.7+0.3\frac{M_{1x}}{M_{2x}}=0.7+0.3\times0.904=0.971$$

$$\eta_{nsx}=1+\frac{1}{1300\left(\dfrac{M_{2x}}{N}+e_{ax}\right)/h_{0x}}\left(\frac{l_{cx}}{h_x}\right)^2\zeta_{cx}$$

$$=1+\frac{1}{1300\times\left(\dfrac{135\times10^6}{360\times10^3}+20\right)/450}\times\left(\frac{4500}{500}\right)^2\times1=1.07$$

$$M_x=C_{mx}\eta_{nsx}M_{2x}=0.971\times1.07\times135=140\text{kN·m}$$

② y 方向的弯矩设计值

$$\zeta_{cy}=\frac{0.5f_cA}{N}=\frac{0.5\times14.3\times500\times500}{360\times10^3}=4.97>1，\text{取 }\zeta_c=1$$

$$C_{my}=0.7+0.3\frac{M_{1y}}{M_{2y}}=0.7+0.3\times0.928=0.978$$

$$\eta_{nsy}=1+\frac{1}{1300\left(\dfrac{M_{2y}}{N}+e_{ay}\right)/h_{0y}}\left(\frac{l_{cx}}{h_y}\right)^2\zeta_{cy}$$

$$=1+\frac{1}{1300\times\left(\dfrac{152\times10^6}{360\times10^3}+20\right)/450}\times\left(\frac{4500}{500}\right)^2\times1=1.06$$

$$M_y=C_{my}\eta_{nsy}M_{2y}=0.978\times1.06\times152=158\text{kN·m}$$

（3）计算界限偏心距 e_{ib} 并判断偏压类别

① x 方向的界限偏心距及偏压类型

x 方向的界限偏心距

$$e_{ixb} = \frac{\alpha_1 f_c h_y h_{0x}^2 \xi_b (1 - 0.5\xi_b) + f'_y A'_{sx} (h_{0x} - a'_{sx})}{\alpha_1 f_c h_y h_{0x} \xi_b} - \left(\frac{h_x}{2} - a_{sx} \right)$$

$$= \frac{1 \times 14.3 \times 500 \times 450^2 \times 0.518 \times (1 - 0.5 \times 0.518) + 360 \times 314.2 \times 4 \times (450 - 50)}{1 \times 14.3 \times 500 \times 450 \times 0.518} - \left(\frac{500}{2} - 50 \right)$$

$$= 242\text{mm}$$

$$e_{0x} = \frac{M_x}{N} = \frac{140 \times 10^6}{360 \times 10^3} = 389\text{mm}$$

$$e_{ix} = e_{0x} + e_{ax} = 389 + 20 = 409\text{mm} > e_{ixb} = 242\text{mm}$$

为大偏心受压。

$$e_x = e_{ix} + \frac{h_x}{2} - a_{sx} = 409 + \frac{500}{2} - 50 = 609\text{mm}$$

② y 方向的界限偏心距及偏压类型

y 方向的界限偏心距

$$e_{iyb} = e_{ixb} = 242\text{mm}$$

$$e_{0y} = \frac{M_y}{N} = \frac{158 \times 10^6}{360 \times 10^3} = 439\text{mm}$$

$$e_{iy} = e_{0y} + e_{ay} = 439 + 20 = 459\text{mm} > e_{iyb} = 242\text{mm}$$

为大偏心受压。

$$e_y = e_{iy} + \frac{h_y}{2} - a_{sy} = 459 + \frac{500}{2} - 50 = 659\text{mm}$$

（4）计算截面 x、y 方向能承受的偏心压力设计值 N_{ux} 和 N_{uy}

① x 方向能承受的偏心压力设计值 N_{ux}

将已知条件代入下列计算公式

$$\begin{cases} N_{ux} = \alpha_1 f_c h_y x_x \\ N_{ux} e_x = \alpha_1 f_c h_y x_x \left(h_{0x} - \frac{x_x}{2} \right) + f'_y A'_{sx} (h_{0x} - a'_{sx}) \end{cases}$$

$$\begin{cases} N_{ux} = 1 \times 14.3 \times 500 x_x \\ N_{ux} \times 609 = 1 \times 14.3 \times 500 x_x \times \left(450 - \frac{x_x}{2} \right) + 360 \times 314.2 \times 4 \times (450 - 50) \end{cases}$$

解得 $x_x = 99.7\text{mm} < \xi_b h_{0x} = 0.518 \times 450 = 233\text{mm}$，且 $x_x \approx 2a'_{sx} = 2 \times 50 = 100\text{mm}$，符合大偏心受压基本公式的适用条件。

$$N_{ux} = 712.86\text{kN}$$

② y 方向能承受的偏心压力设计值 N_{uy}

将已知条件代入下式计算公式

$$\begin{cases} N_{uy}=\alpha_1 f_c h_x x_y \\ N_{uy}e_y=\alpha_1 f_c h_x x_y \left(h_{0y}-\dfrac{x_y}{2}\right)+f_y'A_{sy}'(h_{0y}-a_{sy}') \end{cases}$$

$$\begin{cases} N_{uy}=1\times 14.3\times 500 x_y \\ N_{uy}\times 659=1\times 14.3\times 500 x_y \times \left(450-\dfrac{x_y}{2}\right)+360\times 314.2\times 4\times(450-50) \end{cases}$$

解得 $x_y=98.1\text{mm}<\xi_b h_{0y}=0.518\times 450=233\text{mm}$，且 $x_y\approx 2a_{sy}'=2\times 50=100\text{mm}$，符合大偏心受压基本公式的适用条件。

$$N_{uy}=701.42\text{kN}$$

（5）计算 N_u

$$\begin{aligned} N_{u0}&=f_c A+f_y'A_s' \\ &=14.3\times 500\times 500+360\times 314.2\times 12 \\ &=4932.34\times 10^3\,\text{N} \\ &=4932.34\text{kN} \end{aligned}$$

$$N_u=\cfrac{1}{\cfrac{1}{N_{ux}}+\cfrac{1}{N_{uy}}-\cfrac{1}{N_{u0}}}=\cfrac{1}{\cfrac{1}{712.86}+\cfrac{1}{701.42}-\cfrac{1}{4932.34}}=380.85\text{kN}>N=360\text{kN}$$

满足正截面受压承载力的要求。

5.7 受压构件的一般构造

受压构件除应满足受压承载力计算要求外，还应满足相应的构造要求。以下仅介绍与受压构件有关的基本构造要求。

5.7.1 截面形式及尺寸

钢筋混凝土受压构件的截面形式应考虑受力合理和模板制作方便。轴心受压构件的截面可以采用方形，如果建筑上有特殊要求，也可以采用圆形或多边形。偏心受压构件的截面形式一般采用矩形截面。为了节省混凝土及减轻结构自重，装配式受压构件也常采用 I 形截面或双肢截面形式。

钢筋混凝土受压构件截面尺寸一般不宜小于 300mm×300mm，以避免长细比过大。同时，截面的长边 h 与短边 b 的比值常选用为 $h/b=1.5\sim 3.0$。I 形截面柱的翼缘厚度不宜小于 120mm，腹板厚度不宜小于 100mm。柱的截面尺寸宜符合模数，800mm 及以下时，取 50mm 的倍数，800mm 以上时可取 100mm 的倍数。

5.7.2 材料

混凝土强度等级对受压构件正截面受压承载力的影响较大。为了减小构件截面尺寸及节省钢材，宜采用较高强度等级的混凝土，一般采用 C30～C40。对于多层及高层建筑结构的下层柱，必要时可以采用更高强度等级的混凝土。

纵向受力钢筋宜采用 HRB400、HRB500、HRBF400、HRBF500 钢筋；箍筋宜采用 HRB400、HRBF400、HPB300、HRB500、HRBF500 钢筋。

5.7.3 纵向钢筋

《混凝土结构设计规范》对于柱中纵向受力钢筋的直径、根数及配筋率均有最低要求，同时，还应合理地布置钢筋。

在受压构件中，为了增加钢筋骨架的刚度，减小钢筋在施工时的纵向弯曲，宜采用较粗直径的钢筋，纵向受力钢筋的直径不宜小于12mm，一般在12～32mm范围内选用。

轴心受压构件中的纵向受力钢筋应沿构件截面周边均匀布置，偏心受压构件中的纵向受力钢筋应布置在偏心方向的两侧。圆柱中纵向钢筋不宜少于8根，不应少于6根，且宜沿周边均匀布置。

偏心受压柱的截面高度不小于600mm时，在柱的侧面上应设置直径不小于10mm的纵向构造钢筋，以防止构件因温度和混凝土收缩应力而产生裂缝，并相应地设置复合箍筋或拉筋，如图5-36所示。

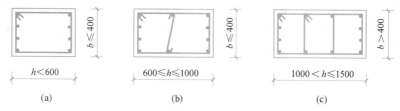

图 5-36　纵向构造钢筋及复合箍筋
(a) $h<600$；(b) $600\leqslant h\leqslant1000$；(c) $1000<h\leqslant1500$

柱内纵向钢筋的净间距不应小于50mm，且不宜大于300mm。对于水平浇筑混凝土的预制柱，纵向钢筋的最小净间距可按第4章梁的有关规定取用。在偏心受压柱中，垂直于弯矩作用平面的侧面上的纵向受力钢筋以及轴心受压柱中各边的纵向受力钢筋，其中距不宜大于300mm。

对于受压构件，全部纵向钢筋的配筋率应满足附表18的要求，同时，一侧纵向钢筋的配筋率不应小于0.2%。全部纵向钢筋的配筋率不宜大于5%，一般配筋率控制在1%～2%之间为宜。

5.7.4 箍筋

箍筋的作用是为了架立纵向钢筋，保证纵筋的正确位置并与其组成整体骨架，与纵筋一起形成对芯部混凝土的围箍约束；承担剪力和扭矩；防止纵向钢筋受压时压曲。所以，受压构件中的周边箍筋应做成封闭式，对圆柱中的箍筋搭接长度不应小于《混凝土结构设计规范》中规定的钢筋的锚固长度，且末端应做成135°弯钩，弯钩末端平直段长度不应小于5d，d为箍筋直径。

箍筋的直径不应小于$d/4$，且不应小于6mm，d为纵向钢筋的最大直径。

箍筋间距不应大于400mm及构件截面的短边尺寸，且不应大于15d，d为纵向受力钢筋的最小直径。

当柱中全部纵向受力钢筋的配筋率大于3%时，箍筋直径不应小于8mm，间距不应大于10d，且不应大于200mm，d为纵向受力钢筋最小直径。箍筋末端应做成135°弯钩，且弯钩末端平直段长度不应小于箍筋直径的10倍。

当柱截面短边尺寸大于400mm且各边纵向钢筋多于3根时，或当柱截面短边尺寸不大于 400mm 但各边纵向钢筋多于 4 根时，应按图 5-37 所示设置复合箍筋。

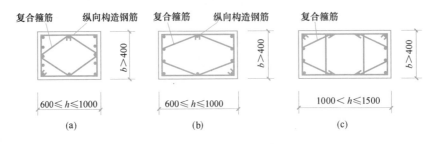

图 5-37　复合箍筋形式

（a）、（b）$600 \leqslant h \leqslant 1000$；（c）$1000 < h \leqslant 1500$

在配有螺旋式或焊接环式箍筋的柱中，在正截面受压承载力计算中考虑间接钢筋的作用时，箍筋间距不应大于 80mm 及 $d_{\text{cor}}/5$，且不宜小于 40mm，d_{cor} 为按箍筋内表面确定的核心截面直径。

对于截面复杂的柱，不可采用含有内折角的箍筋（图 5-38b），以避免产生向外的拉力，致使折角处的混凝土破损，而应采用分离式箍筋，如图 5-38（a）所示。

图 5-38　柱有内折角时的箍筋设置

（a）分离式箍筋；（b）含有内折角的箍筋

小　结

5.1　普通箍筋轴心受压构件在计算上分为长柱和短柱。短柱的破坏属于材料破坏。对于长柱须考虑纵向弯曲变形的影响，工程中常见的长柱，其破坏仍属于材料破坏，但特别细长的柱会由于失稳而破坏。对于轴心受压构件的受压承载力，短柱和长柱均采用一个统一公式计算，其中，采用稳定系数 φ 表达纵向弯曲变形对受压承载力的影响，短柱时 $\varphi = 1.0$，长柱时 $\varphi < 1.0$。

5.2　对螺旋式箍筋轴心受压构件，由于螺旋式箍筋对核心混凝土的约束作用，提高了核心混凝土的抗压强度，从而使构件的受压承载力有所增加。螺旋式箍筋对构件承受压力是一种间接作用，可称为间接钢筋。核心混凝土抗压强度的提高程度与螺旋式箍筋的数量及其抗拉强度有关。螺旋式箍筋只有在一定条件下才能发挥作用，即：构件的长细比 $l_0/d \leqslant 12$，螺旋式箍筋的换算截面面积 $A_{\text{sso}} > 0.25 A'_{\text{s}}$，箍筋的间距 $s \leqslant 80\text{mm}$ 及 $s \leqslant d_{\text{cor}}/5$。

5.3　偏心受压构件正截面破坏有受拉破坏和受压破坏两种形态。当轴向压力 N 的相对偏心距 e_0/h_0 较大，且 A_{s} 不过多时发生受拉破坏，也称大偏心受压破坏。其特征为受拉钢筋首先屈服，而后受压区边缘混凝土达到极限压应变，受压钢筋应力能达到屈服强度。当轴向压力 N 的相对偏心距 e_0/h_0 较大，但受拉钢筋 A_{s} 数量过多；或者相对偏心距 e_0/h_0 较小时发生受压破坏，也称小偏心受压破坏。其特征为受压区混凝土被压坏，压应力较大一侧钢筋应力能够达到屈服强度，而另一侧钢筋受拉不屈服或者受压不屈服。界限破坏指受拉钢筋应力达到屈服强度的同时受压区边缘混凝土刚好达到极限压应变，此时，受压区混凝土相对计算高度 $\xi = \xi_b$。

5.4 大、小偏心受压破坏的判别条件是：$\xi \leqslant \xi_b$ 时，属于大偏心受压破坏；$\xi > \xi_b$ 时，属于小偏心受压破坏。两种偏心受压构件的计算方法不同，截面设计时应首先判别偏压类型。非对称配筋在设计之前，无法求出 ξ，因此，可用偏心距的大小来判别：当 $e_i > 0.3h_0$ 时，可按大偏心受压设计；当 $e_i \leqslant 0.3h_0$ 时，按小偏心受压设计。

5.5 由于工程中实际存在着荷载作用位置的不定性、混凝土质量的不均匀性及施工的偏差等因素，在偏心受压构件的正截面受压承载力计算中，应计入轴向压力在偏心方向存在的附加偏心距 e_a，其值取 20mm 和偏心方向最大尺寸的 1/30 两者中的较大者。初始偏心距 $e_i = e_0 + e_a$。

5.6 当受压构件产生侧向位移和挠曲变形时，轴向压力将在构件中引起附加内力，在设计中须考虑。对弯矩作用平面内截面对称的偏心受压构件，不考虑轴向压力在该方向挠曲杆件中产生的附加弯矩影响的条件是：同一主轴方向的杆端弯矩比 M_1/M_2 不大于 0.9、设计轴压比 $N/(f_cA)$ 不大于 0.9，且构件的长细比 l_c/i 满足式（5-14）的要求，即三个条件须同时满足。当其中一个条件不满足时，应考虑其影响。

对于一般的偏心受压构件，考虑构件自身挠曲产生的附加弯矩影响后，其控制截面的弯矩应按式（5-15）计算；对于排架结构的柱，考虑二阶效应后，其控制截面的弯矩应按式（5-17）计算。

5.7 大、小偏心受压构件的基本公式实际上是统一的，建立公式的基本假定也相同，只是小偏心受压时离纵向力较远一侧钢筋 A_s 的应力 σ_s 不明确，在 $-f_y' \leqslant \sigma_s \leqslant f_y$ 范围内变化，使小偏心受压构件的计算较复杂。

5.8 对于各种截面形式的大、小偏心受压构件，非对称和对称配筋、截面设计和截面复核时，应牢牢地把握住基本公式，根据不同情况，直接运用基本公式进行运算。在计算中，一定要注意公式的适用条件，出现不满足适用条件或不正常的情况时，应对基本公式作相应变化后再进行运算，在理解的基础上熟练掌握计算方法和步骤。

5.9 对于I截面偏心受压构件，受压区计算高度有三种情况：当大偏心受压且 $x \leqslant h_f'$ 时，与 $b_f' \times h$ 的矩形截面偏心受压构件计算完全相同；当大偏心受压且 $h_f' < x \leqslant \xi_b h_0$ 和小偏心受压且 $\xi_b h_0 < x \leqslant h - h_f$ 时，与 $b \times h$ 的矩形截面偏心受压构件计算相仿，只是需另外考虑 $(b_f' - b)h_f'$ 部分混凝土的受压作用；当小偏心受压且 $h - h_f < x \leqslant h$ 时，还应考虑 $(b_f - b)[x - (h - h_f)]$ 部分混凝土的受压作用。

5.10 均匀配筋偏心受压构件的计算特点是必须考虑腹部纵筋的作用，其他与一般配筋的偏心受压构件相同。

5.11 《混凝土结构设计规范》对于双向偏心受压构件给出了两种计算方法，一种是任意截面任意配筋构件的正截面承载力计算的一般公式，这种方法计算工作量很大，必须借助于计算机才能完成。另一种方法是近似方法，用于截面复核较方便，用于截面设计则需要多次试算。

思 考 题

5.1 试述在普通箍筋柱和螺旋箍筋柱中，箍筋各有什么作用？对箍筋有哪些构造要求？

5.2 在轴心受压构件中，受压纵筋的应力在什么情况下能达到屈服强度？什么情况下达不到屈服强度？设计中如何考虑？

5.3 轴心受压普通箍筋短柱与长柱的破坏形态有何不同？计算中如何考虑长柱的影响？

5.4 轴心受压螺旋式箍筋柱与普通箍筋柱的受压承载力计算有何不同？螺旋箍筋柱受压承载力计算公式的适用条件是什么？为什么有这些限制条件？

5.5 说明大、小偏心受压破坏的发生条件和破坏特征。什么是界限破坏？与界限状态对应的 ξ_b 是如何确定的？

5.6 说明截面设计时大、小偏心受压破坏的判别条件是什么？对称配筋时如何进行判别？

5.7 为什么必须考虑附加偏心距 e_a？

5.8 什么是二阶效应? 在偏心受压构件设计中如何考虑这一问题? 说明弯矩增大系数 η_{ns} 的物理意义。

5.9 画出矩形截面大、小偏心受压破坏时截面应力计算图形,并标明钢筋和受压混凝土的应力值。为什么应对垂直于弯矩作用方向的截面验算其受压承载力?

5.10 写出矩形截面对称配筋和 I 形截面对称配筋在界限破坏时的轴向压力设计值 N_b 的计算公式。

5.11 比较大偏心受压构件和双筋受弯构件的截面应力计算图形和计算公式的异同。

5.12 大偏心受压非对称配筋截面设计,当 A_s 和 A'_s 均未知时一般如何计算?

5.13 钢筋混凝土矩形截面大偏心受压构件非对称配筋时,在 A'_s 已知条件下如果出现 $\xi > \xi_b$,说明什么问题? 这时应如何计算?

5.14 小偏心受压非对称配筋截面设计,当 A_s 和 A'_s 均未知时,为什么可以首先确定 A_s 的数量? 如何确定?

5.15 矩形截面对称配筋计算曲线 N-M 是怎样绘出的? 根据这些曲线说明大、小偏心受压构件 N 和 M 以及与配筋率 ρ 之间的关系。解释为什么会出现 $e_i \leqslant 0.3h_0$,且 $N \leqslant N_b$ 的现象,这种情况下应怎样计算?

5.16 什么情况下需要采用复合箍筋? 为什么需要采用这样的箍筋?

习 题

5.1 轴心受压柱,计算长度 $l_0 = 4.8$m,承受轴向压力设计值 $N = 3400$kN(包括自重)。结构的安全等级为二级。混凝土强度等级为 C40,纵筋采用 HRB400 级,箍筋采用 HPB300 级。设计该柱截面。

5.2 某多层四跨现浇框架结构的第二层内柱,柱截面尺寸为 350mm×350mm。结构的安全等级为二级。承受轴向压力设计值 $N = 1590$kN,楼层高 $H = 6$m,柱计算长度 $l_0 = 1.25H$。混凝土强度等级为 C35,采用 HRB400 级钢筋。求所需纵筋面积。

5.3 圆形截面现浇钢筋混凝土柱,直径 $d = 350$mm,承受轴向压力设计值 $N = 3230$kN,计算长度 $l_0 = 4$m,混凝土强度等级为 C35,柱中纵筋采用 HRB500 级钢筋,箍筋用 HRB400 级钢筋。结构的安全等级为二级。混凝土保护层厚度 $c = 25$mm。试设计该柱截面。

5.4 钢筋混凝土偏心受压柱,截面尺寸 $b = 300$mm,$h = 450$mm。结构的安全等级为二级。柱承受轴向压力设计值 $N = 720$kN,柱顶截面弯矩设计值 $M_1 = 155$kN·m,柱底截面弯矩设计值 $M_2 = 165$kN·m。柱端弯矩已在结构分析时考虑侧移二阶效应。柱挠曲变形为单曲率。弯矩作用平面内柱上下两端的支撑长度为 3.5m;弯矩作用平面外柱的计算长度 $l_0 = 4.375$m。混凝土强度等级为 C30,纵筋采用 HRB400 级钢筋,混凝土保护层厚度 $c = 25$mm。(1)求钢筋截面面积 A'_s 和 A_s;(2)若已知截面受压区配有 3Φ18 的钢筋,求受拉钢筋 A_s。

5.5 钢筋混凝土偏心受压柱,截面尺寸为 $b = 400$mm,$h = 700$mm,$a_s = a'_s = 50$mm。结构的安全等级为二级。截面承受轴向压力设计值 $N = 3350$kN,柱顶截面弯矩设计值 $M_1 = 460$kN·m,柱底截面弯矩设计值 $M_2 = 480$kN·m。柱端弯矩已在结构分析时考虑侧移二阶效应。柱挠曲变形为单曲率。弯矩作用平面内柱上下两端的支撑长度为 6.0m;弯矩作用平面外柱的计算长度 $l_0 = 7.5$m。混凝土强度等级为 C40,纵筋采用 HRB500 级钢筋。求钢筋截面面积 A_s 和 A'_s。

5.6 钢筋混凝土偏心受压柱,截面尺寸 $b = 300$mm,$h = 450$mm,$a_s = a'_s = 50$mm。结构的安全等级为二级。柱承受轴向压力设计值 $N = 315$kN,柱顶截面弯矩设计值 $M_1 = 163$kN·m,柱底截面弯矩设计值 $M_2 = 180$kN·m。柱挠曲变形为单曲率。弯矩作用平面内柱上下两端的支撑长度为 4.0m;弯矩作用平面外柱的计算长度 $l_0 = 5.0$m。混凝土强度等级为 C30,纵筋采用 HRB400 级钢筋。受压钢筋已配有 3Φ16($A'_s = 603$mm²),受拉钢筋已配有 4Φ20($A_s = 1256$mm²)。要求验算截面是否能够满足受压承载力的要求。

5.7 钢筋混凝土偏心受压柱,截面尺寸为 $b = 500$mm,$h = 650$mm,$a_s = a'_s = 50$mm。结构的安全等级为二级。截面承受轴向压力设计值 $N = 2200$kN,柱顶截面弯矩设计值 $M_1 = 535$kN·m,柱底截面弯

矩设计值 $M_2 = 578kN \cdot m$。柱端弯矩已在结构分析时考虑侧移二阶效应。柱挠曲变形为单曲率。弯矩作用平面内柱上下两端的支撑长度为 4.5m；弯矩作用平面外柱的计算长度 $l_0 = 5.625m$。混凝土强度等级为 C35，纵筋采用 HRB400 级钢筋，采用对称配筋。求受拉钢筋 A_s 和受压钢筋 A'_s。

5.8 已知条件同习题 5.5，采用对称配筋。求 A_s、A'_s。

5.9 I 形截面钢筋混凝土排架结构柱，截面尺寸 $b = 100mm$，$h = 700mm$，$b_f = b'_f = 400mm$，$h_f = h'_f = 120mm$，$a_s = a'_s = 50mm$。结构的安全等级为二级。截面承受轴向压力设计值 $N = 755kN$，柱底截面弯矩设计值为 $M_0 = 376kN \cdot m$。柱计算长度 $l_0 = 7.7m$。混凝土强度等级为 C35，纵筋采用 HRB500 级钢筋，采用对称配筋。求受拉和受压钢筋的数量。

5.10 已知条件同习题 5.9，截面承受轴向压力设计值 $N = 1500kN$，采用对称配筋。求受拉和受压钢筋。

5.11 钢筋混凝土双向偏心受压柱，截面尺寸为 $450mm \times 450mm$，$a_{sx} = a'_{sx} = a_{sy} = a'_{sy} = 50mm$。结构的安全等级为二级。柱承受轴向压力设计值 $N = 305kN$，柱顶截面 x 方向弯矩设计值 $M_{1x} = 94kN \cdot m$，柱底截面 x 方向弯矩设计值 $M_{2x} = 104kN \cdot m$；柱顶截面 y 方向弯矩设计值 $M_{1y} = 93kN \cdot m$，柱底截面 y 方向弯矩设计值 $M_{2y} = 101kN \cdot m$。计算长度 $l_{cx} = l_{cy} = 4.5m$。混凝土强度等级为 C30，纵筋采用 HRB400 级。截面已配有 8Φ22，截面每边布置 3 根钢筋。验算截面是否能够满足承载力的要求。

5.12 某矩形截面偏心受压构件，截面尺寸为 $b \times h = 400mm \times 600mm$，$a_s = a'_s = 50mm$。结构的安全等级为二级。截面承受的轴向压力设计值 $N = 856kN$，柱顶截面弯矩设计值 $M_1 = -345kN \cdot m$。柱底截面弯矩设计值 $M_2 = 376kN \cdot m$，弯矩作用平面内柱上下两端的支撑长度为 6.7m；弯矩作用平面外柱的计算长度 $l_0 = 8.375m$。混凝土强度等级 C30，纵向受力钢筋采用 HRB400 级钢筋，受压区已配有 3Φ25 ($A'_s = 1473mm^2$)。求所需要的受拉纵筋截面面积。

第6章 受拉构件正截面的性能与设计

当构件受到轴向拉力时，称为受拉构件。如果轴向拉力作用线与构件正截面形心重合则为轴心受拉构件；如果轴向拉力作用线与构件正截面形心不重合或构件截面上同时作用有轴向拉力和弯矩时，则称为偏心受拉构件。

6.1 轴心受拉构件承载力计算

在工程实际中，理想的轴心受拉构件实际上是不存在的。但是，对于桁架式屋架或托架的受拉弦杆和腹杆以及拱的拉杆，当自重和节点约束引起的弯矩很小时，可近似地按轴心受拉构件计算。此外，圆形水池的池壁，在静水压力的作用下，池壁的竖向截面在水平方向处于环向受拉状态，也可按轴心受拉构件计算，如图6-1所示。

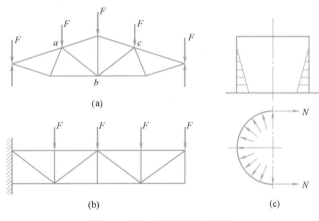

图 6-1 轴心受拉构件示例
(a)、(b) 桁架；(c) 圆形水池

由于混凝土的抗拉强度很低，所以钢筋混凝土轴心受拉构件在较小的拉力作用下就会开裂，而且随着拉力的增加构件的裂缝宽度不断加大。因此，用普通钢筋混凝土构件承受拉力是不合理的。对承受轴向拉力的构件一般采用预应力混凝土或钢结构。但在实际工程中，钢筋混凝土屋架或托架结构的受拉弦杆以及拱的拉杆仍采用钢筋混凝土，而不是将局部受拉构件做成钢构件，这样做可以免去施工的不便，并且使构件的刚度增大。但在设计时应采取措施控制构件的裂缝开展宽度。

1. 轴心受拉构件的受力特点

通过对钢筋混凝土轴心受拉构件进行试验，可以得到轴向拉力与变形的关系曲线，如图6-2所示。由曲线上两个明显的转折点可知，从加载开始到构件破坏为止，轴心受拉构件的受力和变形大致经历了以下三个阶段。

第一阶段为加载开始到裂缝出现前。这一阶段混凝土与钢筋共同受力，轴向拉力与变

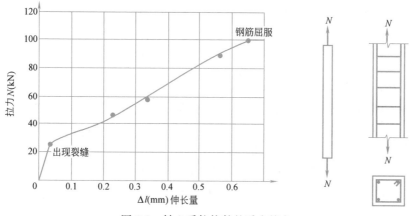

图 6-2　轴心受拉构件的受力特点

形基本为线性关系。随着荷载的增加，混凝土很快达到极限拉应变，即将出现裂缝。对于使用阶段不允许开裂的构件，应以此受力状态作为抗裂验算的依据。

第二阶段为混凝土开裂到受拉钢筋屈服前。当裂缝出现后，裂缝截面处的混凝土逐渐退出工作，截面上的拉力全部由钢筋承受。对于使用阶段允许出现裂缝的构件，应以此阶段作为裂缝宽度验算的依据。

第三阶段为受拉钢筋屈服到构件破坏。构件某一裂缝截面的受拉钢筋应力首先达到屈服强度，随即裂缝迅速开展，荷载稍有增加甚至不增加，都会导致裂缝截面的全部钢筋达到屈服强度。可以认为构件达到了破坏状态，即达到极限荷载 N_u。应以此时的应力状态作为截面受拉承载力计算的依据。

2. 承载力计算公式及应用

轴心受拉构件破坏时，裂缝截面全部拉力由钢筋承受，图 6-3 为截面应力计算图形。正截面受拉承载力设计表达式为

$$N \leqslant N_u = f_y A_s \tag{6-1}$$

式中　N——轴向拉力设计值；

N_u——轴心受拉承载力设计值；

f_y——钢筋抗拉强度设计值；

A_s——受拉钢筋的全部截面面积。

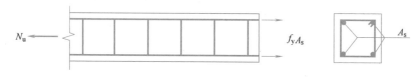

图 6-3　轴心受拉构件承载力计算图形

【例题 6-1】　某钢筋混凝土屋架下弦，截面尺寸 $b \times h = 200mm \times 150mm$，其所受的轴向拉力设计值为 240kN，混凝土强度等级 C30，纵向钢筋为 HRB400。结构的安全等级为二级。求钢筋截面面积并配筋。

【解】　查附表 3，HRB400 钢筋，$f_y = 360N/mm^2$，代入式（6-1），得

$$A_s = \frac{N}{f_y} = \frac{240 \times 10^3}{360} = 667mm^2$$

选用 4Φ16，A_s＝804mm^2。

6.2 矩形截面偏心受拉构件正截面承载力计算

6.2.1 偏心受拉构件正截面的破坏形态

偏心受拉构件是一种介于轴心受拉构件与受弯构件之间的受力构件。承受节间荷载的屋架下弦杆、矩形水池的池壁、浅仓的仓壁以及工业厂房中双肢柱的受拉肢杆是按偏心受拉构件计算的。偏心受拉构件纵向钢筋的布置方式与偏心受压构件相同，离轴向拉力较近一侧所配置的钢筋称为受拉钢筋，其截面面积用 A_s 表示；离轴向拉力较远一侧所配置的钢筋称为受压钢筋，其截面面积用 A'_s 表示。根据偏心距大小的不同，构件破坏分为小偏心受拉破坏和大偏心受拉破坏两种情况。

1. 小偏心受拉破坏

当轴向拉力 N 作用于 A_s 合力点及 A'_s 合力点以内 $\left(e_0 \leqslant \dfrac{h}{2}-a_s\right)$ 时，发生小偏心受拉破坏。

当轴向拉力 N 逐渐增大到一定数值时，离轴向拉力较近一侧截面边缘的混凝土达到极限拉应变，则混凝土开裂，而且整个截面裂通，拉力全部由钢筋承受。其破坏特征与配筋方式有关。当采用非对称配筋时，只有当轴向拉力 N 作用于钢筋截面面积的"塑性中心"时，两侧轴向钢筋应力才会同时达到屈服强度，否则，轴向拉力近侧钢筋 A_s 的应力可以达到屈服强度，而远侧钢筋 A'_s 不屈服。如果采用对称配筋方式，则构件破坏时，只有轴向拉力近侧钢筋 A_s 的应力能达到屈服强度，另一侧钢筋 A'_s 的应力达不到屈服强度，见图6-4。

2. 大偏心受拉破坏

当轴向拉力 N 作用于 A_s 合力点及 A'_s 合力点以外 $\left(e_0 > \dfrac{h}{2}-a_s\right)$ 时，发生大偏心受拉破坏。

加载开始后，随着轴向拉力 N 的增大，裂缝首先从拉应力较大侧开始，但截面不会裂通，离轴向拉力较远一侧仍保留有受压区，否则对拉力 N 作用点取矩将不满足平衡条件。破坏特征与 A_s 的数量多少有关，当 A_s 数量适当时，受拉钢筋首先屈服，然后受压钢筋应力达到屈服强度，受压区边缘混凝土达到极限压应变而破坏（图 6-5），这与大偏心受压破坏特征类似。构件截面设计时，应以这种破坏形式为依据。而当 A_s 数量过多时，则首先是受压区混凝土被压坏，受压钢筋应力能够达到屈服强度，但受拉钢筋 A_s 不屈服，这种破坏形式具有脆性性质，设计时应予以避免。

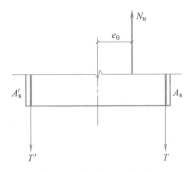

图 6-4 小偏心受拉破坏

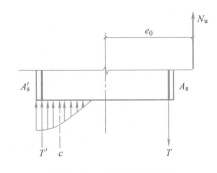

图 6-5 大偏心受拉破坏

6.2.2 矩形截面小偏心受拉构件正截面承载力计算

承载能力计算时，小偏心受拉构件截面应力计算图形如图 6-6 所示。为了使钢筋应力在构件破坏时都能够达到屈服强度，设计时应使轴向拉力 N 与钢筋截面面积的"塑性中心"重合。于是，小偏心受拉构件截面应力计算图形中两侧钢筋的应力均取为 f_y。

分别对钢筋 A_s 和 A'_s 的合力点取矩，得小偏心受拉的基本公式：

$$Ne \leqslant N_u e = f_y A'_s (h_0 - a'_s) \tag{6-2}$$

$$Ne' \leqslant N_u e' = f_y A_s (h'_0 - a_s) \tag{6-3}$$

式中

$$e = \frac{h}{2} - a_s - e_0 \tag{6-4}$$

$$e' = \frac{h}{2} - a'_s + e_0 \tag{6-5}$$

6.2.3 矩形截面大偏心受拉构件正截面承载力计算

对于大偏心受拉破坏情况，纵向受拉钢筋 A_s 的应力取抗拉强度设计值 f_y，纵向受压钢筋 A'_s 的应力取抗压强度设计值 f'_y，混凝土压应力分布仍用换算的矩形应力分布图形，其应力值为 $\alpha_1 f_c$，受压区计算高度为 x，截面应力计算图形如图 6-7 所示。

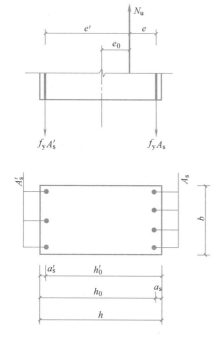

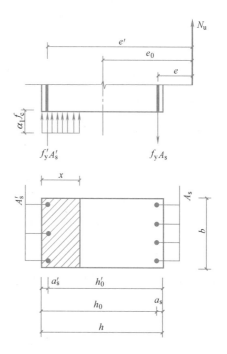

图 6-6 小偏心受拉构件截面应力计算图形　　图 6-7 大偏心受拉构件截面应力计算图形

由截面平衡条件，得大偏心受拉的基本公式如下：

$$\sum N = 0 \qquad N \leqslant N_u = f_y A_s - f'_y A'_s - \alpha_1 f_c b x \tag{6-6}$$

$$\sum M_{A_s} = 0 \qquad Ne \leqslant N_u e = \alpha_1 f_c b x \left(h_0 - \frac{x}{2} \right) + f_y' A_s' (h_0 - a_s') \tag{6-7}$$

式中

$$e = e_0 - \frac{h}{2} + a_s \tag{6-8}$$

将 $x = \xi h_0$ 代入式（6-6）和式（6-7），并令 $\alpha_s = \xi(1 - 0.5\xi)$，则基本公式还可写成如下形式：

$$N \leqslant N_u = f_y A_s - f_y' A_s' - \alpha_1 f_c b h_0 \xi \tag{6-9}$$

$$Ne \leqslant N_u e = \alpha_1 f_c b h_0^2 \alpha_s + f_y' A_s' (h_0 - a_s') \tag{6-10}$$

上述基本公式的适用条件是

$$x \leqslant \xi_b h_0 \ (\text{或} \ \xi \leqslant \xi_b) \tag{6-11}$$

$$x \geqslant 2a_s' \left(\text{或} \ \xi \geqslant \frac{2a_s'}{h_0} \right) \tag{6-12}$$

要求满足 $x \leqslant \xi_b h_0$ 是为了防止发生超筋破坏；$x \geqslant 2a_s'$ 是为了保证构件在破坏时，受压钢筋应力能达到屈服强度。如果计算中出现 $x < 2a_s'$ 的情况，则和大偏心受压构件截面设计时相同，近似地取 $x = 2a_s'$，并对受压钢筋 A_s' 的合力点取矩，得

$$Ne' \leqslant N_u e' = f_y A_s (h_0 - a_s') \tag{6-13}$$

$$e' = e_0 + \frac{h}{2} - a_s' \tag{6-14}$$

式中 $\quad e'$——轴向拉力作用点至受压区纵向钢筋 A_s' 合力点的距离。

6.2.4 截面设计

应用大、小偏心受拉基本公式进行截面设计时，取 $N = N_u$。

当采用对称配筋方式时，不论大、小偏心受拉情况，均按式（6-3）计算 A_s，并取 $A_s' = A_s$，即

$$A_s' = A_s = \frac{Ne'}{f_y(h_0' - a_s)}$$

当采用非对称配筋方式时，按以下方法计算：

1. 当 $e_0 \leqslant \dfrac{h}{2} - a_s$ 时，按小偏心受拉构件计算

分别应用式（6-2）式（6-3）计算 A_s' 和 A_s，即

$$A_s' = \frac{Ne}{f_y(h_0 - a_s')}$$

$$A_s = \frac{Ne'}{f_y(h_0' - a_s)}$$

按上述公式算出的钢筋 A_s 和 A_s' 均应满足最小配筋率的要求。

2. 当 $e_0 > \dfrac{h}{2} - a_s$ 时，按大偏心受拉构件计算

大偏心受拉构件截面设计有以下两种情况：

第一种情况：A_s 和 A'_s 均未知时。

（1）由式（6-9）和式（6-10）可看出共有 ξ、A_s 和 A'_s 三个未知数，以（$A_s+A'_s$）总量最小为补充条件，解得 $\xi=0.5h/h_0$，同时，应满足 $\xi\leqslant\xi_b$。为了简化计算，仍可以直接取 $\xi=\xi_b$，然后代入式（6-10），得

$$A'_s=\frac{Ne-\alpha_1 f_c bh_0^2\alpha_{sb}}{f'_y(h_0-a'_s)}$$

其中

$$\alpha_{sb}=\xi_b(1-0.5\xi_b)$$

如果 $A'_s<\rho_{min}bh$ 且 A'_s 与 $\rho_{min}bh$ 数值相差较多，则取 $A'_s=\rho_{min}bh$，改按第二种情况（已知 A'_s 求 A_s）计算 A_s。

（2）将 $\xi=\xi_b$ 和 A'_s 及其他已知条件代入式（6-9）计算 A_s，即

$$A_s=\frac{\alpha_1 f_c bh_0\xi_b+f'_y A'_s+N}{f_y}$$

按上式计算的钢筋面积应满足 $A_s\geqslant\rho_{min}bh$。

第二种情况：已知 A'_s 求 A_s。

（1）将已知条件代入式（6-10）计算 α_s，即

$$\alpha_s=\frac{Ne-f'_y A'_s(h_0-a'_s)}{\alpha_1 f_c bh_0^2}$$

（2）计算 $\xi=1-\sqrt{1-2\alpha_s}$，同时验算适用条件，即

$$x\leqslant\xi_b h_0\,(或\;\xi\leqslant\xi_b)$$
$$x\geqslant 2a'_s\left(或\;\xi\geqslant\frac{2a'_s}{h_0}\right)$$

（3）如果满足适用条件，则将 ξ、A'_s 及其他条件代入式（6-9）求出 A_s，即

$$A_s=\frac{\alpha_1 f_c bh_0\xi+f'_y A'_s+N}{f_y}$$

同时，应满足 $A_s\geqslant\rho_{min}bh$。

在以上计算过程中，如果出现 $\xi>\xi_b$，则说明受压钢筋数量不足，应增加 A'_s 的数量，可改按第一种情况（A_s 和 A'_s 均未知）或增大截面尺寸重新计算。

如果出现 $x<2a'_s\left(或\;\xi<\frac{2a'_s}{h_0}\right)$，应按式（6-13）计算 A_s，即

$$A_s=\frac{Ne'}{f_y(h_0-a'_s)}$$

【例题 6-2】 钢筋混凝土偏心受拉构件，截面尺寸 $b=250mm$，$h=400mm$，$a_s=a'_s=40mm$。构件承受轴向拉力设计值 $N=715kN$，弯矩设计值 $M=86kN\cdot m$。混凝土强度等级为C30，纵筋采用HRB400级钢筋。结构的安全等级为二级。环境类别为一类。求钢筋截面面积 A'_s 和 A_s。

【解】 查附表3，$f_y=f'_y=360N/mm^2$；附表10，$f_t=1.43N/mm^2$。

$$e_0=\frac{M}{N}=\frac{86\times10^6}{715\times10^3}=120mm<\frac{h}{2}-a_s=\frac{400}{2}-40=160mm$$

故属于小偏心受拉构件。

$$e = \frac{h}{2} - a_s - e_0 = \frac{400}{2} - 40 - 120 = 40\text{mm}$$

$$e' = \frac{h}{2} - a_s' + e_0 = \frac{400}{2} - 40 + 120 = 280\text{mm}$$

分别代入式（6-2）和式（6-3）计算 A_s' 和 A_s

$$A_s' = \frac{Ne}{f_y(h_0 - a_s')} = \frac{715 \times 10^3 \times 40}{360 \times (360 - 40)} = 248\text{mm}^2$$

$$A_s = \frac{Ne'}{f_y(h_0' - a_s)} = \frac{715 \times 10^3 \times 280}{360 \times (360 - 40)} = 1738\text{mm}^2$$

$$0.45\frac{f_t}{f_y} = 0.45 \times \frac{1.43}{360} = 0.0018 < 0.002，\text{取 } \rho_{min}' = \rho_{min} = 0.002$$

$$A_{s,min}' = A_{s,min} = \rho_{min}bh = 0.002 \times 250 \times 400 = 200\text{mm}^2 \begin{array}{l} < A_s' = 248\text{mm}^2 \\ < A_s = 1738\text{mm}^2 \end{array}$$

满足纵筋的构造要求。钢筋 A_s' 选用 3⊈12（$A_s' = 339\text{mm}^2$），钢筋 A_s 选用 4⊈25（$A_s = 1964\text{mm}^2$）。

【例题 6-3】 钢筋混凝土偏心受拉构件，截面尺寸 $b = 250\text{mm}$，$h = 400\text{mm}$，$a_s = a_s' = 40\text{mm}$。结构的安全等级为二级。构件承受轴向拉力设计值 $N = 52\text{kN}$，弯矩设计值 $M = 45\text{kN·m}$。混凝土强度等级为 C30，纵筋采用 HRB400 级钢筋。求钢筋截面面积 A_s' 和 A_s。

【解】 查附表 3，$f_y = f_y' = 360\text{N/mm}^2$；查附表 10，$f_c = 14.3\text{N/mm}^2$，$f_t = 1.43\text{N/mm}^2$。

$$e_0 = \frac{M}{N} = \frac{45 \times 10^6}{52 \times 10^3} = 865\text{mm} > \frac{h}{2} - a_s = \frac{400}{2} - 40 = 160\text{mm}$$

属于大偏心受拉构件。

$$e = e_0 - \frac{h}{2} + a_s = 865 - \frac{400}{2} + 40 = 705\text{mm}$$

$$\alpha_{sb} = \xi_b(1 - 0.5\xi_b) = 0.518 \times (1 - 0.5 \times 0.518) = 0.384$$

$$A_s' = \frac{Ne - \alpha_1 f_c \alpha_{sb}bh_0^2}{f_y'(h_0 - a_s')} = \frac{52 \times 10^3 \times 705 - 1 \times 14.3 \times 0.384 \times 250 \times 360^2}{360 \times (360 - 40)} < 0$$

$$0.45\frac{f_t}{f_y} = 0.45 \times \frac{1.43}{360} = 0.0018 < 0.002，\text{取 } \rho_{min}' = \rho_{min} = 0.002$$

$$A_{s,min}' = \rho_{min}'bh = 0.002 \times 250 \times 400 = 200\text{mm}^2$$

受压钢筋选用 2⊈12（$A_s' = 226\text{mm}^2$）。

$$\alpha_s = \frac{Ne - f_y'A_s'(h_0 - a_s')}{\alpha_1 f_c bh_0^2} = \frac{52 \times 10^3 \times 705 - 360 \times 226 \times (360 - 40)}{1 \times 14.3 \times 250 \times 360^2} = 0.023$$

$$\xi = 1 - \sqrt{1 - 2\alpha_s} = 1 - \sqrt{1 - 2 \times 0.023} = 0.023 < \frac{2a_s'}{h_0} = \frac{2 \times 40}{360} = 0.222$$

按 $x = 2a_s'$ 计算，$e' = e_0 + \frac{h}{2} - a_s' = 865 + \frac{400}{2} - 40 = 1025\text{mm}$

$$A_s = \frac{Ne'}{f_y(h_0 - a_s')} = \frac{52 \times 10^3 \times 1025}{360 \times (360 - 40)} = 463\text{mm}^2 > A_{s,min} = 200\text{mm}^2$$

受拉钢筋选用 3⊈16（$A_s = 603\text{mm}^2$）。

6.2.5 截面承载力复核

偏心受拉构件截面承载力复核时，截面尺寸 $b \times h$、截面配筋 A_s 和 A_s'、混凝土强度等级和钢筋种类以及截面上作用的轴向拉力 N 和弯矩 M 均为已知，要求验算是否满足截面受拉承载力的要求。

1. 如果 $e_0 \leqslant \dfrac{h}{2} - a_s$，按小偏心受拉构件计算

利用小偏心受拉的基本公式（6-2）和式（6-3）各解一个 N_u，取两者之中的小者，即为该截面受拉承载力设计值。

2. 如果 $e_0 > \dfrac{h}{2} - a_s$，按大偏心受拉构件计算

由大偏心受拉的基本公式（6-9）和式（6-10）中消去 N_u，解出 ξ，即

$$\xi = \left(1 + \frac{e}{h_0}\right) - \sqrt{\left(1 + \frac{e}{h_0}\right)^2 - \frac{2(f_y A_s e - f_y' A_s' e')}{\alpha_1 f_c b h_0^2}} \tag{6-15}$$

如果 $\dfrac{2a_s'}{h_0} \leqslant \xi \leqslant \xi_b$，将 ξ 代入式（6-9）计算 N_u；如果 $\xi < \dfrac{2a_s'}{h_0}$，则按上式计算的 ξ 值无效，应按式（6-13）计算 N_u；如果 $\xi > \xi_b$，则说明受压钢筋数量不足，可近似取 $\xi = \xi_b$，由式（6-9）和式（6-10）各计算一个 N_u，取两者之中的小值。

具体计算见例题 6-4。

【例题 6-4】 钢筋混凝土偏心受拉构件，截面尺寸 $b = 250\text{mm}$，$h = 400\text{mm}$，$a_s = a_s' = 45\text{mm}$，$A_s' = 603\text{mm}^2$（3$\underline{\Phi}$16），$A_s = 1520\text{mm}^2$（4$\underline{\Phi}$22）。构件承受轴向拉力设计值 $N = 115\text{kN}$，弯矩设计值 $M = 92\text{kN} \cdot \text{m}$。混凝土强度等级为 C25，纵筋采用 HRB400 级钢筋。结构的安全等级为二级。问截面是否能够满足承载力的要求。

【解】 查附表 3，$f_y = f_y' = 360\text{N/mm}^2$；查附表 10，$f_c = 11.9\text{N/mm}^2$。

$$e_0 = \frac{M}{N} = \frac{92 \times 10^6}{115 \times 10^3} = 800\text{mm} > \frac{h}{2} - a_s = \frac{400}{2} - 45 = 155\text{mm}$$

故属于大偏心受拉构件。

$$e = e_0 - \frac{h}{2} + a_s = 800 - \frac{400}{2} + 45 = 645\text{mm}$$

$$e' = e_0 + \frac{h}{2} - a_s' = 800 + \frac{400}{2} - 45 = 955\text{mm}$$

将已知条件代入式（6-15）计算 ξ，即

$$\begin{aligned}
\xi &= \left(1 + \frac{e}{h_0}\right) - \sqrt{\left(1 + \frac{e}{h_0}\right)^2 - \frac{2(f_y A_s e - f_y' A_s' e')}{\alpha_1 f_c b h_0^2}} \\
&= \left(1 + \frac{645}{355}\right) - \sqrt{\left(1 + \frac{645}{355}\right)^2 - \frac{2 \times (360 \times 1520 \times 645 - 360 \times 603 \times 955)}{1 \times 11.9 \times 250 \times 355^2}} \\
&= 0.141 < \frac{2a_s'}{h_0} = \frac{2 \times 45}{355} = 0.254
\end{aligned}$$

应按式（6-13）计算 N_u，即

$$N_u = \frac{f_y A_s (h_0 - a_s')}{e'} = \frac{360 \times 1520 \times (355 - 45)}{955} = 177.625 \times 10^3\text{N} = 177.625\text{kN} > N = 115\text{kN}$$

满足截面偏心受拉承载力要求。

小　结

6.1　轴心受拉构件的受力过程可以分为三个阶段，正截面承载力计算以第三阶段为依据，此时，构件的裂缝贯通整个截面，裂缝截面的轴向拉力全部由纵向钢筋负担。

6.2　偏心受拉构件根据轴向拉力作用位置的不同分为小偏心受拉和大偏心受拉两种情况。当轴向拉力作用于 A_s 合力点及 A_s' 合力点以内时，发生小偏心受拉破坏。当轴向拉力 N 作用于 A_s 合力点及 A_s' 合力点以外时，发生大偏心受拉破坏。大偏心受拉破坏的计算与大偏心受压的计算类似。

思　考　题

6.1　大、小偏心受拉构件的受力特点和破坏特征有什么不同？判别大、小偏心受拉破坏的条件是什么？

6.2　钢筋混凝土大偏心受拉构件非对称配筋，如果计算中出现 $x < 2a_s'$ 或为负值时，应如何计算？出现这种现象的原因是什么？

习　题

6.1　钢筋混凝土偏心受拉构件，截面尺寸 $b = 300\text{mm}$，$h = 500\text{mm}$，$a_s = a_s' = 40\text{mm}$。结构的安全等级为二级。截面承受轴向拉力设计值 $N = 199\text{kN}$，弯矩设计值 $M = 19\text{kN} \cdot \text{m}$，混凝土强度等级为 C30，纵筋采用 HRB400 级钢筋。求钢筋截面面积 A_s' 和 A_s。

6.2　钢筋混凝土偏心受拉构件，截面尺寸 $b = 300\text{mm}$，$h = 450\text{mm}$，$a_s = a_s' = 40\text{mm}$。结构的安全等级为二级。截面承受轴向拉力设计值 $N = 380\text{kN}$，弯矩设计值 $M = 200\text{kN} \cdot \text{m}$。混凝土强度等级为 C30，纵筋采用 HRB400 级钢筋。求钢筋截面面积 A_s' 和 A_s。

第7章　构件斜截面受剪性能与设计

7.1　概　　述

工程中常见的梁、柱、剪力墙等构件，其截面上除作用弯矩（梁）或弯矩和轴力（柱和剪力墙）外，通常还作用有剪力。在弯矩和剪力或弯矩、轴力、剪力共同作用的区段内常出现斜裂缝（diagonal crack），并可能沿斜截面发生破坏。这种破坏往往比较突然，缺乏明显的预兆。因此，对梁、柱、剪力墙等构件除应保证正截面承载力外，还必须保证构件的斜截面承载力。

为了保证构件的斜截面受剪承载力（shear capacity），应使构件具有合适的截面尺寸和适宜的混凝土强度等级，并配置必要的箍筋（stirrup）。当梁承受的剪力较大时，也可增设弯起钢筋（柱中不设弯筋）。弯起钢筋也称斜钢筋（inclined bar），一般由梁内的部分纵向受力钢筋弯起形成（图7-1）。箍筋和弯筋统称为腹筋（web reinforcement）或横向钢筋。

为了保证构件的斜截面受弯承载力，应使梁内的纵向受力钢筋沿

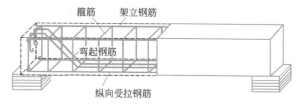

图7-1　梁的箍筋和弯起钢筋

梁长的布置及伸入支座的锚固长度满足若干构造要求，一般不必进行计算。

构件斜截面的受剪性能及破坏机理比正截面的受弯性能及破坏机理复杂得多，其斜截面受剪承载力计算方法主要是基于试验研究结果建立的。另外，弯剪构件（梁）与压（拉）弯剪构件（柱、剪力墙等）的受剪性能基本相同，仅需考虑轴力的影响。因此，本章主要讨论受弯构件（弯剪构件）的受剪性能及受剪承载力计算方法，并对其破坏形态、受力机理及影响因素等进行较详尽的分析，为建立受剪承载力计算公式提供依据。另外，构件的冲切破坏本质上属双向剪切破坏，所以本章最后将对构件的受冲切性能作简要介绍。

7.2　受弯构件受剪性能的试验研究

7.2.1　无腹筋简支梁的受剪性能

在实际工程中，钢筋混凝土梁内一般均需配置腹筋。但为了了解梁内斜裂缝的形成，需先研究无腹筋梁（beam without web reinforcement）的受剪性能。

1. 斜裂缝形成前的应力状态

图7-2（a）所示为一作用有对称集中荷载的钢筋混凝土简支梁。集中荷载之间的 BC 段只有弯矩作用，称为纯弯段。AB 和 CD 段有弯矩和剪力共同作用，称为弯剪段。

当荷载较小时，梁尚未出现裂缝，可以将梁视为匀质弹性体，按材料力学公式分析它

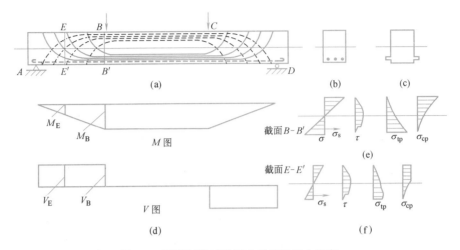

图 7-2 无腹筋梁斜裂缝出现前的应力状态

（a）简支梁及主应力轨迹线；（b）截面；（c）换算截面；（d）内力图；（e）、（f）截面应力分布

的应力。但钢筋混凝土梁是由钢筋和混凝土两种弹性模量不同的材料所组成，因而在应用材料力学公式时应把两种材料所组成的截面换算为单一材料（混凝土）截面，这种截面称为换算截面（transformed section）。根据纵筋形心处钢筋的拉应变 ε_s 等于与它在同一高度处混凝土纤维的拉应变 ε_{ct} 的变形协调条件 $\varepsilon_s = \varepsilon_{ct}$，以及虎克定律 $\varepsilon = \sigma/E$，可得纵筋与同位置处混凝土两者拉应力的关系式，即

$$\sigma_s = \frac{E_s}{E_c}\sigma_{ct} = \alpha_E\sigma_{ct} \tag{7-1}$$

式中　α_E——钢筋弹性模量与混凝土弹性模量之比值，$\alpha_E = E_s/E_c$；

　　　σ_s、σ_{ct}——钢筋拉应力、混凝土拉应力。

由式（7-1）可以推断，如果把受拉钢筋 A_s 所承受的拉力用相当于面积为 $\alpha_E A_s$ 的混凝土承受的拉力来代替，并且使这个混凝土面积的重心保持在原有钢筋形心的高度处，则这个换算截面的几何参数和受力性能与原来截面相同。$\alpha_E A_s$ 为将钢筋面积 A_s 换算为混凝土面积的换算面积。由于钢筋在原来截面上已占有面积为 A_s 的混凝土面积，所以换算截面两侧伸出的混凝土面积应为 $(\alpha_E - 1)A_s$，如图 7-2（c）所示。

求得换算截面后，截面上任一点的正应力 σ 和剪应力 τ 可分别按下列公式计算：

$$\left.\begin{array}{l} \sigma = \dfrac{My_0}{I_0} \\[2mm] \tau = \dfrac{VS_0}{bI_0} \end{array}\right\} \tag{7-2}$$

式中　I_0——换算截面惯性矩；

　　　y_0——求算正应力的纤维到换算截面形心的距离；

　　　S_0——求算剪应力的纤维以外的换算截面面积对换算截面形心的面积矩；

　　　b——梁的截面宽度。

截面上任意点的主拉应力 σ_{tp} 和主压应力 σ_{cp} 分别按下式计算：

$$\sigma_{tp} = \frac{1}{2}\sigma + \sqrt{\frac{\sigma^2}{4} + \tau^2} \tag{7-3}$$

$$\sigma_{cp}=\frac{1}{2}\sigma-\sqrt{\frac{\sigma^2}{4}+\tau^2} \tag{7-4}$$

主应力的作用方向与梁纵轴的夹角为

$$\alpha=\frac{1}{2}\arctan\left(-\frac{2\tau}{\sigma}\right) \tag{7-5}$$

图 7-2 示出了按上述公式计算所得的梁主应力迹线及截面 BB' 和 EE' 的应力图。其中主应力迹线的分布规律与单一匀质体梁相同；截面正应力图上受拉钢筋应力 σ_s 为与其处在同一高度的混凝土纤维中的正应力的 α_E 倍，剪应力分布图形在纵筋位置处有明显的突变。

由主应力迹线可见，在仅承受弯矩的区段（BC 段），剪应力为零，主拉应力 σ_{tp} 的作用方向与梁纵轴的夹角为零，最大主拉应力发生在截面的下边缘，当其超过混凝土的抗拉强度时，将出现垂直于梁纵轴的横向裂缝。在弯剪区段（AB 和 CD 段），由剪力和弯矩复合作用引起的梁腹内主拉应力的方向是倾斜的（亦称为斜向拉应力），当主拉应力超过混凝土的抗拉强度时，将出现斜裂缝。但是在弯剪区段中，截面下边缘的主拉应力仍为水平的，故在这些区段一般先出现横向裂缝，并随着荷载的增大，这些横向裂缝将斜向发展，形成弯剪斜裂缝（flexure-shear crack）（图 7-3a）。

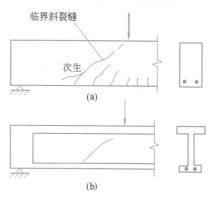

图 7-3 斜裂缝类型
(a) 弯剪斜裂缝；(b) 腹剪斜裂缝

在 I 形截面梁中，由于腹板很薄，且该处剪应力较大，故斜裂缝首先在梁腹部中和轴附近出现，随后向梁底和梁顶斜向发展，这种斜裂缝称为腹剪斜裂缝（web-shear crack）（图 7-3b）。

2. 斜裂缝形成后的受力状态

梁上出现斜裂缝后，梁的受力状态发生了很大变化，亦即发生了内力重分布。图 7-4（a）为一无腹筋简支梁在荷载作用下出现斜裂缝的情况。为能定性地进行分析，将该梁沿斜裂缝 $AA'B$ 切开，取斜裂缝顶点左边部分为脱离体（图 7-4b）。在该脱离体上，荷载在斜截面 $AA'B$ 上产生的弯矩为 M_A，剪力为 V_A。而斜截面 $AA'B$ 上的抗力有以下几部分：斜裂缝上端混凝土残余面（AA'）上的压力 D_c 和剪力 V_c；纵向钢筋的拉力 T_s；因斜裂缝两边有相对的上下错动而使纵向钢筋受到一定的剪力 V_d，称为纵筋的销栓作用（dowel action）；斜裂缝两侧混凝土发生相对错动产生的骨料咬合力（aggregate interlock force）的竖向分力 V_a。

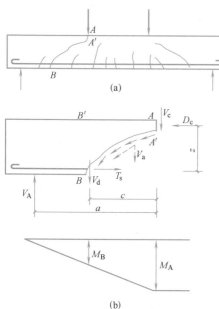

图 7-4 斜裂缝形成后的应力状态
(a) 简支梁裂缝分布；(b) 脱离体及弯矩图

随着斜裂缝的增大，骨料咬合力的竖向

分力 V_a 逐渐减弱以至消失。在销栓力 V_d 作用下，阻止纵向钢筋发生竖向位移的只有下面很薄的混凝土保护层，所以销栓作用不可靠。为了简化分析，V_a 和 V_d 都不予以考虑，故该脱离体的平衡条件为

$$\left.\begin{array}{ll} \sum X=0 & D_c=T_s \\ \sum Y=0 & V_c=V_A \\ \sum M=0 & V_A a=T_s z \end{array}\right\} \tag{7-6}$$

由式（7-6）及图 7-4（b）可见，斜裂缝形成后梁内的受力状态有如下变化：

（1）在斜裂缝出现前，剪力 V_A 由全截面承受，在斜裂缝形成后，剪力 V_A 全部由斜裂缝上端混凝土残余面抵抗。同时，由 V_A 和 V_c 所组成的力偶须由纵筋的拉力 T_s 和混凝土压力 D_c 组成的力偶来平衡。因此，剪力 V_A 在斜截面上不仅引起 V_c，还引起 T_s 和 D_c，致使斜裂缝上端混凝土残余面既受剪又受压，故称剪压区。由于剪压区的截面面积远小于全截面面积，因而斜裂缝出现后剪压区的剪应力 τ 显著增大；同时剪压区的压应力 σ 也显著增大。

（2）在斜裂缝出现前，截面 BB' 处纵筋的拉应力由该截面处的弯矩 M_B 所决定。在斜裂缝形成后，截面 BB' 处的纵筋拉应力则由截面 AA' 处的弯矩 M_A 所决定。由于 $M_A > M_B$，所以斜截面形成后，穿过斜裂缝的纵筋的拉应力将突然增大。

7.2.2 有腹筋简支梁的受剪性能

1. 剪跨比

试验研究表明，梁的受剪性能与梁截面上弯矩 M 和剪力 V 的相对大小有很大关系。根据受力分析，M 和 V 分别使梁截面上产生弯曲正应力 σ 和剪应力 τ，因此梁的受剪性能实质上与 σ 和 τ 的相对比值有关。对于矩形截面梁，截面上的正应力和剪应力可分别表示为

$$\sigma=\alpha_1 \frac{M}{bh_0^2}$$

$$\tau=\alpha_2 \frac{V}{bh_0}$$

式中 α_1、α_2——计算系数；

       b、h_0——梁截面宽度和截面有效高度。

σ 与 τ 的比值为

$$\frac{\sigma}{\tau}=\frac{\alpha_1}{\alpha_2} \cdot \frac{M}{Vh_0}$$

由于 α_1/α_2 为一常数，所以 σ/τ 实际上仅与 $\dfrac{M}{Vh_0}$ 有关。定义

$$\lambda=\frac{M}{Vh_0} \tag{7-7}$$

为广义剪跨比，简称剪跨比（shear span ratio）。剪跨比 λ 是一个能反映梁斜截面受剪承载力变化规律和区分发生各种剪切破坏形态的重要参数。

对于集中荷载作用下的简支梁（图 7-5），式（7-7）可以进一步简化。集中荷载 F_1 和 F_2 作用截面的剪跨比可分别表示为

$$\lambda_1=\frac{M_1}{V_1 h_0}=\frac{V_A a_1}{V_A h_0}=\frac{a_1}{h_0}; \quad \lambda_2=\frac{M_2}{V_2 h_0}=\frac{V_B a_2}{V_B h_0}=\frac{a_2}{h_0}$$

式中，a_1、a_2 分别为集中荷载 F_1、F_2 作用点至相邻支座的距离，称为剪跨（shear span）。剪跨 a 与截面有效高度的比值，称为计算剪跨比，即

$$\lambda = \frac{a}{h_0} \tag{7-8}$$

应当注意，式（7-7）可以用于计算构件在任意荷载作用下任意截面的剪跨比，是一个普遍适用的剪跨比计算公式，故称为广义剪跨比。而式（7-8）只能用于计算集中荷载作用下，距支座最近的集中荷载作用截面的剪跨比（如图 7-5 中 F_1 和 F_2 作用点处的截面），不能用于计算其他复杂荷载作用下的剪跨比和其他集中荷载作用截面的剪跨比（如图 7-5 中 F_3 作用点处的截面）。

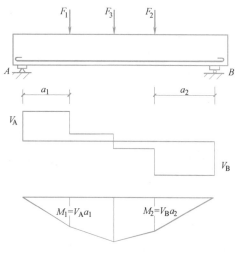

图 7-5　集中荷载作用下的简支梁

2. 梁沿斜截面破坏的主要形态

试验研究表明，梁在斜裂缝出现后，由于剪跨比和腹筋数量的不同，可能有以下几种主要破坏形态：

（1）斜压破坏（diagonal compression failure）

当梁的剪跨比较小（$\lambda < 1$），或剪跨比适当（$1 < \lambda < 3$），但截面尺寸过小而腹筋数量过多时，常发生斜压破坏。这种破坏是斜裂缝首先在梁腹部出现，有若干条，并且大致相互平行。随着荷载的增加，斜裂缝的一端朝支座、另一端朝荷载作用点发展，梁腹部被这些斜裂缝分割成若干个倾斜的受压柱体，梁最后是因为斜压柱体被压碎而破坏，故称为斜压破坏（图 7-6a）。破坏时与斜裂缝相交的箍筋应力达不到屈服强度，梁的受剪承载力主要取决于混凝土斜压柱体的受压承载力。

（2）剪压破坏（shear-compression failure）

当梁的剪跨比适当（$1 < \lambda < 3$），且梁中腹筋数量不过多；或梁的剪跨比较大（$\lambda > 3$），但腹筋数量不过少时，常发生剪压破坏。这种破坏是梁的弯剪段下边缘先出现初始横向裂缝，随着荷载的增加，这些初始横向裂缝将大体上沿着主压应力轨迹向集中荷载作用点延伸。当荷载增加到某一数值时，在几条斜裂缝中会形成一条主要的斜裂缝，这一斜裂缝被称为临界斜裂缝。临界斜裂缝形成后，梁还能继续承受荷载。最后，与临界斜裂缝相交的箍筋应力达到屈服强度，斜裂缝宽度增大，导致剩余截面减小，剪压区混凝土在剪压复合应力作用下达到混凝土复合受力强度而破坏，梁丧失受剪承载力。这种破坏称为剪压破坏（图 7-6b）。

（3）斜拉破坏（diagonal tension failure）

当梁的剪跨比较大（$\lambda > 3$），同时梁内配置的腹筋数量又过少时，将发生斜拉破坏。在这种情况下，斜裂缝一出现，便很快形成临界斜裂缝，并迅速延伸到集中荷载作用点处。因腹筋数量过少，所以腹筋应力很快达到屈服强度，变形剧增，不能抑制斜裂缝的开展，梁斜向被拉裂成两部分而突然破坏（图 7-6c）。因这种破坏是混凝土在正应力 σ 和剪

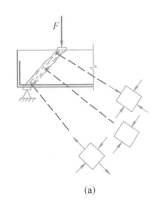
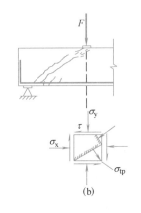
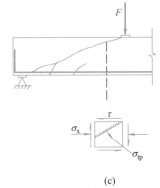

(a)　　　　　　　　　　(b)　　　　　　　　　　(c)

图 7-6　梁斜截面剪切破坏形态

（a）斜压破坏；（b）剪压破坏；（c）斜拉破坏

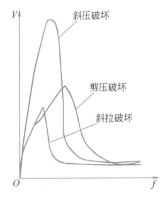

图 7-7　梁的剪力-挠度曲线

应力 τ 共同作用下发生的主拉应力破坏，故称为斜拉破坏。发生斜拉破坏的梁，其斜截面受剪承载力主要取决于混凝土的抗拉强度。

根据上述三种剪切破坏所测得的梁的剪力-跨中挠度曲线如图 7-7 所示。由图可见，梁斜压破坏时受剪承载力高而变形很小，破坏突然，曲线形状陡峭；剪压破坏时，梁的受剪承载力较小，变形稍大，曲线形状较平缓；斜拉破坏时，受剪承载力最小，破坏很突然。所以这三种破坏均为脆性破坏，其中斜拉破坏最为突出，斜压破坏次之，剪压破坏稍好。

除上述三种主要的破坏形态外，在不同的情况下也可能出现其他破坏情况。如集中荷载离支座很近时可能发生纯剪破坏，荷载作用点及支座处可能发生局部受压破坏，以及纵向钢筋的锚固破坏等。

3. 简支梁斜截面受剪机理

在无腹筋梁中，临界斜裂缝出现后，梁被斜裂缝分割为套拱式机构（图 7-8a）。内拱通过纵筋的销栓作用和混凝土骨料的咬合作用把力传给相邻外侧拱，最终传给基本拱体Ⅰ，再传给支座。但是，由于纵筋的销栓作用和混凝土骨料的咬合作用很小，所以由内拱（Ⅱ，Ⅲ）所传递的力很有限，主要依靠基本拱体Ⅰ传递主压应力。因此，无腹筋梁的传力体系可比拟为一个拉杆拱，斜裂缝顶部的残余截面为拱顶，纵筋为拉杆，基本拱体Ⅰ为拱身。当拱顶混凝土强度不足时，将发生斜拉或剪压破坏；当拱身的抗压强度不足时，将发生斜压破坏。

在有腹筋梁中，临界斜裂缝形成后，腹筋依靠"悬吊"作用把内拱（Ⅱ，Ⅲ）的内力直接传递给基本拱体Ⅰ，再传给支座（图 7-8b）；腹筋限制了斜裂缝的开展，从而加大了斜裂缝顶部的混凝土

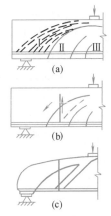

图 7-8　梁的斜截面
受剪机理

（a）拉杆拱；（b）腹筋的悬吊作用；（c）拱形桁架

剩余面，并提高了混凝土骨料的咬合力；腹筋还阻止了纵筋的竖向位移，因而消除了混凝土沿纵筋的撕裂破坏，也增强了纵筋的销栓作用。

由上述分析可见，腹筋的存在使梁的受剪性能发生了根本变化，因而有腹筋梁的传力体系有别于无腹筋梁，可比拟为拱形桁架（图 7-8c）。混凝土基本拱体Ⅰ是拱形桁架的上弦压杆，斜裂缝之间的小拱（Ⅱ，Ⅲ）为受压腹杆，纵筋为受拉弦杆，箍筋为受拉腹杆。当配有弯起钢筋时，它可以看作拱形桁架的受拉斜腹杆。这一比拟表明，腹筋中存在拉应力，斜裂缝间的混凝土承受压应力。当受拉腹杆（腹筋）较弱或适当时将发生斜拉或剪压破坏；当受拉腹杆过强（腹筋过多）时可能发生斜压破坏。

7.2.3 影响斜截面受剪承载力的主要因素

影响梁斜截面受剪承载力的因素很多。试验表明，主要因素有剪跨比、混凝土强度、箍筋的配筋率和纵筋的配筋率。

1. 剪跨比 λ

剪跨比 λ 反映了截面上正应力 σ 和剪应力 τ 的相对关系。此外，λ 还间接反映了荷载垫板下竖向压应力 σ_y 的影响。剪跨比大时，发生斜拉破坏，斜裂缝一出现就直通梁顶，σ_y 的影响很小；剪跨比减小后，荷载垫板下的 σ_y 阻止斜裂缝的发展，发生剪压破坏，受剪承载力提高；剪跨比很小时，发生斜压破坏，荷载与支座间的混凝土像一根短柱在 σ_y 作用下被压坏，受剪承载力很高但延性较差。因此剪跨比对梁的破坏形态和受剪承载力有重大影响。图 7-9 所示为我国进行

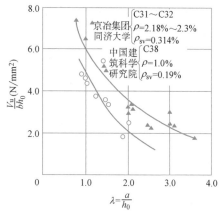

图 7-9　剪跨比对有腹筋梁受剪承载力的影响

的几种集中荷载作用下简支梁的试验结果，它表明在梁截面尺寸、混凝土强度等级、箍筋的配筋率和纵筋的配筋率基本相同的条件下，剪跨比越大，梁的受剪承载力越低。

2. 混凝土强度

梁斜截面剪切破坏时混凝土达到相应受力状态下的极限强度，故混凝土强度对斜截面受剪承载力影响很大。如前所述，梁斜压破坏时，受剪承载力取决于混凝土的抗压强度；斜拉破坏时，受剪承载力取决于混凝土的抗拉强度；剪压破坏时，受剪承载力与混凝土的压剪复合受力强度有关。

图 7-10（a）、（b）分别表示集中荷载作用下（$\lambda=3$）无腹筋梁的名义剪应力 $V_c/(bh_0)$ 与混凝土立方体抗压强度 f_{cu} 和轴心抗拉强度 f_t 的关系，图中黑点表示不同强度等级混凝土（包括普通和高强混凝土）梁名义剪应力的试验值，共 45 个点。由图可见，$V_c/(bh_0)$ 随 f_{cu} 增大而增大，但二者呈非线性关系；而 $V_c/(bh_0)$ 与 f_t 近似呈线性关系。

3. 箍筋的配筋率 ρ_{sv} 和箍筋强度 f_{yv}

如前所述，有腹筋梁出现斜裂缝之后，箍筋不仅直接承担相当一部分剪力，而且还能有效地抑制斜裂缝的开展和延伸，对提高剪压区混凝土的受剪承载力和纵筋的销栓作用均有一定影响。试验表明，在配筋量适当的范围内，箍筋配得越多，箍筋强度越高，梁的受剪承载

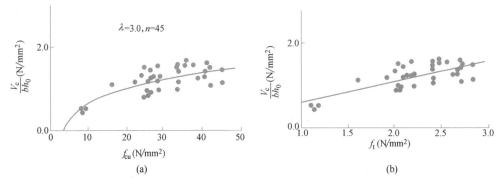

图 7-10 名义剪应力与混凝土强度的关系

(a) $\dfrac{V_c}{bh_0} - f_{cu}$ 关系；(b) $\dfrac{V_c}{bh_0} - f_t$ 关系

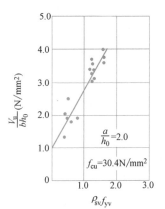

图 7-11 箍筋的配筋率及其
强度对梁受剪承载力的影响

力也越大。图 7-11 表示 $\rho_{sv} f_{yv}$ 对梁受剪承载力 $V_u/(bh_0)$ 的影响，可见在其他条件相同时，两者大致呈线性关系。

梁中箍筋的配筋率 ρ_{sv} 按下式计算：

$$\rho_{sv} = \frac{A_{sv}}{bs} \tag{7-9}$$

式中 b —— 矩形截面的宽度，T 形截面或 I 形截面的腹板宽度；

s —— 沿构件长度箍筋的间距；

A_{sv} —— 配置在同一截面内箍筋各肢的全部截面面积，$A_{sv} = nA_{sv1}$，n 为在同一个截面内箍筋的肢数，A_{sv1} 为单肢箍筋的截面面积，如图 7-12 所示。

4. 纵向钢筋的配筋率 ρ

如图 7-13 所示为纵筋配筋率 ρ 与梁受剪承载力 $V_u/(f_t bh_0)$ 的关系。图中的散点表示不同剪跨比时的试验结果。由图可见，在其他条件相同的情况下，增加纵筋配筋率可提高梁的受剪承载力，两者大致呈线性关系。这是因为纵筋能抑制斜裂缝的开展和延伸，使剪压区混凝土的面积增大，从而提高了剪压区混凝土承受的剪力；同时，纵筋数量增大，其销栓作用也随之增大。剪跨比较小时，销栓作用明显，ρ 对

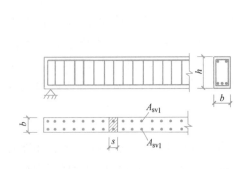

图 7-12 梁截面箍筋示意图

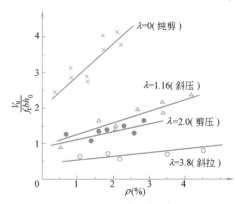

图 7-13 纵筋配筋率对梁受剪承载力的影响

受剪承载力影响较大；剪跨比较大时，属斜拉破坏，ρ 的影响程度减弱。

上面讨论了集中荷载作用下简支梁的受剪性能，均布荷载作用下的受剪性能与其基本相同。两者的主要区别是，集中荷载作用下简支梁荷载作用截面处的弯矩和剪力均达到最大，这个截面剪压区混凝土所受的正应力和剪应力亦均为最大，所以剪切破坏的剪压区多发生在这个截面；而均布荷载作用下简支梁的支座截面剪力最大，跨中截面弯矩最大，不存在最大弯矩和最大剪力发生在同一截面的情况，剪切破坏的剪压区位置一般发生在弯矩和剪力都较大的某个截面。

7.3 受弯构件斜截面受剪承载力计算

7.3.1 计算原则

如前所述，有腹筋梁沿斜截面剪切破坏可能出现三种主要破坏形态。其中，斜压破坏是因梁截面尺寸过小而发生的，故可以用控制梁截面尺寸不致过小加以防止；斜拉破坏则是由于梁内配置的腹筋数量过少而引起的，因此用配置一定数量的箍筋和保证必要的箍筋间距来防止这种破坏的发生；对于常见的剪压破坏，通过受剪承载力计算给予保证。《混凝土结构设计规范》的受剪承载力计算公式就是依据剪压破坏特征建立的。

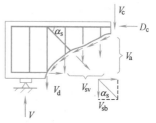

图 7-14 斜截面受剪承载力
计算简图

对于配有箍筋和弯起钢筋的简支梁，梁达到受剪承载力极限状态而发生剪压破坏时，取出被破坏斜截面所分割的一段梁作为脱离体，如图 7-14 所示。该脱离体上作用的外荷载剪力为 V，斜截面上的抗力有混凝土剪压区的剪力和压力、箍筋和弯起钢筋的拉力、纵筋的拉力、纵筋的销栓力、骨料咬合力等。

斜截面的受剪承载力由下列各项所组成：

$$V_u = V_c + V_{sv} + V_{sb} + V_d + V_a \tag{7-10}$$

式中 V_u—— 斜截面受剪承载力；

       V_c—— 剪压区混凝土所承担的剪力；

       V_{sv}—— 与斜裂缝相交的箍筋所承担剪力的总和；

       V_{sb}—— 与斜裂缝相交的弯起钢筋所承担拉力的竖向分力总和；

       V_d—— 纵筋的销栓力总和；

       V_a—— 斜截面上混凝土骨料咬合力的竖向分力总和。

由于破坏斜截面的位置和倾角以及剪压区的面积等很难用理论分析确定；欲确定剪压区混凝土所承受的剪力，将涉及混凝土的复合受力强度；而纵筋的销栓力和混凝土骨料的咬合力又与诸多因素有关。因此，为了简化计算并便于应用，《混凝土结构设计规范》采用半理论半经验的方法建立受剪承载力计算公式，其中仅考虑一些主要因素，次要因素不考虑或合并于其他因素之中。于是式（7-10）可简化为

$$V_u = V_{cs} + V_{sb} \tag{7-11}$$

其中

$$V_{cs} = V_c + V_{sv} \tag{7-12}$$

式中 V_{cs}——仅配有箍筋梁的斜截面受剪承载力。

7.3.2 仅配有箍筋梁的斜截面受剪承载力

由式（7-12）可见，仅配有箍筋梁的斜截面受剪承载力 V_{cs} 由混凝土的受剪承载力 V_c 和与斜裂缝相交的箍筋的受剪承载力 V_{sv} 组成。另由前述可知，$V_{cs}/(bh_0)$ 与混凝土抗拉强度 f_t（图 7-10b）和配箍强度 $\rho_{sv}f_{yv}$（图 7-11）之间均大致呈线性关系，所以可简单地用线性函数表示这种关系，即

$$\frac{V_{cs}}{bh_0} = \alpha_{cv}f_t + \alpha_{sv}\rho_{sv}f_{yv}$$

上式亦可写成

$$\frac{V_{cs}}{f_t bh_0} = \alpha_{cv} + \alpha_{sv}\frac{\rho_{sv}f_{yv}}{f_t} \tag{7-13}$$

式中，$V_{cs}/(f_t bh_0)$ 称为相对名义剪应力；$\rho_{sv}f_{yv}/f_t$ 称为配箍系数，它反映了箍筋数量和强度的相对大小；α_{cv} 和 α_{sv} 为待定经验系数。

试验表明，系数 α_{cv} 和 α_{sv} 与荷载形式和截面形状等因素有关。根据对大量试验资料的分析研究，可分下列两种情况确定系数 α_{cv} 和 α_{sv} 及相应的受剪承载力计算公式。

（1）矩形、T 形和 I 形截面的一般受弯构件斜截面受剪承载力计算

对于 I 形截面和翼缘位于剪压区的 T 形截面梁，翼缘加大了剪压区混凝土的面积，故而提高了梁的斜截面受剪承载力。试验表明，对无腹筋梁，当梁翼缘宽度为腹板宽度（肋宽）的 2 倍时，其受剪承载力比肋宽相同的矩形截面梁提高 20% 左右。若再加大翼缘宽度，受剪承载力基本上不再提高。因为这时梁腹板相对较薄，成为梁的薄弱环节，剪切破坏发生在腹板上，翼缘大小对腹板在破坏时的受剪承载力影响不大。所以《混凝土结构设计规范》规定，I 形截面和 T 形截面梁的斜截面受剪承载力计算与矩形截面梁采用相同的计算公式，但梁截面宽度取腹板宽度。

在这种情况下，如欲根据试验数据建立梁截面受剪承载力平均值公式，则 $\alpha_{cv} = 0.7$，而 α_{sv} 随 $V/(f_c bh_0)$ 变化在 1.5～2.0 之间取值。从设计角度考虑，《混凝土结构设计规范》偏于安全地取 $\alpha_{cv} = 0.7$，$\alpha_{sv} = 1.0$，于是式（7-13）可写成：

$$\frac{V_{cs}}{f_t bh_0} = 0.7 + \rho_{sv}\frac{f_{yv}}{f_t}$$

将式（7-9）代入上式，并写成极限状态设计表达式，则

$$V \leqslant V_u = V_{cs} = 0.7f_t bh_0 + f_{yv}\frac{A_{sv}}{s}h_0 \tag{7-14}$$

式中 V——构件斜截面上的最大剪力设计值；

$\quad b$——矩形截面的宽度，T 形截面或 I 形截面的腹板宽度；

$\quad h_0$——截面的有效高度；

$\quad f_t$——混凝土轴心抗拉强度设计值；

$\quad f_{yv}$——箍筋抗拉强度设计值。

图 7-15 表示均布荷载作用下有腹筋梁受剪承载力试验值与公式（7-14）计算值的比较，图中小三角形表示试验值，实线表示公式（7-14）的计算值。

（2）集中荷载作用下的矩形、T 形和 I 形截面独立梁斜截面受剪承载力计算

在实际工程中，作用于梁上的荷载可能很复杂，包括分布荷载、集中荷载等多种荷载

作用，其中集中荷载对支座截面或节点边缘所产生的剪力值占总剪力值的75%以上时，属于这种受力情况。这种梁的受剪性能与仅承受集中荷载的梁相似，因此按承受集中荷载的梁考虑。这时发生剪切破坏斜截面的剪压区多在最大集中荷载作用截面，该截面弯矩和剪力都很大，因而斜裂缝顶部的剪压区混凝土的正应力和剪应力也很大，当剪跨比较大时更是如此。因此，对这种梁应考虑剪跨比的影响。

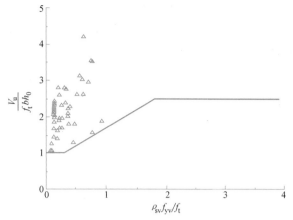

图 7-15　均布荷载作用下有腹筋梁的相对受剪承载力

同理，在这种情况下，如欲根据试验数据建立梁截面受剪承载力平均值公式，则 $\alpha_{cv}=\dfrac{4}{\lambda+1}$，而 α_{sv} 随 $V/(f_c bh_0)$ 变化在 1.5~2.0 之间取值。从设计角度考虑，《混凝土结构设计规范》偏于安全地取 $\alpha_{cv}=\dfrac{1.75}{\lambda+1}$，$\alpha_{sv}=1.0$，于是式（7-13）可写成：

$$\frac{V_{cs}}{f_t bh_0}=\frac{1.75}{\lambda+1}+\rho_{sv}\frac{f_{yv}}{f_t}$$

写成设计表达式，则为

$$V \leqslant V_u = V_{cs} = \frac{1.75}{\lambda+1}f_t bh_0 + f_{yv}\frac{A_{sv}}{s}h_0 \tag{7-15}$$

式中，λ 为计算截面的剪跨比，可取 $\lambda=a/h_0$，a 为集中荷载作用点至支座截面或节点边缘的距离；当 $\lambda<1.5$ 时，取 $\lambda=1.5$，当 $\lambda>3$ 时，取 $\lambda=3$；集中荷载作用点至支座之间的箍筋应均匀配置。

图 7-16 表示普通混凝土和高强混凝土无腹筋梁在集中荷载作用下受剪承载力试验值（图中的实心和空心圆）与式（7-15）右边第一项计算值的比较。可见，当系数 α_{cv} 取 $1.75/(\lambda+1)$ 时，所得的无腹筋梁受剪承载力是偏于安全的。

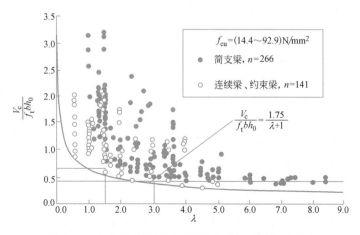

图 7-16　集中荷载作用下无腹筋梁的相对受剪承载力

图 7-17 表示集中荷载作用下普通混凝土和高强混凝土有腹筋梁受剪承载力试验值（图中的散点）与式（7-15）计算值的比较，图中实线表示剪跨比 $\lambda=1.5$ 和 $\lambda=3.0$ 时式（7-15）的控制线。

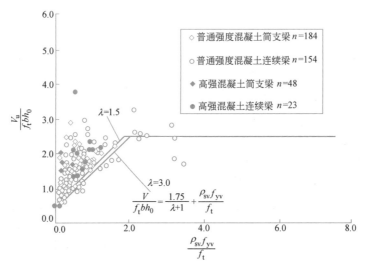

图 7-17　集中荷载作用下有腹筋梁的相对受剪承载力

当剪跨比 λ 在 1.5～3.0 之间时，式（7-15）中第一项的系数 $1.75/(\lambda+1)$ 在 0.7～0.44 之间变化，表明随剪跨比的增大，梁的受剪承载力降低。可见，对于相同截面的梁，承受集中荷载作用时的斜截面受剪承载力比承受均布荷载时的低。

应当指出，式（7-14）和式（7-15）并不代表极限抗剪强度，也不是试验结果的统计平均值，而是破坏强度的偏下限值（如图 7-15～图 7-17 所示），它们是由满足设计可靠指标 $[\beta]$ 要求的破坏强度下包线求得。另外，这两个公式中的第一项可理解为无腹筋梁的受剪承载力，但第二项不能理解为箍筋的受剪承载力，它是配箍筋后受剪承载力的提高值。因为对于配有箍筋的梁，箍筋限制了斜裂缝的开展，使混凝土剪压区面积增大，提高了混凝土承担的剪力，其值比 $0.7f_t bh_0$ 要大一些，也就是在 $f_{yv}A_{sv}h_0/s$ 中有一小部分属于混凝土的作用。

式（7-14）和式（7-15）可统一表示为

$$V \leqslant V_u = V_{cs} = \alpha_{cv} f_t b h_0 + f_{yv}\frac{A_{sv}}{s}h_0 \tag{7-16}$$

式中　α_{cv}——斜截面混凝土受剪承载力系数，对于一般受弯构件取 0.7；对集中荷载作用下（包括作用有多种荷载，其中集中荷载对支座截面或节点边缘所产生的剪力值占总剪力值 75% 以上的情况）的独立梁，取 $\alpha_{cv}=\dfrac{1.75}{\lambda+1}$，$\lambda$ 为计算截面的剪跨比，可取 $\lambda=a/h_0$，当 $\lambda<1.5$ 时，取 1.5，当 $\lambda>3$ 时，取 3，a 为集中荷载作用点至支座截面或节点边缘的距离。

7.3.3　配有箍筋和弯起钢筋梁的斜截面受剪承载力

为了承受较大的设计剪力，梁中除配置一定数量的箍筋外，有时还需设置弯起钢筋。试验表明，梁中弯起钢筋所承受的剪力随着弯筋面积的加大而提高，两者呈线性关系，且与弯起角有关。亦即弯起钢筋所承受的剪力可用它的拉力在垂直于梁纵轴方向的分力

$f_y A_{sb} \sin\alpha_s$（图 7-14）表示。此外，弯起钢筋仅在穿越斜裂缝时才可能屈服，当弯起钢筋在斜裂缝顶端越过时，因接近压区，弯起钢筋有可能达不到屈服，计算时应考虑这个不利因素。这样，弯筋的受剪承载力可用下式计算：

$$V_{sb} = 0.8 f_y A_{sb} \sin\alpha_s \tag{7-17}$$

式中　A_{sb}——配置在同一弯起平面内的弯起钢筋的截面面积；

　　　α_s——弯起钢筋与梁纵轴的夹角，一般取 $\alpha_s = 45°$；当梁截面较高时，可取 $\alpha_s = 60°$；

　　　f_y——弯起钢筋的抗拉强度设计值；

　　　0.8——应力不均匀折减系数。

对于同时配置箍筋和弯起钢筋的梁，由式（7-11）可知，其斜截面受剪承载力等于仅配箍筋梁的受剪承载力与弯起钢筋的受剪承载力之和。将式（7-16）和式（7-17）代入式（7-11），可得

$$V \leqslant V_u = \alpha_{cv} f_t b h_0 + f_{yv} \frac{A_{sv}}{s} h_0 + 0.8 f_y A_{sb} \sin\alpha_s \tag{7-18}$$

式中　V——配置弯起钢筋处的剪力设计值，具体取值方法见 7.4.1 小节。

尚须强调，对于承受集中荷载且与楼板整浇的框架梁，式（7-16）和式（7-18）中的系数 α_{cv} 应取 0.7。

7.3.4 公式的适用范围

上述梁斜截面受剪承载力计算公式是根据剪压破坏的受力特征和试验结果建立的，因而有一定的适用范围，即公式的上、下限。

1. 公式的上限——截面尺寸限制条件

如前所述，当梁承受的剪力较大而截面尺寸较小且箍筋数量又较多时，梁可能产生斜压破坏，此时箍筋应力达不到屈服强度，梁的受剪承载力取决于混凝土的抗压强度 f_c 和梁的截面尺寸。另由图 7-6（a）可见，梁发生斜压破坏时，斜压柱体的下部处于拉、压应力状态。试验研究表明，处于拉、压应力状态的混凝土存在软化现象，即其复合抗压、抗拉强度均降低（图 2-17 的第二、四象限），并且随着混凝土强度的增加软化现象越明显，故可用 β_c 来考虑因混凝土软化引起的抗压强度降低。

综上所述，设计时为防止发生斜压破坏（或腹板压坏），同时也为了限制梁在使用阶段的裂缝宽度，《混凝土结构设计规范》规定，矩形、T 形和 I 形截面的受弯构件，其受剪截面应符合下列条件：

当 $h_w/b \leqslant 4$（属于一般梁）时

$$V \leqslant 0.25 \beta_c f_c b h_0 \tag{7-19}$$

当 $h_w/b \geqslant 6$（属于薄腹梁）时

$$V \leqslant 0.2 \beta_c f_c b h_0 \tag{7-20}$$

当 $4 < h_w/b < 6$ 时，按线性内插法确定，即

$$V \leqslant 0.025 \left(14 - \frac{h_w}{b}\right) \beta_c f_c b h_0 \tag{7-21}$$

式中　V——构件斜截面上的最大剪力设计值；

　　　β_c——混凝土强度影响系数：当混凝土强度等级不超过 C50 时，取 $\beta_c = 1.0$；当混凝土强度等级为 C80 时，取 $\beta_c = 0.8$；其间按线性内插法确定；

f_{c}——混凝土轴心抗压强度设计值；

h_{w}——截面的腹板高度：对矩形截面，取有效高度；对 T 形截面，取有效高度减翼缘高度；对 I 形截面，取腹板净高。

对 T 形或 I 形截面的简支受弯构件，由于受压翼缘对抗剪的有利影响，因此，当有实践经验时，式（7-19）中的系数 0.25 可改用 0.3；同样，对受拉边倾斜的构件，其受剪截面的控制条件可适当放宽。

2. 公式的下限——箍筋最小配筋率

如果梁内箍筋配置过少，斜裂缝一出现，箍筋应力会立即达到屈服强度甚至被拉断，导致突然发生的斜拉破坏。为了避免这类破坏，《混凝土结构设计规范》规定了箍筋的最小配筋率，即

$$\rho_{\text{sv,min}} = 0.24 \frac{f_{\text{t}}}{f_{\text{yv}}} \tag{7-22}$$

为了防止出现斜拉破坏，梁内应配置一定数量的箍筋，且箍筋的间距不能过大，以保证可能出现的斜裂缝与之相交。根据试验结果和设计经验，梁内的箍筋数量应满足下列要求：

（1）当计算截面的剪力设计值满足

$$V \leqslant \alpha_{\text{cv}} f_{\text{t}} b h_0 \tag{7-23}$$

时，虽按计算不需配置箍筋，但应按构造配置箍筋，即箍筋的最大间距和最小直径宜满足表 7-1 的构造要求。

梁中箍筋的最大间距和最小直径（mm）　　　　　　　　　　表 7-1

梁截面高度 h	最大间距		最小直径
	$V > 0.7 f_{\text{t}} b h_0$	$V \leqslant 0.7 f_{\text{t}} b h_0$	
$150 < h \leqslant 300$	150	200	6
$300 < h \leqslant 500$	200	300	6
$500 < h \leqslant 800$	250	350	6
$h > 800$	300	400	8

（2）当式（7-23）不满足时，应按式（7-18）计算腹筋数量，由计算所选用的箍筋直径和间距尚应符合表 7-1 的构造要求，同时箍筋的配筋率应满足

$$\rho_{\text{sv}} = \frac{A_{\text{sv}}}{bs} \geqslant \rho_{\text{sv,min}} = 0.24 \frac{f_{\text{t}}}{f_{\text{yv}}} \tag{7-24}$$

7.3.5　连续梁、框架梁和外伸梁的斜截面受剪承载力

这类梁的特点是在剪跨段内作用有正负两个方向的弯矩并存在一个反弯点（图 7-18）。最大负弯矩 M^- 与最大正弯矩 M^+ 之比的绝对值称为弯矩比 $\zeta = \left| \dfrac{M^-}{M^+} \right|$，$\zeta$ 对梁的破坏形态和受剪承载力有重要影响。当 $\zeta < 1$，即梁跨间正弯矩大于支座负弯矩绝对值时，剪切破坏发生在正弯矩区；当 $\zeta > 1$，即支座负弯矩绝对值超过跨间正弯矩时，剪切破坏发生在负弯矩区。当 $\zeta = 1$ 时，正负弯矩区均可能发生剪切破坏，梁受剪承载力最低。现以 $\zeta = 1$ 的梁为例，说明这类梁受剪承载力降低的原因。

梁在正负两向的弯矩以及剪力作用下，在正负弯矩区可能出现两条临界斜裂缝，分别指向中间支座和加载点（图 7-18a）。由于反弯点两侧梁段承受相同方向的弯矩（图 7-18c），致使纵向钢筋两端受同一方向的力，因而钢筋与混凝土间的黏结作用易遭破坏而

产生相对滑移。在黏结裂缝出现前，受压区混凝土和钢筋所受的压力分别为 D_c 和 D_s，它

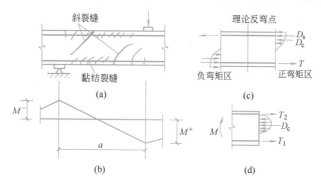

图 7-18 连续梁的应力重分布

（a）连续梁裂缝图；（b）弯矩；（c）正、负弯矩截面应力图；（d）正弯矩截面应力重分布

们与下部钢筋所受的拉力 T 相平衡，如图 7-18（c）所示。在黏结裂缝充分开展以后，由于纵筋的应力重分布，原先受压的钢筋变成了受拉钢筋，这样混凝土所受的压力 D_c 必须和上、下纵筋所受的拉力 T_1、T_2 相平衡，如图 7-18（d）所示。此外，黏结裂缝和纵筋应力重分布的充分发展，将形成沿纵筋的撕裂裂缝，使纵筋外侧原来受压的混凝土基本上不起作用。由此可见，与具有相同条件的简支梁相比，连续梁的混凝土受压区高度减小，压应力和剪应力均相应增大，故其受剪承载力降低。但是，如果仍用简支梁的计算公式（7-15）计算连续梁的受剪承载力，计算时不用广义剪跨比而用计算剪跨比，由于计算剪跨比的数值 a/h_0 大于广义剪跨比的数值 $\dfrac{M^+}{Vh_0} = \dfrac{a}{h_0(1+\zeta)}$，因此连续梁受剪承载力的计算值仍为试验结果的下包线。所以《混凝土结构设计规范》规定，对于以承受集中荷载为主的矩形、T 形和 I 形截面连续梁、框架梁和外伸梁，仍用式（7-15）进行受剪承载力计算，但剪跨比 λ 用计算剪跨比（$\lambda = a/h_0$）。

对于均布荷载作用下的连续梁，由于梁上部混凝土受到均匀荷载所产生的竖向压应力的影响，加强了钢筋与混凝土间的黏结强度，因此在受拉纵筋达到屈服强度之前，一般不会沿受拉纵筋位置出现严重的黏结开裂裂缝，故其受剪承载力与具有相同条件的简支梁相当。所以《混凝土结构设计规范》规定，用与简支梁相同的公式（7-14）计算均布荷载作用下连续梁、框架梁和外伸梁的受剪承载力。

配有弯起钢筋的连续梁、框架梁和外伸梁的斜截面受剪承载力计算亦同简支梁，即用式（7-18）计算。此外，连续梁、框架梁和外伸梁的截面尺寸限制条件和配箍构造条件均与简支梁相同。

7.3.6 板类构件的受剪承载力

在高层建筑中，基础底板和转换层板的厚度有时达 1～3m 甚至更大，水工、港工中的某些底板达 7～8m 厚，此类板称为厚板。对于厚板，除应计算正截面受弯承载力外，还必须计算斜截面受剪承载力。由于板类构件难以配置箍筋，所以这属于不配箍筋和弯起钢筋的无腹筋板类构件的斜截面受剪承载力问题。

对于不配置腹筋的厚板来说，截面的尺寸效应是影响其受剪承载力的重要因素。因为随着板厚的增加，斜裂缝的宽度会相应地增大，如果骨料的粒径没有随板厚的加大而增大，就会使裂缝两侧的骨料咬合力减弱，传递剪力的能力相对较低。因此，计算厚板的受

剪承载力时，应考虑尺寸效应的影响。

根据上述分析，《混凝土结构设计规范》规定：不配箍筋和弯起钢筋的一般板类受弯构件，其斜截面受剪承载力应按下式计算：

$$V \leqslant V_{\mathrm{u}} = 0.7\beta_{\mathrm{h}} f_{\mathrm{t}} bh_0 \tag{7-25}$$

$$\beta_{\mathrm{h}} = \left(\frac{800}{h_0}\right)^{1/4} \tag{7-26}$$

式中 β_{h}——截面高度影响系数，当 $h_0 < 800\mathrm{mm}$ 时，取 $h_0 = 800\mathrm{mm}$；当 $h_0 > 2000\mathrm{mm}$ 时，取 $h_0 = 2000\mathrm{mm}$。

上式仅适用于板类构件的受剪承载力计算，工程设计中一般不允许将梁设计成无腹筋梁。

7.4 受弯构件斜截面受剪承载力的设计计算

7.4.1 计算截面的确定及箍筋级别选用

控制梁斜截面受剪承载力的应该是那些剪力设计值较大而受剪承载力较小或截面抗力变化处的斜截面。设计中一般取下列斜截面作为梁受剪承载力的计算截面：

(1) 支座边缘处的截面（图 7-19a、b 截面 1-1）；

(2) 受拉区弯起钢筋弯起点处的截面（图 7-19a 截面 2-2、3-3）；

(3) 箍筋截面面积或间距改变处的截面（图 7-19b 截面 4-4）；

(4) 腹板宽度改变处的截面。

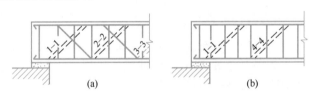

图 7-19 斜截面受剪承载力的计算位置

(a) 弯起钢筋；(b) 箍筋

计算截面处的剪力设计值按下述方法采用：计算支座边缘处的截面时，取该处的剪力设计值；计算箍筋数量改变处的截面时，取箍筋数量开始改变处的剪力设计值；计算第一排弯起钢筋（从支座起）时，取支座边缘处的剪力设计值，计算以后每一排弯起钢筋时，取前一排弯起钢筋弯起点处的剪力设计值。

箍筋宜采用 HRB400、HRBF400、HPB300、HRB500、HRBF500 钢筋。

7.4.2 设计计算

在工程设计中，一般有两类问题：截面选择（设计问题）和截面校核（复核问题）。

1. 截面选择（设计问题）

已知构件的截面尺寸 b、h_0，材料强度设计值 f_{t}、f_{yv}，荷载设计值（或内力设计值）和跨度等，要求确定箍筋和弯起钢筋的数量。

对这类问题可按如下步骤进行计算：

(1) 求计算斜截面的剪力设计值，必要时作剪力图。

(2) 验算截面尺寸。根据构件斜截面上的最大剪力设计值 V，按式（7-19）或式（7-20）、式（7-21）验算由正截面受弯承载力计算所选定的截面尺寸是否合适，如不满足则应加大截面尺寸或提高混凝土强度等级。

（3）验算是否按计算配置腹筋。当某一计算斜截面的剪力设计值满足式（7-23）时，则不需按计算配置腹筋，此时应按表 7-1 的构造要求配置箍筋。否则，应按计算要求配置腹筋。

（4）当要求按计算配置腹筋时，计算腹筋数量。

工程设计中一般采用下列两种方案：

① 只配箍筋不配弯起钢筋

只配箍配不配弯起钢筋时，由式（7-16）可得

$$\frac{A_{sv}}{s} \geq \frac{V - \alpha_{cv} f_t b h_0}{f_{yv} h_0} \tag{7-27}$$

计算出 $\frac{A_{sv}}{s}$ 值后，一般采用双肢箍筋，即取 $A_{sv} = 2A_{sv1}$（A_{sv1} 为单肢箍筋的截面面积），然后选用箍筋直径，并求出箍筋间距 s。注意选用的箍筋直径和间距应满足表 7-1 的构造要求，同时箍筋的配筋率应满足式（7-24）。

② 既配箍筋又配弯起钢筋

当计算截面的剪力设计值较大，箍筋配置数量较多但仍不满足截面抗剪要求时，可配置弯起钢筋与箍筋一起抗剪。此时，可先按经验选定箍筋数量，然后按下式确定弯起钢筋面积 A_{sb}：

$$A_{sb} \geq \frac{V - V_{cs}}{0.8 f_y \sin\alpha_s} \tag{7-28}$$

式中，V_{cs} 按式（7-16）计算。

2. 截面校核（复核问题）

已知构件截面尺寸 b、h_0，材料强度设计值 f_t、f_y、f_{yv}，箍筋数量，弯起钢筋数量及位置等，要求复核构件斜截面所能承受的剪力设计值。

此时可将有关数据直接代入式（7-18），即可得到解答。

7.4.3 计算例题

【例题 7-1】 图 7-20 所示的矩形截面简支梁，截面尺寸 $b \times h = 250\text{mm} \times 600\text{mm}$，混凝土强度等级 C35（$f_c = 16.7\text{N/mm}^2$，$f_t = 1.57\text{N/mm}^2$）。结构的安全等级为二级。环境类别为一类。纵筋为 HRB500 级钢筋（$f_y = 435\text{N/mm}^2$），箍筋为 HPB300 级钢筋（$f_{yv} = $

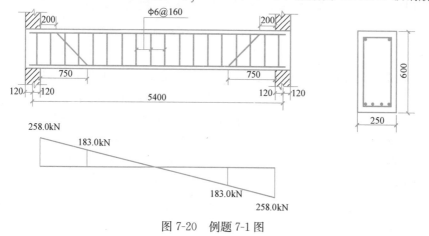

图 7-20 例题 7-1 图

270N/mm²）。梁承受均布荷载设计值 100kN/m（包括梁自重）。根据正截面受弯承载力计算所配置的纵筋为4Φ22。要求确定腹筋数量。

【解】 （1）计算剪力设计值

支座边缘截面的剪力设计值

$$V = \frac{1}{2} \times 100 \times (5.4 - 0.24) = 258.000\text{kN}$$

（2）验算截面尺寸

查附表 17，$c = 20\text{mm}$，则 $a_s = 40\text{mm}$，$h_w = h_0 = h - a_s = 560\text{mm}$，$h_w/b = 560/250 = 2.24 < 4$，应按式（7-19）验算；因为混凝土强度等级为 C35，低于 C50，故 $\beta_c = 1.0$，则

$$0.25\beta_c f_c bh_0 = 0.25 \times 1.0 \times 16.7 \times 250 \times 560 = 584500\text{N} = 584.500\text{kN} > V = 258.000\text{kN}$$

截面尺寸满足要求。

（3）验算是否按计算配置腹筋

由式（7-23）得

$$\alpha_{cv} f_t bh_0 = 0.7 \times 1.57 \times 250 \times 560 = 153860\text{N} = 153.860\text{kN} < V = 258.000\text{kN}$$

故需按计算配置腹筋。

（4）计算腹筋数量

1）若只配箍筋

由式（7-27）得

$$\frac{A_{sv}}{s} \geqslant \frac{V - \alpha_{cv} f_t bh_0}{f_{yv} h_0} = \frac{258000 - 153860}{270 \times 560} = 0.689$$

根据表 7-1，该梁的箍筋直径不宜小于 6mm，最大间距 $s_{max} = 250\text{mm}$，故选用双肢Φ8箍筋，$A_{sv} = 101\text{mm}^2$，则

$$s \leqslant \frac{A_{sv}}{0.689} = \frac{101}{0.689} = 147\text{mm} < s_{max} = 250\text{mm}$$

取 $s = 140\text{mm}$，相应的箍筋的配筋率为

$$\rho_{sv} = \frac{A_{sv}}{bs} = \frac{101}{250 \times 140} = 0.289\% > \rho_{sv,min} = 0.24\frac{f_t}{f_{yv}} = 0.24 \times \frac{1.27}{270} = 0.140\%$$

故所配双肢Φ8@140箍筋满足要求。

2）若既配箍筋又配弯起钢筋

选用双肢Φ6@160箍筋（满足表 7-1 的构造要求），由式（7-28）得

$$A_{sb} \geqslant \frac{V - V_{cs}}{0.8 f_y \sin\alpha} = \frac{258000 - \left(153860 + 270 \times \frac{57}{160} \times 560\right)}{0.8 \times 435 \times \sin 45°} = 204\text{mm}^2$$

将跨中抵抗正弯矩钢筋弯起 1Φ22（$A_{sb} = 380.1\text{mm}^2$）。梁外边缘至纵筋外表面的距离为保护层厚度与箍筋直径之和，即 $20 + 6 = 26\text{mm}$，则弯起钢筋的水平投影长度为 $600 - 26 \times 2 = 548\text{mm}$，近似取 550mm。弯起钢筋的上弯点取 $200\text{mm} < s_{max} = 250\text{mm}$，则弯起钢筋的下弯点至支座边缘的距离为 $200\text{mm} + 550\text{mm} = 750\text{mm}$，如图 7-20 所示。

再验算弯起点的斜截面。弯起点处对应的剪力设计值 V_1 和该截面的受剪承载力设计值 V_{cs} 计算如下：

$$V_1 = \frac{1}{2} \times 100 \times (5.4 - 0.24 - 1.5) = 183.000\text{kN}$$

$$V_{cs} = 153860 + 270 \times \frac{57}{160} \times 560 = 207725N = 207.725kN > V_1$$

该截面满足受剪承载力要求,所以该梁只需配置一排弯起钢筋。

【例题 7-2】 某钢筋混凝土矩形截面外伸梁支承于砖墙上,梁的跨度、截面尺寸及荷载设计值(均布荷载中已包括梁自重)如图 7-21 所示。结构的安全等级为二级。梁截面有效高度 $h_0 = 630mm$,混凝土强度等级 C30($f_c = 14.3N/mm^2$,$f_t = 1.43N/mm^2$),箍筋为 HRB400 级钢筋($f_{yv} = 360N/mm^2$),纵筋为 HRB500 级钢筋($f_y = 435N/mm^2$)。由正截面受弯承载力计算所配置的跨中截面纵筋为 2Φ22+3Φ25。试确定腹筋数量。

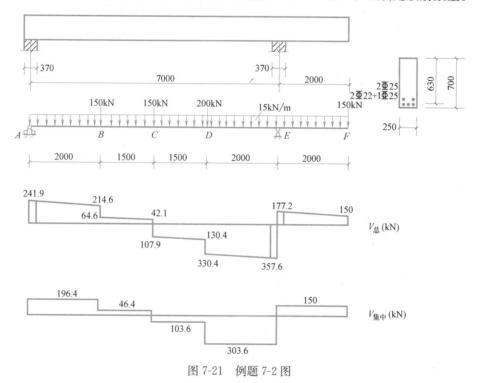

图 7-21 例题 7-2 图

【解】 (1)计算剪力设计值

剪力设计值如图 7-21 所示。

(2)验算截面尺寸

$$h_w = h_0 = 630mm,\quad h_w/b = 630/250 = 2.52 < 4$$

应按式(7-19)进行验算;因混凝土强度等级为 C30,低于 C50,故 $\beta_c = 1.0$,则

$$0.25\beta_c f_c b h_0 = 0.25 \times 1.0 \times 14.3 \times 250 \times 630 = 563063N = 563.063kN$$

该值大于梁支座边缘处最大剪力设计值,故截面尺寸满足要求。

(3)验算是否按计算配置腹筋

由图 7-21 可知,集中荷载对各支座截面所产生的剪力设计值均占相应支座截面总剪力值的 75% 以上,故均应考虑剪跨比。截面 B 左、D 左、E 左、E 右的弯矩设计值分别为

$$M_{B左} = 459.3kN \cdot m,\quad M_{D左} = 360.7kN \cdot m$$
$$M_{E左} = -263.6kN \cdot m,\quad M_{E右} = -297.0kN \cdot m$$

截面 B 左、D 左、E 左、E 右的剪跨比分别为

$$\lambda_{B左}=\frac{M}{Vh_0}=\frac{459.3}{214.6\times0.63}=3.40>3, \quad \lambda_{D左}=\frac{M}{Vh_0}=\frac{360.7}{130.4\times0.63}=4.39>3$$

$$\lambda_{E左}=\frac{M}{Vh_0}=\frac{263.6}{357.6\times0.63}=1.17<1.5, \quad \lambda_{E右}=\frac{M}{Vh_0}=\frac{297}{177.2\times0.63}=2.66$$

由式（7-23）得

$$\alpha_{cv}f_t bh_0=\frac{1.75}{3+1}\times1.43\times250\times630=98.536\text{kN}<241.9\text{kN}$$

$$\alpha_{cv}f_t bh_0=\frac{1.75}{3+1}\times1.43\times250\times630=98.536\text{kN}<130.4\text{kN}$$

$$\alpha_{cv}f_t bh_0=\frac{1.75}{1.5+1}\times1.43\times250\times630=157.658\text{kN}<357.6\text{kN}$$

$$\alpha_{cv}f_t bh_0=\frac{1.75}{2.66+1}\times1.43\times250\times630=107.690\text{kN}<177.2\text{kN}$$

所以，所有控制截面均应按计算配置腹筋。

（4）计算腹筋数量

1）AB 段。该区段剪力设计值较大，故采用既配箍筋又配弯起钢筋的方案。选用双肢Φ6@250 箍筋，由式（7-28）得

$$A_{sb}\geqslant\frac{V-V_{cs}}{0.8f_y\sin\alpha_s}=\frac{241900-\left(98536+360\times\frac{56.6}{250}\times630\right)}{0.8\times435\times\sin45°}=374\text{mm}^2$$

选择 1Φ25（$A_{sb}=491\text{mm}^2$）弯起即可满足承载力要求。考虑到 AB 段长度为 2m，需弯起三排，均各为 1Φ25，覆盖整个 2m 长的区段。

2）BC 段和 CD 段。该区段最大剪力设计值为 130.4kN。因剪力不大，可按构造要求配置双肢Φ6@250 箍筋，其受剪承载力

$$V_u=\frac{1.75}{\lambda+1}f_t bh_0+f_{yv}\frac{A_{sv}}{s}h_0=98.536+360\times\frac{56.6}{250}\times630=149.9\text{kN}>130.4\text{kN}$$

3）DE 段。该段剪力较大采用既配箍筋又配弯起钢筋的方案。选用双肢Φ6@150 箍筋，式（7-28）得

$$A_{sb}\geqslant\frac{V-V_{cs}}{0.8f_y\sin\alpha_s}=\frac{357600-\left(157658+360\times\frac{56.6}{150}\times630\right)}{0.8\times435\times\sin45°}=465\text{mm}^2$$

选用 1Φ25（$A_{sb}=491\text{mm}^2$）钢筋弯起，考虑到 DE 段长度为 2m，需弯起三排，均各为 1Φ25，覆盖整个 2m 长的区段。

4）EF 段。采用只配箍筋的方案，由式（7-27）得

$$\frac{A_{sv}}{s}\geqslant\frac{V-\alpha_{cv}f_t bh_0}{f_{yv}h_0}=\frac{177200-107690}{360\times630}=0.306$$

选用双肢Φ6 箍筋（$A_{sv}=56.6\text{mm}^2$），则

$$s\leqslant\frac{A_{sv}}{0.306}=\frac{56.6}{0.306}=185\text{mm}$$

取 $s=180\text{mm}$，符合表 7-1 要求，相应的箍筋的配筋率为

$$\rho_{sv}=\frac{A_{sv}}{bs}=\frac{56.6}{250\times180}=0.126\%>\rho_{sv,min}=0.24\times\frac{1.43}{360}=0.095\%$$

满足要求，最后选用双肢⚊6@180 箍筋。

【例题 7-3】 某钢筋混凝土 T 形截面简支梁，跨度 4m，截面尺寸如图 7-22 所示。结构的安全等级为二级。梁截面有效高度 $h_0=630$mm，承受一设计值为 500kN（包括自重影响）的集中荷载。混凝土强度等级为 C30（$f_c=14.3$N/mm²，$f_t=1.43$N/mm²），箍筋为 HRB400 级钢筋（$f_{yv}=360$N/mm²），纵筋为 HRB500 级钢筋（$f_y=435$N/mm²）。梁跨中截面的纵筋为 2⚊25＋3⚊22。试确定腹筋数量。

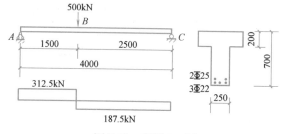

图 7-22 例题 7-3 图

【解】 （1）计算剪力设计值

剪力图如图 7-22 所示。

（2）验算截面尺寸

$h_w=h_0-h_f'=630-200=430$mm，

$h_w/b=430/250=1.72<4$，应按式（7-19）验算，因混凝土强度等级为 C30，低于 C50，故取 $\beta_c=1.0$，则

$$0.25\beta_c f_c bh_0=0.25\times1.0\times14.3\times250\times630=563063\text{N}>312500\text{N}$$

截面尺寸满足要求。

（3）验算是否按计算配置腹筋

AB 段：$\lambda=a/h_0=1500/630=2.38<3$，取 $\lambda=2.38$ 计算，则

$$\frac{1.75}{\lambda+1}f_t bh_0=\frac{1.75}{2.38+1}\times1.43\times250\times630=116.611\text{kN}<312.5\text{kN}$$

BC 段：$\lambda=a/h_0=2500/630=3.968>3$，取 $\lambda=3$ 计算，则

$$\frac{1.75}{\lambda+1}f_t bh_0=\frac{1.75}{3+1}\times1.43\times250\times630=98.536\text{kN}<187.5\text{kN}$$

所以 AB 段和 BC 段均应按计算配置腹筋。

（4）计算腹筋数量

1）AB 段。采用既配箍筋又配弯起钢筋的方案。选用双肢⚊8@200 箍筋，由式（7-28）得

$$A_{sb}\geqslant\frac{V-V_{cs}}{0.8f_y\sin\alpha_s}=\frac{312500-\left(116611+360\times\dfrac{101}{200}\times630\right)}{0.8\times435\times\sin45°}=331\text{mm}^2$$

选用 1⚊25（$A_{sb}=491$mm²）钢筋弯起，在 AB 段内弯起两排，即分两次各弯起一根。

2）BC 段。仍采用双肢⚊8@200 箍筋，因为

$$V_{cs}=98536+360\times\frac{101}{200}\times630=213.07\text{kN}>187.5\text{kN}$$

所以 BC 段不需按计算配置弯起钢筋。

由上述计算可见，当计算截面的剪力设计值较大时，采用高强度钢筋可减少箍筋数量，较为经济。

【例题 7-4】 某矩形截面简支梁，净跨 $l_n=5.3$m，承受均布荷载。结构的安全等级为

二级。梁截面尺寸 $b \times h = 250\text{mm} \times 550\text{mm}$，混凝土强度等级 C25（$f_c = 11.9\text{N/mm}^2$，$f_t = 1.27\text{N/mm}^2$），混凝土保护层厚度为 25mm。箍筋为 HPB300 级钢筋（$f_{yv} = 270\text{N/mm}^2$）。若沿梁全长配置双肢Φ8@150 箍筋，试计算该梁的斜截面受剪承载力，并推算梁所能负担的均布荷载设计值（不包括梁自重）。

【解】 取 $a_s = 40\text{mm}$，则 $h_0 = h - a_s = 550 - 40 = 510\text{mm}$，最小配箍率为

$$\rho_{sv,min} = 0.24\frac{f_t}{f_{yv}} = 0.24 \times \frac{1.27}{270} = 0.113\%$$

$$\rho_{sv} = \frac{A_{sv}}{bs} = \frac{2 \times 50.3}{250 \times 150} = 0.0027 > \rho_{sv,min} = 0.00113 \text{（满足要求）}$$

由式（7-16）可得

$$V_u = \alpha_{cv}f_t bh_0 + f_{yv}\frac{A_{sv}}{s}h_0$$

$$= 0.7 \times 1.27 \times 250 \times 510 + 270 \times \frac{101}{150} \times 510 = 206066\text{N} = 206.066\text{kN}$$

$$< 0.25\beta_c f_c bh_0 = 0.25 \times 1 \times 11.9 \times 250 \times 510 = 379.313\text{kN}$$

设梁所能承受的均布荷载设计值为 q，梁单位长度上的自重标准值为 g_k，则有 $V_u = \frac{1}{2}(q + 1.3g_k)l_n$，于是得

$$q = \frac{2V_u}{l_n} - 1.3g_k = \frac{2 \times 206.066}{5.3} - 1.3 \times 0.25 \times 0.55 \times 25 = 73.292\text{kN/m}$$

这就是根据梁斜截面受剪承载力 V_u 值求得的梁所能承受的均布荷载设计值。

7.5 受弯构件斜截面受弯承载力和钢筋的构造要求

受弯构件出现斜裂缝后，在斜截面上不仅存在剪力 V，同时还作用有弯矩 M。如图 7-23（a）、（b）所示为一简支梁和它的弯矩图。现取斜截面 JC 以左部分梁为脱离体，如图 7-23（c）所示。将斜截面 JC 上的所有力对受压区合力点取矩，则得

$$M_u = f_y(A_s - A_{sb})z + \sum f_y A_{sb}z_{sb} + \sum f_{yv}A_{sv}z_{sv} \tag{7-29}$$

式中，M_u 表示斜截面的受弯承载力。上式等号右边第一项为纵筋的受弯承载力，第二和第三项分别为弯起钢筋和箍筋的受弯承载力。

与斜截面末端 C 相对应的正截面 CC' 的受弯承载力为

$$M_u = f_y A_s z \tag{7-30}$$

由于斜截面 JC 和正截面 CC' 所承受的外弯矩均等于 M_c（图 7-23b），所以按跨中最大弯矩 M_{max} 所配置的钢筋 A_s 只要沿梁全长既不弯起也不截断，则必然满足斜截面的抗弯要求。但是在工程设计中，纵筋有时要弯起或截断。这样斜截面 JC 受弯承载力公式（7-29）中的第一项将小于正截面 CC' 受弯承载力（公式 7-30）。在这种情况下，斜截面的受弯承载力将有可能得不到保证。因此，在纵筋有弯起或截断的梁中，必须考虑斜截面的受弯承载力问题。

为了解决这个问题，必须先建立正截面抵抗弯矩图的概念。

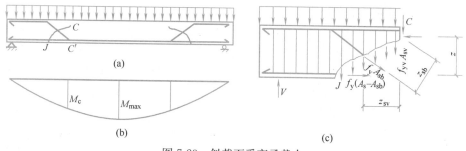

图 7-23 斜截面受弯承载力

（a）简支梁斜裂缝及配筋；（b）弯矩图；（c）脱离体图

7.5.1 抵抗弯矩图

抵抗弯矩图又称材料图，它是按梁实际配置的纵向受力钢筋所确定的各正截面所能抵抗的弯矩图形。图上各纵坐标代表各相应正截面实际能抵抗的弯矩值。下面讨论抵抗弯矩图的做法。

1. 纵向受力钢筋沿梁长不变化时的抵抗弯矩图

图 7-24 表示承受均布荷载的简支梁，按跨中最大弯矩计算，需配纵筋 2Φ25＋2Φ22，它所能抵抗的弯矩可按下式求得

$$M_u = f_y A_s \left(h_0 - \frac{f_y A_s}{2\alpha_1 f_c b} \right) \tag{7-31}$$

而每根钢筋所抵抗的弯矩 M_{ui} 可近似地按该根钢筋的面积 A_{si} 与钢筋总面积 A_s 的比值乘以总抵抗弯矩 M_u 求得，即

$$M_{ui} = \frac{A_{si}}{A_s} M_u \tag{7-32}$$

如果全部纵筋沿梁长直通，并在支座处有足够的锚固长度时，则沿梁全长各个正截面抵抗弯矩的能力相等，因而梁抵抗弯矩图为矩形 $abdc$（图 7-24）。每一根钢筋所能抵抗的弯矩按式（7-32）计算，亦示于图 7-24 上。

在图 7-24 中，跨中 1 点处四根钢筋的强度被充分利用，2 点处①、②、③号钢筋的强度被充分利用，而④号钢筋不再需要。通常把 1 点称为④号钢筋的"充分利用点"，2 点称为④号钢筋的"理论截断点"或"不需要点"。其余类推。

从图 7-24 可见，纵筋沿梁跨通长布置，构造上虽简单，但有些截面上钢筋强度未能充分利用，因此是不经济的。合理的设计应该是把一部分纵向受力钢筋在不需要的地方弯起或截断，使抵抗弯矩图尽量靠近设计弯矩图，以便节约钢筋。

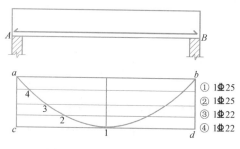

图 7-24 简支梁的抵抗弯矩图

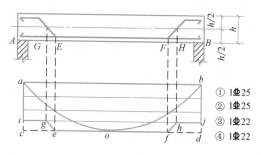

图 7-25 有纵筋弯起时简支梁的抵抗弯矩图

2. 纵筋弯起时的抵抗弯矩图

在简支梁设计中，一般不宜在跨中截面将纵筋截断，而是在支座附近将纵筋弯起抗剪。在图 7-25 中，如将④号钢筋在 E、F 截面处弯起，由于在弯起过程中，弯筋对受压区合力点的力臂是逐渐减小的，因而其抗弯承载力并不立即消失，而是逐渐减小，一直到截面 G、H 处弯筋穿过梁轴线基本上进入受压区后，才认为它的正截面抗弯作用完全消失。现从 E、F 两点作垂直投影线与 M_u 图的基线 cd 相交于 e、f，再从 G、H 两点作垂直投影线与 M_u 图的基线 ij 相交于 g、h，则连线 $igefhj$ 为④号钢筋弯起后的 M_u 图。

3. 纵筋被截断时的抵抗弯矩图

图 7-26 为一钢筋混凝土连续梁中间支座的设计弯矩图、抵抗弯矩图及配筋图。根据支座的负弯矩计算所需钢筋为 2Φ16＋2Φ18，相应的抵抗弯矩用 GH 表示。根据设计弯矩图与抵抗弯矩图的关系，可知①号钢筋的理论截断点为 J、L 点，从 J、L 两点分别向上作垂直投影线交于 I、K 点，则 $JIKL$ 为①号钢筋被截断后的抵抗弯矩图。同理，图中也给出了②号和③号钢筋被分别截断后的抵抗弯矩图。

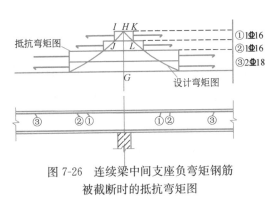

图 7-26　连续梁中间支座负弯矩钢筋
被截断时的抵抗弯矩图

从上述分析可见，对正截面受弯承载力而言，把纵筋在不需要的地方弯起或截断是合理的。而且从设计弯矩图与抵抗弯矩图的关系来看，二者越靠近，其经济效果越好。但是，由于纵筋的弯起或截断多数是在弯剪段进行的，因而在处理过程中不仅应满足正截面受弯承载力的要求，还要保证斜截面的受弯承载力。

7.5.2　纵筋的弯起

确定纵向钢筋的弯起时，必须考虑以下三方面的要求：

1. 保证正截面受弯承载力

纵筋弯起后，剩下的纵筋数量减少，正截面受弯承载力降低。为了保证正截面受弯承载力满足要求，纵筋的始弯点必须位于按正截面受弯承载力计算，该纵筋强度被充分利用截面（充分利用点）以外，使抵抗弯矩图包在设计弯矩图的外面，而不得切入设计弯矩图以内。

2. 保证斜截面受剪承载力

纵筋弯起的数量由斜截面受剪承载力计算确定。当有集中荷载作用并按计算需配置弯起钢筋时，弯起钢筋应覆盖计算斜截面始点至相邻集中荷载作用点之间的范围，因为在这个范围内剪力值大小不变。弯起纵筋的布置，包括支座边缘到第一排弯筋的终点，以及从前排弯筋的始弯点到次一排弯筋的终弯点的距离，均应小于箍筋的最大间距（图 7-27），其值见表 7-1。

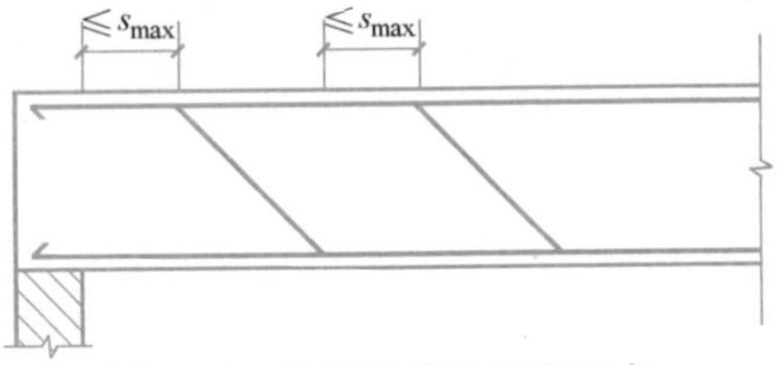

图 7-27　弯起钢筋的构造要求

3. 保证斜截面受弯承载力

为了保证梁斜截面受弯承载力，梁弯起钢筋在受拉区的弯点，应设在该钢筋的充分利用点以外，该弯点至充分利用点间的距离 s_1（例如图 7-25 中 oe 和 of 段）应大于或等于 $h_0/2$；同时，弯筋与梁纵轴的交点应位于按计算不需要该钢筋的截面（不需要点）以外。

在设计中，当满足上述规定时，梁斜截面受弯承载力就能得到保证。

下面说明为什么 $s_1 \geqslant h_0/2$ 就能保证斜截面受弯承载力。图 7-28（a）为所研究的梁，在截面 CC'，按正截面受弯承载力需配置纵筋 A_s，C' 处为钢筋 A_s 的充分利用截面。现拟在 K 处弯起一根（或一排）面积为 A_{sb} 的钢筋，剩下的钢筋（$A_s - A_{sb}$）伸入梁支座。

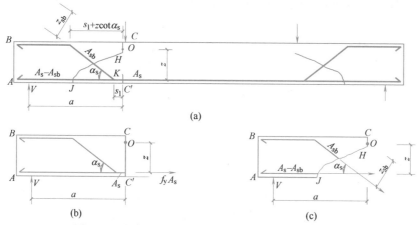

图 7-28 有弯起钢筋时的正截面及斜截面受弯承载力

（a）简支梁的斜裂缝及配筋；（b）正截面脱离体图；（c）斜截面脱离体图

以 $ABCC'$ 为脱离体（图 7-28b），由对 O 点的力矩平衡条件可得正截面 CC' 的受弯承载力为

$$V \cdot a = f_y A_s z \tag{7-33}$$

再以 $ABCHJ$ 为脱离体（图 7-28c），亦对 O 点取矩，并忽略箍筋的作用，可得斜截面 CHJ 的受弯承载力为

$$V \cdot a = f_y(A_s - A_{sb})z + f_y A_{sb} z_{sb}$$
$$= f_y A_s z + f_y A_{sb}(z_{sb} - z) \tag{7-34}$$

由上述分析可知，斜截面 CHJ 和正截面 CC' 承受的外弯矩相同（均等于 $V \cdot a$），但抵抗弯矩不同。显然，只有使斜截面受弯承载力大于或等于正截面受弯承载力，才能保证斜截面受弯承载力满足要求。由以上两式可见，这相当于使 $z_{sb} \geqslant z$。

由图 7-28（a）的几何关系得

$$z_{sb} = (s_1 + z\cot\alpha_s)\sin\alpha_s = s_1\sin\alpha_s + z\cos\alpha_s$$

由条件 $z_{sb} \geqslant z$，则有

$$s_1 \geqslant (\csc\alpha_s - \cot\alpha_s)z$$

当式中 $z = 0.9h_0$，$\alpha_s = 45°$ 时，得 $s_1 \geqslant 0.37h_0$；当 $\alpha_s = 60°$ 时，得 $s_1 \geqslant 0.52h_0$。

在设计中，当取 $s_1 \geqslant h_0/2$ 时，就基本上能保证 $z_{sb} \geqslant z$，从而保证了斜截面受弯承载力。

7.5.3 纵筋的截断

1. 支座负弯矩钢筋的截断

简支梁的下部纵向钢筋受拉，故不宜在跨中截断而应伸入支座。在连续梁和框架梁的跨内，支座负弯矩区的受拉钢筋在向跨内延伸时，可根据弯矩图在适当部位截断。当梁端作用剪力较大时，在支座负弯矩钢筋的延伸区段范围内将形成由负弯矩引起的垂直裂缝和斜裂缝，并可能在斜裂缝区前端沿该钢筋形成劈裂裂缝，使纵筋拉应力由于斜弯作用和黏

结退化而增大，并使钢筋受拉范围相应向跨中方向扩展（称为应力延伸）。为了使负弯矩钢筋的截断不影响它在各个截面中发挥所需的抗弯能力，《混凝土结构设计规范》对纵筋的截断位置作如下规定：

（1）当 $V \leqslant 0.7 f_t bh_0$ 时，应延伸至按正截面受弯承载力计算不需要该钢筋的截面以外不小于 $20d$ 处截断，且从该钢筋强度充分利用截面伸出的长度不应小于 $1.2l_a$，见图 7-29（a）。

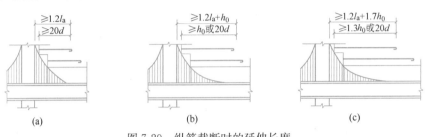

图 7-29 纵筋截断时的延伸长度

(a) $V \leqslant 0.7bh_0$；(b) $V > 0.7bh_0$；(c) $V > 0.7bh_0$（负弯矩区较长）

（2）当 $V > 0.7 f_t bh_0$ 时，应延伸至按正截面受弯承载力计算不需要该钢筋的截面以外不小于 h_0 且不小于 $20d$ 处截断，且从该钢筋强度充分利用截面伸出的长度不应小于 $1.2l_a + h_0$，见图 7-29（b）。

上述规定可以这样理解：当 $V \leqslant 0.7 f_t bh_0$ 时，梁弯剪区在使用阶段一般不会出现斜裂缝，这时延伸长度取 $20d$ 或者 $1.2l_a$；当 $V > 0.7 f_t bh_0$ 时，在使用阶段有可能出现斜裂缝，斜裂缝出现后，由于斜裂缝顶端处的弯矩增大，使未截断纵筋的拉应力超过屈服强度而发生斜弯破坏。因此其延伸长度应考虑斜裂缝水平投影长度这一段距离（约为 h_0），故取 h_0，$20d$ 或 $1.2l_a + h_0$。

（3）若负弯矩区相对长度较大，按上述两条确定的截断点仍位于与支座最大负弯矩对应的负弯矩受拉区内时，则应延伸至按正截面受弯承载力计算不需要该钢筋的截面以外不小于 $1.3h_0$ 且不小于 $20d$ 处截断，且从该钢筋强度充分利用截面伸出的延伸长度不应小于 $1.2l_a + 1.7h_0$，见图 7-29（c）。

2. 悬臂梁的负弯矩钢筋

悬臂梁是全部承受负弯矩的构件，其根部弯矩最大，向悬臂端迅速减弱。因此，理论上抵抗负弯矩钢筋可根据弯矩图的变化而逐渐减少。但是，由于悬臂梁中存在着比一般梁更为严重的斜弯作用和黏结退化而引起的应力延伸，所以在梁中截断钢筋会引起斜弯失效。根据试验研究结果和工程经验，《混凝土结构设计规范》对悬臂梁中负弯矩钢筋的配置作了以下规定：

（1）对较短的悬臂梁，将全部上部钢筋（负弯矩钢筋）伸至悬臂顶端，并向下弯折锚固，锚固段的竖向投影长度不小于 $12d$。

（2）对较长的悬臂梁，应有不少于两根上部钢筋伸至悬臂梁外端，并按上述规定向下弯折锚固；其余钢筋不应在梁的上部截断，可分批向下弯折，锚固在梁的受压区内。弯折点位置可根据弯矩图确定；弯折角度为 $45°$ 或 $60°$；在受压区的锚固长度为 $10d$。

综上所述，钢筋弯起和截断均需绘制抵抗弯矩图。这实际上是一种图解设计过程，它可以帮助设计者看出钢筋的布置是否经济合理。因为对同一根梁、同一个设计弯矩图，可以画出不同的抵抗弯矩图，得到不同的钢筋布置方案和相应的纵筋弯起和截断位置，它们都可能满足正截面和斜截面承载力计算和有关构造要求，但经济合理程度有所不同，因而设计者应综合考虑各方面的因素，妥善确定纵筋弯起和截断的位置，保证安全，且用料经济，施工方便。

7.5.4 应用实例

【例题 7-5】 一钢筋混凝土两跨连续梁的跨度、截面尺寸以及所负担的荷载设计值（包括梁自重）如图 7-30 所示。结构的安全等级为二级。混凝土强度等级 C25（$f_c = 11.9\text{N/mm}^2$，$f_t = 1.27\text{N/mm}^2$），纵向受力钢筋和箍筋均采用 HRB400 级（$f_y = f_{yv} = 360\text{N/mm}^2$）。要求：

① 进行正截面及斜截面承载力计算，并确定所需要的纵向受力钢筋、弯起钢筋和箍筋数量。

② 绘制抵抗弯矩图和分离钢筋图，并给出各根弯起钢筋的弯起位置。

【解】 （1）计算梁各截面内力

梁在荷载设计值作用下的弯矩图、剪力图如图 7-30 所示。因结构和荷载均对称，故只需计算左跨梁的内力。跨中截面最大弯矩设计值 $M_D = 178.2\text{kN} \cdot \text{m}$，支座 B 截面负弯矩设计值 $M_B = -275.4\text{kN} \cdot \text{m}$，支座边缘截面剪力设计值 $V_A = 131.4\text{kN}$，$V_{B左} = 253.8\text{kN}$。

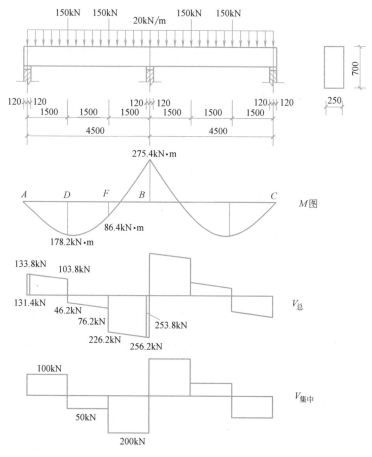

图 7-30 例题 7-5 荷载与内力图

215

（2）验算截面尺寸

$b=250\text{mm}$，$h_0=660\text{mm}$（D 截面），$h_0=630\text{mm}$（B 截面）。因为 $h_w/b=630/250=2.52$，$h_w/b=660/250=2.64$ 均小于 4，故应按式（7-19）验算，取 $\beta_c=1.0$。

对支座 A 截面
$$0.25\beta_c f_c bh_0=0.25\times1.0\times11.9\times250\times660=490.875\text{kN}>V=131.4\text{kN}$$

对支座 B 左截面
$$0.25\beta_c f_c bh_0=0.25\times1.0\times11.9\times250\times630=468.563\text{kN}>V=253.8\text{kN}$$

可见截面尺寸满足要求。

（3）正截面受弯承载力计算

因为混凝土强度等级为 C25，故取 $\alpha_1=1.0$；与 HRB400 级钢筋相应的 $\xi_b=0.518$。受弯承载力计算过程见表 7-2。

例题 7-5 的纵筋计算　　　　　　　　表 7-2

计算过程	计算截面	
	跨中截面 $D(h_0=660\text{mm})$	支座截面 $B(h_0=630\text{mm})$
$M(\text{kN}\cdot\text{m})$	178.2	-275.4
$\alpha_s=\dfrac{\|M\|}{\alpha_1 f_c bh_0^2}$	0.138	0.233
$\xi=1-\sqrt{1-2\alpha_s}$	0.149<0.518	0.269<0.518
$A_s=\alpha_1 f_c bh_0\xi/f_y(\text{mm}^2)$	813	1400
选配钢筋	2⊈16+2⊈18	2⊈20+3⊈18
实配 $A_s(\text{mm}^2)$	911	1392

（4）斜截面受剪承载力计算

由图 7-30 所示的剪力图可见，集中荷载对各支座边缘截面所产生的剪力值均占总剪力值的 75% 以上，故各支座截面均应考虑剪跨比的影响。

支座 A 　　　　　　$\lambda=\dfrac{M}{Vh_0}=\dfrac{178.2}{131.4\times0.66}=2.05$

支座 B 左 　　　　　$\lambda=\dfrac{M}{Vh_0}=\dfrac{275.4}{253.8\times0.63}=1.72$

因为 　　$\alpha_{cv}f_t bh_0=\dfrac{1.75}{2.05+1}\times1.27\times250\times660=120.234\text{kN}<131.4\text{kN}$

$\alpha_{cv}f_t bh_0=\dfrac{1.75}{1.72+1}\times1.27\times250\times630=128.693\text{kN}<253.8\text{kN}$

所以应按计算配置腹筋，具体计算过程见表 7-3。

例题 7-5 的腹筋计算　　　　　　　　表 7-3

计算过程	计算截面	
	支座 A 截面($h_0=660\text{mm}$)	支座 $B_{左}$ 截面($h_0=630\text{mm}$)
$V(\text{kN})$	131.4	253.8
选箍筋($n=2$)	⊈6@200	⊈6@150
$V_{cs}=\dfrac{1.75}{\lambda+1}f_t bh_0+f_{yv}\dfrac{A_{sv}}{s}h_0(\text{kN})$	189.950>131.4 （不设弯起钢筋）	214.877<253.8 （设弯起钢筋）
$A_{sb}\geqslant\dfrac{V-V_{cs}}{0.8f_y\sin45°}(\text{mm}^2)$	—	191
选配弯起钢筋 $A_{sb}(\text{mm}^2)$	—	1⊈18(254.5mm^2)

（5）钢筋布置

纵向钢筋布置的过程就是绘制抵抗弯矩图的过程，所以应将构件纵剖面图、横截面图及设计弯矩图均按比例画出，如图 7-31 所示。配置跨中截面正弯矩钢筋时，同时须考虑到其中哪些钢筋可弯起抗剪和抵抗支座负弯矩；而配置支座负弯矩钢筋时，应注意利用跨中一部分正弯矩钢筋弯起抵抗负弯矩，不足部分再另配直钢筋。本例中跨中配置 2Φ16＋2Φ18 钢筋抵抗正弯矩，其中 2Φ16 伸入支座，每跨各弯起 2Φ18 钢筋抗剪和抵抗支座负弯矩，因每跨各有一根弯筋离支座 B 截面很近，故不考虑它抵抗支座负弯矩，这样共有 3Φ18 钢筋可用于抵抗负弯矩，再配 2Φ20 直钢筋即可满足抵抗支座负弯矩的要求。

钢筋的弯起和截断位置是通过绘制抵抗弯矩图来确定的，具体过程见图 7-31。钢筋弯起点距其充分利用点的距离应大于或等于 $h_0/2$，本例中均满足。钢筋截断点至理论截断点的距离应不小于 h_0 且不小于 $20d$，至充分利用点的距离不应小于 $1.2l_a＋h_0$（当 $V>0.7f_tbh_0$），本例中后者控制了钢筋的实际截断点。

在 B 支座两侧，采用了既配箍筋又配弯筋抗剪的方案，此时弯筋应覆盖 FB 之间的范围（图 7-30）。另外，从支座边缘到第一排弯筋的终点，以及从前排弯筋的始弯点到次一排弯筋的弯终点的距离，均应小于箍筋的最大间距 250mm（由表 7-1 查得）。由图 7-31 可见，本例均满足上述要求。③号钢筋的水平投影长度为 650mm，则其始弯点至支座中心的距离为 650＋530＋200＋120＝1500mm，正好覆盖了 FB 之间的范围。

钢筋分离图置于梁纵剖面图之下，因两跨梁配筋相同，所以钢筋只画出左跨梁的。

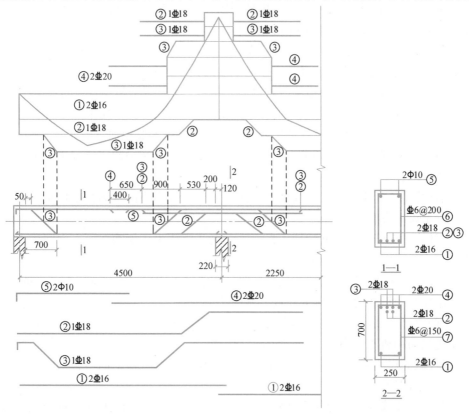

图 7-31　例题 7-5 设计弯矩图、抵抗弯矩图和配筋图

7.5.5 钢筋的构造要求

1. 纵向受力钢筋在支座处的锚固

（1）伸入梁支座范围内的纵向受力钢筋不应少于两根。

（2）简支梁和连续梁简支端下部纵筋的锚固

在简支梁和连续梁的简支端附近，弯矩接近于零。但当支座边缘截面出现斜裂缝时，该处纵筋的拉力会突然增加，如无足够的锚固长度，纵筋会因锚固不足而发生滑移，造成锚固破坏，降低梁的承载力。为防止这种破坏，简支梁和连续梁简支端的下部纵向受力钢筋伸入梁支座范围内的锚固长度 l_{as}（图 7-32）应符合下列规定：

① 当 $V \leqslant 0.7 f_t b h_0$ 时，$l_{as} \geqslant 5d$

② 当 $V > 0.7 f_t b h_0$ 时

带肋钢筋 $\qquad l_{as} \geqslant 12d$

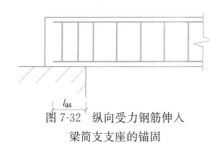

图 7-32 纵向受力钢筋伸入
梁简支支座的锚固

光圆钢筋 $\qquad l_{as} \geqslant 15d$

此处，d 为纵向受力钢筋的直径。

对混凝土强度等级为 C25 的简支梁和连续梁的简支端，当距支座边 $1.5h$（h 为梁截面高度）范围内作用有集中荷载，且 $V > 0.7 f_t b h_0$ 时，对带肋钢筋宜采取附加锚固措施，或取锚固长度 $l_{as} \geqslant 15d$。

如果纵向受力钢筋伸入梁支座范围内的锚固长度不符合上述要求时，应采取在钢筋上加焊锚固钢板或将钢筋端部焊接在梁端预埋件上等有效锚固措施。

支承在砌体结构上的钢筋混凝土独立梁，由于约束较小，故应在锚固长度范围内加强配箍，其数量不应少于两个，直径不宜小于纵筋最大直径的 1/4，间距不宜大于纵筋最小直径的 10 倍；当采取机械锚固措施时，箍筋间距不宜大于纵筋最小直径的 5 倍。

（3）连续梁或框架梁下部纵向钢筋在中间支座或中间节点处的锚固

在连续梁或框架梁的中间支座或中间节点处，上部纵筋受拉而下部纵筋受压。因而其上部纵筋应贯穿中间支座或中间节点（图 7-33），下部纵筋在中间支座或中间节点处应满足下列锚固要求：

1）当计算中不利用该钢筋的强度时，其伸入节点或支座的锚固长度对带肋钢筋不小于 $12d$，对光圆钢筋不小于 $15d$，d 为钢筋的最大直径；

2）当计算中充分利用钢筋的抗压强度时，钢筋应按受压钢筋锚固在中间节点或中间支座内，其直线锚固长度不应小于 $0.7l_a$；

3）当计算中充分利用钢筋的抗拉强度时，钢筋可采用直线方式锚固在节点或支座内，锚固长度不应小于钢筋的受拉锚固长度 l_a（图 7-33a）；

4）钢筋也可在节点或支座外梁中弯矩较小处设置搭接接头，搭接长度的起始点至节点或支座边缘的距离不应小于 $1.5h_0$（图 7-33b）；

5）当柱截面尺寸不足时，也可采用钢筋端部加锚头的机械锚固措施（图 7-33c），可采用 90°弯折锚固的方式（图 7-33d）。

对于需要抗连续倒塌的混凝土结构，纵向受力钢筋宜在中间支座或中间节点处贯通布置，并在边支座或边节点处与周边构件可靠地锚固。

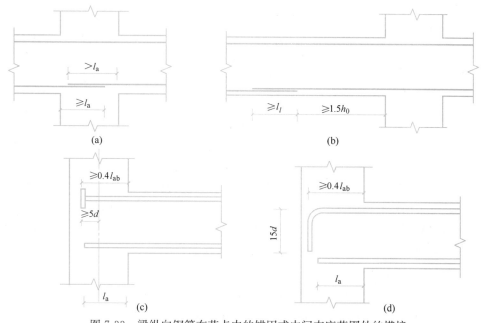

图 7-33　梁纵向钢筋在节点内的锚固或中间支座范围外的搭接

（a）直线锚固在节点内；（b）节点外设置搭接接头；（c）钢筋端部加锚头；（d）90°弯折锚固

2. 弯起钢筋的构造要求

梁中弯起钢筋的弯起角度一般宜取 $45°$，当梁截面高度大于 $700mm$，宜采用 $60°$。抗剪弯筋的弯折终点处应有直线段的锚固长度，其长度在受拉区不应小于 $20d$，在受压区不应小于 $10d$；对光圆钢筋在末端应设置弯钩（图 7-34），位于梁底层的角部钢筋不应弯起，顶层钢筋中的角部钢筋不应弯下。

图 7-34　弯起钢筋端部构造

当不能弯起纵向受力钢筋抗剪时，亦可放置单独的抗剪弯筋。此时应将弯筋布置成"鸭筋"形式（图 7-35a），不能采用"浮筋"（图 7-35b）。因浮筋在受拉区只有一小段水平长度，锚固性能不如两端均锚固在受压区的鸭筋可靠。

图 7-35　中间支座设置单独抗剪钢筋的构造

（a）鸭筋；（b）浮筋

3. 箍筋的构造要求

（1）箍筋的形式和肢数

箍筋在梁内除承受剪力以外，还起固定纵筋位置、使梁内钢筋形成钢筋骨架，以及连接梁的受拉区和受压区，增加受压区混凝土的延性等作用。箍筋的形式有封闭式和开口式两种（图 7-36d、e），一般采用封闭式，既方便固定纵筋又对梁的抗扭有利。对现浇 T 形

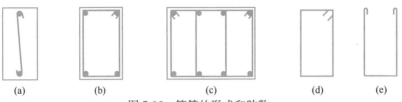

图 7-36 箍筋的形式和肢数

(a) 单肢箍筋;(b) 双肢箍筋;(c) 复合箍筋;(d) 封闭式;(e) 开口式

截面梁,当不承受扭矩和动荷载时,在跨中截面上部受压区的区段内,可采用开口式。当梁中配有计算的受压钢筋时,均应做成封闭式。

箍筋有单肢、双肢和复合箍等形式(图 7-36)。一般按以下情况选用:当梁宽不大于 400mm 时,可采用双肢箍筋。当梁的宽度大于 400mm 且一层内的纵向受压钢筋多于 3 根时,或当梁的宽度不大于 400mm 但一层内的纵向受压钢筋多于 4 根时,应设置复合箍筋(图 7-36c)。当梁宽度小于 100mm 时,可采用单肢箍筋。

(2) 箍筋的直径和间距

为了使钢筋骨架具有一定的刚性,便于制作安装,箍筋直径不应太小,《混凝土结构设计规范》规定的箍筋最小直径见表 7-1。当梁中配有计算的受压钢筋时,箍筋直径尚不应小于受压钢筋最大直径的 $1/4$。

箍筋间距除应满足计算要求外,其最大间距应符合表 7-1 的规定,当梁中配有按计算需要的纵向受压钢筋时,箍筋的间距不应大于 $15d$,同时不应大于 400mm;当一层内的纵向受压钢筋多于 5 根且直径大于 18mm 时,箍筋间距不应大于 $10d$。

(3) 箍筋的布置

如按计算不需要箍筋抗剪的梁,当截面高度大于 300mm 时,仍应沿梁全长设置箍筋;当截面高度为 150～300mm 时,可仅在构件端部各 1/4 跨度范围内设置箍筋,但当在构件中部 1/2 跨度范围内有集中荷载作用时,则应沿梁全长设置箍筋;当截面高度为 150mm 以下时,可不设置箍筋。

*7.6 深受弯构件的受剪承载力计算

试验表明,深受弯构件的剪切破坏形态,主要有斜压破坏、劈裂破坏和斜拉破坏。通过采取构造措施及计算,使构件的受剪承载力得以保证。

7.6.1 截面尺寸限制条件及斜截面抗裂控制条件

1. 深受弯构件截面尺寸限制条件

与一般受弯构件相同,为防止单纯依靠抗剪钢筋来提高深受弯构件的受剪承载力,造成混凝土截面过小,引起斜压破坏及使用阶段过大的斜裂缝宽度,《混凝土结构设计规范》规定深受弯构件的受剪截面应符合下列条件:

当 $h_w/b \leqslant 4$ 时

$$V \leqslant \frac{1}{60}(10 + l_0/h)\beta_c f_c b h_0 \tag{7-35}$$

当 $h_w/b \geqslant 6$ 时

$$V \leqslant \frac{1}{60}(7 + l_0/h)\beta_c f_c b h_0 \tag{7-36}$$

当 $4 < h_w/b < 6$ 时，按线性内插法取用。

式中 V——构件斜截面上的最大剪力设计值；

l_0——计算跨度，当 $l_0 < 2h$ 时，取 $l_0 = 2h$；

b——矩形截面的宽度或 T 形、I 形截面的腹板厚度；

h、h_0——截面高度、截面有效高度；

h_w——截面的腹板高度：对矩形截面取有效高度 h_0；对 T 形截面，取有效高度减去翼缘高度；对 I 形截面，取腹板净高；

β_c——混凝土强度影响系数，见对式（7-19）~式（7-21）中 β_c 的说明。

当 $l_0/h = 5$ 时，上述二式与一般受弯构件的截面尺寸限制条件相同，见式（7-19）及式（7-20）。

2. 深梁斜截面抗裂控制条件

深梁因截面高度较大，故一旦出现斜裂缝，则裂缝宽度和长度均较大。而要控制斜裂缝宽度，需要配置较多的水平和竖向分布钢筋。因此，深梁宜按一般要求不出现斜裂缝的构件进行设计，即应满足下列条件：

$$V_k \leqslant 0.5 f_{tk} bh_0 \tag{7-37}$$

式中 V_k——按荷载标准组合计算的剪力值。

在进行深梁设计时，如果满足式（7-37）的规定，根据设计经验，可不必进行斜截面受剪承载力计算，仅需按构造要求配置水平和竖向分布钢筋。否则，需按下述规定进行斜截面受剪承载力计算。

7.6.2 受剪承载力计算

试验研究结果表明，深受弯构件的受剪承载力主要取决于截面尺寸、混凝土强度等级、剪跨比、跨高比、竖向分布钢筋和水平分布钢筋的配筋率等。根据试验研究结果和工程经验，《混凝土结构设计规范》分下列两种情况给出深受弯构件受剪承载力计算公式：

（1）矩形、T 形和 I 形截面的深受弯构件，在均布荷载作用下，当配有竖向分布钢筋和水平分布钢筋时，其斜截面受剪承载力应符合下列规定：

$$V \leqslant 0.7 \frac{(8 - l_0/h)}{3} f_t bh_0 + \frac{(l_0/h - 2)}{3} f_{yv} \frac{A_{sv}}{s_h} h_0 + \frac{(5 - l_0/h)}{6} f_{yh} \frac{A_{sh}}{s_v} h_0 \tag{7-38}$$

（2）对集中荷载作用下的深受弯构件（包括作用多种荷载，且其中集中荷载对支座截面所产生的剪力值占总剪力值的 75% 以上的情况），其斜截面受剪承载力应符合下列规定：

$$V \leqslant \frac{1.75}{\lambda + 1} f_t bh_0 + \frac{(l_0/h - 2)}{3} f_{yv} \frac{A_{sv}}{s_h} h_0 + \frac{(5 - l_0/h)}{6} f_{yh} \frac{A_{sh}}{s_v} h_0 \tag{7-39}$$

式中 A_{sv}、A_{sh}——同一截面内各肢竖向、水平分布钢筋的全部截面面积；

s_h、s_v——竖向、水平分布钢筋的间距；

f_{yv}、f_{yh}——竖向、水平分布钢筋的抗拉强度设计值；

l_0/h——跨高比，当 $l_0/h < 2.0$ 时，取 $l_0/h = 2.0$；

λ——计算剪跨比：当 $l_0/h \leqslant 2.0$ 时，取 $\lambda = 0.25$；当 $2.0 < l_0/h < 5.0$ 时，取 $\lambda = a/h_0$，其中 a 为集中荷载作用点到深受弯构件支座的水平距离；λ 的上限值为（$0.92 l_0/h - 1.58$），下限值为（$0.42 l_0/h - 0.58$）。

当 $l_0/h=5$ 时，上述二式与一般受弯构件的受剪承载力计算公式相同，见式（7-14）和式（7-15）。

应当指出，由于深受弯构件中水平及竖向分布钢筋对受剪承载力的作用有限，当其受剪承载力不足时，应主要通过调整截面尺寸或提高混凝土强度等级来满足受剪承载力要求。

7.6.3 基本构造规定

1. 防止深梁出平面破坏的措施

深梁在平面内具有很高的承载力，而在平面外的承载力很低。为防止深梁出现平面外破坏，其腹板宽度 b 不应小于 140mm，混凝土强度等级不应低于 C25。当 $l_0/h \geq 1$ 时，h/b 不宜大于 25；当 $l_0/h < 1$ 时，l_0/b 不宜大于 25。当深梁支承在钢筋混凝土柱上时，宜将柱伸至深梁顶；深梁顶部应与楼板等水平构件可靠连接。

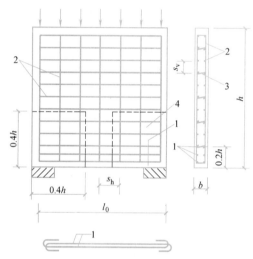

图 7-37 单跨深梁的钢筋配置

1—下部纵筋及其弯折锚固；2—水平及竖向分布钢筋；3—拉筋；4—拉筋的加密区

2. 深梁纵向受拉钢筋的布置

为了使纵向受拉钢筋在支座处能更好地锚固，并为限制裂缝宽度，深梁的纵向受拉钢筋宜采用较小的直径。

（1）深梁下部纵向受拉钢筋的布置

为了充分发挥纵向受拉钢筋的作用，并便于施工，单跨深梁和连续深梁的下部纵向钢筋宜均匀布置在梁下边缘以上 $0.2h$ 的范围内（图 7-37 和图 7-38）。

（2）连续深梁中间支座截面纵向受拉钢筋的布置

在弹性阶段，连续深梁中间支座截面上的正应力 σ_x 分布随跨高比 l_0/h 的不同而改变，如图 7-39 所示。压应力区约在梁底 $0.2h$ 范围内，其余基本为拉应力区。当 $l_0/h > 1.5$ 时，最大拉应力位于梁顶；随着 l_0/h 的减小，最大拉应力向下移动；当 $l_0/h = 1.0$ 时，最大拉应力位于从梁底算起的 $0.2h \sim 0.6h$ 范围内，梁顶的拉应力则较小。

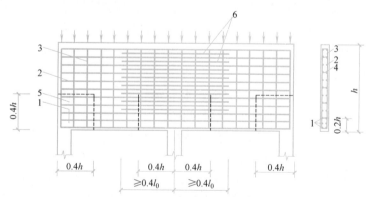

图 7-38 连续深梁的钢筋配置

1—下部纵筋；2—水平分布钢筋；3—竖向分布钢筋；4—拉筋；5—拉筋加密区；6—支座截面上部的附加水平钢筋

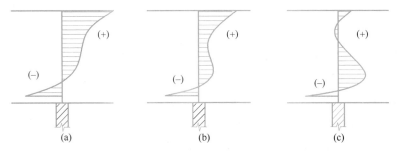

图 7-39 连续深梁中间支座截面上正应力 σ_x 的分布

(a) $\frac{l_0}{h}=2$；(b) $\frac{l_0}{h}=1.5$；(c) $\frac{l_0}{h}=1$

根据上述应力分布规律，连续深梁中间支座的纵向受拉钢筋宜根据跨高比的不同，按图 7-40 规定的高度范围和配筋比例均匀布置在相应高度范围内。另外，对于 $l_0/h \leqslant 1.0$ 的连续深梁，在中间支座底面以上 $0.2l_0 \sim 0.6l_0$ 高度范围内的纵向受拉钢筋配筋率尚不宜小于 0.5%。水平分布钢筋可用作支座部位的上部纵向受拉钢筋，不足部分可由附加水平钢筋补足，附加水平钢筋自支座向跨中延伸的长度不宜小于 $0.4l_0$，如图 7-38 所示。

3. 深梁纵向受拉钢筋的锚固

简支深梁在斜裂缝出现以后形成拉杆拱传力机制，故深梁的纵向受拉钢筋作为拉杆不应弯起或切断，而应全部伸入支座并可靠地锚固。在简支单跨深梁支座及连续深梁梁端的简支支座处，纵向受拉钢筋应沿水平方向弯折锚固（图 7-37），其锚固长度取 $1.1l_a$。

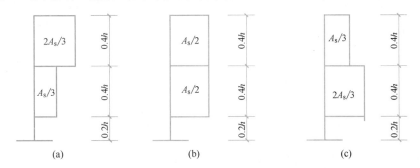

图 7-40 连续深梁中间支座截面纵向受拉钢筋在不同高度范围内的分配比例

(a) $1.5 < l_0/h \leqslant 2.5$；(b) $1 < l_0/h \leqslant 1.5$；(c) $l_0/h \leqslant 1$

4. 深梁的水平和竖向分布钢筋及拉筋

深梁两侧应配置由水平和竖向分布钢筋构成的正交双排钢筋网。分布钢筋的直径不宜小于 8mm，间距不宜大于 200mm。为防止深梁发生侧向劈裂破坏，在双排钢筋网之间应设置拉筋。拉筋沿纵横两个方向的间距不宜大于 600mm，在支座区高度为 $0.4h$，长度为 $0.4h$ 的范围内（图 7-37 和图 7-38 中的虚线部分），尚应适当增加拉筋的数量。

5. 深梁中钢筋的最小配筋率

深梁的纵向受拉钢筋配筋率 $\rho = A_s/(bh)$、水平分布钢筋配筋率 $\rho_{sh} = A_{sh}/(bs_v)$ 和竖向分布钢筋配筋率 $\rho_{sv} = A_{sv}/(bs_h)$ 均不宜小于表 7-4 规定的数值。

当集中荷载作用于连续深梁上部 1/4 高度范围内且 $l_0/h > 1.5$ 时，竖向分布钢筋最小配筋百分率应增加 0.05。

钢筋种类	纵向受拉钢筋	水平分布钢筋	竖向分布钢筋
HPB300	0.25	0.25	0.20
HRB400、HRBF400、RRB400	0.20	0.20	0.15
HRB500、HRBF500	0.15	0.15	0.10

6. "短梁"的构造要求

除深梁以外的深受弯构件（短梁），其纵向受力钢筋、箍筋及纵向构造钢筋的构造规定与一般梁（浅梁）相同，但其截面下部 1/2 高度范围内和中间支座截面上部 1/2 高度范围内布置的纵向构造钢筋宜较一般梁适当加强。

有关深梁的其他构造要求可参见《混凝土结构设计规范》。

7.7 偏心受力构件的斜截面受剪承载力

7.7.1 偏心受压构件斜截面受剪承载力计算

1. 轴向压力对受剪承载力的影响

框架结构在竖向荷载和水平荷载共同作用下，柱截面上不仅有轴力和弯矩，而且还有剪力。因此，计算柱的斜截面受剪承载力时应考虑轴向压力的作用。

试验研究表明，偏心受压构件的受剪承载力随轴压比 $N/(f_c bh)$ 的增大而增大，当 $N/(f_c bh)$ 为 0.3～0.5 时，受剪承载力达到最大值；若轴压比值更大，则受剪承载力会随着轴压比值的增大而降低，如图 7-41 所示。当轴压比更大时，则发生小偏心受压破坏，不会出现剪切破坏。对不同剪跨比的构件，轴向压力对受剪承载力的影响规律基本相同。

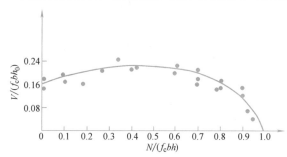

图 7-41 轴向压力对受剪承载力的影响

轴向压力对构件受剪承载力起有利作用，是因为轴向压力能阻滞斜裂缝的出现和开展，增加了混凝土剪压区高度，从而提高了构件的受剪承载力。但由上述可知，轴向压力对受剪承载力的有利作用是有限的，故应对轴向压力的受剪承载力提高范围予以限制。在轴压比的限值内，斜截面沿构件纵轴方向投影长度与相同参数的梁（无轴向压力）基本相同，故轴向压力对箍筋所承担的剪力没有明显影响。

2. 矩形、T 形和 I 形截面偏心受压构件的斜截面受剪承载力

这类构件的斜截面受剪承载力按下式计算：

$$V \leqslant V_u = \frac{1.75}{\lambda+1} f_t bh_0 + f_{yv} \frac{A_{sv}}{s} h_0 + 0.07N \tag{7-40}$$

式中　λ——偏心受压构件计算截面的剪跨比，取为 $M/(Vh_0)$；

　　　N——与剪力设计值 V 相应的轴向压力设计值，当 $N>0.3 f_c A$ 时，取 $N=0.3 f_c A$，

此处 A 为构件的截面面积。

构件计算截面的剪跨比应按下列规定取用：

（1）对各类结构的框架柱，宜取 $\lambda=M/(Vh_0)$；对框架结构中的框架柱，当其反弯点在层高范围内时，可取 $\lambda=H_n/(2h_0)$；当 $\lambda<1$ 时，取 $\lambda=1$；当 $\lambda>3$ 时，取 $\lambda=3$。上述 M 为计算截面上与剪力设计值 V 相应的弯矩设计值，H_n 为柱净高。

（2）对其他偏心受压构件，当承受均布荷载时，取 $\lambda=1.5$；当承受集中荷载（包括作用有多种荷载，其中集中荷载对支座截面或节点边缘所产生的剪力值占总剪力值的 75% 以上的情况）时，取 $\lambda=a/h_0$，当 $\lambda<1.5$ 时，取 $\lambda=1.5$；当 $\lambda>3$ 时，取 $\lambda=3$；此处，a 为集中荷载作用点至支座或节点边缘的距离。

由式（7-40）可见，当符合下列公式的要求时，即

$$V\leqslant\frac{1.75}{\lambda+1}f_tbh_0+0.07N \tag{7-41}$$

可不进行斜截面受剪承载力计算，仅需按受压构件的构造要求配置箍筋。

同样，为防止出现斜压破坏，矩形、T 形和 I 形截面偏心受压构件，其受剪截面应符合式（7-19）或式（7-20）的要求。

3. 圆形截面受弯构件和偏心受压构件的斜截面受剪承载力

在公共建筑中，经常采用圆形截面柱。根据国内外圆形截面受弯构件的试验资料，并借鉴国外规范的相关规定，《混凝土结构设计规范》提出了采用等效矩形截面来计算圆形截面的受剪承载力。等效矩形截面的宽度和高度，根据矩形与圆形截面二者截面面积和惯性矩分别相等的原则确定。

《混凝土结构设计规范》规定，对圆形截面的受弯构件和偏心受压构件，可直接采用配置箍筋的矩形截面受弯构件和偏心受压构件的受剪承载力公式（包括截面尺寸限制条件等）进行计算，公式中的截面宽度 b 可用 $1.76r$ 代替，截面有效高度 h_0 可用 $1.6r$ 代替。其中 r 为圆形截面的半径。

7.7.2 偏心受拉构件斜截面受剪承载力计算

偏心受拉构件一般还承受剪力作用，因此尚须进行斜截面受剪承载力计算。

试验表明，当轴向拉力先作用于构件上时，构件将产生横贯全截面的法向裂缝。再施加横向荷载后，则在弯矩作用下，法向裂缝在受压区将闭合而在受拉区将进一步开展，并在剪弯区段出现斜裂缝。由于轴向拉力的作用，斜裂缝的宽度和倾角比受弯构件大一些，混凝土剪压区高度明显比受弯构件小，有时甚至无剪压区。因此轴向拉力使构件的抗剪能力明显降低，降低的幅度随轴向拉力的增大而增加，但对箍筋的抗剪能力几乎没有影响。

根据上述特点，《混凝土结构设计规范》规定，矩形、T 形和 I 形截面的钢筋混凝土偏心受拉构件，其斜截面受剪承载力应按下式计算：

$$V\leqslant V_u=\frac{1.75}{\lambda+1}f_tbh_0+f_{yv}\frac{A_{sv}}{s}h_0-0.2N \tag{7-42}$$

式中　N——与剪力设计值 V 相应的轴向拉力设计值；

　　　　λ——计算截面的剪跨比，按偏心受压构件的规定取用。

式（7-42）右边前两项与式（7-15）的右边项相同，第三项则反映了轴向拉力对受剪承载力的降低。由于轴向拉力主要降低了混凝土的受剪承载力，对箍筋基本无影响，因此

当 N 较大，亦即

$$\frac{1.75}{\lambda+1}f_t bh_0 - 0.2N \leqslant 0$$

时，构件受剪承载力应按下式计算：

$$V = f_{yv}\frac{A_{sv}}{s}h_0 \tag{7-43}$$

且 $f_{yv}\dfrac{A_{sv}}{s}h_0$ 值不得小于 $0.36f_t bh_0$，即所配箍筋应满足偏拉剪构件的最小配筋率要求：

$$\rho_{sv} = \frac{A_{sv}}{bs} \geqslant \rho_{sv,\,min} = 0.36\frac{f_t}{f_{yv}} \tag{7-44}$$

偏心受拉构件的受剪截面应符合式（7-19）或式（7-20）的要求。

7.7.3 框架柱双向受剪承载力计算

1. 矩形截面柱双向受剪性能

钢筋混凝土框架柱在斜向水平剪力 V 作用下的受力性能，相当于沿截面两个主轴方向同时作用剪力 V_x 和 V_y，如图 7-42 所示。试验结果表明，矩形截面柱在两个主轴方向同时受剪时，其受剪承载力低于单向受剪承载力 V_{ux} 或 V_{uy}（图 7-43），相关关系大致符合下列规律：

$$\left(\frac{V_x}{V_{ux}}\right)^2 + \left(\frac{V_y}{V_{uy}}\right)^2 = 1 \tag{7-45}$$

式中　V_x、V_y——斜向剪力 V 在 x 轴、y 轴上的分量（图 7-42）；

　　　　V_{ux}、V_{uy}——沿 x 轴、y 轴的单向受剪承载力。

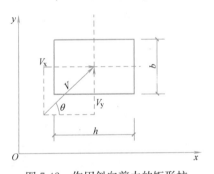

图 7-42　作用斜向剪力的矩形柱

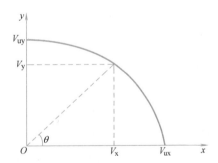

图 7-43　双向受剪承载力的相关关系

2. 双向受剪承载力计算

由图 7-43 可见，$V_y/V_x = \tan\theta$，将 $V_y = V_x\tan\theta$ 和 $V_x = V_y/\tan\theta$ 分别代入式（7-45），并写成设计表达式，则为

$$V_x \leqslant \frac{V_{ux}}{\sqrt{1+\left(\dfrac{V_{ux}\tan\theta}{V_{uy}}\right)^2}} \tag{7-46}$$

$$V_y \leqslant \frac{V_{uy}}{\sqrt{1+\left(\dfrac{V_{uy}}{V_{ux}\tan\theta}\right)^2}} \tag{7-47}$$

在 x 轴、y 轴方向的斜截面受剪承载力设计值 V_{ux}、V_{uy} 应按下列公式计算：

$$V_{ux} = \frac{1.75}{\lambda_x + 1} f_t b h_0 + f_{yv} \frac{A_{svx}}{s} h_0 + 0.07N \tag{7-48}$$

$$V_{uy} = \frac{1.75}{\lambda_y + 1} f_t h b_0 + f_{yv} \frac{A_{svy}}{s} b_0 + 0.07N \tag{7-49}$$

式中　V_x——x 轴方向的剪力设计值，对应的截面宽度为 b，截面有效高度为 h_0（图7-42）；

V_y——y 轴方向的剪力设计值，对应的截面宽度为 h，截面有效高度为 b_0（图7-42）；

θ——斜向剪力设计值 V 的作用方向与 x 轴的夹角，$\theta = \arctan(V_y/V_x)$；

λ_x、λ_y——框架柱的计算剪跨比，与单向偏心受压构件的确定方法相同（见7.7.1小节）；

A_{svx}、A_{svy}——配置在同一截面内平行于 x 轴、y 轴的箍筋各肢截面积的总和；

N——与斜向剪力设计值 V 相应的轴向压力设计值，当 $N > 0.3f_c A$ 时，取 $N = 0.3f_c A$，此处，A 为构件的截面面积。

式（7-46）和式（7-47）即为矩形截面双向受剪框架柱的斜截面受剪承载力计算公式。在截面复核时，由式（7-48）和式（7-49）分别求出 V_{ux} 和 V_{uy}，代入式（7-46）和式（7-47）进行验算。在进行截面设计时，可近似取 $V_{ux}/V_{uy} = 1$，则由式（7-46）和式（7-47）可分别得

$$V_x \leqslant V_{ux} \cos\theta \tag{7-50}$$

$$V_y \leqslant V_{uy} \sin\theta \tag{7-51}$$

由式（7-48）~式（7-51）可直接确定箍筋数量。

3. 截面尺寸限制条件和构造配箍条件

比照式（7-19），可知双向受剪时，两个方向受剪承载力的上限值分别为 $V_{ux} = 0.25\beta_c f_c b h_0$，$V_{uy} = 0.25\beta_c f_c h b_0$，由这两式所得的值基本相同，将它们分别代入式（7-50）和式（7-51），可得双向受剪时的截面尺寸限制条件：

$$V_x \leqslant 0.25\beta_c f_c b h_0 \cos\theta \tag{7-52}$$

$$V_y \leqslant 0.25\beta_c f_c h b_0 \sin\theta \tag{7-53}$$

另外，由式（7-48）~式（7-51）可知，当符合下列条件时

$$V_x \leqslant \left(\frac{1.75}{\lambda_x + 1} f_t b h_0 + 0.07N\right)\cos\theta \tag{7-54}$$

$$V_y \leqslant \left(\frac{1.75}{\lambda_y + 1} f_t h b_0 + 0.07N\right)\sin\theta \tag{7-55}$$

可不进行斜截面受剪承载力计算，仅需按构造要求配置箍筋。

7.7.4　剪力墙的斜截面受剪承载力计算

剪力墙截面上通常作用有弯矩、轴力和剪力。在剪力作用下剪力墙可能出现斜截面剪

切破坏，破坏形态也有斜拉、剪压和斜压三种。轴向压力的存在加大了截面的受压区高度，阻滞了斜裂缝的开展，提高了受剪承载力。相反，在轴向拉力作用下，裂缝较宽，对抗剪不利。因此，计算剪力墙的斜截面受剪承载力时应考虑轴向力的影响。

1. 截面尺寸控制条件

为了防上斜压破坏，剪力墙的受剪截面应符合下列条件：

$$V \leqslant 0.25\beta_c f_c b h_0 \tag{7-56}$$

式中　V——剪力墙计算截面的剪力设计值；

b——矩形截面的宽度或 T 形、I 形截面的腹板宽度（墙的厚度）；

h_0——墙截面有效高度。

2. 偏心受压时的斜截面受剪承载力

钢筋混凝土剪力墙在偏心受压时的斜截面受剪承载力按下列公式计算：

$$V \leqslant V_u = \frac{1}{\lambda - 0.5} \left(0.5 f_t b h_0 + 0.13 N \frac{A_w}{A} \right) + f_{yv} \frac{A_{sh}}{s_v} h_0 \tag{7-57}$$

式中　N——与剪力设计值 V 相应的轴向压力设计值，当 $N > 0.2 f_c b h$ 时，取 $N = 0.2 f_c b h$；

A——剪力墙的截面面积，包括翼缘的有效面积；

A_w——T 形、I 形截面剪力墙腹板的截面面积，对矩形截面剪力墙，取 $A_w = A$；

A_{sh}——配置在同一水平截面内的水平分布钢筋的全部截面面积；

s_v——水平分布钢筋的竖向间距；

λ——计算截面的剪跨比：$\lambda = M/(V h_0)$；当 $\lambda < 1.5$，取 $\lambda = 1.5$；当 $\lambda > 2.2$ 时，取 $\lambda = 2.2$；此处，M 为与剪力设计值 V 相应的弯矩设计值；当计算截面与墙底之间的距离小于 $h_0/2$ 时，λ 应按距墙底 $h_0/2$ 处的弯矩值与剪力值计算。

当剪力设计值小于式（7-57）右边第一项时，表明混凝土的抗剪承载力已足以承担剪力设计值，故水平分布钢筋可按构造要求配置。

3. 偏心受拉时的斜截面受剪承载力

钢筋混凝土剪力墙在偏心受拉时的斜截面受剪承载力按下列公式计算：

$$V \leqslant V_u = \frac{1}{\lambda - 0.5} \left(0.5 f_t b h_0 - 0.13 N \frac{A_w}{A} \right) + f_{yv} \frac{A_{sh}}{s_v} h_0 \tag{7-58}$$

式中　N——与剪力设计值 V 相应的轴向拉力设计值；

λ——计算截面的剪跨比，按偏心受压剪力墙的规定取用。

当上式右边的计算值小于 $f_{yv} \frac{A_{sh}}{s_v} h_0$ 时，表明轴向拉力 N 值过大，此时可仅考虑水平分布钢筋的抗剪作用，即取 $V = f_{yv} \frac{A_{sh}}{s_v} h_0$ 进行计算。

钢筋混凝土剪力墙水平分布钢筋的直径不应小于 8mm，间距不应大于 300mm。

*7.8 构件的受冲切性能

7.8.1 板的冲切破坏

承受集中荷载的板、支承在柱上的无梁楼板、柱下基础、桩基的承台板以及承受车轮压力的桥面板等结构构件，其受力和破坏特点与承受局部荷载或集中反力的钢筋混凝土板类似。试验研究表明，这种板除可能产生弯曲破坏外，还可能产生双向剪切破坏，即两个方向的斜截面形成一个截头锥体，锥体斜截面大体呈45°倾角，如图 7-44 所示。这种破坏称为冲切破坏（punching shear failure），属脆性破坏，其破坏形态类似于梁的斜拉破坏。

为了防止板产生冲切破坏，可增加板的厚度，提高混凝土强度等级，或增大局部受荷面积，必要时可配置抗冲切钢筋。

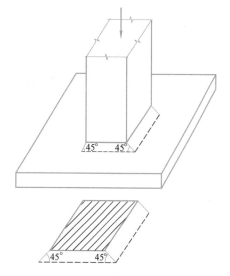

图 7-44　冲切破坏所形成的锥形裂面

7.8.2 板的受冲切承载力计算

1. 不配置抗冲切钢筋的板

在局部荷载(图 7-45a)或集中反力(图 7-45b)作用下，不配置抗冲切钢筋的板，其受冲切承载力可按下列公式计算：

$$F_l \leqslant 0.7\beta_h f_t \eta u_m h_0 \tag{7-59}$$

式中的影响系数 η，应按下列两个公式计算，并取其中较小值，即

$$\eta_1 = 0.4 + \frac{1.2}{\beta_s} \tag{7-60}$$

$$\eta_2 = 0.5 + \frac{\alpha_s h_0}{4u_m} \tag{7-61}$$

式中　　F_l——局部荷载设计值或集中反力设计值；对板柱结构的节点，取柱所承受的轴向压力设计值的层间差值减去冲切破坏锥体范围内板所承受的荷载设计值；

β_h——截面高度影响系数；当 $h \leqslant 800\text{mm}$ 时，取 $\beta_h = 1.0$；当 $h \geqslant 2000\text{mm}$ 时，取 $\beta_h = 0.9$，其间按线性内插法取用；

u_m——计算截面的周长，取距离局部荷载或集中反力作用面积周边 $h_0/2$ 处板垂直截面的最不利周长；

h_0——截面有效高度，取两个方向配筋的截面有效高度的平均值；

η_1——局部荷载或集中反力作用面积形状的影响系数；

η_2——计算截面周长与板截面高度之比的影响系数；

β_s——局部荷载或集中反力作用面积为矩形时的长边与短边尺寸的比值，β_s 不宜大于 4；当 $\beta_s < 2$ 时，取 $\beta_s = 2$；当面积为圆形时，取 $\beta_s = 2$；

α_s——柱位置影响系数；对中柱，取 $\alpha_s = 40$；对边柱，取 $\alpha_s = 30$；对角柱，取 $\alpha_s = 20$。

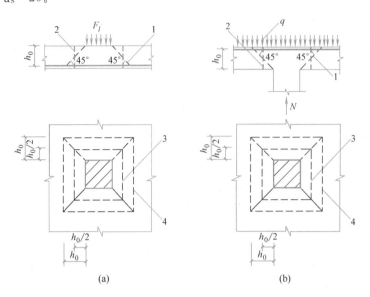

图 7-45　板受冲切承载力计算

（a）局部荷载作用；（b）集中反力作用

1—冲切破坏锥体的斜截面；2—计算截面；3—计算截面的周长；4—冲切破坏锥体的底面线

当板开有孔洞且孔洞至局部荷载或集中反力作用面积边缘的距离不大于 $0.6h_0$ 时，孔

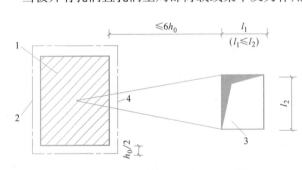

图 7-46　邻近孔洞时的临界截面周长

1—局部荷载或集中反力作用面；2—计算截面周长；

3—孔洞；4—应扣除的长度

洞会减小冲切的最不利周长，从而降低板的受冲切承载力，所以受冲切承载力计算中取用的计算截面周长 u_m，应扣除局部荷载或集中反力作用面积中心至开孔外边缘画出两条切线之间所包含的长度，如图 7-46 所示。图中 $l_1 \le l_2$，当 $l_1 > l_2$ 时，孔洞边长 l_2 用 $\sqrt{l_1 l_2}$ 代替。

2. 配置抗冲切钢筋的板

在局部荷载或集中反力作用下，当受冲切承载力不满足式（7-59）的要求且板的厚度受到限制时，可配置箍筋或弯起钢筋等抗冲切钢筋。配置箍筋、弯起钢筋时的受冲切承载力可按下列公式计算：

$$F_l \le 0.5 f_t \eta u_m h_0 + 0.8 f_{yv} A_{svu} + 0.8 f_y A_{sbu} \sin\alpha \tag{7-62}$$

式中　A_{svu}——与呈 45° 冲切破坏锥体斜截面相交的全部（两个方向）箍筋截面面积；

A_{sbu}——与呈 45° 冲切破坏锥体斜截面相交的全部（两个方向）弯起钢筋截面面积；

α——弯起钢筋与板底面的夹角。

230

对于配置抗冲切钢筋的板，当达到其受冲切承载力时，混凝土早已斜向开裂，使混凝土项的受冲切能力有所降低，因此式（7-62）中混凝土项的抗冲切承载力比不配置抗冲切钢筋板极限承载力的小。另外，在配置了抗冲切钢筋后，板的厚度一般不会很大，故不再考虑板厚影响系数 β_h。

7.8.3 板的受冲切截面限制条件及配筋构造要求

1. 板的受冲切截面限制条件

试验表明，配有抗冲切钢筋的钢筋混凝土板，其受力特性和破坏形态与有腹筋梁相类似，当抗冲切钢筋的数量达到一定程度时，板的受冲切承载力几乎不再增加。为了使抗冲切箍筋或弯起钢筋能够充分发挥作用，同时也为了限制使用阶段的冲切斜裂缝宽度，《混凝土结构设计规范》规定了配置抗冲切钢筋板的受冲切截面限制条件：

$$F_l \leqslant 1.2 f_t \eta u_m h_0 \tag{7-63}$$

上式的截面尺寸限制条件相当于限制配置抗冲切钢筋板的最大承载力。

2. 配筋构造要求

抗冲切钢筋必须与冲切破坏斜截面相交才能发挥作用。上述计算中假定冲切破坏锥体的斜截面呈现 $45°$ 角，但板中实际的冲切破坏锥体的倾角可能小于 $45°$，所以在配筋时应将配筋范围扩大，以保证在实际破坏斜截面范围内有足够的钢筋通过。为此，《混凝土结构设计规范》规定，混凝土板中配置抗冲切箍筋或弯起钢筋时，应符合下列构造要求：

（1）按计算所需的箍筋及相应的架立钢筋应配置在与 $45°$ 冲切破坏锥面相交的范围内，且从集中荷载作用面或柱截面边缘，向外的分布长度不应小于 $1.5h_0$（图 7-47a）；箍筋应做成封闭式，直径不应小于 6mm，间距不应大于 $h_0/3$，且不大于 100mm。

（2）按计算所需弯起钢筋的弯起角度可根据板的厚度在 $30°\sim45°$ 之间选取；弯起钢筋

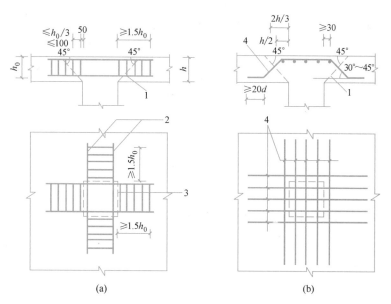

图 7-47 板中抗冲切钢筋布置

（a）用箍筋作抗冲切钢筋；（b）用弯起钢筋作抗冲切钢筋

1—冲切破坏锥面；2—架立钢筋；3—箍筋；4—弯起钢筋

的倾斜段应与冲切破坏锥面相交（图 7-47b），其交点应在集中荷载作用面或柱截面边缘以外（1/2～2/3）h 的范围内。弯起钢筋的直径不宜小于 12mm，且每一方向不宜少于 3 根。

另外，配置抗冲切钢筋的板的厚度不应小于 150mm。

小　结

7.1　斜截面承载力计算是混凝土结构设计中的一个重要问题。设计梁、柱、剪力墙等结构构件时，应同时解决正截面承载力和斜截面承载力的计算和构造问题。

7.2　梁弯剪区出现斜裂缝的主要原因是荷载作用下梁内产生的主拉应力超过混凝土抗拉强度；斜裂缝的开展方向大致沿着主压应力迹线（垂直于主拉应力）；有两类斜裂缝：弯剪斜裂缝（出现于一般梁中）和腹剪斜裂缝（出现于薄腹梁中）。

7.3　受弯构件斜截面剪切破坏的主要形态有斜压、剪压和斜拉三种。当梁弯剪区剪力较大、弯矩较小、主压应力起主导作用时易发生斜压破坏，其特点是混凝土被斜向压坏，箍筋应力达不到屈服强度，设计时用限制截面尺寸不得过小来防止这种破坏发生；当弯剪区弯矩较大、剪力较小、主拉应力起主导作用时易发生斜拉破坏，破坏时梁被斜向拉裂成两部分，破坏过程急速而突然，设计时采用配置一定数量的箍筋和保证合适的箍筋间距来避免；剪压破坏时箍筋应力首先达到屈服强度，然后剪压区混凝土被压坏，破坏时钢筋和混凝土的强度均被充分利用。所以斜截面受剪承载力计算公式是以剪压破坏特征为基础建立的。

7.4　受弯构件斜截面承载力有两类问题：一类是斜截面受剪承载力，对此问题应通过计算配置箍筋或配置箍筋和弯起钢筋来解决；另一类是斜截面受弯承载力，主要是纵向受力钢筋的弯起和截断位置以及相应的锚固问题，一般只需用相应的构造措施来保证，无需进行计算。

7.5　钢筋混凝土柱、剪力墙等偏心受力构件的斜截面受剪承载力计算，与受弯构件的主要区别在于应考虑轴向力的影响。在一定范围内，轴向压力可使构件的受剪承载力提高，而轴向拉力则使受剪承载力降低。

7.6　钢筋混凝土构件的受剪问题是一个复杂问题。尽管国内外研究者对此做过大量的试验研究和理论分析，但至今仍未得到完善解决。本章式（7-16）、式（7-40）、式（7-42）、式（7-57）和式（7-58）是通过对试验资料的分析而得到的经验公式，是试验结果的下包线。这些公式具有计算简捷和有一定精确度的优点，但未明确反映构件的破坏机理，有待进一步研究与改进。

7.7　混凝土板的冲切破坏实质上是双向剪切破坏，类似于梁的斜拉破坏。与构件的受剪问题一样，构件的冲切问题也是一个尚未很好解决的复杂问题。式（7-59）和式（7-62）也是在试验研究基础上总结出的经验公式，缺乏理论依据和明确的物理概念，有待进一步研究与改进。

思　考　题

7.1　在荷载作用下，钢筋混凝土梁为什么会出现斜裂缝？试分析图 7-48 所示的矩形截面梁，如出现斜裂缝，则斜裂缝将出现在哪些部位？发展方向怎样？

图 7-48　外伸梁及悬臂梁

7.2　在无腹筋钢筋混凝土梁中，斜裂缝出现后梁的应力状态发生了哪些变化？为什么会发生这些变化？

7.3　画出集中荷载作用下梁斜压、剪压和斜拉破坏的典型裂缝图，并说明其破坏特征和发生的条件。承受均布荷载简支梁的斜截面破坏特征有何特点？

7.4　影响梁斜截面受剪承载力的主要因素有哪些？影响规律如何？什么是广义剪跨比？什么是计算剪跨比？在连续梁中，二者有何关系？

7.5　腹筋在哪些方面改善了梁的斜截面受剪性能？箍筋的配筋率是如何定义的？它与斜截面受剪承载力的关系怎样？

7.6　对于仅配箍筋的梁，斜截面受剪承载力计算公式（7-16）中的系数 α_{cv} 如何取值？

7.7　斜截面受剪承载力为什么需要规定上、下限？为什么需要对梁截面尺寸加以限制？薄腹梁与一般梁的限制条件为何不同？为什么需要规定箍筋的最小配筋率？

7.8　为什么需要控制箍筋和弯起钢筋的最大间距？为什么箍筋的直径不应小于最小直径？当箍筋满足最小直径和最大间距要求时，是否必然满足箍筋最小配筋率的要求？

7.9　图 7-49 所示的 5 根梁中，已配有等直径等间距的箍筋，经计算尚需配置弯起钢筋。试指出 5 根梁中弯筋配置方式的错误之处，并加以改正。

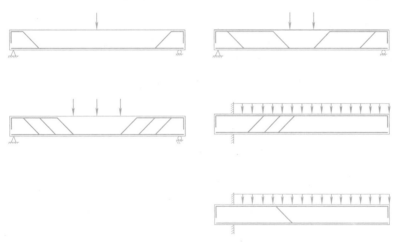

图 7-49　简支梁及悬臂梁

7.10　什么是抵抗弯矩图？它与设计弯矩图的关系应当怎样？什么是钢筋的充分利用点和理论截断点？

7.11　如将抵抗正弯矩的纵向受拉钢筋弯起抗剪，则确定弯起位置时应满足哪些要求？如弯筋弯起后还要起抵抗支座负弯矩的作用，这时还要满足哪些要求？

7.12　当纵向受拉钢筋必须在受拉区截断时，如何根据抵抗弯矩图与设计弯矩图的关系确定钢筋实际截断点的位置？

7.13　纵筋在支座内的锚固有何要求？

7.14　什么是深受弯构件？什么是深梁？这类构件的斜截面受剪承载力计算公式和配筋构造与普通受弯构件有何不同？

7.15　对于偏心受力构件，轴向力对构件受剪承载力有何影响？原因何在？主要规律如何？

7.16　什么是冲切破坏？计算构件的受冲切承载力时，其计算截面是根据什么假定确定的？抗冲切钢筋有哪些构造要求？

习　题

7.1　某矩形截面简支梁，截面尺寸 $b \times h = 200\text{mm} \times 500\text{mm}$。两端支承在砖墙上，净跨 5.74m。梁

承受均布荷载设计值 $p=70kN/m$（包括梁自重）。混凝土强度等级 C30，环境类别为一类。结构的安全等级为二级。箍筋采用 HRB400 级。若此梁只配箍筋，试确定箍筋的直径和间距。

7.2　某矩形截面简支梁，两端支承于砖墙上，净跨 6m。结构的安全等级为二级。梁承受均布荷载设计值 $p=92kN/m$（包括梁自重）。箍筋采用 HPB300 级，$h_0=h-40$（mm）。试按表 7-5 分别计算不同截面尺寸及混凝土强度等级时的配筋量 A_{sv}/s 及实配箍筋直径和间距，并根据计算结果分析截面尺寸及混凝土强度等级对梁受剪承载力的影响。

习题 7.2 计算表　　　　　　　　　　　　　　表 7-5

b (mm)	h (mm)	混凝土强度等级	f_t (N/mm²)	$\dfrac{A_{sv}}{s}=\dfrac{V-0.7f_tbh_0}{f_{yv}h_0}$	实配箍筋直径及间距
200	550	C30			
200	550	C40			
250	550	C30			
200	600	C30			

7.3　某 T 形截面简支梁，梁的支承情况、荷载设计值（包括梁自重）及截面尺寸如图 7-50 所示。结构的安全等级为二级。混凝土强度等级为 C30，混凝土保护层厚度为 25mm。纵向钢筋采用 HRB500 级，箍筋采用 HPB300 或 HRB400 级。梁截面受拉区配有 8Φ20 纵向受力钢筋，$h_0=630mm$。要求：（1）仅配置箍筋，求箍筋的直径和间距；（2）配置双肢Φ8@200 箍筋，计算弯起钢筋的数量。

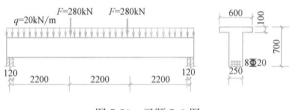

图 7-50　习题 7.3 图

7.4　某钢筋混凝土矩形截面外伸梁，支承于砖墙上。结构的安全等级为二级。梁跨度、截面尺寸及均布荷载设计值（包括梁自重）如图 7-51 所示，$h_0=630mm$。混凝土强度等级 C30，混凝土保护层厚度为 25mm。纵筋采用 HRB400 级，箍筋采用 HPB300 级。根据正截面受弯承载力计算，应配纵筋 3Φ22+3Φ20。求箍筋和弯筋的数量。

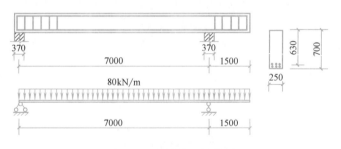

图 7-51　矩形截面外伸梁

7.5　某两端支承于砖墙上的钢筋混凝土 T 形截面简支梁，截面尺寸及配筋如图 7-52 所示。结构的安全等级为二级。环境类别为一类，混凝土强度等级为 C35。纵筋为 HRB400 级，箍筋为 HRB400 级。试按斜截面受剪承载力计算梁所能承受的均布荷载设计值。

7.6　图 7-53 所示的钢筋混凝土外伸梁，支承于砖墙上。结构的安全等级为二级。梁截面尺寸

图 7-52　T 形截面简支梁

$b \times h = 300\text{mm} \times 700\text{mm}$，均布荷载设计值 110kN/m（包括梁自重）。混凝土强度等级 C30，纵筋为 HRB400 级，箍筋为 HRB400 级。要求：

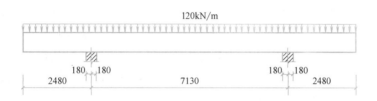

图 7-53　两端外伸梁

（1）进行正截面及斜截面承载力计算，并确定所需的纵筋、箍筋和弯起钢筋的数量；

（2）绘制抵抗弯矩图和分离钢筋图，并给出各弯起钢筋的弯起位置。

7.7　框架柱截面 $b \times h = 300\text{mm} \times 400\text{mm}$，柱净高 $H_n = 3\text{m}$，柱端作用剪力设计值 $V = 250\text{kN}$，弯矩设计值 $M = 115\text{kN} \cdot \text{m}$，与剪力相应的轴向压力设计值 $N = 710\text{kN}$。混凝土强度等级 C35，纵筋为 HRB400 级，箍筋为 HRB400 级。结构的安全等级为二级。要求验算柱截面尺寸，并确定箍筋数量。

7.8　框架柱截面 $b \times h = 400\text{mm} \times 450\text{mm}$，柱净高 $H_n = 3.5\text{m}$；柱承受的斜向剪力设计值 $V = 250\text{kN}$，斜向剪力作用方向与 x 轴（坐标系与图 7-42 相同）的夹角 $\theta = 30°$，柱反弯点在层高范围内；与剪力相应的轴向压力设计值 $N = 890\text{kN}$。混凝土强度等级为 C30，箍筋采用 HPB300 级。结构的安全等级为二级。试确定箍筋数量。

7.9　矩形截面偏心受拉杆件，截面尺寸 $b \times h = 200\text{mm} \times 200\text{mm}$，作用剪力设计值 $V = 120\text{kN}$，剪跨 $a = 0.3\text{m}$；与剪力相应的轴向拉力设计值 $N = 600\text{kN}$，弯矩设计值 $M = 16\text{kN} \cdot \text{m}$。混凝土强度等级为 C35，箍筋采用 HRB400 级。结构的安全等级为二级。试确定箍筋数量。

第8章 受扭构件扭曲截面受力性能与设计

8.1 一般说明

扭转是结构构件受力的一种基本形式。构件截面受有扭矩（torque），或者截面所受的剪力合力不通过构件截面的弯曲中心，截面就要受扭。工程中的扭转作用根据其形成原因可分为两类：平衡扭转和协调扭转。平衡扭转（equilibrium torsion）也称静定扭转，是由荷载作用直接引起的，可用结构的平衡条件求得，是混凝土结构中的主要扭转。如厂房中受吊车横向刹车力作用的吊车梁（图 8-1a），梁承受的扭矩等于刹车力 H 与它至截面弯曲中心的距离 e_0 之乘积；此外，雨篷梁、曲线形桥梁（图 8-1b）、承受偏心荷载的箱形梁以及螺旋楼梯等都属于这一类扭转作用。协调扭转（compatibility torsion）也称超静定扭转，是由于超静定结构构件之间的连续性，在某些构件中引起的扭转，是混凝土结构中的次要扭转。如现浇框架梁结构中的边主梁（图 8-1c），当次梁在荷载作用下受弯变形时，边主梁对次梁梁端的转动产生约束作用，根据变形协调条件，可以确定次梁梁端由于主梁的弹性约束作用而引起的负弯矩，该负弯矩即为主梁所承受的扭转作用，图中 T 为在主梁中引起的内力扭转的分布图形。

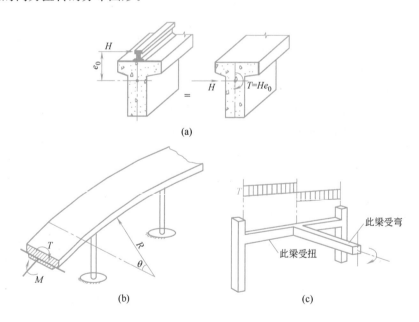

图 8-1 受扭构件示例

(a)、(b) 平衡扭转；(c) 协调扭转

在实际工程中，单纯受扭的构件很少，一般都伴随有弯、剪、压等一种或多种效应的复合作用。如上述的吊车梁、框架边主梁等均受有弯、剪和扭的共同作用。而纯扭是研究

复合受扭构件受力性能的基础，只有对纯扭构件的受力性能有深入的理解，才能对复合受扭构件的破坏机理进行深入分析和研究。因此，本章将首先讨论纯扭构件的受力性能和扭曲截面承载力计算，然后阐述复合受扭构件的受力性能及承载力计算。

8.2 纯扭构件的受力性能和扭曲截面承载力计算

8.2.1 试验研究分析

1. 素混凝土纯扭构件的受扭性能

图 8-2(a) 表示一段棱柱体构件，其两端作用着大小相等方向相反的扭矩 T。由材料力学可知，构件受扭矩作用后，在构件截面上产生剪应力 τ，相应地在与构件纵轴呈 45°方向产生主拉应力 σ_{tp} 和主压应力 σ_{cp}，并且 $\sigma_{tp} = \sigma_{cp} = \tau$。

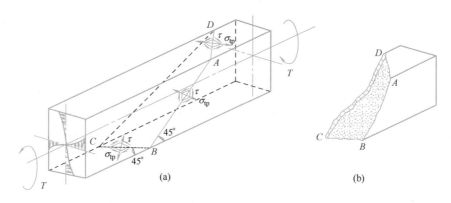

图 8-2 素混凝土纯扭构件的受力情况及破坏面

(a) 两端作用扭矩构件；(b) 扭曲破坏面

对于素混凝土受扭构件，当主拉应力达到混凝土的抗拉强度时，构件将开裂。试验结果表明，在扭矩作用下，矩形截面素混凝土构件先在构件的一个长边中点附近沿着 45°方向被拉裂，并迅速延伸至该长边的上下边缘，然后在两个短边，裂缝又大致沿 45°方向延伸，当斜裂缝延伸到另一长边边缘时，在该长边形成受压破损线，使构件断裂成两半，形成三面开裂、一面受压的空间扭曲破坏面，如图 8-2(b) 所示。这种破坏现象称为扭曲截面破坏。

由于素混凝土构件的受扭承载力很低且表现出明显的脆性破坏特点（图 8-3），故通常在构件内配置一定数量的抗扭钢筋以改善其受力性能。由图 8-2(a) 的受扭构件应力分布可知，最有效的配筋方式是沿垂直于斜裂缝方向配置螺旋形钢筋，当混凝土开裂后，主拉应力直接由钢筋承受。但这种配筋方式施工复杂，且当受有反向扭矩时会完全失去作用。另外，试验表明，受扭构件中仅配置纵向钢筋很难提高其受扭承载力。这是因为没有横向钢筋约束的纵向钢筋只能通过销栓作用抗扭，如果沿钢筋的纵向产生劈裂破坏，则销栓作用特别弱且不可靠。因此，工程中通常采用横向箍筋和对称布置的纵筋组成的空间骨架来共同承担扭矩。

2. 钢筋混凝土纯扭构件的受扭性能

钢筋混凝土受扭构件当抗扭钢筋配置适当时，扭矩 T 和扭转角 θ 的关系曲线如图 8-3 中的适筋曲线。加载初期，截面扭转变形很小，受力性能与素混凝土构件相似，扭矩与扭

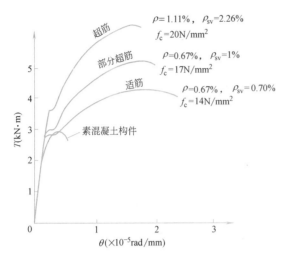

$\rho=1.11\%$，$\rho_{sv}=2.26\%$
$f_c=20\text{N/mm}^2$

超筋

部分超筋
$\rho=0.67\%$，$\rho_{sv}=1\%$
$f_c=17\text{N/mm}^2$

适筋
$\rho=0.67\%$，$\rho_{sv}=0.70\%$
$f_c=14\text{N/mm}^2$

素混凝土构件

图 8-3　矩形截面纯扭构件实测 $T\text{-}\theta$ 曲线　　　　图 8-4　钢筋混凝土受扭构件的裂缝

转角之间大体上呈线性关系，构件的抗扭刚度相对较大。当加载至构件出现斜裂缝后，由于混凝土部分卸载，钢筋应力明显增长，扭转角加大，构件的抗扭刚度明显降低，$T\text{-}\theta$ 曲线上出现较短的水平段。随着扭矩的增加，扭转角增加较快，裂缝数量及宽度逐渐加大，在构件的四个表面形成大体连续的与构件纵轴成某个角度的螺旋形裂缝，如图 8-4 所示。当施加的扭矩接近极限扭矩时，构件某一长边上的斜裂缝中有一条发展为临界斜裂缝，与这条斜裂缝相交的箍筋应力或纵筋应力将首先达到屈服强度，构件产生较大的非弹性变形。当达到极限扭矩时，临界斜裂缝沿截面短边延伸发展，与短边上临界斜裂缝相交的箍筋应力和纵筋应力相继达到屈服强度，斜裂缝将不断加宽，直到沿空间扭曲破坏面受压边混凝土被压碎后，构件破坏。受扭构件的上述破坏特征，只有当箍筋和纵筋都配置适量时才能出现，故称为适筋受扭破坏，属于塑性破坏。

当箍筋和纵筋或其中之一配置过少时，其破坏特征与素混凝土构件相似，属于脆性破坏，称为少筋受扭破坏。

当箍筋和纵筋的配置数量一种过多而另一种基本适当时，则构件破坏前只有数量适当的那种钢筋应力能达到受拉屈服强度，另一种钢筋应力直到受压边混凝土压碎仍未达到屈服强度，这种情况称为部分超筋受扭破坏。由于有一种钢筋应力能达到屈服强度，破坏仍有一定的塑性特征。

当箍筋和纵筋都配置过多时，在扭矩作用下，破坏前的螺旋形裂缝多而密，到构件破坏时，这些裂缝的宽度仍然不大。构件的受扭破坏是由于裂缝间的混凝土被压碎而引起的，破坏时箍筋和纵筋应力均未达到屈服强度，破坏具有脆性性质。这种破坏称为完全超筋受扭破坏。

图 8-3 给出了适筋、部分超筋、完全超筋以及素混凝土受扭构件的扭矩 T 与扭转角 θ 的关系曲线。由图可见，适筋构件的塑性变形比较充分，部分超筋次之，而超筋构件特别是素混凝土构件的塑性变形很小。为了保证构件受扭时具有一定的塑性，设计时应使构件处于适筋和部分超筋范围内，而不应使其发生少筋或完全超筋破坏。

上述性能是根据普通强度混凝土受扭构件的试验结果得出的。近年来对高强混凝土受扭构件的试验研究表明，其破坏形态和破坏机理与普通强度混凝土构件基本相似，但高强混凝土构件的斜裂缝较陡，钢筋应力的不均性较大，脆性破坏特征更显著。

8.2.2 纯扭构件的开裂扭矩

1. 矩形截面纯扭构件

试验结果表明，构件开裂前抗扭钢筋的应力很低，钢筋的存在对开裂扭矩影响很小。因此，在研究开裂扭矩时可以忽略钢筋的作用，与素混凝土构件一样考虑。

由材料力学可知，对于匀质弹性材料矩形截面构件，在扭矩作用下，截面上的剪应力分布如图 8-5(a) 所示。最大剪应力 τ 以及最大主拉应力发生在截面长边的中点，当主拉应力超过混凝土的抗拉强度时，构件将开裂。

试验表明，如按弹性应力分布（图 8-5a）估算素混凝土构件的受扭承载能力，则会低估其开裂扭矩。因此，通常按理想塑性材料估算素混凝土构件的开裂扭矩。对于理想塑性材料的矩形截面构件，当截面长边中点的应力达到 τ_{max}（相应的主拉应力达到混凝土的抗拉强度）时，只是意味着局部材料发生屈服，构件开始进入塑性状态，整个构件仍能承受继续增加的扭矩，直到截面上的应力全部达到材料的屈服强度后，构件才丧失承载能力而破坏。此时截面上剪应力分布如图 8-5（b）所示，即假定各点剪应力均达到最大值。

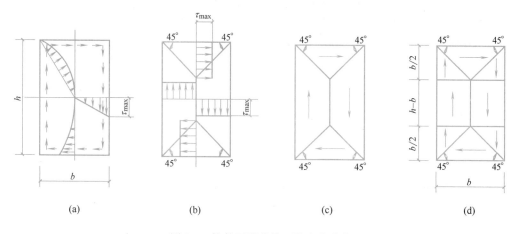

图 8-5　构件开裂前截面剪应力分布

（a）截面应力弹性分布；（b）；截面应力塑性分布；（c）、（d）·应力区域划分

现按图 8-5(b) 所示的应力分布求构件的开裂扭矩。设矩形截面的长边为 h，短边为 b，将截面上的剪应力分布划分为 4 部分（图 8-5c），计算各部分剪应力的合力及其对截面扭转中心的力矩。为了便于计算，可将图 8-5(c) 改为图 8-5(d)，并将其对截面的扭转中心取矩，可得

$$T_{cr}=\tau_{max}\left\{2\cdot\frac{b}{2}(h-b)\cdot\frac{b}{4}+4\cdot\frac{1}{2}\left(\frac{b}{2}\right)^2\cdot\frac{2}{3}\cdot\frac{b}{2}+2\cdot\frac{1}{2}\cdot b\cdot\frac{b}{2}\left[\frac{2}{3}\cdot\frac{b}{2}+\frac{1}{2}(h-b)\right]\right\}$$

$$=\frac{b^2}{6}(3h-b)\cdot\tau_{max}$$

构件开裂时，$\sigma_{tp}=\tau_{max}=f_t$，所以开裂扭矩为

$$T_{cr}=f_t\cdot\frac{b^2}{6}(3h-b)=f_tW_t \tag{8-1}$$

式中，W_t 为受扭构件的截面受扭塑性抵抗矩，对矩形截面，W_t 按下式计算：

$$W_t = \frac{b^2}{6}(3h-b) \tag{8-2}$$

由于混凝土并非理想塑性材料，所以在整个截面上剪应力完成重分布之前，构件就已开裂。此外，构件内除了作用有主拉应力外，还有与主拉应力呈正交方向的主压应力作用，在拉压复合应力作用下，混凝土的抗拉强度低于单向受拉时的抗拉强度（见图 2-17 中的第二、四象限）。因此，当按理想塑性材料的应力分布计算开裂扭矩时，应乘以小于 1 的系数予以修正。试验表明，对素混凝土纯扭构件，修正系数在 0.87～0.97 之间变化；对于钢筋混凝土纯扭构件，则在 0.86～1.06 之间变化；高强混凝土的塑性比普通混凝土差，相应的系数小。《混凝土结构设计规范》偏于安全地取修正系数为 0.7，于是式（8-1）成为

$$T_{cr} = 0.7 f_t W_t \tag{8-3}$$

其中系数 0.7 综合反映了混凝土塑性发挥的程度和双轴应力下混凝土强度降低的影响。

2. T 形和 I 形截面纯扭构件

对于工程中常用的 T 形和 I 形截面纯扭构件，在扭矩作用下其截面的剪应力流示意图如图 8-6(a) 所示。与矩形截面纯扭构件类似，当达到理想塑性状态时，可采用图 8-6(b) 所示简图（与图 8-5c 相似）计算其开裂扭矩 T_{cr}，计算公式与式（8-3）相同，但式中的截面受扭塑性抵抗矩 W_t 应采用相应截面（T 形或 I 形）的 W_t，如对 T 形截面可采用图 8-6(b) 计算 W_t。

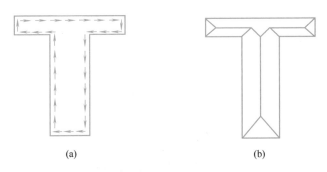

(a)   (b)

图 8-6　T 形截面开裂扭矩计算简图

(a) 整截面的剪应力流；(b) 精确计算简图

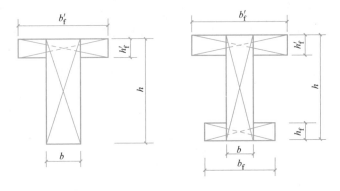

图 8-7　T 形和 I 形截面的分块

按上述方法确定的 T 形或 I 形截面受扭塑性抵抗矩 W_t 为其精确值，但计算较为复杂。为了简化计算，可想象将 T 形或 I 形截面分成若干矩形截面，对于每个矩形截面可利用式（8-2）计算相应的 W_t，并近似地认为整个截面的受扭塑性抵抗矩等于各分块矩形截面受扭塑性抵抗矩之和。截面分块的原则是，应首先满足较宽矩形部分的完整性。对于工程中常见的 T 形或 I 形截面，一般是腹板矩形部分较宽，故可按图 8-7 所示的方法进行划分。此时，整个 T 形或 I 形截面受扭塑性抵抗矩 W_t 应按下式计算：

$$W_t = W_{tw} + W'_{tf} + W_{tf} \tag{8-4}$$

式中，W_{tw}、W'_{tf}、W_{tf} 分别为腹板、受压翼缘和受拉翼缘部分的矩形截面受扭塑性抵抗矩，按下列公式计算：

$$W_{tw} = \frac{b^2}{6}(3h - b) \tag{8-5a}$$

$$W'_{tf} = \frac{h'^2_f}{2}(b'_f - b) \tag{8-5b}$$

$$W_{tf} = \frac{h^2_f}{2}(b_f - b) \tag{8-5c}$$

式中　b'_f、b_f——截面受压区、受拉区的翼缘宽度；

　　　h'_f、h_f——截面受压区、受拉区的翼缘高度；

　　　b、h——腹板宽度和全截面高度。

当翼缘宽度较大时，计算时取用的翼缘宽度尚应符合 $b'_f \leqslant b + 6h'_f$ 及 $b_f \leqslant b + 6h_f$ 的规定。

应当指出，式（8-5b）和式（8-5c）是将受压翼缘和受拉翼缘分别视为受扭整体截面而按式（8-2）确定的，如对图 8-7 所示的受压翼缘，可得

$$W'_{tf} = \frac{h'^2_f}{6}(3b'_f - h'_f) - \frac{h'^2_f}{6}(3b - h'_f) = \frac{h'^2_f}{2}(b'_f - b)$$

这就是式（8-5b），同样可得式（8-5c）。

综上所述，对 T 形或 I 形截面纯扭构件，其开裂扭矩 T_{cr} 可按式（8-3）计算，式中的 W_t 可按式（8-4）确定。

3. 箱形截面纯扭构件

对于箱形截面构件，在扭矩作用下，截面上的剪应力流方向一致（图 8-8a），截面受扭塑性抵抗矩很大，如将截面划分为 4 个矩形块（图 8-8b），相当于把剪应力流限制在各矩形面积范围内，沿内壁的剪应力方向与实际整体截面的相反，故按分块法计算的截面受扭塑性抵抗矩小于其精确值。因此，对于箱形截面纯扭构件，其开裂扭矩仍可按式（8-3）计算，但其截面受扭塑性抵抗矩应按下式计算，即

$$W_t = \frac{b^2_h}{6}(3h_h - b_h) - \frac{(b_h - 2t_w)^2}{6}[3h_w - (b_h - 2t_w)] \tag{8-6}$$

式中，b_h，h_h 分别为箱形截面的短边尺寸和长边尺寸，其余符号意义见图 8-8。可见，箱形截面的受扭塑性抵抗矩 W_t 等于截面尺寸为 $b_h \times h_h$ 的矩形截面的 W_t 减去孔洞矩形部分的 W_t。

8.2.3　纯扭构件的受扭承载力

1. 纯扭构件的力学模型

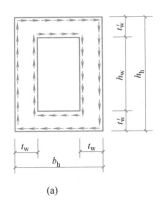
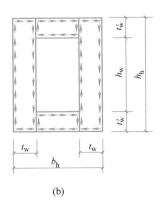

(a)   (b)

图 8-8   箱形截面的剪应力流

（a）整体截面；（b）分块后

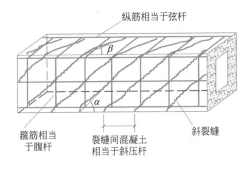

图 8-9   空间桁架模型

试验研究表明，矩形截面纯扭构件在裂缝充分发展且钢筋应力接近屈服强度时，截面核心混凝土部分退出工作，所以实心截面的钢筋混凝土受扭构件可比拟为一箱形截面构件。此时，具有螺旋形裂缝的混凝土箱壁与抗扭纵筋和箍筋共同组成空间桁架抵抗扭矩，如图 8-9 所示。其中抗扭纵筋为空间桁架的弦杆，箍筋为受拉腹杆，被斜裂缝分割的斜向混凝土条带为斜压腹杆。按此模型，由平衡条件可导得构件受扭承载力 T_u 为

$$T_u = 2\sqrt{\zeta} \frac{f_{yv} A_{st1}}{s} A_{cor} \tag{8-7}$$

$$\zeta = \frac{f_y A_{stl}/u_{cor}}{f_{yv} A_{st1}/s} = \frac{f_y A_{stl} s}{f_{yv} A_{st1} u_{cor}} \tag{8-8}$$

式中　ζ ——受扭的纵向钢筋与箍筋的配筋强度比值；

A_{stl} ——受扭计算中取对称布置的全部纵向非预应力钢筋截面面积；

A_{st1} ——受扭计算中沿截面周边配置的箍筋单肢截面面积；

f_y、f_{yv} ——受扭纵筋和受扭箍筋的抗拉强度设计值；

s ——受扭箍筋的间距；

u_{cor} ——截面核心部分的周长，$u_{cor} = 2(b_{cor} + h_{cor})$；

A_{cor} ——截面核心部分的面积，$A_{cor} = b_{cor} h_{cor}$。

计算 u_{cor} 和 A_{cor} 时所取用的 b_{cor} 与 h_{cor}，分别为箍筋内表面范围内截面核心部分的短边和长边尺寸，如图 8-10 所示，图 8-10（b）中仅示出了腹板部分的 b_{cor} 和 h_{cor}。

由式（8-8）可知，ζ 为沿截面核心周长单位长度内的抗扭纵筋强度与沿构件长度方向单位长度内的单侧抗扭箍筋强度的比值。

试验表明，受扭构件表面斜裂缝倾角 α 随 ζ 值的变化而改变，故上述模型称为变角空间桁架模型（variable angle space truss model）。若 $\zeta = 1$，则为古典空间桁架模型。

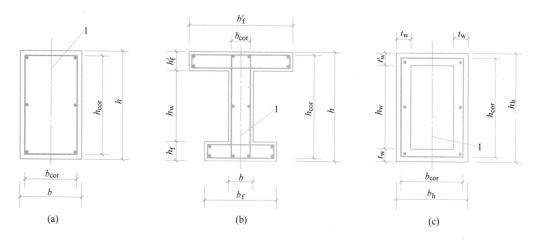

图 8-10　受扭构件截面

(a) 矩形截面；(b) T 形、I 形截面；(c) 箱形截面（$t_w \leqslant t_w'$）

1—弯矩、剪力作用平面

2. 纯扭构件的受扭承载力

（1）矩形截面纯扭构件

按式（8-7）计算的受扭承载力受控于抗扭钢筋的数量和强度，而与混凝土强度无关，即它没有反映构件受扭承载力随混凝土强度提高而增大的规律，且大大低估了受扭承载力。因而空间桁架模型是对构件实际性能的一种简化，有助于对构件受扭机理的理解，而且也为建立受扭承载力计算公式提供了理论依据。《混凝土结构设计规范》根据对试验资料的统计分析结果，并参考空间桁架模型，给出计算公式。现说明如下。

纯扭构件的受扭承载力 T_u 由混凝土的抗扭作用 T_c 和箍筋与纵筋的抗扭作用 T_s 组成，即

$$T_u = T_c + T_s$$

其中 T_c 可参照式（8-3）写成

$$T_c = \alpha_1 f_t W_t$$

T_s 可用变角空间桁架模型的计算公式（8-7）表示，即

$$T_s = \alpha_2 \sqrt{\zeta} \frac{f_{yv} A_{st1}}{s} A_{cor}$$

于是得

$$T_u = \alpha_1 f_t W_t + \alpha_2 \sqrt{\zeta} \frac{f_{yv} A_{st1}}{s} A_{cor} \tag{8-9}$$

上式可写成

$$\frac{T_u}{f_t W_t} = \alpha_1 + \alpha_2 \sqrt{\zeta} \frac{f_{yv} A_{st1}}{f_t W_t s} A_{cor} \tag{8-10}$$

图 8-11 为配有不同数量抗扭钢筋的钢筋混凝土纯扭构件受扭承载力试验结果（图中的黑点），纵坐标为 $T_u / f_t W_t$，横坐标为 $\sqrt{\zeta} \dfrac{f_{yv} A_{st1} A_{cor}}{f_t W_t s}$。根据对试验结果的统计回归，得

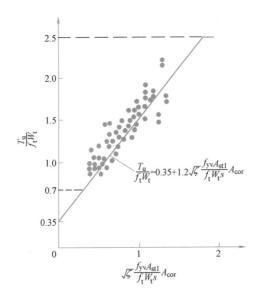

图 8-11　计算公式和实测值的比较

系数 $\alpha_1=0.35$，$\alpha_2=1.2$。这样，钢筋混凝土矩形截面纯扭构件扭曲截面承载力的设计表达式为

$$T\leqslant T_u=0.35f_tW_t+1.2\sqrt{\zeta}\,\frac{f_{yv}A_{st1}}{s}A_{cor}$$

(8-11)

式中　T——扭矩设计值。

式（8-10）中的系数 $\alpha_1=0.35$ 和 $\alpha_2=1.2$，是根据普通强度混凝土受扭构件的试验结果（图 8-11）确定的。根据对 19 个高强混凝土受扭构件试验数据的统计分析，$\alpha_1=0.442$，$\alpha_2=1.166$，由此计算的受扭承载力比按式（8-11）计算的受扭承载力略高。考虑到高强混凝土受扭构件的试验数据较少，且偏于安全考虑，对普通和高强混凝土受扭构件，均可按式（8-11）计算受扭承载力。

公式（8-11）中右边第一项表示开裂混凝土所能承受的扭矩。因为钢筋混凝土纯扭构件开裂后，抗扭钢筋对斜裂缝开展有一定的约束作用，从而使开裂面混凝土骨料之间存在咬合作用；同时斜裂缝只是在构件表面一定深度形成，并未贯穿整个截面，构件尚未被割成可动机构，因而混凝土仍具有一定的抗扭能力。

公式（8-11）中的 ζ，即前述公式（8-8），考虑了纵筋与箍筋之间不同配筋比对受扭承载力的影响。试验表明，当 $0.5\leqslant\zeta\leqslant2.0$ 时，纵筋与箍筋的应力基本上都能达到屈服强度。为了稳妥起见，《混凝土结构设计规范》规定 ζ 的取值范围为 $0.6\leqslant\zeta\leqslant1.7$。在截面受扭承载力复核时，如果实际的 $\zeta>1.7$，取 $\zeta=1.7$。试验也表明，当 $\zeta=1.2$ 左右时，抗扭纵筋与抗扭箍筋配合最佳，两者基本上能同时达到屈服强度。因此，设计时取 $\zeta=1.2$ 左右较为合理。

（2）T 形和 I 形截面纯扭构件

对于 T 形或 I 形截面钢筋混凝土纯扭构件，应先按图 8-7 所示原则将截面划分为若干单块矩形，然后将总扭矩按照各单块矩形的截面受扭塑性抵抗矩的比例分配给各矩形块。腹板矩形、上翼缘矩形和下翼缘矩形所承担的扭矩值分别为

$$\left.\begin{aligned} T_w &= \frac{W_{tw}}{W_t}T\\[2mm] T_f' &= \frac{W_{tf}'}{W_t}T\\[2mm] T_f &= \frac{W_{tf}}{W_t}T \end{aligned}\right\}$$

(8-12)

式中　T——构件截面所承受的扭矩设计值；

　　　T_w——腹板所承受的扭矩设计值；

　　T_f'、T_f——受压翼缘、受拉翼缘所承受的扭矩设计值。

244

求得各分块矩形所承担的扭矩后，即可按式（8-11）进行各矩形截面的受扭承载力计算。

（3）箱形截面纯扭构件

试验及理论研究表明，具有一定壁厚（$t_w \geqslant 0.4b_h$）的箱形截面，其受扭承载力与实心截面 $b_h \times h_h$ 的基本相同。当壁厚较薄时，其受扭承载力则小于实心截面的受扭承载力。因此，对于箱形截面纯扭构件（图8-10c），其受扭承载力的计算公式与矩形截面的相似，仅在混凝土抗扭项考虑了与截面相对壁厚有关的折减系数，即

$$T \leqslant T_u = 0.35\alpha_h f_t W_t + 1.2\sqrt{\zeta}\frac{f_{yv}A_{st1}}{s}A_{cor} \tag{8-13}$$

式中　α_h——箱形截面壁厚影响系数：$\alpha_h = 2.5t_w/b_h$，当 $\alpha_h > 1.0$ 时，取 $\alpha_h = 1.0$。即当 $\alpha_h \geqslant 1.0$ 或 $t_w \geqslant 0.4b_h$ 时，按 $b_h \times h_h$ 的实心矩形截面计算。

上式中的 W_t 值应按式（8-6）确定；ζ 值应按式（8-8）计算，且应符合 $0.6 \leqslant \zeta \leqslant 1.7$ 的要求，当 $\zeta > 1.7$ 时，取 $\zeta = 1.7$。

8.3　复合受扭构件承载力计算

实际工程中单纯的受扭构件很少，大多数是弯矩、剪力和扭矩同时作用（如梁），或者是弯矩、剪力、轴力和扭矩同时作用（如柱和墙），使构件处于弯矩、剪力、轴力和扭矩共同作用的复合受力状态。试验表明，对于弯剪扭构件，构件的受扭承载力与其受弯和受剪承载力是相互影响的，即构件的受扭承载力随同时作用的弯矩、剪力的大小而发生变化；同样，构件的受弯和受剪承载力也随同时作用的扭矩大小而发生变化。对于弯剪压扭构件，构件各承载力之间也存在与上述相似的规律。工程上把这种相互影响的性质称为构件各承载力之间的相关性。

由于弯、剪、压、扭承载力之间的相互影响极为复杂，所以要完全考虑它们之间的相关性，并用统一的相关方程来计算将非常困难。因此，我国《混凝土结构设计规范》对复合受扭构件的承载力计算采用了部分相关、部分叠加的计算方法，即对混凝土抗力部分考虑相关性，对钢筋的抗力部分采用叠加的方法。

8.3.1　剪扭构件承载力计算

1. 剪扭承载力相关关系（interaction for shear and torsion）

试验结果表明，当剪力与扭矩共同作用时，由于剪力的存在将使混凝土的受扭承载力降低，而扭矩的存在也将使混凝土的受剪承载力降低，两者的相关关系大致符合1/4圆的规律（图8-12），其表达式为

$$\left(\frac{V_c}{V_{co}}\right)^2 + \left(\frac{T_c}{T_{co}}\right)^2 = 1 \tag{8-14}$$

式中　V_c、T_c——剪扭共同作用下混凝土的受剪及受扭承载力；

　　　V_{co}——纯剪构件混凝土的受剪承载力，即 $V_{co} = 0.7f_t bh_0$ 或 $V_{co} = [1.75/(\lambda+1)]f_t bh_0$；

　　　T_{co}——纯扭构件混凝土的受扭承载力，即 $T_{co} = 0.35f_t W_t$。

2. 矩形截面剪扭构件承载力计算

矩形截面剪扭构件的受剪及受扭承载力分别由相应的混凝土抗力和钢筋抗力组成，即

$$V_u = V_c + V_s \tag{8-15}$$

$$T_u = T_c + T_s \tag{8-16}$$

式中　　V_u、T_u———剪扭构件的受剪及受扭承载力；

　　　　　V_c、T_c———剪扭构件中混凝土的受剪及受扭承载力；

　　　　　V_s、T_s———剪扭构件中箍筋的受剪承载力及抗扭钢筋的受扭承载力。

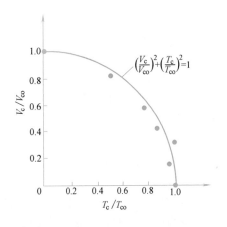

图 8-12　混凝土剪扭承载力相关关系　　　　图 8-13　混凝土剪扭承载力相关的计算模式

根据部分相关、部分叠加的原则，式（8-15）、式（8-16）中的 V_s、T_s 应分别按纯剪及纯扭构件的相应公式计算；而 V_c、T_c 应考虑剪扭相关关系，这可直接由式（8-14）的相关方程求解确定（见后面的说明）。为了简化计算，《混凝土结构设计规范》对 V_c 与 T_c 的相关关系，是将 1/4 圆用三段直线组成的折线代替（图 8-13）。直线 AB 段表示当混凝土承受的扭矩 $T_c \leqslant 0.5T_{co}$ 时，混凝土的受剪承载力不予降低；直线 CD 段表示当混凝土承受的剪力 $V_c \leqslant 0.5V_{co}$ 时，混凝土的受扭承载力不予降低；斜线 BC 段表示混凝土的受剪及受扭承载力均予以降低。如设

$$\alpha = V_c/V_{co}, \quad \beta_t = T_c/T_{co} \tag{8-17}$$

则斜线 BC 上任一点均满足条件

$$\alpha + \beta_t = 1.5 \tag{8-18}$$

对于一般剪扭构件，α 与 β_t 的比例关系为

$$\frac{\alpha}{\beta_t} = \frac{V_c/V_{co}}{T_c/T_{co}} = \frac{V_c}{T_c} \cdot \frac{0.35f_t W_t}{0.7f_t bh_0} = 0.5 \frac{V_c}{T_c} \cdot \frac{W_t}{bh_0} = 0.5 \frac{V}{T} \cdot \frac{W_t}{bh_0} \tag{8-19}$$

在上式中近似地取 $V_c/T_c = V/T$。联立求解方程式（8-18）和式（8-19），则得

$$\beta_t = \frac{1.5}{1 + 0.5 \dfrac{V}{T} \cdot \dfrac{W_t}{bh_0}} \tag{8-20}$$

式中，β_t 称为剪扭构件混凝土受扭承载力降低系数；相应地，α 称为混凝土受剪承载力降低系数，由式（8-18）得

$$\alpha = 1.5 - \beta_t \tag{8-21}$$

将式（8-17）及有关公式分别代入式（8-15）和式（8-16），可得矩形截面一般剪扭构件受剪及受扭承载力的设计表达式如下：

$$V \leqslant V_u = 0.7(1.5 - \beta_t)f_t bh_0 + f_{yv}\frac{A_{sv}}{s}h_0 \tag{8-22}$$

$$T \leqslant T_u = 0.35\beta_t f_t W_t + 1.2\sqrt{\zeta}\frac{f_{yv}A_{st1}}{s}A_{cor} \tag{8-23}$$

对于集中荷载作用下的独立剪扭构件，其受扭承载力仍按式（8-23）计算，但受剪承载力应按下式计算：

$$V \leqslant V_u = (1.5 - \beta_t)\frac{1.75}{\lambda + 1}f_t bh_0 + f_{yv}\frac{A_{sv}}{s}h_0 \tag{8-24}$$

并且式（8-23）和式（8-24）中的 β_t 应按下式计算：

$$\beta_t = \frac{1.5}{1 + 0.2(\lambda + 1)\dfrac{V}{T} \cdot \dfrac{W_t}{bh_0}} \tag{8-25}$$

式中 λ——计算截面的剪跨比，与式（7-15）中 λ 的取值规定相同。

在式（8-19）中，取 $V_{co} = [1.75/(\lambda + 1)]f_t bh_0$，即得式（8-25）中的 $0.2(\lambda + 1)$。

由图 8-13 可见，对斜线 BC 而言，$0.5 \leqslant \beta_t \leqslant 1.0$。因此，当按式（8-20）或式（8-25）求得的 $\beta_t < 0.5$ 时，取 $\beta_t = 0.5$；当 $\beta_t > 1$ 时，取 $\beta_t = 1$。

如果由式（8-14）的相关方程直接求解，则联立式（8-14）和式（8-19），可得矩形截面一般剪扭构件的混凝土受扭承载力降低系数 β_t：

$$\beta_t = \frac{1}{\sqrt{1 + \left(0.5\dfrac{V}{T}\dfrac{W_t}{bh_0}\right)^2}}$$

由式（8-14）可得相应的混凝土受剪承载力降低系数 α：

$$\alpha = \sqrt{1 - \beta_t^2}$$

将上述 β_t 和 α 分别代替式（8-22）和式（8-23）中的 β_t 和 α，即得矩形截面一般剪扭构件受剪和受扭承载力的设计表达式。同理，可得集中荷载作用下矩形截面独立剪扭构件的混凝土受扭承载力降低系数 β_t，不再赘述。

3. T 形和 I 形截面剪扭构件承载力计算

如第 7 章所述，计算 T 形和 I 形截面构件的受剪承载力时，按截面宽度等于腹板宽度、高度等于截面总高度的矩形截面计算，即不考虑翼缘板的受剪作用。因此，对于 T 形和 I 形截面剪扭构件，腹板部分应承受全部剪力和分配给腹板的扭矩，翼缘板仅承受所分配的扭矩，但翼缘板中配置的箍筋应贯穿整个翼缘。具体计算方法如下：

（1）T 形和 I 形截面一般剪扭构件的受剪承载力，按式（8-22）与式（8-20）进行计算，集中荷载作用下的 T 形和 I 形截面独立剪扭构件的受剪承载力，按式（8-24）与式（8-25）进行计算。计算时各式中的 b 应以 T 形或 I 形截面的腹板宽度代替，式（8-20）和式（8-25）中的 T 及 W_t 应以 T_w 和 W_{tw} 代替，T_w 和 W_{tw} 分别按式（8-12）和式（8-5a）确定。

（2）T形和I形截面剪扭构件的受扭承载力，可根据 8.2.2 小节所述方法将整个截面划分为几个矩形截面（图 8-7）分别进行计算。矩形截面腹板：对于一般剪扭构件，按式（8-23）与式（8-20）计算；对集中荷载作用下的独立剪扭构件，按式（8-23）与式（8-25）计算，但计算时应将 T 及 W_t 分别以 T_w 及 W_{tw} 代替。对矩形截面受压翼缘及受拉翼缘，按纯扭用式（8-11）进行计算，但计算时应将 T 及 W_t 分别以 T'_f 及 W'_{tf} 或 T_f 及 W_{tf} 代替，T'_f、T_f 以及 W'_{tf}、W_{tf} 分别按式（8-12）和式（8-5b）、式（8-5c）确定。

4. 箱形截面剪扭构件承载力计算

箱形截面剪扭构件的受扭性能与矩形截面剪扭构件的相似，但应考虑相对壁厚的影响；其受剪性能与I形截面的相似，即计算受剪承载力时只考虑侧壁的作用。

（1）箱形截面一般剪扭构件

这种构件的受剪承载力按式（8-22）计算；其受扭承载力是在纯扭构件受扭承载力公式（8-13）的混凝土项中考虑剪扭相关性，即按下式计算受扭承载力：

$$T \leqslant T_u = 0.35\alpha_h\beta_t f_t W_t + 1.2\sqrt{\zeta}\frac{f_{yv}A_{st1}}{s}A_{cor} \tag{8-26}$$

式（8-22）和式（8-26）中的 β_t 值应按式（8-20）计算，但式中的 W_t 应以 $\alpha_h W_t$ 代替；α_h 按式（8-13）中的规定取值；ζ 按式（8-8）计算。式（8-20）和式（8-22）中的 b 取箱形截面的两个侧壁总厚度。

（2）集中荷载作用下的箱形截面独立剪扭构件

这种构件的受剪承载力按式（8-24）计算，受扭承载力按式（8-26）计算；两式中的 β_t 应按式（8-25）确定，但式中的 W_t 应以 $\alpha_h W_t$ 代替。同样，各式中的 b 取箱形截面的两个侧壁总厚度。

8.3.2 弯扭构件承载力计算

与剪扭构件相似，弯扭构件的弯扭承载力也存在相关关系，且比较复杂。用相应的相关公式进行承载力验算是可行的，但进行设计将非常复杂。为了简化设计，《混凝土结构设计规范》对弯扭构件的承载力计算采用简单的叠加法：首先拟定截面尺寸，然后按纯扭构件承载力公式计算所需要的抗扭纵筋和箍筋，按受扭要求配置；再按受弯承载力公式计算所需要的抗弯纵筋，按受弯要求配置；对截面同一位置处的抗弯纵筋和抗扭纵筋，可将二者面积叠加后确定纵筋的直径和根数。

8.3.3 弯剪扭构件承载力计算

1. 截面尺寸限制条件及构造配筋要求

（1）截面尺寸限制条件

在弯矩、剪力和扭矩共同作用下或各自作用下，为了避免出现由于配筋过多（完全超筋）而造成构件腹部混凝土局部斜向压坏，对 $h_w/b \leqslant 6$ 的矩形、T形、I形和 $h_w/t_w \leqslant 6$ 的箱形截面构件（图 8-10），其截面尺寸应符合下列条件：

当 h_w/b（或 h_w/t_w）$\leqslant 4$ 时

$$\frac{V}{bh_0} + \frac{T}{0.8W_t} \leqslant 0.25\beta_c f_c \tag{8-27}$$

当 h_w/b（或 h_w/t_w）$= 6$ 时

$$\frac{V}{bh_0} + \frac{T}{0.8W_t} \leqslant 0.2\beta_c f_c \tag{8-28}$$

当 $4 < h_w/b$（或 h_w/t_w）< 6 时，按线性内插法确定。

式中　V、T——剪力设计值、扭矩设计值；

　　　b——矩形截面的宽度，T 形或 I 形截面的腹板宽度，箱形截面的侧壁总厚度 $2t_w$；

　　　h_0——截面有效高度；

　　　h_w——截面的腹板高度：对矩形截面，取有效高度 h_0；对 T 形截面，取有效高度减去翼缘高度；对 I 形和箱形截面，取腹板净高；

　　　t_w——箱形截面壁厚，其值不应小于 $b_h/7$，此处，b_h 为箱形截面的宽度。

当 $V=0$ 时，以上两式即为纯扭构件的截面尺寸限制条件；当 $T=0$ 时，则为纯剪构件的截面限制条件（式 7-19、式 7-20）。计算时如不满足上述条件，一般应加大构件截面尺寸，也可以提高混凝土强度等级。

（2）构造配筋和最小配筋率要求

在弯矩、剪力和扭矩共同作用下，当矩形、T 形、I 形和箱形截面（图 8-10）构件的截面尺寸符合下列要求时

$$\frac{V}{bh_0} + \frac{T}{W_t} \leqslant 0.7f_t \tag{8-29}$$

或

$$\frac{V}{bh_0} + \frac{T}{W_t} \leqslant 0.7f_t + 0.07\frac{N}{bh_0} \tag{8-30}$$

则可不进行构件截面受剪扭承载力计算，但为了防止构件开裂后产生突然的脆性破坏，必须按构造要求配置钢筋。

式（8-30）中的 N 为与剪力、扭矩设计值 V、T 相应的轴向压力设计值，当 $N > 0.3f_cA$ 时，取 $N=0.3f_cA$，A 为构件的截面面积。

在弯剪扭构件中，箍筋的配筋率 ρ_{sv} 应满足下列要求：

$$\rho_{sv} = \frac{A_{sv}}{bs} \geqslant \rho_{sv,\min} = 0.28\frac{f_t}{f_{yv}} \tag{8-31}$$

对于箱形截面构件，式中的 b 应以 b_h 代替。

箍筋的间距应符合表 7-1 的规定，箍筋应做成封闭式，且应沿截面周边布置；当采用复合箍筋时，位于截面内部的箍筋不应计入受扭所需的箍筋面积；受扭所需箍筋的末端应做成 135° 弯钩，弯钩端头平直，且长度不应小于 $10d$（d 为箍筋直径）。

弯剪扭构件受扭纵向钢筋的配筋率 ρ_{tl} 应满足下列要求：

$$\rho_{tl} = \frac{A_{stl}}{bh} \geqslant \rho_{tl,\min} = 0.6\sqrt{\frac{T}{Vb}}\frac{f_t}{f_y} \tag{8-32}$$

当 $T/(Vb) > 2.0$ 时，取 $T/(Vb) = 2.0$；对箱形截面构件，式中的 b 应以 b_h 代替。式中，$\rho_{tl,\min}$ 表示受扭纵向钢筋的最小配筋率。

沿截面周边布置的受扭纵向钢筋的间距不应大于 200mm 和梁截面短边长度；除应在梁截面四角设置受扭纵向钢筋外，其余受扭纵向钢筋宜沿截面周边均匀对称布置。受扭纵向钢筋应按受拉钢筋的锚固要求，锚固在支座内。

在弯剪扭构件中，配置在截面弯曲受拉边的纵向受力钢筋，其截面面积不应小于按受弯构件受拉钢筋最小配筋率计算的钢筋截面面积与按受扭纵向钢筋最小配筋率计算并分配到弯曲受拉边的钢筋截面面积之和。

2. 弯剪扭构件承载力计算

弯、剪、扭复合受力构件的相关关系比较复杂，目前尚研究得不够深入。《混凝土结构设计规范》以剪扭和弯扭构件承载力计算方法为基础，建立了弯剪扭构件承载力计算方法。即对矩形、T形、I形和箱形截面的弯剪扭构件，纵向钢筋应分别按受弯构件的正截面受弯承载力和剪扭构件的受扭承载力计算，所得的钢筋截面面积在构件截面上的相应位置叠加配置；箍筋应分别按剪扭构件的受剪和受扭承载力计算，所得的箍筋截面面积叠加配置。

当已知构件的设计弯矩图、设计剪力图和设计扭矩图，并初步选定截面尺寸和材料强度等级后，可按下列步骤进行截面承载力计算：

（1）验算截面尺寸限制条件

按式（8-27）或式（8-28）验算初步选定的截面尺寸是否符合要求，如不满足要求，则应加大截面尺寸或提高混凝土强度等级。

（2）验算是否应按计算配置剪扭钢筋

当满足式（8-29）或式（8-30）的要求时，可不进行剪扭承载力计算，按构造要求配置剪扭所需的箍筋和纵筋；但受弯所需的纵筋应按计算配置。

当不满足式（8-29）或式（8-30）的要求时，应计算剪扭承载力。

（3）判别配筋计算是否可忽略剪力 V 或者扭矩 T

当 $V \leqslant 0.35 f_t b h_0$ 或 $V \leqslant 0.875 f_t b h_0 / (\lambda + 1)$ 时，为简化计算，可不进行受剪承载力计算，仅按纯扭构件的受扭承载力计算受扭纵筋、箍筋数量，并按受弯构件的正截面受弯承载力计算受弯纵向钢筋截面面积，叠加后配置。

当 $T \leqslant 0.175 f_t W_t$ 或 $T \leqslant 0.175 \alpha_h f_t W_t$ 时，为简化计算，可不进行受扭承载力计算，仅按受弯构件的正截面受弯承载力计算纵筋截面面积，按受弯构件斜面受剪承载力计算箍筋数量。

（4）确定箍筋数量

首先选定纵筋与箍筋的配筋强度比 ζ 值，一般取 ζ 为 1.2 左右。然后按式（8-20）或式（8-25）确定系数 β_t，将 ζ、β_t 及其他参数代入剪扭构件的受剪承载力计算公式（8-22）或式（8-24）以及受扭承载力计算公式（8-23）或式（8-26），分别求得受剪和受扭所需的单肢箍筋用量，将两者叠加得单肢箍筋总用量，并按此选用箍筋的直径和间距。所选的箍筋直径和间距还必须符合构造要求。

（5）计算纵筋数量

抗弯纵筋和抗扭纵筋应分别计算。抗弯纵筋应根据截面弯矩 M 按受弯构件正截面受弯承载力（单筋或双筋）公式计算，所配钢筋应布置在截面的弯曲受拉区、受压区。抗扭纵筋应根据上面已求得的抗扭单肢箍筋用量和选定的 ζ 值由式（8-8）确定，所配钢筋应沿截面四周对称布置。最后配置在截面弯曲受拉区和受压区的纵筋总量，应为布置在该区抗弯纵筋与抗扭纵筋的截面面积之和。所配纵筋应满足纵筋的各项构造要求。

3. 弯剪扭构件承载力复核

截面复核时，一般已知构件的截面尺寸、钢筋数量、材料强度等级以及构件的设计弯矩、剪力和扭矩图，要求复核构件的控制截面是否具有足够的承载力。此时应选取剪力和扭矩或剪力、弯矩和扭矩都相对较大的截面进行承载力复核。

（1）按式（8-27）或式（8-28）验算截面尺寸，若不满足要求则应加大截面尺寸或提高混凝土强度等级。

（2）按式（8-29）或式（8-30）验算构造配筋条件，若满足该式要求，则仅需按式（8-31）及式（8-32）检查箍筋及抗扭纵筋是否满足最小配筋率的规定及其他构造要求，并按受弯承载力进行截面复核。

（3）当 $V \leqslant 0.35 f_t bh_0$ 或 $V \leqslant 0.875 f_t bh_0 / (\lambda + 1)$ 时，则仅需按受弯构件的正截面受弯承载力和纯扭构件的受扭承载力进行复核；当 $T \leqslant 0.175 f_t W_t$ 或 $T \leqslant 0.175 \alpha_h f_t W_t$ 时，则只需按受弯构件的正截面受弯承载力和斜截面受剪承载力进行复核。

（4）当弯、剪、扭承载力都需进行复核时，可按下述步骤进行：

① 先按式（8-20）或式（8-25）求得 β_t，然后按剪扭构件的受剪承载力计算公式（8-22）或式（8-24）确定抗剪所需的单肢箍筋用量。从实际配置的单肢箍筋量中减去抗剪需要量，即为能够用来承担扭矩的单肢箍筋数量。

② 按受弯构件的正截面受弯承载力公式求出抗弯所需的纵筋用量，由实际配置的纵筋数量中减去抗弯纵筋量，再考虑抗扭纵筋对称布置的原则，可得用来承担扭矩的纵筋数量。

③ 将上述求得的能够用来抗扭的单肢箍筋数量和纵筋数量代入式（8-8）求出 ζ，然后将 ζ 及其他已知参数代入式（8-23）或式（8-26），可得该截面所能承受的扭矩值。若该扭矩值大于或等于该截面的扭矩设计值，则表明该截面的承载力满足要求。

对构件各控制截面均应按上述方法进行复核。只有当各控制截面均满足要求时，整个构件的承载力才满足《混凝土结构设计规范》所规定的可靠度要求。

8.3.4　压弯剪扭矩形截面框架柱承载力计算

1. 压扭矩形截面承载力计算

压扭构件的试验结果表明，构件破坏时，轴向压力对箍筋应变的影响不明显，而对纵向钢筋应变的影响比较显著。轴向压力的存在明显地减小了纵筋的拉应变，抑制了斜裂缝的出现与开展，增强了混凝土的骨料咬合作用，从而提高了构件的受扭承载力。但当 N/A 超过 $0.65 f_c$ 时，进一步增加轴向力，将会降低构件的受扭承载力。根据上述试验结果，《混凝土结构设计规范》规定，压扭构件的受扭承载力应按下列公式计算：

$$T \leqslant T_u = \left(0.35 f_t + 0.07 \frac{N}{A}\right) W_t + 1.2 \sqrt{\zeta} \frac{f_{yv} A_{st1}}{s} A_{cor} \tag{8-33}$$

式中　N——与扭矩设计值 T 相应的轴向压力设计值，当 $N > 0.3 f_c A$ 时，取 $N = 0.3 f_c A$；

　　　　A——构件截面面积。

式中的 ζ 值应符合 $0.6 \leqslant \zeta \leqslant 1.7$ 的要求，当 $\zeta > 1.7$ 时，取 $\zeta = 1.7$。

2. 压弯剪扭矩形截面框架柱承载力计算

如上所述，压弯剪扭构件中的轴向压力主要提高了混凝土的受剪及受扭承载力，所以在考虑剪扭相关关系时，应将混凝土的受剪承载力项和受扭承载力项分别与轴向压力对相应抗力的提高值一起考虑。因此，在轴向压力、弯矩、剪力和扭矩共同作用下，矩形截面钢筋混凝土框架柱的受剪扭承载力按下列公式计算：

受剪承载力

$$V \leqslant V_{u} = (1.5 - \beta_{t}) \left(\frac{1.75}{\lambda + 1} f_{t} b h_{0} + 0.07 N \right) + f_{yv} \frac{A_{sv}}{s} h_{0} \tag{8-34}$$

受扭承载力

$$T \leqslant T_{u} = \beta_{t} \left(0.35 f_{t} + 0.07 \frac{N}{A} \right) W_{t} + 1.2 \sqrt{\zeta} \frac{f_{yv} A_{st1}}{s} A_{cor} \tag{8-35}$$

以上两个公式中的 β_{t} 应按式（8-25）计算；λ 为计算截面的剪跨比，与式（7-40）中 λ 的取值规定相同；ζ 值与式（8-33）中 ζ 的规定相同。

在轴向压力、弯矩、剪力和扭矩共同作用下的钢筋混凝土矩形截面框架柱，当 $T \leqslant (0.175 f_{t} + 0.035 N/A) W_{t}$ 时，为简化计算，可忽略扭矩的作用，仅按偏心受压构件的正截面受压承载力和框架柱斜截面受剪承载力分别进行计算。

在轴向压力、弯矩、剪力和扭矩共同作用下的钢筋混凝土矩形截面框架柱，其纵向钢筋截面面积应分别按偏心受压构件的正截面受压承载力和剪扭构件的受扭承载力计算确定，所配钢筋应布置在相应的位置；箍筋截面面积应分别按剪扭构件的受剪承载力和受扭承载力计算确定，并应配置在相应的位置。

压弯剪扭矩形截面框架柱的截面尺寸限制条件及配筋构造，也应满足 8.3.3 小节的规定。

8.3.5 拉弯剪扭矩形截面承载力计算

1. 拉扭矩形截面钢筋混凝土构件承载力计算

与上述的压扭构件相反，拉扭构件中轴向拉力的存在增大了纵筋的拉应变，加速了斜裂缝的出现与开展，降低了混凝土的骨料咬合作用，从而减小了构件的受扭承载力。因此，在轴向拉力和扭矩共同作用下的矩形截面钢筋混凝土构件，其受扭受载力可按下列公式计算：

$$T \leqslant \left(0.35 f_{t} - 0.2 \frac{N}{A} \right) W_{t} + 1.2 \sqrt{\zeta} \frac{f_{yv} A_{st1}}{s} A_{cor} \tag{8-36}$$

式中 N——与扭矩设计值相应的轴向拉力设计值，当 $N > 1.75 f_{t} A$ 时，取 $1.75 f_{t} A$。

2. 拉弯剪扭矩形截面框架柱承载力计算

在轴向拉力、弯矩、剪力和扭矩共同作用下，矩形截面钢筋混凝土框架柱的受剪扭承载力按下列公式计算：

受剪承载力

$$V \leqslant V_{u} = (1.5 - \beta_{t}) \left(\frac{1.75}{\lambda + 1} f_{t} b h_{0} - 0.2 N \right) + f_{yv} \frac{A_{sv}}{s} h_{0} \tag{8-37}$$

受扭承载力

$$T \leqslant T_{u} = \beta_{t} \left(0.35 f_{t} - 0.2 \frac{N}{A} \right) W_{t} + 1.2 \sqrt{\zeta} \frac{f_{yv} A_{st1}}{s} A_{cor} \tag{8-38}$$

当式（8-37）右边的计算值小于 $f_{yv} \frac{A_{sv}}{s} h_{0}$ 时，取 $f_{yv} \frac{A_{sv}}{s} h_{0}$；当式（8-38）右边的计算值小于 $1.2 \sqrt{\zeta} \frac{f_{yv} A_{st1}}{s} A_{cor}$ 时，取 $1.2 \sqrt{\zeta} \frac{f_{yv} A_{st1}}{s} A_{cor}$。

当 $T \leqslant (0.175 f_{t} - 0.1 N/A) W_{t}$ 时，可仅验算偏心受拉构件的正截面承载力和斜截面受剪承载力。

在轴向拉力、弯矩、剪力和扭矩共同作用下的钢筋混凝土矩形截面框架柱，其纵向钢筋截面面积应分别按偏心受拉构件的正截面承载力和剪扭构件的受扭承载力计算确定，并应配置在相应的位置；箍筋截面面积应分别按剪扭构件的受剪承载力和受扭承载力计算确定，并应配置在相应的位置。

【例题 8-1】 承受均布荷载的 T 形截面梁，截面尺寸如图 8-14(a) 所示，作用于梁截面上的弯矩、剪力和扭矩设计值分别为 $M=293\mathrm{kN\cdot m}$，$V=210\mathrm{kN}$，$T=20\mathrm{kN\cdot m}$。混凝土强度等级为 C30，纵向钢筋采用 HRB400 级，箍筋采用 HPB300 级。结构的安全等级为二级，环境类别为一类。求箍筋和纵筋用量。

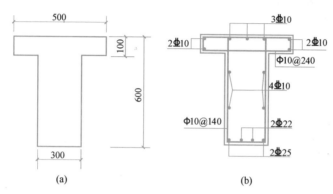

图 8-14 构件截面尺寸及配筋图

【解】 C30 混凝土：$f_c=14.3\mathrm{N/mm^2}$，$f_t=1.43\mathrm{N/mm^2}$。HRB400 级钢筋：$f_y=360\mathrm{N/mm^2}$；HPB300 级钢筋：$f_{yv}=270\mathrm{N/mm^2}$。由附表 17 得混凝土保护层厚度 $c=20\mathrm{mm}$，箍筋直径选 10mm，则 $a_s=20+10+20/2=40\mathrm{mm}$，$h_0=h-a_s=600-40=560\mathrm{mm}$。

1）验算截面尺寸

将 T 形截面分成腹板矩形和受压翼缘矩形，分别按式（8-5a）和式（8-5b）计算其受扭塑性抵抗矩：

$$W_{tw}=\frac{b^2}{6}(3h-b)=\frac{300^2}{6}\times(3\times600-300)=22.5\times10^6\mathrm{mm^3}$$

$$W'_{tf}=\frac{h'^2_f}{2}(b'_f-b)=\frac{100^2}{2}\times(500-300)=1.0\times10^6\mathrm{mm^3}$$

整截面的受扭塑性抵抗矩为

$$W_t=W_{tw}+W'_{tf}=(22.5+1.0)\times10^6=23.5\times10^6\mathrm{mm^3}$$

因为

$$h_w/b=(h_0-h'_f)/b=(560-100)/300=1.53<4$$

故应按式（8-27）进行验算，即

$$\frac{V}{bh_0}+\frac{T}{0.8W_t}=\frac{210\times10^3}{300\times560}+\frac{20\times10^6}{0.8\times23.5\times10^6}=2.314\mathrm{N/mm^2}$$

$$<0.25\beta_c f_c=0.25\times1.0\times14.3=3.575\mathrm{N/mm^2}$$

所以截面尺寸满足要求。

2）验算是否按构造配筋

由式（8-29）得

$$\frac{V}{bh_0}+\frac{T}{W_t}=\frac{210\times10^3}{300\times560}+\frac{20\times10^6}{23.5\times10^6}=2.101\text{N/mm}^2>0.7f_t=0.7\times1.43=1.00\text{N/mm}^2$$

所以必须按计算确定钢筋数量。

3）判别腹板配筋是否可忽略剪力 V 或者扭矩 T

$$0.35f_tbh_0=0.35\times1.43\times300\times560=84.084\times10^3\text{N}<V=210\times10^3\text{N}$$

故不能忽略剪力的影响。

$$0.175f_tW_t=0.175\times1.43\times23.5\times10^6=5.881\times10^6\text{N}\cdot\text{mm}<T=20\times10^6\text{N}\cdot\text{mm}$$

故不能忽略扭矩的作用。

4）扭矩 T 的分配

由式（8-12）得

$$T_w=\frac{W_{tw}}{W_t}T=\frac{22.5\times10^6}{23.5\times10^6}\times20=19.15\text{kN}\cdot\text{m}$$

$$T_f'=\frac{W_{tf}'}{W_t}T=\frac{1.0\times10^6}{23.5\times10^6}\times20=0.85\text{kN}\cdot\text{m}$$

5）确定箍筋数量

由式（8-20）得

$$\beta_t=\frac{1.5}{1+0.5\dfrac{V}{T}\cdot\dfrac{W_t}{bh_0}}=\frac{1.5}{1+0.5\times\dfrac{210\times10^3\times23.5\times10^6}{20\times10^6\times300\times560}}=0.865$$

由式（8-22）得

$$\frac{A_{sv}}{s}=\frac{V-0.7(1.5-\beta_t)f_tbh_0}{f_{yv}h_0}$$

$$=\frac{210\times10^3-0.7\times(1.5-0.865)\times1.43\times300\times560}{270\times560}=0.683\text{mm}^2/\text{mm}$$

对腹板矩形：截面外边缘至箍筋内表面的距离为 $20+10=30\text{mm}$，则

$$A_{cor}=(300-30\times2)\times(600-30\times2)=1.296\times10^5\text{mm}^2,u_{cor}=(240+540)\times2=1560\text{mm}$$

取 $\zeta=1.2$，由式（8-23）得

$$\frac{A_{st1}}{s}=\frac{T_w-0.35\beta_tf_tW_{tw}}{1.2\sqrt{\zeta}f_{yv}A_{cor}}$$

$$=\frac{19.15\times10^6-0.35\times0.865\times1.43\times22.5\times10^6}{1.2\times\sqrt{1.2}\times270\times1.296\times10^5}=0.205\text{mm}^2/\text{mm}$$

腹板采用双肢箍筋（$n=2$），腹板上单肢箍筋所需截面面积为

$$\frac{A_{sv1}}{s}+\frac{A_{st1}}{s}=\frac{A_{sv}}{ns}+\frac{A_{st1}}{s}=\frac{0.683}{2}+0.205=0.547\text{mm}^2/\text{mm}$$

选用箍筋直径为 $\phi10$（$A_{sv1}=78.5\text{mm}^2$），则

$$s=\frac{A_{sv1}}{0.547}=\frac{78.5}{0.547}=144\text{mm}$$

取箍筋间距为 140mm，相应的配筋率为

$$\rho_{sv}=\frac{A_{sv}}{bs}=\frac{2\times78.5}{300\times140}=0.374\%>0.28\frac{f_t}{f_{yv}}=0.28\times\frac{1.43}{270}=0.148\%$$

满足要求。

6）腹板纵筋计算

① 配置在梁截面弯曲受拉区的纵向钢筋截面面积

先按下式判别 T 形截面类型：

$$\alpha_1 f_c b_f' h_f' (h_0 - h_f'/2) = 1.0 \times 14.3 \times 500 \times 100 \times (560 - 100/2)$$
$$= 364.650 \text{kN} \cdot \text{m} > M = 293 \text{kN} \cdot \text{m}$$

该截面属第一类 T 形截面，应按 $b_f' \times h$ 的矩形截面计算。

$$\alpha_s = \frac{M}{\alpha_1 f_c b_f' h_0^2} = \frac{293 \times 10^6}{1.0 \times 14.3 \times 500 \times 560^2} = 0.131$$

$$\xi = 1 - \sqrt{1 - 2\alpha_s} = 1 - \sqrt{1 - 2 \times 0.131} = 0.141 < \xi_b = 0.518$$

$$A_s = \frac{\alpha_1 f_c b_f' h_0 \xi}{f_y} = \frac{1.0 \times 14.3 \times 500 \times 560 \times 0.141}{360} = 1568 \text{mm}^2$$

$$\rho_{min} = 0.45 \frac{f_t}{f_y} = 0.45 \times \frac{1.43}{360} = 0.0018 < 0.002 \ (取 \rho_{min} = 0.002)$$

$$A_s > \rho_{min} bh = 0.002 \times 300 \times 600 = 360 \text{mm}^2 \ (满足要求)$$

② 腹板受扭纵筋计算

由式（8-8）得

$$A_{stl} = \zeta \frac{A_{st1}}{s} \cdot \frac{f_{yv} u_{cor}}{f_y} = 1.2 \times 0.205 \times \frac{210 \times 1560}{360} = 287 \text{mm}^2$$

因 $T/(Vb) = 20 \times 10^6/(210 \times 10^3 \times 300) = 0.317 < 2.0$，则由式（8-32）得

$$\rho_{tl} = \frac{A_{stl}}{bh} = \frac{287}{300 \times 600} = 0.159\% > 0.6 \sqrt{\frac{T}{Vb}} \frac{f_t}{f_y} = 0.6 \times \sqrt{0.317} \times \frac{1.43}{360} = 0.134\%$$

故满足要求。

③ 腹板纵筋总用量

顶部纵筋 $A_{stl} \cdot \frac{b_{cor}}{u_{cor}} = 287 \times \frac{240}{1560} = 44 \text{mm}^2$

按构造要求，受扭纵筋的间距不应大于 200mm，故选配 3⏀10（$A_{stl} = 236 \text{mm}^2$）

底部纵筋 $A_s + A_{stl} \cdot \frac{b_{cor}}{u_{cor}} = 1568 + 44 = 1612 \text{mm}^2$，选配 2⏀25+2⏀22（$A_s = 1743 \text{mm}^2$）

每侧面纵筋 $A_{stl} \cdot \frac{h_{cor}}{u_{cor}} = 287 \times \frac{540}{1560} = 99 \text{mm}^2$，选配 2⏀10（$A_{stl} = 157 \text{mm}^2$）

按构造要求，受扭纵筋的间距不应大于 200mm 和梁截面宽度，故沿梁腹板高度分 4 层布置受扭纵筋，如图 8-14（b）所示。

7）翼缘受扭钢筋计算

翼缘可不考虑剪力的作用而按纯扭构件计算。

$$A_{cor} = (100 - 2 \times 30) \times (200 - 2 \times 30) = 5600 \text{mm}^2; u_{cor} = (40 + 140) \times 2 = 360 \text{mm}$$

取 $\zeta = 1.2$，由式（8-11）得

$$\frac{A_{st1}}{s} = \frac{T_f' - 0.35 f_t W_{tf}'}{1.2 \sqrt{\zeta} f_{yv} A_{cor}} = \frac{0.85 \times 10^6 - 0.35 \times 1.43 \times 1.0 \times 10^6}{1.2 \times \sqrt{1.2} \times 270 \times 5600} = 0.176 \text{mm}^2/\text{mm}$$

选用φ10（$A_{st1} = 78.5\text{mm}^2$），$s = 78.5/0.176 = 446\text{mm}$，为与腹板箍筋协调，取 $s = 280\text{mm}$，相应的配筋率为 $\rho_{sv} = 2 \times 78.5/(100 \times 280) = 0.561\% > 0.148\%$，满足要求。

受扭纵筋面积由式（8-8）计算，即

$$A_{stl} = \zeta \frac{A_{st1}}{s} \cdot \frac{f_{yv} u_{cor}}{f_y} = 1.2 \times 0.176 \times \frac{270 \times 360}{360} = 57\text{mm}^2$$

按构造要求选配 4φ10（$A_{stl} = 314\text{mm}^2$），截面配筋如图 8-14(b) 所示。

8.3.6 超静定结构中的扭转问题

如前所述，在超静定结构中，由于构件之间的连续性，相邻构件的弯曲转动受到支承梁的约束，会在支承梁内引起扭矩（协调扭矩）。当构件开裂后，由于内力重分布将使作用于支承梁上的扭矩降低。因此，《混凝土结构设计规范》规定：

（1）对属于协调扭转的钢筋混凝土结构构件，在进行内力分析时，可考虑因构件开裂使抗扭刚度降低而产生的内力重分布。对于独立的支承梁，可将弹性分析得出的扭矩乘以合适的调幅系数。

（2）考虑内力重分布后的支承梁，可按本章的弯剪扭构件进行承载力计算，确定所需的纵向钢筋和箍筋，并应满足有关配筋构造要求。

试验表明，对独立的支承梁，当取扭矩调幅不超过 40% 时，按承载力计算满足要求并符合有关配筋构造要求，则因扭转而产生的裂缝宽度可满足规范规定的要求。

协调扭转的问题比较复杂，至今仍未有较为完善的设计方法。因此，当有充分依据时，也可采用其他设计方法。如取支承梁扭转刚度为零，即取扭矩为零进行配筋。此时，为了保证支承构件有足够的延性和控制裂缝宽度，必须配置至少相当于开裂扭矩所需的构造钢筋。

小 结

8.1 矩形截面素混凝土纯扭构件的破坏面为三面开裂、一面受压的空间扭曲面。形成这种破坏面是因为构件在扭矩作用下，截面上各点均产生剪应力及相应的主应力，当主拉应力超过混凝土的抗拉强度时，构件开裂。这种破坏属于脆性破坏，构件的受扭承载力很低。

8.2 钢筋混凝土受扭构件的受扭承载力大大高于素混凝土构件，根据所配箍筋和纵筋数量的多少，构件的破坏有四种类型，即少筋破坏、适筋破坏、部分超筋破坏和完全超筋破坏。其中适筋破坏和部分超筋破坏时，钢筋强度能充分或基本充分利用，破坏具有较好的塑性性质。为了使抗扭纵筋和箍筋的应力在构件受扭破坏时均能达到屈服强度，纵筋与箍筋的配筋强度比值 ζ 应满足条件 $0.6 \leqslant \zeta \leqslant 1.7$，最佳比值为 $\zeta = 1.2$。

8.3 变角空间桁架模型是钢筋混凝土纯扭构件受力机理的一种科学概括。但由于这种模型未考虑出现裂缝后混凝土截面部分的抗扭作用，因而与试验结果存在一定差异。根据试验结果并参考变角空间桁架模型所得到的受扭承载力计算公式（8-11），较好地反映了影响构件受扭承载力的主要因素。

8.4 弯剪扭复合受力构件的承载力计算是一个非常复杂的问题。尽管国内外不少研究者对此做过大量的试验研究和理论分析，但这一课题至今仍未得到完善解决。《混凝土结构设计规范》根据剪扭和弯扭构件的试验研究结果，规定了部分相关、部分叠加的计算原则，即对混凝土的抗力考虑剪扭相关性，对抗弯、抗扭纵筋及抗剪、抗扭箍筋则采用分别计算而后叠加的方法。分析结果表明，抗弯及抗扭纵筋的叠加配置实际上也考虑了弯扭相关性。因此，《混凝土结构设计规范》规定的弯剪扭构件的计算方法，不仅简便可行，而且也有一定的理论根据。

8.5 在压弯剪扭构件中，轴向压力可以抵消弯剪扭引起的部分拉应力，延缓裂缝的出现，轴向压力值在一定范围内时，轴向压力对提高构件的受扭和受剪承载力是有利的。相反，在拉弯剪扭构件中，轴向拉力降低了构件的受扭和受剪承载力。

思 考 题

8.1 什么是平衡扭转？什么是协调扭转？各有什么特点？

8.2 钢筋混凝土矩形截面纯扭构件有几种破坏形态？各有什么特征？矩形截面素混凝土纯扭构件的破坏有何特点？

8.3 受扭构件的开裂扭矩如何计算？截面受扭塑性抵抗矩计算公式是依据什么假定推导的？这个假定与实际情况有何差异？

8.4 何谓变角空间桁架模型？它与古典空间桁架模型有何不同？

8.5 影响矩形截面钢筋混凝土纯扭构件承载力的主要因素有哪些？抗扭钢筋配筋强度比 ζ 的含义是什么？起什么作用？有何限制？

8.6 剪扭共同作用时，剪扭承载力之间存在怎样的相关性？弯扭共同作用时，弯扭承载力之间的相关性如何？

8.7 在弯剪扭构件的承载力计算中，为什么要规定截面尺寸限制条件和构造配筋要求？受扭构件的纵筋和箍筋各有哪些构造要求？

8.8 T形、I形和箱形截面受扭构件的受扭承载力如何计算？

习 题

8.1 承受均布荷载的矩形截面构件，截面尺寸 $b \times h = 250\text{mm} \times 500\text{mm}$，作用于构件截面上的弯矩、剪力和扭矩设计值分别为 $M = 114\text{kN} \cdot \text{m}$，$V = 150\text{kN}$，$T = 15\text{kN} \cdot \text{m}$。混凝土强度等级为 C30，纵向钢筋采用 HRB400 级，箍筋采用 HPB300 级。结构的安全等级为二级。环境类别为一类。试计算所需的纵向钢筋和箍筋。

8.2 承受集中荷载的 T形截面独立梁，截面尺寸为 $b = 250\text{mm}$，$b_f' = 450\text{mm}$，$h_f' = 100\text{mm}$，$h = 500\text{mm}$。作用于梁截面上的弯矩、剪力和扭矩设计值分别为 $M = 90\text{kN} \cdot \text{m}$，$V = 60\text{kN}$，$T = 15\text{kN} \cdot \text{m}$。混凝土强度等级为 C30，纵向钢筋采用 HRB400 级，箍筋采用 HPB300 级。结构的安全等级为二级。环境类别为一类。试配置纵向钢筋和箍筋。

8.3 钢筋混凝土矩形截面纯扭构件，截面尺寸 $b \times h = 250\text{mm} \times 500\text{mm}$，对称配置 6$\Phi$12 纵向钢筋（HRB400 级），箍筋为双肢$\Phi$8@100（HPB300 级），混凝土强度等级为 C30。结构的安全等级为二级。环境类别为一类。试求该截面所能承受的扭矩设计值。

第9章 正常使用极限状态验算及耐久性极限状态设计

9.1 概 述

为保证结构安全可靠,结构设计时须使结构满足各项预定的功能要求,即安全性、适用性和耐久性。第4~8章讨论了各类钢筋混凝土构件的承载力计算和设计方法,主要解决结构构件的安全性问题。本章将介绍钢筋混凝土结构正常使用极限状态验算和耐久性极限状态设计的有关内容。

结构的适用性(serviceability)是指结构在正常使用条件下,保持良好使用性能的能力。如裂缝过宽,不仅影响结构的观瞻,引起使用者的不安,还可能使钢筋产生锈蚀,影响结构的耐久性;水池、油罐等开裂会引起渗漏问题;屋面梁板变形过大,导致屋面积水;结构侧移变形过大,影响门窗的开关;结构振动频率或振幅过大,致使使用者不舒适;厂房吊车梁变形过大,使吊车不能正常运行等。这些都使结构的正常使用受到影响。

结构的耐久性(durability)是指结构在正常维护条件下,随时间变化而仍能满足预定功能要求的能力。混凝土受有害介质的侵蚀,如混凝土碳化等;混凝土材料本身有害成分的物理、化学作用,如混凝土中的碱集料反应、反复冻融循环等;这些因素导致混凝土产生劣化,宏观上会出现开裂、剥落、膨胀、松软及强度下降等,从而随着时间的推移影响结构的安全性和适用性。

由上述分析可知,钢筋混凝土构件的裂缝和变形控制是关系到结构能否满足适用性要求的重要问题,应根据结构的工作条件及使用要求,验算裂缝宽度(crack width)和挠度(deflection),使其不超过规定的限值。同样,混凝土结构应进行耐久性极限状态设计,应使结构构件出现耐久性极限状态标志或限值的年限不小于其设计使用年限。

9.2 裂缝及其控制

混凝土结构出现裂缝有多种原因,但可概括为两大类,即荷载作用引起的裂缝和外加变形或变形受到约束引起的裂缝。温度变化、混凝土收缩、钢筋锈蚀、冻融循环、碱骨料反应以及基础不均匀沉降等所引起的裂缝均是由于外加变形或变形受到约束而产生的。大量的工程实践表明,在正常设计、正常施工和正常使用的条件下,荷载的直接作用往往不是形成过大裂缝的主要原因,很多裂缝一般是几种原因组合作用的结果,其中温度变化和混凝土收缩作用起着相当重要的影响。

9.2.1 裂缝控制的目的

要求钢筋混凝土构件不出现裂缝并不现实,但根据裂缝对结构功能的影响进行适当控制是十分必要的。裂缝控制的目的主要有以下几点:

(1)使用功能的要求。对不应发生渗漏的储液(气)罐或压力管道等,出现裂缝会直接影响其使用功能。

（2）建筑外观的要求。裂缝的存在会影响建筑的观瞻，特别是裂缝宽度过大还会引起使用者的心理不安和不安全感。调查表明，控制裂缝宽度在 0.3mm 以下，对外观没有影响，一般也不会引起人们的特别注意。

（3）耐久性的要求。当混凝土的裂缝过宽时，就失去混凝土对钢筋的保护作用，气体和水分以及有害化学介质会侵入裂缝，引起钢筋发生锈蚀，不仅削弱了钢筋截面面积，还会因钢筋体积的膨胀，致使保护层剥落和构件性能退化，影响结构的使用寿命。而且，沿钢筋方向的纵向裂缝对钢筋锈蚀的危害比横向裂缝严重得多。特别是近年来，由于高强钢筋和高性能混凝土的广泛应用，构件中钢筋的应力相应提高，应变增大，裂缝也随之加宽，裂缝控制越来越成为需要考虑的问题。

由上可知，裂缝控制是非常必要的。对温度变化、混凝土收缩、钢筋锈蚀、冻融循环、碱骨料反应以及基础不均匀沉降等所引起的变形裂缝，目前的计算理论中没有考虑这部分因素，主要是通过构造措施予以控制。对由荷载的直接作用引起的混凝土受力裂缝，可以分为三种类型，即由截面正应力引起的横向裂缝（与构件纵向轴线垂直），如受拉构件、受弯构件的纯弯段以及偏心受压构件的受拉区等；由弯剪（扭）同时作用引起的斜裂缝，如受弯构件的弯剪区段、受扭构件以及弯剪扭构件等；沿着纵向受力钢筋有时尚会出现一些所谓的黏结裂缝。关于斜裂缝和黏结裂缝的试验研究不多，相应的混凝土裂缝宽度还难以估量，没有建立起比较成熟的计算理论，但试验研究表明，只要混凝土构件满足斜截面受剪承载力并配置了符合计算及构造要求的腹筋，则斜裂缝的宽度一般不会太大。目前有关钢筋混凝土结构构件裂缝问题的研究大多集中在横向裂缝宽度的计算上，即正截面裂缝宽度，这部分是本章主要讨论的内容。

9.2.2　裂缝控制等级

混凝土结构构件裂缝控制等级的划分是根据结构功能要求、环境条件对钢筋的腐蚀影响、钢筋种类对腐蚀的敏感性以及荷载作用的时间等因素而考虑的。控制等级是对裂缝控制的严格程度而言，设计者可根据具体情况选用不同的等级。我国《混凝土结构设计规范》对混凝土构件正截面的受力裂缝控制等级分为三级，等级划分及要求应符合下列规定：

一级——严格要求不出现裂缝的构件，按荷载标准组合计算时，构件受拉边缘混凝土不应产生拉应力。

二级——一般要求不出现裂缝的构件，按荷载标准组合计算时，构件受拉边缘混凝土拉应力不应大于混凝土轴心抗拉强度标准值。

三级——允许出现裂缝的构件，钢筋混凝土构件的最大裂缝宽度可按荷载准永久组合并考虑长期作用影响的效应计算，预应力混凝土构件的最大裂缝宽度可按荷载标准组合并考虑长期作用影响的效应计算。构件的最大裂缝宽度 w_{max} 不应超过规定的最大裂缝宽度限值 w_{lim}，即

$$w_{max} \leqslant w_{lim} \tag{9-1}$$

对二 a 类环境的预应力混凝土构件，尚应按荷载准永久组合计算，且构件受拉边缘混凝土的拉应力不应大于混凝土的抗拉强度标准值。

结构构件应根据结构类型和环境类别，按附表 16 的规定选用不同的裂缝控制等级及

最大裂缝宽度限值 w_{lim}。

上述一、二级裂缝控制属于构件的抗裂能力控制。构件抗裂能力控制以及允许出现受力裂缝的预应力混凝土构件的裂缝控制，两者计算方法将在预应力混凝土构件（第 10 章）中讨论。对于钢筋混凝土构件，在使用阶段一般带裂缝工作，本章主要介绍其裂缝宽度的计算方法。

9.3 裂缝宽度的计算

在荷载作用下，钢筋混凝土构件裂缝宽度计算是一个比较复杂的问题。国内外对此进行了大量的试验研究和理论分析，由于影响裂缝宽度的因素较多，对荷载裂缝的机理，不少学者持有不同的观点，因而提出了一些不同的裂缝宽度计算模式，但基本上可归纳为以下两种类型：

（1）半理论半经验公式。从分析裂缝开展的机理着手，根据某一力学模型推导得到理论计算公式，再利用试验数据确定公式中的某些系数。

目前采用半理论半经验的裂缝宽度计算理论，又可概括为三类。第一类是黏结滑移理论，出现于 20 世纪 50 年代，是最早提出的裂缝宽度计算理论。该理论认为裂缝的开展是由于钢筋和混凝土之间的变形不再协调，出现相对滑移而产生的，裂缝开展宽度为一个裂缝间距范围内钢筋伸长与混凝土伸长之差（图 9-1a）。第二类是无滑移理论，于 20 世纪 60 年代提出，认为构件表面裂缝宽度主要是由开裂截面的应变梯度所控制，即裂缝宽度随离开钢筋距离的增大而增加，钢筋与混凝土之间无相对滑移，则钢筋表面处的裂缝宽度为零，钢筋的混凝土保护层厚度是影响裂缝宽度的主要因素（图 9-1b）。第三类是将前两种裂缝理论结合而建立的综合理论，即考虑钢筋与混凝土之间可能出现的相对滑移，也考虑混凝土保护层厚度和钢筋

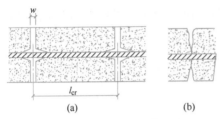

图 9-1　裂缝宽度的计算理论
（a）黏结滑移理论；（b）无滑移理论

有效约束区对裂缝宽度的影响。这一理论无疑比前两种理论更为合理，已被我国和其他一些国家的规范所采用。

（2）数理统计的经验公式。通过大量的试验资料分析，找出影响裂缝宽度的主要参数，建立数理统计的经验公式。

我国《混凝土结构设计规范》提出的裂缝宽度计算公式以黏结滑移理论为基础，同时也考虑了混凝土保护层厚度及钢筋约束区的影响，具体介绍如下。

9.3.1 裂缝的出现、分布和开展过程

以受弯构件的纯弯段为例来研究横向裂缝的出现、分布及开展过程。

设 M 为外荷载产生的截面弯矩，M_{cr} 为构件正截面的开裂弯矩。当 $M < M_{cr}$ 时，在纯弯区段内，各截面混凝土的拉应力 σ_t 及拉应变大致相同，由于这时钢筋和混凝土间的黏结没有被破坏，因而钢筋的拉应力 σ_s、拉应变 ε_s 沿纯弯区段长度方向亦大致相同。当 $M = M_{cr}$ 时，从理论上讲，各截面受拉区外边缘混凝土的应力均达到其抗拉强度值 f_{tk}，各截面进入裂缝即将出现的极限状态，即"将裂未裂"的状态（图 9-2a）。

当受拉区边缘混凝土的拉应变达到其极限拉应变时，由于混凝土实际抗拉强度分布的不均匀性（图 9-2a），在混凝土最薄弱的截面处就会出现第一条（批）裂缝①，如图 9-2（b）

中的 $a\text{-}a$ 和 $c\text{-}c$ 截面。第一条（批）裂缝出现后，裂缝截面纵向钢筋位置处混凝土将退出工作，相应的混凝土拉应力降低至零，拉力全部由钢筋承受，致使钢筋应力突然增大，如图 9-2（b）所示，图中 σ_{ct} 是指纵向受拉钢筋位置处的混凝土拉应力。混凝土一开裂，原来受拉张紧的混凝土分别向裂缝两侧回缩，混凝土和钢筋出现相对滑移而产生变形差，故裂缝一出现即具有一定程度的开展。由于钢筋和混凝土之间存在黏结作用，混凝土的回缩受到钢筋的约束，从而在钢筋与混凝土之间产生黏结应力，使裂缝截面处的钢筋应力又通过黏结应力逐渐传递给混凝土，随着离开裂缝截面距离的增大，混凝土的拉应力则由裂缝处的零逐渐增大，钢筋的拉应力由于逐渐传递给混凝土而减小。当达到某一距离 l 处时，混凝土和钢筋不再产生相对滑移，黏结应力也随之为零，两者又具有相同的拉伸应变，其应力趋于均匀分布，又恢复到未开裂前的状态。其中 l 表示黏结应力的作用长度，或称为传递长度。

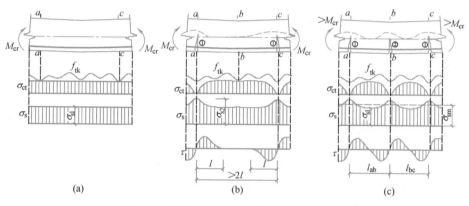

图 9-2　裂缝的出现、分布与相应的应力分布
（a）裂缝即将出现；（b）第一批裂缝出现；（c）第二批裂缝出现

第一批裂缝出现后，在黏结应力作用长度 l 以外的那部分混凝土仍处于受拉张紧状态。随着荷载的增加，当弯矩 M 略大于 M_{cr} 时，在离开第一条（批）裂缝一定距离处的截面会陆续出现第二条（批）裂缝②（图 9-2b、c 中的 $b\text{-}b$ 截面处）。在新出现的裂缝②处，同样，裂缝两侧的混凝土将回缩滑移并产生黏结应力，钢筋和混凝土的应力将随离裂缝截面的距离而发生变化（图 9-2c），又会在离裂缝一定距离处出现第三条（批）裂缝。按类似规律，还将会出现第四、五……条（批）裂缝，而裂缝间距在不断减小。当裂缝间距减小致使无裂缝截面混凝土的拉应力不能再增大到混凝土抗拉强度时，即使弯矩继续增大，混凝土也不再产生新的裂缝。此时，可认为裂缝的出现已达到稳定阶段。将这个过程称之为裂缝出现和分布过程。

从裂缝出现过程可知，裂缝的分布与黏结应力传递长度 l 有很大关系。传递长度短，则裂缝分布密；反之，则稀一些。传递长度 l 与黏结强度及钢筋表面积大小有关，黏结强度高，则 l 短些，钢筋面积相同时小直径钢筋的表面积大些，因而 l 就短些。

继续增加荷载，当弯矩增加到正常使用阶段的荷载准永久组合值 M_q 时，裂缝间距基本趋于稳定，而裂缝宽度则随钢筋与混凝土之间的滑移量以及钢筋应力的增大而增大。最后，各裂缝宽度分别达到一定值。由于这个阶段原来的裂缝只开展，一般不再出现新的裂缝，故称为裂缝开展过程（图 9-3）。

由上可知，裂缝的开展主要是由于裂缝间混凝土与钢筋变形不协调所致。钢筋的伸长和混凝土的回缩，导致混凝土与钢筋之间产生相对滑移即形成一定的裂缝宽度。试验表明，裂缝宽度沿截面高度是不相等的，钢筋表面处裂缝宽度大约只有构件混凝土表面的 $1/5\sim1/3$。

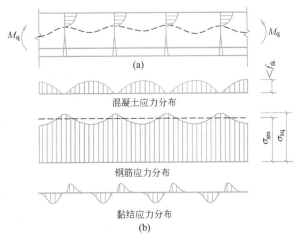

图 9-3 裂缝的开展过程与相应的应力分布
(a) 裂缝的开展过程；(b) 混凝土应力、钢筋应力和黏结应力分布

9.3.2 平均裂缝间距

实际上，由于材料的不均匀性以及截面尺寸的偏差等因素影响，实际构件中的裂缝间距和裂缝宽度均为随机变量，裂缝的分布也是不均匀的。但对大量试验资料的统计分析表明，从平均的观点来看，平均裂缝间距（average crack spacing）和平均裂缝宽度是有规律性的。

由上述裂缝出现过程可知，第一条（批）裂缝出现后，钢筋通过黏结应力将拉力逐渐传递给混凝土，经过一定的长度使混凝土的拉应力增大到其抗拉强度，出现第二条（批）裂缝，这一传递长度为理论上的最小传递长度 l_{cr}，也称为临界裂缝间距。当两条裂缝的间距小于 $2l_{cr}$ 时，由于黏结应力传递长度不够，使钢筋与混凝土之间的黏结应力不足以使混凝土拉应力增大到其抗拉强度，也就不会再出现新的裂缝，则最大传递长度为 $2l_{cr}$。故裂缝间距最终将稳定在 $l_{cr}\sim2l_{cr}$ 之间，平均裂缝间距大约为 $l_m=1.5l_{cr}$。

为此，从图 9-2(b) 中取出第一条裂缝刚出现截面与相邻第二条裂缝即将出现截面之间的一段长度 l_{cr} 为隔离体，则这两个截面的应力图形如图 9-4 所示。设已开裂截面的钢筋应力为 σ_{s1}，离开裂缝截面 l_{cr} 处即将开裂截面的钢筋应力为 σ_{s1a}，在 l_{cr} 范围内最大黏结应力为 τ_{max}，平均黏结应力为 τ_m，钢筋周长为 u。若取受拉钢筋为隔离体（图 9-4a），则由平衡条件可得

$$A_s\sigma_{s1}=A_s\sigma_{s1a}+\tau_m ul_{cr} \tag{9-2}$$

由裂缝截面 a 的力矩平衡条件可得

$$\sigma_{s1}=\frac{M_{cr}}{A_s\eta_1 h_0} \tag{9-3}$$

同理，对即将出现裂缝的截面 b，则有

$$\sigma_{s1a}=\frac{M_{cr}-M_{ct}}{A_s\eta_2 h_0} \tag{9-4}$$

式中　η_1、η_2——均为内力臂系数。

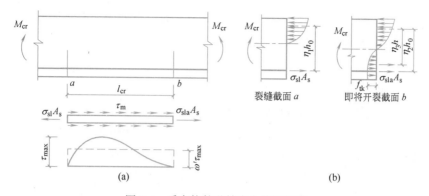

图 9-4　受弯构件黏结应力传递长度

（a）钢筋隔离体及黏结应力分布；（b）裂缝截面及即将出现裂缝截面应力分布

将式（9-3）、式（9-4）代入式（9-2），并近似取 $\eta_1 = \eta_2 = \eta$，经整理后可得

$$l_{\mathrm{cr}} = \frac{M_{\mathrm{ct}}}{\tau_{\mathrm{m}} u \eta h_0} \tag{9-5}$$

式中，M_{ct} 为即将出现裂缝截面受拉混凝土及对应的受压混凝土所能承受的弯矩，可根据截面应变分布的平截面假定、钢筋和混凝土的应力-应变关系以及平衡条件求得。为了简化计算，对于矩形、T 形、倒 T 形和 I 形截面（图 9-5），近似假定截面中和轴高度 $x = 0.5h$，同时假定截面受压区混凝土的应力图为三角形，受拉区混凝土应力为均匀分布，其值等于 f_{tk}，如图 9-5(e) 所示，则可得

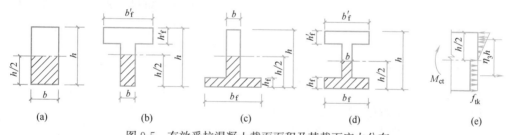

图 9-5　有效受拉混凝土截面面积及其截面应力分布

（a）矩形截面；（b）T 形截面；（c）倒 T 形截面；（d）I 形截面；（e）即将开裂截面应力分布

$$M_{\mathrm{ct}} = A_{\mathrm{te}} f_{\mathrm{tk}} \cdot \eta_3 h \tag{9-6}$$

式中，A_{te} 为有效受拉混凝土截面面积，即

$$A_{\mathrm{te}} = 0.5bh + (b_{\mathrm{f}} - b)h_{\mathrm{f}} \tag{9-7}$$

以上各式中各符号的意义见图 9-4 和图 9-5。

将式（9-6）代入式（9-5），可得

$$l_{\mathrm{cr}} = \frac{A_{\mathrm{te}} f_{\mathrm{tk}} \eta_3 h}{\tau_{\mathrm{m}} u \eta h_0} = \frac{f_{\mathrm{tk}}}{\tau_{\mathrm{m}}} \cdot \frac{\eta_3 h}{\eta h_0} \cdot \frac{A_{\mathrm{s}}}{u} \cdot \frac{A_{\mathrm{te}}}{A_{\mathrm{s}}}$$

当采用相同直径 d 的钢筋时，取 $\rho_{\mathrm{te}} = A_{\mathrm{s}}/A_{\mathrm{te}}$，表示以有效受拉混凝土截面面积计算的纵向钢筋配筋率，则上式可表示为

$$l_{\mathrm{cr}} = \frac{f_{\mathrm{tk}}}{\tau_{\mathrm{m}}} \cdot \frac{\eta_3 h}{\eta h_0} \cdot \frac{d}{4\rho_{\mathrm{te}}}$$

试验表明，混凝土和钢筋之间的黏结强度大致与混凝土的抗拉强度成正比（图 2-41b），

故可取 τ_m / f_{tk} 为常数，同时近似将 $\eta_3 h / \eta h_0$ 也取为常数；当钢筋表面特征不同时，还应考虑钢筋表面粗糙度对黏结力的影响，则可将平均裂缝间距写为

$$l_m = 1.5 l_{cr} = k_1 \frac{d}{\nu \rho_{te}} \tag{9-8}$$

式中　k_1——经验系数；

　　　ν——纵向受拉钢筋的相对黏结特征系数。

式（9-8）表明，按照黏结滑移理论推导出的平均裂缝间距 l_m 与混凝土保护层厚度无关，而与 d/ρ_{te} 呈线性关系。这与试验结果不能很好地符合，应作如下修正。

试验量测表明，裂缝出现后，裂缝处混凝土并不是均匀地回缩，由于受到钢筋的约束，近钢筋处变形回缩小，构件表面处回缩大，因此形成了图 9-6 所示的裂缝截面形状。但在式（9-8）的推导中，假定裂缝两侧混凝土产生平行的回缩（图 9-1a），构件表面与钢

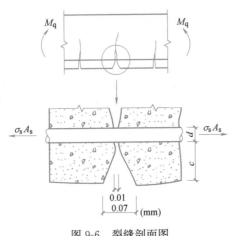

图 9-6　裂缝剖面图

筋处的裂缝宽度相同，这种假设与实际不相符合。显然，离钢筋表面越远，混凝土所受的约束作用越小，因而钢筋依靠黏结力将构件外表面混凝土的拉应力提高到混凝土抗拉强度 f_{tk} 所需的距离就越大，即裂缝间距越大，也就是说，裂缝间距与纵向受力钢筋的混凝土保护层厚度 c_s 有关。试验表明，平均裂缝间距 l_m 与纵向受力钢筋的混凝土保护层厚度 c_s 大致呈线性关系（图 9-7）。同时，式（9-8）给出的 l_m 与 d/ρ_{te} 的关系为通过原点的直线，当 d/ρ_{te} 趋近于零时，即钢筋直径 d 很小或配筋率 ρ_{te} 很大时，平均裂缝间距 l_m 将趋近于零，这也与试验结果不符（图 9-8）。这是因为当钢筋配置很多（ρ_{te}

很大）时，虽然钢筋与混凝土间的黏结作用因钢筋间距减小而降低很多，但并不完全消失。因此，平均裂缝间距的计算公式应考虑混凝土保护层厚度和钢筋有效约束区的影响。

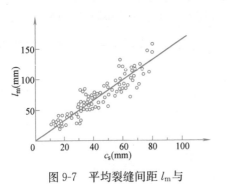

图 9-7　平均裂缝间距 l_m 与
保护层厚度 c_s 的关系

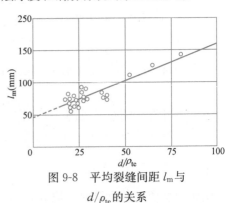

图 9-8　平均裂缝间距 l_m 与
d/ρ_{te} 的关系

综上所述，在式（9-8）中引入 $k_2 c_s$，以考虑纵向受拉钢筋混凝土保护层的影响，得

$$l_m = 1.5 l_{cr} = k_2 c_s + k_1 \frac{d}{\nu \rho_{te}} \tag{9-9}$$

式中，k_2 为经验系数；c_s 为纵向受拉钢筋的混凝土保护层厚度（mm）。

根据对试验资料的分析并参考工程实践经验，取 $k_1 = 0.08$，$k_2 = 1.9$，再考虑纵向受拉钢筋表面形状的影响，可得

$$l_m = 1.9 c_s + 0.08 \frac{d}{\nu \rho_{te}} \tag{9-10}$$

当纵向受拉钢筋直径不同时，将 d/ν 值以及纵向受拉钢筋的等效直径 d_{eq} 代入，按照黏结力等效原则，可导出 d_{eq} 值，则得

$$l_m = 1.9 c_s + 0.08 \frac{d_{eq}}{\rho_{te}} \tag{9-11}$$

$$d_{eq} = \frac{\sum n_i d_i^2}{\sum n_i \nu_i d_i} \tag{9-12}$$

式中 ρ_{te} —— 按有效受拉混凝土截面面积计算的纵向受拉钢筋配筋率；在最大裂缝宽度计算中，当 $\rho_{te} < 0.01$ 时，取 $\rho_{te} = 0.01$；

c_s —— 最外层纵向受拉钢筋外边缘至受拉区底边的距离（mm）；当 $c_s < 20mm$ 时，取 $c_s = 20mm$；当 $c_s > 65mm$ 时，取 $c_s = 65mm$；

d_{eq} —— 受拉区纵向钢筋的等效直径（mm）；

d_i —— 受拉区第 i 种纵向钢筋的公称直径（mm）；

n_i —— 受拉区第 i 种纵向钢筋的根数；

ν_i —— 受拉区第 i 种纵向钢筋的相对黏结特性系数，对带肋钢筋，取 $\nu_i = 1.0$；对光圆钢筋，取 $\nu_i = 0.7$。

式（9-11）中包含了黏结滑移理论中的重要变量 d/ρ_{te} 和无滑移理论中的重要变量 c_s 的影响，故它实质上是把两种裂缝理论结合起来按综合理论计算裂缝间距的公式。该式是根据纯弯构件推导求出的，对于受弯、轴心受拉、偏心受拉和偏心受压构件，在大量试验数据的统计分析基础上，并考虑工程实践经验，可将平均裂缝间距的计算公式写为如下一般形式：

$$l_m = \beta \left(1.9 c_s + 0.08 \frac{d_{eq}}{\rho_{te}} \right) \tag{9-13}$$

式中，β 为考虑构件受力特征的系数，对轴心受拉构件，取 1.1；对其他受力构件均取 1.0。

9.3.3 平均裂缝宽度

平均裂缝宽度 w_m （average crack width）是指纵向受拉钢筋重心水平处的构件侧表面的裂缝宽度，其中包括侧面混凝土保护层的应变梯度影响，可由两条相邻裂缝之间钢筋的平均伸长值与相应水平处受拉混凝土的平均伸长值之差求得（图 9-9）。设 ε_{sm} 为纵向受拉钢筋的平均拉应变，ε_{cm} 为与纵向受拉钢筋相同水平处侧表面混凝土的平均拉应变，则平均裂缝宽度为

$$w_m = \varepsilon_{sm} l_m - \varepsilon_{cm} l_m = \varepsilon_{sm} \left(1 - \frac{\varepsilon_{cm}}{\varepsilon_{sm}} \right) l_m \tag{9-14}$$

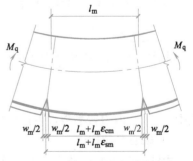

图 9-9　平均裂缝宽度计算图式

令

$$\alpha_c = 1 - \varepsilon_{cm}/\varepsilon_{sm} \tag{9-15}$$

$$\varepsilon_{sm} = \psi \varepsilon_{sq} = \psi \frac{\sigma_{sq}}{E_s} \tag{9-16}$$

则式（9-14）可写为

$$w_m = \alpha_c \psi \frac{\sigma_{sq}}{E_s} l_m \tag{9-17}$$

式中　σ_{sq}——按荷载准永久组合计算的构件裂缝截面处纵向受拉钢筋的应力；

　　　　ψ——裂缝间纵向受拉钢筋应变（或应力）不均匀系数；

　　　　α_c——考虑裂缝间混凝土自身伸长对裂缝宽度的影响系数。

由式（9-17）可知，要计算平均裂缝宽度须先求得 α_c、ψ 和 σ_{sq} 值。现分别讨论如下：

（1）裂缝截面处的钢筋应力 σ_{sq}

在荷载准永久组合下，轴心受拉、受弯、偏心受拉以及偏心受压构件裂缝截面处受拉区纵向钢筋的应力 σ_{sq}，可根据正常使用阶段的应力状态（图 9-10），按裂缝截面处的平衡条件求得。

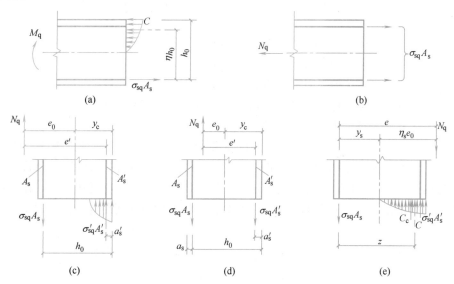

图 9-10　构件使用阶段的截面应力状态

（a）受弯构件；（b）轴心受拉构件；（c）大偏心受拉构件；（d）小偏心受拉构件；（e）偏心受压构件

1）受弯构件

由图 9-10(a) 的截面力矩平衡条件，可得

$$\sigma_{sq} = \frac{M_q}{A_s \eta h_0} \tag{9-18}$$

式中　η——内力臂系数，可近似取 0.87。

2）轴心受拉构件

由图 9-10(b) 的截面力平衡条件，可得

$$\sigma_{sq} = \frac{N_q}{A_s} \tag{9-19}$$

3）偏心受拉构件

大、小偏心受拉构件正常使用阶段的裂缝截面应力图形如图 9-10（c）、（d）所示。若近似采用大偏心受拉构件的截面内力臂长度 $\eta h_0 = h_0 - a_s'$，则大、小偏心受拉构件的 σ_{sq} 计算公式可统一表达为

$$\sigma_{sq} = \frac{N_q e'}{A_s(h_0 - a_s')} \tag{9-20}$$

4）偏心受压构件

偏心受压构件裂缝截面的应力图形如图 9-10（e）所示，其中 C 为受压区合力，包括混凝土压应力的合力和受压钢筋的压力。对受压区合力点取矩，得

$$\sigma_{sq} = \frac{N_q(e-z)}{zA_s} \tag{9-21}$$

$$z = \left[0.87 - 0.12(1-\gamma_f')\left(\frac{h_0}{e}\right)^2\right]h_0 \tag{9-22}$$

$$e = \eta_s e_0 + y_s \tag{9-23}$$

$$\eta_s = 1 + \frac{1}{4000 e_0/h_0}(l_0/h)^2 \tag{9-24}$$

式中 M_q —— 按荷载准永久组合计算的弯矩值；

N_q —— 按荷载准永久组合计算的轴向力值；

A_s —— 受拉区纵向钢筋截面面积：对轴心受拉构件，取全部纵向钢筋截面面积；对偏心受拉构件，取受拉较大边的纵向钢筋截面面积；对受弯、偏心受压构件，取受拉区纵向钢筋截面面积；

e' —— 轴向拉力作用点至受压区或受拉较小边纵向钢筋合力点的距离；

e —— 轴向压力作用点至纵向受拉钢筋合力点的距离；

e_0 —— 荷载准永久组合下的初始偏心距，取 $e_0 = M_q/N_q$；

z —— 纵向受拉钢筋合力点至截面受压区合力点的距离，且不大于 $0.87h_0$；

η_s —— 使用阶段的轴向压力偏心距增大系数，当 $l_0/h \leqslant 14$ 时，取 $\eta_s = 1.0$；

y_s —— 截面重心至纵向受拉钢筋合力点的距离，对矩形截面 $y_s = h/2 - a_s$；

γ_f' —— 受压翼缘截面面积与腹板有效截面面积的比值，$\gamma_f' = \frac{(b_f'-b)h_f'}{bh_0}$，其中，$b_f'$、

h_f' 分别为受压区翼缘的宽度和高度，当 $h_f' > 0.2h_0$ 时，取 $h_f' = 0.2h_0$。

（2）纵向受拉钢筋应变不均匀系数 ψ

由图 9-2 可知，裂缝出现后，钢筋应变沿构件长度的分布是不均匀的，裂缝截面处钢筋应变最大，远离裂缝截面处应变小，这是由于裂缝间混凝土参与工作与钢筋共同受拉，其差值反映了混凝土参与受拉工作的程度。离裂缝截面愈远，混凝土参加受拉的程度愈大，因而钢筋应力愈小；离裂缝截面愈近，混凝土参与受拉的程度愈小，在裂缝截面处混凝土不参与工作。所以，ψ 有时也称为裂缝间

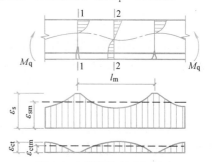

图 9-11　沿构件长度钢筋和混凝土受拉应变分布图

混凝土参与工作系数。

图 9-11 为荷载准永久组合下受弯构件沿长度方向纵向钢筋及其相应位置处混凝土受拉应变分布图。由式（9-16）可得

$$\psi = \frac{\varepsilon_{sm}}{\varepsilon_{sq}} = \frac{\sigma_{sm}}{\sigma_{sq}} \tag{9-25}$$

式中 ε_{sm}、σ_{sm} ——平均裂缝间距范围内钢筋的平均应变和平均应力；

ε_{sq}、σ_{sq} ——裂缝截面处的钢筋应变和钢筋应力。

若定义 $l_m/2$ 截面处的钢筋应力 σ_{s2} 与 σ_{sm} 之间的关系为 $\sigma_{sm} = \omega_1 \sigma_{s2}$，则式（9-25）可改写为

$$\psi = \omega_1 \frac{\sigma_{s2}}{\sigma_{sq}} \tag{9-26}$$

其中，ω_1 为系数，与钢筋和混凝土之间的黏结力有一定关系，对于光圆钢筋此值较接近于 1.1。σ_{s2} 可由图 9-11 中 2-2 截面的平衡条件求得。实际上 2-2 截面受拉区边缘混凝土的拉应力小于 f_{tk}，为便于分析，可暂取为 f_{tk}，则由 2-2 截面的平衡条件可得

$$M_q = \sigma_{s2} A_s \eta_2 h_0 + M_{ct}$$

式中，M_{ct} 为即将出现裂缝截面混凝土所能承受的弯矩，可按式（9-6）计算，则 2-2 截面处纵向受拉钢筋的应力为

$$\sigma_{s2} = \frac{M_q - M_{ct}}{A_s \eta_2 h_0} \tag{9-27}$$

将式（9-18）、式（9-27）代入式（9-26），并近似取 $\eta_2 = \eta$，可得

$$\psi = \omega_1 \left(1 - \frac{M_{ct}}{M_q} \right)$$

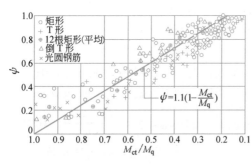

图 9-12 ψ 与 M_{ct}/M_q 的关系

根据对各种截面形式、各种配筋率的受弯构件的试验资料分析，ψ 与 M_{ct}/M_q 呈线性关系（图 9-12），ω_1 接近于 1.1。根据偏心受拉和偏心受压构件的试验，为了与受弯构件的计算公式相协调，将 ω_1 统一取为 1.1，即

$$\psi = 1.1 \left(1 - \frac{M_{ct}}{M_q} \right) \tag{9-28}$$

考虑到混凝土收缩的不利影响，以及将 2-2 截面处受拉区混凝土应力取为 f_{tk} 等因素，故此处应将 M_{ct} 乘以降低系数 0.8，并近似取 $\eta_3/\eta = 0.67$，$h/h_0 = 1.1$，则 ψ 可近似表达为

$$\psi = 1.1 - 0.65 \frac{f_{tk}}{\rho_{te}\sigma_{sq}} \tag{9-29}$$

根据 ψ 的定义，$\psi > 1.0$ 是不合理的；同时，考虑到混凝土质量的不均匀性和收缩等因素，裂缝间受拉混凝土参与工作程度也有一定的限值。对于直接承受动力荷载的构件，考虑到应力的反复变化可能会导致裂缝间受拉混凝土更多地退出工作，则不应考虑受拉混凝土参与工作。为此，《混凝土结构设计规范》规定，当 $\psi < 0.2$ 时，取 $\psi = 0.2$；当 $\psi >$

1.0 时，取 $\psi=1.0$；对直接承受重复荷载的构件，取 $\psi=1.0$。

式（9-29）是根据受弯构件推导求出的，也适用于轴心受拉构件、偏心受拉构件和偏心受压构件的计算。

（3）系数 α_c

裂缝间混凝土自身伸长对裂缝宽度的影响系数 α_c 可由试验资料确定。由式（9-17）可得

$$\alpha_c = \frac{w_m E_s}{\psi \sigma_{sq} l_m} \tag{9-30}$$

式中，l_m 可由式（9-13）计算确定，σ_{sq} 可由式（9-18）～式（9-21）计算确定，ψ 可由式（9-29）计算确定，w_m 可由实测的平均裂缝宽度确定，因此通过式（9-30）可求得 α_c 的试验值。

试验研究表明，系数 α_c 与配筋率、截面形状和混凝土保护层厚度等因素有关，但变化幅度不大。根据近年来国内多家单位完成的配置 400MPa、500MPa 级带肋钢筋混凝土梁的裂缝宽度试验结果，以及以往的试验研究结果，经过统计分析可求得 α_c 的试验值。为简化计算，对受弯、偏心受压构件统一取 $\alpha_c=0.77$，轴心受拉、偏心受拉等构件均可近似取 $\alpha_c=0.85$。

9.3.4 最大裂缝宽度

按式（9-17）求得的 w_m 值是整个构件上的平均裂缝宽度，由于材料质量的不均匀性，裂缝间距有疏有密，每条裂缝宽度有大有小，具有很大的离散性。而且在裂缝宽度验算时，需要计算一个构件上的最大裂缝宽度 w_{max}，一般是由平均裂缝宽度乘以扩大系数得到。扩大系数值应根据试验结果和工程经验确定，主要考虑以下两个方面：

（1）考虑裂缝宽度随机性的最大裂缝宽度

裂缝宽度是一个随机变量，应根据数理统计分析得出在某一超越概率下的相对最大裂缝宽度。通过对国内大量钢筋混凝土受弯构件试验的裂缝宽度统计分析，表明每条裂缝的实际宽度 w_i 与各个构件平均裂缝宽度 w_m 之比 $\tau_i = w_i / w_m$ 的分布基本符合正态分布（图 9-13）。通常取最

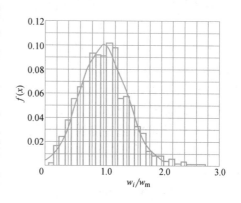

图 9-13 受弯构件裂缝宽度的概率分布

大裂缝宽度的超越概率为 5%，即最大裂缝宽度 w_{max} 的保证率为 95%。因此，可由下式计算相对最大裂缝宽度：

$$w_{max} = w_m (1 + 1.645\delta)$$

式中　w_m——平均裂缝宽度；

δ——裂缝宽度的变异系数。对受弯构件和偏心受压构件，由试验统计得 $\delta=0.4$，故取裂缝扩大系数 $\tau_s=1.66$；对于轴心受拉和偏心受拉构件，可求得裂缝扩大系数 $\tau_s=1.90$。

（2）考虑荷载长期作用等因素影响的最大裂缝宽度

在荷载长期作用下，由于混凝土的滑移徐变和受拉混凝土的应力松弛，会导致裂缝间混凝土不断退出工作，使 ψ 值增大，从而使裂缝宽度随时间而增大。此外，混凝土收缩使

裂缝间混凝土的长度缩短,这也会引起裂缝宽度的增大。荷载长期作用下的最大裂缝宽度可由短期荷载作用下的最大裂缝宽度乘以裂缝扩大系数 τ_l 得到。根据东南大学所做的受弯构件的试验结果,取 $\tau_l=1.66$。试验表明,由于在试验加载初期宽度最大的裂缝,在荷载长期作用下不一定仍然是宽度最大的裂缝,故在确定 τ_l 时可考虑折减系数 0.9,即取 $\tau_l=1.66\times0.9=1.50$。

由上可知,考虑裂缝扩大系数后,荷载长期作用下的最大裂缝宽度为

$$w_{max}=\tau_s\tau_l w_m=\alpha_c\tau_s\tau_l\psi\frac{\sigma_{sq}}{E_s}l_m \tag{9-31}$$

综合以上考虑,我国《混凝土结构设计规范》规定,对矩形、T形、倒T形和I形截面的受拉、受弯和偏心受压构件,按荷载准永久组合并考虑长期作用影响的最大裂缝宽度可按下列公式计算:

$$w_{max}=\alpha_{cr}\psi\frac{\sigma_{sq}}{E_s}\left(1.9c_s+0.08\frac{d_{eq}}{\rho_{te}}\right) \tag{9-32}$$

式中　α_{cr}——构件受力特征系数,对于受弯和偏心受压构件,$\alpha_{cr}=0.77\times1.66\times1.5=1.9$;对偏心受拉构件,$\alpha_{cr}=0.85\times1.9\times1.5=2.4$;对于轴心受拉构件,再考虑式(9-13)中系数 $\beta=1.1$,则 $\alpha_{cr}=1.1\times(0.85\times1.9\times1.5)=2.7$。

其他符号意义同前述。

在裂缝宽度验算时,已知构件的材料、截面尺寸及配筋、荷载准永久组合的内力值,则由式(9-32)计算求得 w_{max},然后再按式(9-1)进行最大裂缝宽度验算。

另外,对 $e_0/h_0\leqslant0.55$ 的偏心受压构件,可不进行裂缝宽度验算。对承受吊车荷载但不需进行疲劳验算的受弯构件,可将计算求得的最大裂缝宽度乘以系数 0.85。当梁的混凝土保护层厚度不小于 50mm,配置表层钢筋网片(图 4-3c)时,由于表层钢筋网片有利于减小裂缝宽度,故按式(9-32)计算的最大裂缝宽度可适当折减,折减系数可取 0.7。

9.3.5 影响裂缝宽度的主要因素

由式(9-32)及试验数据分析可知,影响由荷载直接作用所产生的裂缝宽度的主要因素如下:

(1)受拉区纵向钢筋的应力 σ_{sq}。裂缝宽度与纵向受拉钢筋应力近似呈线性关系,σ_{sq} 值愈大,裂缝宽度也愈大。因此为了控制裂缝宽度,在普通混凝土结构中,不宜采用高强度钢筋。

(2)受拉区纵向钢筋直径 d。当其他条件相同时,裂缝宽度随受拉纵筋直径 d 的增大而增大。当构件内纵向受拉钢筋截面面积相同时,采用细而密的钢筋会增大钢筋表面积,因而使黏结力增大,裂缝宽度变小。

(3)受拉区纵向钢筋表面形状。由于带肋钢筋的黏结强度较光圆钢筋大得多,当其他条件相同时,配置带肋钢筋时的裂缝宽度比配置光圆钢筋时的裂缝宽度小。

(4)受拉区纵向钢筋相对于有效受拉混凝土截面 A_{te} 的配筋率 ρ_{te}。构件受拉区混凝土截面的纵筋配筋率越大,裂缝宽度越小。

(5)受拉区纵向钢筋的混凝土保护层厚度 c_s。当其他条件相同时,保护层厚度越大,裂缝宽度也越大,因而增大保护层厚度对构件表面裂缝宽度是不利的。但另一方面,较大

的混凝土保护层厚度对结构耐久性是有利的。而实际上，一般构件的保护层厚度与构件截面高度比值的变化范围不大（$c_s/h=0.05\sim0.1$）。

（6）荷载性质。荷载长期作用下的裂缝宽度较大；反复荷载或动力荷载作用下的裂缝宽度有所增大。

研究还表明，混凝土强度等级对裂缝宽度的影响不大。

由于上述第（2）、（3）两个原因，施工中如用粗钢筋代替细钢筋、光圆钢筋代替带肋钢筋时，应重新验算裂缝宽度。

当裂缝宽度验算不能满足式（9-1）时，说明裂缝宽度过大，应采取措施后重新验算。减小裂缝宽度的有效措施主要有：在钢筋截面面积不变的情况下，采用较小直径的钢筋，或采用变形钢筋，也可采用增大钢筋截面面积等措施。而解决裂缝问题的最有效办法是采用预应力混凝土，它能使构件在荷载作用下不产生裂缝或减小裂缝宽度，将在第 10 章中介绍。

【例题 9-1】 某屋架下弦为轴心受拉构件，截面尺寸为 200mm×160mm，最外层钢筋的混凝土保护层厚度 $c=25$mm，纵向受拉钢筋采用 HRB400 级钢筋，配筋为 4Φ16，混凝土强度等级为 C30，环境类别为二 a 类，裂缝控制等级为三级，荷载准永久组合的轴向拉力 $N_q=135$kN。试验算该构件的最大裂缝宽度是否满足要求。

【解】 由附表 6 和附表 9 查得，$E_s=2.0\times10^5$ N/mm^2，$f_{tk}=2.01$N/mm^2；由附表 16 查得，$w_{lim}=0.2$mm；由附表 21 可查得，$A_s=804$mm^2（4Φ16）。

由式（9-19）可得裂缝截面处的钢筋应力，即
$$\sigma_{sq}=N_q/A_s=135\times10^3/804=167.91\text{N/mm}^2$$

$\rho_{te}=A_s/A_{te}=804/(200\times160)=0.0251>0.01$,取 $\rho_{te}=0.0251$。

由式（9-29）可求得纵向受拉钢筋应变不均匀系数，即
$$\psi=1.1-0.65\frac{f_{tk}}{\rho_{te}\sigma_{sq}}=1.1-0.65\times\frac{2.01}{0.0251\times167.91}=0.790\begin{array}{c}>0.2\\<1.0\end{array},\text{取 }\psi=0.790。$$

由于截面配置钢筋直径相同，且均为带肋钢筋（$\nu_i=1.0$），则 $d_{eq}=16$mm；假定箍筋直径为 6mm，则 $c_s=25+6=31$mm；对轴心受拉构件，$\alpha_{cr}=2.7$。按式（9-32）可得最大裂缝宽度为
$$w_{max}=\alpha_{cr}\psi\frac{\sigma_{sq}}{E_s}\left(1.9c_s+0.08\frac{d_{eq}}{\rho_{te}}\right)$$
$$=2.7\times0.790\times\frac{167.91}{2\times10^5}\times\left(1.9\times31+0.08\times\frac{16}{0.0251}\right)=0.197\text{mm}<w_{lim}=0.2\text{mm}$$

满足要求。

【例题 9-2】 已知钢筋混凝土矩形截面简支梁，处于室内正常环境，截面尺寸 $b\times h=$ 220mm×500mm，计算跨度 $l_0=5.6$m，混凝土强度等级为 C35，钢筋采用 HRB400 级，按正截面受弯承载力计算配筋为 3Φ20，该梁承受的永久荷载标准值 $g_k=9$kN/m（包括梁的自重），可变荷载标准值 $q_k=12$kN/m。试验算该梁的最大裂缝宽度是否满足要求。

【解】 由附表 6 和附表 9 查得，$E_s=2.0\times10^5$ N/mm^2，$f_{tk}=2.20$N/mm^2；由附表 21 可查得，$A_s=942$mm^2（3Φ20）；由附表 15 可知，室内正常环境对应的环境类别为一类，查附表 16 可得最大裂缝宽度限值为 $w_{lim}=0.3$mm。

假定箍筋直径为 8mm，由附表 17 可知最外层钢筋的混凝土保护层最小厚度为 $c=$ 20mm，则 $c_s=20+8=28mm$，$a_s=c_s+20/2=38mm$，$h_0=h-a_s=500-38=462mm$。

取可变荷载的准永久值系数 $\psi_q=0.4$，则按荷载准永久组合计算的弯矩值为

$$M_q=\frac{1}{8}(g_k+\psi_q q_k)l_0^2=\frac{1}{8}\times(9+0.4\times12)\times5.6^2=54.10kN\cdot m$$

由式（9-18）可得裂缝截面处的钢筋应力，即

$$\sigma_{sq}=\frac{M_q}{A_s\eta h_0}=\frac{54.10\times10^6}{942\times0.87\times462}=142.88N/mm^2$$

$$\rho_{te}=\frac{A_s}{0.5bh}=\frac{942}{0.5\times220\times500}=0.017>0.01，故取 \rho_{te}=0.017 计算。$$

由式（9-29）可得纵向受拉钢筋应变不均匀系数

$$\psi=1.1-0.65\frac{f_{tk}}{\rho_{te}\sigma_{sq}}=1.1-0.65\times\frac{2.20}{0.017\times142.88}=0.511 \begin{matrix}>0.2\\<1.0\end{matrix}，故取 \psi=0.511。$$

由于截面配置钢筋直径相同以及 $\nu_i=1.0$，则 $d_{eq}=20mm$；对受弯构件，$\alpha_{cr}=1.9$。按式（9-32）可求得最大裂缝宽度为

$$w_{max}=\alpha_{cr}\psi\frac{\sigma_{sq}}{E_s}\left(1.9c_s+0.08\frac{d_{eq}}{\rho_{te}}\right)$$

$$=1.9\times0.511\times\frac{142.88}{2\times10^5}\times\left(1.9\times28+0.08\times\frac{20}{0.017}\right)=0.102mm<w_{lim}=0.3mm$$

满足要求。

【例题 9-3】 某钢筋混凝土空心板的截面尺寸如图 9-14(a) 所示，处于室内正常环境，板的计算跨度 $l_0=3.18m$。混凝土强度等级为 C30，纵向受拉钢筋 9Φ8（HPB300级）。板承受的永久荷载（包括自重在内）标准值 $g_k=2.5kN/m^2$，可变荷载标准值 $q_k=6.0kN/m^2$。试验算该板的最大裂缝宽度是否满足要求。

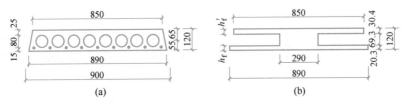

图 9-14 多孔板及其换算截面
(a) 截面尺寸；(b) 换算截面尺寸

【解】 首先将图 9-14(a) 所示的圆孔板换算为图 9-14(b) 所示的 I 形截面板，使两种板的截面形心位置、面积以及对形心轴惯性矩均相同。将一个圆孔（直径为 d）换算成 $b_h\times h_h$ 的矩形孔，即

$$\frac{\pi d^2}{4}=b_h h_h，\quad \frac{\pi d^4}{64}=\frac{b_h h_h^3}{12}$$

将 $d=80mm$ 代入上式，可求得 $b_h=72.5mm$，$h_h=69.3mm$，则 I 形截面（图 9-14b）的换算尺寸为

$$b=\frac{850+890}{2}-8\times72.5=290mm$$

$$b'_f = 850\text{mm}, \quad h'_f = 65 - \frac{1}{2} \times 69.3 = 30.4\text{mm}$$

$$b_f = 890\text{mm}, \quad h_f = 120 - 30.4 - 69.3 = 20.3\text{mm}$$

取可变荷载的准永久值系数 $\psi_q = 0.4$，由于板宽为 900mm，则可求得板按荷载准永久组合计算的弯矩值为

$$M_q = \frac{1}{8} \times (2.5 + 0.4 \times 6.0) \times 0.9 \times 3.18^2 = 5.57\text{kN} \cdot \text{m}$$

由附表 6 和附表 9 查得，$E_s = 2.1 \times 10^5 \text{N/mm}^2$，$f_{tk} = 2.01\text{N/mm}^2$；由附表 21 可查得，$A_s = 453\text{mm}^2$（9Φ8）；由附表 15 可知，室内正常环境对应的环境类别为一类；查附表 16 可得最大裂缝宽度限值为 $w_{lim} = 0.3\text{mm}$。

板的纵向受拉钢筋为 9Φ8，由附表 17 可知最外层钢筋的混凝土保护层最小厚度为 15mm，则 $c_s = 15\text{mm}$，$a_s = 15 + 8/2 = 19\text{mm}$，$h_0 = h - a_s = 120 - 19 = 101\text{mm}$。

由式（9-18）可求得裂缝截面处的钢筋应力为

$$\sigma_{sq} = \frac{M_q}{A_s \eta h_0} = \frac{5.57 \times 10^6}{453 \times 0.87 \times 101} = 139.93\text{N/mm}^2$$

$$\rho_{te} = \frac{A_s}{0.5bh + (b_f - b)h_f} = \frac{453}{0.5 \times 290 \times 120 + (890 - 290) \times 20.3} = 0.015 > 0.01，故$$

取 $\rho_{te} = 0.015$。

由式（9-29）可求得纵向受拉钢筋应变不均匀系数：

$$\psi = 1.1 - 0.65 \frac{f_{tk}}{\rho_{te}\sigma_{sq}} = 1.1 - 0.65 \times \frac{2.01}{0.015 \times 139.93} = 0.478 \begin{matrix} >0.2 \\ <1.0 \end{matrix}，故取 \psi = 0.478。$$

由于配置钢筋直径相同以及 $\nu_i = 0.7$，由式（9-12）可得 $d_{eq} = 8/0.7 = 11.43\text{mm}$；对受弯构件，$\alpha_{cr} = 1.9$；由于 $c_s = 15\text{mm} < 20\text{mm}$，故取 $c_s = 20\text{mm}$。按式（9-32）可求得最大裂缝宽度为

$$w_{max} = \alpha_{cr}\psi\frac{\sigma_{sq}}{E_s}\left(1.9c_s + 0.08\frac{d_{eq}}{\rho_{te}}\right)$$

$$= 1.9 \times 0.478 \times \frac{139.93}{2.1 \times 10^5} \times \left(1.9 \times 20 + 0.08 \times \frac{11.43}{0.015}\right) = 0.060\text{mm} < w_{lim} = 0.3\text{mm}$$

满足要求。

9.4 受弯构件的挠度计算

9.4.1 变形控制的目的和要求

对受弯构件进行变形控制的目的主要是出于以下几方面的考虑：

（1）保证结构的使用功能要求。结构构件的变形过大时，会严重影响甚至丧失其使用功能。如屋面梁、板挠度过大时会发生积水；精密仪器生产车间楼板挠度过大会影响产品质量；吊车梁挠度过大会影响吊车的正常运行等。

（2）避免非结构构件的损坏。受弯构件挠度过大会导致其上的非结构构件发生破坏，如隔墙会因挠度过大而产生裂缝；门、窗会因挠度过大而不能正常开关或破坏等。

（3）满足外观和使用者的心理要求。受弯构件挠度过大，不仅有碍观瞻，还会引起使

用者的不适和不安全感。

（4）避免对其他结构构件的不利影响。受弯构件挠度过大，会导致结构构件的实际受力与计算假定不符，并影响到与其相连的其他构件也发生过大变形。如支承在砖墙上的梁端产生过大转角，将使支承面积减小，支承反力的偏心增大而引起墙体开裂。

为了保证结构构件在使用期间的适用性，对结构构件的变形应加以控制。《混凝土结构设计规范》规定，钢筋混凝土受弯构件的最大挠度应满足

$$f \leqslant f_{\lim} \tag{9-33}$$

式中　f——荷载作用下产生的最大挠度，按荷载准永久组合并考虑长期作用的影响进行计算；

　　$f_{\lim}$——《混凝土结构设计规范》规定的受弯构件挠度限值，见附表 14，其规定是考虑结构可使用性、感觉的可接受性等因素，以不影响使用功能、外观及与其他构件连接等要求为目的，根据工程实践经验并参考国外规范的规定而确定。

9.4.2　混凝土受弯构件变形计算的特点

由材料力学可知，匀质弹性材料梁的跨中挠度 f 可表示为

$$f = \alpha \frac{M}{EI} l_0^2 = \alpha \phi l_0^2 \tag{9-34}$$

式中　α——与荷载形式、支承条件有关的挠度系数，如承受均布荷载的简支梁，$\alpha = 5/48$；

　　l_0——梁的计算跨度；

　　EI——梁的截面弯曲刚度；

　　ϕ——截面曲率，即构件单位长度上的转角。

由截面的弯矩和曲率关系可知，即 $EI = M/\phi$，截面弯曲刚度就是使截面产生单位曲率需要施加的弯矩值，它是度量截面抵抗弯曲变形能力的重要指标。

对匀质弹性材料梁，当梁的截面形状、尺寸和材料已知时，其截面弯曲刚度 EI 是一个常数，既与弯矩 M 无关，也不受时间影响。因此，弯矩与挠度或弯矩与曲率之间始终保持不变的线性关系，如图 9-15 中的虚线所示。

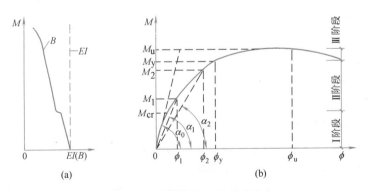

图 9-15　适筋梁 M-ϕ 关系曲线

（a）弯矩-刚度关系；（b）弯矩-曲率关系

对混凝土受弯构件，上述力学概念仍然适用。区别在于混凝土是非匀质的弹塑性材料，且受弯构件通常都是带裂缝工作的。由于混凝土的开裂、弹塑性应力-应变关系等影响，钢筋混凝土适筋梁的 M-ϕ 关系不再是直线，而是随弯矩的增大，截面曲率呈曲线变化。对于任一给定的弯矩 M，截面弯曲刚度为 M-ϕ 关系曲线上对应的该弯矩点与原点相连的割线斜率 $\tan\alpha$（图 9-15b）。

由图 9-15 可知，钢筋混凝土受弯构件的截面弯曲刚度随着弯矩的变化而变化，具有以下特点：截面弯曲刚度随着荷载的增大而减小。在开裂前的第 I 阶段，弯矩值很小，构件基本处于弹性工作阶段，M-ϕ 曲线的斜率接近换算截面弯曲刚度 $E_c I_0$，其中 I_0 为换算截面的惯性矩；当达到 I$_a$ 状态时，裂缝即将出现，由于受拉区混凝土的塑性变形，M-ϕ 关系已偏离直线，刚度略有降低，约为 $0.85 E_c I_0$。受拉区混凝土开裂后进入第 II 阶段，M-ϕ 曲线发生明显转折，曲率增长较快，刚度明显降低，且随着裂缝的进一步出现和开展，以及受压区混凝土出现塑性变形，弯曲刚度不断降低。纵向受拉钢筋屈服后进入第 III 阶段，M-ϕ 曲线出现第二个明显的转折，弯矩增加很小，而曲率剧增，弯曲刚度急剧降低，直至发生破坏（图 9-15）。

在正常使用阶段，受弯构件的受力状态一般处于第 II 阶段。因此计算钢筋混凝土受弯构件的挠度，关键是如何计算处于第 II 阶段的截面弯曲刚度问题。除随弯矩而发生变化外，弯曲刚度还与配筋率、截面形状、荷载作用时间（混凝土徐变）等因素有关，因而确定钢筋混凝土构件的截面弯曲刚度 B 比确定匀质材料梁的 EI 复杂得多。

对钢筋混凝土构件，在荷载准永久组合下的截面弯曲刚度称为短期刚度，通常用 B_s 表示，考虑荷载长期作用影响后的刚度称为长期刚度，用 B 表示。构件在使用阶段的最大挠度计算取长期刚度值，而长期刚度是通过短期刚度计算得来的。

9.4.3 短期刚度 B_s 的建立

受弯构件的试验表明，混凝土开裂前，其纯弯段受压区混凝土应变 ε_c 和受拉钢筋应变 ε_s 沿构件长度近乎均匀分布（图 9-2a）；混凝土开裂后，随弯矩的增大，裂缝处于开展阶段，此时裂缝间距趋于稳定，基本为等间距分布，钢筋和混凝土的应变分布具有以下特征：

（1）纵向受拉钢筋的应变 ε_s 沿构件轴线方向为非均匀分布，呈波浪形变化，裂缝截面处的 ε_s 较大，裂缝中间截面处的 ε_s 较小（图 9-16）。设以 ε_{sm} 表示纯弯段内钢筋的平均应变，将 ε_{sm} 与裂缝截面处 ε_s 的比值，即 $\psi = \varepsilon_{sm}/\varepsilon_s$，称为纵向受拉钢筋应变不均匀系数，用以反映受拉区混凝土参与受力的程度。

（2）受压边缘混凝土的应变 ε_c 沿构件轴线方向的分布也不均匀，呈波浪形变化，且裂缝截面处 ε_c 较大，裂缝中间截面处的 ε_c 较小，但其波动幅度要比 ε_s 小得多（图 9-16）。同样，设以 ε_{cm} 表示纯弯段内受压边缘混凝土的平均应变，将 ε_{cm} 与裂缝截面

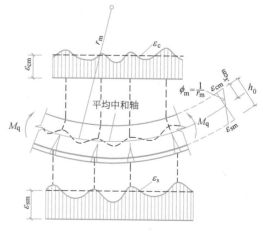

图 9-16　梁纯弯段内各截面应变及裂缝分布

处 ε_c 的比值，即 $\psi_c = \varepsilon_{cm}/\varepsilon_c$，称为混凝土应变不均匀系数。

（3）截面的中和轴高度 x_c 和曲率 ϕ 沿构件轴线方向也呈波浪形变化，裂缝截面处 x_c 较小，裂缝中间截面处 x_c 较大。因此截面弯曲刚度沿构件轴线方向也是变化的（图 9-16）。同样，设以 x_{cm} 表示各截面 x_c 的平均值，即纯弯段内的平均中和轴高度。随 M 增大，平均中和轴位置上升，x_{cm} 减小。实测表明，纯弯段内截面平均应变沿截面高度基本为直线分布。因此，可以认为截面的平均应变 ε_{sm}、ε_{cm} 的分布符合平截面假定。

钢筋混凝土受弯构件的截面弯矩与曲率关系仍然是仿照材料力学中弹性匀质梁的 $\phi = M/EI$ 来建立，即根据截面变形的几何关系、材料的物理关系和截面受力平衡条件推导求得，但须考虑混凝土材料物理关系的弹塑性性质、截面应力的非线性分布特征以及裂缝的影响。现推导如下：

（1）几何关系

由前述分析可知，由于裂缝的影响，钢筋和混凝土应变沿构件轴线方向呈波浪形分布，但其截面的平均应变 ε_{sm}、ε_{cm} 符合平截面假定（图 9-17a），则截面的平均曲率 ϕ_m 与平均应变的关系可表示为

$$\phi_m = \frac{1}{r_m} = \frac{\varepsilon_{sm} + \varepsilon_{cm}}{h_0} \tag{9-35}$$

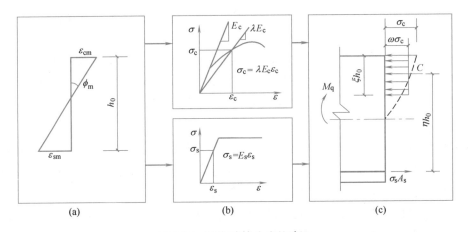

图 9-17　刚度计算公式的建立

（a）截面应变分布；（b）混凝土和钢筋的应力-应变曲线；（c）截面应力分布

（2）物理关系

由于构件的受力状态处于第 Ⅱ 阶段，此时钢筋尚未达到屈服，则钢筋的应力-应变关系为线弹性；受压区混凝土已进入弹塑性阶段，则混凝土的受压应力-应变关系应考虑其弹塑性，采用变形模量 $E_c' = \lambda E_c$。因此钢筋和混凝土的应力-应变关系可分别表示为（图 9-17b）

$$\varepsilon_s = \frac{\sigma_s}{E_s} \tag{9-36a}$$

$$\varepsilon_c = \frac{\sigma_c}{\lambda E_c} \tag{9-36b}$$

式中　λ——混凝土的弹性系数。

（3）平衡条件

由于裂缝截面处受力明确，故取裂缝截面的应力分布计算弯矩作用下的纵向受拉钢筋应力 σ_s 和受压边缘混凝土应力 σ_c（图 9-17c）。为简化计算，将开裂截面处混凝土压应力图形用平均应力为 $\omega\sigma_c$ 的等效矩形应力图形来代替，其中 ω 为压应力图形丰满程度系数，受压区高度为 ξh_0，内力臂为 ηh_0。对于 T 形截面，根据图 9-17(c) 得压应力合力为

$$C=\omega\sigma_c\left[bh_0\xi+(b_f'-b)h_f'\right]=\omega\sigma_c(\xi+\gamma_f')bh_0$$

式中　γ_f'——受压翼缘截面面积与腹板有效截面面积的比值，矩形截面取 $\gamma_f'=0$；T 形截面取 $\gamma_f'=\dfrac{(b_f'-b)h_f'}{bh_0}$；当 $h_f'>0.2h_0$ 时，取 $h_f'=0.2h_0$。

由平衡条件可得

$$\sigma_c=\frac{M_q}{\omega(\xi+\gamma_f')\eta bh_0^2}\tag{9-37}$$

$$\sigma_s=\frac{M_q}{A_s\cdot\eta h_0}\tag{9-38}$$

由式（9-36），并利用平均应变与裂缝截面处应变的关系，即 $\varepsilon_{sm}=\psi\varepsilon_s$ 和 $\varepsilon_{cm}=\psi_c\varepsilon_c$，可得钢筋和受压边缘混凝土的平均应变分别为

$$\varepsilon_{cm}=\psi_c\varepsilon_c=\psi_c\frac{\sigma_c}{\lambda E_c}=\frac{M_q}{\dfrac{\omega(\gamma_f'+\xi)\eta\lambda}{\psi_c}bh_0^2 E_c}=\frac{M_q}{\zeta bh_0^2 E_c}\tag{9-39a}$$

$$\varepsilon_{sm}=\psi\varepsilon_s=\psi\frac{\sigma_s}{E_s}=\frac{\psi}{\eta}\cdot\frac{M_q}{E_s A_s h_0}\tag{9-39b}$$

式中，ζ 反映了混凝土的弹塑性、应力分布和截面受力对受压边缘混凝土平均应变的综合影响，故称为受压区边缘混凝土平均应变综合系数。从材料力学观点看，ζ 也可称为截面弹塑性抵抗矩系数。引入系数 ζ 后既可减轻计算工作量并避免误差的积累，又可按式（9-39a）通过试验直接得到它的试验值。

将式（9-39）代入式（9-35），可得截面的平均曲率为

$$\phi_m=\frac{\dfrac{\psi}{\eta}\cdot\dfrac{M_q}{E_s A_s h_0}+\dfrac{M_q}{\zeta bh_0^2 E_c}}{h_0}=M_q\left[\frac{\psi}{\eta}\cdot\frac{1}{E_s A_s h_0^2}+\frac{1}{\zeta bh_0^3 E_c}\right]$$

经整理后可得在荷载准永久组合下的截面弯曲刚度，即短期刚度：

$$B_s=\frac{M_q}{\phi_m}=\frac{1}{\dfrac{\psi}{\eta}\cdot\dfrac{1}{E_s A_s h_0^2}+\dfrac{1}{\zeta bh_0^3 E_c}}=\frac{E_s A_s h_0^2}{\dfrac{\psi}{\eta}+\dfrac{\alpha_E\rho}{\zeta}}\tag{9-40}$$

式中　α_E——钢筋与混凝土的弹性模量比，$\alpha_E=E_s/E_c$；

　　　ρ——纵向受拉钢筋的配筋率，$\rho=A_s/(bh_0)$；

　　　ψ——裂缝间纵向受拉钢筋应变不均匀系数，按式（9-29）计算。

由式（9-40）可知，分母的第一项反映了纵向受拉钢筋应变不均匀程度（或受拉区混凝土参与受力的程度）对刚度的影响。当 M_q 较小时，σ_s 也较小，钢筋与混凝土之间具有较强的黏结作用，钢筋应变不均匀程度较小，受拉区混凝土参与受力的程度较大，ψ 值较

小，短期刚度 B_s 值较大；当 M_q 较大时则相反，短期刚度 B_s 值较小。式（9-40）中分母的第二项则反映了受压区混凝土变形对刚度的影响。

9.4.4 参数 η 和 ζ 的确定

（1）开裂截面的内力臂系数 η

试验和理论分析表明，在正常使用阶段，按荷载准永久组合计算的弯矩值 M_q 大概在 $(0.5\sim0.7)M_u$ 范围内，此时，裂缝截面的相对受压区高度 ξ 变化很小，内力臂系数 η 的变化也不大。对常用情况，η 值在 $0.83\sim0.93$ 之间波动，其平均值为 0.87。为简化计算，我国《混凝土结构设计规范》取 $\eta=0.87$ 或 $1/\eta=1.15$。

（2）受压区边缘混凝土平均应变综合系数 ζ

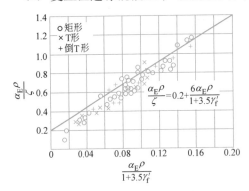

图 9-18 参数 $\alpha_E\rho/\zeta$ 的试验变化规律

ζ 可根据试验结果由式（9-39a）直接求得。在式（9-39a）中，M_q、b、h_0 为已知值，E_c 通过混凝土棱柱体试验确定，ε_{cm} 可根据试验实测受压边缘混凝土的应变求得，故可直接求得 ζ 值。

试验分析表明，ζ 随荷载增大而减小，在裂缝出现后降低很快，而后逐渐减缓，在使用荷载范围内则基本稳定。因此，对 ζ 的取值可不考虑荷载的影响。根据试验资料统计分析（图 9-18）可得

$$\frac{\alpha_E\rho}{\zeta}=0.2+\frac{6\alpha_E\rho}{1+3.5\gamma'_f} \tag{9-41}$$

由上式可知，混凝土强度等级和配筋率等确定后，$\alpha_E\rho/\zeta$ 是一个常数值。

取 $\eta=0.87$，并将式（9-41）代入式（9-40）后，可得短期刚度 B_s 的计算公式，即

$$B_s=\frac{E_sA_sh_0^2}{1.15\psi+0.2+\dfrac{6\alpha_E\rho}{1+3.5\gamma'_f}} \tag{9-42}$$

式（9-42）适用于矩形、T 形、倒 T 形和 I 形截面受弯构件。同时，短期刚度计算公式是由纯弯段内的平均曲率导得，因此 B_s 实质上是指纯弯段内截面的弯曲刚度。由于式（9-42）中的 ψ 与 σ_{sq} 有关，而 σ_{sq} 又与 M_q 有关，所以 B_s 亦与 M_q 有关。

9.4.5 受弯构件刚度 B

在荷载长期作用下，钢筋混凝土受弯构件的挠度随时间而增长，刚度随时间而降低。试验表明，前 6 个月挠度增长较快，以后逐渐减缓，一年后趋于收敛，但数年以后仍能发现挠度有很小的增长。荷载长期作用下影响挠度增长的因素较多，也较为复杂，但其中主要因素有：

（1）由于受压区混凝土的徐变，压应变将随时间而增长；

（2）由于裂缝间受拉混凝土出现应力松弛以及混凝土和钢筋之间产生滑移徐变，会使受拉混凝土不断退出工作，因而受拉钢筋平均应变将随时间而增大。

以上两方面都将导致构件的刚度随时间而降低。此外，混凝土的收缩、环境的温湿

度、加载时混凝土的龄期、配筋率和截面形式等对刚度都有不同程度的影响。

受弯构件考虑荷载长期作用影响的挠度计算方法主要有两种：第一种为用不同方式和在不同程度上考虑混凝土徐变和收缩以计算荷载长期作用影响的刚度；第二种为根据试验结果确定挠度增大系数来计算构件的长期刚度 B。我国《混凝土结构设计规范》采用第二种方法，用挠度增大系数来考虑荷载长期作用的影响计算受弯构件挠度，即 $\theta = f_l/f_s$，其中 f_l 为考虑荷载长期作用影响计算的挠度，f_s 为按构件短期刚度计算的挠度，则

$$\theta = \frac{f_l}{f_s} = \frac{\alpha M l_0^2/B}{\alpha M l_0^2/B_s} = \frac{B_s}{B} \tag{9-43}$$

由此可得钢筋混凝土受弯构件考虑荷载长期作用影响的刚度 B，即

$$B = \frac{B_s}{\theta} \tag{9-44}$$

挠度增大系数 θ 值根据试验结果确定。对于单筋矩形、T 形和 I 形截面，可取 $\theta = 2.0$。对于双筋截面梁，由于受压钢筋对混凝土的徐变起约束作用，因而可减小荷载长期作用下挠度的增长，减小的程度与受压钢筋和受拉钢筋的相对数量有关。《混凝土结构设计规范》规定：当 $\rho' = 0$ 时，取 $\theta = 2.0$；当 $\rho' = \rho$ 时，取 $\theta = 1.6$；当 ρ' 为中间数值时，θ 按线性内插法取用，即

$$\theta = 2.0 - 0.4 \frac{\rho'}{\rho} \tag{9-45}$$

式中　ρ、ρ'——纵向受拉钢筋及受压钢筋的配筋率，$\rho = A_s/(bh_0)$，$\rho' = A_s'/(bh_0)$。

上述 θ 值适用于一般情况下的矩形、T 形和 I 形截面梁。对翼缘位于受拉区的倒 T 形截面梁，由于在荷载短期作用下受拉混凝土参加工作较多，在荷载长期作用下退出工作的影响就较大，从而使挠度增大较多。《混凝土结构设计规范》规定，对翼缘在受拉区的倒 T 形截面梁，θ 值应增大 20%。

9.4.6　最小刚度原则与挠度计算

如上所述，式（9-42）、式（9-44）所表达的刚度是沿受弯构件纯弯段内截面的平均弯曲刚度。而实际上，由于沿构件长度方向的弯矩和配筋均为变量，即使是等截面的钢筋混凝土梁，沿构件长度方向的刚度也是变化的。如承受对称集中荷载的简支梁（图9-19），在两集中荷载间的纯弯段内，弯矩最大，相应的截面刚度为最小；在剪跨段各截面的弯矩是不相等的，越靠近支座弯矩越小，故其刚度越大。若按各截面的实际刚度进行挠度计算将极其复杂，实用上为简化计算，《混凝土结构设计规范》规定：在等截面构件中，可假定各同号弯矩区段内的刚度相等，并取用该区段内最大弯矩处的刚度。即采用各同号弯矩区段内最大弯矩 M_{max} 处的最小截面刚度 B_{min} 作为该区段的刚度 B，按等刚度梁来计算构件的挠度，这就是受弯构件挠度计算的最小刚度原则。

对于简支梁，根据最小刚度原则，可取用全跨范围内弯矩最大截面处的最小弯曲刚度（如图 9-19b 中的虚线）按等刚度梁进行挠度计算；对于等截面连续梁、框架梁等，因存在有正、负弯矩，可假定各同号弯矩区段内的刚度相等，并分别取正、负弯矩区段内弯矩最大截面处的最小刚度按分段等刚度梁进行挠度计算（图 9-20）。当计算跨度内的支座截面刚度不大于跨中截面刚度的两倍或不小于跨中截面刚度的 1/2 时，该跨也可按等刚度构

件进行计算，其构件刚度可取跨中最大弯矩截面的刚度。

采用最小刚度原则计算挠度时，靠近支座处的曲率，由于多算了两小块阴影线所示的面积（图 9-19），其计算值 M/B_{min} 比实际值较大，致使计算的挠度值偏大，但由于阴影面积不大，且靠近支座，故影响很小。同时，在按上述方法计算挠度时，只考虑弯曲变形的影响，未考虑剪跨段出现斜裂缝后剪切变形的影响，这样计算的挠度值将偏小。试验研究表明，一般情况下，上述方法使计算值偏大和偏小的因素大致可以互相抵消。因此，在挠度计算中采用最小刚度原则是可行的，计算值与试验结果符合较好。

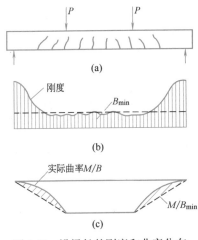

图 9-19　沿梁长的刚度和曲率分布
（a）裂缝分布；（b）刚度分布；
（c）曲率分布

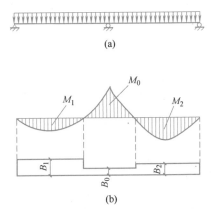

图 9-20　连续梁沿梁长计算刚度的取用
（a）两跨连续梁；（b）弯矩图及计
算刚度的取用

钢筋混凝土受弯构件的最大挠度，按荷载准永久组合并考虑长期作用的影响，可用 B 代替 EI，用结构力学方法计算，且应满足式（9-33）的要求。

9.4.7　提高受弯构件刚度的措施

由式（9-42）可知，在其他条件相同时，截面有效高度 h_0 对构件刚度的影响最大；而当截面高度及其他条件不变时，如有受拉翼缘或受压翼缘，则刚度有所增大；在正常配筋（$\rho=1\%\sim2\%$）情况下，提高混凝土强度等级对增大刚度影响不大，而增大受拉钢筋的配筋率，刚度略有增大；若其他条件相同时，M_q 增大会使得 σ_{sq} 增大，则 ψ 亦增大，构件的刚度相应地减小。

由上述分析可知，增大构件截面高度 h 是提高截面刚度的最有效措施。因此，在工程设计中，通常根据受弯构件高跨比 h/l 的合理取值范围对变形予以控制。当构件的截面尺寸受到限制时，可考虑增加受拉钢筋配筋率或提高混凝土强度等级；对某些构件还可以充分利用纵向受压钢筋对长期刚度的有利影响，在构件受压区配置一定数量的受压钢筋。此外，采用预应力混凝土构件也是提高受弯构件刚度的有效措施。

【例题 9-4】　条件同例题 9-3。可变荷载的准永久值系数 $\psi_q=0.4$，取 $f_{lim}=l_0/200$。试计算该圆孔板的挠度并验算是否满足要求。

【解】　由例题 9-3 可知，I 形截面尺寸：$b=290mm$，$b'_f=850mm$，$h'_f=30.4mm$，$b_f=890mm$，$h_f=20.3mm$；$E_s=2.1\times10^5 N/mm^2$，$A_s=453mm^2$，$A'_s=0$；$h_0=101mm$，$M_q=$

$5.57\text{kN} \cdot \text{m}$，$\psi = 0.478$。由附表 11 查得，$E_c = 3.0 \times 10^4 \text{N/mm}^2$。

截面配筋率为

$$\rho = \frac{A_s}{bh_0} = \frac{453}{290 \times 101} = 0.0155, \quad \rho' = 0$$

$$\alpha_E = \frac{E_s}{E_c} = \frac{2.1 \times 10^5}{3.0 \times 10^4} = 7.00$$

$$\gamma'_f = \frac{(b'_f - b)h'_f}{bh_0} = \frac{(850 - 290) \times 30.4}{290 \times 101} = 0.581$$

由式（9-42）可得短期刚度，即

$$B_s = \frac{E_s A_s h_0^2}{1.15\psi + 0.2 + \dfrac{6\alpha_E \rho}{1 + 3.5\gamma'_f}} = \frac{2.1 \times 10^5 \times 453 \times 101^2}{1.15 \times 0.478 + 0.2 + \dfrac{6 \times 7.00 \times 0.0155}{1 + 3.5 \times 0.581}}$$

$$= 1.006 \times 10^{12} \text{N} \cdot \text{mm}^2$$

由式（9-45）可得

$$\theta = 2.0 - 0.4\frac{\rho'}{\rho} = 2.0$$

由式（9-44）可求得该板按荷载准永久组合并考虑荷载长期作用影响的刚度，即

$$B = \frac{B_s}{\theta} = \frac{1.006 \times 10^{12}}{2} = 5.03 \times 10^{11} \text{N} \cdot \text{mm}^2$$

由附表 14 可得该板的挠度限值，即

$$f_{\lim} = l_0/200 = 3180/200 = 15.9\text{mm}$$

按简支梁求得该构件的挠度，即

$$f = \frac{5}{48} \cdot \frac{M_q l_0^2}{B} = \frac{5}{48} \times \frac{5.57 \times 10^6 \times 3.18^2 \times 10^6}{5.03 \times 10^{11}} = 11.66\text{mm} < f_{\lim} = 15.9\text{mm}$$

满足要求。

【例题 9-5】 已知 T 形截面简支梁，处于室内正常环境，计算跨度 $l_0 = 6\text{m}$，截面尺寸 $b = 200\text{mm}$，$h = 550\text{mm}$，$b'_f = 550\text{mm}$，$h'_f = 80\text{mm}$；混凝土强度等级为 C30，纵向受拉钢筋 3Φ20（采用 HRB400 级）；按荷载准永久组合计算的跨中最大弯矩值 $M_q = 69.75\text{kN} \cdot \text{m}$。验算该梁挠度是否满足要求。

【解】 查附表 9 得，$f_{tk} = 2.01\text{N/mm}^2$；查附表 6 和附表 11 可得，$E_s = 2.0 \times 10^5 \text{N/mm}^2$，$E_c = 3.00 \times 10^4 \text{N/mm}^2$；查附表 21 可得，$A_s = 942\text{mm}^2$（3$\Phi$20）。

由附表 17 可知，室内正常环境对应的环境类别为一类，其最外层钢筋的混凝土保护层厚度为 $c = 20\text{mm}$，假定箍筋直径为 8mm，则 $a_s = 20 + 8 + 20/2 = 38\text{mm}$。截面有效高度：

$$h_0 = h - a_s = 550 - 38 = 512\text{mm}$$

配筋率：$\rho_{te} = \dfrac{A_s}{0.5bh} = \dfrac{942}{0.5 \times 200 \times 550} = 0.017 > 0.01$，故取 $\rho_{te} = 0.017$。

$$\rho = \frac{A_s}{bh_0} = \frac{942}{200 \times 512} = 0.0092$$

由式（9-18）可求得裂缝截面处的钢筋应力为

$$\sigma_{sq} = \frac{M_q}{A_s \eta h_0} = \frac{69.75 \times 10^6}{942 \times 0.87 \times 512} = 166.23 \text{N/mm}^2$$

由式（9-29）可得纵向受拉钢筋应变不均匀系数，即

$$\psi = 1.1 - 0.65 \frac{f_{tk}}{\rho_{te} \sigma_{sq}} = 1.1 - 0.65 \times \frac{2.01}{0.017 \times 166.23} = 0.638 \begin{array}{c} >0.2 \\ <1.0 \end{array}, \text{故取} \psi = 0.638。$$

$$\gamma_f' = \frac{(b_f' - b) h_f'}{b h_0} = \frac{(550 - 200) \times 80}{200 \times 512} = 0.273，\quad \alpha_E = \frac{E_s}{E_c} = \frac{2.0 \times 10^5}{3.00 \times 10^4} = 6.667$$

由式（9-42）可求得短期刚度

$$B_s = \frac{E_s A_s h_0^2}{1.15\psi + 0.2 + \dfrac{6\alpha_E \rho}{1 + 3.5\gamma_f'}} = \frac{2.0 \times 10^5 \times 942 \times 512^2}{1.15 \times 0.638 + 0.2 + \dfrac{6 \times 6.667 \times 0.0092}{1 + 3.5 \times 0.273}}$$

$$= 4.402 \times 10^{13} \text{N} \cdot \text{mm}^2$$

由式（9-45）可得

$$\theta = 2.0 - 0.4 \frac{\rho'}{\rho} = 2.0$$

由式（9-44）可得该梁按荷载准永久组合并考虑荷载长期作用影响的刚度，即

$$B = \frac{B_s}{\theta} = \frac{4.402 \times 10^{13}}{2} = 2.201 \times 10^{13} \text{N} \cdot \text{mm}^2$$

由附表 14 可得该梁的挠度限值为

$$f_{lim} = l_0 / 200 = 6000 / 200 = 30 \text{mm}$$

按简支梁求得该构件的挠度

$$f = \frac{5}{48} \cdot \frac{M_q l_0^2}{B} = \frac{5}{48} \times \frac{69.75 \times 10^6 \times 6000^2}{2.201 \times 10^{13}} = 11.88 \text{mm} < f_{lim} = 30 \text{mm}$$

满足要求。

9.5 混凝土结构耐久性极限状态设计

试验和工程实践表明，由于混凝土结构本身的组成成分及承载力特点，其抗力有初期增长和强盛阶段，在外界环境和各种因素作用下也存在逐渐削弱和衰减阶段，经历一定时间后，甚至会不能满足设计应有的功能而"失效"。我国混凝土结构量大面广，若因耐久性不足而失效，或为了继续正常使用而进行相当规模的维修、加固或改造，势必要付出更高的代价。因此，混凝土结构除应进行承载力计算和裂缝、变形验算外，还应进行耐久性极限状态设计。混凝土结构耐久性极限状态设计可采用经验的方法、半定量的方法和定量控制耐久性失效概率的方法。本节仅介绍经验的方法。

9.5.1 影响混凝土结构耐久性的主要因素

影响混凝土结构耐久性的因素很多，可分为内部因素和外部因素两个方面。内部因素主要有混凝土强度、密实性、水泥用量、水灰比、氯离子及碱含量、外加剂用量、保护层厚度等；外部因素主要是环境条件，包括温度、湿度、CO_2 含量、侵蚀性介质等。另外，

设计构造上的缺陷、施工质量差或使用中维修不当等也会影响结构的耐久性。

（1）混凝土碳化

混凝土中的碱性物质［$Ca(OH)_2$］在混凝土内的钢筋表面形成氧化膜，它能有效地保护钢筋，防止钢筋发生锈蚀。但由于大气中的二氧化碳（CO_2）与混凝土中的碱性物质发生反应，生成无碱性的盐——碳酸钙（$CaCO_3$），使混凝土的 pH 值降低；其他物质，如二氧化硫（SO_2）、硫化氢（H_2S）也能与混凝土中的碱性物质发生类似的反应，使混凝土的碱度下降，这就是混凝土的碳化。碳化对混凝土本身是无害的，使混凝土变得坚硬，但当碳化深度等于或大于混凝土保护层厚度时，将破坏钢筋表面的氧化膜，容易引起钢筋锈蚀。此外，碳化还会加剧混凝土的收缩，可能导致混凝土的开裂。因此，混凝土碳化是影响混凝土结构耐久性的重要因素之一。

为了提高混凝土结构的抗碳化能力，可采取下列措施：设计合理的混凝土配合比，限制水泥的最低用量，合理采用掺合料；保证混凝土保护层的最小厚度；保证混凝土的施工质量，以提高混凝土的密实性；使用覆盖面层（水泥砂浆或涂料等）。

（2）钢筋锈蚀

钢筋锈蚀是混凝土结构常见的耐久性问题。由于混凝土碳化或氯离子的作用，当混凝土的 pH 值降低到 9 以下时，钢筋表面的钝化膜遭到破坏，在有足够的水分和氧的环境下，钢筋将产生锈蚀。混凝土中钢筋的锈蚀是一个电化学过程，在钢筋上某相连的两点处，由于这两点处的材质差异、环境温湿度不同，可能引起两点之间存在电位差，不同电位的区段之间形成阳极和阴极。电极之间距离可从 $10 \sim 20mm$ 到 $60 \sim 70mm$。混凝土中钢筋锈蚀机理如图 9-21 所示。钢筋锈蚀产生的铁锈［氢氧化亚铁 $Fe(OH)_2$］体积一般增大 2～4 倍，铁锈体积膨胀，会导致混凝土保护层胀开，促使锈蚀进一步加快。

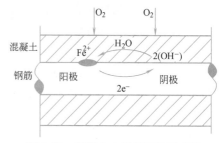

图 9-21　混凝土中钢筋锈蚀示意图

防止钢筋锈蚀的措施有很多种，主要有降低水灰比，增加水泥用量，加强混凝土的密实性；保证有足够的混凝土保护层厚度；采用涂面层，防止 CO_2、O_2 和 Cl^- 的渗入；采用钢筋阻锈剂；使用防腐蚀钢筋，如环氧涂层钢筋、镀锌钢筋等；对钢筋采用阴极防护法等。

（3）混凝土的冻融循环

混凝土水化结硬后，内部有很多毛细孔。在浇筑混凝土时，为了得到必要的和易性，往往会比水泥水化所需要的水多些，多余的水分滞留在混凝土的毛细孔中。遇到低温时水分因结冰产生体积膨胀，引起混凝土内部结构破坏。反复冻融多次，就会使混凝土的损伤积累达到一定程度而引起结构破坏。

冻融循环在水利水电、港口码头、道路桥梁等工程中较为常见。防止混凝土冻融循环的主要措施是降低水灰比，减少混凝土中多余的水分。冬期施工时应加强养护，防止早期受冻，并掺入防冻剂等。

（4）混凝土的碱集料反应

混凝土集料中的某些活性矿物与混凝土微孔中碱性溶液产生化学反应称为碱集料反应。碱集料反应产生的碱—硅酸盐凝胶，吸水后会产生膨胀，体积可增大 3～4 倍，从而使混凝土开裂、剥落、强度降低，甚至导致破坏。

引起碱集料反应有三个条件：一是混凝土的凝胶中有碱性物质，其主要来自于水泥；二是骨料中有活性骨料，如蛋白石、黑硅石、燧石、玻璃质火山石等含 SiO_2 的骨料；三是发生碱集料反应的充分条件，即有水分，在干燥环境下很难发生碱集料反应。因此，防止碱集料反应的主要措施是采用低碱水泥，或掺入粉煤灰降低碱性，也可对含活性成分的骨料加以控制。

（5）侵蚀性介质的腐蚀

在石油、化学、轻工、冶金及港湾工程中，化学介质对混凝土的腐蚀很普遍。有些化学介质侵入造成混凝土中的一些成分被溶解、流失，从而引起裂缝、孔隙，甚至松软破碎；有些化学介质侵入，与混凝土中的一些成分发生化学反应，生成的物质体积膨胀，引起混凝土破坏。如化工企业、海水及一些土壤中存在的硫酸盐会使混凝土发生硫酸盐腐蚀，即硫酸盐溶液与水泥石中的氢氧化钙及水化铝酸钙发生化学反应，生成石膏和硫铝酸钙，产生体积膨胀，使混凝土破坏。由于混凝土是碱性材料，遇到化工企业、地下水特别是沼泽或泥炭地区广泛存的碳酸及溶有 CO_2 的水时，会使混凝土发生酸腐蚀，使混凝土产生裂缝、脱落，并导致破坏。在海港、近海结构中的混凝土构筑物，经常受到海水的侵蚀，海水中的氯离子和硫酸镁对混凝土有较强的腐蚀作用。

9.5.2 混凝土结构耐久性极限状态设计方法

混凝土结构的耐久性极限状态，是指经过一定工作年限后，结构或其一部分达到或超过某种特定状态，以致结构不能满足预定功能要求。混凝土结构耐久性极限状态设计的目标，应使结构构件出现耐久性极限状态标志或限值的年限不小于其设计工作年限。与承载能力极限状态和正常使用极限状态设计相似，也可建立结构耐久性极限状态方程进行耐久性设计。由于混凝土结构耐久性设计涉及面广，影响因素多，机理复杂，而且对有些影响因素及规律的研究尚欠深入，目前还难以达到进行定量设计的程度。《混凝土结构设计规范》采用的是耐久性概念设计，即根据混凝土结构所处的环境类别和设计工作年限，采取不同的技术措施和构造要求保证结构的耐久性。这种方法概念清楚，设计简单，虽然还不能定量地界定准确的设计工作年限，但基本上能保证在规定的设计工作年限内结构应有的使用性能和安全储备。

混凝土结构应根据设计工作年限和环境类别进行耐久性设计。设计工作年限可根据建筑物的重要程度，按表 3-1 确定。

混凝土结构的耐久性与其使用环境密切相关。同一结构在强腐蚀环境中比在一般大气环境中的耐久性差。对混凝土结构使用环境进行分类，可使设计者针对不同的环境类别采取不同的设计对策，使结构达到设计工作年限的要求。《混凝土结构设计规范》将混凝土结构的环境类别分为五类，见附表 15。

混凝土结构耐久性的设计内容包括：确定结构所处的环境类别；提出对混凝土材料的耐久性基本要求；确定构件中钢筋的混凝土保护层厚度；不同环境条件下的耐久性技术措施；提出结构使用阶段的检测与维护要求。

9.5.3 混凝土结构耐久性极限状态设计的基本要求

根据影响结构耐久性的内部和外部因素，《混凝土结构设计规范》规定，混凝土结构应采取下列技术构造措施，以保证其耐久性的要求。

（1）对一、二和三类环境类别，设计工作年限为50年的混凝土结构，其混凝土材料应符合附表19的规定。

（2）混凝土结构及构件尚应采取加强耐久性的技术措施：1）预应力混凝土结构中的预应力筋应根据具体情况采取表面防护、孔道灌浆、加大混凝土保护层厚度等措施，外露的锚固端应采取封锚和混凝土表面处理等有效措施；2）有抗渗要求的混凝土结构，混凝土的抗渗等级应符合有关标准的要求；3）严寒及寒冷地区的潮湿环境中，结构混凝土应满足抗冻要求，混凝土的抗冻等级应符合有关标准的要求；4）处于二、三类环境中的悬臂构件，宜采用悬臂梁-板的结构形式，或在其上表面增设防护层；5）处于二、三类环境中的结构构件，其表面的预埋件、吊钩、连接件等金属部件应采取可靠的防锈措施；6）处在三类环境中的混凝土结构构件，可采用阻锈剂、环氧树脂涂层钢筋或其他具有耐腐蚀性能的钢筋、采取阴极保护措施或采用可更换的构件等措施。

（3）一类环境中，设计工作年限为100年的混凝土结构，应符合下列规定：1）钢筋混凝土结构的最低强度等级为C30，预应力混凝土结构的最低强度等级为C40；2）混凝土中的最大氯离子含量为0.06%；3）宜使用非碱活性骨料；当使用碱活性骨料时，混凝土中的最大碱含量为3.0kg/m^3；4）混凝土保护层厚度应符合附表17的规定，当采取有效的表面防护措施时，混凝土保护层厚度可适当减少。

（4）二类、三类环境中，设计工作年限为100年的混凝土结构，应采取专门的有效措施。如限制混凝土的水灰比；适当提高混凝土的强度等级；保证混凝土的抗冻性能；提高混凝土的抗渗能力；使用环氧涂层钢筋；构造上避免积水；构件表面增加防护层使之不直接承受环境作用等。特别是规定维修的年限或对结构构件进行局部更换，均可延长主体结构的实际工作年限。

（5）耐久性环境类别为四类和五类的混凝土结构，其耐久性要求应符合有关标准的规定。

对临时性的混凝土结构，可不考虑混凝土的耐久性要求。

小　结

9.1　混凝土结构中的裂缝有多种类型，其产生的原因可概括为两大类，即荷载作用引起的裂缝和变形引起的裂缝。根据裂缝对结构使用功能、建筑外观和耐久性等的影响，应对裂缝进行适当控制。由于外加变形或变形受到约束而产生的裂缝主要通过构造措施予以控制，荷载直接作用引起的裂缝可分为由截面上的正应力引起的垂直裂缝、由弯剪（扭）同时作用引起的斜裂缝和沿纵向钢筋的黏结裂缝。钢筋混凝土构件的裂缝控制等级和达到使用极限状态的裂缝宽度限值（即最大裂缝宽度允许值）主要根据结构构件的耐久性要求确定。

9.2　钢筋混凝土构件的裂缝宽度计算理论主要针对由截面正应力引起的裂缝。通过对钢筋混凝土构件裂缝出现、分布和开展过程的分析，根据黏结滑移理论，并同时考虑混凝土保护层厚度和钢筋有效约束区的影响推导了平均裂缝宽度的计算公式。最大裂缝宽度等于平均裂缝宽度乘以扩大系数，该系数考虑了裂缝宽度的随机性以及荷载长期作用的影响。根据最大裂缝宽度计算公式和试验研究，分析了影响裂缝宽度的主要因素。

9.3　受弯构件在使用阶段应具有足够的刚度，使其变形计算值不超过允许限值。钢筋混凝土受弯构件的挠度可用结构力学公式计算，但由于混凝土的弹塑性性质和构件受拉区存在裂缝，混凝土变形模量和截面惯性矩均随作用于截面上弯矩值的大小而变化，因而截面刚度不是常数，这与匀质弹性材料构件不同。因此，钢筋混凝土受弯构件在使用阶段的挠度计算，关键是确定截面的弯曲刚度 B。

9.4　根据钢筋混凝土梁纯弯段内各截面应变及裂缝分布，按照平均应变分布的平截面假定、混凝土和钢筋的应力-应变关系、截面受力平衡条件推导了受弯构件的截面弯曲刚度（短期刚度）B_s 的计算公式，该式分母第 1 项代表受拉区混凝土参与受力对刚度的影响，它随截面上作用的弯矩大小而变化；分母的第 2 项及第 3 项代表受压区混凝土变形对刚度的影响，它是仅与截面特性有关的常数。因此钢筋混凝土构件截面抗弯刚度与弯矩有关，这就意味着等截面梁实际上是变刚度梁。

9.5　在荷载长期作用下，由于混凝土的徐变等因素影响，截面刚度将进一步降低，这可通过挠度增大系数予以考虑，由此得构件的长期刚度。构件挠度计算时取长期刚度。由于沿构件长度方向的弯矩和配筋均为变量，故沿构件长度方向的刚度也是变化的，实用上为简化计算，对等截面受弯构件，挠度计算采用沿构件长度方向各同号弯矩区段内最大弯矩处的最小截面刚度。

9.6　由于混凝土为非匀质的弹塑性体，构件又是带裂缝工作的，因此，构件的裂缝宽度和受弯构件的刚度计算是一个比较复杂的问题。其特点是概念多、公式多、符号多和经验系数多，学习时应予以注意，在理解裂缝出现与开展过程中钢筋和混凝土应力分布的基础上，着重领悟建立裂缝宽度及刚度计算公式的基本依据和概念、推导中考虑的基本因素、公式中符号的关系和物理意义，以及公式的应用和减小裂缝宽度和提高刚度的有效措施。对于其中 ψ、l_m、w_{max}、B_s 等的推导过程，不必强求记忆，而只要求达到能前后看懂，并理解考虑问题的思路和方法。

9.7　结构的耐久性是指结构及其构件在预计的设计工作年限内，在正常维护和使用条件下，在指定的工作环境中，结构不需要进行大修即可满足正常使用和安全功能的能力。由于混凝土结构耐久性设计涉及面广，影响因素多，有别于结构承载力设计，难以达到进行定量设计的程度。我国规范采用了宏观控制的方法，以概念设计为主，根据环境类别和设计工作年限对混凝土结构提出相应的限制和要求，以保证其耐久性。

思　考　题

9.1　裂缝控制等级分为几级？每一级的要求是什么？钢筋混凝土构件属于哪一级？

9.2　验算钢筋混凝土构件裂缝宽度和变形的目的是什么？验算时，为什么采用荷载准永久组合的内力值。

9.3　钢筋混凝土构件裂缝宽度的计算方法有哪两大类？《混凝土结构设计规范》采用哪种方法？基本思路是什么？

9.4　钢筋混凝土梁的纯弯段在裂缝间距稳定以后，钢筋和混凝土的应变沿构件长度上的分布具有哪些特征？影响裂缝间距的因素有哪些？

9.5　平均裂缝间距 l_m 的基本公式是如何由平衡条件导出？在确定平均裂缝间距时，为什么又要考虑保护层厚度的影响？

9.6　《混凝土结构设计规范》中平均裂缝宽度 w_m 的计算公式是根据什么原则确定的？最大裂缝宽度 w_{max} 是在平均裂缝宽度基础上考虑哪些因素而得出的？说明参数 ρ_{te}、ψ、η、ζ 的物理意义及其主要影响因素。

9.7　影响裂缝宽度的因素主要有哪些？若构件的最大裂缝宽度不能满足要求，可采取哪些措施？哪些最有效？

9.8　钢筋混凝土受弯构件的变形计算与匀质弹性材料受弯构件的变形计算有何异同？为什么钢筋混凝土受弯构件挠度计算时截面抗弯刚度采用 B 而不用 EI？

9.9　试说明建立受弯构件刚度 B_s 计算公式的基本思路和方法。在哪些方面反映了钢筋混凝土的特点？为什么须分别考虑短期刚度 B_s 和构件刚度 B？计算公式中各符号的意义如何？

9.10　为什么在荷载长期作用下受弯构件的挠度会增长？如何计算构件在荷载长期作用下的挠度？

9.11　钢筋混凝土受弯构件的刚度与哪些因素有关？如果受弯构件的挠度值不满足要求，可采取什么措施？其中最有效的办法是什么？

9.12 什么叫"最小刚度原则"？试分析应用该原则的合理性。

9.13 简述配筋率对受弯构件正截面承载力、挠度和裂缝宽度的影响。三者不能同时满足时应采取什么措施？

9.14 试分析影响混凝土结构耐久性的主要因素。《混凝土结构设计规范》采用哪些措施来保证结构的耐久性？

9.15 试述混凝土碳化和钢筋锈蚀的机理及其主要影响因素。

习　题

9.1 已知某钢筋混凝土屋架下弦，$b \times h = 200mm \times 200mm$，按荷载准永久组合计算的轴心拉力 $N_q = 130kN$，截面配置 $4\phi14$ 的 HRB400 级受拉钢筋，C30 级混凝土，保护层厚度 $c = 25mm$，$w_{lim} = 0.2mm$。试验算裂缝宽度是否满足要求？当不满足时如何处理？

9.2 处于室内正常环境下的钢筋混凝土矩形截面简支梁，截面尺寸 $b = 220mm$，$h = 500mm$，配置 HRB400 钢筋 $2\phi22$，混凝土强度等级为 C30，保护层厚度 $c = 20mm$。跨中截面弯矩 $M_q = 70kN \cdot m$。试验算该梁的最大裂缝宽度。

9.3 已知预制 T 形截面简支梁，安全等级为二级，$l_0 = 6m$，$b'_f = 600mm$，$b = 200mm$，$h'_f = 60mm$，$h = 500mm$，采用 C30 混凝土，HRB500 级钢筋，永久荷载标准值在跨中截面所引起的弯矩为 80kN·m；可变荷载标准值在跨中截面所引起的弯矩为 60kN·m，准永久值系数 $\psi_{q1} = 0.4$；雪荷载标准值在跨中截面所引起的弯矩为 12kN·m，准永久值系数久 $\psi_{q2} = 0.2$。求：

（1）受弯正截面受拉钢筋面积，并选用钢筋直径（在 18~22mm 之间选择）及根数。

（2）验算挠度是否小于 $f_{lim} = l_0/250$？

（3）验算裂缝宽度是否小于 $w_{lim} = 0.3mm$？

9.4 已知预制倒 T 形截面简支梁 $l_0 = 6m$，$b_f = 600mm$，$b = 200mm$，$h_f = 60mm$，$h = 500mm$，其他条件同习题 9.2。求：

（1）受弯正截面受拉钢筋面积，并选配钢筋直径（在 18~22mm 之间选择）及根数。

（2）验算挠度是否满足 $f < f_{lim} = l_0/250$？

（3）验算裂缝宽度是否满足 $w_{max} < w_{lim} = 0.3mm$？

（4）与第 2 题比较，提出分析意见。

第10章 预应力混凝土构件的性能与设计

10.1 预应力混凝土的基本知识

10.1.1 一般概念

普通钢筋混凝土（reinforced concrete）构件是由钢筋和混凝土自然地结合在一起而共同工作的。这种构件的最大缺点是抗裂性能差。由于混凝土的极限拉应变很小，在使用荷载作用下受拉区混凝土开裂，使构件的刚度降低，变形增大。裂缝的存在使构件不适用于高湿度及侵蚀性环境。为了满足对变形和裂缝控制的较高要求，可以加大构件截面尺寸和用钢量，但这不经济。由于自重太大时，构件所能承受的自重以外的有效荷载减小，因而特别不适用于大跨度、重荷载的结构。另外，提高混凝土强度等级和钢筋强度对改善构件的抗裂和变形性能效果也不大，这是因为采用高强度等级的混凝土，其抗拉强度提高很少；对于使用时允许裂缝宽度为 $0.2 \sim 0.3 \text{mm}$ 的构件，受拉钢筋应力只能达到 $150 \sim 250 \text{MPa}$ 左右，这与热轧带肋的 HRB500 级、HRB400 级钢筋，以及光圆的 HPB300 级和余热处理的 RRB400 级钢筋的正常工作应力相近，即在普通钢筋混凝土结构中采用更高强度的钢筋是不能充分发挥作用的。

预应力混凝土（prestressed concrete）是改善构件抗裂性能的有效途径。在混凝土构件承受外荷载之前，对其受拉区预先施加压应力，就成为预应力混凝土结构。美国混凝土协会（ACI）将预应力混凝土定义为："预应力混凝土是根据需要人为地引入某一数值与分布的内应力，用以全部或部分抵消外荷载应力的一种加筋混凝土。"这种预压应力可以部分或全部抵消外荷载产生的拉应力，因而可减少甚至避免裂缝的出现。

现举二例来说明预应力混凝土的基本原理。

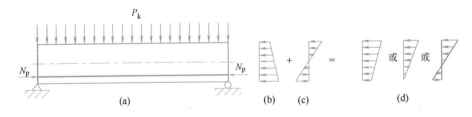

图 10-1 预应力混凝土受弯构件
（a）预应力混凝土简支梁；（b）预压应力；（c）荷载引起的应力；（d）截面总应力

图 10-1（a）所示简支梁，承受外荷载之前，先在梁的受拉区施加一对偏心预压力 N_p，从而在梁截面混凝土中产生预压应力，如图 10-1（b）所示；而后，按荷载标准值 p_k 计算时，梁跨中截面应力如图 10-1（c）所示。将图 10-1（b）、（c）叠加得梁跨中截面应力分布如图 10-1（d）。显然，通过人为控制预压力 N_p 的大小，可使梁截面受拉边缘混凝土产生压应力、零应力或很小的拉应力，以满足不同的裂缝控制要求，从而改变了普通

钢筋混凝土构件原有的裂缝状态，成为预应力混凝土受弯构件。

图 10-2 所示轴心受拉构件，承受外荷载之前，先对其施加轴心预压力 N_p，则构件截面上混凝土受到均匀预压应力的作用；而后，在荷载标准组合值 N_k（轴心拉力）作用下，构件截面上混凝土又受到均匀拉应力的作用。将上述预压应力和拉应力叠加，即为该构件截面混凝土的最终应力值。通过人为控制预压力 N_p 的大小，可使混凝土最终应力为压应力、零应力或很小的拉应力，以满足不同的裂缝控制要求。这就成为预应力混凝土轴心受拉构件。

图 10-2　预应力混凝土轴心受拉构件

根据上述分析，对于采用高强钢材作配筋的预应力混凝土构件，可以用三种不同的概念或从三种不同的角度来理解和分析其性能。

（1）第一种概念——预加应力能使混凝土在使用状态下成为弹性材料

经过预压混凝土，使原先抗拉弱、抗压强的脆性材料变为一种既能抗压又能抗拉的弹性材料。由此，混凝土被看作承受两个力系，即内部预应力和外部荷载。若预应力所产生的压应力能够将外荷载所产生的拉应力全部抵消，则在正常使用状态下混凝土没有裂缝甚至不出现拉应力。在这两个力系的作用下，混凝土构件的应力、应变及变形均可按材料力学公式计算，并可在需要时采用叠加原理。

（2）第二种概念——预加应力使高强钢材和高强混凝土结合并发挥各自的潜力

这种概念是将预应力混凝土看作高强钢材和混凝土两种材料的一种协调结合。预应力混凝土构件中的高强钢筋只有在与混凝土结合之前预先张拉，使在使用荷载作用下受拉的混凝土预压、储备抗拉能力，才能使受拉的高强钢筋的强度进一步发挥。因此，预加应力是一种充分利用高强钢材的能力、改变混凝土工作状态的有效手段。但也应明确，预应力混凝土不能超越材料本身的强度极限。

（3）第三种概念——预加应力实现荷载平衡

这种概念是将预加应力的作用视为对混凝土构件预先施加与使用荷载（外力）方向相反的荷载，用以抵消部分或全部使用荷载效应的一种方法。取混凝土为脱离体，通过调整预应力筋的位置、线形，可对混凝土构件造成预期的外加作用力。

10.1.2　预应力混凝土的分类

根据制作、设计和施工的特点，预应力混凝土可以有不同的分类。

1. 先张法与后张法

先张法（pretensioning type）是制作预应力混凝土构件时，先张拉预应力筋（prestressing tendon）后浇灌混凝土的一种方法；而后张法（post-tensioning type）是先浇灌混凝土，待混凝土达到规定强度后再张拉预应力筋的一种预加应力方法。

2. 全预应力和部分预应力

在使用荷载作用下，构件截面混凝土不出现拉应力，为全截面受压，称为全预应力。在使用荷载作用下，构件截面混凝土允许出现拉应力或开裂，只有部分截面受压，即为部分预应力。部分预应力分为 A、B 两类，A 类指在使用荷载作用下，构件预压区混凝土正截面的拉应力不超过规定的容许值；B 类则指在使用荷载作用下，构件预压区混凝土正截面的拉应力允许超过规定的限值，但当裂缝出现时，其宽度不超过容许值。可见，以上是按照构件中预加应力大小的程度划分的。

3. 有黏结预应力与无黏结预应力

有黏结预应力，是指沿预应力筋全长其周围均与混凝土黏结、握裹在一起的预应力混凝土结构。先张预应力混凝土结构及预留孔道穿筋压浆的后张预应力混凝土结构均属此类。

无黏结预应力，指预应力筋伸缩、滑动自由，不与周围混凝土黏结的预应力混凝土结构。这种结构的预应力筋表面涂有防锈材料，外套防老化的塑料管，防止与混凝土黏结。无黏结预应力混凝土结构通常与后张预应力工艺相结合。

4. 体内预应力与体外预应力

预应力筋布置在混凝土构件体内的称为体内预应力混凝土结构。先张预应力混凝土结构和预设孔道穿筋的后张预应力混凝土结构等均属此类。

体外预应力混凝土结构为预应力筋（称为体外索）布置在混凝土构件体外的预应力混凝土结构。

10.1.3 施加预应力的方法

通常通过机械张拉钢筋给混凝土施加预应力。按照施工工艺的不同，可分为先张法和后张法两种。

1. 先张法

在浇灌混凝土之前张拉预应力筋，故称为先张法。可采用台座长线张拉或钢模短线张拉。其基本工序为

（1）在台座（或钢模）上用张拉机具张拉预应力筋至控制应力，并用夹具临时固定，如图 10-3（a）、（b）所示；

（2）支模并浇灌混凝土，如图 10-3（c）所示；

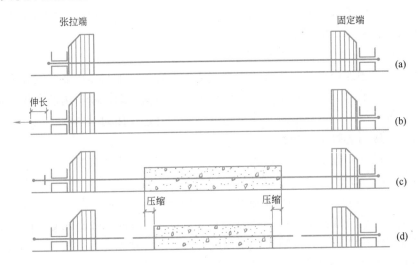

图 10-3　先张法构件制作

（a）、（b）张拉预应力筋；（c）支模并浇灌混凝土；（d）切断预应力筋压缩混凝土

（3）养护混凝土（一般为蒸汽养护）至其强度不低于设计值的 75% 时，切断预应力筋，如图 10-3（d）所示。

先张法构件是通过预应力筋与混凝土之间的黏结力传递预应力的。此方法适用于在预制厂大批制作中、小型构件，如预应力混凝土楼板、屋面板、梁等。

2. 后张法

在浇灌混凝土并结硬之后张拉预应力筋，故称为后张法。其基本工序为

（1）浇灌混凝土制作构件，并预留孔道，如图 10-4（a）所示；

（2）养护混凝土到规定强度值；

（3）在孔道中穿筋，并在构件上用张拉机具张拉预应力筋至控制应力，如图 10-4（b）所示；

（4）在张拉端用锚具锚住预应力筋，并在孔道内压力灌浆，如图 10-4（c）所示。

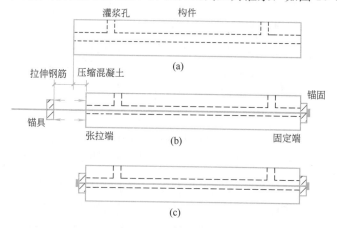

图 10-4　后张法构件制作

（a）制作构件；（b）张拉预应力筋并压缩混凝土；（c）孔道灌浆

后张法构件是依靠其两端的锚具锚住预应力筋并传递预应力的。因此，这样的锚具是构件的一部分，是永久性的，不能重复使用。此方法适用于在施工现场制作大型构件，如预应力屋架、吊车梁、大跨度桥梁等。

对于水管、贮水池等圆形构件，可以用张拉机具将拉紧的钢丝缠绕在管（池）壁的外围，对其施加预压应力，锚固后再在其上喷一层水泥砂浆以保护预应力筋。

10.1.4　锚具

锚具是锚固预应力筋的装置，它对在构件中建立有效预应力起着至关重要的作用。先张法构件中的锚具可重复使用，也称夹具或工作锚；后张法构件依靠锚具传递预应力，锚具也是构件的组成部分，不能重复使用。

对锚具的要求是：安全可靠、使用有效、节约钢材及制作简单。

锚具的种类繁多，按其构造形式及锚固原理，可以分为以下基本类型：

1. 锚块锚塞型锚具（夹片式）

这种锚具（图 10-5）由锚块和锚塞两部分组成，其中锚块形式有锚板、锚圈、锚筒等，根据所锚钢筋的根数，锚塞也可分成若干片。锚块内的孔洞以及锚塞做成楔形或锥形，预应力筋回缩时受到挤压而被锚住。这种锚具通常用于预应力筋的张拉端，但也可用于固定端。锚块置于台座、钢模上（先张法）或构件上（后张法）。用于固定端时，在张拉过程中锚塞即就位挤紧；而用于张拉端时，钢筋张拉完毕才将锚塞挤紧。

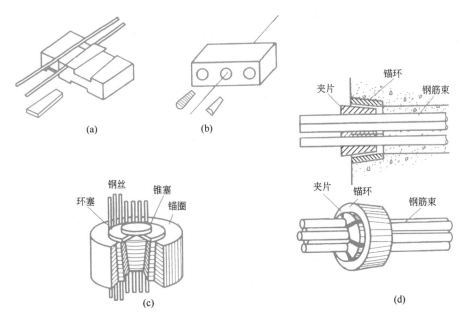

图 10-5　锚块锚塞型锚具

(a) 楔形锚具；(b) (c) 锥形锚具；(d) JM12 形锚具

图 10-5 (a)、(b) 的锚具通常用于先张法，用于锚固单根钢丝或钢绞线，分别称为楔形锚具及锥形锚具。图 10-5 (c) 也是一种锥形锚具，用来锚固后张法构件中的钢丝束。图 10-5 (d) 称为 JM12 型锚具，有多种规格，适用于 3～6 根直径为 12mm 热处理钢筋的钢筋束以及 5～6 根 7 股 4mm 钢丝的钢绞线所组成的钢绞线束，通常用于后张法构件。由带锥孔的锚板和夹片所组成的夹片式锚具有 XM、QM、YM、OVM 等，主要用于锚固钢绞线束，能锚固由 1～55 根不等的钢绞线所组成的筋束，称为大吨位钢绞线群锚体系。

2. 螺杆螺母型锚具（支承式）

图 10-6 为两种常用的螺杆螺母型锚具，图 10-6 (a) 用于粗钢筋，图 10-6 (b) 用于钢丝束。前者由螺杆、螺母、垫板组成，螺杆焊于预应力筋的端部。后者由锥形螺杆、套筒、螺母、垫板组成，通过套筒紧紧地将钢丝束与锥形螺杆挤压成一体。预应力筋或钢丝束张拉完毕时，旋紧螺母使其锚固。有时因螺杆中螺纹长度不够或预应力筋伸长过大，则需在螺母下增放后加垫板，以便能旋紧螺母。

螺杆螺母型锚具通常用于后张法构件的张拉端，对于先张法构件或后张法构件的固定端同样也可应用。

3. 镦头型锚具（支承式）

图 10-7 为两种镦头型锚具，图 10-7 (a) 用于预应力筋的张拉端，图 10-7 (b) 用于预应力筋的固定端，通常为后张法构件的钢丝束所采用。对于先张法构件的单根预应力钢丝，在固定端有时也采用，即将钢丝的一端镦粗，将钢丝穿过台座或钢模上的锚孔，在另一端进行张拉。

10.1.5　预应力混凝土的材料

1. 钢筋

预应力混凝土结构中的钢筋包括预应力筋和非预应力钢筋，非预应力钢筋即普通钢

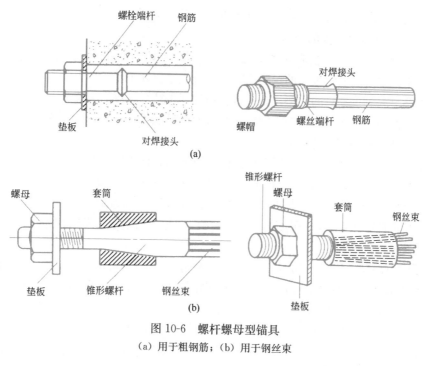

图 10-6　螺杆螺母型锚具

（a）用于粗钢筋；（b）用于钢丝束

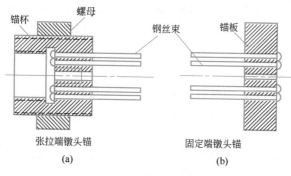

图 10-7　镦头型锚具

（a）用于张拉端；（b）用于锚固端

筋。普通钢筋的选用与混凝土结构中相同。由于通过张拉预应力筋给混凝土施加预压应力，因此预应力筋首先必须具有很高的强度，才能有效提高构件的抗裂能力。规范规定，预应力筋宜采用预应力钢丝、钢绞线和预应力螺纹钢筋。此外，预应力筋还应具有一定的塑性、良好的可焊性以及用于先张法构件时与混凝土有足够的黏结力。

2. 混凝土

预应力混凝土结构（prestressed concrete structure）中，混凝土强度等级越高，能够承受的预压应力也越高；在同样的应力条件下，高强混凝土的弹性模量高而弹性变形和徐变变形要小些，有利于减少预应力损失。同时，采用高强度等级的混凝土与高强钢筋相配合，可以获得较经济的构件截面尺寸并减轻结构自重。另外，高强度等级的混凝土与钢筋的黏结力也高，这对依靠黏结传递预应力的先张法构件尤为重要。因而

《混凝土结构设计规范》规定，一般预应力混凝土结构的混凝土强度等级不应低于 C40，预应力混凝土楼板结构的混凝土强度等级不应低于 C30。

10.1.6 预应力混凝土的特点

在预应力混凝土中，一般是通过张拉钢筋（经张拉后称为预应力筋）给混凝土施加预压应力的，其中预应力筋受到很高的拉应力，而混凝土主要处于受压应力状态，因此，可以更好地发挥钢筋与混凝土各自的优势，是两种材料的理想结合。预应力混凝土的出现，把钢筋混凝土的应用推向了新水平。预应力混凝土与普通钢筋混凝土相比，有如下优点：

（1）提高了构件的抗裂能力

因为承受外荷载之前预应力混凝土构件的受拉区已有预压应力存在，所以在外荷载作用下，只有当混凝土的预压应力被全部抵消转而受拉且拉应变超过混凝土的极限拉应变时，构件才会开裂。而普通钢筋混凝土构件中不存在预压应力，其开裂荷载的大小仅由混凝土的极限抗拉强度（对普通混凝土约为抗压强度的 $1/17 \sim 1/8$）所决定，因而抗裂能力很低。

（2）增大了构件的刚度

因为预应力混凝土构件正常使用时，在荷载标准组合下可能不开裂或只有很小的裂缝，混凝土基本上处于弹性阶段，因而构件的刚度比普通钢筋混凝土构件有所增大。

（3）充分利用高强度材料

如前所述，普通钢筋混凝土构件不能充分利用高强度材料。而预应力混凝土构件中，预应力筋先被预拉，而后在外荷载作用下钢筋拉应力进一步增大，因而始终处于高拉应力状态，即能够有效利用高强度钢筋；而且钢筋的强度高，可以减小所需要的钢筋截面面积。与此同时，应该尽可能采用高强度等级的混凝土，以便与高强度钢筋相配合，获得较经济的构件截面尺寸。

（4）扩大了构件的应用范围

由于预应力混凝土改善了构件的抗裂性能，因而可用于有防水、抗渗透及抗腐蚀要求的环境；采用高强度材料，结构轻巧、刚度大、变形小，可用于大跨度、重荷载及承受反复荷载的结构。

如上所述，预应力混凝土构件有很多优点，但它也存在一定的局限性，因而并不能完全代替普通钢筋混凝土构件。预应力混凝土具有施工工序多、对施工技术要求高，且需要张拉设备、锚夹具及劳动力费用高等特点，因此特别适用于普通钢筋混凝土构件力不能及的情形（如大跨度及重荷载结构）；而普通钢筋混凝土结构由于施工较方便，造价较低等特点，应用于允许带裂缝工作的一般工程结构仍具有强大的生命力。

10.2 预应力混凝土构件设计的一般规定

10.2.1 张拉控制应力 σ_{con}

张拉控制应力（controlling stress）是指张拉预应力筋时，张拉设备的测力仪表所控制的总张拉力除以预应力筋截面面积所得的拉应力值，以 σ_{con} 表示。对于如钢制锥形锚具等一些因锚具构造影响而存在（锚圈口）摩阻力的锚具，σ_{con} 指经过锚具、扣除此摩阻力后的（锚下）应力值。因此，σ_{con} 是指张拉预应力筋时的锚下张拉控制应力。

σ_{con} 是施工时张拉预应力筋的依据，其取值应适当。当构件截面尺寸及配筋量一定时，

σ_{con} 越大，在构件受拉区建立的混凝土预压应力也越大，则构件使用时的抗裂能力也越高。但是，若 σ_{con} 过大，则会产生如下问题：（1）个别钢筋可能屈服或者被拉断；（2）施工阶段可能会引起构件某些部位受到拉力（称为预拉区）甚至开裂，还可能使后张法构件端部混凝土产生局部受压破坏；（3）使构件开裂荷载与破坏荷载相近，一旦产生裂缝，将很快破坏，即可能产生无预兆的脆性破坏。另外，σ_{con} 过大，还会增大预应力筋的松弛损失（见后）。综上所述，对 σ_{con} 应规定上限值。同时，为了保证构件中建立必要的有效预应力，σ_{con} 也不能过小，即 σ_{con} 也应有下限值。

根据国内外设计与施工经验以及近年来的科研成果，《混凝土结构设计规范》规定预应力筋的张拉控制应力 σ_{con} 应符合下列规定：

消除应力钢丝、钢绞线

$$\sigma_{con} \leqslant 0.75 f_{ptk} \tag{10-1}$$

中强度预应力钢丝

$$\sigma_{con} \leqslant 0.70 f_{ptk} \tag{10-2}$$

预应力螺纹钢筋

$$\sigma_{con} \leqslant 0.85 f_{pyk} \tag{10-2a}$$

式中　f_{ptk}——预应力筋极限强度标准值；

　　　f_{pyk}——预应力螺纹筋屈服强度标准值。

消除应力钢丝、钢绞线、中强度预应力钢丝的张拉控制应力值不应小于 $0.4 f_{ptk}$；预应力螺纹钢筋的张拉控制应力值不宜小于 $0.5 f_{pyk}$。

当符合下列情况之一时，上述张拉控制应力限值可提高 $0.05 f_{ptk}$ 或 $0.05 f_{pyk}$：

（1）要求提高构件在施工阶段的抗裂性能而在使用阶段受压区（即预拉区）内设置的预应力筋；

（2）要求部分抵消由于应力松弛、摩擦、钢筋分批张拉以及预应力筋与张拉台座之间的温差等因素产生的预应力损失。

10.2.2　预应力损失

将预应力筋张拉到控制应力 σ_{con} 后，由于种种原因，其拉应力值将逐渐下降到一定程度，即存在预应力损失（loss of prestress）。经损失后预应力筋的应力才会在混凝土中建立相应的有效预应力（effective prestress）。因此，只有正确认识和计算预应力筋的预应力损失值，才能比较准确地估计混凝土中的预应力水平。下面分项讨论引起预应力损失的原因、损失值的计算以及减少预应力损失的措施。

1. 张拉端锚具变形和预应力筋内缩引起的预应力损失 σ_{l1}

无论先张法临时固定预应力筋还是后张法张拉完毕锚固预应力筋时，在张拉端由于锚具的压缩变形、锚具与垫板之间、垫板与垫板之间、垫板与构件之间的所有缝隙被挤紧，或由于钢筋、钢丝、钢绞线在锚具内的滑移，使得被拉紧的预应力筋松动缩短从而引起预应力损失。

预应力直线钢筋由于锚具变形和预应力筋内缩引起的预应力损失值 σ_{l1} 应按下列公式计算：

$$\sigma_{l1} = \frac{a}{l} E_s \tag{10-3}$$

式中　a——张拉端锚具变形和预应力筋内缩值（mm），可按表 10-1 采用；

l——张拉端至锚固端之间的距离（mm）；

E_s——预应力筋的弹性模量。

锚具变形和预应力筋内缩值 a（mm）　　　　表 10-1

锚 具 类 别		a
支承式锚具(钢丝束镦头锚具等)	螺帽缝隙	1
	每块后加垫板的缝隙	1
夹片式锚具	有顶压时	5
	无顶压时	6~8

注：1. 表中的锚具变形和钢筋内缩值也可根据实测资料确定；
　　2. 其他类型的锚具变形和钢筋内缩值应根据实测数据确定。

块体拼成的结构，其预应力损失尚应计及块体间填缝的预压变形。当采用混凝土或砂浆为填缝材料时，每条填缝的预压变形值可取为 1mm。

公式（10-3）中，a 越小或 l 越大，则 σ_{l1} 越小。为了减小锚具变形和预应力筋内缩引起的预应力损失 σ_{l1}，应尽量少用垫板，因为每增加一块垫板，a 值就增加 1mm。先张法采用长线台座张拉时 σ_{l1} 较小；而后张法中构件长度越大则 σ_{l1} 越小。后张法构件中，为了减小预应力筋与孔道壁之间的摩擦引起的预应力损失 σ_{l2}（见后），常采用两端同时张拉预应力筋的方法，此时预应力筋的锚固端应认为是在构件长度的中点处，即公式（10-3）中的 l 应取构件长度的一半。

对于配置预应力曲线钢筋或折线钢筋的后张法构件，当锚具变形和预应力筋内缩发生时会引起预应力曲线钢筋或折线钢筋与孔道壁之间反向摩擦（与张拉钢筋时预应力筋和孔道壁间的摩擦力方向相反），反向摩擦影响长度 l_f 应根据其范围内的预应力筋变形值等于锚具变形和预应力筋内缩值的条件确定，即

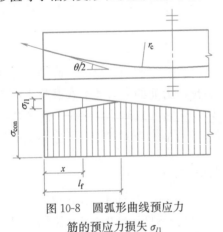

$$\int_0^{l_f} \frac{\sigma_{l1}(x)}{E_s} \mathrm{d}x = a \qquad (10\text{-}4)$$

常用束形的后张预应力筋在反向摩擦影响长度 l_f 范围内的预应力损失值 σ_{l1} 可按《混凝土结构设计规范》附录 J 的规定计算。下面仅列举一例。

抛物线形预应力筋可近似按圆弧形曲线预应力筋考虑。当其对应的圆心角 $\theta \leqslant 45°$ 时（图10-8），由于锚具变形和预应力筋内缩，在反向摩擦影响长度 l_f 范围内的预应力损失值 σ_{l1} 可按下列公式计算（将按圆弧形曲线推导的公式线性化而得）：

$$\sigma_{l1} = 2\sigma_{\mathrm{con}} l_f \left(\frac{\mu}{r_c} + \kappa\right)\left(1 - \frac{x}{l_f}\right) \qquad (10\text{-}5)$$

图 10-8　圆弧形曲线预应力
筋的预应力损失 σ_{l1}

反向摩擦影响长度 l_f（m）可按下列公式计算：

$$l_f = \sqrt{\frac{aE_s}{1000\sigma_{\mathrm{con}}(\mu/r_c + \kappa)}} \qquad (10\text{-}6)$$

式中　r_c——圆弧形曲线预应力筋的曲率半径（m）；

　　　μ——预应力筋与孔道壁之间的摩擦系数，按表 10-2 采用；

　　　κ——考虑孔道每米长度局部偏差的摩擦系数，按表 10-2 采用；

　　　x——张拉端至计算截面的距离（m），这里 $0 \leqslant x \leqslant l_f$；

　　　a——张拉端锚具变形和预应力筋内缩值（mm），按表 10-1 采用；

　　E_s——预应力筋的弹性模量。

2. 预应力筋与孔道壁之间的摩擦引起的预应力损失 σ_{l2}

后张法预应力筋的预留孔道有直线形和曲线形。由于孔道的制作偏差、孔道壁粗糙以及钢筋与孔道壁的挤压等原因，张拉预应力筋时，钢筋将与孔道壁发生摩擦。距离张拉端越远，摩擦阻力的累积值越大，从而使构件每一截面上预应力筋的拉应力值逐渐减小，这种预应力值差额称为摩擦损失，记以 σ_{l2}。这种摩擦力可分为曲率效应和长度效应两部分：前者是由于孔道弯曲使预应力筋与孔道壁混凝土之间相互挤压而产生的挤压摩擦力，其大小与挤压力呈正比；后者是由于孔道制作偏差或孔道偏摆使预应力筋与孔道壁混凝土之间产生的接触摩擦力（即使直线孔道也存在），其大小与钢筋的拉力及长度的乘积呈正比。预应力筋与孔道壁之间的摩擦引起的预应力损失 σ_{l2} 的计算公式推导如下：

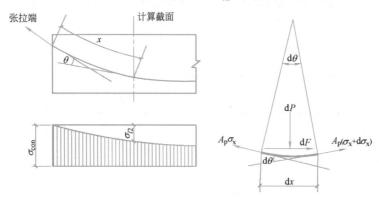

图 10-9　摩擦损失计算简图

在距张拉端为 x（弧长）处，取微分段 $\mathrm{d}x$ 为脱离体，如图 10-9 所示。图中 $\mathrm{d}P$ 表示预应力筋拉力对孔道内壁的挤压力；$\mathrm{d}F$ 表示预应力筋与孔道壁间的摩擦力；$\mathrm{d}\theta$ 表示切线（或法线）夹角；σ_x 表示预应力筋拉应力；A_p 表示预应力筋的截面面积。

摩擦力由曲率效应和长度效应两部分组成，即

$$\mathrm{d}F = \mu \mathrm{d}P + \kappa A_p \sigma_x \mathrm{d}x \tag{a}$$

由法向平衡，有

$$\mathrm{d}P = 2A_p \sigma_x \sin \frac{\mathrm{d}\theta}{2} + A_p \mathrm{d}\sigma_x \sin \frac{\mathrm{d}\theta}{2}$$

因为 $\mathrm{d}\theta$ 很小，取 $\sin \dfrac{\mathrm{d}\theta}{2} \approx \dfrac{\mathrm{d}\theta}{2}$，$\mathrm{d}\sigma_x \dfrac{\mathrm{d}\theta}{2} \approx 0$，则有

$$\mathrm{d}P = A_p \sigma_x \mathrm{d}\theta \tag{b}$$

又由切向平衡有，$\mathrm{d}F = -A_p \mathrm{d}\sigma_x \cos \dfrac{\mathrm{d}\theta}{2}$，取 $\cos \dfrac{\mathrm{d}\theta}{2} \approx 1$，则有

$$\mathrm{d}F=-A_{\mathrm{p}}\mathrm{d}\sigma_{\mathrm{x}} \tag{c}$$

将式（b）、式（c）代入式（a），得

$$-A_{\mathrm{p}}\mathrm{d}\sigma_{\mathrm{x}}=\mu A_{\mathrm{p}}\sigma_{\mathrm{x}}\mathrm{d}\theta+\kappa A_{\mathrm{p}}\sigma_{\mathrm{x}}\mathrm{d}x$$

即

$$\frac{\mathrm{d}\sigma_{\mathrm{x}}}{\sigma_{\mathrm{x}}}=-\mu\mathrm{d}\theta-\kappa\mathrm{d}x \tag{d}$$

从张拉端开始，对上式两端积分，得

$$\int_{\sigma_{\mathrm{con}}}^{\sigma_{\mathrm{con}}-\sigma_{l2}}\frac{\mathrm{d}\sigma_{\mathrm{x}}}{\sigma_{\mathrm{x}}}=-\int_{0}^{\theta}\mu\mathrm{d}\theta-\int_{0}^{x}\kappa\mathrm{d}x$$

$$\ln(\sigma_{\mathrm{con}}-\sigma_{l2})-\ln\sigma_{\mathrm{con}}=-(\mu\theta+\kappa x)$$

最后得

$$\sigma_{l2}=\sigma_{\mathrm{con}}\left(1-\frac{1}{\mathrm{e}^{\kappa x+\mu\theta}}\right) \tag{10-7}$$

式中　x ——从张拉端至计算截面的孔道长度（弧长，m），可近似取该段孔道在纵轴上的投影长度；

θ ——从张拉端至计算截面曲线孔道各部分切线（或法线）的夹角之和（rad）；

κ ——考虑孔道每米长度局部偏差的摩擦系数（m^{-1}），按表 10-2 采用；

μ ——预应力筋与孔道壁之间的摩擦系数，按表 10-2 采用。

摩擦系数　　　　　　　　　　　　　　表 10-2

孔道成型方式	$\kappa(\mathrm{m}^{-1})$	μ	
		钢绞线、钢丝束	预应力螺纹钢筋
预埋金属波纹管	0.0015	0.25	0.50
预埋塑料波纹管	0.0015	0.15	—
预埋钢管	0.0010	0.30	—
抽芯成型	0.0014	0.55	0.60
无黏结预应力筋	0.0040	0.09	—

注：摩擦系数也可根据实测数据确定。

从以上推导过程可知，公式（10-7）适用于凹向相同的光滑曲线，且需从张拉端开始计算。当预应力筋的孔道有弯折或凹向改变时，尚应分段考虑。如已知某段凹向相同且切线连续变化的孔道 AB 的截面 A 的摩擦损失为 σ_{l2A}，欲求其后截面 B 的摩擦损失 σ_{l2B}，设 A、B 间孔道的切线（或法线）之间的夹角为 θ，A、B 间孔道长度为 x，从 A 到 B 对公式（d）两端积分，即

$$\int_{\sigma_{\mathrm{con}}-\sigma_{l2A}}^{\sigma_{\mathrm{con}}-\sigma_{l2B}}\frac{\mathrm{d}\sigma_{\mathrm{x}}}{\sigma_{\mathrm{x}}}=-\int_{0}^{\theta}\mu\mathrm{d}\theta-\int_{0}^{x}\kappa\mathrm{d}x$$

最后可得

$$\sigma_{l2B}=\sigma_{\mathrm{con}}-(\sigma_{\mathrm{con}}-\sigma_{l2A})\mathrm{e}^{-\mu\theta-\kappa x} \tag{10-8}$$

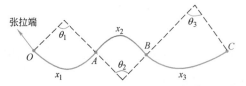

图 10-10　预留孔道凹向分段改变

式（10-8）为计算 σ_{l2} 的通式。例如，对图 10-10 所示曲线孔道 $OABC$，O 为张拉端，A、B、C 为曲线孔道凹向改变的拐点，OA、

AB、BC 段的弧长和夹角分别为 x_1、x_2、x_3 和 θ_1、θ_2、θ_3。对 OA 段，由式（10-7）得

$$\sigma_{l2\text{A}} = \sigma_{\text{con}} \left(1 - \frac{1}{e^{\mu\theta_1 + \kappa x_1}} \right)$$

对 AB 段，由式（10-8）得

$$\sigma_{l2\text{B}} = \sigma_{\text{con}} - \sigma_{\text{con}} \frac{1}{e^{\mu\theta_1 + \kappa x_1}} e^{-\mu\theta_2 - \kappa x_2} = \sigma_{\text{con}} \left(1 - \frac{1}{e^{\mu(\theta_1 + \theta_2) + \kappa(x_1 + x_2)}} \right)$$

同样，对 BC 段，由已知的 $\sigma_{l2\text{B}}$ 可得

$$\sigma_{l2\text{C}} = \sigma_{\text{con}} \left(1 - \frac{1}{e^{\mu(\theta_1 + \theta_2 + \theta_3) + \kappa(x_1 + x_2 + x_3)}} \right)$$

由以上计算结果可得出如下重要结论：当计算截面与张拉端之间孔道的凹向分段改变时，仍可用式（10-7）计算 σ_{l2}。此时需注意，式中的 x 和 θ 应为各分段相应值之和。

当 $(\kappa x + \mu\theta) \leq 0.3$ 时，σ_{l2} 可按下列近似公式计算：

$$\sigma_{l2} = (\kappa x + \mu\theta)\sigma_{\text{con}} \tag{10-9}$$

根据级数展开式 $\quad e^{-(\kappa x + \mu\theta)} = 1 - (\kappa x + \mu\theta) + \sum_{n=2}^{+\infty} (-1)^n \frac{1}{n!} (\kappa x + \mu\theta)^n$

当 $(\kappa x + \mu\theta) \leq 0.3$ 时，可取等号右边前两项作为近似值，且误差不大。由此可知，式（10-9）是式（10-7）的近似表达。

在公式（10-7）中，对按抛物线、圆曲线变化的空间曲线及可分段后叠加的广义空间曲线，夹角之和 θ 可按下列近似公式计算：

抛物线、圆曲线：

$$\theta = \sqrt{\alpha_{\text{v}}^2 + \alpha_{\text{h}}^2} \tag{10-10}$$

广义空间曲线：

$$\theta = \sum \Delta\theta = \sum \sqrt{\Delta\alpha_{\text{v}}^2 + \Delta\alpha_{\text{h}}^2} \tag{10-11}$$

式中　α_{v}、α_{h}——按抛物线、圆曲线变化的预应力空间曲线钢筋在竖直向、水平向投影所形成抛物线、圆曲线的弯转角；

　　　$\Delta\alpha_{\text{v}}$、$\Delta\alpha_{\text{h}}$——预应力广义空间曲线钢筋在竖直向、水平向投影所形成分段曲线的弯转角增量。

发生摩擦损失 σ_{l2} 之后，预应力筋内的应力分布如图 10-9 所示。张拉端处 $\sigma_{l2} = 0$，距离张拉端越远 σ_{l2} 越大，锚固端 σ_{l2} 最大，因而在锚固端建立的有效预应力最小，此处的抗裂能力最低。

为了减小摩擦损失 σ_{l2}，对于较长的构件可采用一端张拉另一端补拉，或两端同时张拉，也可采用超张拉。超张拉程序为 $0 \rightarrow 1.1\sigma_{\text{con}} \xrightarrow{2\min} 0.85\sigma_{\text{con}} \rightarrow \sigma_{\text{con}}$。

当采用夹片式群锚体系时，在 σ_{con} 中宜扣除张拉端锚口摩擦损失（按实测值或厂家提供的数据确定）。

先张法构件当采用折线形预应力筋时，在转向装置处也有摩擦力，由此产生的预应力筋摩擦损失按实际情况确定。

当采用电热后张法时，不考虑这项损失。

3. 混凝土加热养护时，预应力筋与承受拉力的设备之间的温差引起的预应力损失 σ_{l3}

制作先张法构件时，为了缩短生产周期，常采用蒸汽养护，促使混凝土快硬。当新浇筑的混凝土尚未结硬时，加热升温，预应力筋伸长，但两端的台座因与大地相接，温度基本上不升高，台座间距离保持不变，即由于预应力筋与台座间形成温差，使预应力筋内部紧张程度降低，预应力下降。降温时，混凝土已结硬并与预应力筋结成整体，钢筋应力不能恢复原值，于是就产生了预应力损失 σ_{l3}。

预应力损失 σ_{l3} 的发生，也可以这样理解：当加热升温时预应力筋先产生了自由伸长 Δl，原应力值保持不变；随后又施加了一个压应力，将钢筋压回原长，则该压应力就是预应力损失 σ_{l3}，相应的压应变为

$$\varepsilon = \frac{\Delta l}{l} = \frac{l\alpha\Delta t}{l} = \alpha\Delta t$$

式中　α——钢筋的温度线膨胀系数，约为 1.0×10^{-5}；

　　　Δt——预应力筋与台座间的温差，以℃计；

　　　l——台座间的距离。

取钢筋的弹性模量 $E_s = 2.0\times10^5 \, \text{N/mm}^2$，则有

$$\sigma_{l3} = E_s\varepsilon = 2.0\times10^5 \times 1.0\times10^{-5}\Delta t = 2\Delta t \tag{10-12}$$

式中，σ_{l3} 以 "N/mm^2" 计。

由式（10-12）可知，若温度一次升高 75~80℃时，则 $\sigma_{l3} = 150\sim160\text{N/mm}^2$，预应力损失太大。通常采用两阶段升温养护来减小温差损失：先升温 20~25℃，待混凝土强度达到 7.5~10N/mm^2 后，混凝土与预应力筋之间已具有足够的黏结力而结成整体；当再次升温时，二者可共同变形，不再引起预应力损失。因此，计算时取 $\Delta t = 20\sim25$℃。

当在钢模上生产预应力构件时，钢模和预应力筋同时被加热，无温差，则该项损失为零。

4. 预应力筋的应力松弛引起的预应力损失 σ_{l4}

应力松弛（stress relaxation）是指钢筋受力后，在长度不变的条件下，钢筋应力随时间的增长而降低的现象。其本质是钢筋沿应力方向的徐变受到约束而产生松弛，导致应力下降。先张法当预应力筋固定于台座上或后张法当预应力筋锚固于构件上时，都可看做钢筋长度基本不变，因而将发生预应力筋的应力松弛损失。

试验证明，应力松弛损失值与钢种有关，钢种不同，则损失大小不同；另外，张拉控制应力 σ_{con} 越大，则 σ_{l4} 越大；应力松弛的发生是先快后慢，第一小时可完成 50%左右（前 2min 内可完成其中的大部分），24 小时内完成 80%左右，此后发展较慢而逐渐趋于稳定。

根据应力松弛的上述性质，可以采用超张拉的方法减小松弛损失。超张拉时可采取以下两种张拉程序：第一种为 $0\rightarrow1.03\sigma_{con}$；第二种为 $0\rightarrow1.05\sigma_{con}\xrightarrow{2\text{min}}\sigma_{con}$。其原理是：高应力（超张拉）下短时间内发生的损失在低应力下需要较长时间；持荷 2min 可使相当一部分松弛损失发生在钢筋锚固之前，则锚固后损失减小。

根据试验研究及实践经验，松弛损失计算如下：

消除应力钢丝、钢绞线：

普通松弛

$$\sigma_{l4} = 0.4\left(\frac{\sigma_{con}}{f_{ptk}} - 0.5\right)\sigma_{con} \tag{10-13}$$

低松弛

当 $\sigma_{con} \leqslant 0.7 f_{ptk}$ 时

$$\sigma_{l4} = 0.125 \left(\frac{\sigma_{con}}{f_{ptk}} - 0.5 \right) \sigma_{con} \tag{10-14}$$

当 $0.7 f_{ptk} < \sigma_{con} \leqslant 0.8 f_{ptk}$ 时

$$\sigma_{l4} = 0.2 \left(\frac{\sigma_{con}}{f_{ptk}} - 0.575 \right) \sigma_{con} \tag{10-15}$$

中强度预应力钢丝:

$$\sigma_{l4} = 0.08 \sigma_{con} \tag{10-16}$$

预应力螺纹钢筋:

$$\sigma_{l4} = 0.03 \sigma_{con} \tag{10-17}$$

当 $\sigma_{con}/f_{ptk} \leqslant 0.5$ 时,预应力筋的应力松弛损失值可取为零。

预应力混凝土中所用消除应力钢丝的松弛损失虽比消除应力前低一些,但仍然较高。于是,又发展了一种称作"稳定化"的特殊工艺,即在一定的温度(如 350℃)和拉应力下进行应力消除回火处理,然后冷却至常温。经"稳定化"处理后,钢丝的松弛值仅为普通钢丝的 1/4~1/3,从而大大减少了钢丝的松弛。这种钢丝称为低松弛钢丝,目前国际上已大量采用。在我国,消除应力钢丝分为普通松弛(Ⅰ级松弛)和低松弛(Ⅱ级松弛)两种。

对于重要的结构构件,当需要考虑时间影响的预应力筋应力松弛引起的预应力损失值时,可按《混凝土结构设计规范》附录 K 中的规定进行计算。

5. 混凝土的收缩和徐变引起的预应力损失 σ_{l5}

混凝土在空气中结硬时体积收缩(shrinkage),而在预压力作用下,混凝土沿压力方向又发生徐变(creep)。收缩、徐变都导致预应力混凝土构件的长度缩短,预应力筋也随之回缩,产生预应力损失 σ_{l5}。由于收缩和徐变均使预应力筋回缩,二者难以分开,所以通常合在一起考虑。混凝土收缩和徐变引起的预应力损失很大,在曲线配筋的构件中,约占总损失的 30%,在直线配筋的构件中可达 60%。

试验表明,混凝土收缩和徐变所引起的预应力损失值与构件配筋率、张拉预应力筋时混凝土的预压应力值、混凝土的强度等级、预应力的偏心距、受荷时的龄期、构件的尺寸以及环境的温湿度等因素有关,而以前三者为主。构件内的纵向钢筋将阻碍收缩和徐变变形的发展,随着配筋率加大,收缩和徐变产生的预应力损失值将减小。由于普通钢筋也起阻碍作用,故配筋率计算中应包括普通钢筋。混凝土承受压应力的大小是影响徐变的主要因素,当预压应力 σ_{pc} 和施加预应力时混凝土立方体抗压强度 f'_{cu} 的比值 $\sigma_{pc}/f'_{cu} \leqslant 0.5$ 时,徐变和压应力大致呈线性关系,称线性徐变(linear creep),由此引起的预应力损失值也呈线性变化。当 $\sigma_{pc}/f'_{cu} > 0.5$ 时,徐变的增长速度大于应力增长速度,称非线性徐变(non-linear creep),这时预应力损失也大。

混凝土收缩、徐变引起受拉区和受压区纵向预应力筋的预应力损失值 σ_{l5}、σ'_{l5}(N/mm^2)可按下列方法确定:

(1) 在一般情况下,对先张法、后张法构件的预应力损失值 σ_{l5}、σ'_{l5} 可按下列公式计算:

先张法构件

$$\sigma_{l5}=\frac{60+340\dfrac{\sigma_{pc}}{f'_{cu}}}{1+15\rho} \tag{10-18}$$

$$\sigma'_{l5}=\frac{60+340\dfrac{\sigma'_{pc}}{f'_{cu}}}{1+15\rho'} \tag{10-19}$$

后张法构件

$$\sigma_{l5}=\frac{55+300\dfrac{\sigma_{pc}}{f'_{cu}}}{1+15\rho} \tag{10-20}$$

$$\sigma'_{l5}=\frac{55+300\dfrac{\sigma'_{pc}}{f'_{cu}}}{1+15\rho'} \tag{10-21}$$

式中　σ_{pc}、σ'_{pc}——受拉区、受压区预应力筋在各自合力点处的混凝土法向压应力；

f'_{cu}——施加预应力时的混凝土立方体抗压强度；

ρ、ρ'——受拉区、受压区预应力筋和普通钢筋的配筋率：对先张法构件，$\rho=(A_p+A_s)/A_0$，$\rho'=(A'_p+A'_s)/A_0$；对后张法构件，$\rho=(A_p+A_s)/A_n$，$\rho'=(A'_p+A'_s)/A_n$；其中 A_0 为构件的换算截面面积，A_n 为构件的净截面面积；对于对称配置预应力筋和普通钢筋的构件（如轴心受拉构件），配筋率 ρ、ρ' 应分别按钢筋总截面面积的一半进行计算。

计算受拉区、受压区预应力筋在各自合力点处的混凝土法向压应力 σ_{pc}、σ'_{pc} 时，预应力损失值仅考虑混凝土预压前（第一批）的损失（即这里取 $\sigma_{pc}=\sigma_{pcI}$，$\sigma'_{pc}=\sigma'_{pcI}$），其普通钢筋中的应力 σ_{l5}、σ'_{l5} 值应取为零；σ_{pc}、σ'_{pc} 值不得大于 $0.5f'_{cu}$；当 σ'_{pc} 为拉应力时，则式(10-19)、式(10-21) 中的 σ'_{pc} 应取为零。计算混凝土法向应力 σ_{pc}、σ'_{pc} 时，可根据构件制作情况考虑自重的影响。

在结构处于年平均相对湿度低于 40% 的环境下，σ_{l5} 及 σ'_{l5} 值应增加 30%。

（2）对重要的结构构件，当需要考虑与时间相关的混凝土收缩、徐变预应力损失值时，可按《混凝土结构设计规范》附录 K 进行计算。

由于后张法构件在开始施加预应力时，混凝土已完成部分收缩，故后张法的 σ_{l5} 比先张法的低。所有能减少混凝土收缩和徐变的措施，相应地都将减少 σ_{l5}。

6. 用螺旋式预应力筋作配筋的环形构件，由于混凝土的局部挤压引起的预应力损失 σ_{l6}

对水管、蓄水池等圆形结构物，可采用后张法施加预应力。先用混凝土或喷射砂浆建造池壁，待池壁硬化达足够强度后，用缠丝机沿圆周方向把钢丝连续不断地缠绕在池壁上并加以锚固，最后围绕池壁敷设一层喷射砂浆作保护层。把钢筋张拉完毕锚固后，由于张紧的预应力筋挤压混凝土，钢筋处构件的直径由原来的 d 减小到 d_1，一圈内钢筋的周长减小，预拉应力下降，相应的预应力损失计算如下：

$$\sigma_{l6}=\frac{\pi d-\pi d_1}{\pi d}E_s=\frac{d-d_1}{d}E_s$$

由上式可见，构件的直径 d 越大，则 σ_{l6} 越小。因此，当 d 较大时，这项损失可以忽略不计。为简化计算，《混凝土结构设计规范》规定：

当构件直径 $d \leqslant 3\mathrm{m}$ 时，$\sigma_{l6} = 30\mathrm{N/mm^2}$；

当构件直径 $d > 3\mathrm{m}$ 时，$\sigma_{l6} = 0$。

7. 预应力损失的分阶段组合

以上分项介绍了各种预应力损失。不同的施加预应力方法，产生的预应力损失也不相同。一般地，先张法构件的预应力损失有 σ_{l1}、σ_{l3}、σ_{l4}、σ_{l5}；而后张法构件有 σ_{l1}、σ_{l2}、σ_{l4}、σ_{l5}（当为环形构件时还有 σ_{l6}）。

预应力筋的有效预应力 σ_{pe} 定义为：锚下张拉控制应力 σ_{con} 扣除相应预应力损失 σ_l 并考虑混凝土弹性压缩引起的预应力筋应力降低后，在预应力筋内存在的预拉应力。因为各项预应力损失是先后发生的，则有效预应力值亦随不同受力阶段而变。将预应力损失按各受力阶段进行组合，可计算不同阶段预应力筋的有效预拉应力值，进而计算在混凝土中建立的有效预应力 σ_{pc}。

在实际计算中，以"预压"为界，把预应力损失分成两批。所谓"预压"，对先张法，是指放松预应力筋（简称放张），开始给混凝土施加预应力的时刻；对后张法，因为是在混凝土构件上张拉预应力筋，混凝土从张拉钢筋开始就受到预压，故这里的"预压"特指张拉预应力筋至 σ_{con} 并加以锚固的时刻。预应力混凝土构件在各阶段的预应力损失值宜按表 10-3 的规定进行组合。

各阶段预应力损失值的组合

表 10-3

预应力损失值的组合	先张法构件	后张法构件
混凝土预压前(第一批)的损失	$\sigma_{l1} + \sigma_{l2} + \sigma_{l3} + \sigma_{l4}$	$\sigma_{l1} + \sigma_{l2}$
混凝土预压后(第二批)的损失	σ_{l5}	$\sigma_{l4} + \sigma_{l5} + \sigma_{l6}$

对于先张法，当预应力筋张拉完毕固定在台座上时，有应力松弛损失；而实际上，切断钢筋后，预应力筋与混凝土间靠黏结传力，在构件两端之间，预应力筋长度也基本保持不变，因此还要发生部分应力松弛损失。所以，先张法构件由于钢筋应力松弛引起的损失值 σ_{l4} 在第一批和第二批损失中各占一定的比例，如需区分，可根据实际情况确定；一般将 σ_{l4} 全部计入第一批损失中。

第一批损失记以 $\sigma_{l\mathrm{I}}$，第二批损失记以 $\sigma_{l\mathrm{II}}$。在后面的混凝土预应力计算公式的通式中，预应力损失的通用符号为 σ_l，它既可以表示全部损失 $\sigma_{l\mathrm{I}} + \sigma_{l\mathrm{II}}$，也可以表示第一批损失 $\sigma_{l\mathrm{I}}$，视具体情况而定。

考虑到预应力损失计算值与实际值的差异，并为了保证预应力混凝土构件具有足够的抗裂能力，应对预应力总损失值做最低限值的规定。《混凝土结构设计规范》规定，当计算求得的预应力总损失值小于下列数值时，应按下列数值取用：

先张法构件　　　　$100\mathrm{N/mm^2}$；

后张法构件　　　　$80\mathrm{N/mm^2}$。

8. 混凝土的弹性压缩（或伸长）

当混凝土受预应力作用而产生弹性压缩（或伸长）时，若钢筋（包括预应力筋和普通

303

钢筋）与混凝土协调变形（即共同缩短或伸长），则二者的应变变化量相等，即 $\Delta\varepsilon_s = \Delta\varepsilon_c$，或写成 $\dfrac{\Delta\sigma}{E_s} = \dfrac{\Delta\sigma_c}{E_c}$，所以钢筋的应力变化量为

$$\Delta\sigma = \frac{E_s}{E_c}\Delta\sigma_c = \alpha_E\Delta\sigma_c \tag{10-22}$$

式中　α_E——钢筋弹性模量与混凝土弹性模量的比值，即 $\alpha_E = \dfrac{E_s}{E_c}$。由于预应力混凝土中采用高强混凝土，其线弹性段为 $(0.75\sim0.9)f_c'$ 之前，故这里用混凝土的弹性模量 E_c。

式（10-22）可表述为：若钢筋与混凝土协调变形，则当钢筋水平处混凝土正应力变化 $\Delta\sigma_c$ 时，钢筋的应力相应变化 $\alpha_E\Delta\sigma_c$。

应用式（10-22），可求出预应力混凝土构件任一时刻预应力筋或普通钢筋的应力。方法是：先找出构件中这种钢筋与混凝土"协调变形"的起点，然后，欲求其后任一状态的钢筋应力，只需以起点应力为基础，求出相对于起点的应力变化量（含弹性伸缩及预应力损失两部分），最后叠加即可。

该方法的优点在于，只要有起点应力，就可直接写出其后任一时刻的钢筋应力，而不依赖于任何中间过程。

9. 后张法构件分批张拉预应力筋时混凝土弹性变形的考虑

后张法构件的预应力筋采用分批张拉时，应考虑后批张拉钢筋所产生的混凝土弹性压缩（或伸长）对先批张拉钢筋的影响，将先批张拉钢筋的张拉控制应力值 σ_{con} 增加（或减小）$\alpha_E\sigma_{pci}$。此处，σ_{pci} 为后批张拉钢筋在先批张拉钢筋重心处产生的混凝土法向应力。

10.2.3　有效预应力沿构件长度的分布

1. 先张法——预应力传递长度 l_{tr} 和锚固长度 l_a

对于先张法构件，理论上各项预应力损失值沿构件长度方向均相同，但由于它是依靠预应力筋与混凝土之间的黏结力传递预应力的，因此，在构件端部需经过一段传递长度（transmitting length）l_{tr}（传递长度内黏结应力的合力应等于预应力筋的有效预拉力 $A_p\sigma_{pe}$）才能在构件的中间区段建立起不变的有效预应力，如图10-11所示。由于黏结应力非均匀分布，则 l_{tr} 范围内钢筋与混凝土的预应力本应为曲线变化，但为了简单起见，可近似按线性变化考虑。先张法构件预应力筋的预应力传递长度 l_{tr} 应按下列公式计算：

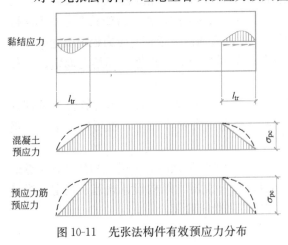

图 10-11　先张法构件有效预应力分布

$$l_{tr} = \alpha\frac{\sigma_{pe}}{f_{tk}'}d \tag{10-23}$$

式中 σ_{pe}—— 放张时预应力筋的有效预应力;

d—— 预应力筋的公称直径,见附表 22 和附表 23;

α—— 预应力筋的外形系数,按表 2-2 采用;

f'_{tk}—— 与放张时混凝土立方体抗压强度 f'_{cu} 相应的轴心抗拉强度标准值,可按线性内插法确定。

当采用骤然放松预应力筋的施工工艺时,因构件端部一定长度范围内预应力筋与混凝土之间的黏结力被破坏,因此,对光圆预应力钢丝,l_{tr} 的起点应从距构件末端 $0.25l_{tr}$ 处开始计算。

必须指出,先张法构件端部的预应力传递长度 l_{tr} 和预应力筋的锚固长度(anchorage length)l_a 是两个不同的概念。前者是指从预应力筋应力为零的端部到应力为 σ_{pe} 的这一段长度 l_{tr},在正常使用阶段,对先张法构件端部进行抗裂验算时,应考虑 l_{tr} 内实际应力值的变化;而后者是当构件在外荷载作用下达到承载能力极限状态时,预应力筋的应力达到抗拉强度设计值 f_{py},为了使预应力筋不致被拔出,预应力筋应力从端部的零到 f_{py} 的这一段长度 l_a。

计算先张法预应力混凝土受弯构件端部锚固区的正截面和斜截面受弯承载力时,锚固长度范围内的预应力筋抗拉强度设计值在锚固起点处应取为零,在锚固终点处应取为 f_{py},两点之间可按线性内插法确定。预应力筋的锚固长度 l_a 应按下列公式计算:

$$l_a = \alpha \frac{f_{py}}{f_t} d \tag{10-24}$$

式中 l_a—— 预应力纵向受拉钢筋的锚固长度;

f_{py}—— 预应力筋的抗拉强度设计值;

f_t—— 混凝土轴心抗拉强度设计值;当混凝土强度等级高于 C60 时,按 C60 取值;

d、α—— 含义与公式(10-23)中相同。

当采用骤然放松预应力筋的施工工艺时,对光圆预应力钢丝的锚固长度 l_a 应从距构件末端 $0.25l_{tr}$ 处开始计算,此处,l_{tr} 为预应力传递长度。

2. 后张法构件有效预应力沿构件长度的分布

后张法构件中,摩擦损失 σ_{l2} 在张拉端为零,然后逐渐增大,至锚固端达最大值;若为直线预应力筋,则沿构件长度其他各项损失值不变。因此,沿构件长度预应力筋的有效预应力是不同的,从而在混凝土中建立的有效预应力也是变化的(张拉端最大,锚固端最小),其分布规律同摩擦损失。所以,计算后张法构件时,必须特别注意针对的是构件哪个截面。若为曲线预应力筋,则沿构件长度 σ_{l5} 也是变化的,应力分布较复杂。

10.3 预应力混凝土轴心受拉构件的应力分析

预应力混凝土轴心受拉构件从张拉钢筋开始到构件破坏为止,可分为两个阶段:施工阶段和使用阶段。构件内存在两个力系:内部预应力(施工制作时施加的)和外荷载(使用阶段施加的)。

本节用 A_p 和 A_s 分别表示预应力筋和普通钢筋的截面面积,A_c 为混凝土截面面积;以 σ_{pe}、σ_s 及 σ_{pc} 分别表示预应力筋、普通钢筋及混凝土的预应力。以下推导公式时规定:σ_{pe}

以受拉为正，σ_{pc} 及 σ_s 以受压为正。

10.3.1 先张法轴心受拉构件

先张法构件中，预应力筋和普通钢筋与混凝土协调变形的起点均为预压前（即完成 $\sigma_{l\,\mathrm{I}}$）的时刻，此时，预应力筋的拉应力为 $\sigma_{con}-\sigma_{l\,\mathrm{I}}$，而普通钢筋与混凝土的应力均为零。求任一时刻钢筋（包括预应力筋及普通钢筋）的应力，除扣除相应的预应力损失外，还应考虑混凝土的弹性压缩引起的钢筋应力的变化，钢筋应力的增量等于相应时刻混凝土应力（即从协调变形的零应力算起的混凝土应力增量）的 α_E 倍。

下面仅考虑对构件计算有特殊意义的几个特定阶段的应力状态。

1. 施工阶段

这里仅考虑施工制作阶段，应力图形如图 10-12 所示。此阶段构件任一截面各部分应力均为自平衡体系。

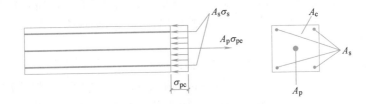

图 10-12　先张法构件截面预应力

（1）放松预应力筋，压缩混凝土（完成第一批预应力损失）

制作先张法构件时，首先张拉预应力筋至 σ_{con}，并锚固于台座上。然后浇筑混凝土构件，并蒸汽养护。于是，预应力筋产生了第一批预应力损失 $\sigma_{l\,\mathrm{I}}=\sigma_{l1}+\sigma_{l3}+\sigma_{l4}$，而此时混凝土尚未受力。

待混凝土强度达 $0.75\,f_{cu,k}$ 及以上时，放松预应力筋，混凝土才开始受压。此时，设混凝土的预压应力为 $\sigma_{pc\,\mathrm{I}}$，则有

$$\sigma_{pc}=\sigma_{pc\mathrm{I}}$$

$$\sigma_{pe}=\sigma_{con}-\sigma_{l\mathrm{I}}-\alpha_E\sigma_{pc\mathrm{I}}$$

$$\sigma_s=\alpha_{Es}\sigma_{pc\mathrm{I}}$$

由平衡条件得 $\qquad\qquad \sigma_{pe}A_p=\sigma_{pc}A_c+\sigma_s A_s$

即 $\qquad\qquad (\sigma_{con}-\sigma_{l\mathrm{I}}-\alpha_E\sigma_{pc\mathrm{I}})A_p=\sigma_{pc\mathrm{I}}A_c+\alpha_{Es}\sigma_{pc\mathrm{I}}A_s$

解得 $\qquad\qquad \sigma_{pc\mathrm{I}}=\dfrac{(\sigma_{con}-\sigma_{l\mathrm{I}})A_p}{A_c+\alpha_{Es}A_s+\alpha_E A_p}=\dfrac{(\sigma_{con}-\sigma_{l\mathrm{I}})A_p}{A_0}$ $\qquad$ (10-25)

式中，A_0 为构件的换算截面面积，$A_0=A_c+\alpha_{Es}A_s+\alpha_E A_p$，$\alpha_E$ 和 α_{Es} 分别为预应力筋和普通钢筋的弹性模量与混凝土弹性模量的比值。对先张法轴心受拉构件，混凝土截面面积为 $A_c=A-A_p-A_s$，$A=bh$ 为构件的毛截面面积。

先张法构件放松预应力筋时，混凝土受到的预压应力达最大值。此时的应力状态，可作为施工阶段对构件进行承载能力验算的依据。另外，$\sigma_{pc\,\mathrm{I}}$ 还用于计算 σ_{l5}。

（2）完成第二批预应力损失

当第二批预应力损失 $\sigma_{l\text{II}}=\sigma_{l5}$ 完成后（此时 $\sigma_l=\sigma_{l\text{I}}+\sigma_{l\text{II}}$），因预应力筋的拉应力降低，导致混凝土的预压应力下降至 σ_{pcII}；同时由于混凝土的收缩和徐变以及弹性压缩，也使构件内的普通钢筋随混凝土构件而缩短，在普通钢筋中产生应力，这种应力减少了混凝土的法向预压应力，使构件的抗裂能力降低，因而计算时应考虑其影响。为了简化，假定普通钢筋由于混凝土收缩、徐变引起的压应力增量与预应力筋的该项预应力损失值相同，即近似取 σ_{l5}。此时

$$\sigma_{\text{pc}}=\sigma_{\text{pcII}}$$

$$\sigma_{\text{pe}}=\sigma_{\text{con}}-\sigma_l-\alpha_{\text{E}}\sigma_{\text{pcII}}$$

$$\sigma_{\text{s}}=\alpha_{\text{Es}}\sigma_{\text{pcII}}+\sigma_{l5}$$

代入平衡方程，即

$$(\sigma_{\text{con}}-\sigma_l-\alpha_{\text{E}}\sigma_{\text{pcII}})A_{\text{p}}=\sigma_{\text{pcII}}A_{\text{c}}+(\alpha_{\text{Es}}\sigma_{\text{pcII}}+\sigma_{l5})A_{\text{s}}$$

解得

$$\sigma_{\text{pcII}}=\frac{(\sigma_{\text{con}}-\sigma_l)A_{\text{p}}-\sigma_{l5}A_{\text{s}}}{A_0} \tag{10-26}$$

上式给出了先张法构件中最终建立的混凝土有效预压应力。

2. 使用阶段

指从施加外荷载开始的阶段。

（1）加荷至混凝土预压应力被抵消时

设此时外荷载产生的轴向拉力为 N_0（图 10-13），相应的预应力筋的有效应力为 σ_{p0}，则有

$$\sigma_{\text{pc}}=0$$

$$\sigma_{\text{pe}}=\sigma_{\text{p0}}=\sigma_{\text{con}}-\sigma_l$$

$$\sigma_{\text{s}}=\sigma_{l5}$$

平衡条件为 $N_0=\sigma_{\text{pe}}A_{\text{p}}-\sigma_{\text{s}}A_{\text{s}}$

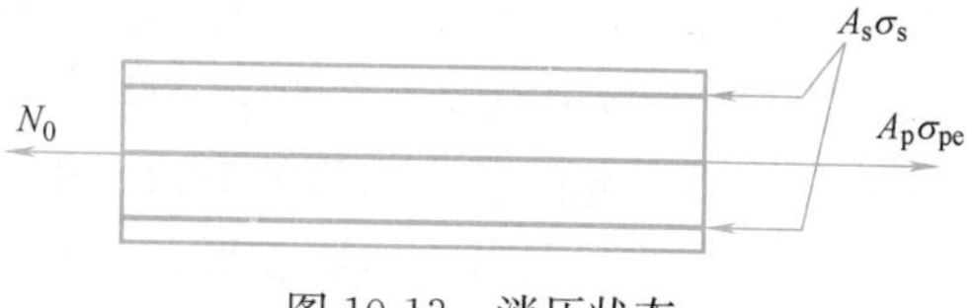

图 10-13 消压状态

将 σ_{pe}、σ_{s} 代入并利用式（10-26）可得

$$N_0=(\sigma_{\text{con}}-\sigma_l)A_{\text{p}}-\sigma_{l5}A_{\text{s}}=\sigma_{\text{pcII}}A_0 \tag{10-27}$$

此时，构件截面上混凝土的应力为零，相当于普通钢筋混凝土构件还没有受到外荷载的作用，但预应力混凝土构件已能承担外荷载产生的轴向拉力 N_0，故称 N_0 为"消压拉力"。

（2）继续加荷至混凝土即将开裂

随着轴向拉力的继续增大，构件截面上混凝土将转而受拉，当拉应力达到混凝土抗拉强度标准值 f_{tk} 时，构件截面即将开裂，设相应的轴向拉力为 N_{cr}，如图 10-14 所示。此时

图 10-14 截面即将开裂

$$\sigma_{\text{pc}}=-f_{\text{tk}}$$

$$\sigma_{\text{pe}}=\sigma_{\text{con}}-\sigma_l+\alpha_{\text{E}}f_{\text{tk}}$$

$$\sigma_{\text{s}}=\sigma_{l5}-\alpha_{\text{Es}}f_{\text{tk}}$$

平衡条件为
$$N_{cr} = \sigma_{pe}A_p - \sigma_{pc}A_c - \sigma_s A_s$$

$$N_{cr} = (\sigma_{con} - \sigma_l + \alpha_E f_{tk})A_p + f_{tk}A_c - (\sigma_{l5} - \alpha_{Es}f_{tk})A_s$$

即
$$= (\sigma_{con} - \sigma_l)A_p - \sigma_{l5}A_s + f_{tk}(A_c + \alpha_E A_p + \alpha_{Es}A_s) \qquad (10\text{-}28)$$

$$= \sigma_{pcII}A_0 + f_{tk}A_0 = N_0 + f_{tk}A_0$$

$$= (\sigma_{pcII} + f_{tk})A_0$$

上式可作为使用阶段对构件进行抗裂验算的依据。

（3）加荷直至构件破坏

由于轴心受拉构件的裂缝沿正截面贯通，则开裂后裂缝截面混凝土完全退出工作。随着荷载继续增大，当裂缝截面上预应力筋及普通钢筋的拉应力先后达到各自的抗拉强度设计值时，贯通裂缝骤然加宽，构件破坏。相应的轴向拉力极限值（即极限承载力）为 N_u，如图 10-15 所示。

图 10-15 极限状态

由平衡条件可得

$$N_u = f_{py}A_p + f_y A_s \qquad (10\text{-}29)$$

上式可作为使用阶段对构件进行承载能力极限状态计算的依据。

10.3.2 后张法轴心受拉构件

后张法构件中，普通钢筋与混凝土协调变形的起点是张拉预应力筋之前，此时二者的起点应力均为零，因此，由于混凝土的弹性压缩引起的普通钢筋应力的变化量等于相应时刻混凝土应力的 α_{Es} 倍。与先张法不同，由于后张法是在混凝土构件上张拉预应力筋，张拉过程中，混凝土已产生了弹性压缩，因而在预应力筋应力达 σ_{con} 以前（测力仪表还在计数），这种弹性压缩对预应力筋的应力没有影响。后张法构件施工制作阶段，一般不考虑混凝土弹性压缩引起的预应力筋的应力变化，近似认为，从完成第二批预应力损失的时刻开始，预应力筋才与混凝土协调变形，此时，混凝土的起点压应力为 σ_{pcII}，而预应力筋的拉应力为 $\sigma_{con} - \sigma_l$。因此，在混凝土应力达 σ_{pcII} 以前，预应力筋的应力只扣除预应力损失；而在混凝土应力达 σ_{pcII} 以后，预应力筋应力除扣除预应力损失外，还应考虑由于混凝土弹性变形引起的钢筋应力增量，其值等于相应时刻混凝土应力相对于 σ_{pcII} 增量的 α_E 倍。

1. 施工阶段

应力图形如图 10-16 所示，构件任一截面各部分应力亦为自平衡体系。

（1）在构件上张拉预应力筋至 σ_{con}，同时压缩混凝土

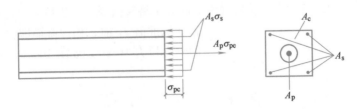

图 10-16 后张法构件截面预应力

在张拉预应力筋过程中，沿构件长度方向各截面均产生了数值不等的摩擦损失 σ_{l2}。将预应力筋张拉到 σ_{con} 时，设混凝土应力为 σ_{cc}，此时任一截面处

$$\sigma_{pc} = \sigma_{cc}$$

$$\sigma_{pe} = \sigma_{con} - \sigma_{l2}$$

$$\sigma_s = \alpha_{Es}\sigma_{cc}$$

由平衡条件，有

$$\sigma_{pe}A_p = \sigma_{pc}A_c + \sigma_s A_s$$

即

$$(\sigma_{con} - \sigma_{l2})A_p = \sigma_{cc}A_c + \alpha_{Es}\sigma_{cc}A_s$$

解得

$$\sigma_{cc} = \frac{(\sigma_{con} - \sigma_{l2})A_p}{A_c + \alpha_{Es}A_s} = \frac{(\sigma_{con} - \sigma_{l2})A_p}{A_n} \tag{10-30}$$

式中　A_n——构件的净截面面积，$A_n = A_c + \alpha_{Es}A_s$。

在式（10-30）中，当 $\sigma_{l2} = 0$（张拉端）时，σ_{cc} 达最大值，即

$$\sigma_{cc} = \frac{\sigma_{con}A_p}{A_n} \tag{10-31}$$

上式可作为施工阶段对构件进行承载力验算的依据。

（2）完成第一批预应力损失

当张拉完毕，将预应力筋锚固于构件上时，又发生了 σ_{l1}，至此第一批预应力损失 $\sigma_{l\mathrm{I}} = \sigma_{l1} + \sigma_{l2}$ 完成。此时

$$\sigma_{pc} = \sigma_{pc\mathrm{I}}$$

$$\sigma_{pe} = \sigma_{con} - \sigma_{l\mathrm{I}}$$

$$\sigma_s = \alpha_{Es}\sigma_{pc\mathrm{I}}$$

代入平衡方程，得

$$(\sigma_{con} - \sigma_{l\mathrm{I}})A_p = \sigma_{pc\mathrm{I}}A_c + \alpha_{Es}\sigma_{pc\mathrm{I}}A_s$$

解得

$$\sigma_{pc\mathrm{I}} = \frac{(\sigma_{con} - \sigma_{l\mathrm{I}})A_p}{A_c + \alpha_{Es}A_s} = \frac{(\sigma_{con} - \sigma_{l\mathrm{I}})A_p}{A_n} \tag{10-32}$$

这里的 $\sigma_{pc\mathrm{I}}$ 用于计算 σ_{l5}。

（3）完成第二批预应力损失

第二批损失 $\sigma_{l\mathrm{II}} = \sigma_{l4} + \sigma_{l5}$。此时

$$\sigma_{pc} = \sigma_{pc\mathrm{II}}$$

$$\sigma_{pe} = \sigma_{con} - \sigma_l$$

$$\sigma_s = \alpha_{Es}\sigma_{pc\mathrm{II}} + \sigma_{l5}$$

代入平衡方程，可解得

$$\sigma_{pc\mathrm{II}} = \frac{(\sigma_{con} - \sigma_l)A_p - \sigma_{l5}A_s}{A_n} \tag{10-33}$$

σ_{pcII} 即为后张法构件中最终建立的混凝土有效预压应力。

2. 使用阶段

相应时刻的应力图形与先张法构件的相同，外荷载产生的轴向拉力符号也相同。

（1）加荷至混凝土预压应力被抵消时

此时

$$\sigma_{pc} = 0$$
$$\sigma_{pe} = \sigma_{p0} = \sigma_{con} - \sigma_l + \alpha_E \sigma_{pcII}$$
$$\sigma_s = \sigma_{l5}$$

则

$$N_0 = \sigma_{pe} A_p - \sigma_s A_s = (\sigma_{con} - \sigma_l + \alpha_E \sigma_{pcII}) A_p - \sigma_{l5} A_s \\ = \sigma_{pcII} A_n + \alpha_E \sigma_{pcII} A_p = \sigma_{pcII} A_0 \tag{10-34}$$

可见，后张法构件 N_0 的意义及计算公式的形式与先张法构件的相同［注意公式（10-27）与式（10-34）中的 σ_{pcII} 计算公式不同］，二者都用构件的换算截面面积 A_0 计算。

（2）继续加荷至混凝土即将开裂

$$\sigma_{pc} = -f_{tk}$$
$$\sigma_{pe} = \sigma_{con} - \sigma_l + \alpha_E (f_{tk} + \sigma_{pcII})$$
$$\sigma_s = \sigma_{l5} - \alpha_{Es} f_{tk}$$

同理，由平衡条件可推出

$$N_{cr} = N_0 + f_{tk} A_0 = (\sigma_{pcII} + f_{tk}) A_0 \tag{10-35}$$

上式可作为使用阶段对构件进行抗裂验算的依据。

（3）加荷直至构件破坏

$$N_u = f_{py} A_p + f_y A_s \tag{10-36}$$

N_u 是使用阶段对构件进行承载能力极限状态计算的依据。注意：后张法中

$$A_n = A_c + \alpha_{Es} A_s$$
$$A_0 = A_n + \alpha_E A_p$$
$$A_c = A - A_s - A_{孔}$$

构件的净截面面积 A_n 的物理意义是：混凝土截面面积 A_c 与非预应力筋换算成的具有同样变形性能的混凝土面积之和。而构件的换算截面面积 A_0，是将预应力筋和普通钢筋都换算成具有同样变形性能的混凝土面积后与混凝土截面面积之和。

10.3.3 先、后张法计算公式的比较

比较先张法与后张法预应力混凝土轴心受拉构件的相应计算公式，可得出如下规律：

1. 钢筋预应力

无论先、后张法，普通钢筋任何相应时刻的应力公式 σ_s 形式均相同，这是由于两种方法中，普通钢筋与混凝土协调变形的起点均是混凝土应力为零时；预应力筋应力 σ_{pe} 公式中，后张法比先张法的相应时刻应力少 $\alpha_E \sigma_{pc}$ 这一项，这是因为后张法构件在张拉预应力筋过程中，混凝土的弹性压缩所引起的预应力筋应力变化已被融入测力仪表读数内，因

而两种方法中，预应力筋与混凝土协调变形的起点不同。

2. 混凝土预压应力

施工阶段，两种张拉方法的 σ_{pcI}、σ_{pcII} 公式形式相似，差别在于：先张法公式中用构件的换算截面面积 A_0，而后张法用构件的净截面面积 A_{n}。

前面推导得出的混凝土预压应力 σ_{pc} 公式，可归纳为以下通式：

先张法
$$\sigma_{\mathrm{pc}} = \frac{(\sigma_{\mathrm{con}} - \sigma_l)A_{\mathrm{p}} - \sigma_{l5}A_{\mathrm{s}}}{A_0} = \frac{N_{\mathrm{p}}}{A_0} \qquad (10\text{-}37)$$

后张法
$$\sigma_{\mathrm{pc}} = \frac{(\sigma_{\mathrm{con}} - \sigma_l)A_{\mathrm{p}} - \sigma_{l5}A_{\mathrm{s}}}{A_{\mathrm{n}}} = \frac{N_{\mathrm{p}}}{A_{\mathrm{n}}} \qquad (10\text{-}38)$$

式中
$$N_{\mathrm{p}} = (\sigma_{\mathrm{con}} - \sigma_l)A_{\mathrm{p}} - \sigma_{l5}A_{\mathrm{s}} \qquad (10\text{-}39)$$

用式（10-37）及式（10-38）求 σ_{pcI} 时，令式中的 $\sigma_l = \sigma_{lI}$，$\sigma_{l5} = 0$，因为此时 σ_{l5} 还没有发生。求 σ_{pcII} 时，令 $\sigma_l = \sigma_{lI} + \sigma_{lII}$，当然此时 $\sigma_{l5} \neq 0$。

由式（10-37）和式（10-38）可得如下重要结论：计算预应力混凝土轴心受拉构件混凝土的有效预压应力 σ_{pc} 时，可以将一个轴心压力 N_{p} 作用于构件截面上，然后按材料力学公式计算。压力 N_{p} 由相应时刻预应力筋和普通钢筋仅扣除预应力损失后的应力［如完成第二批损失后，预应力筋拉应力取 $(\sigma_{\mathrm{con}} - \sigma_l)$，普通钢筋压应力取 σ_{l5}］乘以各自的截面面积，并反向（预应力筋的拉力反向后为压力，普通钢筋的压力反向后为拉力）然后再叠加而得，如图 10-17 所示；计算时所用构件截面为：先张法用构件的换算截面面积 A_0，而后张法用构件的净截面面积 A_{n}。弹性压缩部分的影响在钢筋应力中未出现，是由于其隐含于构件截面面积内。

重要的是，该结论可推广用于计算预应力混凝土受弯构件中的混凝土预应力，只需将 N_{p} 改为偏心压力。

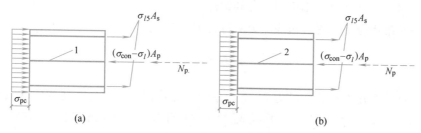

图 10-17 预应力筋及普通钢筋合力位置

（a）先张法构件；（b）后张法构件

1—换算截面重心轴；2—净截面重心轴

3. 轴向拉力

使用阶段，构件在各特定时刻的轴向拉力 N_0、N_{cr} 及 N_{u} 的公式形式均相同。无论先、后张法，均采用构件的换算截面面积 A_0 计算。

由 $N_{\mathrm{cr}} = (\sigma_{\mathrm{pcII}} + f_{\mathrm{tk}})A_0 = N_0 + f_{\mathrm{tk}}A_0$ 可知，预应力混凝土构件比同条件的普通钢筋混凝土构件的开裂荷载提高了 N_0。

预应力混凝土轴心受拉构件的极限承载力 N_{u} 公式与截面尺寸及材料均相同的普通钢筋混凝土构件的极限承载力公式相同，而与预应力的存在及大小无关，即施加预应力不能提高轴心受拉构件的极限承载力，只能提高构件在使用阶段的抗裂性。

10.4 预应力混凝土轴心受拉构件的计算和验算

为了保证预应力混凝土轴心受拉构件的可靠性，除应进行构件使用阶段的承载力计算和裂缝控制验算外，还应进行施工阶段（制作、运输、安装）的承载力验算，以及后张法构件端部混凝土的局部受压验算。

10.4.1 使用阶段正截面承载力计算

目的是保证构件在使用阶段具有足够的安全性。因属于承载能力极限状态的计算，故荷载效应及材料强度均采用设计值。计算公式如下：

$$N \leqslant N_{\mathrm{u}} = f_{\mathrm{py}} A_{\mathrm{p}} + f_{\mathrm{y}} A_{\mathrm{s}} \tag{10-40}$$

式中　N——轴向拉力设计值；

　　　N_{u}——构件截面的受拉承载力设计值；

　　　f_{py}——预应力筋的抗拉强度设计值；

　　　f_{y}——普通钢筋的抗拉强度设计值。

应用式（10-40）解题时，一个方程只能求解一个未知量。一般先按构造要求或经验确定普通钢筋的数量（此时 A_{s} 已知），然后再由公式求解 A_{p}。

10.4.2 使用阶段正截面裂缝控制验算

对预应力混凝土轴心受拉构件，应按所处环境类别和结构类别选用相应的裂缝控制等级，并按下列规定进行混凝土拉应力或正截面裂缝宽度验算。由于属正常使用极限状态的验算，因而须采用荷载标准组合或准永久组合，且材料强度采用标准值。

（1）一级——严格要求不出现裂缝的构件

在荷载标准组合下，受拉边缘应力应符合下列规定：

$$\sigma_{\mathrm{ck}} - \sigma_{\mathrm{pc}} \leqslant 0 \tag{10-41}$$

即要求在荷载标准组合的轴力 N_{k} 下，克服了有效预压应力后，使构件截面混凝土不出现拉应力。其中 σ_{pc} 按式（10-37）或式（10-38）计算，并扣除全部预应力损失。

（2）二级——一般要求不出现裂缝的构件

在荷载标准组合下，受拉边缘应力应符合下列规定：

$$\sigma_{\mathrm{ck}} - \sigma_{\mathrm{pc}} \leqslant f_{\mathrm{tk}} \tag{10-42}$$

式（10-42）是要求在荷载标准组合的轴力 N_{k} 下，克服了混凝土有效预压应力后，构件截面混凝土可以出现拉应力但不能开裂。

式中　N_{k}——按荷载标准组合计算的轴向拉力值；

　　　σ_{ck}——荷载标准组合下的混凝土法向应力，无论先张法或后张法轴心受拉构件均

　　　　　　为 $\sigma_{\mathrm{ck}} = \dfrac{N_{\mathrm{k}}}{A_0}$；

σ_{pc}——扣除全部预应力损失后混凝土的预压应力，按式（10-37）或式（10-38）计算；

f_{tk}——混凝土轴心抗拉强度标准值；

A_0——构件的换算截面面积。

（3）三级——允许出现裂缝的构件

按荷载标准组合并考虑长期作用影响计算的最大裂缝宽度，应符合下列规定：

$$w_{max} \leqslant w_{lim} \qquad (10\text{-}43)$$

式中 w_{max}——按荷载标准组合并考虑长期作用影响计算的最大裂缝宽度；

w_{lim}——最大裂缝宽度限值，查附表16确定。

对环境类别为二a类的预应力混凝土构件，在荷载准永久组合下，受拉边缘的应力尚应符合下列规定：

$$\sigma_{cq} - \sigma_{pc} \leqslant f_{tk} \qquad (10\text{-}44)$$

式中 σ_{cq}——荷载准永久组合下抗裂验算截面边缘的混凝土法向应力，$\sigma_{cq} = \dfrac{N_q}{A_0}$；$N_q$ 为按荷载准永久组合计算的轴向拉力值。

在预应力混凝土轴心受拉构件中，按荷载标准组合并考虑长期作用影响的最大裂缝宽度（mm）可按下列公式计算：

$$w_{max} = \alpha_{cr} \psi \frac{\sigma_{sk}}{E_s} \left(1.9c_s + 0.08 \frac{d_{eq}}{\rho_{te}} \right) \qquad (10\text{-}45)$$

$$\psi = 1.1 - 0.65 \frac{f_{tk}}{\rho_{te} \sigma_{sk}} \qquad (10\text{-}46)$$

$$d_{eq} = \frac{\sum n_i d_i^2}{\sum n_i \upsilon_i d_i} \qquad (10\text{-}47)$$

$$\rho_{te} = \frac{A_s + A_p}{A_{te}} \qquad (10\text{-}48)$$

式中 α_{cr}——构件受力特征系数，对预应力混凝土轴心受拉构件取2.2；

ψ——裂缝间纵向受拉钢筋应变不均匀系数：当 $\psi < 0.2$ 时，取 $\psi = 0.2$；当 $\psi > 1.0$ 时，取 $\psi = 1.0$；

σ_{sk}——按荷载标准组合计算的预应力混凝土构件纵向受拉钢筋的等效应力，对轴心受拉构件

$$\sigma_{sk} = \frac{N_k - N_{p0}}{A_p + A_s} \qquad (10\text{-}49)$$

E_s——钢筋的弹性模量；

c_s——最外层纵向受拉钢筋外边缘至受拉区底边的距离（mm）：当 $c_s < 20$ 时，取 $c_s = 20$；当 $c_s > 65$ 时，取 $c_s = 65$；

ρ_{te}——按有效受拉混凝土截面面积计算的纵向受拉钢筋配筋率；对无黏结后张构件，仅取纵向受拉普通钢筋计算配筋率；在最大裂缝宽度计算中，当 $\rho_{te} < 0.01$ 时，取 $\rho_{te} = 0.01$；

A_{te} —— 有效受拉混凝土截面面积：对轴心受拉构件，取构件截面面积；

A_s —— 受拉区纵向普通钢筋截面面积；

A_p —— 受拉区纵向预应力筋截面面积；

d_{eq} —— 受拉区纵向钢筋的等效直径（mm）；对无黏结后张构件，仅为受拉区纵向受拉普通钢筋的等效直径（mm）；

d_i —— 受拉区第 i 种纵向钢筋的公称直径（mm）；对于有黏结预应力钢绞线束的直径取为 $\sqrt{n_1}d_{P1}$，其中 d_{P1} 为单根钢绞线的公称直径，n_1 为单束钢绞线根数；

n_i —— 受拉区第 i 种纵向钢筋的根数；对于有黏结预应力钢绞线，取为钢绞线束数；

υ_i —— 受拉区第 i 种纵向钢筋的相对黏结特性系数，按表 10-4 采用；

N_{p0} —— 混凝土法向预应力等于零时预应力筋及普通钢筋的合力，

$$N_{p0} = \sigma_{p0}A_p - \sigma_{l5}A_s \qquad (10\text{-}50)$$

其中 σ_{p0} 为受拉区预应力筋合力点处混凝土法向应力等于零时的预应力筋应力，按下式计算：

先张法 $\quad \sigma_{p0} = \sigma_{con} - \sigma_l$

后张法 $\quad \sigma_{p0} = \sigma_{con} - \sigma_l + \alpha_E\sigma_{pc\text{II}}$

注意，这里的 N_{p0} 与前面的 N_0 大小相等，N_0 是外部拉力，N_{p0} 是内部预压力。

钢筋的相对黏结特性系数 表 10-4

钢筋类别	钢筋		先张法预应力筋		后张法预应力筋			
	光圆钢筋	带肋钢筋	带肋钢筋	螺旋肋钢丝	钢绞线	带肋钢筋	钢绞线	光面钢丝
υ_i	0.7	1.0	1.0	0.8	0.6	0.8	0.5	0.4

注：对环氧树脂涂层带肋钢筋，其相对黏结特性系数应按表中系数的 0.8 倍取用。

关于抗裂验算时计算截面的位置，当沿构件长度方向各截面尺寸相同时，应该取混凝土预压应力 σ_{pc} 最小处。对先张法轴心受拉构件，两端预应力传递长度范围除外的中间段，所有截面的混凝土预压应力 σ_{pc} 均相同，因而抗裂能力也相同；传递长度 l_{tr} 范围内，混凝土预压应力由零开始逐渐增大至中间段的 σ_{pc}，由于杆端与其他杆件连接形成节点区，截面尺寸较大，一般当节点区该构件的最小截面位于 l_{tr} 内时，则有必要验算该截面的抗裂能力，相应的混凝土预压应力取值应在 0 与 σ_{pc} 之间线性插入。对后张法轴心受拉构件，抗裂验算时计算截面的位置应取锚固端，因为此处混凝土预压应力最小，但需注意锚固端的位置与张拉预应力筋的程序有关；如一端张拉时，锚固端在构件的另一端；而两端张拉时，锚固端则在构件长度的中点截面。

10.4.3 施工阶段混凝土压应力验算

为了保证预应力混凝土轴心受拉构件在施工阶段（主要是制作时）的安全性，应限制施加预应力过程中的混凝土法向压应力值，以免混凝土被压坏。混凝土法向压应力应符合下列规定：

$$\sigma_{cc} \leqslant 0.8f'_{ck} \qquad (10\text{-}51)$$

式中 σ_{cc} —— 施工阶段构件计算截面混凝土的最大法向压应力；

f'_{ck} ——与各施工阶段混凝土立方体抗压强度 f'_{cu} 相应的抗压强度标准值，按线性内插法查表确定。

如前所述，先张法构件放张时混凝土受到的预压应力达最大；而后张法构件张拉预应力筋至 σ_{con}（超张拉时应取相应应力值，如 $1.05\sigma_{con}$）时，张拉端的混凝土预压应力最大。即

对先张法构件
$$\sigma_{cc}=\sigma_{pc\,I}=\frac{A_p(\sigma_{con}-\sigma_{l\,I})}{A_0}$$

对后张法构件
$$\sigma_{cc}=\frac{A_p\sigma_{con}}{A_n}$$

10.4.4 施工阶段后张法构件端部局部受压承载力计算

在后张法构件的端部，预应力筋的回缩力通过锚具下的垫板压在混凝土上，由于通过锚具下垫板作用在混凝土上的面积 A_l（可按照压力沿锚具边缘在垫板中以 45°角扩散后传到混凝土的受压面积计算）小于构件端部的截面面积，因此构件端部混凝土是局部受压（local compression）。这种很大的局部压力 F_l 需经过一段距离才能扩散到整个截面上从而产生均匀的预压应力，这段距离近似等于构件截面的高度，称为锚固区，如图 10-18 所示。

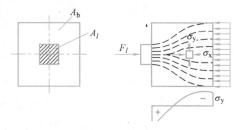

图 10-18 后张法构件端部锚固区的应力状态

锚固区内混凝土处于三向应力状态，除沿构件纵向的压应力 σ_x 外，还有横向应力 σ_y，后者在距端部较近处为侧向压应力而较远处则为侧向拉应力，如图 10-18 所示。当拉应力超过混凝土的抗拉强度时，构件端部将出现纵向裂缝，甚至导致局部受压破坏。通常在端部锚固区内配置方格网式或螺旋式间接钢筋，以提高局部受压承载力并控制裂缝宽度，但不能防止混凝土开裂。

试验表明，发生局部受压破坏时混凝土的强度值大于单轴受压时的混凝土强度值，增大的幅度与局部受压面积 A_l 周围混凝土面积的大小有关，这是由于 A_l 周围混凝土的约束作用所致，混凝土局部受压时的强度提高系数 β_l 按式（10-53）计算。

对后张法预应力混凝土构件，为了防止构件端部发生局部受压破坏，应进行施工阶段构件端部的局部受压承载力计算。

1. 构件端部截面尺寸验算

试验表明，当局压区配置的间接钢筋过多时，虽然能提高局部受压承载力，但垫板下的混凝土会产生过大的下沉变形，导致局部破坏。为了限制下沉变形，应使构件端部截面尺寸不能过小。配置间接钢筋的混凝土结构构件，其局部受压区的截面尺寸应符合下列要求：

$$F_l \leqslant 1.35\beta_c\beta_l f_c A_{l\,n} \tag{10-52}$$

$$\beta_l=\sqrt{\frac{A_b}{A_l}} \tag{10-53}$$

式中 F_l ——局部受压面上作用的局部荷载或局部压力设计值；在后张法预应力混凝土构件中的锚头局压区，应取 1.3 倍张拉控制力（超张拉时还应再乘以相应增大系数）；

f_c——混凝土轴心抗压强度设计值；在后张法预应力混凝土构件的张拉阶段验算中，应根据相应阶段的混凝土立方体抗压强度 f'_{cu} 值按线性内插法确定对应的轴心抗压强度设计值；

β_c——混凝土强度影响系数，取值查表 10-5；

β_l——混凝土局部受压时的强度提高系数；

A_l——混凝土局部受压面积；

A_{ln}——混凝土局部受压净面积；对后张法构件，应在混凝土局部受压面积中扣除孔道、凹槽部分的面积；

A_b——局部受压的计算底面积。

系数 α_1、β_1、β_c、α　　　　　　表 10-5

混凝土强度等级	≤C50	C55	C60	C65	C70	C75	C80
β_1	0.8	0.79	0.78	0.77	0.76	0.75	0.74
α_1	1.0	0.99	0.98	0.97	0.96	0.95	0.94
β_c	1.0	29/30	28/30	0.9	26/30	25/30	0.8
α	1.0	0.975	0.95	0.925	0.9	0.875	0.85

局部受压的计算底面积 A_b，可由局部受压面积 A_l 与计算底面积 A_b 按同心、对称的原则确定。对常用情况，可按图 10-19 取用。

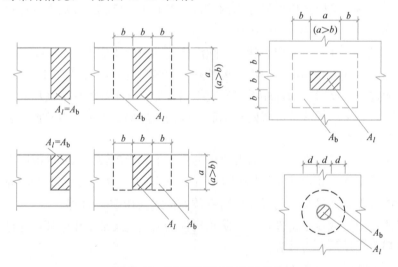

图 10-19　局部受压的计算底面积

式（10-52）主要是防止局部受压面的过大下沉，因而应按承载力问题来考虑，局部压力取设计值。当预应力作为荷载效应且对结构不利时，其荷载效应的分项系数取 1.3。当满足式（10-52）时，锚固区的抗裂要求一般均可满足。当不满足式（10-52）时，应加大构件端部尺寸，调整锚具位置和混凝土强度或增大垫板厚度等。

2. 构件端部局部受压承载力计算

配置方格网式或螺旋式间接钢筋的局部受压承载力应符合下列规定：

$$F_l \leqslant 0.9(\beta_c\beta_l f_c + 2\alpha\rho_v\beta_{cor}f_{yv})A_{ln}$$

(10-54)

当为方格网式配筋时（图 10-20a），其体积配筋率 ρ_v 应按下列公式计算：

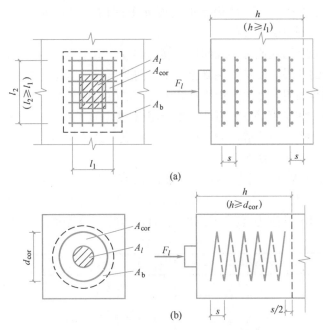

图 10-20 局部受压区的间接钢筋

(a) 方格网式配筋；(b) 螺旋式配筋

$$\rho_v = \frac{n_1 A_{s1} l_1 + n_2 A_{s2} l_2}{A_{cor} s} \tag{10-55}$$

此时，钢筋网两个方向上单位长度内钢筋截面面积的比值不宜大于 1.5。此限制条件是考虑到方格网长、短两个方向配筋相差过大时，会导致钢筋强度不能充分发挥。

当为螺旋式配筋时（图 10-20b），其体积配筋率 ρ_v 应按下列公式计算：

$$\rho_v = \frac{4 A_{ss1}}{d_{cor} s} \tag{10-56}$$

式中　β_{cor}——配置间接钢筋的局部受压承载力提高系数，仍按式（10-53）计算，但 A_b 以 A_{cor} 代替，当 $A_{cor} > A_b$ 时，应取 $A_{cor} = A_b$；当 A_{cor} 不大于混凝土局部受压面积 A_l 的 1.25 倍时，β_{cor} 取 1.0；

　　　　f_{yv}——间接钢筋的抗拉强度设计值；

　　　　α——间接钢筋对混凝土约束的折减系数，查表 10-5；

　　　　A_{cor}——方格网式或螺旋式间接钢筋内表面范围内的混凝土核心面积，其重心应与 A_l 的重心重合，计算中仍按同心、对称的原则取值；

　　　　ρ_v——间接钢筋的体积配筋率（核心面积 A_{cor} 范围内单位混凝土体积所含间接钢筋的体积）；

　n_1、A_{s1}——方格网沿 l_1 方向的钢筋根数、单根钢筋的截面面积；

　n_2、A_{s2}——方格网沿 l_2 方向的钢筋根数、单根钢筋的截面面积；

　　　　A_{ss1}——单根螺旋式间接钢筋的截面面积；

　　　　d_{cor}——螺旋式间接钢筋内表面范围内的混凝土截面直径；

　　　　s——方格网式或螺旋式间接钢筋的间距，宜取 30～80mm。

间接钢筋应配置在图 10-20 所规定的高度 h 范围内，对方格网式钢筋，不应少于 4 片；对螺旋式钢筋，不应少于 4 圈。

对锚固区配置方格网式或螺旋式间接钢筋的构件，由于横向钢筋限制了混凝土的横向膨胀，抑制微裂缝的开展，使核心混凝土处于三向受压应力状态，提高了混凝土的抗压强度和变形能力。试验表明，其局部受压承载力可由混凝土项承载力和间接钢筋项承载力之和组成（式 10-54）。间接钢筋项承载力与其体积配筋率 ρ_v 有关，且随混凝土强度等级的提高，该项承载力有降低的趋势，为了反映这一特点，公式中引入了系数 α。为适当提高可靠度，将右边抗力项乘以系数 0.9。

《混凝土结构设计规范》规定，计算局部受压面积 A_l、计算底面积 A_b 和间接钢筋范围内的混凝土核心面积 A_{cor} 时，不应扣除孔道面积，经试验校核，这样计算比较合适。

【例题 10-1】 24m 预应力混凝土屋架下弦杆的计算。设计条件见表 10-6。

设计条件 表 10-6

材　料	混　凝　土	预应力筋	普通钢筋
品种或强度等级	C60	钢绞线	HRB400
截　　面	280mm×180mm 孔道 2 Φ55	1×7 标准型，$\phi^S 12.7$	按构造要求配置 4 ⊈ 12（$A_s = 452mm^2$）
材料强度（N/mm²）	$f_c = 27.5$ $f_{tk} = 2.85$	$f_{ptk} = 1860$ $f_{py} = 1320$	$f_{yk} = 400$ $f_y = 360$
弹性模量（N/mm²）	$E_c = 3.6×10^4$	$E_s = 1.95×10^5$	$E_s = 2×10^5$
张拉控制应力	$\sigma_{con} = 0.75 f_{ptk} = 0.75 × 1860 = 1395 N/mm^2$		
张拉时混凝土强度	$f'_{cu} = 60 N/mm^2，f'_{ck} = 38.5 N/mm^2$		
张拉工艺	后张法一端张拉，采用 OVM 锚具（直径 120mm），孔道为预埋金属波纹管成型		
裂缝控制	为一般要求不出现裂缝的构件		
杆件内力	永久荷载标准值产生的轴向拉力 $N_{Gk} = 800kN$ 可变荷载标准值产生的轴向拉力 $N_{Qk} = 280kN$ 可变荷载的组合值系数 $\psi_c = 0.7$ 可变荷载的准永久值系数 $\psi_q = 0.5$		

设计要求：按正截面受拉承载力确定预应力筋数量，并进行裂缝控制验算、施工阶段混凝土压应力验算以及端部锚具下混凝土局部受压承载力计算。

【解】 （1）使用阶段承载力计算

杆件截面的轴向拉力设计值 N 应取基本组合的效应设计值。

$$N = 1.3 N_{Gk} + 1.5 N_{Qk} = 1.3 × 800 + 1.5 × 280 = 1460 kN$$

由式（10-40）取等号，可得

$$A_p = \frac{N - f_y A_s}{f_{py}} = \frac{1460 × 10^3 - 360 × 452}{1320} = 983 mm^2$$

采用 2 束 1×7 标准型低松弛钢绞线，每束 5 $\phi^S 12.7$，则 $A_p = 2 × 5 × 98.7 = 987 mm^2$。

（2）截面几何特性

预应力筋 $\qquad\alpha_{\mathrm{E}}=\dfrac{E_{\mathrm{s}}}{E_{\mathrm{c}}}=\dfrac{1.95\times10^{5}}{3.6\times10^{4}}=5.42$

普通钢筋 $\qquad\alpha_{\mathrm{ES}}=\dfrac{E_{\mathrm{s}}}{E_{\mathrm{c}}}=\dfrac{2\times10^{5}}{3.6\times10^{4}}=5.56$

$$A_{\mathrm{n}}=A_{\mathrm{c}}+\alpha_{\mathrm{ES}}A_{\mathrm{s}}=bh-A_{\mathrm{孔}}-A_{\mathrm{s}}+\alpha_{\mathrm{ES}}A_{\mathrm{s}}$$

$$=280\times180-2\times\frac{\pi}{4}\times55^{2}-452+5.56\times452=47709\mathrm{mm}^{2}$$

$$A_{0}=A_{\mathrm{n}}+\alpha_{\mathrm{E}}A_{\mathrm{p}}=47709+5.42\times987=53059\mathrm{mm}^{2}$$

（3）预应力损失计算

后张法一端张拉时，锚固端在杆件的另一端。由于锚固端的抗裂能力最低，因而应对此处截面进行裂缝控制验算。即计算预应力损失时，计算截面应为锚固端。

查表 10-2 得 $\kappa=0.0015\mathrm{m}^{-1}$，$\mu=0.25$；由表 10-1 得，OVM 夹片式锚具 $a=5\mathrm{mm}$。

1）锚具变形损失 σ_{l1}

采用式（10-3）计算，得

$$\sigma_{l1}=\frac{a}{l}E_{\mathrm{s}}=\frac{5}{24000}\times1.95\times10^{5}=40.63\mathrm{N/mm}^{2}$$

2）摩擦损失 σ_{l2}

因为是直线预应力筋，$\theta=0$，$l=24\mathrm{m}$，则由式（10-7）得

$$\sigma_{l2}=\sigma_{\mathrm{con}}\left(1-\frac{1}{e^{\kappa x+\mu\theta}}\right)=1395\times\left(1-\frac{1}{e^{0.0015\times24}}\right)=49.33\mathrm{N/mm}^{2}$$

3）松弛损失 σ_{l4}（低松弛）

因 $\sigma_{\mathrm{con}}=0.75f_{\mathrm{ptk}}$，故采用式（10-15）计算，即

$$\sigma_{l4}=0.2\left(\frac{\sigma_{\mathrm{con}}}{f_{\mathrm{ptk}}}-0.575\right)\sigma_{\mathrm{con}}=0.2\times(0.75-0.575)\times1395=48.83\mathrm{N/mm}^{2}$$

4）收缩徐变损失 σ_{l5}

当混凝土达到 100% 的设计强度时开始张拉预应力筋，$f'_{\mathrm{cu}}=f_{\mathrm{cu,k}}=60\mathrm{N/mm}^{2}$，配筋率为

$$\rho=\frac{A_{\mathrm{s}}+A_{\mathrm{p}}}{2A_{\mathrm{n}}}=\frac{452+987}{2\times47709}=0.015$$

第一批损失 $\qquad\sigma_{l\mathrm{I}}=\sigma_{l1}+\sigma_{l2}=40.63+49.33=89.96\mathrm{N/mm}^{2}$

由式（10-32）得 $\qquad\sigma_{\mathrm{pcI}}=\dfrac{(\sigma_{\mathrm{con}}-\sigma_{l\mathrm{I}})A_{\mathrm{p}}}{A_{\mathrm{n}}}=\dfrac{(1395-89.96)\times987}{47709}=27.00\mathrm{N/mm}^{2}$

由于 $\dfrac{\sigma_{\mathrm{pcI}}}{f'_{\mathrm{cu}}}=\dfrac{27}{60}=0.45<0.5$，故采用式（10-20）计算，即

$$\sigma_{l5}=\frac{55+300\dfrac{\sigma_{\mathrm{pcI}}}{f'_{\mathrm{cu}}}}{1+15\rho}=\frac{55+300\times\dfrac{27.00}{60}}{1+15\times0.015}=155.10\mathrm{N/mm}^{2}$$

总损失为

$$\sigma_l = \sigma_{l\,\mathrm{I}} + \sigma_{l4} + \sigma_{l5} = 89.96 + 48.83 + 155.10$$
$$= 293.89\mathrm{N/mm^2} > 80\mathrm{N/mm^2}$$

5）计算截面的有效预应力

全部损失完成后，计算截面的有效预应力采用式（10-38）计算，即

$$\sigma_{\mathrm{pc\,II}} = \frac{(\sigma_{\mathrm{con}} - \sigma_l)A_\mathrm{p} - \sigma_{l5}A_\mathrm{s}}{A_\mathrm{n}} = \frac{(1395 - 293.89) \times 987 - 155.10 \times 452}{47709} = 21.31\mathrm{N/mm^2}$$

（4）裂缝控制验算

荷载标准组合下

$$N_\mathrm{k} = N_{\mathrm{Gk}} + N_{\mathrm{Qk}} = 800 + 280 = 1080\mathrm{kN}$$

$$\sigma_{\mathrm{ck}} = \frac{N_\mathrm{k}}{A_0} = \frac{1080 \times 10^3}{53059} = 20.35\mathrm{N/mm^2}$$

则 $\sigma_{\mathrm{ck}} - \sigma_{\mathrm{pc\,II}} = 20.35 - 21.31 = -0.96\mathrm{N/mm^2} < f_{\mathrm{tk}} = 2.39\mathrm{N/mm^2}$，满足要求。

（5）施工阶段混凝土压应力验算

张拉至控制应力时，张拉端截面压应力达最大值，由式（10-31）得

$$\sigma_{\mathrm{cc}} = \frac{\sigma_{\mathrm{con}}A_\mathrm{p}}{A_\mathrm{n}} = \frac{1395 \times 987}{47709} = 28.86\mathrm{N/mm^2} < 0.8f'_{\mathrm{ck}} = 0.8 \times 38.5 = 30.8\mathrm{N/mm^2}$$

满足要求。

（6）端部锚具下局部受压承载力计算

1）局压区截面尺寸验算

OVM 锚具直径为 120mm，锚具下垫板厚 20mm，局部受压面积可按压力 F_l 从锚具边缘在垫板中沿 45° 扩散到混凝土的面积计算。两个孔道上锚具所形成的局部受压区形状不规则，局部受压面积 A_l 可近似按图 10-21 中 160mm×280mm 的矩形面积计算，即

$$A_l = 280 \times (120 + 2 \times 20) = 44800\mathrm{mm^2}$$

局部受压计算底面积 A_b（应与局部受压面积 A_l 同心、对称）为

$$A_\mathrm{b} = 280 \times (160 + 2 \times 70) = 84000\mathrm{mm^2}$$

混凝土局部受压净面积为

$$A_{l\mathrm{n}} = A_l - A_{孔} = 44800 - 2 \times \frac{\pi}{4} \times 55^2 = 40048\mathrm{mm^2}$$

$$\beta_l = \sqrt{\frac{A_\mathrm{b}}{A_l}} = \sqrt{\frac{84000}{44800}} = 1.369$$

对 C60 级混凝土，由表 10-5 查得 $\beta_\mathrm{c} = 0.933$，$\alpha = 0.95$，则由式（10-52）得

$$F_l = 1.3\sigma_{\mathrm{con}}A_\mathrm{p} = 1.3 \times 1395 \times 987 = 1789924.5\mathrm{N} = 1790\mathrm{kN}$$

$$1.35\beta_\mathrm{c}\beta_l f_\mathrm{c} A_{l\mathrm{n}} = 1.35 \times 0.933 \times 1.369 \times 27.5 \times 40048 = 1899 \times 10^3\mathrm{N}$$
$$= 1899\mathrm{kN} > F_l = 1790\mathrm{kN}$$

满足要求。

2）构件端部局部受压承载力计算

间接钢筋采用 4 片 φ8 的 HPB300 级（$f_{\mathrm{yv}} = 270\mathrm{N/mm^2}$）焊接方格网片，间距 $s =$

50mm，网片尺寸见图 10-21。构件端部局部受压承载力按式（10-54）计算，其中

$$A_{\text{cor}}=250\times250=62500\text{mm}^2<A_{\text{b}}=84000\text{mm}^2$$

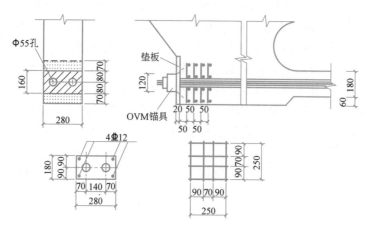

图 10-21 例题 10-1 附图

$$\beta_{\text{cor}}=\sqrt{\frac{A_{\text{cor}}}{A_l}}=\sqrt{\frac{62500}{44800}}=1.181$$

间接钢筋的体积配筋率 ρ_{v} 为

$$\rho_{\text{v}}=\frac{n_1A_{\text{s}1}l_1+n_2A_{\text{s}2}l_2}{A_{\text{cor}}s}=\frac{4\times50.3\times250+4\times50.3\times250}{62500\times50}=0.032$$

由式（10-54）得

$$0.9(\beta_{\text{c}}\beta_l f_{\text{c}}+2\alpha\rho_{\text{v}}\beta_{\text{cor}}f_{\text{yv}})A_{ln}$$
$$=0.9\times(0.933\times1.369\times27.5+2\times0.95\times0.032\times1.181\times270)\times40048$$
$$=1964802\text{N}=1965\text{kN}>F_l=1790\text{kN}$$

满足要求。

10.5 预应力混凝土受弯构件的设计与计算

10.5.1 各阶段应力分析

如前所述，预应力混凝土轴心受拉构件中，预应力筋 A_{p} 和普通钢筋 A_{s} 均在截面内对称布置，因而在混凝土内建立了均匀的预压应力 σ_{pc}。

与轴心受拉构件不同，预应力混凝土受弯构件中，沿构件长度方向，预应力筋的布置可以为直线型或曲线型。在构件截面内，设置在使用阶段受拉区的预应力筋 A_{p} 的重心与截面的重心有偏心；为了防止在制作、运输和吊装等施工阶段，构件的使用阶段受压区（称预拉区，即在预应力作用下可能受拉）出现裂缝或裂缝过宽，有时也在受压区设置预应力筋 A'_{p}；同时在构件的受拉区和受压区往往也设置少量的普通钢筋 A_{s} 和 A'_{s}。如图 10-22 所示。由于预应力混凝土受弯构件截面内钢筋为非对称布置，因此，通过张拉预应力筋所建立的混凝土预应力 σ_{pc} 值（一般为压应力，预拉区有时也可能为拉应力）沿截面高度方向是变化的。

1. 钢筋应力

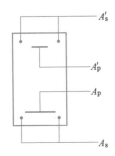

图 10-22 预应力混
凝土受弯构件截
面内钢筋布置

与预应力混凝土轴心受拉构件类似，在预应力混凝土受弯构件中，普通钢筋与混凝土协调变形的起点也是混凝土应力为零时。预应力筋与混凝土协调变形的起点：先张法为切断预应力筋的时刻（混凝土起点应力为零）；后张法为完成第二批预应力损失的时刻（该起点混凝土应力为 $\sigma_{pc\,II}$）。但必须注意，计算钢筋应力时所用的混凝土应力 σ_{pc} 应是与该钢筋（预应力筋或普通钢筋）在同一水平处之值，因为沿截面高度混凝土应力分布不均匀。

这里的面积、应力、压力等的符号同轴心受拉构件，只需注意到受压区的钢筋面积和应力符号加一撇。应力的正、负号规定为：预应力筋以受拉为正，普通钢筋及混凝土以受压为正。

例如，第一批损失（$\sigma_{l\,I}$、$\sigma'_{l\,I}$）完成后，受拉区预应力筋 A_p 的应力为

先张法 $$\sigma_{pe}=\sigma_{con}-\sigma_{l\,I}-\alpha_E\sigma_{pc\,I}$$

后张法 $$\sigma_{pe}=\sigma_{con}-\sigma_{l\,I}$$

分别加荷至受拉区和受压区预应力筋各自合力点处混凝土法向应力等于零时，受拉区和受压区的预应力筋 A_p 和 A'_p 的应力为

先张法 $$\begin{cases}\sigma_{p0}=\sigma_{con}-\sigma_l\\\sigma'_{p0}=\sigma'_{con}-\sigma'_l\end{cases}$$

后张法 $$\begin{cases}\sigma_{p0}=\sigma_{con}-\sigma_l+\alpha_E\sigma_{pc\,II}\\\sigma'_{p0}=\sigma'_{con}-\sigma'_l+\alpha_E\sigma'_{pc\,II}\end{cases}$$

2. 混凝土预压应力

仿照轴心受拉构件，计算预应力混凝土受弯构件中由预加力产生的混凝土法向应力 σ_{pc} 时，可看作将一个偏心压力 N_p 作用于构件截面上，然后按材料力学公式计算（图 10-23）。计算时，先张法用构件的换算截面（面积 A_0，惯性矩 I_0），而后张法用构件的净截面（A_n，I_n）。计算公式如下：

先张法构件

$$\sigma_{pc}=\frac{N_p}{A_0}\pm\frac{N_pe_{p0}}{I_0}y_0 \tag{10-57}$$

后张法构件

$$\sigma_{pc}=\frac{N_p}{A_n}\pm\frac{N_pe_{pn}}{I_n}y_n\pm\frac{M_2}{I_n}y_n \tag{10-58}$$

式中 　A_0——构件的换算截面面积：包括扣除孔道、凹槽等削弱部分以外的混凝土全部截面面积以及全部纵向预应力筋和普通钢筋截面面积换算成混凝土的截面面积；对由不同混凝土强度等级组成的截面，应根据混凝土弹性模量比值换算成同一混凝土强度等级的截面面积；

　　　　A_n——构件的净截面面积：换算截面面积减去全部纵向预应力筋换算成混凝土的截面面积；

　I_0、I_n——换算截面惯性矩、净截面惯性矩；

e_{p0}、e_{pn} —— 换算截面重心、净截面重心至预应力筋及普通钢筋合力点的距离，即 N_p 的偏心距；

y_0、y_n —— 换算截面重心、净截面重心至所计算纤维处的距离；

N_p —— 预应力筋及普通钢筋的合力；

M_2 —— 由预加力 N_p 在后张法预应力混凝土超静定结构中产生的次弯矩。

在式（10-57）、式（10-58）中，右边第二、第三项与第一项的应力方向相同时取加号，相反时取减号。

（1）预应力筋及普通钢筋的合力 N_p（图 10-23）

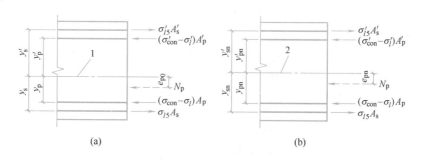

图 10-23 预应力筋及普通钢筋合力位置

（a）先张法构件；（b）后张法构件

1—换算截面重心轴；2—净截面重心轴

无论先、后张法，偏心压力 N_p 均按下式计算：

$$N_p = (\sigma_{con} - \sigma_l)A_p + (\sigma'_{con} - \sigma'_l)A'_p - \sigma_{l5}A_s - \sigma'_{l5}A'_s \tag{10-59}$$

（2）预应力筋及普通钢筋合力点的偏心距宜按下列公式计算：

先张法构件：

$$e_{p0} = \frac{(\sigma_{con} - \sigma_l)A_p y_p - (\sigma'_{con} - \sigma'_l)A'_p y'_p - \sigma_{l5}A_s y_s + \sigma'_{l5}A'_s y'_s}{N_p} \tag{10-60}$$

后张法构件：

$$e_{pn} = \frac{(\sigma_{con} - \sigma_l)A_p y_{pn} - (\sigma'_{con} - \sigma'_l)A'_p y'_{pn} - \sigma_{l5}A_s y_{sn} + \sigma'_{l5}A'_s y'_{sn}}{N_p} \tag{10-61}$$

式中　σ_l —— 相应阶段的预应力损失值；

A_p、A'_p —— 受拉区、受压区纵向预应力筋的截面面积；

A_s、A'_s —— 受拉区、受压区纵向普通钢筋的截面面积；

y_p、y'_p —— 受拉区、受压区的预应力筋合力点至换算截面重心的距离；

y_s、y'_s —— 受拉区、受压区的普通钢筋重心至换算截面重心的距离；

σ_{l5}、σ'_{l5} —— 受拉区、受压区的预应力筋在各自合力点处由混凝土收缩和徐变引起的预应力损失值；

y_{pn}、y'_{pn} —— 受拉区、受压区的预应力筋合力点至净截面重心的距离；

y_{sn}、y'_{sn} —— 受拉区、受压区的普通钢筋重心至净截面重心的距离。

当式（10-59）～式（10-61）中的 $A'_p = 0$（即受压区不配置预应力筋）时，可取式中

$\sigma'_{l5}=0$；当计算第一批损失完成后混凝土的预应力时，以上各式中，令 $\sigma_l=\sigma_{lⅠ}$，$\sigma'_l=\sigma'_{lⅠ}$，并取 $\sigma_{l5}=0$，$\sigma'_{l5}=0$；计算全部损失完成后的混凝土预应力时，则取 $\sigma_l=\sigma_{lⅠ}+\sigma_{lⅡ}$，$\sigma'_l=\sigma'_{lⅠ}+\sigma'_{lⅡ}$，此时 σ_{l5} 和 σ'_{l5} 已经发生。

偏心压力 N_p 的偏心距公式（10-60）及式（10-61）是根据合力 N_p 对任一点（例如截面重心）的矩等于其分力的矩之和推得的。

（3）截面几何特征

先张法构件

$$A_0=A_c+\alpha_{Es}A_s+\alpha'_{Es}A'_s+\alpha_E A_p+\alpha'_E A'_p$$
$$A_c=A-A_s-A'_s-A_p-A'_p$$

后张法构件

$$A_n=A_c+\alpha_{Es}A_s+\alpha'_{Es}A'_s$$
$$A_0=A_n+\alpha_E A_p+\alpha'_E A'_p$$
$$A_c=A-A_s-A'_s-A_孔$$

3. 外荷载作用下构件截面内混凝土应力计算

施加预应力后，构件在正常使用时可能不开裂甚至不出现拉应力，因而可以视混凝土为理想弹性材料。仿照轴心受拉构件，在外荷载作用下，无论先、后张法，均采用构件的换算截面，按材料力学公式计算混凝土应力。

例如，正截面抗裂验算时，加荷至构件受拉边缘混凝土应力为零时，设外弯矩为 M_0，则有

$$\sigma_{pcⅡ}-\frac{M_0}{W_0}=0$$

可得

$$M_0=\sigma_{pcⅡ}W_0 \tag{10-62}$$

式中　$\sigma_{pcⅡ}$——第二批损失完成后，受弯构件受拉边缘处的混凝土预压应力，对先、后张法，分别按式（10-57）和式（10-58）计算；

W_0——换算截面受拉边缘的弹性抵抗矩，$W_0=I_0/y_{01}$；

y_{01}——换算截面重心至受拉边缘的距离。

必须注意，受弯构件中，当加荷至 M_0 时，仅截面受拉边缘处的混凝土应力为零，而截面上其他纤维处的混凝土应力都不等于零。对于轴心受拉构件，当加荷至 N_0 时，全截面的混凝土应力均等于零。

加荷至受拉边缘混凝土即将开裂时，设开裂弯矩为 M_{cr}。对预应力混凝土受弯构件，确定 M_{cr} 可有以下两种考虑：

（1）按弹性材料构件计算

不考虑受拉区混凝土的塑性，即构件截面上混凝土应力按直线分布（图10-24a），则加荷至受拉边缘混凝土应力等于 f_{tk} 时，有

$$\frac{M_{cr1}}{W_0}-\sigma_{pcⅡ}=f_{tk}$$

可解得 $\qquad M_{cr1}=(\sigma_{pc\,II}+f_{tk})W_0$ （10-63）

（2）考虑受拉区混凝土的塑性

取受拉区混凝土应力图形为梯形、受拉边缘混凝土极限拉应变为 $2f_{tk}/E_c$，按平截面应变假定，可确定混凝土构件的截面抵抗矩塑性影响系数基本值 γ_m（对常用的截面形状可查附表20），则混凝土构件的截面抵抗矩塑性影响系数 γ 可按下列公式计算：

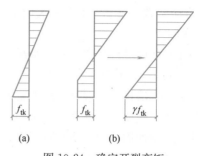

图 10-24 确定开裂弯矩

（a）弹性应力分布；（b）弹塑性应力分布及等效

$$\gamma=\left(0.7+\frac{120}{h}\right)\gamma_m \qquad (10\text{-}64)$$

式中 h——截面高度（mm）：当 $h<400mm$ 时，取 $h=400mm$；当 $h>1600mm$ 时，取 $h=1600mm$；对圆形、环形截面，取 $h=2r$，此处，r 为圆形截面半径或环形截面的外环半径。

γ 的意义是将构件截面受拉区考虑混凝土塑性的应力图形等效转化为直线分布时，受拉边缘的应力为 γf_{tk}（图 10-24b），γ 是一大于 1 的系数。当加荷至受拉边缘即将开裂时，按材料力学公式则有

$$\frac{M_{cr2}}{W_0}-\sigma_{pc\,II}=\gamma f_{tk}$$

可解得 $\qquad M_{cr2}=(\sigma_{pc\,II}+\gamma f_{tk})W_0$ （10-65）

显然，按弹性计算的开裂弯矩 M_{cr1} 值偏小，即 $M_{cr1}<M_{cr2}$。《混凝土结构设计规范》建议采用式（10-65）计算开裂弯矩。

4. 由预加力 N_p 在后张法预应力混凝土超静定结构中产生的次弯矩和次剪力

在后张法预应力混凝土超静定结构中存在支座等多余约束。当预加力对超静定梁引起的结构变形受到支座约束时，将产生支座反力，并由该反力产生次弯矩 M_2。因此，在计算由预加力在截面中产生的混凝土法向应力时，应考虑该次弯矩 M_2 的影响，见式（10-58）。

规范规定，对后张法预应力混凝土超静定结构进行正截面受弯承载力计算及抗裂验算时，在弯矩设计值中应组合次弯矩；在进行斜截面受剪承载力计算及抗裂验算时，在剪力设计值中应组合次剪力。现就次内力的计算简述如下。

按弹性分析计算时，次弯矩 M_2 宜按下列公式确定：

$$M_2=M_r-M_1 \qquad (10\text{-}66)$$

$$M_1=N_p e_{pn} \qquad (10\text{-}67)$$

式中 N_p——预应力筋及普通钢筋的合力，按式（10-59）计算；

e_{pn}——净截面重心至预应力筋及普通钢筋合力点的距离，按式（10-61）计算；

M_1——预加力 N_p 对净截面重心偏心引起的弯矩值，也称主弯矩；

M_r——由预加力 N_p 的等效荷载在结构构件截面上产生的弯矩值，也称综合弯矩。

等效荷载的概念和计算方法可参考文献［21］或与本书配套的《混凝土结构设计》

（第五版）教材第 2.5 节的有关内容。次剪力宜根据构件各截面次弯矩分布按结构力学方法计算。

在对截面进行受弯及受剪承载力计算时，当组合的次弯矩、次剪力不利时，预应力分项系数取 1.3；有利时取 1.0。

对后张法预应力混凝土框架梁及连续梁，在满足纵向受力钢筋最小配筋率的条件下，当截面相对受压区高度 $\xi \leqslant 0.3$ 时，可考虑内力重分布，支座截面弯矩可按 20% 调幅，并应满足正常使用极限状态验算要求；当 $\xi > 0.3$ 时，不应考虑内力重分布。

10.5.2 使用阶段计算

对预应力混凝土受弯构件，使用阶段两种极限状态的计算内容有：正截面受弯承载力及斜截面承载力计算；正截面抗裂和斜截面抗裂验算以及构件挠度验算。

1. 正截面受弯承载力计算

（1）预应力混凝土受弯构件计算特点

预应力混凝土受弯构件破坏时，其正截面的应力状态与普通混凝土受弯构件类似，但也有以下特点：

1）基本假定中的截面应变分布保持平面、不考虑混凝土的抗拉强度及采用的混凝土受压应力与应变关系这三条对预应力混凝土受弯构件仍然适用；而"纵向钢筋的应力取等于钢筋应变与其弹性模量的乘积，但其绝对值不应大于其相应的强度设计值"这一条，对预应力筋是近似的，因为预应力筋采用没有明显流幅的钢筋。

2）界限破坏条件（按预应力筋 A_p 及受压混凝土考虑）。

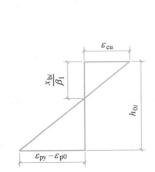

图 10-25　界限破坏时截面应变分布

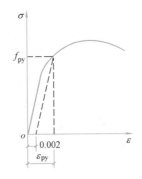

图 10-26　无屈服点钢筋的应力-应变曲线

考虑界限破坏，即受拉区预应力筋 A_p 达 f_{py} 的同时，截面受压边缘混凝土达到极限压应变 ε_{cu}，如图 10-25 所示。注意到图中预应力筋 A_p 的应变为 $\varepsilon_{py} - \varepsilon_{p0}$，这是由于预应力筋水平处混凝土应力为零时，预应力筋已经受有拉应力 σ_{p0}（相应的应变 $\varepsilon_{p0} = \sigma_{p0}/E_s$）。对没有明显流幅的预应力筋，$\varepsilon_{py}$ 与条件屈服点有关（图 10-26），有

$$\varepsilon_{py} = 0.002 + \frac{f_{py}}{E_s}$$

由图 10-25 的几何关系可推得

$$\frac{x_{bi}}{h_{0i}} = \frac{\beta_1}{1 + \dfrac{0.002}{\varepsilon_{cu}} + \dfrac{f_{py} - \sigma_{p0}}{E_s \varepsilon_{cu}}} \tag{10-68}$$

式中　x_{bi}——界限破坏时受压区混凝土等效矩形应力图形的高度；

$\quad\quad h_{0i}$——受拉区预应力筋 A_p 合力点至截面受压边缘的距离；

$\quad\quad f_{py}$——预应力筋抗拉强度设计值；

$\quad\quad E_s$——预应力筋弹性模量；

$\quad\quad \sigma_{p0}$——受拉区纵向预应力筋合力点处混凝土法向应力等于零时的预应力筋应力；

$\quad\quad \varepsilon_{cu}$——非均匀受压时的混凝土极限压应变；

$\quad\quad \beta_1$——系数，取值查表 10-5。

当截面受拉区内配置有不同种类或不同预应力值的钢筋时，受弯构件的界限受压区高度应分别计算，并取其较小值。

3）界限破坏条件（**按普通钢筋 A_s 及受压区混凝土考虑**）。

有屈服点普通钢筋

$$\frac{x_{bj}}{h_{0j}}=\frac{\beta_1}{1+\dfrac{f_y}{E_s\varepsilon_{cu}}} \tag{10-69}$$

无屈服点普通钢筋

$$\frac{x_{bj}}{h_{0j}}=\frac{\beta_1}{1+\dfrac{0.002}{\varepsilon_{cu}}+\dfrac{f_y}{E_s\varepsilon_{cu}}} \tag{10-70}$$

式中　x_{bj}——界限破坏时受压区混凝土等效矩形应力图形的高度；

$\quad\quad h_{0j}$——受拉区普通钢筋 A_s 合力点至截面受压边缘的距离。

4）破坏时，受压区预应力筋 A'_p 的应力 σ'_p。

配置在受压区的预应力筋 A'_p 在施工阶段已受有预拉应力 σ'_{pe}，当与 A'_p 同一水平处的混凝土应力为零时，A'_p 的拉应力为 σ'_{p0}，因而当受压边缘混凝土达到极限压应变 ε_{cu} 时，平截面应变分布图中，A'_p 水平处的混凝土应变（绝对值）为 $\dfrac{\sigma'_{p0}}{E_s}-\varepsilon'_p$（$\varepsilon'_p$ 以受拉为正），可推出预应力筋 A'_p 的应变 ε'_p 与受压区高度 x 的关系，从而得到应力 σ'_p，但这将使在正截面受弯承载力计算时求解 x 很繁琐。一般地，破坏时 A'_p 无论受拉或受压，均达不到屈服强度，因此规范近似取 $\sigma'_p=\sigma'_{p0}-f'_{py}$（与 x 无关），以简化计算。

（2）矩形截面或翼缘位于受拉边的倒 T 形截面预应力混凝土受弯构件正截面受弯承载力计算

与非预应力混凝土受弯构件类似，图 10-27 所示平面力系，有两个独立平衡方程。

由受拉区预应力筋和普通钢筋合力点的力矩平衡条件（即 $\sum M=0$）可得

$$M \leqslant M_u=\alpha_1 f_c bx\left(h_0-\frac{x}{2}\right)+f'_y A'_s(h_0-a'_s)-(\sigma'_{p0}-f'_{py})A'_p(h_0-a'_p) \tag{10-71}$$

由水平方向力的平衡条件（即 $\sum X=0$）可得

$$\alpha_1 f_c bx=f_y A_s-f'_y A'_s+f_{py}A_p+(\sigma'_{p0}-f'_{py})A'_p \tag{10-72}$$

式（10-71）和式（10-72）联立可求解两个独立未知量。

公式的适用条件为

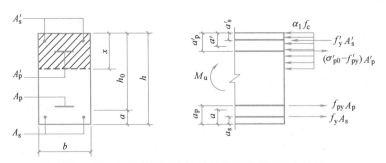

图 10-27　矩形截面受弯构件正截面受弯承载力计算

$$x \leqslant \xi_b h_0 \tag{10-73}$$

$$x \geqslant 2a' \tag{10-74}$$

式中　M——弯矩设计值；

　　　　M_u——受弯承载力设计值；

　　　　α_1——系数，取值查表 10-5；

　　　　f_c——混凝土轴心抗压强度设计值；

　　A_s、A_s'——受拉区、受压区纵向普通钢筋的截面面积；

　　A_p、A_p'——受拉区、受压区纵向预应力筋的截面面积；

　　　　σ_{p0}'——受压区纵向预应力筋 A_p' 合力点处混凝土法向应力等于零时的预应力筋应力；

　　　　b——矩形截面的宽度或倒 T 形截面的腹板宽度；

　a_s'、a_p'——受压区纵向普通钢筋合力点、预应力筋合力点至截面受压边缘的距离；

　　　　a'——受压区全部纵向钢筋合力点至截面受压边缘的距离，当受压区未配置纵向预应力筋或受压区纵向预应力筋应力（$\sigma_{p0}' - f_{py}'$）为拉应力时，公式（10-74）中的 a' 用 a_s' 代替；

　　　　h_0——截面有效高度，为受拉区预应力和普通钢筋合力点至截面受压边缘的距离，$h_0 = h - a$；

　　　　a——受拉区全部纵向钢筋合力点至截面受拉边缘的距离，按下式计算：

$$a = \frac{A_p f_{py} a_p + A_s f_y a_s}{A_p f_{py} + A_s f_y} \tag{10-75}$$

　　a_s、a_p——受拉区纵向普通钢筋合力点、预应力筋合力点至截面受拉边缘的距离；

　　　　ξ_b——相对界限受压区高度：$\xi_b = x_b / h_0$；

　　　　x_b——界限受压区高度；当截面受拉区配置有不同种类或不同预应力值的钢筋时，x_b 应按式（10-68）、式（10-69）或式（10-70）计算，并取其较小值，即 $x_b = \min(x_{bi}, x_{bj})$。

与普通混凝土受弯构件类似，满足式（10-73），能保证构件截面破坏时受拉纵筋达到屈服强度；而式（10-74）则是保证构件截面破坏时普通受压纵筋屈服，以及受压区预应力筋 A_p' 的应力变化量达到 f_{py}'。

（3）翼缘位于受压区的 T 形、I 形截面受弯构件正截面受弯承载力计算

因为这类截面翼缘位于受压区，所以应先判断中和轴在翼缘内（第一类 T 形截面）还是在腹板内（第二类 T 形截面）。

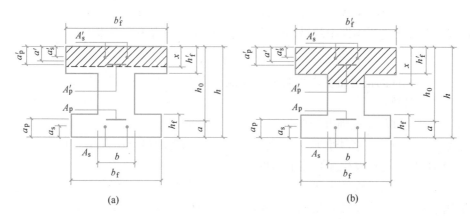

图 10-28 I形截面受弯构件受压区高度位置

(a) $x \leqslant h'_f$; (b) $x > h'_f$

1) 当符合下列条件时（即中和轴在受压翼缘内）（图 10-28a）：

$$f_y A_s + f_{py} A_p \leqslant \alpha_1 f_c b'_f h'_f + f'_y A'_s - (\sigma'_{p0} - f'_{py}) A'_p \tag{10-76}$$

应按宽度为 b'_f 的矩形截面计算；

2) 当不符合公式（10-76）的条件时（中和轴在腹板内）（图 10-28b），其正截面受弯承载力应按下列公式计算：

由受拉区预应力筋和普通钢筋合力点的力矩平衡条件可得

$$M \leqslant M_u = \alpha_1 f_c b x \left(h_0 - \frac{x}{2} \right) + \alpha_1 f_c (b'_f - b) h'_f \left(h_0 - \frac{h'_f}{2} \right) \\ + f'_y A'_s (h_0 - a'_s) - (\sigma'_{p0} - f'_{py}) A'_p (h_0 - a'_p) \tag{10-77}$$

由水平方向力的平衡条件可得

$$\alpha_1 f_c [bx + (b'_f - b) h'_f] = f_y A_s - f'_y A'_s + f_{py} A_p + (\sigma'_{p0} - f'_{py}) A'_p \tag{10-78}$$

式中 h'_f——T形、I形截面受压区的翼缘高度；

b'_f——T形、I形截面受压区的翼缘计算宽度。

按式（10-77）和式（10-78）计算 T 形、I 形截面受弯构件时，混凝土受压区高度仍应符合式（10-73）和式（10-74）的要求。

当式（10-73）或式（10-74）所表示的适用条件得不到满足时，可按以下方法处理：

受弯构件（包括矩形截面、T 形和 I 形截面）正截面受弯承载力的计算，应符合式（10-73）的要求。当由构造要求或按正常使用极限状态验算要求配置的纵向受拉钢筋截面面积大于受弯承载力要求的配筋面积时，按式（10-72）或式（10-78）计算的混凝土受压区高度 x，可仅计入受弯承载力条件所需的纵向受拉钢筋截面面积。

当计算中计入纵向普通受压钢筋时，应符合式（10-74）的条件；当不符合此条件时，认为破坏时受压区普通钢筋 A'_s 达不到 f'_y，可近似取 $x = 2a'_s$（此时受压区混凝土合力作用点与 A'_s 重心正好重合），并对 A'_s 重心处取矩得：

$$M \leqslant M_u = f_{py} A_p (h - a_p - a'_s) + f_y A_s (h - a_s - a'_s) + (\sigma'_{p0} - f'_{py}) A'_p (a'_p - a'_s) \tag{10-79}$$

式中 a_s、a_p——受拉区纵向普通钢筋合力点、预应力筋合力点至截面受拉边缘的距离。

预应力混凝土受弯构件中的纵向受拉钢筋配筋率应符合下列要求：

$$M_u \geqslant M_{cr} \tag{10-80}$$

式中 M_u——构件的正截面受弯承载力设计值，按式（10-71）、式（10-77）或式（10-79）
计算；

M_{cr}——构件的正截面开裂弯矩值，按式（10-65）计算。

式（10-80）规定了各类预应力混凝土构件受力钢筋的最小配筋率。目的是保证构件具有一定的延性，避免发生无预兆的脆性破坏。

与普通混凝土受弯构件类似，预应力混凝土受弯构件的正截面计算也是求解两个独立平衡方程的问题，无论设计或复核，只能求解两个独立未知量。

2. 斜截面承载力计算

与普通混凝土受弯构件类似，预应力混凝土受弯构件也包括斜截面受剪承载力和斜截面受弯承载力的计算。只需注意施加预应力对构件斜截面承载力的影响，其余与普通混凝土受弯构件相同的内容不再赘述。

（1）斜截面受剪承载力计算

矩形、T形和I形截面的受弯构件，其受剪截面应符合下列条件：

当 $h_w/b \leqslant 4$ 时

$$V \leqslant 0.25\beta_c f_c b h_0 \tag{10-81}$$

当 $h_w/b \geqslant 6$ 时

$$V \leqslant 0.2\beta_c f_c b h_0 \tag{10-82}$$

当 $4 < h_w/b < 6$ 时，按线性内插法确定。混凝土强度影响系数 β_c 值查表10-5。

矩形、T形和I形截面的一般预应力混凝土受弯构件，当仅配置箍筋时，其斜截面受剪承载力应按下列公式计算：

$$V \leqslant V_{cs} + V_p \tag{10-83}$$

$$V_p = 0.05 N_{p0} \tag{10-84}$$

式中 V——构件斜截面上的最大剪力设计值；

V_p——由预加力所提高的构件受剪承载力设计值；

V_{cs}——构件斜截面上混凝土和箍筋的受剪承载力设计值，其计算公式与普通混凝土受弯构件相同；

N_{p0}——计算截面上混凝土法向预应力等于零时的纵向预应力筋及普通钢筋的合力，当 $N_{p0} > 0.3 f_c A_0$ 时，取 $N_{p0} = 0.3 f_c A_0$，此处，A_0 为构件的换算截面面积。

对预应力混凝土受弯构件，N_{p0} 按下式计算：

$$N_{p0} = \sigma_{p0} A_p + \sigma'_{p0} A'_p - \sigma_{l5} A_s - \sigma'_{l5} A'_s \tag{10-85}$$

由式（10-83）可见，一般情况下预应力对梁截面的受剪承载力起有利作用。这主要是因为当 N_{p0} 对梁截面产生的弯矩与外弯矩方向相反时，预压应力能阻滞斜裂缝的出现和开展，增加了混凝土剪压区高度，故而提高了混凝土剪压区所承担的剪力。但对合力 N_{p0} 引起的截面弯矩与外弯矩方向相同的情况，预应力对受剪承载力起不利作用，故不予考虑，取 $V_p=0$。另外，对预应力混凝土连续梁，尚未作深入研究；对允许出现裂缝的预应力混凝土简支梁，考虑到构件达到承载力时，预应力可能消失；故暂不考虑这两种情况时预应力的有利作用，均应取 $V_p=0$。对先张法预应力混凝土构件，在计算合力 N_{p0} 时，应考虑预应力筋传递长度的影响。

矩形、T形和I形截面的预应力混凝土受弯构件，当配置箍筋和弯起钢筋时，其斜截面受剪承载力应按下列公式计算：

$$V \leqslant V_{cs}+V_p+0.8f_y A_{sb}\sin\alpha_s+0.8f_{py}A_{pb}\sin\alpha_p \tag{10-86}$$

式中　V——配置弯起钢筋处的剪力设计值；

V_p——按公式（10-84）计算，但计算合力 N_{p0} 时不考虑弯起预应力筋的作用；

A_{sb}、A_{pb}——同一弯起平面内的弯起普通钢筋、弯起预应力筋的截面面积；

α_s、α_p——斜截面上弯起普通钢筋、弯起预应力筋的切线与构件纵向轴线的夹角。

矩形、T形和I形截面的一般预应力混凝土受弯构件，当符合公式

$$V \leqslant 0.7f_t bh_0+0.05N_{p0} \tag{10-87}$$

的要求时；集中荷载作用下的独立梁，当符合公式

$$V \leqslant \frac{1.75}{\lambda+1.0}f_t bh_0+0.05N_{p0} \tag{10-88}$$

的要求时，均可不进行斜截面受剪承载力计算，而仅需按构造要求配置箍筋。

（2）斜截面受弯承载力计算

预应力混凝土受弯构件斜截面的受弯承载力应按下列公式计算（图10-29）：

$$M \leqslant (f_y A_s+f_{py}A_p)z+\sum f_y A_{sb}z_{sb}+\sum f_{py}A_{pb}z_{pb}+\sum f_{yv}A_{sv}z_{sv} \tag{10-89}$$

此时，斜截面的水平投影长度 c 可按下列条件确定：

$$V=\sum f_y A_{sb}\sin\alpha_s+\sum f_{py}A_{pb}\sin\alpha_p+\sum f_{yv}A_{sv} \tag{10-90}$$

式中　V——斜截面受压区末端的剪力设计值；

z——纵向受拉普通钢筋和预应力筋的合力点至受压区合力点的距离，可近似取为 $z=0.9h_0$；

z_{sb}、z_{pb}——同一弯起平面内的弯起普通钢筋、弯起预应力筋的合力至斜截面受压区合力点的距离；

z_{sv}——同一斜截面上箍筋的合力至斜截面受压区合力点的距离。

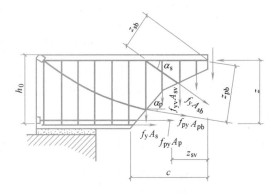

图 10-29　受弯构件斜截面受弯承载力计算

在计算先张法预应力混凝土构件端部锚固区的斜截面受弯承载力时，式（10-89）中的 f_{py} 应按下列规定确定：锚固区内的纵向预应力筋抗拉强度设计值在锚固起点处应取为零，在锚固终点处应取为 f_{py}，在两点之间可按线性内插法确定。

预应力混凝土受弯构件中配置的纵向钢筋和箍筋，当符合规范中关于纵筋的锚固、截断、弯起及箍筋的直径、间距等构造要求时，可不进行构件斜截面的受弯承载力计算。

3. 正截面裂缝控制验算

对预应力混凝土受弯构件，应按所处环境类别和结构类别选用相应的裂缝控制等级，并进行受拉边缘法向应力或正截面裂缝宽度验算。验算公式的形式与预应力混凝土轴心受拉构件的相同（但注意这里计算的混凝土应力是截面受拉边缘处之值），即

（1）一级——严格要求不出现裂缝的构件

在荷载标准组合下，构件受拉边缘应力应符合下列规定：

$$\sigma_{ck} - \sigma_{pc} \leqslant 0 \tag{10-91}$$

在受弯构件的受拉边缘，当在荷载标准组合的弯矩值 M_k 下不允许出现拉应力时，应有 $M_k \leqslant M_0$，即 $M_k \leqslant \sigma_{pc} W_0$，令 $\sigma_{ck} = \dfrac{M_k}{W_0}$，即可得式（10-91）。

（2）二级——一般要求不出现裂缝的构件

在荷载标准组合下，构件受拉边缘应力应符合下列规定：

$$\sigma_{ck} - \sigma_{pc} \leqslant f_{tk} \tag{10-92}$$

对受弯构件的受拉边缘，当在荷载标准组合的弯矩值 M_k 下不允许开裂时，应有 $M_k \leqslant M_{cr}$，按弹性方法计算 M_{cr} 时，即 $M_k \leqslant (\sigma_{pc} + f_{tk}) W_0$，可导出式（10-92）；考虑受拉区混凝土塑性计算 M_{cr} 时，则为 $M_k \leqslant (\sigma_{pc} + \gamma f_{tk}) W_0$，可得验算式 $\sigma_{ck} - \sigma_{pc} \leqslant \gamma f_{tk}$，因为 $\gamma > 1$，所以采用式（10-92）控制较严格。

（3）三级——允许出现裂缝的构件

按荷载标准组合并考虑长期作用影响计算的最大裂缝宽度，应符合下列规定：

$$w_{max} \leqslant w_{lim} \tag{10-93}$$

式中　σ_{ck}——荷载标准组合下受拉边缘的混凝土法向应力；

　　　σ_{pc}——扣除全部预应力损失后在受拉边缘混凝土的预压应力；

　　　f_{tk}——混凝土轴心抗拉强度标准值；

　　　w_{max}——按荷载标准组合并考虑长期作用影响计算的最大裂缝宽度；

　　　w_{lim}——最大裂缝宽度限值。

对环境类别为二 a 类的三级预应力混凝土构件，在荷载准永久组合下尚应符合下列规定：

$$\sigma_{cq} - \sigma_{pc} \leqslant f_{tk} \tag{10-94}$$

式中　σ_{cq}——荷载准永久组合下抗裂验算截面边缘的混凝土法向应力，$\sigma_{cq} = \dfrac{M_q}{W_0}$；$M_q$ 为按荷载准永久组合计算的弯矩值。

对预应力混凝土受弯构件，其预拉区在施工阶段出现裂缝的区段，式（10-91）及式（10-92）中的 σ_{pc} 应乘以系数 0.9。

矩形、T 形、倒 T 形和 I 形截面的预应力混凝土受弯构件，按荷载标准组合并考虑长期作用影响的最大裂缝宽度 w_{max} 仍可按式（10-45）计算，但其中 α_{cr} 取 1.5，有效受拉混凝土截面面积及受拉区纵向钢筋的等效应力分别按下列各式计算：

$$A_{te} = 0.5bh + (b_f - b) h_f \tag{10-95}$$

$$\sigma_{sk} = \frac{M_k - N_{p0}(z - e_p)}{(A_p + A_s)z} \quad\quad (10\text{-}96)$$

$$z = \left[0.87 - 0.12(1 - \gamma'_f)\left(\frac{h_0}{e}\right)^2\right]h_0 \quad\quad (10\text{-}97)$$

$$\gamma'_f = \frac{(b'_f - b)h'_f}{bh_0} \quad\quad (10\text{-}98)$$

$$e = e_p + \frac{M_k}{N_{p0}} \quad\quad (10\text{-}99)$$

$$e_p = y_{ps} - e_{p0} \quad\quad (10\text{-}99a)$$

式中　　z——受拉区纵向普通钢筋和预应力筋合力点至截面受压区合力点的距离；

e_p——计算截面上混凝土法向预应力等于零时的预加力 N_{p0} 的作用点至受拉区纵向预应力筋和普通钢筋合力点的距离；

y_{ps}——受拉区纵向预应力筋和普通钢筋合力点的偏心距；

e_{p0}——N_{p0} 作用点偏心距；

b'_f、h'_f——受压区翼缘的宽度、高度；在公式（10-98）中，当 $h'_f > 0.2h_0$ 时，取 $h'_f = 0.2h_0$；

γ'_f——受压翼缘截面面积与腹板有效截面面积的比值；

N_{p0}——计算截面上混凝土法向预应力等于零时的预加力，N_{p0} 按下式计算：

$$N_{p0} = \sigma_{p0}A_p + \sigma'_{p0}A'_p - \sigma_{l5}A_s - \sigma'_{l5}A'_s$$

对承受吊车荷载但不需做疲劳验算的受弯构件，可将计算求得的最大裂缝宽度乘以系数 0.85。

4. 斜截面抗裂验算

当预应力混凝土受弯构件内的主拉应力过大时，会产生与主拉应力方向垂直的斜裂缝，为了避免斜裂缝的出现，应对斜截面上的混凝土主拉应力进行验算，同时按裂缝控制等级不同予以区别对待。而过大的主压应力，将导致混凝土抗拉强度过大的降低（图 2-17 的第二、四象限）和裂缝过早的出现，因而也应限制主压应力值。

（1）混凝土主拉应力

1）一级——严格要求不出现裂缝的构件，应符合下列规定：

$$\sigma_{tp} \leqslant 0.85 f_{tk} \quad\quad (10\text{-}100)$$

2）二级——一般要求不出现裂缝的构件，应符合下列规定：

$$\sigma_{tp} \leqslant 0.95 f_{tk} \quad\quad (10\text{-}101)$$

（2）混凝土主压应力

对严格要求和一般要求不出现裂缝的构件，均应符合下列规定：

$$\sigma_{cp} \leqslant 0.6 f_{ck} \quad\quad (10\text{-}102)$$

式中　　σ_{tp}、σ_{cp}——混凝土的主拉应力、主压应力。

此时，应选择跨度内不利位置的截面，对该截面的换算截面重心处和截面宽度剧烈改变处进行验算。

对允许出现裂缝的吊车梁，在静力计算中应符合式（10-101）和式（10-102）的规定。

混凝土主拉应力和主压应力应按下列公式计算：

$$\left.\begin{array}{c}\sigma_{tp}\\\sigma_{cp}\end{array}\right\}=\frac{\sigma_x+\sigma_y}{2}\pm\sqrt{\left(\frac{\sigma_x-\sigma_y}{2}\right)^2+\tau^2} \tag{10-103}$$

$$\sigma_x=\sigma_{pc}+\frac{M_ky_0}{I_0} \tag{10-104}$$

$$\tau=\frac{(V_k-\sum\sigma_{pe}A_{pb}\sin\alpha_p)S_0}{I_0b} \tag{10-105}$$

式中　σ_x——由预加力和弯矩值 M_k 在计算纤维处产生的混凝土法向应力；

σ_y——由集中荷载标准值 F_k 产生的混凝土竖向压应力；

τ——由剪力值 V_k 和预应力弯起钢筋的预加力在计算纤维处产生的混凝土剪应力；当计算截面上有扭矩作用时，尚应计入扭矩引起的剪应力；对超静定后张法预应力混凝土结构构件，尚应计入预加力引起的次剪应力；

σ_{pc}——扣除全部预应力损失后，在计算纤维处由预加力产生的混凝土法向应力，按式（10-57）或式（10-58）计算；

y_0——换算截面重心至计算纤维处的距离；

I_0——换算截面惯性矩；

V_k——按荷载标准组合计算的剪力值；

S_0——计算纤维以上部分的换算截面面积对构件换算截面重心的面积矩；

σ_{pe}——弯起预应力筋的有效预应力；

A_{pb}——计算截面上同一弯起平面内的预应力弯起钢筋的截面面积；

α_p——计算截面上预应力弯起钢筋的切线与构件纵向轴线的夹角。

式（10-103）和式（10-104）中的 σ_x、σ_y、σ_{pc} 和 M_ky_0/I_0，当为拉应力时，以正值代入；当为压应力时，以负值代入。

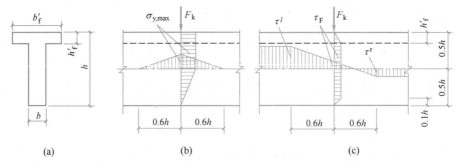

图 10-30　预应力混凝土吊车梁集中力作用点附近的应力分布

(a) 截面；(b) 竖向压应力 σ_y 分布；(c) 剪应力 τ 分布

对预应力混凝土吊车梁，当梁顶作用有较大集中力（如吊车轮压）时，应考虑其对斜截面抗裂的有利影响。实测及弹性理论分析表明，在集中力作用点附近会产生竖向压应力 σ_y，另外，集中力作用点附近剪应力也显著减小，这两者均可使主拉应力值减小，因而对斜截面抗裂有利。上述竖向压应力及剪应力的分布比较复杂，为简化计算可采用直线分布。在集中力作用点两侧各 $0.6h$ 的长度范围内，由集中荷载标准值 F_k 产生的混凝土竖向压应力和剪应力的简化分布可按图 10-30 确定，其应力的最大值可按下列公式计算：

$$\sigma_{y,\max} = \frac{0.6F_k}{bh} \tag{10-106}$$

$$\tau_F = \frac{\tau^l - \tau^r}{2} \tag{10-107}$$

$$\tau^l = \frac{V_k^l S_0}{I_0 b} \tag{10-108}$$

$$\tau^r = \frac{V_k^r S_0}{I_0 b} \tag{10-109}$$

式中　τ^l、τ^r——位于集中荷载标准值 F_k 作用点左侧、右侧 $0.6h$ 处的剪应力；

　　　τ_F——集中荷载标准值 F_k 作用截面上的剪应力；

　　V_k^l、V_k^r——集中荷载标准值 F_k 作用点左侧、右侧的剪力标准值。

5. 挠度验算

与普通混凝土受弯构件不同，预应力混凝土受弯构件的挠度由两部分组成。第一部分是外荷载产生的向下挠度 f_l；另一部分是预应力产生的向上变形 f_p，称为反拱。

预应力混凝土受弯构件在正常使用极限状态下的挠度，应按下列公式验算：

$$f_l - f_p \leqslant f_{\lim} \tag{10-110}$$

式中　f_l——预应力混凝土受弯构件按荷载标准组合并考虑荷载长期作用影响的挠度；

　　　f_p——预应力混凝土受弯构件在使用阶段的预加力反拱值；

　　　$f_{\lim}$——挠度限值，查附表 14 确定。

预应力混凝土受弯构件按荷载标准组合并考虑荷载长期作用影响的挠度 f_l，可根据构件的刚度 B 用结构力学的方法计算。

在等截面构件中，可假定各同号弯矩区段内的刚度相等，并取用该区段内最大弯矩处的刚度。当计算跨度内的支座截面刚度不大于跨中截面刚度的两倍或不小于跨中截面刚度的二分之一时，该跨也可按等刚度构件进行计算，其构件刚度可取跨中最大弯矩截面的刚度。

当全部荷载中仅有部分为长期作用时，可近似认为，在全部荷载作用下构件的总挠度是由荷载短期作用下的短期挠度与荷载长期作用下的长期挠度之和组成。对预应力混凝土受弯构件，全部荷载应按荷载的标准组合值确定，长期荷载应按荷载的准永久组合值确定，则短期荷载即为荷载的标准组合值与荷载的准永久组合值之差。为此，将按荷载效应标准组合计算的弯矩值分解为两部分，$M_k = (M_k - M_q) + M_q$，则 $(M_k - M_q)$ 相当于短期荷载产生的弯矩，M_q 相当于长期荷载产生的弯矩；故仅需对在 M_q 下产生的那部分挠度乘以挠度增大系数，对于在 $(M_k - M_q)$ 下产生的短期挠度部分是不必增大的。若短期荷载与长期荷载的分布形式相同，则有

$$\alpha \frac{(M_k - M_q)l_0^2}{B_s} + \theta \cdot \alpha \frac{M_q l_0^2}{B_s} = \alpha \frac{M_k l_0^2}{B} \tag{10-111}$$

由上式可得，矩形、T 形、倒 T 形和 I 形截面受弯构件按荷载标准组合并考虑荷载长

期作用影响的刚度计算公式，即

$$B=\frac{M_\mathrm{k}}{M_\mathrm{q}(\theta-1)+M_\mathrm{k}}B_\mathrm{s} \tag{10-112}$$

式中　M_k——按荷载标准组合计算的弯矩，取计算区段内的最大弯矩值；

　　　M_q——按荷载准永久组合计算的弯矩，取计算区段内的最大弯矩值；

　　　B_s——荷载标准组合作用下受弯构件的短期刚度；

　　　θ——考虑荷载长期作用对挠度增大的影响系数，预应力混凝土受弯构件，取$\theta=2.0$。

在荷载标准组合作用下，预应力混凝土受弯构件的短期刚度B_s可按下列公式计算：

1）要求不出现裂缝的构件（裂缝控制等级为一级、二级）

$$B_\mathrm{s}=0.85E_\mathrm{c}I_0 \tag{10-113}$$

2）允许出现裂缝的构件（裂缝控制等级为三级）

$$B_\mathrm{s}=\frac{0.85E_\mathrm{c}I_0}{\kappa_\mathrm{cr}+(1-\kappa_\mathrm{cr})\omega} \tag{10-114}$$

$$\kappa_\mathrm{cr}=\frac{M_\mathrm{cr}}{M_\mathrm{k}} \tag{10-115}$$

$$\omega=\left(1.0+\frac{0.21}{\alpha_\mathrm{E}\rho}\right)(1+0.45\gamma_\mathrm{f})-0.7 \tag{10-116}$$

$$M_\mathrm{cr}=(\sigma_\mathrm{pc}+\gamma f_\mathrm{tk})W_0 \tag{10-117}$$

$$\gamma_\mathrm{f}=\frac{(b_\mathrm{f}-b)h_\mathrm{f}}{bh_0} \tag{10-118}$$

式中　α_E——钢筋弹性模量与混凝土弹性模量的比值：$\alpha_\mathrm{E}=E_\mathrm{s}/E_\mathrm{c}$；

　　　ρ——纵向受拉钢筋配筋率：对预应力混凝土受弯构件，取$\rho=(A_\mathrm{p}+A_\mathrm{s})/(bh_0)$；

　　　I_0——换算截面惯性矩；

　　　γ_f——受拉翼缘截面面积与腹板有效截面面积的比值；

　　b_f、h_f——受拉区翼缘的宽度、高度；

　　　κ_cr——预应力混凝土受弯构件正截面的开裂弯矩M_cr与弯矩M_k的比值，当$\kappa_\mathrm{cr}>1.0$时，取$\kappa_\mathrm{cr}=1.0$；

　　　σ_pc——扣除全部预应力损失后，由预加力在受拉边缘产生的混凝土预压应力；

　　　γ——混凝土构件的截面抵抗矩塑性影响系数，按式（10-64）确定。

对预压时预拉区出现裂缝的构件，B_s应降低10%。

预应力混凝土受弯构件在使用阶段的预加力反拱值f_p，可用结构力学方法按刚度$E_\mathrm{c}I_0$进行计算，并应考虑预压应力长期作用的影响。此时，应将计算求得的预加应力反拱值乘以增大系数2.0；在计算中，预应力筋的应力应扣除全部预应力损失。

对重要的或特殊的预应力混凝土受弯构件的长期反拱值，可根据专门的试验分析确定或根据配筋情况采用合理的收缩、徐变计算方法经分析确定；对恒载较小的构件，应考虑反拱过大对使用的不利影响。

10.5.3 施工阶段验算

实际工程和试验研究均证明，如果预压区外边缘压应力过大，可能在预压区内产生沿钢筋方向的纵向裂缝，或使受压区混凝土进入非线性徐变阶段，因此必须控制外边缘混凝土的压应力；另外，工程要求预应力构件预拉区（指施加预应力时形成的截面拉应力区）在施工阶段不允许出现拉应力，即使对部分预应力混凝土结构，预拉区的拉应力也不允许过大，因此应控制预拉区外边缘混凝土的拉应力。对制作、运输及安装等施工阶段预拉区允许出现拉应力的构件或预压时全截面受压的构件，在预加力、自重及施工荷载（必要时应考虑动力系数）作用下，其截面边缘的混凝土法向应力宜符合下列规定（图 10-31）：

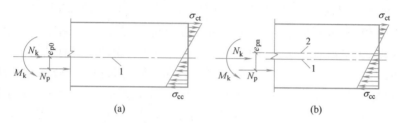

图 10-31 预应力混凝土构件施工阶段验算
（a）先张法构件；（b）后张法构件
1—换算截面重心轴；2—净截面重心轴

$$\sigma_{ct} \leqslant f'_{tk} \tag{10-119}$$

$$\sigma_{cc} \leqslant 0.8 f'_{ck} \tag{10-120}$$

简支构件的端部区段截面预拉区边缘纤维的混凝土拉应力允许大于 f'_{tk}，但不应大于 $1.2 f'_{tk}$。

截面边缘的混凝土法向应力可按下列公式计算：

$$\sigma_{cc} \text{或} \sigma_{ct} = \left| \sigma_{pc} + \frac{N_k}{A_0} \pm \frac{M_k}{W_0} \right| \tag{10-121}$$

式中 σ_{cc}、σ_{ct}——相应施工阶段计算截面边缘纤维的混凝土压应力、拉应力（绝对值）；

       f'_{tk}、f'_{ck}——与各施工阶段混凝土立方体抗压强度 f'_{cu} 相应的抗拉强度标准值、抗压强度标准值，以线性内插法确定；

       N_k、M_k——构件自重及施工荷载的标准组合在计算截面产生的轴力值、弯矩值；

       A_0、W_0——换算截面面积、换算截面验算边缘的弹性抵抗矩。

当 σ_{pc} 为压应力时，取正值；当 σ_{pc} 为拉应力时，取负值。N_k 以受压为正。当 M_k 产生的边缘纤维应力为压应力时取加号，拉应力时取减号。

施工阶段验算式（10-119）和式（10-120）中，所采用的混凝土强度 f'_{tk}、f'_{ck} 值应与应力 σ_{ct}、σ_{cc} 出现的时刻相对应，因为此时混凝土不一定达到设计强度值。另外，由于施工时各应力值持续时间短暂，随后将很快降低，因而材料强度采用标准值，又由于 $0.8 f'_{ck} > f'_c$（f'_c 是与 f'_{ck} 对应的混凝土轴心抗压强度设计值），反映了施工阶段验算时可靠度可以降低一些，即应力限值适当放宽。

对预应力混凝土受弯构件的预拉区，除限制其边缘拉应力值［即按式（10-119）验算］外，还需规定预拉区纵筋的最小配筋率，以防止发生类似于少筋梁的破坏。预应力混凝土结构构件预拉区纵向钢筋的配筋应符合下列要求：

施工阶段预拉区允许出现拉应力的构件，预拉区纵向钢筋的配筋率 $(A'_s + A'_p)/A$ 不应小于 0.2%，对后张法构件不应计入 A'_p，其中，A 为构件截面面积。

预拉区纵向普通钢筋的直径不宜大于 14mm，并应沿构件预拉区的外边缘均匀配置。

施工阶段预拉区不允许出现裂缝的板类构件，预拉区纵向钢筋的配筋可根据具体情况按实践经验确定。

后张法预应力混凝土受弯构件的端部局部受压计算内容与轴心受拉构件相同，不再赘述。

【例题 10-2】 后张法预应力混凝土简支梁，跨度 $l=18$m，截面尺寸 $b \times h = 400$mm$\times$1200mm。梁上恒载标准值 $g_k = 24$kN/m，活载标准值 $q_k = 16$kN/m，组合值系数 $\psi_c = 0.7$，准永久值系数 $\psi_q = 0.5$，如图 10-32（a）所示。梁内配置有黏结 1×7 标准型低松弛钢绞线束 21ϕ^S12.7，用夹片式 OVM 锚具，两端同时张拉，孔道采用预埋波纹管成型，预应力筋线形布置如图 10-32（b）所示。混凝土强度等级为 C45。普通钢筋采用 6$\oplus$20 的 HRB400 级热轧钢筋。裂缝控制等级为二级，即一般要求不出现裂缝。一类使用环境。试计算该简支梁跨中截面的预应力损失，并验算其正截面受弯承载力和正截面抗裂能力是否满足要求（按单筋截面）。

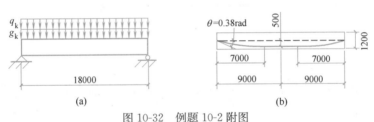

图 10-32　例题 10-2 附图
(a) 预应力简支梁；(b) 预应力筋线形布置图

【解】（1）材料特性

混凝土 C45：$f_c = 21.1$N/mm^2，$f_{tk} = 2.51$N/mm^2，$E_c = 3.35 \times 10^4$N/mm^2，$\alpha_1 = 1.0$，$\beta_1 = 0.8$。

钢绞线 1860 级：$f_{ptk} = 1860$N/mm^2，$f_{py} = 1320$N/mm^2，$E_s = 1.95 \times 10^5$N/mm^2，$\sigma_{con} = 0.75 f_{ptk} = 1395$N/mm^2。

普通钢筋：$f_y = 360$N/mm^2，$E_{s1} = 2.0 \times 10^5$N/mm^2。

（2）截面几何特性（为简化，近似按毛截面计算并略去钢筋影响）

预应力筋面积 $A_p = 21 \times 98.7 = 2072.7$mm^2，孔道由两端的圆弧段（水平投影长度为 7m）和梁跨中部的直线段（长度为 4m）组成。预应力筋端点处的切线倾角 $\theta = 0.38$rad（21.8°），曲线孔道的曲率半径 $r_c = 18$m；普通受拉钢筋面积 $A_s = 1884$mm^2。跨中截面 $a_p = 100$mm，$a_s = 40$mm。

梁截面积 $A_n = A_0 = A = bh = 400 \times 1200 = 4.8 \times 10^5$mm^2

惯性矩 $I = bh^3/12 = 400 \times 1200^3/12 = 5.76 \times 10^{10}$mm^4

受拉边缘截面抵抗矩 $W = bh^2/6 = 400 \times 1200^2/6 = 9.6 \times 10^7$mm^3

跨中截面预应力筋处截面抵抗矩

$$W_p = I/y_p = I/(h/2 - a_p) = 5.76 \times 10^{10}/(600 - 100) = 1.152 \times 10^8 \text{mm}^3$$

（3）跨中截面弯矩计算

恒载产生的弯矩标准值 $M_{Gk}=g_k l^2/8=24\times18^2/8=972\text{kN}\cdot\text{m}$

活载产生的弯矩标准值 $M_{Qk}=q_k l^2/8=16\times18^2/8=648\text{kN}\cdot\text{m}$

跨中弯矩的标准组合值 $M_k=M_{Gk}+M_{Qk}=972+648=1620\text{kN}\cdot\text{m}$

基本组合的弯矩设计值

$$M=\gamma_G M_{Gk}+\gamma_Q M_{Qk}=1.3\times972+1.5\times648=2170.8\text{kN}\cdot\text{m}$$

（4）跨中截面预应力损失计算

查表 10-2 得 $\kappa=0.0015\text{m}^{-1}$，$\mu=0.25$；由表 10-1 得 $a=5\text{mm}$

1）锚具变形损失 σ_{l1}

圆弧形曲线的反向摩擦影响长度由式（10-6）确定，即

$$l_f=\sqrt{\frac{aE_s}{1000\sigma_{con}(\mu/r_c+\kappa)}}=\sqrt{\frac{5\times1.95\times10^5}{1000\times1395\times(0.25/18+0.0015)}}=6.74\text{mm}<7\text{m}$$

因为，$l_f<l/2=9\text{m}$，可知此项损失对跨中截面无影响。即有 $\sigma_{l1}=0$。

2）摩擦损失 σ_{l2}

跨中处，$x=9\text{m}$，$\theta=0.38\text{rad}$，则由式（10-7）得

$$\sigma_{l2}=\sigma_{con}\left(1-\frac{1}{e^{\kappa x+\mu\theta}}\right)=1395\left(1-\frac{1}{e^{0.0015\times9+0.25\times0.38}}\right)=143.44\text{N/mm}^2$$

3）松弛损失 σ_{l4}（低松弛）

因 $\sigma_{con}=0.75f_{ptk}$，故采用式（10-15）计算，即

$$\sigma_{l4}=0.2\left(\frac{\sigma_{con}}{f_{ptk}}-0.575\right)\sigma_{con}=0.2\times(0.75-0.575)\times1395=49\text{N/mm}^2$$

4）收缩徐变损失 σ_{l5}

设混凝土达到 100% 的设计强度时开始张拉预应力筋，$f'_{cu}=f_{cu,k}=45\text{N/mm}^2$，配筋率 $\rho=\dfrac{A_s+A_p}{A_n}=\dfrac{1884+2072.7}{4.8\times10^5}=0.00824$。钢筋混凝土的重度为 25kN/m^3，则沿梁长度方向的自重标准值为

$$g_{1k}=25bh=25\times0.4\times1.2=12\text{kN/m}$$

梁自重在跨中截面产生的弯矩标准值为

$$M_{G1k}=g_{1k}l^2/8=12\times18^2/8=486\text{kN}\cdot\text{m}$$

第一批损失 $\sigma_{l\text{I}}=\sigma_{l1}+\sigma_{l2}=0+143.44=143.44\text{N/mm}^2$

$$N_{p\text{I}}=A_p(\sigma_{con}-\sigma_{l\text{I}})=2072.7\times(1395-143.44)=2594108.4\text{N}$$

再考虑梁自重影响，则受拉区预应力筋合力点处混凝土法向压应力为

$$\sigma_{pc\text{I}}=\frac{N_{p\text{I}}}{A_n}+\frac{N_{p\text{I}}(h/2-a_p)-M_{G1k}}{W_p}$$

$$=\frac{2594108.4}{4.8\times10^5}+\frac{2594108.4\times(600-100)-486\times10^6}{1.152\times10^8}$$

$$=12.44\text{N/mm}^2<0.5f'_{cu}=22.5\text{N/mm}^2$$

$$\sigma_{l5}=\frac{55+300\dfrac{\sigma_{pc}}{f_{cu}}}{1+15\rho}=\frac{55+300\dfrac{12.44}{45}}{1+15\times0.00824}=122.76\text{N/mm}^2$$

（5）跨中截面预应力总损失 σ_l 和混凝土有效预应力

$$\sigma_l = \sigma_{l1} + \sigma_{l2} + \sigma_{l4} + \sigma_{l5} = 0 + 143.44 + 49 + 122.76 = 315.2\text{N/mm}^2 > 80\text{N/mm}^2$$

$$N_p = (\sigma_{con} - \sigma_l)A_p - \sigma_{l5}A_s = (1395 - 315.2) \times 2072.7 - 122.76 \times 1884 = 2006821.62\text{N}$$

$$e_{pn} = \frac{(\sigma_{con} - \sigma_l)A_p y_{pn} - \sigma_{l5}A_s y_{sn}}{N_p} = \frac{(1395 - 315.2) \times 2072.7 \times 500 - 122.76 \times 1884 \times 560}{2006821.62}$$

$$= 493.09\text{mm}$$

截面受拉边缘处混凝土法向预压应力为

$$\sigma_{pc} = \frac{N_p}{A_n} + \frac{N_p e_{pn}}{W} = \frac{2006821.62}{4.8 \times 10^5} + \frac{2006821.62 \times 493.09}{9.6 \times 10^7} = 14.49\text{N/mm}^2$$

预应力筋处混凝土法向预压应力为

$$\sigma_{pc\,\text{II}} = \frac{N_p}{A_n} + \frac{N_p e_{pn}}{W_p} = \frac{2006821.62}{4.8 \times 10^5} + \frac{2006821.62 \times 493.09}{1.152 \times 10^8} = 12.77\text{N/mm}^2$$

（6）裂缝控制验算

荷载标准组合下

$$\sigma_{ck} = \frac{M_k}{W_0} = \frac{1620 \times 10^6}{9.6 \times 10^7} = 16.9\text{N/mm}^2$$

则 $\sigma_{ck} - \sigma_{pc} = 16.9 - 14.49 = 2.41\text{N/mm}^2 < f_{tk} = 2.51\text{N/mm}^2$，满足要求。

（7）正截面承载力计算

极限状态时，受拉区全部纵向钢筋合力作用位置

$$a = \frac{A_p f_{py} a_p + A_s f_y a_s}{A_p f_{py} + A_s f_y} = \frac{2072.7 \times 1320 \times 100 + 1884 \times 360 \times 40}{2072.7 \times 1320 + 1884 \times 360} = 88.08\text{mm}$$

$$h_0 = h - a = 1200 - 88.08 = 1111.92\text{mm}$$

求相对界限受压区高度 x_b：

按 A_p 计算时，$h_{0i} = h - a_p = 1200 - 100 = 1100\text{mm}$。预应力筋合力点处混凝土应力为零时的预应力筋有效应力为

$$\sigma_{p0} = \sigma_{con} - \sigma_l + \alpha_E \sigma_{pc\,\text{II}} = 1395 - 315.2 + \frac{1.95 \times 10^5}{3.35 \times 10^4} \times 12.77 = 1154.13\text{N/mm}^2$$

$$\frac{x_{bi}}{h_{0i}} = \frac{\beta_1}{1 + \dfrac{0.002}{\varepsilon_{cu}} + \dfrac{f_{py} - \sigma_{p0}}{E_s \varepsilon_{cu}}} = \frac{0.8}{1 + \dfrac{0.002}{0.0033} + \dfrac{1320 - 1154.13}{1.95 \times 10^5 \times 0.0033}} = 0.429$$

$$x_{bi} = 0.429 h_{0i} = 0.429 \times 1100 = 471.9\text{mm}$$

按 A_s 计算时，$h_{0j} = h - a_s = 1200 - 40 = 1160\text{mm}$

$$\frac{x_{bj}}{h_{0j}} = \frac{\beta_1}{1 + \dfrac{f_y}{E_s \varepsilon_{cu}}} = \frac{0.8}{1 + \dfrac{360}{2.0 \times 10^5 \times 0.0033}} = 0.518$$

$$x_{bj} = 0.518 h_{0j} = 0.518 \times 1160 = 600.88\text{mm}$$

所以 $x_b = \min(x_{bi}, x_{bj}) = 471.9\text{mm}$，$\xi_b = \dfrac{x_b}{h_0} = \dfrac{471.9}{1111.92} = 0.424$

由截面法向力的平衡得 $\qquad \alpha_1 f_c b x = f_y A_s + f_{py} A_p$

解得

$$x = \frac{f_y A_s + f_{py} A_p}{\alpha_1 f_c b} = \frac{360 \times 1884 + 1320 \times 2072.7}{1.0 \times 21.1 \times 400} = 404.53\text{mm} < x_b = 471.9\text{mm}$$

对受拉区全部纵筋合力点取矩，得梁正截面受弯承载力为

$$M_u = \alpha_1 f_c b x \left(h_0 - \frac{x}{2} \right) = 1.0 \times 21.1 \times 400 \times 404.53 \times (1111.92 - 404.53/2) \times 10^{-6}$$

$$= 3105.77\text{kN} \cdot \text{m} > M = 2170.8\text{kN} \cdot \text{m}$$

故梁正截面受弯承载力满足要求。

10.6 预应力混凝土构件的构造措施

10.6.1 先张法预应力混凝土构件的构造措施

1. 预应力筋的间距

先张法预应力筋的锚固及预应力传递依靠自身与混凝土的黏结性能，因此预应力筋之间应具有适宜的间距，以保证应力传递所必需的混凝土厚度。先张法预应力筋之间的净间距不宜小于其公称直径的 2.5 倍和混凝土粗骨料最大粒径的 1.25 倍，当混凝土振捣密实性具有可靠保证时，净间距可放宽至最大粗骨料粒径的 1.0 倍，且间距应符合下列规定：预应力钢丝，不应小于 15mm；三股钢绞线，不应小于 20mm；七股钢绞线，不应小于 25mm。

2. 构件端部的构造措施

先张法预应力传递长度范围内局部挤压造成的环向拉应力容易导致构件端部混凝土出现劈裂裂缝。因此，为保证自锚端的局部承载力，构件端部应采取下列构造措施：

（1）对单根配置的预应力筋，其端部宜设置由细钢筋（丝）缠绕而成的螺旋筋。螺旋筋对混凝土形成约束，可以保证构件端部在预应力筋放张时承受巨大的压力而不致发生裂缝或局部受压破坏。

（2）对分散布置的多根预应力筋，在构件端部 $10d$（d 为预应力筋的公称直径）且不小于 100mm 长度范围内，宜设置 3～5 片与预应力筋垂直的钢筋网片；采用预应力钢丝配筋的薄板，在板端 100mm 长度范围内宜适当加密横向钢筋；槽形板类构件，应在构件端部 100mm 长度范围内沿构件板面设置附加横向钢筋，其数量不应少于 2 根。这些措施均用于承受预应力筋放张时产生的横向拉应力，防止端部开裂或局压破坏。

（3）预应力筋在构件端部全部弯起的受弯构件或直线配筋的先张法构件，当构件端部与下部支承结构焊接时，应考虑混凝土收缩、徐变及温度变化所产生的不利影响，宜在构件端部可能产生裂缝的部位设置足够的非预应力纵向构造钢筋。

10.6.2 后张法预应力混凝土构件的构造措施

1. 预留孔道的尺寸

为了保证钢丝束或钢绞线束的顺利张拉，以及预应力筋张拉阶段构件的承载力，后张法预应力混凝土构件的预留孔道应有合适的直径及间距。

预制构件中预留孔道之间的水平净间距不宜小于 50mm，且不宜小于粗骨料粒径的 1.25 倍；孔道至构件边缘的净间距不宜小于 30mm，且不宜小于孔道直径的一半。现浇混凝土梁中，预留孔道在竖直方向的净间距不应小于孔道外径，水平方向的净间距不宜小

于 1.5 倍孔道外径，且不应小于粗骨料粒径的 1.25 倍；从孔道外壁至构件边缘的净间距，梁底不宜小于 50mm，梁侧不宜小于 40mm；裂缝控制等级为三级的梁，梁底、梁侧分别不宜小于 60mm 和 50mm。

预留孔道的内径宜比预应力束外径及需穿过孔道的连接器外径大 6~15mm；且孔道的截面积宜为穿入预应力束截面积的 3.0~4.0 倍；当有可靠经验并能保证混凝土浇筑质量时，预留孔道可水平并列贴紧布置，但并排的数量不应超过 2 束。

在现浇楼板中采用扁形锚固体系时，穿过每个预留孔道的预应力筋数量宜为 3~5 根；在常用荷载情况下，孔道在水平方向的净间距不应超过 8 倍板厚及 1.5m 中的较大值。

2. 构件端部锚固区的构造要求

为了防止预应力筋在构件端部过分集中而造成开裂或局压破坏，后张法预应力混凝土构件的端部锚固区，应按下列规定配置间接钢筋：

(1) 采用普通垫板时，应进行局部受压承载力计算，并配置间接钢筋，其体积配筋率不应小于 0.5%，垫板的刚性扩散角应取 45°。

(2) 在局部受压间接钢筋配置区以外，在构件端部长度 l 不小于截面重心线上部或下部预应力筋的合力点至邻近边缘的距离 e 的 3 倍、但不大于构件端部截面高度 h 的 1.2 倍，高度为 $2e$ 的附加配筋区范围内，应均匀配置附加防劈裂箍筋或网片（图 10-33），配

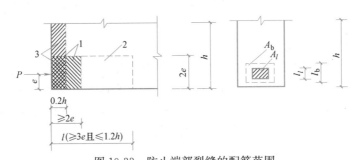

图 10-33　防止端部裂缝的配筋范围

1—局部受压间接钢筋配置区；2—附加防劈裂配筋区；3—附加防端面裂缝配筋区

筋面积可按公式（10-122）计算，且体积配筋率不应小于 0.5%。

$$A_{sb} \geq 0.18 \left(1 - \frac{l_l}{l_b}\right) \frac{P}{f_{yv}} \tag{10-122}$$

式中　P——作用在构件端部截面重心线上部或下部预应力筋的合力设计值；

　　l_l、l_b——沿构件高度方向 A_l、A_b 的边长或直径；

　　f_{yv}——附加防劈裂钢筋的抗拉强度设计值。

(3) 当构件端部预应力筋需集中布置在截面下部或集中布置在上部和下部时，应在构件端部 $0.2h$ 范围内设置附加竖向防端面裂缝构造钢筋（图 10-33），其截面面积应符合下列公式要求：

$$A_{sv} \geq \frac{T_s}{f_{yv}} \tag{10-123}$$

$$T_s = \left(0.25 - \frac{e}{h}\right) P \tag{10-124}$$

式中　T_s——锚固端端面拉力；

　　　P——作用在构件端部截面重心线上部或下部预应力筋的合力设计值；

　　　e——截面重心线上部或下部预应力筋的合力点至截面近边缘的距离；

　　　h——构件端部截面高度。

当 e 大于 $0.2h$ 时，可根据实际情况适当配置构造钢筋。竖向防端面裂缝钢筋宜靠近端面配置，可采用焊接钢筋网、封闭式箍筋或其他的形式，且宜采用带肋钢筋。

当端部截面上部和下部均有预应力筋时，附加竖向钢筋的总截面面积应按上部和下部的预应力合力分别计算的数值叠加后采用。在构件横向也应按上述方法计算抗端面裂缝钢筋，并与上述竖向钢筋形成网片筋配置。

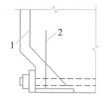

图 10-34　端部凹进处构造钢筋
1—折线构造钢筋；2—竖向构造钢筋

当构件在端部有局部凹进时，应增设折线构造钢筋（图 10-34）或其他有效的构造钢筋。

（4）后张法预应力混凝土构件中，当采用曲线预应力束时，为防止混凝土保护层崩裂，其曲率半径 r_p 宜按下列公式确定，但不宜小于 4m：

$$r_p \geqslant \frac{P}{0.35 f_c d_p} \tag{10-125}$$

式中　P——预应力束的合力设计值；

　　　r_p——预应力束的曲率半径（m）；

　　　d_p——预应力束孔道的外径；

　　　f_c——混凝土轴心抗压强度设计值；当验算张拉阶段曲率半径时，可取与施工阶段混凝土立方体抗压强度 f'_{cu} 对应的抗压强度设计值 f'_c。

对于折线配筋的构件，在预应力束弯折处的曲率半径可适当减小。当曲率半径 r_p 不满足上述要求时，可在曲线预应力束弯折处内侧设置钢筋网片或螺旋筋。

在预应力混凝土结构中，当沿构件凹面布置曲线预应力束时，应进行防崩裂设计。当曲率半径 r_p 满足下列公式要求时，可仅配置构造 U 形插筋（图 10-35）。

$$r_p \geqslant \frac{P}{f_t (0.5 d_p + c_p)} \tag{10-126}$$

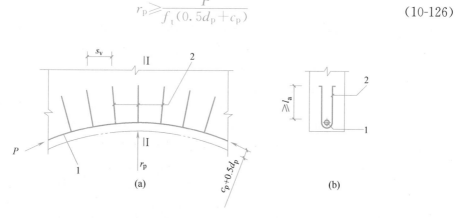

图 10-35　抗崩裂 U 形插筋构造示意

（a）抗崩裂 U 形插筋布置；（b）Ⅰ—Ⅰ剖面

1—预应力束；2—沿曲线预应力束均匀布置的 U 形插筋

当不满足时，每单肢 U 形插筋的截面面积应按下列公式确定：

$$A_{sv1} \geq \frac{P s_v}{2 r_p f_{yv}}$$ (10-127)

式中　f_t——混凝土轴心抗拉强度设计值，或与施工张拉阶段混凝土立方体抗压强度 f'_{cu} 相应的抗拉强度设计值 f'_t；

c_p——预应力筋孔道净混凝土保护层厚度；

A_{sv1}——每单肢插筋截面面积；

s_v——U 形插筋间距；

f_{yv}——U 形插筋抗拉强度设计值，当大于 360N/mm² 时取 360N/mm²。

U 形插筋的锚固长度不应小于 l_a；当实际锚固长度 l_e 小于 l_a 时，每单肢 U 形插筋的截面面积可按 A_{sv1}/k 取值。其中，k 取 $l_e/15d$ 和 $l_e/200$ 中的较小值，且 k 不大于 1.0。

当有平行的几个孔道，且中心距不大于 $2d_p$ 时，预应力筋的合力设计值应按相邻全部孔道内的预应力筋确定。

小　结

10.1　钢筋混凝土构件存在的主要问题是正常使用阶段构件受拉区出现裂缝，即抗裂性能差，刚度小、变形大，不能充分利用高强钢材，适用范围受到一定限制等。预应力混凝土主要是改善了构件的抗裂性能，正常使用阶段可以做到混凝土不受拉或不开裂（裂缝控制等级为一级或二级），因而适用于有防水、抗渗要求的特殊环境以及大跨度、重荷载的结构。

10.2　在建筑结构及一般工程结构中，通常是通过张拉预应力筋给混凝土施加预压应力的。根据施工时张拉预应力筋与浇灌构件混凝土两者的先后次序不同，分为先张法和后张法两种，应很好掌握这两种方法的特点。先张法依靠预应力筋与混凝土之间的黏结力传递预应力，在构件端部有一预应力传递长度；后张法依靠锚具传递预应力，端部处于局部受压的应力状态。

10.3　预应力混凝土与普通钢筋混凝土相比须考虑更多的问题，其中包括张拉控制应力取值应适当，必须采用高强钢筋和高强度等级的混凝土，以及使用锚、夹具，对施工技术要求更高等。

10.4　预应力混凝土构件在外荷载作用后的使用阶段，两种极限状态的计算内容与钢筋混凝土构件类似；为了保证施工阶段构件的安全性，应进行相关的计算，对后张法构件还应计算构件端部的局部受压承载力。

10.5　预应力筋的预应力损失的大小，关系到在构件中建立的混凝土有效预应力的水平，应了解产生各项预应力损失的原因，掌握损失的分析与计算方法以及减小各项损失的措施。由于损失的发生是有先后的，为了求出特定时刻的混凝土预应力，应进行预应力损失的分阶段组合。掌握先张法和后张法各有哪几项损失，以及哪些属于第一批或第二批损失。

10.6　对预应力混凝土轴心受拉构件受力全过程截面应力状态的分析，得出几点重要结论，并推广应用于预应力混凝土受弯构件，使应力计算概念更加简单易记。如 ①施工阶段，先张法（或后张法）构件截面混凝土预应力的计算可比拟为，将一个预加力 N_p 作用在构件的换算截面 A_0（或净截面 A_n）上，然后按材料力学公式计算；②正常使用阶段，由荷载的标准组合或准永久组合产生的截面混凝土法向应力，也可按材料力学公式计算，且无论先、后张法构件，均采用构件的换算截面 A_0；③使用阶段，先张法和后张法构件特定时刻（如消压状态或即将开裂状态）的计算公式形式相同，即无论先、后张法构件，均采用构件的换算截面 A_0；④计算预应力筋和普通钢筋应力时，只要知道该钢筋与混凝土黏结在一起协调变形的起点应力状态，就可以方便地写出其后任一时刻的钢筋应力（扣除损失，再考虑混凝土弹性伸缩引起的钢筋应力变化），而不依赖于任何中间过程。

10.7 对预应力混凝土轴心受拉和受弯构件，使用阶段两种极限状态的具体计算内容的理解，应对照相应的普通钢筋混凝土构件，注意预应力混凝土构件计算的特殊性，施加预应力对计算的影响。对于施工阶段（制作、运输、安装），须考虑此阶段构件内已存在预应力，为防止混凝土被压坏或产生影响使用的裂缝等，应进行有关的计算。

思　考　题

10.1 何谓预应力混凝土？与普通钢筋混凝土构件相比，预应力混凝土构件有何优缺点？

10.2 为什么预应力混凝土构件必须采用高强钢材，且应尽可能采用高强度等级的混凝土？

10.3 预应力混凝土分为哪几类？各有何特点？

10.4 施加预应力的方法有哪几种？先张法和后张法的区别何在？试简述它们的优缺点及应用范围。

10.5 什么是张拉控制应力 σ_{con}？为什么张拉控制应力取值不能过高也不能过低？

10.6 预应力损失有哪几种？各种损失产生的原因是什么？计算方法及减小措施如何？先张法、后张法各有哪几种损失？哪些属于第一批，哪些属于第二批？

10.7 什么是预应力筋的松弛？为什么短时的超张拉可以减小松弛损失？

10.8 预应力混凝土构件各阶段应力状态如何？先、后张法构件的应力计算公式有何异同之处？研究各特定时刻的应力状态有何意义？比较先、后张法应力状态的异同。

10.9 在计算混凝土预应力时，为什么先张法用构件的换算截面 A_0，而后张法却用构件的净截面 A_n？在使用阶段由荷载所引起的混凝土应力计算为何二者都用 A_0？

10.10 施加预应力对轴心受拉构件的承载力有何影响？为什么？

10.11 预应力混凝土构件中的普通钢筋有何作用？

10.12 什么是预应力筋的预应力传递长度？传递长度内的抗裂能力与其他部位有何不同？何时考虑其影响？

10.13 为什么须对后张法构件端部进行局部受压承载力计算？应进行哪些方面的计算？不满足时采取什么措施？

10.14 预应力混凝土受弯构件的受压区有时也配置预应力筋，有什么作用？这种钢筋对构件的承载能力有无影响？为什么？

10.15 预应力混凝土受弯构件的正截面、斜截面承载力计算与普通混凝土构件有何异同之处？

10.16 不同的裂缝控制等级时，预应力混凝土构件的正截面抗裂验算各应满足哪些要求？不满足时应采用什么措施？

10.17 预应力混凝土构件的刚度计算与普通混凝土构件有何不同？挠度计算有何特点？

10.18 预应力混凝土构件为何还应进行施工阶段验算？需验算哪些项目？

习　题

10.1 某18m跨度预应力混凝土屋架下弦，截面尺寸为 150mm×200mm，后张法施工，一端张拉并超张拉。孔道直径50mm，充压橡皮管抽芯成型，OVM锚具，桁架端部构造见图10-36。预应力筋为 1×7 标准型低松弛钢绞线，公称直径 $d=12.7$（即$\phi^S12.7$），普通钢筋为 4Φ12 的 HRB400 级热轧钢筋。混凝土强度等级为C40。裂缝控制等级为二级。一类使用环境。永久荷载标准值产生的轴向拉力 $N_{Gk}=280kN$，可变荷载标准值产生的轴向拉力 $N_{Qk}=110kN$，可变荷载的组合值系数 $\psi_c=0.7$，可变荷载的准永久值系数 $\psi_q=0.8$。混凝土达 100% 设计强度时张拉预应力筋。

要求进行屋架下弦使用阶段承载力计算、裂缝控制验算以及施工阶段验算。

10.2 某12m预应力混凝土I形截面梁，截面尺寸如图10-37所示。采用先张法台座生产，不考虑锚具变形损失，蒸汽养护，温差 $\Delta t=20℃$，采用超张拉。设钢筋松弛损失在放张前已完成50%。预应力筋采用$\phi^{HM}5$中强度预应力钢丝，张拉控制应力 $\sigma_{con}=\sigma'_{con}=0.75f_{ptk}$，箍筋用 HPB300 级热轧钢筋。混凝土强度等级为 C40，放张时 $f'_{cu}=30N/mm^2$。试计算梁的各项预应力损失。

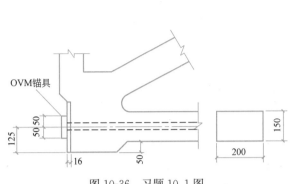

图 10-36　习题 10.1 图　　　　　　图 10-37　习题 10.2 图

10.3　某 12m 预应力混凝土 I 形截面梁，截面尺寸及有关数据同习题 10.2。设梁的计算跨度 $l_0=11.65m$，净跨度 $l_n=11.35m$。均布恒载标准值 $g_k=15kN/m$，均布活载标准值 $q_k=54kN/m$，准永久值系数为 0.5。此梁为处于室内正常环境（一类）的一般受弯构件，裂缝控制等级为二级，允许挠度 $f_{lim}/l_0=1/400$。吊装时吊点位置设在距梁端 2m 处。要求：（1）计算使用阶段的正截面受弯承载力；（2）进行使用阶段的裂缝控制验算；（3）进行使用阶段的斜截面承载力计算；（4）进行使用阶段的斜截面抗裂验算；（5）计算使用阶段的挠度；（6）进行施工阶段的截面应力验算。

附录 《混凝土结构设计规范》GB 50010—2010 附表

普通钢筋强度标准值（N/mm²）　　　　　　　　　　　　　　　附表1

牌号		符号	公称直径 d(mm)	屈服强度标准值 f_{yk}	极限强度标准值 f_{stk}
热轧钢筋	HPB300	Φ	6～14	300	420
	HRB400 HRBF400 RRB400	$\underline{\underline{\Phi}}$ $\underline{\underline{\Phi}}^F$ $\underline{\underline{\Phi}}^R$	6～50	400	540
	HRB500 HRBF500	$\overline{\underline{\Phi}}$ $\overline{\underline{\Phi}}^F$	6～50	500	630
冷轧带肋钢筋	CRB550	Φ^R	5～12	500	550
	CRB600H	Φ^{RH}	5～12	540	600

预应力筋强度标准值（N/mm²）　　　　　　　　　　　　　　　附表2

种类		符号	公称直径 d(mm)	屈服强度标准值 f_{pyk}	极限强度标准值 f_{ptk}
钢绞线	1×3（三股）	Φ^S	8.6、10.8、12.9	—	1570
				—	1860
				—	1960
	1×7（七股）		9.5、12.7、15.2、17.8	—	1720
				—	1860
				—	1960
			21.6	—	1860
中强度预应力钢丝	光面 螺旋肋	Φ^{PM} Φ^{HM}	5、7、9	620	800
				780	970
				980	1270
消除应力钢丝	光面	Φ^P	5	—	1570
				—	1860
			7	—	1570
	螺旋肋	Φ^H	9	—	1470
				—	1570
预应力冷轧带肋钢筋	CRB650	Φ^R	5、6	—	650
	CRB650H	Φ^{RH}			
	CRB800	Φ^R	5	—	800
	CRB800H	Φ^{RH}	5、6		
	CRB970	Φ^R	5	—	970
预应力螺纹钢筋	螺纹	Φ^T	18、25、32、40、50	785	980
				930	1080
				1080	1230

注：极限强度标准值为1960N/mm²的钢绞线作后张预应力配筋时，应有可靠的工程经验。

普通钢筋强度设计值（N/mm²）　　　　　　　　　　　　　　附表 3

	牌号	抗拉强度设计值 f_y	抗压强度设计值 f'_y
热轧钢筋	HPB300	270	270
	HRB400、HRBF400、RRB400	360	360
	HRB500、HRBF500	435	435
冷轧带肋钢筋	CRB550	400	——
	CRB600H	430	——

注：对于轴心受压构件，当采用 HRB500、HRBF500 钢筋时，钢筋的抗压强度设计值 f'_y 应取 400N/mm²。横向钢筋的抗拉强度设计值 f_{yv} 应按表中 f_y 的数值采用；但用作受剪、受扭、受冲切承载力计算时，其数值大于 360N/mm² 时应取 360N/mm²。冷轧带肋钢筋不考虑其抗压强度设计值。

预应力筋强度设计值（N/mm²）　　　　　　　　　　　　　　附表 4

种类	极限强度标准值 f_{ptk}	抗拉强度设计值 f_{py}
钢绞线	1570	1110
	1720	1220
	1860	1320
	1960	1390
中强度预应力钢丝	800	510
	970	650
	1270	810
消除应力钢丝	1470	1040
	1570	1110
	1860	1320
预应力冷轧带肋钢筋	650	430
	800	530
	970	650
预应力螺纹钢筋	980	650
	1080	770
	1230	900

注：当预应力筋的强度标准值不符合附表 2 的规定时，其强度设计值应进行相应的比例换算。

热轧钢筋、冷轧带肋钢筋及预应力筋的最大力总延伸率限值 δ_{gt}（%）　　　附表 5

钢筋牌号或种类	热轧钢筋				冷轧带肋钢筋		预应力筋	
	HPB300	HRB400 HRBF400 HRB500 HRBF500	HRB400E HRB500E	RRB400	CRB550	CRB600H	中强度预应力钢丝、预应力冷轧带肋钢筋	消除应力钢丝、钢绞线、预应力螺纹钢筋
δ_{gt}（%）	10.0	7.5	9.0	5.0	2.5	5.0	4.0	4.5

注：HRB400E、HRB500E 中的"E"表示对结构构件抗震设计有较高要求时可采用的钢筋品种。

钢筋弹性模量（×10⁵ N/mm²）　　　　　　　　　　　　　　附表 6

种　类	E_s
HPB300 钢筋	2.10
HRB400、HRB500、HRBF400、HRBF500、RRB400 钢筋、预应力螺纹钢筋	2.00
消除应力钢丝、中强度预应力钢丝	2.05
钢绞线	1.95
CRB550、CRB600H、CRB650、CRB650H、CRB800、CRB800H、CRB970	1.90

注：必要时钢绞线可采用实测的弹性模量。

疲劳应力比值 ρ_s^f	疲劳应力幅限值 Δf_y^f	
	HRB335	HRB400
0	175	175
0.1	162	162
0.2	154	156
0.3	144	149
0.4	131	137
0.5	115	123
0.6	97	106
0.7	77	85
0.8	54	60
0.9	28	31

注：当纵向受拉钢筋采用闪光接触对焊连接时，其接头处的钢筋疲劳应力幅限值应按表中数值乘以系数 0.80 取用。

预应力筋疲劳应力幅限值（N/mm²）　　　　附表8

疲劳应力比值 ρ_p^f	钢绞线 $f_{ptk}=1570$	消除应力钢丝 $f_{ptk}=1570$
0.7	144	240
0.8	118	168
0.9	70	88

注：1. 当 ρ_p^f 不小于 0.9 时，可不作预应力筋疲劳验算；

　　2. 当有充分依据时，可对表中规定的疲劳应力幅限值作适当调整。

混凝土强度标准值（N/mm²）　　　　附表9

强度种类	混凝土强度等级												
	C20	C25	C30	C35	C40	C45	C50	C55	C60	C65	C70	C75	C80
f_{ck}	13.4	16.7	20.1	23.4	26.8	29.6	32.4	35.5	38.5	41.5	44.5	47.4	50.2
f_{tk}	1.54	1.78	2.01	2.20	2.39	2.51	2.64	2.74	2.85	2.93	2.99	3.05	3.11

混凝土强度设计值（N/mm²）　　　　附表10

强度种类	混凝土强度等级												
	C20	C25	C30	C35	C40	C45	C50	C55	C60	C65	C70	C75	C80
f_c	9.6	11.9	14.3	16.7	19.1	21.1	23.1	25.3	27.5	29.7	31.8	33.8	35.9
f_t	1.10	1.27	1.43	1.57	1.71	1.80	1.89	1.96	2.04	2.09	2.14	2.18	2.22

混凝土弹性模量（10⁴ N/mm²）　　　　附表11

混凝土强度等级	C20	C25	C30	C35	C40	C45	C50	C55	C60	C65	C70	C75	C80
E_c	2.55	2.80	3.00	3.15	3.25	3.35	3.45	3.55	3.60	3.65	3.70	3.75	3.80

注：1. 当有可靠试验依据时，弹性模量可根据实测数据确定；

　　2. 当混凝土中掺有大量矿物掺合料时，弹性模量可按规定龄期根据实测数据确定。

混凝土受压疲劳强度修正系数 γ_ρ 附表 12（a）

ρ_c^f	$0 \leqslant \rho_c^f < 0.1$	$0.1 \leqslant \rho_c^f < 0.2$	$0.2 \leqslant \rho_c^f < 0.3$	$0.3 \leqslant \rho_c^f < 0.4$	$0.4 \leqslant \rho_c^f < 0.5$	$\rho_c^f \geqslant 0.5$
γ_ρ	0.68	0.74	0.80	0.86	0.93	1.00

混凝土受拉疲劳强度修正系数 γ_ρ 附表 12（b）

ρ_c^f	$0 < \rho_c^f < 0.1$	$0.1 \leqslant \rho_c^f < 0.2$	$0.2 \leqslant \rho_c^f < 0.3$	$0.3 \leqslant \rho_c^f < 0.4$	$0.4 \leqslant \rho_c^f < 0.5$
γ_ρ	0.63	0.66	0.69	0.72	0.74
ρ_c^f	$0.5 \leqslant \rho_c^f < 0.6$	$0.6 \leqslant \rho_c^f < 0.7$	$0.7 \leqslant \rho_c^f < 0.8$	$\rho_c^f \geqslant 0.8$	—
γ_ρ	0.76	0.80	0.90	1.00	—

混凝土的疲劳变形模量（10^4N/mm^2）   附表 13

混凝土强度等级	C30	C35	C40	C45	C50	C55	C60	C65	C70	C75	C80
E_c^f	1.30	1.40	1.50	1.55	1.60	1.65	1.70	1.75	1.80	1.85	1.90

受弯构件的挠度限值   附表 14

构件类型		挠度限值
吊车梁	手动吊车	$l_0/500$
	电动吊车	$l/600$
屋盖、楼盖及楼梯构件	当 $l_0 < 7\text{m}$ 时	$l_0/200$（$l_0/250$）
	当 $7\text{m} \leqslant l_0 \leqslant 9\text{m}$ 时	$l_0/250$（$l_0/300$）
	当 $l_0 > 9\text{m}$ 时	$l_0/300$（$l_0/400$）

注：1. 表中 l_0 为构件的计算跨度；计算悬臂构件的挠度限值时，其计算跨度 l_0 按实际悬臂长度的 2 倍取用；
    2. 表中括号内的数值适用于使用上对挠度有较高要求的构件；
    3. 如果构件制作时预先起拱，且使用上也允许，则在验算挠度时，可将计算所得的挠度值减去起拱值；对预应力混凝土构件，尚可减去预加力所产生的反拱值；
    4. 构件制作时的起拱值和预加力所产生的反拱值，不宜超过构件在相应荷载组合作用下的计算挠度值。

混凝土结构的环境类别   附表 15

环境类别	条 件
一	室内干燥环境； 无侵蚀性静水浸没环境
二 a	室内潮湿环境； 非严寒和非寒冷地区的露天环境； 非严寒和非寒冷地区与无侵蚀性的水或土壤直接接触的环境； 严寒和寒冷地区的冰冻线以下与无侵蚀性的水或土壤直接接触的环境
二 b	干湿交替环境； 水位频繁变动环境； 严寒和寒冷地区的露天环境； 严寒和寒冷地区冰冻线以上与无侵蚀性的水或土壤直接接触的环境
三 a	严寒和寒冷地区冬季水位变动区环境； 受除冰盐影响环境； 海风环境

环境类别	条件
三 b	盐渍土环境； 受除冰盐作用环境； 海岸环境
四	海水环境
五	受人为或自然的侵蚀性物质影响的环境

注：1. 室内潮湿环境是指构件表面经常处于结露或湿润状态的环境；

2. 严寒和寒冷地区的划分应符合国家现行标准《民用建筑热工设计规范》GB 50176 的有关规定；

3. 海岸环境和海风环境宜根据当地情况，考虑主导风向及结构所处迎风、背风部位等因素的影响，由调查研究和工程经验确定；

4. 受除冰盐影响环境是指受到除冰盐盐雾影响的环境；受除冰盐作用环境指被除冰盐溶液溅射的环境以及使用除冰盐地区的洗车房、停车楼等建筑；

5. 暴露的环境是指混凝土结构表面所处的环境。

结构构件的裂缝控制等级及最大裂缝宽度限值 附表 16

环境类别	钢筋混凝土结构		预应力混凝土结构	
	裂缝控制等级	w_{lim}	裂缝控制等级	w_{lim}
一	三级	0.30(0.40)	三级	0.20
二 a				0.10
二 b		0.2	二级	—
三 a、三 b			一级	—

注：1. 对处于年平均相对湿度小于60%地区一类环境下的受弯构件，其最大裂缝宽度限值可采用括号内的数值；

2. 在一类环境下，对钢筋混凝土屋架、托架及需做疲劳验算的吊车梁，其最大裂缝宽度限值应取为 0.20mm；对钢筋混凝土屋面梁和托梁，其最大裂缝宽度限值应取为 0.30mm；

3. 在一类环境下，对预应力混凝土屋架、托架及双向板体系，应按二级裂缝控制等级进行验算；对一类环境下的预应力混凝土屋面梁、托梁、单向板，按表中二 a 类环境的要求进行验算；在一类和二 a 类环境下需作疲劳验算的预应力混凝土吊车梁，应按裂缝控制等级不低于二级的构件进行验算；

4. 表中规定的预应力混凝土构件的裂缝控制等级和最大裂缝宽度限值仅适用于正截面的验算；预应力混凝土构件的斜截面裂缝控制验算应符合本书 10.5.2 小节的有关规定；

5. 对于烟囱、筒仓和处于液体压力下的结构，其裂缝控制要求应符合专门标准的有关规定；

6. 对于处于四、五类环境下的结构构件，其裂缝控制要求应符合专门标准的有关规定；

7. 表中的最大裂缝宽度限值为用于验算荷载作用引起的最大裂缝宽度。

混凝土保护层的最小厚度 c （mm） 附表 17

环境类别	板、墙、壳	梁、柱、杆
一	15	20
二 a	20	25
二 b	25	35
三 a	30	40
三 b	40	50

注：钢筋混凝土基础宜设置混凝土垫层，基础中钢筋的混凝土保护层厚度应从垫层顶面算起，且不应小于40mm。

受力构件类型			最小配筋百分率
受压构件	全部纵向钢筋	强度等级 500N/mm²	0.50
		强度等级 400N/mm²	0.55
		强度等级 300N/mm²	0.60
	一侧纵向钢筋		0.20
受弯构件、偏心受拉、轴心受拉构件一侧的受拉钢筋			0.20 和 $45f_t/f_y$ 中的较大值

注：1. 受压构件全部纵向普通钢筋最小配筋百分率，当采用 C60 及以上强度等级的混凝土时，应按表中规定增加 0.10；

2. 板类受弯构件（不包括悬臂板、柱支承板）的受拉钢筋，当采用强度等级 500N/mm² 的钢筋时，其最小配筋百分率应允许采用 0.15 和 $45f_t/f_y$ 中的较大值；

3. 偏心受拉构件中的受压钢筋，应按受压构件一侧纵向钢筋考虑；

4. 受压构件的全部纵向钢筋和一侧纵向钢筋的配筋率以及轴心受拉构件和小偏心受拉构件一侧受拉钢筋的配筋率均应按构件的全截面面积计算；

5. 受弯构件、大偏心受拉构件一侧受拉钢筋的配筋率应按全截面面积扣除受压翼缘面积 $(b_f'-b)h_f'$ 后的截面面积计算；

6. 当钢筋沿构件截面周边布置时，"一侧纵向钢筋" 系指沿受力方向两个对边中一边布置的纵向钢筋。

结构混凝土材料的耐久性基本要求 附表 19

环境类别	最大水胶比	最低强度等级	水溶性氯离子含量（%）	最大碱含量（kg/m³）
一	0.60	C20	0.30	不限制
二 a	0.55	C25	0.20	3.0
二 b	0.50(0.55)	C30(C25)	0.15	
三 a	0.45(0.50)	C35(C30)	0.15	
三 b	0.40	C40	0.10	

注：1. 水溶性氯离子含量系指其占胶凝材料总量的质量百分比；

2. 预应力构件混凝土中的水溶性氯离子含量为 0.06%；最低混凝土强度等级应按表中的规定提高两个等级；

3. 素混凝土构件的水胶比及最低强度等级的要求可适当放松；

4. 有可靠工程经验时，二类环境中的最低混凝土强度等级可降低一个等级；

5. 处于严寒和寒冷地区二 b、三 a 类环境中的混凝土应使用引气剂，并可采用括号中的有关参数；

6. 当使用非碱活性骨料时，对混凝土中的碱含量可不作限制。

截面抵抗矩塑性影响系数基本值 γ_m 附表 20

项次	1	2	3		4		5
截面形状	矩形截面	翼缘位于受压区的 T 形截面	对称 I 形截面或箱形截面		翼缘位于受拉区的倒 T 形截面		圆形和环形截面
			$b_f/b \leqslant 2$, h_f/h 为任意值	$b_f/b < 2$ $h_f/h \geqslant 0.2$	$b_f/b \leqslant 2$, h_f/h 为任意值	$b_f/b > 2$ $h_f/h < 0.2$	
γ_m	1.55	1.50	1.45	1.35	1.50	1.40	$1.6 - 0.24\, r_1/r$

注：1. 对 $b_f'>b_f$ 的 I 形截面，可按项次 2 与项次 3 之间的数值采用；对 $b_f'<b_f$ 的 I 形截面，可按项次 3 与项次 4 之间的数值采用；

2. 对于箱形截面，b 系指各肋宽度的总和；

3. r_1 为环形截面的内环半径，对圆形截面取 r_1 为零。

钢筋公称截面面积表（mm²）

公称直径(mm)	钢筋公称截面面积 A_s(mm²)及钢筋排列成一排时梁的最小宽度 b(mm)													u(mm) $\left(\dfrac{面积 A_s}{周长 s}\right)$	单根钢筋理论重量(kg/m)
	1根	2根	3根		4根		5根		6根	7根	8根	9根			
	A_s	A_s	A_s	b	A_s	b	A_s	b	A_s	A_s	A_s	A_s			
6	28.3	57	85		113		142		170	198	226	255	1.50	0.222	
8	50.3	101	151		201		252		302	352	402	453	2.00	0.395	
10	78.5	157	236		314		393		471	550	628	707	2.50	0.617	
12	113.1	226	339	150	452	200/180	565	250/220	678	791	904	1017	3.00	0.888	
14	153.9	308	462	150	615	200/180	769	250/220	923	1077	1230	1387	3.50	1.21	
16	201.1	402	603	180/150	804	200	1005	250	1206	1407	1608	1809	4.00	1.58	
18	254.5	509	763	180/150	1018	220/200	1272	300/250	1526	1780	2036	2290	4.50	2.00(2.11)	
20	314.2	628	942	180	1256	220	1570	300/250	1884	2200	2513	2827	5.00	2.47	
22	380.1	760	1140	180	1520	250/220	1900	300	2281	2661	3041	3421	5.50	2.98	
25	490.9	982	1473	200/180	1964	250	2454	300	2945	3436	3927	4418	6.25	3.85(4.10)	
28	615.8	1232	1847	200	2463	250	3079	350/300	3695	4310	4926	5542	7.00	4.83	
30	706.9	1414	2121		2827		3534		4241	4948	5655	6362	7.50	5.55	
32	804.3	1609	2413	220	3217	300	4021	350	4826	5630	6434	7238	8.00	6.31(6.65)	
36	1017.9	2036	3054		4072		5089		6107	7125	8143	9161	9.00	7.99	
40	1256.6	2513	3770		5027		6283		7540	8796	10053	11310	10.00	9.87(10.34)	
50	1963.5	3928	5892		7856		9820		11784	13748	15712	17676		15.42(16.28)	

注：1. 括号内为预应力螺纹钢筋的数值；

2. 表中梁最小宽度 b 为分数时，斜线以上数字表示钢筋在梁顶部时所需宽度，斜线以下数字表示钢筋在梁底部时所需宽度（mm）。

钢绞线的公称直径、公称截面面积及理论重量

种类	公称直径(mm)	公称截面面积(mm²)	理论重量(kg/m)
1×3	8.6	37.7	0.296
	10.8	58.9	0.462
	12.9	84.8	0.666
1×7 标准型	9.5	54.8	0.430
	12.7	98.7	0.775
	15.2	140	1.101
	17.8	191	1.500
	21.6	285	2.237

钢丝的公称直径、公称截面面积及理论重量

公称直径(mm)	公称截面面积(mm²)	理论重量(kg/m)
5.0	19.63	0.154
7.0	38.48	0.302
9.0	63.62	0.499

每米板宽内的钢筋截面面积表

附表 24

钢筋间距(mm)	当钢筋直径(mm)为下列数值时的钢筋截面面积(mm²)													
	3	4	5	6	6/8	8	8/10	10	10/12	12	12/14	14	14/16	16
70	101	179	281	404	561	719	920	1121	1369	1616	1908	2199	2536	2872
75	94.3	167	262	377	524	671	859	1047	1277	1508	1780	2053	2367	2681
80	88.4	157	245	354	491	629	805	981	1198	1414	1669	1924	2218	2513
85	83.2	148	231	333	462	592	758	924	1127	1331	1571	1811	2088	2365
90	78.5	140	218	314	437	559	716	872	1064	1257	1484	1710	1972	2234
95	74.5	132	207	298	414	529	678	826	1008	1190	1405	1620	1868	2116
100	70.5	126	196	283	393	503	644	785	958	1131	1335	1539	1775	2011
110	64.2	114	178	257	357	457	585	714	871	1028	1214	1399	1614	1828
120	58.9	105	163	236	327	419	537	654	798	942	1112	1283	1480	1676
125	56.5	100	157	226	314	402	515	628	766	905	1068	1232	1420	1608
130	54.4	96.6	151	218	302	387	495	604	737	870	1027	1184	1366	1547
140	50.5	89.7	140	202	281	359	460	561	684	808	954	1100	1268	1436
150	47.1	83.8	131	189	262	335	429	523	639	754	890	1026	1183	1340
160	44.1	78.5	123	177	246	314	403	491	599	707	834	962	1110	1257
170	41.5	73.9	115	166	231	296	379	462	564	665	786	906	1044	1183
180	39.2	69.8	109	157	218	279	358	436	532	628	742	855	985	1117
190	37.2	66.1	103	149	207	265	339	413	504	595	702	810	934	1058
200	35.3	62.8	98.2	141	196	251	322	393	479	565	668	770	888	1005
220	32.1	57.1	89.3	129	178	228	292	357	436	514	607	700	807	914
240	29.4	52.4	81.9	118	164	209	268	327	399	471	556	641	740	838
250	28.3	50.2	78.5	113	157	201	258	314	383	452	534	616	710	804
260	27.2	48.3	75.5	109	151	193	248	302	368	435	514	592	682	773
280	25.2	44.9	70.1	101	140	180	230	281	342	404	477	550	634	718
300	23.6	41.9	65.5	94	131	168	215	262	320	377	445	513	592	670
320	22.1	39.2	61.4	88	123	157	201	245	299	353	417	481	554	628

注：表中钢筋直径中的 6/8，8/10 等系指两种直径的钢筋间隔放置。

参　考　文　献

[1] 中华人民共和国住房和城乡建设部. 工程结构通用规范：GB 55001—2021 [S]. 北京：中国建筑工业出版社，2021.

[2] 中华人民共和国住房和城乡建设部. 混凝土结构通用规范：GB 55008—2021 [S]. 北京：中国建筑工业出版社，2021.

[3] 中国建筑科学研究院. 混凝土结构设计规范：GB 50010—2010（2015 年版）[S]. 北京：中国建筑工业出版社，2016.

[4] 中国建筑科学研究院有限公司. 建筑结构可靠性设计统一标准：GB 50068—2018 [S]. 北京：中国建筑工业出版社，2018.

[5] 中国建筑科学研究院. 建筑结构荷载规范：GB 50009—2012 [S]. 北京：中国建筑工业出版社，2012.

[6] 中国建筑科学研究院有限公司. 混凝土物理力学性能试验方法标准：GB/T 50081—2019 [S]. 北京：中国建筑工业出版社，2019.

[7] 梁兴文，王社良，李晓文等. 混凝土结构设计原理 [M]. 2 版. 北京：科学出版社，2007.

[8] 梁兴文，史庆轩. 混凝土结构设计原理 [M]. 4 版. 北京：中国建筑工业出版社，2019.

[9] 顾祥林. 混凝土结构基本原理 [M]. 上海：同济大学出版社，2004.

[10] 王传志，滕智明. 钢筋混凝土结构理论 [M]. 北京：中国建筑工业出版社，1985.

[11] 丁大钧. 现代混凝土结构学 [M]. 北京：中国建筑工业出版社，2000.

[12] 过镇海. 混凝土的强度和变形（试验基础和本构关系）[M]. 北京：清华大学出版社，1997.

[13] 过镇海. 钢筋混凝土原理 [M]. 3 版. 北京：清华大学出版社，2013.

[14] 叶见曙. 结构设计原理 [M]. 北京：人民交通出版社，2005.

[15] 陈肇元，朱金铨，吴佩刚. 高强混凝土及其应用 [M]. 北京：清华大学出版社，1992.

[16] 童岳生，童申家. 有侧移钢筋混凝土框架柱纵向挠曲二阶效应的分析 [J]. 建筑结构，2005，35（9）：57-61.

[17] R. Park，T. Pauley. Reinforced Concrete Structures [M]. John Wiley & Son. New York，1975.

[18] H. Kupfer，H. K. Hilsdorf，and H. Rúsch. Behaviour of Concrete Under Biaxial Stress [J]. Journal ACI，Vol. 66，No. 8，August 1969，PP. 656-666.

[19] Kenneth Leet. Reinforced Concrete Design [M]. McGraw-Hill Book Company. 1982.

[20] 林同炎，NED H. BURNS. 路湛沁. 黄棠，马誉美译. 预应力混凝土结构设计 [M]. 3 版. 北京：中国铁道出版社，1984.

[21] 李国平. 预应力混凝土结构设计原理 [M]. 北京：人民交通出版社，2000.

[22] 叶列平，陆新征，等. 高强高性能工程结构材料与现代工程结构及其理论的发展 [C]. 第一届结构工程新进展国际论坛文集. 北京：中国建筑工业出版社，2006.

[23] H. Nilson. Design of Concrete structures [M]. The McGraw-Hill Cocpanies，Inc. 1997.

[24] 江见鲸，李杰，金传良. 高等混凝土结构理论 [M]. 北京：中国建筑工业出版社，2007.

[25] Building Code Requirements for Structural concrete and Commentary（ACI 318M-08）[M]. Detroit：American Concrete Institute，2008.